세계 약용식물 백과사전

4

Encyclopedia of Medicinal Plants 4

세계 약용식물 백과사전 4

초판인쇄 2019년 11월 20일
초판발행 2019년 11월 20일

지 음 자오중전(趙中振) · 샤오페이건(蕭培根)
옮 김 성락선 · 신용욱
감 수 성락선
기 획 이강임
편 집 양동훈
디 자 인 홍은표
마 케 팅 문선영

펴 낸 곳 한국학술정보(주)
주 소 경기도 파주시 회동길 230(문발동)
전 화 031) 908-3181(대표)
팩 스 031) 908-3189
홈페이지 http://ebook.kstudy.com
E-mail 출판사업부 publish@kstudy.com
등 록 제일산-115호(2000.6.19)

I S B N 978-89-268-9544-3 94480
978-89-268-7625-1 (전4권)

세계 약용식물 백과사전

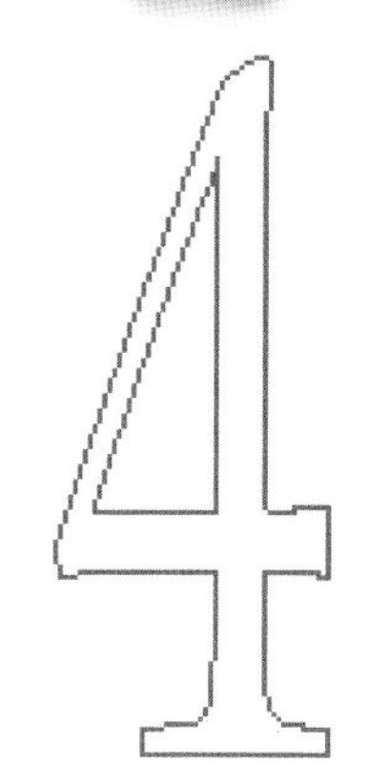

자오중전(趙中振) · 샤오페이건(蕭培根) 지음
성락선 · 신용욱 옮김
성락선 감수

《세계 약용식물 백과사전》 역자 서(序)

중국에는 《중약대사전(中藥大辭典)》, 《신편중약지(新編中藥誌)》, 《중화본초(中華本草)》 및 《중약지(中藥誌)》 등 각 성(城), 각 소수민족마다 사용하고 있는 약용식물의 쓰임새에 대한 정보를 대규모로 집대성하는 작업이 1900년대 중반에 걸쳐 국가적 차원에서 이루어졌다. 그러나 우리나라에는 중국, 일본은 물론 인도, 유럽, 영국, 베트남 등의 약용식물을 대상으로 생약에 대하여 국가 기준에 따라 일목요연하게 정리된 자료집이 없었던 게 사실이다. 그러던 차에 오래전부터 왕래하고 있던 홍콩침회대학의 자오중전(趙中振) 교수가 중국 내 각 소수민족이 사용하고 있는 중약을 중국의 기준에 맞추어 집대성한 《당대약용식물전(當代藥用植物典)》(한국어판: 세계 약용식물 백과사전)을 번역하여 출간하게 된 것은 뜻깊은 일이라 생각된다.

중문판(2007)과 영문판(2009)의 출간에 이어, 한국어판은 《중국약전(中國藥典)》(2015년 판)에 맞추어 저자에 의해 새롭게 개정 · 보완된 것을 번역 · 편집한 것이다. 뿐만 아니라 원서의 개요와 해설에 사용되었던 식물 학명에 대해서는 저자가 전달하고자 하는 내용에 충실하기 위하여 《한국식물도감》(이영로, 교학사, 2006)을 참고하여 그 학명에 맞는 우리나라 식물명을 기재하였으며, 함유성분, 약리작용 그리고 용도 부분에 사용된 약리학적, 한의학적 용어 풀이에 대해서는 동의대학교 한의과대학 김인락 교수, 경희대학교 한의과대학 최호영 교수, 원광대학교 약학대학 김윤경 교수, 광주한방병원 성강경 원장 등의 감수를 받아 사용하였음을 밝힌다.

또한 한국어판을 출간하면서 《대한민국약전》(제11개정판), 《대한민국약전외한약(생약)규격집》(제4개정판)을 각 약용식물의 개요에 추가하여 우리나라 기준에 맞추어 편집함으로써 독자들이 이해하는 데 도움을 주고자 하였다.

이 책이 앞으로 우리나라와 중국, 일본을 비롯한 세계 각국의 약용식물을 국가 기준에 맞게 체계화하는 주춧돌이 되기를 바란다. 더 나아가 본초학, 생약학, 약용식물학에의 응용은 물론 천연물의약품, 건강기능성 식품, 한방화장품 등을 연구하고 개발하는 데 널리 활용되기를 기대한다. 끝으로 이 책이 출간되기까지 자료 정리를 위해 수고해 준 천연자원연구센터의 김영욱 박사와 이경은 님에게 고마움을 표하며 한국학술정보(주)의 채종준 대표이사님을 비롯한 관계자들에게도 감사의 마음을 전한다.

2019년 11월

전북 완산골에서 성락선

역자 약력

성락선(成樂宣)

전북대학교 농학 박사
충남대학교 약학 박사

경운대학교 한방자원학부 겸임교수 역임
식품의약품안전처 생약연구과장 역임
전라남도 천연자원연구센터 센터장 역임

現 중국 하얼빈상업대학 약학원 객좌교수
한국생약학회 부회장

저서
《한약재 감별도감》(한국학술정보, 2018) 등 다수

신용욱(申容旭)

계명대학교 중국학과 졸업
경희대학교 한약학과 졸업
경희대학교 대학원 약학과 약학석사
경희대학교 대학원 한약학과 약학박사

現 경남과학기술대학교 교수
現 경남과기대창업대학원 6차산업학과 주임교수
現 경남과학기술대학교 창업보육센터 부소장
미국 LIAI(La Jolla Institute For Allergy and Immunology) 방문학자
동의보감촌RIS사업단 단장 역임

저서
≪향약집성방의 향약본초≫(2007학술원추천도서) 등 다수

머리말

21세기에 들어서서 대자연으로의 회귀 열풍이 전 세계를 뒤덮는 가운데 중국 전통약물에 대한 사람들의 이목이 집중되고 있다. 노령화와 건강 생활에 대한 추구로 인해 천연식물약과 중국 전통약물의 병에 대한 방지, 치료, 예방, 보건 등 특성과 장점이 사람들에게 받아들여지게 되었는데 이는 국제간 연구, 개발 및 판매, 사용 상황에서 알 수 있다. 중국 전통약물은 중화민족의 문화보물로 수천 년의 임상응용 가운데서 많은 귀중한 경험을 누적하여 서양의약과 함께 인류 의료보건 영역에서 중요한 역할을 하고 있으며 인류의 공동자산이기도 하다. 이 보물에 대해 보다 심도 있게 인식하고 개발하며 국제적으로 동서양 천연식물약에 대한 이해와 인식을 강화하는 것은 대다수 사람들의 바람이자 시장의 수요이며 학술 발전의 필연적 방향이기도 하다.

동서양 문화의 합류점으로서 정보시스템이 발달한 것은 홍콩의 강점이다.

2003년 하반기, 홍콩중약연구원은 《당대약용식물전(當代藥用植物典)》(한국어판: 세계 약용식물 백과사전)을 편찬하여 중의약 정보 교류를 강화하려고 기획하였으며 2004년 작업을 시작하였다. 이 프로젝트는 연구원에서 총괄하고 자오중전(趙中振) 교수와 샤오페이건(蕭培根) 원사가 공동으로 편집하였으며 다른 여러 중의약 전문가, 학자들이 공동으로 완성하였다.

본서의 주요 특징은 다음과 같다.

1. 동서양 집대성

   본서는 3편 총 4권으로 각각 동양편(제1, 2권), 서양편(제3권), 영남(嶺南)편(제4권)으로 나뉜다. 내용적으로는 서로 다른 전통 의학체계의 전통약 및 신흥 약용식물제품, 천연보건약품, 천연화장품, 천연색소 등이 포함되었다.

2. 동시대성

   저자는 국내외 약용식물에 대해 심층적인 조사와 연구를 진행하며 많은 전통약물학 문헌자료를 체계적으로 정리, 귀납, 분석하였으며 각 약용식물의 화학, 약리학, 임상의학 등 국내외 연구에서의 최신 정보도 수록하기 위해 노력하였다. 또한 데이터베이스로서 부단히 업데이트될 것이다.

3. 풍부한 그림과 글

   본서에 수록된 사진은 대부분 편저자가 오랜 시간 동안 약재 생산지와 자생지에 들어가 얻어낸 귀중한 1차 자료들로 약용식물의 감별 특징을 과학적으로 기록하고 그 자연적인 생장 모습을 생동감 있게 보여 주고 있다. 책 속에 수록된 식물 표본은 현재 홍콩침회대학 중약표본센터에 완벽하게 보관되어 있다.

4. 온고지신

   본서는 단순하게 문헌으로만 이루어진 것이 아니라 전문적 내용 뒤에는 편마다 해설을 첨부하여 식물약품 개발과 지속적인 이용에 대한 저자의 견해를 논술하였다. 또한 일부 중약의 안전성 문제에 대해서도 제시하였다.

5. 중국어 · 영어 · 한국어판 출간

   본서는 국제적인 교류를 위해 중문판과 영문판, 한국어판으로 출판된다. 특히 한국어판에는 《대한민국약전》(제11개정판)과 《대한민국약전외한약(생약)규격집》(제4개정판)의 내용을 첨가하여 기술하였다. 약재명은 중약명 사용을 원칙으로 하였다.

   전체적으로 본서는 내용이 풍부하고 실용성이 강하여 의약 교육, 과학연구, 생산, 검사, 관리, 임상, 무역 등 여러 영역에서 종사하는 이들이 참고서로 사용할 수 있다.

본서는 편폭이 크고 수록된 약용식물 및 관련 문헌자료가 광범위하며 또한 관련 학과 영역에서의 연구 및 발전이 급속도로 진행되고 있어 미흡한 점이나 착오 또는 누락이 있을 수도 있으므로 독자 여러분의 진심 어린 질책을 기다린다.

저자 약력

자오중전(趙中振)

1982년 북경중의약대학 학사
1985년 중국중의과학원 석사
1992년 도쿄약과대학 박사

홍콩침회대학(香港浸會大學) 중의약학원 부원장, 석좌교수
홍콩 공인 중의사(中醫師)
홍콩 중약표준과학위원회 위원
국제고문위원회 위원
홍콩중의중약발전위원회 위원
중국약전위원회 위원
오랜 기간 중의약 교육, 연구 및 국제교류에 힘을 쏟고 있다.

저서
《당대약용식물전(當代藥用植物典)》(중 · 영문판)
《상용중약재감별도전(常用中藥材鑑別圖典)》(중 · 일 · 영문판)
《중약현미감별도감(中藥顯微鑑別圖鑑)》(중 · 영문판)
《홍콩 혼용하기 쉬운 중약》(중 · 영문판)
《백방도해(百方圖解)》, 《백약도해(百藥圖解)》 시리즈

샤오페이건(蕭培根)

1953년 하문대학(厦門大學) 이학(理學) 학사
1994년 중국공학원 원사
2002년 홍콩침회대학 명예 이학 박사

중국의학과학원약용식물연구소 연구원 · 명예 소장
국가중의약관리국중약자원이용과보호중점실험실 주임
〈중국중약잡지〉 편집장
〈Journal of Ethnopharmacology〉, 〈Phytomedicine, Phytotherapy Research〉 등의 편집위원
북경중의약대학 중약학원 교수, 명예 소장
홍콩침회대학 중의약학원 객원교수
오랜 기간 약용식물 및 중약 연구에 종사하며 약용 계통학 창설

저서
《중국본초도록(中國本草圖錄)》
《신편중약지(新編中藥志)》 등 대형 전문도서 다수

편집 및 총괄위원회

일러두기

1. 본서에는 상용 약용식물 500종을 실었으며 관련된 원식물은 800여 종에 달한다. 중문판, 영문판 및 한국어판으로 출간되었다. 전체 서적은 제1, 2권 동양편(동양 전통의학 상용 약을 주로 하였다. 예를 들어 중국, 일본, 한반도, 인도 등), 제3권 서양편(유럽, 아메리카 상용식물 약을 주로 하였다. 예를 들어 유럽, 러시아, 미국 등), 제4권 영남편(영남 지역에서 나거나 상용하는 초약을 주로 하고 이 지역을 거쳐 무역에서 유통되는 약용식물도 포함됨)으로 나뉜다.

2. 본서는 학명의 A, B, C 순으로 목록화하였으며 그에 따른 우리나라 식물명과 한약재명, 개요, 원식물 사진, 약재 사진, 함유성분과 구조식, 약리작용, 용도, 해설, 참고문헌 등으로 나누어 순서대로 서술하였다.

3. 명칭
   (1) 학명에 따른 약용 자원식물의 우리나라 식물명을 순서로 하여 오른쪽 상단에 작은 글자로 각국 약전 수록 상황을 표기하였다. 이를테면 CP(《중국약전(中國藥典)》), KP[《대한민국약전》(제11개정판)], KHP[《대한민국약전외한약(생약)규격집》(제4개정판)], JP(《일본약국방(日本藥局方)》), VP(《베트남약전(越南藥典)》), IP(《인도약전(印度藥典)》), USP(《미국약전(美國藥典)》), EP(《유럽약전(歐洲藥典)》), BP(《영국약전(英國藥典)》)이다.
   (2) 우리나라 약재명 외에 중문명 한자, 한어병음명, 라틴어학명, 약재 라틴어명 등을 수록하였다.
   (3) 약용식물의 라틴어학명과 중문명은 《중국약전》(2015년 판)의 원식물 이름을 기준으로 하였고 《중국약전》에 수록되지 않은 경우에는 《신편중약지(新編中藥誌)》, 《중화본초(中華本草)》 등 관련 전문도서를 따랐다. 민족약은 《중국민족약지(中國民族藥誌)》에 수록된 명칭을 기준으로 하였다. 국외 약용식물의 라틴어학명은 그 나라 약전을 기준으로 하고 중문명은 《구미식물약(歐美植物藥)》 및 기타 관련 문헌을 참고로 하였다.
   (4) 약재의 중문명과 라틴어명은 《중국약전》을 기준으로 하고 《중국약전》에 수록되지 않은 경우 《중화본초》를 참고로 하였다.

4. 개요
   (1) 약용식물종의 식물분류학에서의 위치를 표기하였다. 과명(괄호 안에 과의 라틴어명을 표기), 식물명(괄호 안에 라틴어학명을 표기) 및 약용 부위를 적었으며 여러 부위가 약용으로 사용되는 경우 나누어서 서술하였다. 참고로 식물과명은 우리나라의 식물분류체계를 따랐음을 밝힌다.
   (2) 약용식물의 속명을 기술하고 괄호 안에 라틴어 속명을 적었으며 그 속과 종에 해당하는 식물의 세계에서의 분포지역 및 산지를 소개하였다. 일반적으로 주(洲)와 국가까지 적고 특수품종은 도지산지(道地産地)를 수록하였다.
   (3) 약용식물의 가장 빠른 문헌 출처와 역사 연혁을 간단하게 소개하고 주요 생산국가에서의 법정(法定) 지위 및 약재의 주요산지를 기술하였다.
   (4) 한국어판의 경우 《대한민국약전》(11개정판), 《대한민국약전외한약(생약)규격집》(제4개정판)에 등재된 기원식물명, 학명, 사용 부위 등을 기재하여 문헌비교에 도움이 되도록 하였다.
   (5) 함유성분 연구 성과 중 활성성분과 지표성분을 주요하게 소개하고 주요 약전에서 약재의 품질을 관리하는 방법을 기술하였다.
   (6) 약리작용을 간략히 서술하였다.
   (7) 주요 효능을 소개하였다.

5. 원식물과 약재 사진
   (1) 본서에서 사용한 컬러 사진에는 원식물 사진, 약재 사진 및 일부 재배단지의 사진이 포함되었다.
   (2) 원식물 사진에는 그 약용식물종 사진이나 근연종 사진 등이 포함되며 약재 사진은 원약재 사진과 음편(飮片) 사진 등이 포함되었다.

6. 함유성분
   (1) 주요 국내외 저널, 전문도서에서 이미 발표된 주요성분, 유효성분(또는 국가에서 규정한 약용 · 식용으로 겸용할 수 있는 영양성분), 특유성분을 수록하였다. 원식물의 품질을 관리할 수 있는 지표성분에 대해서는 중점적으로 기술하였다. 영문판에 수록된 내용을 바탕으로 하였다.
   (2) 화학구조식은 통일적으로 ISIS Draw 프로그램을 사용하였으며 그 아랫부분의 적당한 곳에 영문 명칭을 적었다.
   (3) 동일한 식물의 서로 다른 부위가 단일한 상품으로 약재에 사용될 때 함유성분 연구 내용이 적은 것은 간단하게 기술

하고 각 부위 내용이 많은 것은 단락을 나누어 기술하였다.

7. 약리작용

(1) 이미 발표된 약용식물종 및 그 유효성분 또는 추출물의 실험 약리작용을 소개하였으며 약리작용에 따라 간단하게 기술하거나 항목별로 조목조목 기술하였다. 우선 주요 약리작용을 서술하고 기타 작용은 내용의 많고 적음에 따라 차례로 기술하였다.

(2) 실험연구소에서 사용하는 약물(약용 부위, 추출용액 등 포함), 약물 투여 경로, 실험동물, 사용기구 등을 기술하고 [ ] 부호로 문헌번호를 표기하였다.

(3) 처음으로 쓰이는 약리 전문용어는 괄호 안에 영문 약어를 표기하고 두 번째부터는 중문 명칭 또는 영문 약어만 표기하였다.

8. 용도

(1) 본서에는 약용식물, 약용 함유성분 기원식물, 건강식품 기원식물, 화장품 기원식물 등이 수록되었다. 그러므로 본 항목을 '용도'라 하고 각각 효능, 주치, 현대임상 세 부분으로 나누어 적었다. 서로 다른 기원종의 용도를 객관적으로 서술하기 위해 노력하였다. 약용 함유성분 기원식물에 대해서는 그 용도만 설명하고 따로 항목을 나누어 설명하지는 않았다.

(2) 효능과 주치에 있어서는 중의이론에 근거하여 약용식물종 및 각 약용 부위에 대해 정확하게 기술하였다. 《중국약전》, 《중화본초》 및 기타 관련 전문도서를 주로 참고하였다.

(3) 현대임상 부분에서는 임상 실험을 기준으로 하여 약용식물의 임상 적응증에 대해서 기술하였다.

9. 해설

(1) 약용식물을 주로 하여 역사적, 미래지향적 통찰력으로 해당 식물의 특징과 부족한 점을 개괄적으로 기술하고 개발 응용 전망, 발전 방향 및 중점을 제시하였다.

(2) 중국위생부에서 규정한 식용 · 약용 공용품목 또는 홍콩에서 흔히 볼 수 있는 독극물 목록에 있는 약용식물종에 대해서는 따로 설명하였다.

(3) 또한 해당 약용식물 재배단지의 분포상황에 대해서도 기술하였다.

(4) 이미 뚜렷한 부작용으로 인해 보도된 적이 있는 약용식물에 대해서는 개괄적으로 그 안전성 문제와 응용 주의사항을 논술하였다.

10. 참고문헌

(1) 1990년대 이전의 멸실된 문헌에 대해서는 재인용하는 방식을 취하였다.

(2) 원 출처에서 전문용어나 인명에 뚜렷한 오기가 있는 부분은 수정하였다.

(3) 참고문헌은 국제표준 형식을 취하였다.

11. 계량단위는 국제표준 계량단위와 부호를 사용하였다. 숫자는 모두 아라비아숫자를 사용하였고 주요성분 함량은 유효한 두 자릿수를 취하였다.

12. 본서 색인에는 우리나라 식물명 및 약재명, 학명 색인, 영문명 색인이 있다.

차 례

세계 약용식물 백과사전 4

계골초 廣州相思子 CP

Abrus cantoniensis Hance

Canton Love-pea

개 요

廣州相思子
콩과(Fabaceae)
계골초(廣州相思子, *Abrus cantoniensis* Hance)의 전초를 말린 것: 계골초(鷄骨草)
중약명: 계골초(鷄骨草)
계골초속(*Abrus*) 식물은 전 세계에 약 12종이 있으며, 열대와 아열대 지역에 분포한다. 중국에서 약 4종이 발견되며, 모두 약재로 사용된다. 이 종은 태국뿐만 아니라 중국의 호남성, 광동성, 광서성 및 홍콩에 분포한다.
계골초는 ≪영남채약록(嶺南采藥錄)≫에 "계골초"라는 이름의 약으로 처음 기술되었으며, 중국 광주시의 백운산에서 처음 발견되었다. 이 종은 계골초(Abri Herba)의 공식적인 기원식물 내원종으로서 중국약전(2015)에 등재되어 있다. 의약 재료는 주로 중국의 광동성과 광서성에서 생산된다.
계골초의 주요 활성 성분은 알칼로이드뿐만 아니라 트리테르펜과 트리테르페노이드 사포닌이다. 중국약전에는 의약 물질의 품질관리를 위해 관능검사와 현미경 감별법을 사용한다. 약리학적 연구에 따르면 계골초는 간 보호 효과, 항염 작용 및 면역증강 효과가 있음을 확인했다.
한의학에서 계골초는 청열이습(淸熱利濕), 소간지통(疏肝止痛), 활혈산어(活血散瘀)의 효능이 있다.

계골초 廣州相思子 *Abrus cantoniensis* Hance

계골초 鷄骨草 Abri Herba

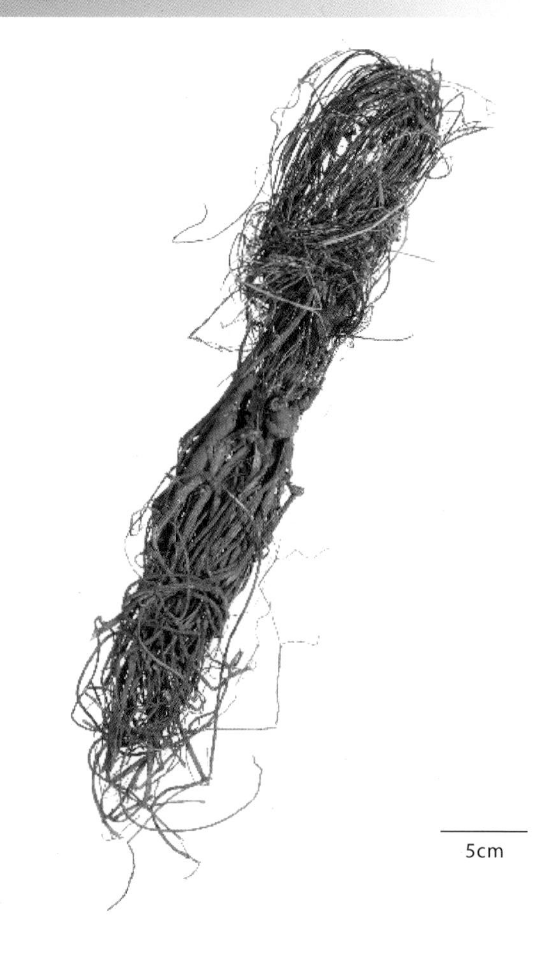

함유성분

전초에는 알칼로이드 성분으로 abrine, choline[1]이 함유되어 있고, 안트라퀴논 성분으로 chrysophanol, physcion[2], 트리테르페노이드 성분으로 cantoniensistriol, sophoradiol, soyasapogenols A, B[3], abrisapogenols A, B, C, D, E, F, G, H[4-5], glycyrrhetinic acid, glabrolide[1], 트리테르페노이드 사포닌 성분으로 abrisaponins A, Ca, D_1, D_2, D_3, F, I, L, So_1, So_2, SB[4, 6-7], soyasaponin I, kaikasaponin III[8]가 함유되어 있다.

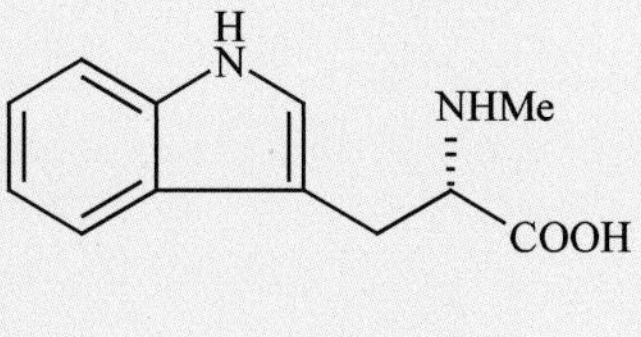

abrine

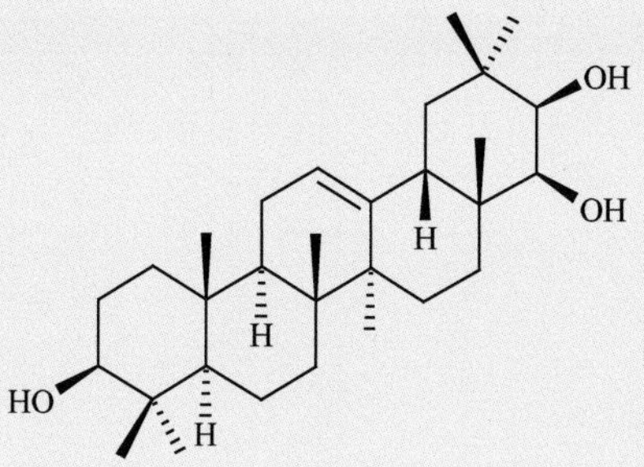

cantoniensistriol

약리작용

1. 간 보호
   전초의 물 추출물을 경구 투여하면 CCl_4에 의해 유발된 급성 간 손상 및 BCG 백신 및 지질다당류로 유도된 면역 간 손상에 대한 보호 효과를 나타냈다. 이것은 글루탐산 피루브산 아미노기전달효소(GPT)와 글루탐산 옥살초산 아미노기전달효소(GOT)의 혈청 수준을 유의하게 감소시켰다[9]. 소야사포닌 I과 카이카사포닌 III는 일차 배양된 랫드 간세포의 CCl_4에 의한 간 손상에 대한 방어 효과를 보였다. 소야사포닌 I, 특히 카이카사포닌 III는 GPT와 GOT 수준의 증가를 억제했다. 그러나 소야사포닌 I과 카이카사포닌 III의 농도가 높을수록 간세포에 약간의 독성을 보였다[8].
2. 항염 작용
   아브린을 복강 내 투여하면 랫드에서 스타필로톡신에 의해 유발된 염증 반응을 감소시켰다. 전초의 물 추출물을 경구 투여하면 디메틸벤젠에 의한 귀의 부기(浮氣) 및 아세트산에 의한 마우스의 복막 모세혈관 투과성 증가를 유의하게 억제했다[10].
3. 면역증강
   마우스에서 양 적혈구에 의한 면역화 3시간 후 전초의 에탄올 추출물을 투여하면 로제티 형성 세포 수가 현저히 증가하여 면역증강 효과가 있음을 알 수 있었다. 물 추출물을 경구 투여하면 복막 대식세포의 식세포 기능을 유의하게 향상시켰고, 어린 랫드와 성체 랫드의 비장 중량을 증가시켰다[10].
4. 항균
   *In vitro*에서 식물 전체의 에탄올 추출물은 대장균과 녹농균, 특히 후자를 억제했다[11].
5. 기타
   뿌리의 물 추출물은 적출된 토끼 평활근의 수축의 진폭을 증가시켰고, 아세틸콜린에 의해 유도된 기니피그의 적출된 회장(回腸)의 수축을 억제했다. 뿌리의 물 추출물 또한 마우스에서 수영 내구성을 향상시켰다[1].

용도

1. 간염, 간경변, 복수, 담낭염
2. 만성 류머티스 통증

3. 낙상 및 찰과상
4. 열, 유선염
5. 연주창

해설

전초는 중국의 영남 지역에서 민간 약으로 널리 사용되어 왔다. 간 질환 치료제 및 식이요법 원료로서 좋은 처방이며 종종 탕제와 차에 사용된다. 씨에는 독성이 있으므로 사용하기 전에 꼬투리를 제거해야 한다. 영남 지역에서는 농산물우수관리(GAP) 연구가 수행되었으며 재배지도 확립되었다.

Abrus mollis Hance는 중국의 광서성 지역에서 계골초(鷄骨草)의 대체품으로 사용된다. 연구 결과, 전초에는 베툴린산, 바닐린산, 이노시톨 메틸에테르, 소야사포닌 I, 카이카사포닌 III, 데하이드로소야사포닌 I, 베타시토스테롤, 스티그마스테롤, 노나코사닐 카페인산염, 다우코스테롤[13], 루페올, 우르솔산, 올레아놀산[14] 및 7,4'-디히드록시-8-메톡시이소 플라본이 있다[15]. 약리학적인 연구에서 *Abrus mollis*는 간 보호 및 면역증강 활성[9-10]을 나타내므로 유망한 개발 잠재력이 있음을 알 수 있다.

참고문헌

1. LH Bai, QS Dong, RL Pu. The research progress of the Chinese medicine chicken-bone herb. Guangxi Agricultural Sciences. 2005, 36(5): 476-478
2. SM Wong, TC Chiang, HM Chang. Hydroxyanthraquinones from Abrus cantoniensis. Planta Medica. 1982, 46(3): 191-192
3. TC Chiang, HM Chang. Isolation and structural elucidation of some sapogenols from Abrus cantoniensis. Planta Medica. 1982, 46(1): 52-55
4. Y Sakai, T Takeshita, J Kinjo, Y Ito, T Nohara. Leguminous plants. 17. Two new triterpenoid sapogenols and a new saponin from Abrus cantoniensis (II). Chemical & Pharmaceutical Bulletin. 1990, 38(3): 824-826
5. T Takeshita, S Hamada, T Nohara. New triterpenoid sapogenols from Abrus cantoniensis (I). Chemical & Pharmaceutical Bulletin. 1989, 37(3): 846-848
6. H Miyao, Y Sakai, T Takeshita, J Kinjo, T Nohara. Triterpene saponins from Abrus cantoniensis (Leguminosae). I. Isolation and characterization of four new saponins and a new sapogenol. Chemical & Pharmaceutical Bulletin. 1996, 44(6): 1222-1227
7. H Miyao, Y Sakai, T Takeshita, Y Ito, J Kinjo, T Nohara. Triterpene saponins from Abrus cantoniensis (Leguminosae). II. Characterization of six new saponins having a branched-chain sugar. Chemical & Pharmaceutical Bulletin. 1996, 44(6): 1228-1231
8. H Miyao, T Arao, M Udayama, J Kinjo, T Nohara. Kaikasaponin III and soyasaponin I, major triterpene saponins of Abrus cantoniensis, act on GOT and GPT. Influence on transaminase elevation of rat liver cells concomitantly exposed to CCl_4 for one hour. Planta Medica. 1998, 64(1): 5-7
9. AY Li, F Zhou, CX Cheng. Protective effects of Herba Abri and semi-finished Herba Abri on acute liver lesion. Yunnan Journal of Traditional Chinese Medicine and Materia Medica. 2006, 27(4): 35-36
10. F Zhou, AY Li. Experimental studies on anti-inflammatory and immunological effects of Herba Abri and semi-finished Herba Abri. Yunnan Journal of Traditional Chinese Medicine and Materia Medica. 2005, 26(4): 33-35
11. YK Cheng, Y Chen, L Wang, M Li, LL Zhong, QF Meng. Studies on the anti-bacterial activities of the ethanol extracts of Abrus cantoniensis. Research and Practice on Chinese Medicines. 2006, 20(2): 39-41
12. LH Cen, L Xu, XH Zheng, LS Zhou. Cultivation techniques of Abrus cantoniensis under good agriculture practice. Chinese Traditional and Herbal Drugs. 2005, 36(11): 1706-1710
13. J Wen, HM Shi, PF Tu. Chemical constituents of Abrus mollis. Chinese Traditional and Herbal Drugs. 2006, 37(5): 658-660
14. WJ Lu, XY Tian, JY Chen, H Wei, WS Fang. Studies on the chemical constituents of Abrus mollis. West China Journal of Pharmaceutical Sciences. 2003, 18(6): 406-408
15. HM Shi, ZQ Huang, J Wen, PF Tu. A new isoflavone from Abrus mollis. Chinese Journal of Natural Medicines. 2006, 4(1): 30-31

상사나무 相思子 IP

Fabaceae

Abrus precatorius L.

Jequirity

개 요

콩과(Fabaceae)

상사자(相思子, *Abrus precatorius* L.)의 익은 씨를 말린 것: 상사자(相思子)

중약명: 상사자(相思子)

상사나무속(*Abrus*) 식물은 전 세계에 약 12종이 있으며, 주로 열대와 아열대 지역에 널리 분포한다. 중국에서 약 4종이 발견되며, 모두 약재로 사용된다. 이 종은 중국의 광동성, 광서성, 운남성, 홍콩 및 대만에 분포한다. 세계적으로 열대 지역에 널리 분포되어 있다. "상사자"는 ≪본초강목(本草綱目)≫에서 약으로 처음 기술되었다. 대부분의 고대 한방의서에 기술되어 있으며, 약용 종은 고대부터 동일하게 남아 있다. 의약 재료는 주로 중국의 광동성과 광서성에서 생산된다.

상사나무의 주성분은 알칼로이드와 플라보노이드이며, 알칼로이드는 활성 성분이다.

약리학적 연구에 따르면 상사자에는 항균 작용, 항종양, 면역증강, 항알레르기 및 불임 효능이 있음을 확인했다.

한의학에서 청열해독(清熱解毒), 거담(祛痰), 구충(驅蟲)의 효능이 있다.

상사나무 相思子 *Abrus precatorius* L.

상사나무 相思子 IP

상사자 相思子 Abri Semen

함유성분

씨에는 알칼로이드 성분으로 abrine, hypaphorine, precatorine, hypaphorine 메틸 에스테르, trigonelline[1], 트리테르페노이드 사포닌과 트리테르페노이드 성분으로 abrus-saponins I, II, kaikasaponins I, III, phaseoside IV[2], hederagenin, sophoradiol, sophoradiol-22-o-acetate, abrisapogenol J[3], 플라보노이드 성분으로 precatorins I, II, III[2], abrusin, abrusin-2"-O-apioside[4], abrectorin, desmethoxycentaureidin-7-Orutinoside, luteolin, orientin, isoorientin[5], xyloglucosyldelphinidin, p-coumarylgalloylglucosyelphinidin[6], 스테로이드 성분으로 abricin, abridin[7]이 함유되어 있다. 또한 독성 성분(abrins I, II, III)과 상사나무 아글루티닌(APAs I, II)이 함유되어 있다.

뿌리에는 이소플라반퀴논 성분으로 abruquinones A, B, C[9], D, E, F, G[10]가 함유되어 있다.

잎에는 트리테르페노이드 성분으로 abrusosides A, B, C, D[11], E[12], 플라보노이드 성분으로 vitexin, taxifolin-3-glucoside[13]가 함유되어 있으며, 지상부에서는 아브루퀴논 B와 G[14]도 분리되었다.

abrine

abrectorin

abrisapogenol J

약리작용

1. 항균 작용
   *In vitro*에서 에탄올 추출물은 황색포도상구균, 대장균, 파라티푸스균, 이질균 및 병리학적 피부사상균의 성장을 억제했다.

2. 항종양
   *In vitro*에서 아브린은 인간 배아 신장 세포의 세포사멸을 유도하여, 이동 단계에서 세포주기를 정지시켰다. 세포 내 pH를 증가시키는 약물은 아브린에 의해 유발된 세포 증식에 대한 억제 효과를 증가시키는 반면, 세포 내 Ca^{2+}의 감소는 반대 효과를 나타냈다[15]. 아브린의 아치사 선량을 복강 내 투여하면 달톤의 림프종 복수와 에를리히의 복수 암종(EAC) 세포에 의해 유도된 고형 종양의 크기가 감소되었고, 복수의 종양이 있는 마우스의 수명이 연장되었다[16]. 또한 아브린을 정맥 내 투여하면 랫드 또는 누드 마우스에서 루이스 폐암, 흑색종 B16, 섬유 육종, 난소 육종 암, 악성 흑색종, 난소 종양 및 유잉 육종을 억제했다[17].

3. 면역증강
   마우스에서 아브린을 5일 동안 연속 투여하면 백혈구 및 림프구 수, 비장 및 흉선 무게, 혈중항체가, 항체 형성 세포, 골수 세포질 및 α-에스테라아제 양성 골수 세포가 증가했다[18].

4. 항알레르기
   아브린을 구강 내 또는 복강 내 투여하면 기니피그에서의 히스타민 및 아세틸콜린 유발성 천식 III 종 반응의 잠복기를 연장시키고, 히스타민에 의한 랫드의 피부 혈관 투과성 증가를 억제하며, 기니피그의 아나필락시스 충격에 대한 보호 효과를 보였다. 항천식 기전은 아마도 알레르기 매개체의 억제와 관련이 있다[19].

5. 불임
   *In vitro*에서 씨의 메탄올 추출물은 정자의 운동성을 억제하고 고농도의 정자 세포막을 직접적으로 손상시켜 돌이킬 수 없는 살정 작용을 일으킨다. 그 기전은 아마도 세포 내 Ca^{2+}의 증가, 세포 내 cAMP의 감소 및 활성 산소 종의 생성과 관련이 있다[20].

6. 적혈구 응집
   씨의 아글루티닌은 적혈구의 응집을 강력하게 유도하는 반면 아브린의 응집 효과는 비교적 약하다[21].

7. 혈당강하 감소
   씨에서 조 배당체를 경구 투여하면 알록산으로 유발된 당뇨 토끼에서 혈당 수치를 감소시켰다[22].

8. 기타
   아브루퀴논 A, B, D는 혈소판 응집을 유의하게 억제했으며, 항염, 항알레르기 및 항산화 효과를 보였다[23]. 아브루퀴논 B는 항결핵 및 항말라리아 효과가 있는 반면, 아브루퀴논 G는 항바이러스 효과가 있었다[14].

용도

1. 염증, 옹, 옴, 습진
2. 만성 류머티스 통증
3. 유행성 이하선염

해설

상사자는 고대 인도에서 귀중한 것으로 간주되었으며 독성 물질로 유명했다. 한때는 피임제와 낙태제뿐만 아니라 만성 결막염 치료제로 사용되었다. 인도의 안다만섬 사람들은 음식으로 요리하는 것을 좋아했다. 그러나 독성 때문에 음식으로 섭취하는 것은 안전하지 못하다[24].

씨에는 *in vitro* 및 *in vivo*에서 현저한 항종양 효과를 갖는 아브린 성분이 함유되어 있다. 따라서 항종양 약물 검사에서 큰 발전 잠재력이 있다.

아름다운 모양과 밝은 색상을 지닌 씨는 예술품으로 개발할 수 있는 일반적인 장식품이다.

잎에서 분리된 아브루소사이드는 자당보다 30−100배 단 것으로 자연적 감미료로 개발될 가능성이 있다[11].

참고문헌

1. S Ghosal, SK Dutta. Alkaloids of Abrus praecatorius. Phytochemistry. 1971, 10(1): 195-198
2. CM Ma, N Nakamura, M Hattori. Saponins and C-glycosyl flavones from the seeds of Abrus precatorius. Chemical & Pharmaceutical Bulletin. 1998, 46(6): 982-987
3. J Kinjo, K Matsumoto, M Inoue, T Takeshita, T Nohara. Studies on leguminous plants. Part XIX. A new sapogenol and other constituents in Abri Semen, the seeds of Abrus precatorius L. I. Chemical & Pharmaceutical Bulletin. 1991, 39(1):116-119
4. KR Markham, JW Wallace, YN Babu, VK Murty, MG Rao. 8-C-Glucosylscutellarein 6,7-dimethyl ether and its 2"-O-apioside from Abrus precatorius. Phytochemistry. 1988, 28(1): 299-301
5. DK Bhardwaj, MS Bisht, CK Mehta. Flavonoids from Abrus precatorius. Phytochemistry. 1980, 19(9): 2040-2041
6. MS Karawya, S El-Gengaihi, G Wassel, NA Ibrahim. Anthocyanins from the seeds of Abrus precatorius. Fitoterapia. 1981, 52(4): 175-177
7. S Siddiqui, BS Siddiqui, Z Naim. Studies in the steroidal constituents of the seeds of Abrus precatorius Linn. (scarlet variety). Pakistan Journal of Scientific and Industrial Research. 1978, 21(5-6): 158-161
8. R Hegde, TK Maiti, SK Podder. Purification and characterization of three toxins and two agglutinins from Abrus precatorius seed by using lactamyl-Sepharose affinity chromatography. Analytical Biochemistry. 1991, 194(1): 101-109
9. A Lupi, F Delle Monache, GB Marini-Bettolo, DLB Costa, IL D'Albuquerque. Abruquinones: new natural isoflavanquinones. Gazzetta Chimica Italiana. 1979, 109(1-2): 9-12
10. CQ Song, ZB Hu. Abruquinone A, B, D, E, F and G from the root of Abrus precatorius. Acta Botanica Sinica. 1998, 40(8)734-739
11. YH Choi, RA Hussain, JM Pezzuto, AD Kinghorn, JF Morton. Abrusosides A-D, four novel sweet-tasting triterpene glycosides from the leaves of Abrus precatorius. Journal of Natural Products. 1989, 52(5): 1118-1127
12. EJ Kennelly, LN Cai, NC Kim, AD Kinghorn. Potential sweetening agents of plant origin. Part 31. Abrusoside E, a further sweet-tasting cycloartane glycoside from the leaves of Abrus precatorius. Phytochemistry. 1996, 41(5): 1381-1383
13. S El-Gengaihi, MS Karawya, G Wassel, N Ibrahim. Investigation of flavonoids of Abrus precatorius L. Herba Hungarica. 1988, 27(1): 27-33
14. C Limmatvapirat, S Sirisopanaporn, P Kittakoop. Anti-tubercular and anti-plasmodial constituents of Abrus precatorius. Planta Medica. 2004, 70(3): 276-278
15. YX Zhong, XY Ying, YS Li, LQ Li, SL Zhang, FS Lin. Mechanism of abrin-induced cancer cell apoptosis. Chinese Journal of Pharmacology and Toxicology. 2003, 17(4): 310-311
16. V Ramnath, G Kuttan, R Kuttan. Anti-tumor effect of abrin on transplanted tumors in mice. Indian Journal of Physiology and Pharmacology. 2002, 46(1): 69-77
17. LQ Li, RH Zhang, XJ Lu, CY Tong, XJ Zheng, LG Chen. Research progress of anti-cancer activities of abrin. Pharmaceutical Biotechnology. 2004, 11(5): 339-343
18. V Ramnath, G Kuttan, R Kuttan. Immunopotentiating activity of abrin, a lectin from Abrus precatorius Linn. Indian Journal of Experimental Biology. 2002, 40(8): 910-913
19. ZC Gan, Q Yang, Y He. Pharmacological studies on abrine in the seed of Abrus precatorius. Journal of Chinese Medicinal Materials. 1994, 17(9): 34-37
20. WD Ratnasooriya, AS Amarasekera, NS Perera, GA Premakumara. Sperm anti-motility properties of a seed extract of Abrus precatorius. Journal of Ethnopharmacology. 1991, 33(1-2): 85-90
21. LQ Li, XJ Zheng, FS Lin, XB Du, SL Zhang. Studies on abrin and Abrus precatorius agglutinin. Fang Hua Yan Jiu. 2002, 2: 20-23
22. CC Monago, V Akhidue. Anti-diabetic effect of crude glycoside of Abrus precatorius in alloxan diabetic rabbits. Global Journal of Pure and Applied Sciences. 2003, 9(1): 35-38
23. SC Kuo, SC Chen, LH Chen, JB Wu, JP Wang, CM Teng. Potent anti-platelet, anti-inflammatory and anti-allergic isoflavanquinones from

the roots of Abrus precatorius. Planta Medica. 1995 , 61(4): 307-312

24. CQ Yuan, X Feng. Euro-American Botanical Medicines. Nanjing: Southeast University Press. 2004: 141-142

마반초 磨盤草 IP

Abutilon indicum (L.) St.

Indian Abutilon

개 요

아욱과(Malvaceae)

마반초(磨盤草, *Abutilon indicum* (L.) St.)의 전초를 말린 것: 마반초(磨盤草)

중약명: 마반초(磨盤草)

어저귀속(*Abutilon*) 식물은 전 세계에 약 150종이 있으며, 열대와 아열대 지역에 주로 분포한다. 중국에는 약 9종이 발견되며, 중국 전역에 분포하고, 약 6종이 약재로 사용된다. 이 종은 중국의 복건성, 광동성, 해남성, 광서성, 귀주성, 운남성, 홍콩 및 대만에 분포한다. 베트남, 라오스, 캄보디아, 태국, 스리랑카, 미얀마, 인도 및 인도네시아와 같은 열대 지역에도 분포한다.

마반초는 중국 영남 지방의 ≪생초약성비요(生草藥性備要)≫에서 "마반초(磨盤草)"라는 이름의 약으로 처음 기술되었다. 의약 재료는 주로 중국의 운남성, 광동성, 광서성 및 복건성에서 생산된다.

마반초에는 주로 플라보노이드 배당체와 정유 성분이 함유되어 있다.

약리학적 연구에 따르면 마반초는 진통, 항균, 간 보호 및 혈당강하 작용이 있음을 확인했다.

민간요법에 따르면 마반초는 소풍청열(疏風淸熱), 화담지해(化痰止咳), 소종해독(消腫解毒)의 효능이 있다.

마반초 磨盤草 *Abutilon indicum* (L.) Sweet

함유성분

전초에는 페놀 화합물 성분으로 eugenol[1]이 함유되어 있고, 세스퀴테르페노이드 성분으로 alantolactone, isoalantolactone[2], 정유 성분으로 β-pinene, caryophyllene, caryophyllene oxide, cineole, geraniol, geranyl acetate, elemene, farnesol, borneol, eudesmol[3], 유기산 성분으로 gallic acid[4]가 함유되어 있다.
꽃에는 플라보노이드 성분으로 gossypin, gossypitrin, cyanidin-3-rutinoside[5], luteolin, chrysoeriol, cynaroside, termopsoside, apigetrin, hirsutrin, rutin[6]이 함유되어 있다.
뿌리에는 트리테르페노이드 성분으로 β-amyrin[7]이 함유되어 있다.

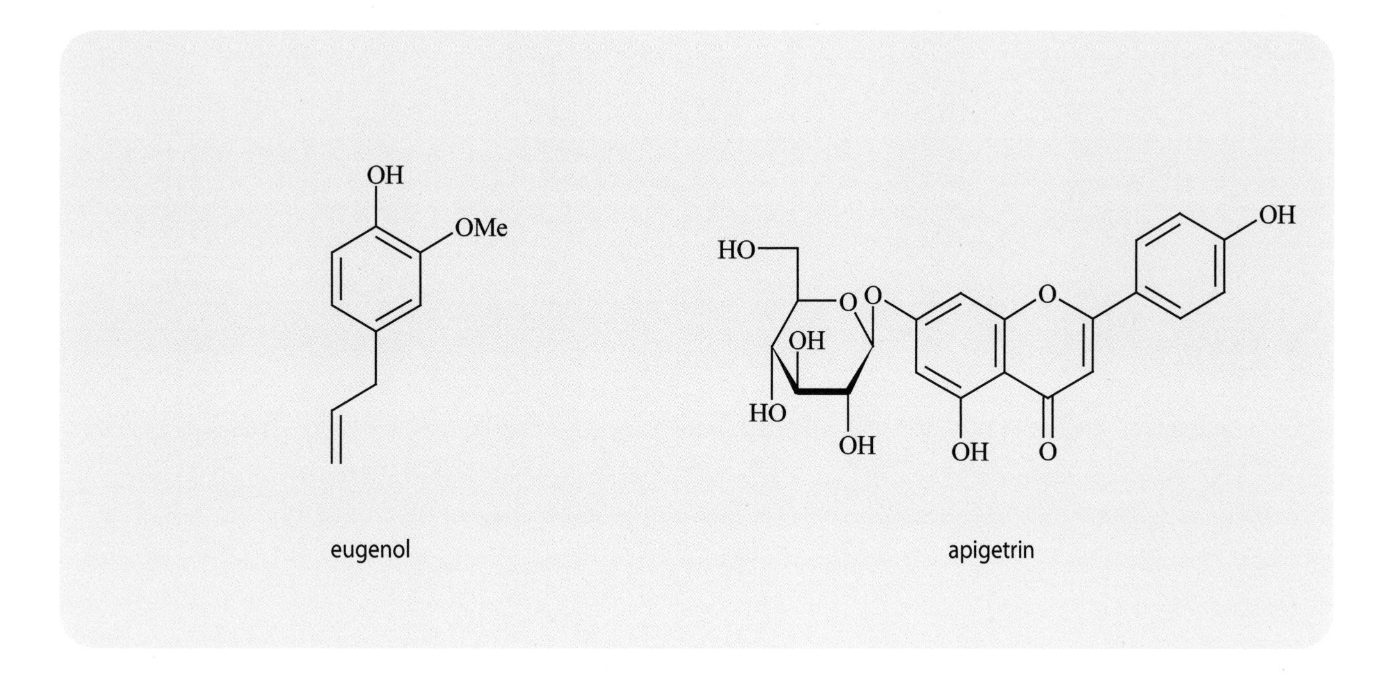

eugenol apigetrin

약리작용

1. 진통 작용
   잎의 추출물은 진통 효과를 나타냈다[8]. 유게놀은 마우스에서 아세트산에 의한 뒤틀림 반응을 유의하게 감소시켰고, 열판 시험에서 꼬리 튀기기의 시간을 증가시켰다[1]. 갈산을 복강 내 투여하면 랫드에서 유의한 진통 효과를 나타냈다[4].
2. 항균 작용
   전초의 정유 성분은 상당한 항균 작용을 나타냈다. *In vitro*에서 정유 성분은 황색포도상구균, 탄저균, 바실러스 서브틸리스 및 악티로마이세스 피로겐스를 억제했다. 파스퇴렐라 물토시다에 대한 항균 효과는 스트렙토마이신과 페니실린보다 강력했다[9].
3. 간 보호
   랫드에서 잎의 물 추출물을 경구 투여하면 CCl_4 및 아세트아미노펜에 의한 급성 간 손상에 대해 유의한 보호 효과를 나타냈다. 추출물을 처리하면 혈청 내 글루탐산 피루브산 아미노기전달효소(GPT), 글루탐산 옥살초산 아미노기전달효소(GOT), 알칼리 포스파타아제, 빌리루빈의 수치가 비정상적으로 상승하고 글루타티온 호르몬의 수치가 감소되었다[10].
4. 혈당강하 작용
   에탄올과 물 추출물을 경구 투여하면 정상 랫드에서 유의한 혈당강하 효과를 나타냈다[11].
5. 기타
   정유 성분은 장 내 기생충을 사멸시켰다[12].

마반초 磨盤草 IP

용도

1. 감기와 발열, 기침
2. 설사
3. 중이염, 인후염, 이하선염
4. 요로 감염, 임질[13]
5. 염증, 옹

해설

마반초의 뿌리와 씨도 의약적으로 사용되며, 한약명은 각각 마반근(磨盘根)과 마반초자(磨盘草子)이다. 마반근(磨盘根)은 청열이습(清熱利濕), 통규활혈(通竅活血)의 효능이 있으며, 마반초자(磨盘草子)는 통규(通竅), 이수(利水), 청열해독(清熱解毒)의 효능이 있다.
대만에서 생산되는 *Abutilon indicum* (L.) Sweet var. *guineense* (Schumach.) Feng도 또한 이명, 난청 및 중이염 치료에 사용된다. 이 식물에 대한 화학적 성분 구성과 약리학적 활성에 대한 연구가 아직 수행되지 않았다. 의약 자원을 확대하기 위해서는 더 많은 연구가 필요하다.

참고문헌

1. M Ahmed, S Amin, M Islam, M Takahashi, E Okuyama, CF Hossain. Analgesic principle from Abutilon indicum. Pharmazie. 2000, 55(4): 314-316
2. PV Sharma, ZA Ahmed. Two sesquiterpene lactones from Abutilon indicum. Phytochemistry. 1989, 28(12): 3525
3. PK Jain, TC Sharma, MM Bokadia. Chemical investigation of the essential oil of Abutilon indicum. Acta Ciencia Indica, Chemistry. 1982, 8(3): 136-139
4. PV Sharma, ZA Ahmed, VV Sharma. Analgesic constituent of Abutilon indicum. Indian Drugs. 1989, 26(7): 333
5. SS Subramanian, AGR Nair. Flavonoids of four malvaceous plants. Phytochemistry. 1972, 11(4): 1518-1519
6. I Matlawska, M Sikorska. Flavonoid compounds in the flowers of Abutilon indicum (L.) Sweet (Malvaceae). Acta Poloniae Pharmaceutica. 2002, 59(3): 227-229
7. TJ Dennis, KA Kumar. Chemical examination of the roots of Abutilon indicum Linn. Journal of the Oil Technologists' Association of India. 1984, 15(2): 82-83
8. DM Sarkar, UM Sarkar, NM Mahajan. Anti-diabetic and analgesic activity of leaves of Abutilon indicum. Asian Journal of Microbiology, Biotechnology & Environmental Sciences. 2006, 8(3): 605-608
9. AK Garia, RG Varma. The in vitro anti-microbial efficiency of some essential oils on human pathogenic bacteria. Acta Ciencia Indica, Chemistry. 1990, 16C(3): 372-330
10. E Porchezhian, SH Ansari. Hepatoprotective activity of Abutilon indicum on experimental liver damage in rats. Phytomedicine. 2005, 12(1-2): 62-64
11. YN Seetharam, G Chalageri, SR Setty, Bheemachar. Hypoglycemic activity of Abutilon indicum leaf extracts in rats. Fitoterapia. 2002, 73(2): 156-159
12. AK Gharia, AM Thakkar, KA Topiwala, SV Muktibodh. Anthelmintic activity of some essential oils. Oriental Journal of Chemistry. 2002, 18(1): 165-166
13. SS Deokule, MW Patale. Pharmacognostic study of Abutilon indicum (L.) Sweet. Journal of Phytological Research. 2002, 15(1): 1-6

아다 兒茶 CP, IP

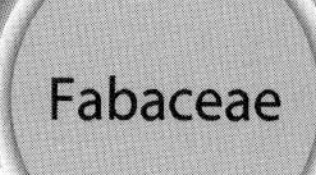

Fabaceae

Acacia catechu (L. f.) Willd.

Cutch Tree

개 요

콩과(Fabaceae)
아다(兒茶, *Acacia catechu* (L. f.) Willd.)의 껍질을 벗긴 가지와 줄기의 물 추출물을 농축한 것: 아다(兒茶)
중약명: 아다(兒茶)
아카시아속(*Acacia*) 식물은 전 세계에 약 900종이 있으며, 열대와 아열대 지역, 특히 오스트레일리아, 뉴질랜드 및 아프리카에 분포한다. 중국에서 재배종을 포함해 약 18종이 발견되며, 남서부에서 동부까지 분포하고 이 속에서 약 7종이 약재로 사용된다. 이 종은 중국의 운남성, 광서성, 광동성, 절강성 및 대만에 분포하며 대부분 재배되고 있다. 또한 인도, 미얀마, 동아프리카에 분포한다.
아다(兒茶)는 황제의 음식과 음료를 위한 ≪음선정요(飲膳正要)≫에서 "해이찰(海尔察)"이라는 이름의 약으로 처음 기술되었다. 대부분의 고대 한방의서에 기술되어 있으며, 약용 종은 고대부터 동일하게 남아 있다. 이 종은 중국약전(2015)에 아다(Catechu)의 공식적인 기원식물 내원종으로서 등재되어 있다. 의약 재료는 주로 중국 운남성의 시쐉반나(西双版纳)에서 생산된다.
아다에는 주로 카테킨과 플라보노이드 성분이 함유되어 있다. 중국약전은 의약 물질의 품질관리를 위해 고속액체크로마토그래피법에 따라 시험할 때 카테킨과 에피카테킨의 총 함량이 21% 이상이어야 한다고 규정하고 있다.
약리학적 연구에 따르면 아다에는 항균, 항바이러스, 수렴 및 지혈 효과가 있음을 확인했다.
한의학에서 아다는 수습염창(收濕斂瘡), 지혈정통(止血定痛), 청열화담(淸熱化痰)의 효능이 있다.

아다 兒茶 *Acacia catechu* (L. f.) Willd.

아다 兒茶 CP, IP

아다 兒茶 Catechu

함유성분

심재에는 카테킨 성분으로 catechin (catechuic acid), epicatechin[1], 3'4'7-tri-O-methylcatechin, 3'4',5,5',7-penta-O-methylgallocatechin[2], phlobatannin[3], afzelechin[4], 플라보노이드 성분으로 fisetin, quercetagetin[3], kaempferol, dihydrokaempferol, taxifolin, isorhamnetin[4]이 함유되어 있다.
나무껍질과 뿌리에는 플라보노이드 성분으로 quercetin, 3-methylquercetin, dihydrokaempferol, taxifolin, 스테로이드 성분으로 poriferasterol, 트리테르페노이드 성분으로 lupenone, lupeol[5]이 함유되어 있다.
잎에는 카테킨 성분으로 catechin, epicatechin, epicatechin-3-O-gallate, epigallocatechin-3-O-gallate[1], 플라보노이드 성분으로 quercitrin, hyperin, quercetin-3-O-arabinofuranoside[6]가 함유되어 있다.
나무줄기에는 플라보노이드 성분으로 5,7,3',4'-tetrahydroxy-3-methoxyflavone-7-O-β-D-galactopyranosyl-(1→4)-O-β-D-glucopyranoside[7], 5,7-dihydroxy-3,6-dimethoxyflavone-5-O-α-L-arabinopyranosyl-(1→6)-O-β-D-glycopyranoside[8]가 함유되어 있다.

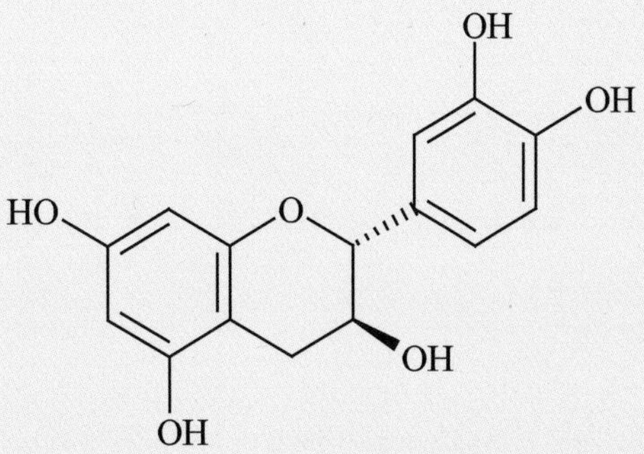

HO, OH, OH, OH, OH (structure)

catechin

HO, OH, OH, OH, O (structure)

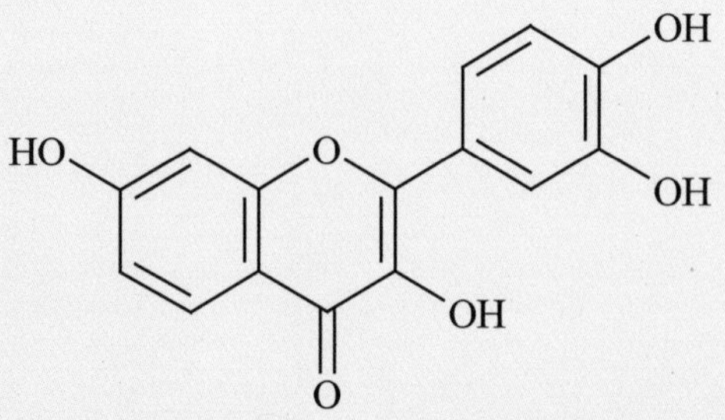

fisetin

약리작용

1. 항균 및 항바이러스 효과
   아다의 물 추출물은 *in vitro*에서 황색포도상구균, 표피포도구균, 장구균, 폐렴간균, 대장균과 같은 임상 변종을 억제했다[9-10]. 아다 추출물을 경구 투여하면 인플루엔자 바이러스에 감염된 마우스의 평균 생존 시간을 유의하게 증가시켰고 폐의 병변을 완화시켰다[11]. 원위세뇨관(MDCK)과 닭 배아 세포 배양에서 아다의 에틸아세테이트 추출물은 감염된 세포에서 A형 인플루엔자 바이러스의 증식을 억제했다[12].

2. 수렴 및 지혈
   상처와 화상에 카테킨을 국소적으로 도포하면 삼출액이 응고되고 표면에 흉터 조직이 형성되어 세균 감염을 예방할 수 있다. 국소 도포는 또한 창상 표면에 미세 혈관을 수축시켜 국소 지혈 효과를 나타냈다[13].

3. 항산화
   *In vitro*에서 아다와 그 성분(카테킨과 탄닌)은 크산틴-크산틴 산화효소 시스템에 의해 생성된 산소 라디칼과 슈퍼 옥사이드 음이온을 제거한다. 아다는 H_2O_2로 유도된 적혈구 용혈을 어느 정도 억제했다. 마우스에서 아다는 간과 신장에서 지질과산화를 억제했다[14].

4. 간 보호
   첫 배양된 랫드 간세포에서 카테킨은 CCl_4 또는 D-갈락토사민에 의해 유도된 글루탐산 옥살초산 아미노기전달효소(GOT), 글루탐산 피루브산 아미노기전달효소(GPT) 및 락산탈수소효소의 활성을 억제했다[15]. *In vitro*에서 카테킨은 아미노페나존 탈메틸화의 속도를 증가시키고 랫드 간의 소포체에서 CCl_4에 의해 유도된 지질과산화를 억제했다[16]. 카테킨을 복강 내 투여하면 에탄올을 마셨던 마우스에서 간 미토콘드리아의 급성 손상을 완화시켰다[17].

5. 항고혈압 효과
   아다의 물 추출물을 정맥 내 투여하면 마취된 개의 혈압을 유의하게 감소시켰다. *In vitro*에서 추출물은 적출된 랫드의 꼬리 동맥에 아르기닌 바소프레신(AVP) 또는 메톡사민으로의 수축을 억제했다. 항고혈압 작용은 혈관 확장 및 브라디키닌 효과와 관련된다[18].

6. 기타
   아다는 장 운동을 억제하고, 항종양 효과를 나타냈다.

용도

1. 비 치유 궤양, 궤양성 치염, 농가진
2. 혈액 투석, 객혈, 혈뇨, 혈변, 자궁출혈, 외상성 출혈
3. 기침, 결핵

해설

백륵아다(柏勒兒茶)로 알려진 콩과(Fabaceae)의 *Dichrostachys cinerea* (L.) Wight et Arn의 줄기와 가지의 물 추출물을 말린 것은 중국의 광동성에서 생산된다. 백륵아다는 또한 탄닌이 풍부하며 출혈의 다양한 유형을 치료하기 위해 임상적으로 사용된다.
감비르 또는 카테츄로 알려진 꼭두서니과(Rubiaceae)의 *Uncaria gambier* Roxb의 잎이 달린 어린 가지의 물 추출물을 말린 것도 전 세계 여러 지역에서 카테츄로 사용된다. 감비르 는 카테킨이 풍부하여 수렴성 간 보호 효과 및 항산화 효과가 있는 개밀나무와 유사하다[14].

참고문헌

1. DD Shen, QL Wu, MF Wang, YH Yang, EJ Lavoie, JE Simon. Determination of the predominant catechins in Acacia catechu by liquid chromatography/electrospray ionization–mass spectrometry. Journal of Agricultural and Food Chemistry. 2006, 54(9): 3219–3224
2. R Murari, S Rangaswami, TR Seshadri. A study of the components of cutch: isolation of catechin, gallocatechin, dicatechin and catechin tetramer as methyl ethers. Indian Journal of Chemistry, Section B: Organic Chemistry Including Medicinal Chemistry. 1976,

14B(9): 661–664

3. DE Hathway, JWT Seakins. Enzymic oxidation of catechin to a polymer structurally related to some phlobatannins. Biochemical Journal. 1957, 67: 239–245
4. VH Deshpande, AD Patil. Flavonoids of Acacia catechu heartwood. Indian Journal of Chemistry, Section B: Organic Chemistry Including Medicinal Chemistry. 1981, 20B(7): 628
5. P Sharma, R Dayal, KS Ayyar. Acylglucosterols from Acacia catechu. Journal of Medicinal and Aromatic Plant Sciences. 1999, 21(4): 1002–1005
6. P Sharma, R Dayal, KS Ayyar. Chemical constituents of Acacia catechu leaves. Journal of the Indian Chemical Society. 1997, 74(1): 60
7. RN Yadava, S Sodhi. A new flavone glycoside: 5,7,3',4'–tetrahydroxy–3–methoxy flavone–7–O–β–D–galactopyranosyl–(1 → 4)–O–β–D–glucopyranoside from the stem of Acacia catechu Willd. Journal of Asian Natural Products Research. 2002, 4(1): 11–15
8. RN Yadav. A novel flavone glycoside from the stems of Acacia catechu Willd. Journal of the Institution of Chemists. 2001, 73(3): 104–108
9. ZX Li, XH Wang, YS Yue, BZ Zhao, JB Chen, JH Li. Comparison of in vitro anti–bacterial effects of cutch and other Chinese medicinals against 112 strains of Staphylococcus aureus. Chinese Journal of Traditional Medical Science and Technology. 2000, 7(6): 395
10. ZX Li, XH Wang, YS Yue, BZ Zhao, JB Chen, JH Li. A study of anti–bacterial activities of Acacia catechu against 308 clinically isolated strains by new methods. Chinese Journal of Information on Traditional Chinese Medicine. 2001, 8(1): 38–40
11. Q Zheng, GL Ping, WM Zhao. Anti–influenza effect of catechu extract in mice. Journal of Capital University of Medical Sciences. 2004, 25(1): 32–34
12. WM Zhao, Q Zheng, ZL Liu, GL Ping, LX Ding, WX Shi, HL Liu. Effects of Chinese herb–catechu extracts on influenza A virus. Journal of Capital University of Medical Sciences. 2005, 26(2): 167–169
13. C Liu, RY Chen. Advance of chemistry and bioactivities of catechin and its analogues. China Journal of Chinese Materia Medica. 2004, 29(10): 1017–1021
14. JG Tian, JD Yu, GL Wang, PL Huang. Study on elimination effect and anti–oxygenation of Acacia catechu on oxygen radicals. Traditional Chinese Drug Research & Clinical Pharmacology. 1999, 10(6): 344–346
15. RY Fang, M Lu, BZ Yang, YJ Lou, LM Wang. Effects of catechin on CCl_4 and D–Galactosamine–induced cytotoxicity in primary cultured rat hepatocytes. Acta Academiae Medicinae Sinicae. 1992, 14(3): 194–200
16. O Danni, BC Sawyer, TF Slater. Effects of (+)–catechin in vitro and in vivo on disturbances produced in rat liver endoplasmic reticulum by carbon tetrachloride. Biochemical Society Transactions. 1977, 5(4): 1029–1032
17. XY Lu. Effects of catechin against acute injury of liver mitochondria membrane in ethanol intoxicated mice. Chinese Journal of Pharmacology and Toxicology. 1991, 5(1): 59–61
18. JSK Sham, KW Chiu, PKT Pang. Hypotensive action of Acacia catechu. Planta Medica. 1984, 50(2): 177–180

용설란 龍舌蘭

Amaryllidaceae

Agave americana L.

American Century Plant

개 요

수선화과(Amaryllidaceae)

용설란(龍舌蘭, *Agave americana* L.)의 신선한 잎 또는 잎을 말린 것: 용설란(龍舌蘭)

중약명: 용설란(龍舌蘭)

용설란속(*Agave*) 식물은 전 세계에 300종 이상이 있으며, 건조하거나 반건조 지역, 특히 멕시코가 원산이다. 많은 종들이 중국에 도입되어 재배되고 있다. 주로 4종이 있으며 세계적으로 유명한 섬유식물이다. 4종 모두 약재로 사용된다. 이 종은 열대 아메리카가 원산이다. 중국의 남부와 남서부의 도입되어 재배되고 있으며, 운남성에서는 오랫동안 야생화였다.

용설란은 중앙 멕시코의 건조 지대에서 수천 년 동안 재배되어 현지 사람들이 그 섬유로 로프를 만들고, 그 잎을 취해서 음식으로 먹었으며 그 잎 액으로 와인을 양조했다. 용설란은 100년 전에 중국에 도입되어 남부 지방의 민간 약초가 되었다. 주로 중국 광동성에서 생산된다. 용설란에는 주로 스테로이드 사포닌 성분이 함유되어 있다.

약리학적 연구에 따르면 용설란은 항염, 진통, 항진균 작용, 종양 억제 및 살정 작용이 있음을 확인했다.

한의학에서 용설란은 해독발농(解毒撥膿), 살충(殺蟲), 지혈(止血)의 효능이 있다.

용설란 龍舌蘭 *Agave americana* L.

용설란 龍舌蘭 *A. sisalana* Perr. ex Engelm.

함유성분

잎에는 스테로이드성 사포게닌 성분으로 hecogenin[1], Δ9,11-dehydrohecogenin[2], gitogenin, chlorogenin, mannogenin, rockogenin, 12-epirockogenin[3], tigogenin, smilagenin[4], sarsasapogenin, diosgenin[5], agavegenin D[6]가 함유되어 있고, 스테로이드성 사포닌 성분으로 agavosides A, B, C, C', D, E, F, G, H, I[7], agamenosides H, I, J[6], hecogenin tetraglycoside, cantalasaponin I, (25R)-3β,-6α-dihydroxy-5α-spirostan-12-one 3,6-di-O-β-D-glucopyranoside[8], 플라보노이드 성분으로 agamanone[9], 긴 사슬형 알칸 유도체 성분으로 tetratriacontanol, tetratriacontyl hexadecanoate, 5-hydroxy-7-methoxy-2-tritriacontyl-4(H)-1-benzopyran-4-one[10]이 함유되어 있다. 또한 agavain-SH II[11]가 함유되어 있다.

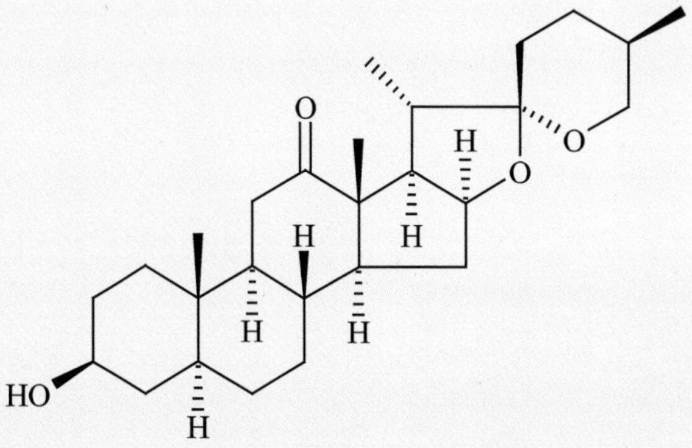

O
H
H
H
H
H
O
O
HO
H

hecogenin

OMe
O
O
HO
O
MeO
OH
O

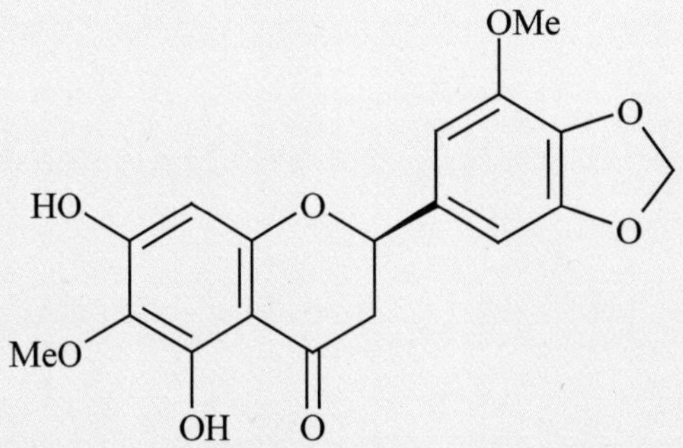

agamanone

약리작용

1. 항염 및 진통 작용
   생약의 물 추출물을 경구 투여하면 랫드에서 목화송이에 의한 육아종, 마우스에서 아세트산에 의한 모세혈관 투과성 증가와 비틀림을 유의하게 억제했다[12]. 동결건조 물 추출물을 복강 내 투여하면 실험동물에서 카라기닌에 의한 뒷발의 부기(浮氣)를 억제했다[13].
2. 항균 작용
   *In vivo*에서 생약의 스테로이드성 사포닌은 칸디다 네오포르만스와 아스페르질루스 푸미가투스와 같은 기회감염균의 성장을 유의하게 억제했다[14].
3. 항종양
   *In vivo*에서 헤코게닌 테트라글리코사이드는 인간 전 골수성 백혈병 HL-60 세포에 대하여 세포독성을 보였다[8].
4. 살정 작용
   헤코게닌 기반 사포닌은 인간 정자의 운동력을 억제했다. 살정 작용은 12-oxo 그룹의 존재에 기인했다[15].

용도

1. 옹, 괴사, 염증, 옴
2. 골반 염증, 자궁출혈
3. 류머티스성 관절염

해설

용설란속의 식물은 경제적 가치가 높다. 섬유질은 견고하고 부식에 강하며 견인용 로프, 어망 및 유화용 캔버스의 고급 원료이다. *Agave sisalana* Perr. ex Engelm.의 섬유는 최고의 수율과 최상의 품질이다.
용설란속의 식물은 모두 스테로이드성 사포닌이 풍부하며 스테로이드 호르몬 생산에 중요한 원료이다. 그중 용설란 *Agave americana*는 스테로이드성 사포닌 함량이 가장 높다.
용설란 *A. americana*는 2천 년 전에 멕시코의 주요한 식물이었으며, 발효된 잎 수액도 아가베 와인으로 제조되었다. 발효 잎은 아가베게닌 A, B[16], 아가메노사이드 A, B[17], D, E 및 F[18]와 같은 새로운 스테로이드성 사포닌 성분이 함유되어 있다. 그 성분들의 약리학적 활성에 대해서는 아직 연구되지 않았다.

참고문헌

1. AM Dewidar, D El-Munajjed. Steroid sapogenin constituents of Agave americana, A. variegata and Yucca gloriosa. Planta Medica. 1971, 19(1): 87-91
2. OL Tombesi, MB Faraoni, MA Frontera, MA Tomas. Steroidal sapogenins in leaves of Agave americana L. (Amaryllidaceae). Informacion Tecnologica. 1998, 9(6): 11-15
3. YY Chen, PZ Cong, L Huang. Studies on the steroidal sapogenin in Agave plants I. Isolation and identification of steroidal sapogenins from the leaves of Agave americana. Acta Chimica Sinica. 1975, 33(1): 149-161
4. TA Pkheidze, DA Kereselidze. Steroid sapogenins of some varieties of American agave. Izvestiya Akademii Nauk Gruzinskoi SSR, Seriya Khimicheskaya. 1978, 2: 187-190
5. YY Chen, PZ Cong. Application of thin-layer chromatography in the study of natural products. IV. Identification of steroidal sapogenins from Agave americana. Acta Pharmaceutica Sinica. 1964, 11(3): 147-155
6. JM Jin, YJ Zhang, CR Yang. Four new steroid constituents from the waste residue of fiber separation from Agave americana leaves. Chemical & Pharmaceutical Bulletin. 2004, 52(6): 654-658
7. GV Lazur'evskii, VA Bobeiko, PK Kintya. Steroid glycosides from Agave americana leaves. Doklady Akademii Nauk SSSR. 1975, 224(6):

1442-1444

8. A Yokosuka, Y Mimaki, M Kuroda, Y Sashida. A new steroidal saponin from the leaves of Agave americana. Planta Medica. 2000, 66(4): 393-396
9. VS Parmar, HN Jha, AK Gupta, AK Prasad. Agamanone, a flavanone from Agave americana. Phytochemistry. 1992, 31(7): 2567-2568
10. VS Parmar, HN Jha, AK Gupta, AK Prasad, S Gupta, PM Boll, OD Tyagi. New anti-bacterial tetratriacontanol derivatives from Agave americana L. Tetrahedron. 1992, 48(7): 1281-1284
11. FC Xu, MQ Li. Characterization of a proteolytic enzyme from leaves of Agave americana. Acta Biochemica et Biophysica Sinica. 1993, 25(1): 25-31
12. SP Jiao, B Chen, H Jiang. Studies on the anti-inflammatory effects of Agave americana var. marginata Hort. Journal of Beihua University (Natural Science). 1993, 25(1): 377-379 Amaryllidaceae 20 Encyclopedia of Medicinal Plants Amaryllidaceae Agave americana L.
13. AT Peana, MDL Moretti, V Manconi, G Desole, P Pippia. Anti-inflammatory activity of aqueous extracts and steroidal sapogenins of Agave americana. Planta Medica. 1997, 63(3): 199-202
14. CR Yang, Y Zhang, MR Jacob, SI Khan, YJ Zhang, XC Li. Anti-fungal activity of C-27 steroidal saponins. Antimicrobial Agents and Chemotherapy. 2006, 50(5): 1710-1714
15. G Pant, MS Panwar, DS Negi, MSM Rawat. Spermicidal activity of steroidal and triterpenic glycosides. Current Science. 1988, 57(12): 661
16. JM Jin, CR Yang. Two new spirostanol steroidal sapogenins from fermented leaves of Agave americana. Chinese Chemical Letters. 2003, 14(5): 491-494
17. JM Jin, XK Liu, RW Teng, CR Yang. Two new steroidal glycosides from fermented leaves of Agave americana. Chinese Chemical Letters. 2002, 13(7): 629-632
18. JM Jin, XK Liu, CR Yang. Three new hecogenin glycosides from fermented leaves of Agave americana. Journal of Asian Natural Products Research. 2003, 5(2): 95-103

고량강 高良薑 CP, KP, JP, VP

Zingiberaceae

Alpinia officinarum Hance

Lesser Galangal

개 요

생강과(Zingiberaceae)

고량강(高良薑, *Alpinia officinarum* Hance)의 뿌리줄기를 말린 것: 고량강(高良薑)

중약명: 고량강(高良薑)

꽃양하속(*Alpinia*) 식물은 전 세계에 약 250종이 있으며, 아시아 열대 지역에 주로 분포한다. 중국에는 약 46종이 발견되며, 남동부에서 남서부까지 분포한다. 이 속에서 약 12종이 약재로 사용된다. 이 종은 중국의 해남성, 광동성, 광서성 및 홍콩에 분포한다.

"고량강(高良薑)"은 ≪명의별록(名醫別錄)≫에서 중품 약으로 처음 기술되었다. 대부분의 고대 한방의서에 기술되어 있다. 이 종은 중국약전(2015)에 한약재 고량강(Alpiniae Officinarum Rhizoma)의 공식적인 기원식물 내원종으로서 등재되어 있다. ≪대한민국약전≫(제11개정판)에는 "고량강"을 "고량강(高良薑) *Alpinia officinarum* Hance (생강과 Zingiberaceae)의 뿌리줄기"로 등재하고 있다. 의약 재료는 주로 중국의 해남성, 광동성 및 광서성에서 생산된다.

뿌리줄기에는 주로 디아릴헵타노이드, 플라보노이드 및 정유 성분이 함유되어 있다. 중국약전은 의약 물질의 품질관리를 위해 가스크로마토그래피법에 따라 시험할 때 시네올의 함량을 0.15% 이상으로 규정하고 있다.

약리학적 연구에 따르면 뿌리줄기에는 항혈전, 항응고, 진통, 혈당강하, 항산화, 항균 및 항종양 작용이 있음을 확인했다.

한의학에서 고량강은 온위산한(溫胃散寒), 소식지통(消食止痛)의 효능이 있다.

고량강 高良薑 *Alpinia officinarum* Hance

고량강 高良薑 CP, KP, JP, VP

고량강 高良薑 Alpiniae Officinarum Rhizoma

함유성분

뿌리줄기에는 주로 디아릴헵타노이드 성분으로 curcumin, hexahydrocurcumin, dihydrocurcumin[1], 5−hydroxy−7−(4−hydroxy−3−methoxyphenyl)−1−phenyl−3−heptanone[2], dihydroyashabushiketol, 1,7−diphenyl−4−hepten−3−one[3], 7−(4−hydroxy−3−methoxyphenyl)−1−phenyl−3,5−heptanedione[4], 7−(4"−hydroxyphenyl)−1−phenyl−4−hepten−3−one[5]이 함유되어 있고, 플라보노이드 성분으로 galangin[6], 3−methylgalangin, quercetin, kaempferol, kaempferide, isorhamnetin, quercetin−3−methyl ether[7], 정유 성분으로 cineole, eugenol, pinene, 3−carene, camphene, α−terpineol, isocaryophyllene[8], 페닐프로파노이드 성분으로 (E)−p−coumaryl alcohol−γ−O−methyl ether, (E)−p−coumaryl alcohol[9], 안트라퀴논 성분으로 emodin[10]이 함유되어 있다.

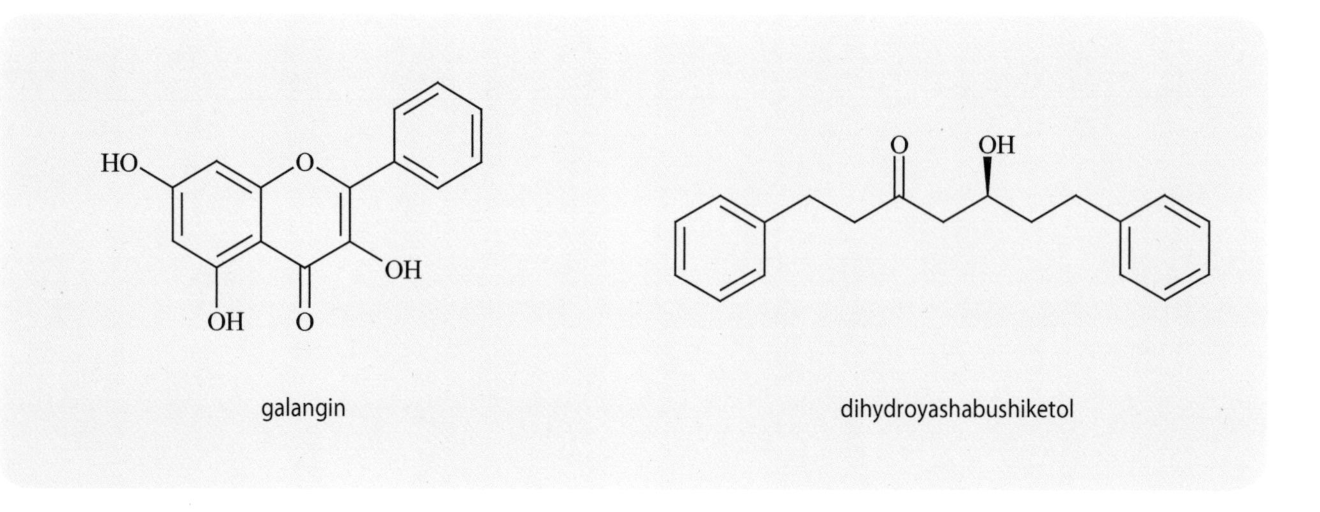

약리작용

1. 혈전 형성 및 혈액 응고계에 대한 효과
   뿌리줄기의 물 추출물 또는 정유 성분을 경구 투여하면 랫드에서 혈전 형성을 유의하게 억제했다. 또한 내인성 혈액 응고 시스템에 관여하여 항응고제 효과를 나타냈다[11].
2. 진통 작용
   뿌리줄기의 에테르 또는 물 추출물을 경구 투여하면 마우스에서 아세트산으로 유발된 뒤틀림 반응 및 열판 시험에서 발 오므림 시간이 연장되었다. 물 추출물을 경구 투여하면 디메틸벤젠으로 유도된 귀의 부기(浮氣) 및 아세트산에 의한 마우스의 모세혈관 투과성 증가를 억제했고, 카라기닌에 의한 랫드의 뒷발 부기(浮氣)를 억제했다[12].

3. 항궤양 및 혈당강하 작용
   뿌리줄기의 에테르 또는 물 추출물을 경구 투여하면 물 침지(마우스에서) 및 염산(랫드에서)에 의해 유발된 위궤양을 유의적으로 길항했다. 경구 투여하면 마우스에서 피마자유(에테르와 물 추출물)와 센나 잎(물 추출물)에 의해 유발된 설사를 억제했다[13].

4. 혈당강하
   정상 토끼의 경우, 뿌리줄기의 가루, 특히 그 가루의 메탄올 및 물 추출물을 경구 투여하면 혈당 수준을 유의하게 감소시켰다. 그러나 뿌리줄기의 가루와 그 메탄올 및 물 추출물은 알록산 유도 당뇨병 토끼에서 효과가 없었다. 저혈당 효과는 아마도 췌장 인슐린 분비 증가에 의해 매개되는 것으로 나타났다[14].

5. 항산화 작용
   뿌리줄기의 추출물은 햄스터 폐섬유아세포 V79-4 세포의 증식에 대한 산화제 H_2O_2의 억제 효과를 감소시켰다. 주요 활성 성분은 플라보노이드와 디아릴헵타노이드였다[15].

6. 항균 효과
   *In vivo*에서 뿌리줄기의 정유 성분은 백선균, 백색 종창, 트리코피톤 시미이, 에피더모피톤 플로코섬과 같은 피부 박테리아에 유의한 억제 효과를 나타냈다. 뿌리줄기에서 분리된 플라보노이드는 그람 음성균과 그람 양성균뿐만 아니라 병리학적 및 비병원성 균주에도 효과적이었다[16-17].

7. 항종양
   갈랑긴은 중국 햄스터 폐 세포에서 N-메틸-N-니트로소우레아에 의해 유도된 자매 염색 분체 교환을 감소시켰다. 갈랑긴을 마우스에 투여하면 7,12-디메틸벤조[α]안트라센에 대한 항염색체 효과를 보였다[18]. 스타우로사포닌(ST)이나 스핑고신(SS)은 인간 비인두 암종인 CNE-2Z 세포의 성장을 억제했다. 뿌리줄기의 에탄올 추출물은 CNE-2Z 세포에 대한 SS의 억제 효과를 상승시켰다[19].

8. 기타
   뿌리줄기는 간 기능 및 담즙 분비 촉진 효과[13]가 있었고, 지방산 합성 효소를 억제했다[20].

용도

1. 상복부 통증
2. 기침, 역류, 구토, 설사, 소화불량

해설

고량강의 뿌리줄기는 중국 위생부에서 지정한 식약공용 품목 중 하나이다. 홍두구 *Alpinia galanga* (L.) Willd의 뿌리줄기를 말린 것은 온위산한(溫胃散寒)하고 행기지통(行氣止痛)의 효능이 있다. ≪본초도경(本草圖經)≫에서 고량강(高良薑)으로 기록되었다.
고량강(高良薑)과 홍두구 *A. galanga*의 뿌리줄기는 외관상 유사하지만 후자는 정유 성분의 함량이 적고 향기가 가벼우며 품질이 떨어진다. 홍두구 *A. galanga*의 뿌리줄기에는 정유 성분과 플라보노이드(퀘르세틴, 케펨솔, 케펨페틴, 이소람네틴, 갈랑긴 및 3-메틸갈랑긴) 성분이 함유되어 있다[21]. 이 씨에는 카리오필렌옥사이드와 카리오필렌 I 및 II 성분이 함유되어 있다[22].

참고문헌

1. S Uehara, I Yasuda, K Akiyama, H Morita, K Takeya, H Itokawa. Diarylheptanoids from the rhizomes of Curcuma xanthorrhiza and Alpinia officinarum. Chemical & Pharmaceutical Bulletin. 1987, 35(8): 3298–3304
2. T Inoue, T Shinbori, M Fujioka, K Hashimoto, Y Masada. Studies on the pungent principle of Alpinia officinarum Hance. Yakugaku Zasshi. 1978, 98(9): 1255–1257
3. H Itokawa, M Morita, S Mihashi. Two new diarylheptanoids from Alpinia officinarum Hance. Chemical & Pharmaceutical Bulletin. 1981, 29(8): 2383–2385
4. F Kiuchi, M Shibuya, U Sankawa. Inhibitors of prostaglandin biosynthesis from Alpinia officinarum. Chemical & Pharmaceutical Bulletin. 1982, 30(6): 2279–2282
5. H Itokawa, H Morita, I Midorikawa, R Aiyama, M Morita. Diarylheptanoids from the rhizome of Alpinia officinarum Hance.

Chemical & Pharmaceutical Bulletin. 1985 33(11): 4889–4893

6. NW Dong, FZ Liu, CL Gan, WN Han. Optimization of the extraction process of galangin. Journal of Harbin Medical University. 2006, 40(2): 168–169
7. W Bleier, JJ Chirikdjian. Flavonoids from galanga rhizome (Alpinia officinarum Hance). Planta Medica. 1972, 22(2): 145–151
8. H Lou, C Cai, JH Zhang, LE Mo. Comparision of the chemical constituents of essential oils in the rhizome, stem and leaf of Alpinia officinarum. Shizhen Journal of Traditional Chinese Medicine Research. 1997, 8(4): 319–320
9. TN Ly, M Shimoyamada, K Kato, R Yamauchi. Isolation and characterization of some anti–oxidant compounds from the rhizomes of smaller galanga (Alpinia officinarum Hance). Journal of Agricultural and Food Chemistry. 2003, 51(17): 4924–4929
10. H Lou, C Cai, JH Zhang, LE Mo. Chemical study of Alpinia officinarum. Journal of Chinese Medicinal Materials. 1998, 21(7): 349–351
11. QY Xu, LS Yu, XL Zhang, RM Chen. Effects of Alpinia officinarum and its main constituents on experimental thrombosis and blood coagulation system. Shaanxi Journal of Traditional Chinese Medicine. 1991, 12(5): 232–233
12. MF Zhang, JY Duan, GJ Chen, YQ Shen, YP Song. Pharmacological studies on the channel–warming and pain–alleviating effects of Alpinia officinarum. Shaanxi Journal of Traditional Chinese Medicine. 1992, 13(5): 232–236
13. ZP Zhu, GJ Chen, MF Zhang, YQ Shen. Pharmacological studies on the middle–warming and pain–alleviating effects of Alpinia officinarum. Journal of Chinese Medicinal Materials. 1991, 14(10): 37–41
14. MS Akhtar, MA Khan, MT Malik. Hypoglycemic activity of Alpinia galanga rhizome and its extracts in rabbits. Fitoterapia. 2002, 73(7–8): 623–628
15. SE Lee, HJ Hwang, JS Ha, HS Jeong, JH Kim. Screening of medicinal plant extracts for anti–oxidant activity. Life Sciences. 2003, 73(2): 167–179
16. SH Gui, DX Jiang, J Yuan. Study on anti–fungal action of volatile oil from Pericarpium Zanthoxyli and Rhizoma Alpiniae Officinarum in vitro. Chinese Journal of Information on Traditional Chinese Medicine. 2005, 12(8): 21–22
17. PG Ray, SK Majumdar. Anti–fungal flavonoid from Alpinia officinarum Hance. Indian Journal of Experimental Biology. 1976, 14(6): 712–714
18. MY Heo, SJ Sohn, WW Au. Anti–genotoxicity of galangin as a cancer chemopreventive agent candidate. Mutation Research. 2001, 488(2): 135–150
19. NY Chen, ML Zhao. Effects of protein kinase C inhibitors, six marine organisms and Chinese herbs on the growth of nasopharyngeal carcinoma cells in vitro. Chinese Journal of Pathophysiology. 1996, 12(6): 596–599
20. BH Li, WX Tian. Presence of fatty acid synthase inhibitors in the rhizome of Alpinia officinarum Hance. Journal of Enzyme Inhibition and Medicinal Chemistry. 2003, 18(4): 349–356
21. W Bleier, JJ Chirikdjian. Flavonoids of Rhizoma Galangae. Planta Medica. 1972, 22(2): 145–151
22. S Mitsui, S Kobayashi, H Nagahori, A Ogiso. Constituents from seeds of Alpinia galanga Willd. and their anti–ulcer activities. Chemical & Pharmaceutical Bulletin. 1976, 24(10): 2377–2382

익지 益智 CP, KP, JP, VP

Zingiberaceae

Alpinia oxyphylla Miq.

Sharp-leaf Galangal

개 요

생강과(Zingiberaceae)

익지(益智, *Alpinia oxyphylla* Miq.)의 열매를 말린 것: 익지(益智)

중약명: 익지(益智)

꽃양하속(*Alpinia*) 식물은 전 세계 약 250종이 있으며, 아시아의 열대 지역에 분포한다. 중국에서 약 46종이 발견되며, 남동부에서 남서부까지 분포한다. 이 속에서 약 12종이 약재로 사용된다. 이 종은 중국의 해남성, 광동성, 광서성 및 홍콩에 분포한다.

익지(益智)는 ≪남방초목상(南方草木狀)≫에서 "익지자(益智子)" 이름의 약으로 처음 기술되었다. 대부분의 고대 한방의서에 기술되어 있으며, 약용 종은 고대부터 동일하게 남아 있다. 이 종은 한약재 익지의 공식적인 기원식물 내원종으로서 중국약전(2015)에 등재되어 있다. ≪대한민국약전≫(제11개정판)에는 "익지"를 "익지(益智) *Alpinia oxyphylla* Miquel (생강과 Zingiberaceae)의 열매"로 등재하고 있다. 의약 재료는 중국의 광서성, 운남성, 복건성뿐만 아니라 해남성과 광동성에서 주로 생산된다.

익지에는 주로 정유 성분이 함유되어 있다. 중국약전은 의약 물질의 품질관리를 위해 씨에서 정유 성분의 함량이 1.0%(mL/g) 이상이어야 한다고 규정하고 있다.

약리학적 연구에 따르면 익지에는 신경보호 작용, 항산화 작용, 항종양 효과 및 항고지혈증 효과가 있음을 확인했으며, 학습과 기억력을 향상시켰다.

한의학에서 온비지사(溫脾止瀉), 타액분비를 조절하고, 신장을 따뜻하게 하며 고정축뇨(固精縮尿)의 효능이 있다.

익지 益智 *Alpinia oxyphylla* Miq.

익지 益智 CP, KP, JP, VP

익지 益智 Alpiniae Oxyphyllae Fructus

함유성분

열매에는 정유 성분으로 p-cymene, valencene, linalool, myrtenal, α-, β-pinenes, terpinen-4-ol, alloaromadendrene[1], copaene, α-caryophllene, menth-8-ene, α-cadinol, α-bisabolene epoxide, β-neoclovene[2]이 함유되어 있고, 디아릴헵타노이드 성분으로 yakuchinones A, B, oxyphyllacinol[3], 세스퀴테르페노이드 성분으로 nootkatol[4], nootkatone[1], oxyphyllols A, B, C, isocyperol, oxyphyllenodiols A, B, oxyphyllenones A, B[5], 플라보노이드 성분으로 tectochrysin, chrysin[3]이 함유되어 있다.
잎과 줄기에는 정유 성분[2]이 함유되어 있다.

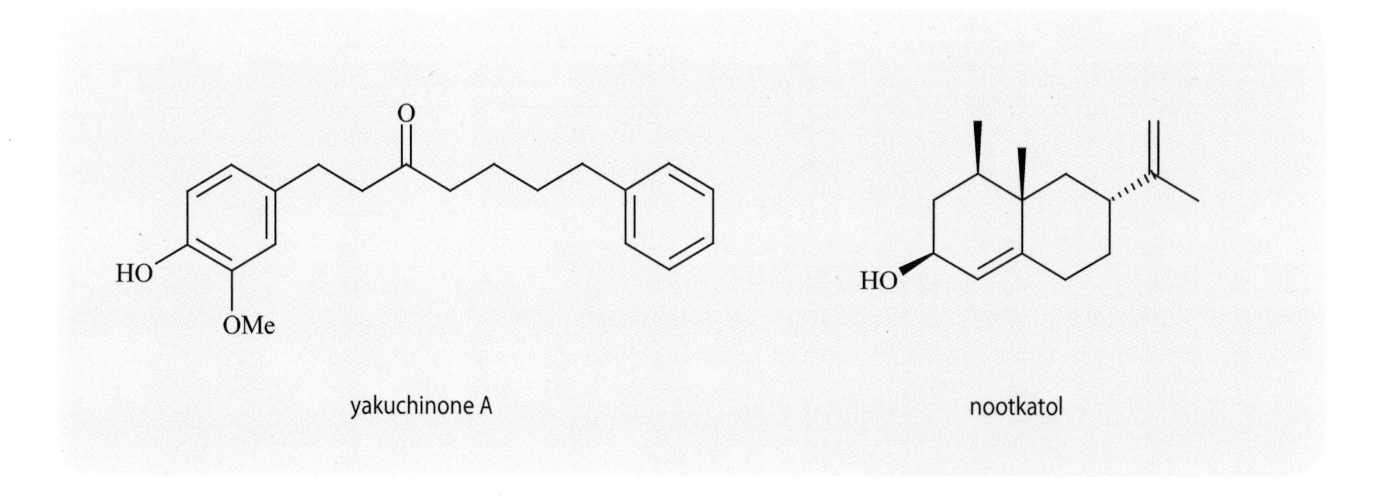

약리작용

1. 신경보호
   *In vivo*에서 열매의 에탄올 추출물은 글루타민산염에 의해 유발된 마우스 피질 뉴런의 세포사멸에 유의한 보호 효과를 나타냈다[6].
2. 학습 및 기억력 증강
   열매의 물 추출물을 경구 투여하면 노화된 랫드의 해마에서 과산화물 불균등화효소의 활성을 증가시키고, 해마 단백질 함량을 증가시키며, 노화된 랫드에서 D-갈락토오스로 유도된 학습 및 기억 장애를 개선시킨다[7]. 랫드에 열매의 물 추출물을 경구 투여하면 아세틸콜린 에스테라제의 활성을 억제하고 아세틸콜린의 분해를 감소시키지만 해마 단백질 함량을 증가시키고 스코폴라민 유발 기억 손상을 감소시킨다[8].

3. 항산화 작용
   씨로부터 분리된 프로토카테큐산은 글루타티온 수치를 증가시켰으며, H_2O_2, Fe^{2+} 및 1-메틸-4-페닐피리디늄 이온에 의한 PC12 세포의 사멸 및 산화 손상을 억제하여 치료 효과를 나타냈다. 신경 퇴행성 질환[9-10]. 열매의 에탄올 추출물, 특히 수분 증류 후 남은 잔류물은 강력한 항산화 특성을 보였다[11]. 초임계 이산화탄소 추출에서 얻은 정유 성분의 항산화 활성은 물 증류에서 얻은 것보다 더 컸다[12].

4. 항종양
   열매에서 분리한 디아릴헵타노이드의 국소 도포는 마우스에서 7,12-디메틸벤조안트라센으로 유도된 피부 종양 형성을 유의하게 억제했다. 야쿠치논 A와 B는 12-O-테트라데카노일포르볼-13-아세트산(TPA)으로 유도된 표피 오르니틴탈카르복실화효소(ODC)의 활성과 ODC mRNA의 발현을 유의하게 억제했다. 야쿠치논 A와 B는 또한 TPA 자극 마우스 피부에서 종양 괴사 인자-α(TNF-α)의 발현을 감소시켰고, TPA에 의한 전사 및전이 단계에서 사이클로옥시게나제-2의 발현을 억제했다[13]. 또한, 핵 인자-κB(NF-κB)의 활성화를 억제하고, 유도성 질소 산화물 합성 효소(iNOS)의 발현을 하향 조절했다[14]. 열매의 메탄올 추출물은 마우스 피부 종양 촉진을 억제하고 HL-60 세포의 세포사멸을 유도했다[15].

5. 항고지혈증
   실험적인 고지혈증을 가진 마우스에서, 열매 가루를 경구 투여하면 고밀도 지단백 콜레스테롤(HDL-C)의 혈청 수준을 증가시키면서 총 콜레스테롤(TC) 및 동맥경화지수(AI)의 혈청 수준을 감소시켰다[16].

6. 심혈관계에 미치는 영향
   야쿠치논 A는 기니피그에서 좌심방에 양성 변성 효과를 보였다. 그 기전은 Na^+, K^+-ATPase의 저해와 관련이 있다[17]. 노오트카톨은 칼슘길항 작용을 보였다[4].

7. 항알레르기
   열매의 물 추출물을 복강 또는 경구 투여한 결과 랫드에서 수동 피부 아나필락시스가 억제되었다. 정맥 내 투여 시 억제 효과가 약했다. 물 추출물은 또한 랫드의 복막 비만 세포에서 항다이니트로페닐 IgE 항체 활성화 히스타민 방출을 억제했다[18]. 또한, 물 추출물은 랫드의 플라스마 및 복막 비만 세포에서 화합물 48/80로 유도된 히스타민 방출을 감소시키고, 화합물 48/80으로 유도된 과민성 쇼크를 완전히 억제했다. 물 추출물을 랫드의 복막 비만 세포에 첨가했을 때 cAMP 수준을 유의하게 증가시켰다[19].

8. 노화방지
   열매의 물 추출물을 주사하면 성장과 생식이 촉진되고 물벼룩의 수명이 연장된다[20].

9. 항궤양
   열매의 아세톤 추출물 또는 노오트카톤을 경구 투여하면 랫드에서 염산이나 에탄올에 의해 유도된 위 병변이 유의하게 억제되었다[21].

용도

1. 설사
2. 타액 분비 과다
3. 야뇨증
4. 정액루(精液漏)
5. 탈장

해설

익지의 열매는 *Alpinia japonica* (Thunb.) Miq.와 화산강 *A. chinensis* (Retz.) Rose의 익은 열매를 말린 것에 의해 섞일 수 있다. 그러므로 이 종들의 응용에 특별한 주의가 요구된다[22].

익지는 중국 위생부가 지정한 식약공용 품목이다. 중국 남부의 4대 약용 식물 중 하나인 익지는 중국에서 엄청난 발전 잠재력을 가지고 있다.

참고문헌

1. XZ Luo, JG Yu, LZ Xu, SL Yang, JD Feng, SL Ou. Chemical constituents in volatile oil from fruits of Alpinia oxyphylla. China Journal of

Chinese Materia Medica. 2001, 26(4): 262-264

2. MH Yi, H Xiao, ZY Liang. Comparative study on chemical constituents in volatile oil from fruit, leaf and stalk of Alpinia oxyphylla Miq. China Tropical Medicine. 2004, 4(3): 339-342
3. XZ Luo, JG Yu, LZ Xu, KM Li, P Tan, JD Peng. Studies on the chemical constituents of the fruits from Alpinia oxyphylla. Acta Pharmaceutica Sinica. 2000, 35(3): 204-207
4. N Shoji, A Umeyama, Y Asakawa, T Takemoto, K Nomoto, Y Ohizumi. Structural determination of nootkatol, a new sesquiterpene isolated from Alpinia oxyphylla Miquel possessing calcium-antagonistic activity. Journal of Pharmaceutical Sciences. 1984, 73(6): 843-844
5. T Morikawa, H Matsuda, I Toguchida, K Ueda, M Yoshikawa. Absolute stereostructures of three new sesquiterpenes from the fruit of Alpinia oxyphylla with inhibitory effects on nitric oxide production and degranulation in RBL-2H3 cells. Journal of Natural Products. 2002, 65(10): 1468-1474
6. XY Yu, LJ An, YQ Wang, H Zhao, CZ Gao. Neuroprotective effect of Alpinia oxyphylla Miq. fruits against glutamate-induced apoptosis in cortical neurons. Toxicology Letters. 2003, 144(2): 205-212
7. ZH Ji, W Zhang, XL Zhang, FF Liu. Influence of water extract of Alpinia oxyphylla Miq. fruit on the SOD activity and protein level in hippocampus of brain aging mice induced by D-galatose. Journal of Dalian University. 2006, 27(4): 73-75,81
8. ZH Ji, XY Yu, XL Zhang, H Han, W Zhang, YF Wang. Interventional effect of the water extract of Alpinia oxyphylla Miq. fruit on scopolamineinduced learning and memory impairments in rats. Chinese Journal of Clinical Rehabilitation. 2005, 9(28): 120-122
9. G Shui, YM Bao, J Bo, LJ An. Protective effect of protocatechuic acid from Alpinia oxyphylla on hydrogen peroxide-induced oxidative PC12 cell death. European Journal of Pharmacology. 2006, 538(1-3): 73-79
10. LJ An, S Guan, GF Shi, YM Bao, YL Duan, B Jiang. Protocatechuic acid from Alpinia oxyphylla against MPP+-induced neurotoxicity in PC12 cells. Food and Chemical Toxicology. 2006, 44(3): 436-443
11. H Liu, SY Guo, CR Han, MH Ji, L Li. Separation of the anti-oxidant ingredient from Alpinia oxyphylla Miq.. Guihaia. 2005, 25(5): 469-471
12. H Liu, SY Guo, HJ Xiao, MY Cai, CR Han. Essential oils of Alpinia oxyphylla extracted by supercritical carbon dioxide extraction and their antioxidant activities. Journal of South China University of Technology (Natural Science Edition). 2006, 34(3): 54-57
13. KS Chun, KK Park, J Lee, M Kang, YJ Surh. Inhibition of mouse skin tumor promotion by anti-inflammatory diarylheptanoids derived from Alpinia oxyphylla Miquel (Zingiberaceae). Oncology Research. 2002, 13(1): 37-45
14. KS Chun, JY Kang, OH Kim, H Kang, YJ Surh. Effects of yakuchinone A and yakuchinone B on the phorbol ester-induced expression of COX-2 and iNOS and activation of NF-κB in mouse skin. Journal of Environmental Pathology, Toxicology and Oncology. 2002, 21(2): 131-139
15. E Lee, KK Park, JM Lee, KS Chun, JY Kang, SS Lee, YJ Surh. Suppression of mouse skin tumor promotion and induction of apoptosis in HL-60 cells by Alpinia oxyphylla Miquel (Zingiberaceae). Carcinogenesis. 1998, 19(8): 1377-1381
16. R Chen, RM Li, DJ Chen. Effects of Alpinia oxyphylla on reducing serum lipids in experimental hyperlipemic mice. Modern Rehabilitation. 2001, 5(12): 49-50
17. N Shoji, A Umeyama, T Takemoto, Y Ohizumi. Isolation of a cardiotonic principle from Alpinia oxyphylla. Planta Medica. 1984, 50(2): 186-187
18. SH Kim, YK Choi, HJ Jeong, HU Kang, G Moon, TY Shin, HM Kim. Suppression of immunoglobulin E-mediated anaphylactic reaction by Alpinia oxyphylla in rats. Immunopharmacology and Immunotoxicology. 2000, 22(2): 267-277
19. TY Shin, JH Won, HM Kim, SH Kim. Effect of Alpinia oxyphylla fruit extract on compound 48/80-induced anaphylactic reactions. The American Journal of Chinese Medicine. 2001, 29(2): 293-302
20. KC Li. Effect of Alpinia oxyphylla fruit on water flea lifespan. Journal of Biology. 1999, 16(4): 20-21
21. J Yamahara, YH Li, Y Tamai. Anti-ulcer effect in rats of bitter cardamon constituents. Chemical & Pharmaceutical Bulletin. 1990, 38(11): 3053-3054
22. BY Chen. Comparative identification between Alpinia oxyphylla and two adulterants. Qinghai Medical Journal. 1998, 28(6): 42

가시비름 刺莧

Amaryllidaceae

Amaranthus spinosus L.

Spiny Amaranth

개 요

수선화과(Amaryllidaceae)

가시비름(刺莧, *Amaranthus spinosus* L.)의 신선한 전초 또는 전초를 말린 것: 늑현채(竻莧菜)

가시비름(刺莧, *Amaranthus spinosus* L.)의 뿌리: 자현(刺莧)

중약명: 자현(刺莧)

가시비름속(*Amaranthus*) 식물은 약 40종이 있으며, 세계적으로 널리 분포한다. 중국에는 약 13종이 발견되며, 약 7종이 약재로 사용된다. 이 종은 일본, 인도, 인도차이나 반도, 말레이시아, 필리핀 및 아메리카 대륙뿐만 아니라 중국의 대부분 지역에 분포한다.

자현(刺莧)은 ≪영남채약록(嶺南采藥錄)≫에서 "늑현채(竻莧菜)"라는 이름의 약으로 처음 기술되었다. 이 종은 한약재 자현채(刺莧菜, Amaranthi Herba seu Radix)의 공식적인 기원식물 내원종으로서 광동성중국약재표준에 등재되어 있다. 주로 중국의 동부, 남부 및 남서부뿐만 아니라 산서성 및 하남성에서 생산된다.

가시비름에는 주로 베탈레인, 플라보노이드 및 스테롤 성분이 함유되어 있다. 광동성중약재표준은 의약 물질의 품질관리를 위해 박층크로마토그래피법을 사용한다.

약리학적 연구에 따르면 가시비름에는 지혈, 진통, 소염, 면역 증진 및 말라리아 예방 작용이 있음을 확인했다.

한의학에서 자현채는 양혈지혈(凉血止血), 청리습열(清利濕熱), 해독소옹(解毒消癰)의 효능이 있다.

가시비름 刺莧 *Amaranthus spinosus* L.

가시비름 刺莧 *A. viridia* L.

늑현채 竻莧菜 Amaranthi Viridis Herba seu Radix

함유성분

전초에는 베탈레인 성분으로 amaranthin, isoamaranthin이 함유되어 있고, 플라보노이드 성분으로 quercetin과 kaempferol의 배당체[1], spinoside[2], 리그난 배당체 성분으로 amaranthoside, 쿠마로일 아데노신 성분으로 amaricin[3], 스테로이드 성분으로 spinasterol[4], β-sitosterol, stigmasterol, campesterol, cholesterol[5]이 함유되어 있다. 또한 아미노산과 비타민 성분이 풍부하게 함유되어 있다[5-8].

amaranthin

spinoside

또한, 뿌리에는 스테로이드성 사포닌 성분으로 β-D-glucopyranosyl(1→2)-β-D-glucopyranosyl(1→2)-β-D-glucopyranosyl(1→3)-α-spinasterol, β-D-glucopyranosyl-(1→4)-β-D-glucopyranosyl(1→3)-α-spinasterol[9], α-spinasterol octacosanoate, 트리테르페노이드 사포닌 성분으로 β-D-glucopyranosyl-(1→4)-β-D-glucopyranosyl-(1→4)-β-D-glucuronopyranosyl-(1→3)-oleanolic acid[10]가 함유되어 있다.

약리작용

1. 지혈 작용
   뿌리 추출물은 궤양 질환에서 출혈을 억제했다.
2. 진통 및 항염 작용
   뿌리에서 분리된 사포닌을 경구 투여하면 마우스에서 아세트산에 의해 유발된 몸살 및 열판에 의한 통증을 유의하게 억제했다. 동일한 치료법은 디메틸벤젠에 의한 귀의 부기(浮氣)와 아세트산에 의한 마우스의 모세혈관 투과성 증가를 유의하게 억제했다[11].
3. 면역증강
   *In vitro*에서 생약 추출물은 암컷 마우스에서 비장 세포 증식을 촉진시켰다. 물 추출물은 B 림프구 활성화를 직접적으로 자극하여 면역증강 활성을 나타내며, 이로 인해 T 세포 증식이 일어난다[12].
4. 항말라리아
   기생충 적혈구를 접종한 마우스에서 생약 추출물을 경구 투여하면 플라스모듐 베르게이의 생육 및 생식을 유의하게 억제했다[13].
5. 기타
   또한 전초에는 항균 작용이 있다[13].

용도

1. 위출혈, 혈변, 치질, 혈뇨
2. 장염, 이질, 설사
3. 담낭염, 담석증
4. 백대하 과잉, 요도염, 배뇨 장애
5. 인후통, 궤양성 치염

해설

Amaranthus viridis L.도 약으로 사용되며 중국에서는 백현(白莧)이라고 한다. 백현은 청열(清熱), 해독(解毒), 이습(利濕)의 효능으로, 이질, 설사, 배뇨 곤란 및 궤양성 치은염 증상을 개선시킨다.
가시비름은 유리기 소거 효소를 함유하고 있기 때문에 대기 오염을 효과적으로 줄일 수 있는 도로가의 야생 식물이다[14]. 그러나 그 꽃가루는 중요한 공수 알레르기 항원이다[15].

참고문헌

1. FC Stintzing, D Kammerer, A Schieber, H Adama, OG Nacoulma, R Carle. Betacyanins and phenolic compounds from Amaranthus spinosus L. and Boerhavia erecta L. Zeitschrift fuer Naturforschung, C. 2004, 59(1-2): 1-8
2. Azhar-ul-Haq, A Malik, ASB Khan, MR Shah, P Muhammad. Spinoside, new coumaroyl flavone glycoside from Amaranthus spinosus. Archives of Pharmacal Research. 2004, 27(12): 1216-1219
3. Azhar-ul-Haq, A Malik, N Afza, SB Khan, P Muhammad. Coumaroyl adenosine and lignan glycoside from Amaranthus spinosus L. Polish Journal of Chemistry. 2006, 80(2): 259-263
4. M Abdul Aziz, MA Rahman, AK Mondal, T Muslim, MA Rahman, M Abdul Quader. Phytochemical evaluation of kantanotey (Amaranthus spinosus L.). Dhaka University Journal of Science. 2006, 54(2): 225-228

5. M Behari, CK Andhiwal. Chemical examination of Amaranthus spinosus Linn. Current Science. 1976, 45(13): 481-482
6. M Behari, CK Andhiwal. Amino acids in certain medicinal plants. Acta Ciencia Indica. 1976, 2(3): 229-230
7. HY Qiu, XF Zeng. The contents of nitrate, nitrite, and vitamin C of 6 edible wild vegetables of Amaranthaceae. Food Science. 2004, 25(11): 250-251
8. PQ Zhang, XY Wang, DJ Chen, LH Lü, XM Zhang, SM Yin. Analysis of nutritional components of Capsella bursa-pastoris L. and Amaranthus spinosus L.. Acta Nutrimenta Sinica. 2001, 23(4): 396-397
9. N Banerji. Two new saponins from the root of Amaranthus spinosus Linn. Journal of the Indian Chemical Society. 1980, 57(4): 417-419
10. N Banerji. Chemical constituents of Amaranthus spinosus roots. Indian Journal of Chemistry, Section B: Organic Chemistry including Medicinal Chemistry. 1979, 17B(2): 180-181
11. ZW Zheng, F Zhou, Y Li. Experimental research on analgesic and anti-inflammatory actions of Amaranthus spinosus L. root saponins. Guangxi Journal of Traditional Chinese Medicine. 2004, 27(3): 54-55
12. BF Lin, BL Chiang, JY Lin. Amaranthus spinosus water extract directly stimulates proliferation of B lymphocytes in vitro. International Immunopharmacology. 2005, 5(4): 711-722
13. A Hilou, OG Nacoulma, TR Guiguemde. In vivo antimalarial activities of extracts from Amaranthus spinosus L. and Boerhaavia erecta L. in mice. Journal of Ethnopharmacology. 2006, 103(2): 236-240
14. M Mandal, S Mukherji. A study on the activities of a few free radicals scavenging enzymes present in five roadside plants. Journal of Environmental Biology. 2001, 22(4): 301-305
15. AB Singh, P Dahiya. Antigenic and allergenic properties of Amaranthus spinosus pollen—a commonly growing weed in India. Annals of Agricultural and Environmental Medicine. 2002, 9(2): 147-151

백두구 白豆蔻 CP, KP

Zingiberaceae

Amomum kravanh Pierre ex Gagnep.

White-fruit Amomum

개 요

생강과(Zingiberaceae)

백두구(白豆蔻, *Amomum kravanh* Pierre ex Gagnep.)의 열매를 말린 것: 두구(豆蔻)

중약명: 백두구(白豆蔻)

백두구속(*Amomum*) 식물은 전 세계 약 150종이 있으며, 아시아와 호주의 열대 지역에 분포한다. 중국에서 약 24종과 2변종이 발견되며, 남부 지역에 분포한다. 이 속에서 약 11종과 1변종이 약재로 사용된다. 이 종은 캄보디아와 태국이 원산이며, 중국의 운남성과 광동성에서 재배되고 있다.

"백두구"는 ≪개보본초(開寶本草)≫에서 약으로 처음 기술되었다. 대부분의 고대 한방의서에 기술되어 있다. 고대 중국에는 두 가지 유형의 두구(豆蔻)가 있었다. 수입형은 오늘날 사용되는 육두구와 동일하지만 국내형은 초두구(草豆蔻)라고 하는 *Alpinia katsuma* Hayata의 씨를 말한다. 백두구는 중국약전(2015)에서 한약재 두구(Amomi Rotundus Fructus)의 공식적인 기원식물 내원종으로서 등재되어 있다. ≪대한민국약전≫(제11개정판)에는 "백두구"를 "백두구 *Amomum kravanh* Pierre ex Gagnep. 또는 자바백두구 *Amomum compactum* Solander ex Maton (생강과 Zingiberaceae)의 잘 익은 열매"로 등재하고 있다. 의약 재료는 주로 태국과 중국의 해남성과 운남성에서 생산된다.

백두구의 주요 활성 성분은 정유 성분이다. 중국약전은 씨에서 정유 성분의 함량이 5.0% (mL/g) 이상이어야 한다고 규정하고 있다. 씨 의약 물질의 품질관리를 위해 가스크로마토그래피법에 따라 시험할 때 시네올의 함량은 3.0% 이상이어야 한다.

약리학적 연구에 따르면 백두구는 위장 운동을 촉진하고 항염 효과가 있음을 확인했다.

한의학에서 육두구는 화습소비(化濕消痞), 행기온중(行氣溫中), 개위소식(開胃消食)의 효능이 있다.

백두구 白豆蔻 *Amomum kravanh* Pierre ex Gagnep.

백두구 白豆蔻 CP, KP

백두구 白豆蔻 *Amomum compactum* Soland ex Maton

두구 豆蔻 Amomi Rotundus Fructus

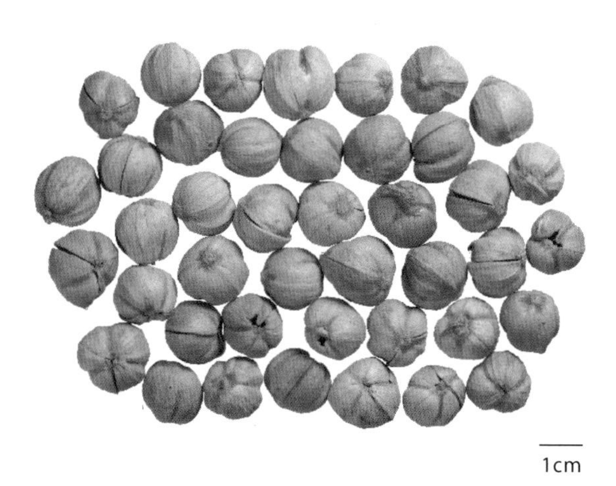

함유성분

열매에는 정유 성분으로 cineole, α-, β-pinenes, α-terpineol, β-linalool, D-nerolidol, trans-γ-bisabolene, aromadendrene, β-elemene, caryophyllene, γ-cubebene[1], piperitone, santalol, carvone[2]이 함유되어 있고, 모노테르페노이드 성분으로 myrtenal, 4-hydroxymyrtenal, myrtenol, trans-pinocarveol[3]이 함유되어 있다.

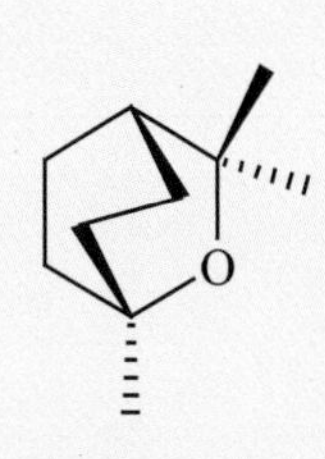

cineole

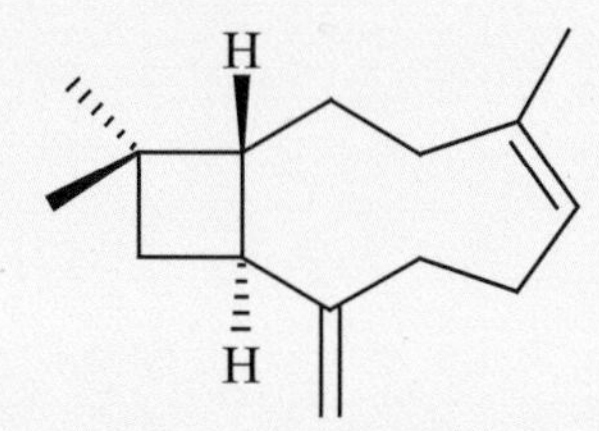

caryophyllene

약리작용

1. 위장관에 미치는 영향
   생약의 물 추출물, 특히 열매에서 추출한 정유 성분을 경구 투여하면 랫드의 위 분비물, 위 점막 혈류 및 혈청 가스트린 수치를 증가시켰다. 동일한 처치로 위 점막의 유리기에 의한 손상으로부터 보호했다[4].
2. 기타
   열매에서 디테르펜 과산화물은 열대 열원충을 유의하게 억제하여 항말라리아 효과를 나타냈다[3].

용도

1. 상복부 및 복부 팽창 및 통증[5], 식욕 상실, 구토, 설사
2. 입덧, 자궁출혈, 절박유산
3. 치통, 통증

해설

Amomum compactum Soland ex Maton도 두구의 다른 공식적인 기원식물 내원종으로서 중국약전에 등재되어 있다. 그 열매는 중국으로 광범위하게 수입된다. *A. compactum*은 현재 운남성 지방에만 도입되어 재배되고 있어서 대규모로 개발되어야 한다.
Alpinia tonkinensis Gagnep., *A. polyantha* D. Fang 및 *Elettaria cardamomum* (L.) Maton의 열매는 종종 백두구 *Amomum kravanh*과 *A. compactum*으로 혼동된다. 사용 시에는 혼용되지 않도록 특별히 주의를 기울여야 한다[6-7].

참고문헌

1. HQ Wu, XL Huang, XS Lin, F Huang, FH Ge. Analysis of the essential oils from Amomum kravanh Pierre ex Gagnep by GC-MS. Journal of Chinese Medicinal Materials. 2006, 29(8): 788-792
2. CM Zhou, C Yao, SX Qiu, GY Cui, HL Sun, HQ Song. Study on the essential oil constituents of Amomum kravanh. Chinese Pharmaceutical Journal. 1991, 26(7): 406-407
3. S Kamchonwongpaisan, C Nilanonta, B Tarnchompoo, C Thebtaranonth, Y Thebtaranonth, Y Yuthavong, P Kongsaeree, J Clardy. An antimalarial peroxide from Amomum kravanh Pierre. Tetrahedron Letters. 1995, 36(11): 1821-1824
4. SH Qiu, DW Shou, LF Chen, HY Dai, KL Liu. Comparison of the pharmacological effects of the volatile component and water soluble component of TCM that remove dampness by aromatics. China Journal of Chinese Materia Medica. 1999, 24(5): 297-299
5. XF Shi, CX Wang, HY Zhu. Clinical observation of the recovery of intestinal function with the use of Amomum kravanh after gynecological and obstetric operation. Hebei Journal of Traditional Chinese Medicine. 2003, 25(12): 950
6. H Dong, QC Mei, GJ Xu, LS Xu. Herbalogical study on caodoukou and baidoukou. China Journal of Chinese Materia Medica. 1992, 17(8): 451-453
7. JQ Yu, HJ Jian, SJ Liu. Identification of Amomum kravanh and its adulterants. Lishizhen Medicine and Materia Medica Research. 1999, 10(10): 760-761

초과 草果 CP, KP

Amomum tsao-ko Crevost et Lemaire

Tsao-ko

개 요

생강과(Zingiberaceae)

초과(草果, *Amomum tsao-ko* Crevost et Lemaire)의 열매를 말린 것: 초과(草果)

중약명: 초과(草果)

백두구속(*Amomum*) 식물은 전 세계에 약 150종이 있으며, 아시아와 호주의 열대 지역에 주로 분포한다. 중국에는 약 24종과 2변종이 발견되며, 남부 지역에 분포한다. 이 속에서 약 11종과 1변종이 약재로 사용된다. 이 종은 중국의 운남성, 광서성 및 귀주성에 분포한다.

"초과"는 ≪보경본초절충(寶慶本草折衷)≫에서 약으로 처음 기술되었다. 대부분의 고대 한방의서에 기술되어 있으며, 약용 종은 고대부터 동일하게 남아 있다. 이 종은 한약재 초과의 공식적인 기원식물 내원종으로서 중국약전(2015)에 등재되어 있다. ≪대한민국약전≫(제11개정판)에는 "초과"를 "초과(草果) *Amomum tsao-ko* Crevost et Lemaire(생강과 Zingiberaceae)의 잘 익은 열매"로 등재하고 있다. 의약 재료는 주로 중국의 운남성과 광서성에서 생산된다.

열매에는 주로 디아릴헵타노이드, 모노테르페노이드 및 정유 성분이 함유되어 있다. 1,8-시네올은 활성 성분 중 하나이며 정유 성분의 함량이 높다. 중국약전은 의약 물질의 품질관리를 위해 씨에서 정유 성분의 함량이 1.4%(mL/g) 이상이어야 한다고 규정하고 있다.

약리학적 연구에 따르면 초과에는 장평활근의 운동을 조절하고, 진통, 항균, 항종양 및 거담 작용이 있음을 확인했다.

한의학에서 초과는 조습온중(燥濕溫中), 거담절학(祛痰截瘧)의 효능이 있다.

초과 草果 *Amomum tsao-ko* Crevost et Lemaire

초과 草果 Tsaoko Fructus

함유성분

열매에는 디아릴헵타노이드 성분으로 tsaokoarylone, curcumin, meso−hannokinol, (+)−hannokinol[1]이 함유되어 있고, 모노테르페노이드 성분으로 tsokoin[2], isotsokoin[3], 카테킨 성분으로 catechin, epicatechin, 페놀산 성분으로 protocatechuic acid, vanillic acid, p−hydroxybenzoic acid[4], 정유 성분으로 1,8−cineole, α−, β−pinenes, p−cymene, geraniol, nerolidol[5-7]이 함유되어 있다.

O OMe HO OH

tsaokoarylone

OH H H CHO

tsaokoin

약리작용

1. 장 평활근에 미치는 영향
   생 열매나 튀긴 열매, 특히 생강 주스로 튀긴 열매의 물 추출물은 적출된 토끼 십이지장의 자발적 긴장과 진폭을 증가시켰고, 아드레날린으로 유도한 토끼의 적출된 회장(回腸) 운동의 억제를 길항했고, 아세틸콜린으로 유도된 회장(回腸)의 경련을 완화시켰다[8].
2. 진통 작용
   생 열매나 튀긴 열매, 특히 생강 주스로 튀긴 열매의 물 추출물을 복강 내 투여하면 마우스에서 아세트산에 의한 뒤틀림 반응을 억제했다[8].
3. 항균 작용
   *In vitro*에서 이소쵸코인은 백색 종창에 대한 항진균 효과를 보였다[3]. *In vitro*에서 열매의 정유 성분은 흑색국균, 페니실륨 시트레오비리드, 아스페르질루스 플라부스를 억제했다[9].
4. 항종양
   *In vivo*에서 차오코아릴론은 인간 비소 세포 폐암 A549 및 인간 흑색종 SK−Mel−2 세포에 대해 세포독성을 보였다[1].

5. 기타
열매에는 DPPH 유리기 소거 활성 및 항산화 효능이 있다[4, 10]. 열매의 정유 성분은 진정 작용, 항천식 작용 및 거담(去痰) 작용을 나타냈다[11].

용도

1. 가슴 압박, 식욕 상실, 식체, 구토, 역류, 설사
2. 입덧, 산후 딸꾹질

해설

장족(庄族)어로 노구(老扣)라고도 하는 *Amomum hongtsaoko* C. F. Liang et D. Fang의 열매도 중국 광서성에서 초과와 함께 수확된다. *A. koenigii* J. F. Gmelin의 열매는 때로 광서성의 민간요법에서 초과로 사용된다. *A. hongtsaoko* 및 *A. koenigii*의 화학적 성분 조성 및 약리학적 효과에 대한 연구는 거의 없으므로 이들이 초과의 대체 물질로 사용될 수 있는지 여부를 결정하기 위한 추가 연구가 필요하다.
열매 껍질은 달이는 과정이 정유 성분의 추출 비율에 영향을 미칠 수 있다. 그러므로 열매는 달이기 전에 분쇄되어야 한다[12].
열매는 약용뿐만 아니라 일반적인 식이요법으로도 사용된다. 악취를 제거할 수 있어서 쇠고기와 양고기를 요리할 때 조미료로 사용된다. 또한, 가축의 전염병을 예방하기 위해 종종 사료에 첨가된다.

참고문헌

1. SS Moon, SC Cho, JY Lee. Tsaokoarylone, a cytotoxic diarylheptanoid from Amomum tsao–ko fruits. Bulletin of the Korean Chemical Society. 2005, 26(3): 447–450
2. QS Song, RW Teng, XK Liu, CR Yang. Tsaokoin, a new bicyclic nonane from Amomum tsao–ko. Chinese Chemical Letters. 2001, 12(3): 227–230
3. SS Moon, JY Lee, SC Cho. Isotsaokoin, an anti–fungal agent from Amomum tsao–ko. Journal of Natural Products. 2004, 67(5): 889–891
4. TS Martin, H Kikuzaki, M Hisamoto, N Nakatani. Constituents of Amomum tsao–ko and their radical scavenging and anti–oxidant activities. Journal of the American Oil Chemists' Society. 2000, 77(6): 667–673
5. HQ Wu, XL Huang, F Huang, XS Lin, DY Hou, FH Ge. GC–MS fingerprint analysis of essential oil from Amomum tsao–ko Crevost et Lamaire. Journal of Chinese Mass Spectrometry Society. 2004, 25(2): 92–95
6. Y Zhao, Q Qiu, GY Zhang, ZH Xiao, TL Liu. Studies of chemical constituents of the essential oils from Amomum tsao–ko Crevost et Lamaire produced from Guilin and Yunnan. Chinese Traditional and Herbal Drugs. 2004, 35(11): 1225–1227
7. JM Lin, YH Zheng, YC Xu, PG Xia, Z Wu, FL Chen, LC Song. Analysis of essential oil from Amomum tsao–ko by supercritical CO2 fluid extraction. Journal of Chinese Medicinal Materials. 2000, 23(3): 145–148
8. W Li, D Jia. Inorganic elements and pharmacological effects of Amomum tsao–ko. China Journal of Chinese Materia Medica. 1992, 17(12): 727–728
9. XM Xie, K Long, YR Zhong, HL Chen. Anti–fungal activities of Rhizoma Alpiniae Officinarum and Fructus Tsaoko in vitro. China Pharmaceuticals. 2002, 11(5): 45–46
10. N Nakatani, H Kikuzaki. Anti–oxidants in ginger family. ACS Symposium Series. 2002, 803: 230–240
11. J Ma, JM Peng, ZH Wu. Research progress on chemical components of homegrown tsao–ko. Chinese Journal of Information on Traditional Chinese Medicine. 2005, 12(9): 97–98
12. B Liu. Experimental studies on the application of Amomum tsao–ko with outer shell. Shandong Journal of Traditional Chinese Medicine. 2000, 19(8): 494

양춘사 陽春砂 CP, KP

Zingiberaceae

Amomum villosum Lour.

Villous Amomum

개 요

생강과(Zingiberaceae)

양춘사(陽春砂, *Amomum villosum* Lour.)의 열매를 말린 것: 사인(砂仁)

중약명: 사인(砂仁)

백두구속(*Amomum*) 식물은 전 세계에 약 150종이 있으며, 아시아와 호주의 열대 지역에 분포한다. 중국에서 약 24종과 2변종이 발견되며, 남부 지역에 분포한다. 이 속에서 약 11종과 1변종이 약재로 사용된다. 이 종은 중국의 복건성, 광동성, 광서성 및 운남성에 분포한다.

"양춘사(陽春砂)"는 ≪약성론(藥性論)≫에서 "축사밀(缩砂蔤)"이라는 이름의 약으로 처음 기술되었다. 대부분의 고대 한방의서에 기술되어 있으며 고대부터 사용된 약용 종은 이 속의 여러 식물을 함유한다. 이 종은 중국약전(2015)에 사인(Amomi Fructus)의 공식적인 기원식물 내원종으로서 등재되어 있다. ≪대한민국약전≫(제11개정판)에는 "사인"을 "녹각사 (綠殼砂) *Amomum villosum* Loureiro var. *xanthioides* T. L. Wu et Senjen 또는 양춘사 (陽春砂) *Amomum villosum* Loureiro (생강과 Zingiberaceae)의 잘 익은 열매 또는 씨의 덩어리"로 등재하고 있다. 의약 재료는 주로 중국의 광동성, 해남성, 운남성 및 광서성에서 생산된다.

열매에는 주로 정유 성분과 플라보노이드 성분이 함유되어 있다. 중국약전은 의약 원료의 품질을 관리하기 위해 씨의 정유 성분 함량이 3.0%(mL/g) 이상이어야 한다고 규정하고 있다.

약리학적 연구에 따르면 열매가 장운동을 조절하고, 항염, 진통 및 혈소판 응집 억제 효과가 있음을 확인했다.

한의학에서 사인은 화습개위(化濕開胃), 온비지사(溫脾止瀉), 이기안태(理氣安胎)의 효능이 있다.

양춘사 陽春砂 *Amomum villosum* Lour.

양춘사 陽春砂 CP, KP

양춘사 陽春砂 *Amomum villosum* Lour.

사인 砂仁 Amomi Fructus

함유성분

열매에는 정유 성분으로 bornyl acetate, camphor, limonene, borneol, myrcene, camphene, α−, β−pinenes, oleic acid, γ−elemene, α−terpineol, germacrene D[1-2]가 함유되어 있고, 플라보노이드 성분으로 quercitrin, isoquercitrin[3]이 함유되어 있다.
잎에는 또한 정유 성분으로 α−, β−pinenes[4]이 함유되어 있다.
줄기에는 emodin monoglycoside[5]가 함유되어 있다.

약리작용

1. 소화계에 미치는 영향
   (1) 위장 운동의 향상
   열매의 물 추출물을 경구 투여하면 마우스에서 위 배출 및 소장 연동이 촉진되었다[6]. 물 추출물을 경구 투여하면 정상적인 랫드와 기능성 소화불량 랫드의 위장 운동성을 향상시켰고, 혈장, 부비동 뇌실 및 공장균에서 모틸린과 P물질의 수준을 증가시켰다[7-8].
   (2) 항궤양
   아세트산에 의해 유도된 위궤양을 가진 랫드에 열매의 정유 성분을 경구 투여하면 혈청 과산화물 불균등화효소 활성이 증가하고, 말론디알데하이드의 수치가 감소하며, 위장병이 개선된다. 항궤양 효과는 아마도 유리기를 제거하는 능력과 관련이 있다[9]. 열매의 75% 에탄올 추출물을 경구 투여하면 마우스에서 수분 스트레스, 염산 및 인도메타신-에탄올에 의해 유도된 위궤양을 억제했다[10].
   (3) 지사 작용
   75% 에탄올 추출물을 경구 투여하면 마우스에서 피마자유로 유발된 설사를 유의하게 억제했다[10]. 초산보르닐을 경구 투여하면 마우스에서 센나잎으로 유발된 설사를 억제했다. 이 기전은 아마도 소장 평활근의 운동성 억제와 관련이 있다[11].
   (4) 담즙 분비 촉진제 효과
   열매의 75% 에탄올 추출물을 십이지장 내 투여한 결과 마취된 랫드에서 담즙 분비가 유의하게 증가했다[10].

2. 항염 및 진통 작용
   초산보르닐를 경구 투여하면 열판 시험에서 통증 역치를 향상시키고 랫드에서 아세트산에 대한 반응을 감소시켰다. 보르닐 아세테이트를 경구 투여하면 마우스에서 디메틸 벤젠에 의한 귀의 부기(浮氣)를 억제했다[12]. 진통 작용 부위는 아편 알칼로이드와는 다른 말초신경 말단 또는 중추신경계에 위치할 수 있다[13].

3. 혈소판 응집 억제
   열매 추출물을 경구 투여하면 토끼에서 아데노신 이인산염으로 유도된 혈소판 응집을 유의하게 억제했고, 마우스에서 아라키돈산 또는 콜라겐-아드레날린 혼합물로 유도된 급성 사망에 대해 보호했다[14].

4. 혈관 평활근의 이완
   열매의 물 추출물은 평활근 세포막에서의 칼슘 채널과 세포 내 Ca^{2+}의 방출에 관한 연구에서 전압 작동으로 칼슘 채널 억제를 통해 적출된 토끼에서 흉부 대동맥 스트립의 수축을 억제했다. 또한 수용체 작동 칼슘 채널을 억제했다[15].

5. 기타
   열매의 물 추출물을 경구 투여하면 마우스에서 펜토바르비탈에 의한 수면 시간을 단축시키고, 마우스와 랫드에서 간 지수를 증가시켰다[16]. 열매의 물 추출물도 약한 항균 효과를 나타냈다[17].

용도

1. 상복부 및 복부 팽만 및 통증, 메스꺼움, 구토, 역류, 설사, 이질, 고창(鼓脹)
2. 말라리아
3. 전염병의 초기 단계

해설

Amomum villosum Lour. var. *xanthioides* T. L. Wu et Senjen 및 *A. longiligulare* T. L. Wu도 중국약전에서 사인의 또 다른 공식적인 기원식물 내원종으로서 등재되어 있다.
사인은 중국 광동성에서 생산되는 주류 약재 중 하나이다. 광동성 양춘시에서 생산되는 상업용 양춘사(陽春砂)가 가장 유명하며, 정품으로서 품질이 좋다. 사인은 오래전부터 중국 위생부에서 지정한 식약공용 품목의 하나이다.

참고문헌

1. YC Wang, L Lin, G Wei. Analysis of essential oil constituents in fruit, seed and pericarp of Amomum villosum. Journal of Chinese Medicinal Materials. 2000, 23(8): 462-463
2. JM Lin, YH Zheng, FL Chen, Z Wu, PG Xia. Analysis of essential oil from Amomum villosum by supercritical CO_2 fluid extraction. Journal of Chinese Medicinal Materials. 2000, 23(1): 37-39
3. L Sun, JG Yu, LD Zhou, XZ Lou, W Ding, SL Yang. Two flavone glycosides from the Chinese medicinal Amomum villosum. China Journal of Chinese Materia Medica. 2002, 27(1): 36-38
4. F Pu, JQ Cu, ZJ Zhang. The essential oil of Amomum villosum Lour. Journal of Essential Oil Research. 1989, 1(4): 197-198
5. X Fan, YC Du, JX Wei. Study on the chemical constituents in the root, rhizome and stem of Amomum villosum from Xishuangbanna. China Journal of Chinese Materia Medica. 1994, 19(12): 734-736
6. N Zhang, Y Li, LP Sun. Effects of Fructus Amomi extracts of different concentrations on gastrointestinal movement in mice. Medical Journal of Liaoning. 2003, 17(3): 141-142
7. JZ Zhu, ER Leng, DF Chen, J Zhang. Effects of Amomum villosum on gastrointestinal motility and neurotransmitters in rats. Chinese Journal of Integrated Traditional and Western Medicine on Digestion. 2001, 9(4): 205-207
8. JZ Zhu, J Zhang, ZJ Zhang, W Wang. Effects of Amomum villosum on functional digestion disorder in rats. West China Journal of Pharmaceutical Sciences. 2006, 21(11): 58-60
9. YL Hu, ZY Zhang, WQ Wang, JM Lin. Study of the effect and mechanism of Amomum villosum essential oil on acetic acid type gastric ulcer rats. Journal of Chinese Medicinal Materials. 2005, 28(11): 1022-1024
10. HW Wang, MF Zhang, YQ Shen, ZP Zhu. Experimental study of the pharmacological effect of Amomum villosum on the digestive system. Chinese Journal of Traditional Medical Science and Technology. 1997, 4(5): 284-285
11. XG Li, FQ Ye, HH Xu. Study on pharmacological effects of bornyl acetate in the volatile oil of Amomum villosum. West China Journal of Pharmaceutical Sciences. 2001, 16(5): 356-358
12. XS Wu, XG Li, F Xiao, ZD Zhang, ZX Xu, H Wang. Studies on the analgesic and anti-inflammatory effects of bornyl acetate in volatile oil from Amomum villosum. Journal of Chinese Medicinal Materials. 2004, 27(6): 438-439
13. XS Wu, F Xiao, ZD Zhang, XG Li, ZX Xu. Research on the analgesic effect and mechanism of bornyl acetate in volatile oil from Amomum villosum. Journal of Chinese Medicinal Materials. 2005, 28(6): 505-507
14. SZ Wu. Effects of Amomum villosum on platelet aggregation function. Pharmacology and Clinics of Chinese Materia Medica. 1990, 6(5): 32-33
15. GW Feng, L Tao, XC Shen, M Hao, J Peng. Effects of Amomum villosum extraction on the contraction of rabbit thoracic aorta in vitro. Lishizhen Medicine and Materia Medica Research. 2006, 17(11): 2223-2225
16. RF Zhu, Q Wu, YZ Wang, YJ He. Pharmacological studies of southern medicinal plants (I). Effect on sleeping time and liver homogenate cytochrome P_{450} in mice. Chinese Journal of Biochemical Pharmaceutics. 1992, 1: 40-42
17. YP Chen, ZY Huang, QY Jin, MJ Zheng. Anti-bacterial experiment of Alpinia japonica and Amomum villosum from Changtai. Fujian Journal of Traditional Chinese Medicine. 1990, 21(5): 25-26

천심련 穿心蓮[CP]

Andrographis paniculata (Burm. f.) Nees

Common Andrographis

개 요

쥐꼬리망초과(Acanthaceae)

천심련(穿心蓮, *Andrographis paniculata* (Burm. f.) Nees)의 지상부를 말린 것: 천심련(穿心蓮)

중약명: 천심련(穿心蓮)

천심련속(*Andrographis*) 식물은 전 세계에 약 20종이 있으며, 아시아의 열대 지역의 미얀마, 인도, 인도차이나 반도, 말레이반도에서 칼리만탄 섬에 분포한다. 그중에서도 인도를 중심으로 분포되어 있다. 중국에는 2종(야생 1종, 재배 1종)이 발견되며, 모두 약재로 사용된다. 남부 아시아에서 유래된 이 종은 중국의 복건성, 광동성, 해남성, 광서성, 운남성, 강소성, 산서성 및 홍콩에 도입되어 재배되고 있다.

천심련은 중국 영남 지방의 ≪영남채약록(嶺南采藥錄)≫에서 약으로 처음 기술되었다. 1950년대에 중국의 광동성과 남부 복건성에 도입되어 재배되었으며, 이곳에서 감염병 및 사교상(蛇咬傷)을 치료하는 데 사용되었다. 이 종은 중국약전(2015)에 천심련(Andrographitis Herba)의 공식적인 기원식물 내원종으로서 등재되어 있다. 약재는 주로 중국의 광동성과 복건성에서 생산되며, 강서성, 호남성, 광서성, 사천성 및 상해에서 생산된다.

천심련의 주성분은 디테르펜락톤과 플라보노이드이다. 중국약전에는 의약 물질의 품질관리를 위해 고속액체크로마토그래피법에 따라 시험할 때 안드로그라폴라이드와 데하이드로안드로그라폴라이드의 총 함량이 0.80% 이상이어야 한다고 규정하고 있다.

약리학적 연구에 따르면 천심련에는 항균, 소염, 진통, 해열, 간 보호 및 면역 증진 작용이 있음을 확인했다.

한의학에서 천심련(穿心蓮)은 청열해독(清熱解毒), 양혈(凉血), 소종(消腫) 등의 효능이 있다.

천심련 穿心蓮 *Andrographis paniculata* (Burm. f.) Nees

천심련 穿心蓮 Andrographitis Herba

1cm

함유성분

지상부에는 디테르페노이드 락톤 성분으로 andrographolide[1], neoandrographolide, deoxyandrographolide[2], bis-andrographolide ether, andrograpanin[1], 14-epi-andrographolide, isoandrographolide, 14-deoxy-12-methoxy andrographolide, 12-epi-14-deoxy-12-methoxyandrographolide, 14-deoxy-11-hydroxyandrographolide, 14-deoxy-11,12-didehydroandrographiside, 6'-acetyl neoandrographolide, bis-andrograpolides A, B, C, D[3], andrographiside, 14-deoxyandrographiside[4], homoandrographolide, panicolide, andrographon, 14-deoxy-11-oxoandrographolide[5], 14-deoxy-15-isopropylidene-11,12-didehydroandrographolide[6]가 함유되어 있고, 디테르펜산염 성분으로 magnesium andrographate, disodium andrographate, dipotassium andrographate 19-O-β-D-

glucoside[7], 플라보노이드 성분으로 5-hydroxy-7,2',3'-trimethoxyflavone, 5,7,2',3'-tetramethoxyflavone, andrographin, apigenin-7, 4'-dimethylether[8-9], oroxylin A, wogonin[10], violanthin, apigenin-7-O-glucoside[7], 5-hydroxy-7, 2'6'-trimethoxyflavone[6]이 함유되어 있다.
뿌리에는 플라보노이드 성분으로 andrographidines A, B, C, D, E, F[11], 1,8-di-hydroxy-3,7-dimethoxyxanthone, 4,8-dihydroxy-2,7-dimethoxyxanthone, 1,2-dihydroxy-6,8-dimethoxyxanthone, 3,7,8-trimethoxy-1-hydroxyxanthone[12]이 함유되어 있다.

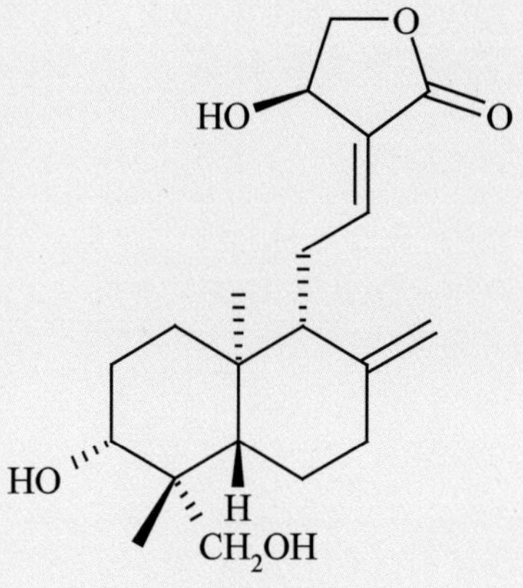

andrographolide

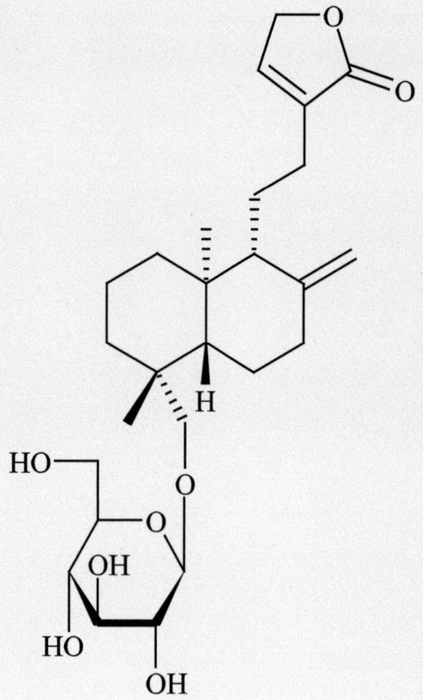

neoandrographolide

약리작용

1. 항균 및 항바이러스

*In vitro*에서 약재의 추출물은 대장균, 황색포도상구균, 녹농균, α- 및 β-용혈성 연쇄상구균[13], 렙토스피라 및 폐렴구균을 억제했다. 또한 약재의 물 추출물은 *in vitro*에서 고아 바이러스 $ECHO_{11}$에 의한 인간 배아 신장 세포의 퇴행을 지연시켰다. 안드로그라폴라이드는 HIV 환자에서 CD^{4+} 림프구의 수준을 향상시켰다[15].

2. 해열 및 항염 작용

안드로그라폴라이드는 폐렴구균 및 β 용혈성 연쇄상구균에 의한 열을 억제하고 연장시켰다. 또한 염증의 초기 단계에서 모세혈관의 투과성 증가를 억제하고, 염증성 삼출과 부종을 감소시켰다[14].

3. 혈관계에 미치는 영향

(1) 혈소판 응집 억제

*In vitro*에서 약재의 추출물은 아데노신 2 인산염(ADP)과 아드레날린에 의해 유도된 인간 혈소판 응집을 유의하게 억제하고, ADP에 의한 혈소판에서의 5-하이드록시트립타민(5-HT)의 방출을 억제했다. *In vitro* 및 *in vitro*에서 약재의 추출물은 ADP에 의한 고밀도 과립 및 α 과립의 방출뿐만 아니라 혈소판의 소낭 모양 기관 확장을 억제했다. 이 기전은 아데닐 시클라아제의 활성화와 혈소판에서 cAMP 수준의 증가와 관련이 있는 것으로 나타났다[16]. 약재 성분인 API_{0134}(주로 플라보노이드로 구성됨)는 ADP로 유발된 인간 혈소판 응집을 억제했다. 이 기전은 칼모둘린과 포스포디에스테라아제의 활성을 저해하는 것과 관련이 있을 수 있다[17].

(2) 항죽상 경화증

실험 동맥경화증을 동반한 토끼에서 천심련 추출물 및 천심련 유래 물질과 API_{0134}를 예방적 경구 투여하면 대동맥 내막에서 지질

플라그의 비율을 감소시켰으며, 혈장 일산화질소(NO) 및 혈장 사이클릭 구아노신 모노포스페이트(cGMP)의 수준을 증가시켰고, 혈장 내 과산화물 불균등화효소(SOD)의 활성을 증강시켰으며, 혈장에서 엔도텔린(ET)과 지질과산화물(LPO)의 수치를 감소시켰다[18-19].

(3) 혈관신생 억제 작용

*In vitro*에서 API_{0134}는 돼지의 대동맥 평활근 세포의 고지혈증 혈청으로 유도된 DNA 합성, 증식 및 형태학적 변화를 길항했다[20]. 고콜레스테롤 식이를 섭취한 토끼에서 API_{0134}를 경구 투여하면 간세포와 기질의 증식을 억제했다. 그 기전은 항산화 특성과 관련이 있다[21].

(4) 항고혈압 효과

약재의 물 추출물을 복강 내 투여하면 자발적 고혈압과 정상 혈압의 랫드 모두에서 수축기 혈압이 감소되었다. 또한 자발적 고혈압 랫드에서 혈장 안지오텐신 전환효소(ACE)의 활성과 신장 치오바르비투르산(TBA)의 농도를 감소시켰다[22].

4. 간 보호

안드로그라폴라이드, 안드로그라피사이드, 네오안드로그라폴라이드를 복강 내 투여하면 마우스의 CCl_4 및 테르트 부틸하이드로퍼옥사이드로 유도된 간 손상에 대한 보호 효과를 보였고, 말론디알데하이드(MDA), 글루탐산 피루브산 아미노기전달효소(GPT) 및 알칼리 포스파타아제(AKP)의 수준을 감소시켰다[23]. 안드로그라폴라이드를 경구 투여하면 랫드의 간세포에서 파라세타몰에 의해 유발된 독성을 길항했다[24].

5. 혈당강하 작용

약재의 물 추출물을 경구 투여하면 고혈당증이 있는 랫드에서 혈당 수준을 유의하게 감소시켰다[25]. 안드로그라폴라이드를 경구 투여하면 스트렙토조토신(SZT)에 의해 유도된 당뇨병을 가진 랫드에서 혈당 수준을 유의하게 감소시켰다[26].

6. 면역증강

마우스에서 약재를 복강 내 주사하면 식균 작용 지수와 대식세포 비율이 증가하고, T 림프구의 적혈구 생성 비율가 증가했다[27-28].

7. 기타

전초에는 또한 항종양[29-30]과 항정자 형성 효과[31]가 있다. 또한 중추신경계를 억제하고[32], 항뱀독 특성이 있다[33].

용도

1. 열, 기침, 기관지염, 편도선염, 인후염, 치주염, 구내염
2. 비뇨기 감염
3. 위장염, 세균성 이질
4. 자궁 내막염, 골반 염증
5. 상처, 사교상(蛇咬傷)

해설

천심련은 아시아의 남동부와 남부에서 전통 민속약이다. 여러 가지 현저한 효능을 갖고 있어서 "동양의 에키나세아(자주루드베키아)"로 알려져 있다. 현재, 가루, 정제, 캡슐 및 주사제와 같은 다양한 투여 형태로 임상적으로 이용 가능하다. 연구 결과에 따르면 안드로그라폴라이드와 데하이드로안드로그라폴라이드의 함량이 잎에서 가장 높고, 그 다음으로 줄기와 열매에서 함량이 많다. 약재로는 잎이 많고 줄기가 거의 없으며, 개화된 상태에서 아직 열매가 맺히지 않았을 때 수확하는 것이 좋다[34].

참고문헌

1. VL Reddy, SM Reddy, V Ravikanth, P Krishnaiah, TV Goud, TP Rao, TS Ram, RG Gonnade, M Bhadbhade, Y Venkateswarlu. A new bisandrographolide ether from Andrographis paniculata Nees and evaluation of anti–HIV activity. Natural Product Research. 2005, 19(3): 223–230

2. HY Cheung, CS Cheung, CK Kong. Determination of bioactive diterpenoids from Andrographis paniculata by micellar electrokinetic chromatography. Journal of Chromatography A. 2001, 930(1–2): 171–176

3. T Matsuda, M Kuroyanagi, S Sugiyama, K Umehara, A Ueno, K Nishi. Cell differentiation–inducing diterpenes from Andrographis

paniculata Nees. Chemical & Pharmaceutical Bulletin. 1994, 42(6): 1216–1225

4. CQ Hu, BN Zhou. Isolation and structural determination of two new diterpene lactones from Andrographis paniculata. Acta Pharmaceutica Sinica. 1982, 17(6): 435–440
5. S Lala, AK Nandy, SB Mahato, MK Basu. Delivery in vivo of 14–deoxy–11–oxoandrographolide, an anti–leishmanial agent, by different drug carriers. Indian Journal of Biochemistry & Biophysics. 2003, 40(3): 169–174
6. MK Reddy, MV Reddy, D Gunasekar, MM Murthy, C Caux, B Bodo. A flavone and an unusual 23–carbon terpenoid from Andrographis paniculata. Phytochemistry. 2003, 62(8): 1271–1275
7. DX Zhong, LJ Xuan, YM Xu, DL Bai. Three salts of labdanic acids from Andrographis paniculata (Acanthaceae). Acta Botanica Sinica. 2001, 43(1) : 1077–1080
8. YK Rao, G Vimalamma, CV Rao, YM Tzeng. Flavonoids and andrographolides from Andrographis paniculata. Phytochemistry. 2004, 65(16): 2317–2321
9. S Viswanathan, P Kulanthaivel, SK Nazimudeen, T Vinayakam, C Gopalakrishnan, L Kameswaran. The effect of apigenin 7,4'–di–O–methyl ether, a flavone from Andrographis paniculata on experimentally induced ulcers. Indian Journal of Pharmaceutical Sciences. 1981, 43(5): 159–161
10. PY Zhu, GQ Liu. Separation and identification of flavonoid compounds in the leaf of Andrographis paniculata. Chinese Traditional and Herbal Drugs. 1984, 15(8): 375–376
11. M Kuroyanagi, M Sato, A Ueno, K Nishi. Flavonoids from Andrographis paniculata. Chemical & Pharmaceutical Bulletin. 1987, 35(11): 4429–4435
12. VK Dua, VP Ojha, R Roy, BC Joshi, N Valecha, CU Devi, MC Bhatnagar, VP Sharma, SK Subbarao. Anti–malarial activity of some xanthones isolated from the roots of Andrographis paniculata. Journal of Ethnopharmacology. 2004, 95(2–3): 247–251
13. W Lu, SC Qiu, ZQ Wang, DL Di, ZL Gong. The in vitro growth inhibition effects of Andrographis paniculata (Burm. f.) Nees (APN) on bacteria. Lishizhen Medicine and Materia Medica Research. 2002, 13(7): 392–393
14. T Zhang. Research progress of Andrographis paniculata. Journal of Chinese Medicinal Materials. 2000, 23(6): 366–368
15. C Calabrese, SH Berman, JG Babish, X Ma, L Shinto, M Dorr, K Wells, CA Wenner, LJ Standish. A phase I trial of andrographolide in HIV positive patients and normal volunteers. Phytotherapy Research. 2000, 14(5): 333–338
16. YJ Zhang, JZ Tang, YZ Zhang, ZL Zhao, XQ Shan. A laboratory and clinical study of the effects of APN extracts on inhibition of platelet aggregation. Acta Universitatis Medicinae Tongji. 1993, 22(4): 245–248
17. L Nie, SH Zhou, JW Xu, LW Fu. A study of the anti–clotting mechanism of the active component API_{0134} extracted from Andrographis paniculata. Academic Journal of Sun Yat–sen University of Medical Sciences. 1994, 15(2): 100–103
18. HW Wang, HY Zhao, YL Xiong. Effects of API_{0134} on expression of PDGF–B chain protein, c–sis and c–myc gene in aortic wall of atherosclerotic rabbits. Acta Universitatis Medicinae Tongji. 1998, 27(1): 46–48, 51
19. HW Wang, HY Zhao, SQ Xiang. Effects of Andrographis paniculata components on nitric oxide, endothelin and lipid peroxidation in experimental atherosclerotic rabbits. Chinese Journal of Integrated Traditional and Western Medicine. 1997, 17(9): 547–549
20. YL Xiong, HY Zhao. Inhibitory effects of API_{0134} extracted from Andrographis paniculata on pig aortic smooth muscle cell proliferation. Chinese Journal of Cardiology. 1995, 23(3): 214–216
21. HS Wu, HW Wang, QR Xu, TL Liu, YJ Kuang. Experimental study of the effects of API_{0134} extracted from Andrographis paniculata on preventing rabbit mesangial proliferative glomerulonephritis. Acta Universitatis Medicinae Tongji. 1997, 26(5): 384–386
22. CY Zhang, BKH Tan. Hypotensive activity of aqueous extract of Andrographis paniculata in rats. Clinical and Experimental Pharmacology and Physiology. 1996, 23(8): 675–678
23. A Kapil, IB Koul, SK Banerjee, BD Gupta. Anti–hepatotoxic effects of major diterpenoid constituents of Andrographis paniculata. Biochemical Pharmacology. 1993, 46(1): 182–185
24. PK Visen, B Shukla, GK Patnaik, BN Dhawan. Andrographolide protects rat hepatocytes against paracetamol–induced damage. Journal of Ethnopharmacology. 1993, 40(2): 131–136

25. R Husen, AH Pihie, M Nallappan. Screening for anti–hyperglycemic activity in several local herbs of Malaysia. Journal of Ethnopharmacology. 2004, 95(2–3): 205–208
26. BC Yu, CR Hung, WC Chen, JT Cheng. Anti–hyperglycemic effect of andrographolide in streptozotocin–induced diabetic rats. Planta Medica. 2003, 69(12): 1075–1079
27. AK Chen, QS Huang, GF Liang, LS Gao. Study on the effect of Andrographis paniculata on peritoneal macrophage function in mice. Chinese Journal of Information on Traditional Chinese Medicine. 1998, 5(8): 23–24
28. AK Chen, QS Huang, GF Liang, LS Gao. Study on the effect of Andrographis paniculata on erythrocyte rosette–forming rate in mice. Chinese Journal of Information on Traditional Chinese Medicine. 1999, 6(7): 21
29. YX Li, H Fan, JS Zhang, YX Chen. W Reutter. In vitro evaluation of anti–cancer activity of extracts from Chinese medicinal herbs. Journal of China Pharmaceutical University. 1999, 30(1): 37–42
30. RA Kumar, K Sridevi, NV Kumar, S Nanduri, S Rajagopal. Anti–cancer and immunostimulatory compounds from Andrographis paniculata. Journal of Ethnopharmacology. 2004, 92(2–3): 291–295
31. MA Akbarsha, B Manivannan, KS Hamid, B Vijayan. Anti–fertility effect of Andrographis paniculata (Nees) in male albino rat. Indian Journal of Experimental Biology. 1990, 28(5): 421–426
32. SC Mandal, AK Dhara, BC Maiti. Studies on psychopharmacological activity of Andrographis paniculata extract. Phytotherapy Research. 2001, 15(3): 253–256
33. SK Nazimudeen, S Ramaswamy, L Kameswaran. Effect of Andrographis paniculata on snake venom induced death and its mechanism. Indian Journal of Pharmaceutical Sciences. 1978, 40(4): 132–133
34. SY Zhang, LP Wu, JL Guo, WL Bai. Determination of andrographolide and dehydroandrographolide in the stem, leaf and fruit of Andrographis paniculata by RP–HPLC. Chinese Journal of Pharmaceutical Analysis. 2002, 22(6): 480–481

천심련의 재배 모습

번여지 番荔枝

Annonaceae

Annona squamosa L.

Custard Apple

개 요

포포나무과(Annonaceae)

번여지(番荔枝, *Annona squamosa* L.)의 씨를 말린 것: 번여지(番荔枝)

중약명: 번여지(番荔枝)

번여지속(*Annona*) 식물은 약 120종이 있으며, 아메리카가 원산으로 열대 지역에 분포하고, 아프리카의 열대 지역은 그 수가 적다. 현재 아시아의 등 전 세계 열대 지역에 널리 도입되어 재배되고 있다. 중국에는 5종이 재배되며, 이 속에서 2종이 약재로 사용된다. 이 종은 중국의 절강성, 복건성, 광동성, 홍콩, 광서성, 운남성 및 대만에서 재배된다.

"번여지"는 ≪식물명실도고(植物名實圖考)≫에서 약으로 처음 기술되었다. 이 종은 광동성중약재표준에서 한약재 번여지(Annonae Semen)의 공식적인 기원식물 내원종으로서 등재되어 있다. 의약 재료는 아메리카의 열대 지역이 원산이며, 현재 중국의 절강성, 복건성, 광동성, 광서성, 운남성 및 대만에서 생산된다.

번여지에는 락톤, 알칼로이드, 디테르페노이드 및 플라보노이드 성분이 함유되어 있다. 광동성중약재표준은 의약 물질의 품질관리를 위해 박층크로마토그래피법을 사용한다.

약리학적 연구에 따르면 번여지에는 항종양, 항균, 구충, 항말라리아 및 혈당강하 작용이 있음을 확인했다.

한의학에서 번여지가 보비위(補脾胃), 청열해독(清熱解毒), 살충(殺蟲)의 효능이 있다.

번여지 番荔枝 *Annona squamosa* L.

번여지 番荔枝

번여지의 열매 番荔枝 *Annona squamosa* L.

함유성분

씨에는 포도나무과 아세토게닌 성분으로 annonins VI, VII, VIII, IX, XIV[1], annonacin, annonacins A[2], I, II, annonastatin, asimicin[1], neoannonin B[3], squamocins A, B, C, D, E, F, G, H, I, J, K, L, M, N[4], O_1, O_2[5], squamostatins A, B, C, D, E, squamosten A[5], annotemoyins 1, 2[6], squamocenin, reticulatain 2, motrilin, cherimolins 1, 2[7], squamostolide[8], neodesacetyluvaricin, neo-reticulatacin A[3], bullatacinone[9], squamostanal A[10], annonsilin A[11], mosin B[12]가 함유되어 있고, 시클로펩타이드 성분으로 annosquamosin A[13], cyclosquamosins A, B, C, D, E, F, G[14], squamins A, B[15], squamtin A[16], 알칼로이드 성분으로 samoquasine A[17], anonaine[18]이 함유되어 있다.

열매에는 카우레인 디테르페노이드 성분으로 annosquamosins A, B[19], 알칼로이드 성분으로 liriodenine, oxoxylopine, reticuline, coclaurine, N-methylcoclaurine, anonaine, nornuciferine, asimilobine[20]이 함유되어 있다.

뿌리에는 알칼로이드 성분으로 anonaine, michelalbine, liriodenine, reticuline, anolobine[21]이 함유되어 있다.

줄기와 잎에는 알칼로이드 성분으로 annosqualine, demethylsonodione, liriodenine, annobraine, thalifoline[22]이 함유되어 있고, 리그난과 네오리그난 성분으로 squadinorlignoside, 1-methoxyisolariciresinol, isolariciresinol, secoisolariciresinol, urolignoside[23], podophyllotoxin, 4'-demethylpodophyllotoxin[24], 아민 성분으로dihydrosinapoyltyramine, dihydroferuloyltyramine[22], squamosamide, moupinamide[25], 카우레인 디테르페노이드 성분으로 annomosin A, 16α-methoxy-(-)-kauran-19-oic acid, sachanoic acid, (-)-kauran-19-al-17-oic acid, annosquamosins B, C, D, E, F, G[26], 16β-17-dihydroxy-ent-kauran-19-oic acid[27]가 함유되어 있다.

줄기껍질에는 포도나무과 아세토게닌 성분으로 bullatacin, bullatacinone, squamone[28], squamolinone, 9-oxoasimicinone, bullacin B[29], 4-deoxyannoreticuin, squamoxinone[30], mosinone A[31]이 함유되어 있고, 알칼로이드 성분으로 corydine, isocorydine, anonaine, glaucine[32]이 함유되어 있다.

잎에는 알칼로이드 성분으로 xylopine, lanuginosine[33], 플라보노이드 성분으로 rutin, hyperoside, quercetin[34]이 함유되어 있다.

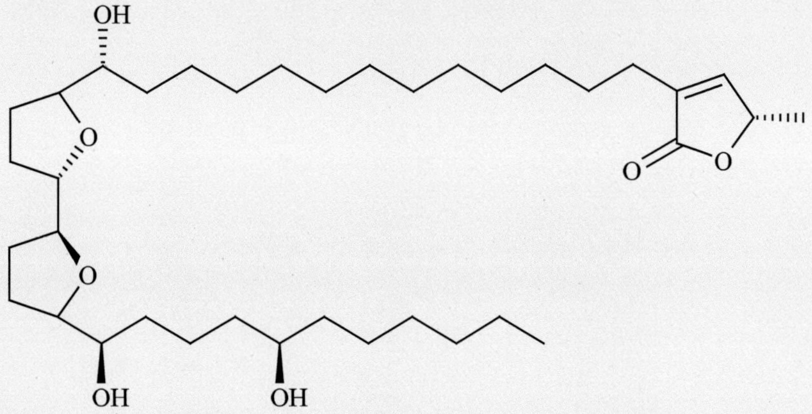

OH

O

O

O

O

OH OH

squamocin A

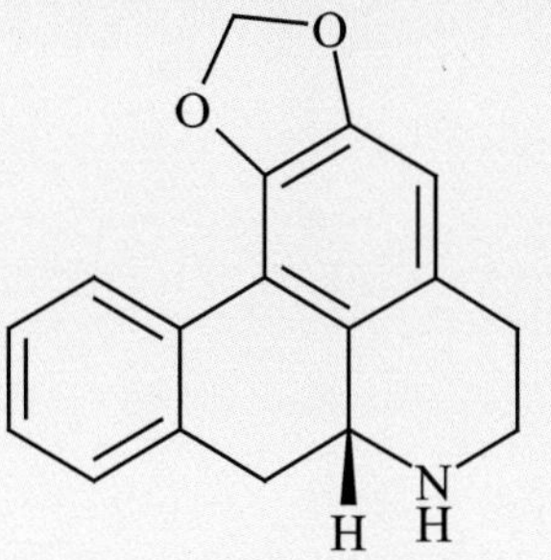

O

O

N

H H

anonaine

약리작용

1. 항종양

번여지의 아세토게닌의 작용기는 말단 γ-락톤 고리와 테트라하이드로푸란 고리를 포함하고 있어서, 세포질 미토콘드리아의 호흡 사슬을 억제함으로써 세포 에너지 대사를 억제했다. 번여지의 아세토게닌은 암세포 성장을 억제했지만, 같은 용량에서 비암 세포의 성장을 억제하지 못했다[35]. *In vitro* 및 *in vivo*에서 번여지의 아세토게닌은 백혈병 및 간, 전립선, 췌장암 및 자궁 경부암에 대하여 항종양 효과를 나타냈고, 구성 성분인 폴리포스포러스 불락타신이 가장 강력한 활성을 나타냈다. *In vitro*에서의 세포 성장 억제 실험에서, 번여지의 아세토게닌과 폴리포스포러스 불락타신은 사람의 후두와 유방암 세포에 강력한 항종양 효과를 나타냈다. 또한 번여지의 아세토게닌은 미토콘드리아 NADH 산화환원효소와 미토콘드리아 호흡 사슬의 전달을 억제하여, 세포 에너지의 급격한 감소를 초래했고, P 당단백의 기능 상실을 초래하여, 다약재내성(MDR)을 극복했다[36].

2. 혈당강하 작용

잎의 추출물을 경구 투여하면 스트렙토조신 니코틴아마이드에 의해 유발된 제2형 당뇨병을 가진 랫드에서 혈당 수준을 유의하게 감소시켰다[37]. 글루코스 내성시험(GTT)에서 잎의 에탄올 추출물을 경구 투여하면, 공복 혈당, 총 콜레스테롤(TC), 저밀도 지단백질(LDL) 및 트리글리세라이드(TG)의 수치가 감소했고, 스트렙토조신으로 유도한 당뇨병 랫드와 알록산으로 유도한 당뇨병 토끼에서 고밀도 지단백질(HDL) 수치가 증가했다[38].

3. 항균 작용
*In vitro*에서 씨의 리그로인 추출물, 클로로포름 추출물 및 에탄올 추출물은 아플라톡신, 누룩곰팡이, 고초균 및 시겔라에 대한 어느 정도의 억제 효과를 나타냈다[6]. 열매와 씨의 에탄올 추출물은 칸디다 알비칸스와 칸디다 글라브라타와 같은 균류뿐만 아니라 대장균, 황색포도상구균, 녹농균과 같은 박테리아의 성장에 억제 효과를 보였다[39].

4. 항말라리아
*In vitro*에서 잎의 메탄올 추출물은 클로로퀸에 민감한 악성 말라리아원충의 3D7과 클로로퀸 내성 균주 Dd2에 대해 강력한 억제 효과를 보였으며, 줄기껍질의 추출물은 Dd2에 대해 중간 정도의 저해 효과를 보였다[40].

5. 구충 작용
*In vitro*에서 잎의 물 추출물은 구충 작용을 보였다[41]. *In vitro*에서 씨의 헥산 추출물은 머릿니를 빠르게 사멸시켰다[42].

6. 혈관 이완 효과
시클로스쿠아모신 B는 노르에피네프린으로 유발된 랫드의 대동맥 수축에 대해 느린 이완 작용을 보였고, 칼륨 농도가 높은 경우 탈분극 대동맥 수축을 억제했으며, 니카르디핀의 존재로 NE로 유발된 혈관 수축을 적당히 억제했다. 이 기전은 세포 밖에서 칼슘의 유입을 억제하여, 전압 의존성 칼슘 채널의 억제로 인한 것일 수 있다[43].

7. 항바이러스 효과
생 열매에서 추출한 항바이러스 엔트-16β,17-디하이드록시카우란-19-산은 림프관 H9 세포에서 인체 면역결핍 바이러스(HIV)의 활성에 대한 강력한 억제를 보였다[19].

8. 기타
번여지는 불임[44], 항산화[45] 및 항염[27] 특성이 있다.

용도

1. 악성 종기, 종양
2. 장 내 기생충
3. 고혈당증
4. 고혈압

해설

번여지의 말린 뿌리와 잎도 약으로 사용된다. 뿌리는 청열해독(清熱解毒)의 효능이 있어, 발열을 동반한 혈리(血痢)를 개선하며, 잎은 수렴삽장(收斂澁腸), 청열해독(清熱解毒)의 효능으로 이질, 정신 우울증, 영아 탈항, 척수 손상, 악창(惡瘡), 부기(浮氣) 및 통증을 개선한다. *Annona squamosa*, *A. glabra* L., 및 *A. reticulata* L.에 함유되어 있는 번여지의 아세토게닌은 새로운 항암제로 유망하다. 특히 탁월한 항암 활성을 갖는 스쿠아모신 G는 탁솔을 도입한 이후의 또 하나의 새로운 천연 항종양 치료제가 될 것으로 기대된다.
그 약용 가치에 더하여, 번여지의 열매는 또한 세계적으로 영양가가 높은 유명한 열대 과일이다. 따라서 식품으로 개발될 가능성도 높다.

참고문헌

1. M Nonfon, F Lieb, H Moeschler, D Wendisch. Four annonins from Annona squamosa. Phytochemistry. 1990, 29(6): 1951–1954
2. F Lieb, M Nonfon, U Wachendorff–Neumann, D Wendisch. Annonacins and annonastatin from Annona squamosa. Planta Medica. 1990, 56(3): 317–319
3. XC Zheng, RZ Yang, GW Qin, RS Xu, DJ Fan. Three new annonaceous acetoqenins from the seed of Annona squamosa. Acta Botanica Sinica. 1995, 37(3): 238–243
4. M Sahai, S Singh, M Singh, YK Gupta, S Akashi, R Yuji, K Hirayam, H Asaki, H Araya. Annonaceous acetogenins from the seeds of Annona squamosa. Adjacent bis–tetrahydrofuranic acetogenins. Chemical & Pharmaceutical Bulletin. 1994, 42(6): 1163–1174
5. H Araya. Studies on annonaceous tetrahydrofuranic acetogenins from Annona squamosa L. seeds. Nogyo Kankyo Gijutsu Kenkyusho Hokoku. 2004, 23: 77–149

6. MM Rahman, S Parvin, ME Haque, ME Islam, MA Mosaddik. Anti–microbial and cytotoxic constituents from the seeds of Annona squamosa. Fitoterapia. 2005, 76(5): 484–489

7. JG Yu, XZ Luo, L Sun, DY Li, WH Huang, CY Liu. Chemical constituents form the seeds of Annona squamosa. Acta Pharmaceutica Sinica. 2005, 40(2): 153–158

8. HH Xie, XY Wei, JD Wang, MF Liu, RZ Yang. A new cytotoxic acetogenin from the seeds of Annona squamosa. Chinese Chemical Letters. 2003, 14(6): 588–590

9. RZ Yang, XC Zheng, SJ Wu, XY Wei, HH Xie. Studies on the chemical constituents of Annona squamosa. Acta Botanica Yunnanica. 1999, 21(4): 517–520

10. H Araya, N Hara, Y Fujimoto, M Sahai. Squamostanal–A, apparently derived from tetrahydrofuranic acetogenin, from Annona squamosa. Bioscience, Biotechnology, and Biochemistry. 1994, 58(6): 1146–1147

11. RZ Yang, XC Zheng, SJ Wu, GW Qin. Annonsilin A–a novel seco–tris–tetrahydrofuranyl annonaceous acetogenin. Journal of Integrative Plant Biology. 1995, 37(6): 492–495

12. N Maezaki, A Sakamoto, N Kojima, M Asai, C Iwata, T Tanaka. Studies toward asymmetric synthesis of an anti–tumor annonaceous acetogenin mosin B. Tennen Yuki Kagobutsu Toronkai Koen Yoshishu. 2000, 42: 781–786

13. CM Li, NH Tan, Q Mu, HL Zheng, XJ Hao, Y Wu, J Zhou. Cyclopeptide from the seeds of Annona squamosa. Phytochemistry. 1991, 45(3): 521–523

14. H Morita, Y Sato, J Kobayashi. Cyclosquamosins A–G, cyclic peptides from the seeds of Annona squamosa. Tetrahedron. 1999, 55(24): 7509–7518

15. ZD Min, JX Shi, N Li, QT Zheng, HM Wu. A pair of cyclopeptide conformational isomers in Annona squamosa. Journal of China Pharmaceutical University. 2000, 31(5): 332–338

16. RW Jiang, Y Lu, ZD Min, QT Zheng. Molecular structure and pseudopolymorphism of squamtin A from Annona squamosa. Journal of Molecular Structure. 2003, 655(1): 157–162

17. H Morita, Y Sato, KL Chan, CY Choo, H Itokawa, K Takeya, J Kobayashi. Samoquasine A, a benzoquinazoline alkaloid from the seeds of Annona Squamosa. Journal of Natural Products. 2000, 63(12): 1707–1708

18. F Bettarini, GE Borgonovi, T Fiorani, I Gagliardi, V Caprioli, P Massardo, JIJ Ogoche, A Hassanali, E Nyandat, A Chapya. Anti–parasitic compounds from east African plants: isolation and biological activity of anonaine, matricarianol, canthin–6–one and caryophyllene oxide. Insect Science and Its Application. 1993, 14(1): 93–99

19. YC Wu, YC Hung, FR Chang, M Cosentino, HK Wang, KH Lee. Identification of ent–16β, 17–dihydroxykauran–19–oic acid as an anti–HIV principle and isolation of the new diterpenoids annosquamosins A and B from Annona squamosa. Journal of Natural Products. 1996, 59: 635–637

20. YC Wu, FR Chang, KS Chen, FN Ko, CM Teng. Bioactive alkaloids from Annona squamosa. Chinese Pharmaceutical Journal. 1994, 46(5): 439–446

21. TH Yang, CM Chen. Constituents of Annona squamosa. Journal of the Chinese Chemical Society. 1970, 17(4): 243–250

22. YL Yang, FR Chang, YC Wu. Annosqualine: a novel alkaloid from the stems of Annona squamosa. Helvetica Chimica Acta. 2004, 87: 1392–1399

23. YL Yang, FR Chang, YC Wu. Squadinorlignoside: a novel 7,9'–dinorlignan from the stems of Annona squamosa. Helvetica Chimica Acta. 2005, 88: 2731–2737

24. H Hatano, R Aiyama, S Matsumoto, F Nishisaka, M Nagaoka, K Kimura, T Makino, Y Shishido, T Matsuzaki, S Hashimoto. Cytotoxic constituents in the branches of Annona squamosa grown in Philippines. Yakuruto Kenkyusho Kenkyu Hokokushu. 2003, 22: 5–9

25. XJ Yang, LZ Xu, NJ Sun, SC Wang, QT Zheng. Study on the chemical constiuents of Annona squamosa. Acta Pharmaceutica Sinica. 1992, 27(3): 185–190

26. YL Yang, FR Chang, CC Wu, WY Wang, YC Wu. New ent–kaurane diterpenoids with inhibition of platelet aggregation activity from Annona squamosa. Journal of Natural Products. 2002, 65(10): 1462–1467

27. SH Yeh, FR Chang, YC Wu, YL Yang, SK Zhuo, TL Hwang. An anti–flammatory ent–kaurane from the stems of Annona squamosa that inhibits various human neutrophil functions. Planta Medica. 2005, 71(10): 904–909

28. XH Li, YH Hui, J K Rupprecht, YM Liu, KV Wood, DL Smith, CJ Chang, JL Mclaughlin. Bullatacin, bullatacinone, and squamone, a new bioactive acetogenin, from the bark of Annona squamosa. Journal of Natural Products. 1990, 53(1): 81–86

29. DC Hopp, FQ Alali, ZM Gu, JL Mclaughlin. Three new bioactive bis–adjacent THF–ring acetogenins from the bark of Annona squamosa. Bioorganic & Medicinal Chemistry. 1998, 6(5): 569–575

30. DC Hopp, FQ Alali, ZM Gu, JL Mclaughlin. Mono–THF ring Annonaceous acetogenins from Annona squamosa. Phytochemistry. 1998, 47(5): 803–809

31. DC Hopp, L Zeng, ZM Gu, JF Kozlowski, JL McLaughlin. Novel mono–tetrahydrofuran ring acetogenins, from the bark of Annona squamosa, showing cytotoxic selectivities for the human pancreatic carcinoma cell line, PACA–2. Journal of Natural Products. 1997, 60(6): 581–586

32. RVK Rao, N Murty, JVLNS Rao. Occurrence of borneol and camphor and a new terpene in Annona squamosa. Indian Journal of Pharmaceutical Sciences. 1978, 40(5): 170–171

33. PK Bhaumik, B Mukherjee, JP Juneau, NS Bhacca, R Mukherjee. Alkaloids from leaves of Annona squamosa. Phytochemistry. 1979, 18(9): 1584–1586

34. TR Seetharaman. Flavonoids from the leaves of Annona squamosa and Polyalthia longifolia. Fitoterapia. 1986, 57(3): 198–199

35. ZF Xu, XY Wei. Mechanisms of inhibition of mitochondrial complex I by annonaceous acetogenins. Natural Product Research and Development. 2003, 14(5): 476–481

36. YF Li, LW Fu. Anti–tumoral effects of annonaceous acetogenins. Chinese Pharmacological Bulletin. 2004, 20(3): 245–247

37. A Shirwaikar, K Rajendran, C Dinesh Kumar, R Bodla. Anti–diabetic activity of aqueous leaf extract of Annona squamosa in streptozotocinnicotinamide type 2 diabetic rats. Journal of Ethnopharmacology. 2004, 91(1): 171–175

38. RK Gupta, AN Kesari, PS Murthy, R Chandra, V Tandon, G Watal. Hypoglycemic and anti–diabetic effect of ethanolic extract of leaves of Annona squamosa L. in experimental animals. Journal of Ethnopharmacology. 2005, 99(1): 75–81

39. KF Ahmad, N Sultana. Biological studies on fruit pulp and seeds of Annona squamosa. Journal of the Chemical Society of Pakistan. 2003, 25(4): 331–334

40. AE Tahir, GMH Satti, SA Khalid. Anti–plasmodial activity of selected Sudanese medicinal plants with emphasis on Maytenus senegalensis (Lam.) Exell. Journal of Ethnopharmacology. 1999, 64(3): 227–233

41. GP Choudhary. Anthelmintic activity of Annona squamosa. Asian Journal of Chemistry. 2007, 19(1): 799–800

42. J Intaranongpai, W Chavasiri, W Gritsanapan. Anti–head lice effect of Annona squamosa seeds. Southeast Asian Journal of Tropical Medicine and Public Health. 2006, 37(3): 532–535

43. H Morita, T Iizuka, CY Choo, KL Chan, K Takeya, J Kobayashi. Vasorelaxant activity of cyclic peptide, cyclosquamosin B, from Annona squamosa. Bioorganic & Medicinal Chemistry Letters. 2006, 16(17): 4609–4611

44. A Mishra, JV Dogra, JN Singh, OP Jha. Post–coital anti–fertility activity of Annona squamosa and Ipomoea fistulosa. Planta medica. 1979, 35(3): 283–285

45. A Shirwaikar, K Rajendran, CD Kumar. In vitro anti–oxidant studies of Annona squamosa Linn. leaves. Indian Journal of Experimental Biology. 2004, 42(8): 803–807

백목향 白木香 CP, VP

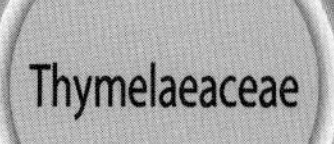

Aquilaria sinensis (Lour.) Gilg

Chinese Eaglewood

개 요

팥꽃나무과(Thymelaeaceae)
백목향(白木香, *Aquilaria sinensis* (Lour.) Gilg)의 수지가 함유되어 있는 심재: 침향(沉香)
중약명: 백목향(白木香)
백목향속(*Aquilaria*) 식물은 전 세계에 약 15종이 있으며, 중국, 미얀마, 태국, 라오스, 캄보디아, 인도, 말레이시아, 수마트라, 칼리만탄에 분포한다. 중국에는 오직 2종만이 발견되며, 두 종 모두 약재로 사용된다. 이 종은 중국의 광동성, 광서성, 복건성, 홍콩 및 해남성에 분포한다.
"침향(沉香)"은 ≪명의별록(名醫別錄)≫에서 약 상품으로 처음 기술되었다. 대부분의 고대 한방의서에 기술되어 있으며, 약용 종은 고대부터 동일하게 남아 있다. 이 종은 중국약전(2015)에 침향(Aquilariae Resinatum Lignum)의 공식적인 기원식물 내원종으로서 등재되어 있다. 의약 재료는 주로 중국의 해남성, 광서성 및 광동성에서 생산된다.
백목향에는 주로 크로몬과 세스퀴테르페노이드 성분이 함유되어 있다. 중국약전은 의약 물질의 품질관리를 위해 열수 추출법에 따라 시험할 때 알코올 용해 추출물의 함량이 10% 이상이어야 한다고 규정하고 있다.
약리학적 연구에 따르면 백목향에는 진경, 진정, 진통 및 항균 작용이 있음을 확인했다.
한의학에서 백목향은 행기지통(行氣止痛), 온중지구(溫中止嘔), 납기평천(納氣平喘)의 효능이 있다.

백목향 白木香 *Aquilaria sinensis* (Lour.) Gilg

백목향 白木香 CP, VP

백목향 열매 白木香 *Aquilaria sinensis* (Lour.) Gilg

침향 沉香 Aquilariae Resinatum Lignum

함유성분

목부에는 세스퀴테르페노이드 성분으로 baimuxinic acid, baimuxinal[1], baimuxinol, dehydrobaimuxinol[2], isobaimuxinol[3], baimuxifuranic acid[4], sinenofuranal, sinenofuranol, β-agarofuran, dihydrokararone[5], agarospirol이 함유되어 있고, 트리테르페노이드 성분으로 3-oxo-22-hydroxyhopane[6], 크로몬 성분으로 flindersiachromone, 6-hydroxy-2-[2-(4'-methoxylphenyl)ethyl] chromone, 6-methoxy-2-(2-phenylethyl) chromone, 6,7-dimethoxy-2-(2-p-henylethyl) chromone, 6-methoxy-2[2-(3'-methoxyphenyl) ethyl] chromone, 6-hydroxy-2-(2-phenylethyl) chromone[7], 5,8-dihydroxy-2-(2-p-methoxyphenylethyl) chromone, 6,7-dimethoxy-2-(2-p-methoxyphenylethyl) chromone, 5,8- dihydroxy-2-(2-phenylethyl) chromone[8], 5-hydroxy-6-methoxy-2-(2-phenylethyl) chromone, 6-hydroxy-2-(2-hydroxy-2-phenylethyl) chromone, 8-chloro-2-(2-phenylethyl)-5,6,7-trihydroxy-5,6,7,8-tetrahydrochromone, 6,7-dihydroxy-2-(2-phenylethyl)-5,6,7,8- tetrahydrochromone[9], 6,8-dihydroxy- 2-[2-(3'-methoxy-4'-hydroxyl phenylethyl)] chromone, 6-methoxy- 2-[2-(3'-methoxy-4'-hydroxyl phenylethyl)] chromone[10], oxidoagarochromones A, B, C[11]가 함유되어 있다. 또한 benzylacetone, p-methoxybenzylacetone과 anisic acid[3]가 함유되어 있다.

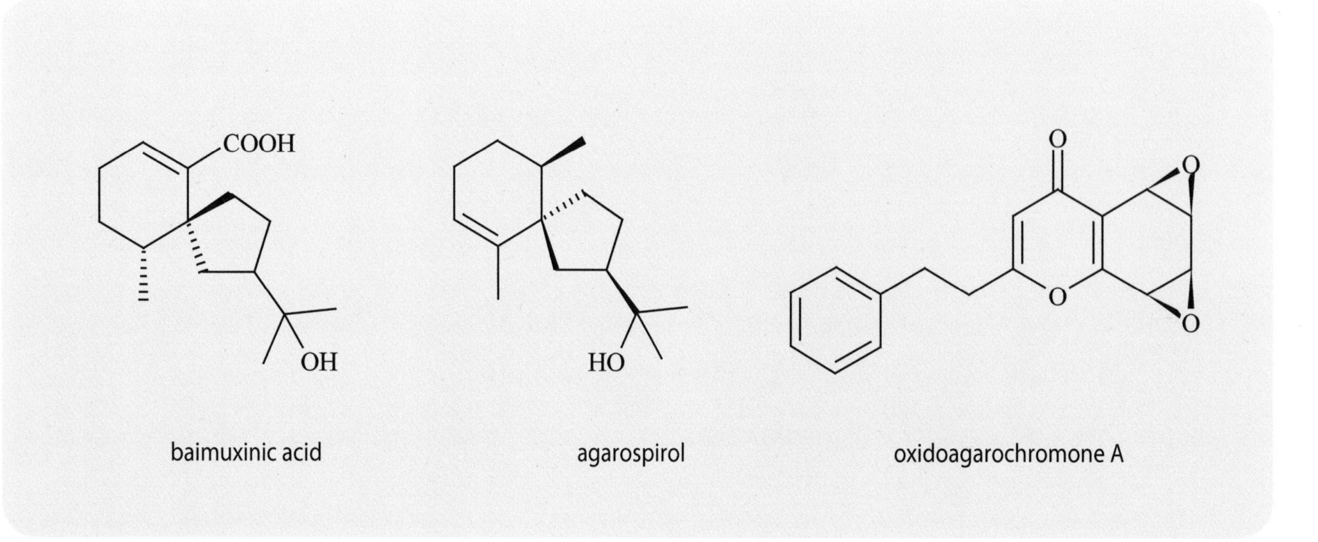

약리작용

1. 진정 작용
나무의 추출물은 시클로바르비탈에 의해 유도된 수면 시간을 연장시켰고 마우스의 자발적 활동을 감소시켰다[12]. 아가로스피롤을 경구, 복강 또는 뇌 실내 투여하면 마우스의 중추신경계를 유의하게 억제했다. 메탐페타민과 아포모르핀에 의한 자발적 활동의 증가를 억제하고, 뇌에서의 호모바닐린산의 수치를 증가시켰다. 그 효과는 클로로프로마진의 효과와 유사했다[13].

2. 진통 작용
바이무신산은 마우스에서 특정 마취 효과가 있었고, 또한 열판 시험에서 진통 효과가 있었다[12]. 아가로스피롤은 마우스에서 아세트산으로 유발된 뒤틀림 반응을 억제했다[14]. 진통 기전은 오피오이드 수용체와 관련이 있다[15].

3. 항균 작용
나무의 물 추출물은 결핵균, 장티푸스균 및 플렉스네리이질균을 억제했다[12, 16].

용도

1. 흉통, 위통, 구토, 역류
2. 천식
3. 변비, 장 폐색

해설

주로 인도네시아와 말레이시아에서 생산되는 침향나무 *Aquilaria agallocha* (Lour.) Roxb.의 수지 함유 목재도 한약재 침향으로 사용된다. 한약재 침향에 대한 현재의 약리학적인 연구에서는 침향나무 *A. agallocha*에 중점을 두고 있으며, 백목향 *A. sinensis*에 관한 연구는 거의 없다. 백목향 *A. sinensis*는 임상적 응용에서 보다 빈번하게 사용되기 때문에 화학적 성분, 약리학적 효과 및 임상 효능에 대한 추가 연구가 수행되어야 한다.

침향은 중국 광동성 특산 10종 한약재 중의 하나일 뿐만 아니라 중국, 일본, 인도 및 기타 동남아시아 국가에서 전통적인 천연의 귀중한 약재이다.

백향목은 의약적으로 침향나무 *A. agallocha*와 상호 교환하여 사용될 수 있음이 입증되었다. 그러므로 의약 물질의 생산 및 수집을 확대시키기 위해 더 많은 연구가 수행되어야 한다.

중국어로 "홍콩"이라는 이름은 "향을 운반하는 항구"로 설명될 수 있다. 홍콩이 운송하는 향기로운 나무는 중국의 광동성 동관에서 생산된 백향목이다. 1997년에 홍콩이 중국으로 이전된 것을 기념하기 위해 1997년 중국산 백향목이 심천 불멸의 호수식물원에 중국 지도 형태로 심어졌다.

참고문헌

1. JS Yang, YW Chen. Studies on the constituents of Aquilaria sinensis (Lour.) Gilg. I. Isolation and structure elucidation of two new sesquiterpenes, baimuxinic acid and baimuxinal. Acta Pharmaceutical Sinica. 1983, 18(3): 191–198

2. JS Yang, YW Chen. Studies on the chemical constituents of Aquilaria sinensis (Lour.) Gilg. II. Isolation and structures of baimuxinol and dehydrobaimuxinol. Acta Pharmaceutical Sinica. 1986, 21(7): 516–520

3. JS Yang, YL Wang, YL Su, CH He, QT Zheng, J Yang. Studies on the chemical constituents of Aquilaria sinensis (Lour.) Gilg. III. Structural determination of isobaimuxinol and separation and identification of low boiling point components. Acta Pharmaceutical Sinica. 1989, 24(4): 264–268

4. JS Yang, YL Wang, YL Su. Baimuxifuranic acid, a new sesquiterpene from the volatile oil of Aquilaria sinensis (Lour.) Gilg. Chinese Chemical Letters. 1992, 3(12): 983–984

5. JF Xu, LF Zhu, BY Lu, ZJ Liu. Study on the chemical constituents of essential oil of Aquilaria sinensis (Lour.) Gilg. Journal of Integrative Plant Biology. 1988, 30(6): 635–638

6. LD Lin, SY Qi. Triterpenoid from Chinese eaglewood (Aquilaria sinensis). Chinese Traditional and Herbal Drugs. 2000, 31(2): 89–90
7. JS Yang, YL Wang, YL Su. Studies on the constituents of Aquilaria sinensis (Lour.) Gilg. IV. Separation and identification of 2–(2–phenylethyl) chromone compounds. Acta Pharmaceutica Sinica. 1989, 24(9): 678–683
8. JS Yang, YL Wang, YL Su. Studies on the constituents of Aquilaria sinensis (Lour.) Gilg. V. Separation and identification of three 2–(2–phenylethyl) chromone derivatives. Acta Pharmaceutica Sinica. 1990, 25(3): 186–190
9. T Yagura, M Ito, F Kiuchi, G Honda, Y Shimada. Four new 2–(2–phenylethyl) chromone derivatives from withered wood of Aquilaria sinensis. Chemical & Pharmaceutical Bulletin. 2003, 51(5): 560–564
10. JM Liu, YH Gao, HH Xu, HY Chen. Chemical constituents of Aquilaria sinensis (I). Chinese Traditional and Herbal Drugs. 2006, 37(3): 325–327
11. T Yagura, N Shibayama, M Ito, F Kiuchi, G Honda. Three novel diepoxy tetrahydrochromones from agarwood artificially produced by intentional wounding. Tetrahedron Letters. 2005, 46(25): 4395–4398
12. JM Liu, HH Xu. Research progress of Aquilaria sinensis. Journal of Chinese Medicinal Materials. 2005, 28(7): 627–632
13. H Okugawa, R Ueda, K Matsumoto, K Kawanishi, A Kato. Effect of Jinkoh–eremol and agarospirol from agarwood on the central nervous system in mice. Planta Medica. 1996, 62(1): 2–6
14. H Okugawa, R Ueda, K Matsumoto, K Kawanishi, K Kato. Effects of sesquiterpenoids from "Oriental incenses" on acetic acid–induced writhing and D_2 and 5–HT_2A receptors in rat brain. Phytomedicine. 2000, 7(5): 417–422
15. H Okukawa, K Kawanishi, A Kato. Effects of sesquiterpenoids from oriental incenses on sedative and analgesic action. Aroma Research. 2000, 1(1): 34–38
16. QR Meng. Common Chinese medicinal herbs with bacteriocidal and inhibitory effects. Chinese Archives of Traditional Chinese Medicine. 1988, 1: 1–3

1997년에 백목향으로 조성된 중국지도

광방기 廣防己

Aristolochiaceae

Aristolochia fangchi Y. C. Wu ex L. D. Chou et S. M. Hwang

Southern Fangchi

개 요

쥐방울덩굴과(Aristolochiaceae)

광방기(廣防己, *Aristolochia fangchi* Y. C. Wu ex L. D. Chou et S. M. Hwang)의 뿌리를 말린 것: 광방기(廣防己)

중약명: 광방기(廣防己)

쥐방울덩굴속(*Aristolochia*) 식물은 전 세계에 약 350종이 있으며, 열대 및 온대 지역에 분포한다. 중국에는 약 39종, 2변종과 3품종이 발견되며, 특히 중국 남서부 및 남부 전역에 널리 분포한다. 이 속에서 약 31종이 약재로 사용된다. 이 종은 중국의 광동성, 광서성, 귀주성 및 운남성에 분포한다.

"광방기(廣防己)"는 ≪약물출산변(藥物出産辨)≫에서 약으로 처음 기술되었다. 이 종은 중국약전(2000)에서 한약재 광방기(Aristolochiae Fangchi Radix)의 공식적인 기원식물 내원종으로서 등재되었었다.

그러나 광방기에는 아리스톨로크산이 함유되어 있어서, 경구 투여 시 신장 독성을 일으킬 수 있다. 따라서 광방기는 중국약전(2005)에서 삭제되었다. 의약 재료는 주로 중국의 광동성과 광서성에서 생산된다.

광방기에는 주로 아리스톨로크산 성분이 함유되어 있으며, 아리스톨로크산은 효과적이지만 유독 성분이다.

약리학적 연구에 따르면 광방기에는 항종양 및 면역증강 작용이 있음을 확인했다.

한의학에서 광방기는 거풍지통(祛風止痛), 청열이수(清熱利水)의 효능이 있다.

광방기 | 廣防己 *Aristolochia fangchi* Y. C. Wu ex L. D. Chou et S. M. Hwang

광방기 廣防己 Aristolochiae Fangchi Radix

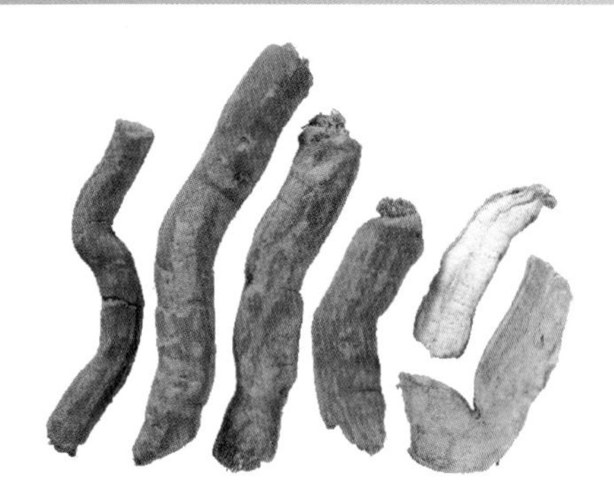

함유성분

뿌리에는 aristolochic acids I, III, aristololactam, allantoin, magnoflorine과 β-sitosterol[1]이 함유되어 있다.

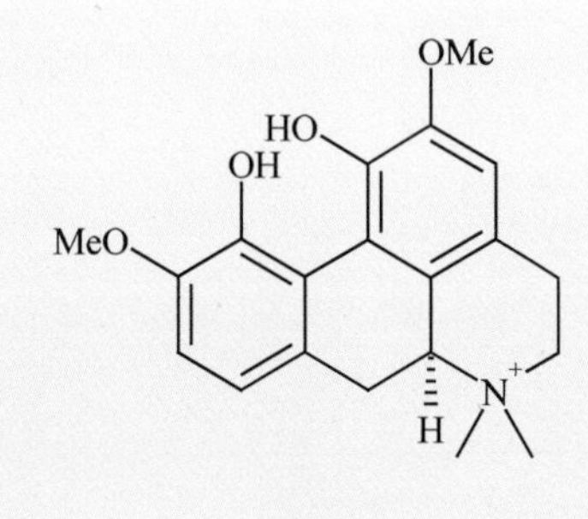

magnoflorine

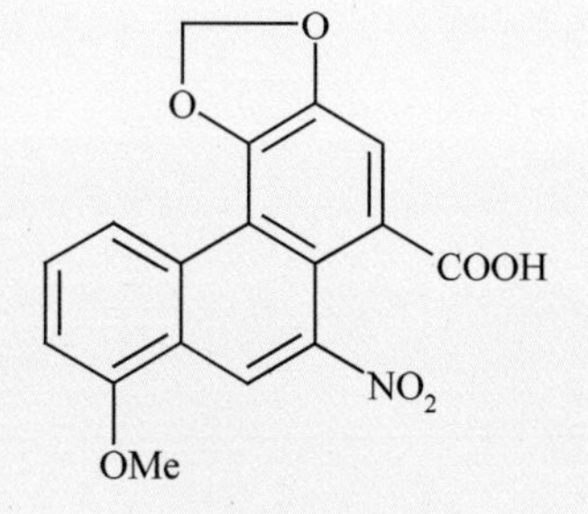

aristolochic acid I

약리작용

1. 항종양
   아리스톨로크산을 복강 내 투여하면 피하 이식된 육종 37세포를 가진 마우스에서 종양 세포 성장을 현저히 억제했고 생존 시간을 증가시켰다[2]. 또한 복수의 간암종을 가진 랫드에서 종양 세포 성장을 억제했다[3].
2. 면역증강
   아리스톨로크산을 복강 내 투여하면 마우스 복강 대식세포의 식균 활성을 유의하게 증가시켰다[2]. 또한 기니피그의 복막 대식세포와 인간 백혈구의 대사 활성을 증가시켰다[4].
3. 항박테리아
   아리스톨로크산을 복강 내 투여하면 황색포도상구균, 폐렴연쇄상구준 및 화농성연쇄상구균에 감염된 마우스에서 보호 효과를 나타냈다[2].
4. 항바이러스
   아리스톨로크산은 단순헤르페스바이러스-1(HSV-1)에 감염된 토끼의 눈에서 방어능을 향상시켰으며, 눈의 수양액에서의 단백질 수치와 각막과 유리체에서의 미세 대구와 대식세포의 수를 증가시켰고, 병변을 빠르게 치유했다[5].
5. 기타
   마그노플로린은 토끼 및 저체온 마취 마우스에서 동맥 혈압을 감소시켰다. 마그노플로린과 아리스톨로크산 I은 적출된 임신 랫드의 자궁을 수축시켰고, 기니피그의 적출된 회장(回腸)을 자극했다[6].

함유성분

1. 류머티스성 관절염, 류머티스통
2. 부종, 배뇨 장애
3. 고혈압

해설

아리스톨로크산은 쥐방울덩굴과(Aristolochiaceae)의 쥐방울덩굴속의 식물에 주로 존재하는 니트릴을 함유한 페난트렌 유기산의 한 종류이며, 이 속의 식물의 중요한 특징적인 성분이다[7].

아리스톨로크산을 함유한 한약으로 인해 유발된 아리스톨로크산과 중약재 신장병(CHN)의 독성 반응에 관한 최근 보도로 인해, FDA에서는 아리스톨로크산을 함유한 한방 의약품 사용을 금하도록 했다[8-11]. 그러나 다른 문서에 따르면 아리스톨로크산은 과다 사용할 경우에만 신장에 독성을 보인다고 했다[12]. 따라서 광방기의 독성과 의약 효과에 대한 추가 연구가 필요하다. 현재 시장에 유통되고 있는 한약재 방기는 그 기원이 다양하여 매우 혼란스럽다. 그러므로 사용 시에는 특별한 주의가 요구된다. 방기는 새모래덩굴과(Menispermaceae)의 분방기 *Stephania tetrandra* S. Moore의 뿌리이며 아리스톨로크산이 함유되어 있지 않다[13].

참고문헌

1. LD Qiu, ZM Chen. Separation and identification of the effective constituents in Aristolochia fangchi. Chinese Pharmaceutical Journal. 1981, 16(2): 117–118
2. N Komatsu, H Nawata, T Kimino, J Shoji, A Tada. Biological activities of aristolochic acid. II. Effects on experimental tumor, bacterial infection, and RES [reticuloendothelial system] function. Showa Igakkai Zasshi. 1973, 33(6): 776–782
3. LN Filitis, PS Massagetov. Anti–cancer property of aristolochic acid. Voprosy Onkologii. 1961, 7(8): 97–98
4. JR Moese. Aristolochic acid. 2. Arzneimittel–Forschung. 1974, 24(2): 151–153
5. JR Mose, D Stunzner, M Zirm, C Egger–Bussing, F Schmalzl. Effect of aristolochic acid on herpes simplex infection of the rabbit eye. Arzneimittel– Forschung. 1980, 30(9): 1571–1573
6. T El, EH Kamal. Pharmacological actions of magnoflorine and aristolochic acid–1 isolated from the seeds of Aristolochia bracteata. International Journal of Pharmacognosy. 1991, 29(2): 101–110
7. GX Fu, SP Zhao. Chinese medicinal herbs and preparations with aristolochic acid. Journal of China–Japan Friendship Hospital. 2003, 17(2): 110–112
8. ZB Zhang, WY Jiang, SQ Cai. Clinical and pharmaceutical development and its thought of Chinese herbal nephropathy induced by aristolochic acid. Chinese Traditional and Herbal Drugs. 2003, 34(2): 185–188
9. Z Guo, L Xu. Introspection on international large–scale poisoning accidents caused by Aristolochia fangchi and Aristolochia manshuriensis. Chinese Traditional and Herbal Drugs. 2001, 32(1): 88–89
10. F Debelle, J Nortier, VM Arlt, E De Prez, A Vienne, I Salmon, DH Phillips, M Deschodt–Lanckman, JL Vanherweghem. Effects of dexfenfluramine on aristolochic acid nephrotoxicity in a rat model for Chinese–herb nephropathy. Archives of Toxicology. 2003, 77(4): 218–226
11. BT Schaneberg, IA Khan. Analysis of products suspected of containing Aristolochia or Asarum species. Journal of Ethnopharmacology. 2004, 94(2–3): 245–249
12. ZB Ye, GC Lu, G Yu, ZY Guo, RL Cui. Experimental study of the nephrotoxicity of guangfangji. Chinese Pharmacological Bulletin. 2002, 18(3): 285–287
13. AL He. Identification comparison of Aristolochia fangchi, Cocculus orbiculatus and Stephania tetrandra. Forum on Traditional Chinese Medicine. 2006, 21(5): 47–48

유기노 奇蒿 KHP

Artemisia anomala S. Moore

Diverse Wormwood

개 요

국화과(Asteraceae)

유기노(奇蒿, *Artemisia anomala* S. Moore)의 전초를 꽃과 함께 말린 것: 유기노(劉寄奴)

일반명: 남유기노(南劉寄奴)

국화속(*Artemisia*) 식물은 전 세계에 약 300종 이상이 있으며 아시아, 유럽 및 북아메리카의 온대, 한대 및 아열대 지역에 주로 분포한다. 중국에는 약 190종이 발견되며, 주로 중국 북서부, 북부, 북동부 및 남서부에 분포한다. 이 속의 약 23종이 약재로 사용된다. 이 종은 중국 중부에서 남부 및 베트남에 분포한다.

"유기노"는 ≪뇌공포자론(雷公炮炙論)≫에서 약으로 처음 기술되었다. 대부분의 고대 한방의서에 기술되어 있으며, 약용 종은 고대부터 동일하게 남아 있다. ≪대한민국약전외한약(생약)규격집≫(제4개정판)에는 "유기노"를 "기호(寄蒿) Artemisia anomala S. Moore(국화과 Compositae)의 전초"로 등재하고 있다. 의약 재료는 주로 중국의 강소성, 절강성 및 강서성에서 생산된다.

유기노에는 주로 정유 성분, 플라보노이드, 쿠마린, 세스퀴테르로이드 성분이 함유되어 있다. 기호는 혈액순환을 촉진하고 혈액 정체를 분산시키는 주요 활성 성분이다.

약리학적 연구에 따르면 유기노에는 혈소판 응집 억제, 항혈전, 항산화 및 항균 작용이 있음을 확인했다.

한의학에서 유기노는 파어통경(破瘀通經), 지혈소종(止血消腫), 소식화적(消食化積)의 효능이 있다.

유기노 奇蒿 *Artemisia anomala* S. Moore

함유성분

전초에는 정유 성분으로 camphor[1], borneol, cineole, caryophyllene oxide, menthol, perillalol, chavibetol[2]이 함유되어 있고, 플라보노이드 성분으로 arteanoflavone, eupatilin[3], tricin[4], salvigenin[5], 쿠마린 성분으로 herniarin, umbelliferone[5], scopoletin, coumarin[4], 세스퀴테르페노이드 성분으로 arteanomalactone[6], reynosin, armexifolin, 이량체의 구아이아놀라이드 성분으로 artanomaloide, 세코구아이아놀라이드 성분으로 secotanapartholide A, isosecotanapartholide, 구아이아놀라이드 성분으로 dehydromatricarin[5]이 함유되어 있다.
또한 anomalamide[5], aurantiamide acetate, simiarenol[3]과 palmitic acid[4]가 함유되어 있다.

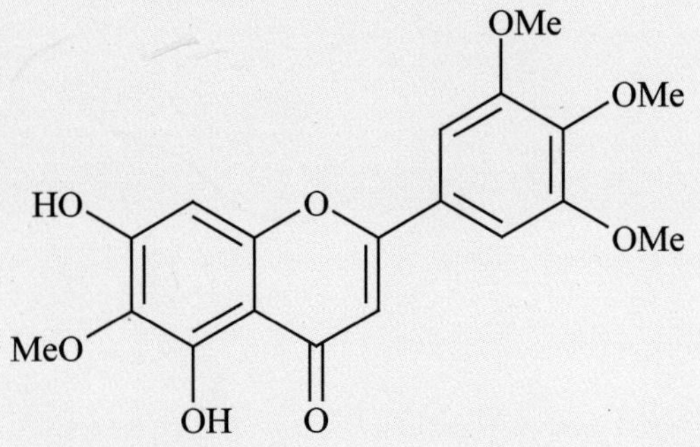

arteanoflavone

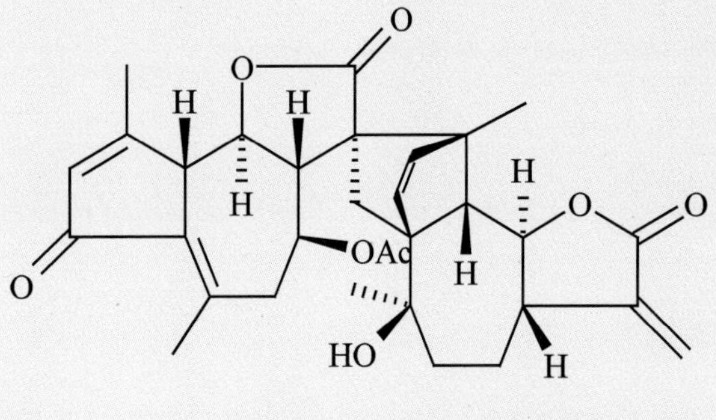

artanomaloide

약리작용

1. 혈소판 응집 및 항혈전 억제
   전초의 추출물을 경구 투여하면 랫드의 ADP로 유발된 혈소판 응집을 억제하고 병리학적 조건하에서 정맥 혈전의 습중량을 현저히 감소시켰으며, 혈전 형성 비율을 감소시켰다[7]. 약재를 경구 투여하면 마우스의 혈액 응고 시간을 단축시키고, 혈장 재석회화 시간, 트롬빈 시간(TT), 프로트롬빈 시간(PT), 카올린 부분 트롬보플라스틴 시간을 단축시켰다[8].

2. 항산소결핍
   전초의 에탄올 침지한 물 추출물을 복강 내 투여하면 마우스에서 칼륨 청산가리 또는 나트륨 아질산염으로 유발된 조직 무산소증과 일반 경동맥 대동맥 결찰로 유도된 순환계 질환 관련 무산소증에 대하여 유의한 보호 효과를 나타냈다. 또한 저압 무산소 환경에서 마우스의 생존 시간을 연장시켰다[9].

3. 항균 작용
   *In vitro*에서 전초의 클로로포름 추출물은 크립토콕쿠스 네오포르만스, 칸디다 알비칸스, 누룩곰팡이의 성장에 강력한 억제 효과를 보였다[10].

4. 항산화 작용
   *In vitro*에서 전초의 아세톤 추출물은 과산화 음이온에 대한 강력한 제거 효과를 가지며[11], 또한 니트로사민의 합성을 방해하여 니트로소화를 유의하게 억제했다. 효능은 플라본 함량과 관련이 있다[12].

5. 화상의 치료 강화
   전초의 에탄올 추출물을 국소 사용하면 랫드의 2도 화상의 상처 치료를 상당히 촉진하여 치료 시간을 단축시켰다[13].
6. 생식기 내분비 기능에 미치는 영향
   전초의 60% 에탄올 추출물을 경구 투여하면 어린 랫드의 난소에서 난소 내 프로스타글란딘 E_2(PGE$_2$) 수준과 자궁 내 에스트라디올 수용체의 특이적 조합을 감소시켰다. 또한 상상 임신된 랫드의 혈액에 프로게스테론 수준을 감소시키고, 난소에서 인간 융모막 성선자극호르몬/황체 형성 호르몬(hCG/LH)의 수용체 특정 조합을 억제했다. 또한 난소에서 내인성 PGE$_2$와 *in vitro*에서 PGE$_2$의 합성을 억제했고, 자궁에서 프로스타글란딘 $F_2\alpha$(PGF$_2\alpha$)의 합성을 촉진했다[14].
7. 기타
   전초는 단순헤르페스바이러스-I, II(HSV-I, II)를 억제했다[15-16].

용도

1. 무월경, 월경통, 월경과다, 골반 염증, 산후 복통, 고혈압
2. 낙상 및 찰과상, 외상성 출혈
3. 혈뇨, 혈뇨
4. 만성 류머티스 통증
5. 염증, 옹, 화상

해설

“유기노”라는 이름은 다양한 종의 식물에서 사용되었다. 지역적인 약물 습관에 따라서 상품 유기노는 남유기노(남부 유기노)와 북유기노(북부 유기노)로 나뉜다. 남유기노는 주로 유기노 *Artemisia anomala*에서 유래하고, 북유기노는 현삼과(Scrophulariaceae) 식물인 절국대 *Siphonostegia chinensis* Benth에서 유래한다. 이러한 관점에서, 혼동을 줄 수 있는 의약품에 대한 안전성과 유효성을 확인하기 위해 각별한 주의를 기울여야 하며, 서로 대체할 수 있는지 여부를 결정하기 위한 추가 연구가 필요하다.

참고문헌

1. YF Hong, YM Li, HY Xu, XM Guo. Study on the essential oil constituents of Artemisia anomala. Academic Journal of Second Military Medical University. 1997, 18(4): 399
2. HR Cao, Y Mao, XL Wang. GC–MS analysis of volatile oil components of Artemisia anomala. Journal of Zhejiang Forestry College. 2006, 23(5): 538–541
3. YQ Xiao, YY Tu. Separation and identification of liposoluble constituents in Chinese Artemisia plants–Artemisia anomala. Acta Pharmaceutica Sinica. 1984, 19(12): 909–913
4. YQ Xiao, YY Tu. Study on the chemical constituents of Artemisia anomala. Acta Botanica Sinica. 1986, 28(3): 307–310
5. J Jakupovic, ZL Chen, F Bohlmann. Artanomaloide, a dimeric guaianolide and phenylalanine derivatives from Artemisia anomala. Phytochemistry. 1987, 26(10): 2777–2779
6. XY Lin. Analysis on the chemical constituents of Artemisia anomala. Acta Chimica Sinica. 1985, 43(8): 724–727
7. YY Pan, WZ Sun, X Guo, RM Jin, SG Fu. Comparative study on the pharmaceutical effects of Artemisia anomala and Siphonostegia chinensis on inhibition of platelet aggregation and anti–thrombosis. Chinese Traditional Patent Medicine. 1998, 20(7): 45–47
8. WZ Sun, YY Pan, X Guo, RM Jin, SG Fu, ZY Wu, DX Chen, L Jin. Comparative study on the pharmaceutical effects of Artemisia anomala and Siphonostegia chinensis on promoting blood circulation by removing blood stasis. Acta Universitatis Traditionis Medicalis Sinensis Pharmacologiaeque Shanghai et Academiae Traditionis Medicalis Sinensis Pharmacologiaeque Shanghai. 1997, 11(2): 68–72
9. JR Shen, KF Ruan, GW Zhou. Anti–anoxia effect of Artemisia anomala. Chinese Traditional and Herbal Drugs. 1983, 14(9):

411–412

10. YD Liu, XL Yang, X Qi, GW Hu, YY Zhu. Study on the anti–fungus components of Artemisia anomala. Journal of Tianjin Medical University. 1995, 1(4): 5–7
11. H Zhang, G Xu, H Zhang, DZ Zhang, XL Li. Experimental study of Artemisia anomala extract on scavenging O_2^- · and OH · free radicals in vitro. Food Science. 2000, 21(7): 31–34
12. H Zhang, G Xu, JY Yuan. Study on inhibiting nitrosation by extract of Artemisia anomala S. Moore. Journal of Zhengzhou Grain College. 2000, 21(1): 50–53
13. WF Tan, JH Guo, X Xing, H Nian, LP Qin. The effects of the alcoholic extract of Artemisia anomala S. Moore on wound healing. Chinese Archives of Traditional Chinese Medicine. 2004, 22(5): 840–842
14. W Li, CH Zhou, QL Lu, YC Yu. Effect and mechanism of promoting blood circulation and restoring menstrual flow Chinese medicine on ovary and uterus functions. Chinese Journal of Integrated Traditonal and Western Medicine. 1992, 12(3): 165–168
15. MS Zheng. Study on anti–herpes simplex virus of 472 Chinese herbs. Chinese Journal of Integrated Traditional and Western Medicine. 1990, 10(1): 39–41, 46
16. MS Zheng. An experimental study of the anti–HSV–II action of 500 herbal drugs. Journal of Traditional Chinese Medicine. 1989, 9(2): 113–116

마람 馬藍 CP, KHP

Baphicacanthus cusia (Nees) Bremek.

Common Baphicacanthus

개 요

쥐꼬리망초과(Acanthaceae)

마람(馬藍, *Baphicacanthus cusia* (Nees) Bremek.)의 뿌리와 뿌리줄기를 말린 것: 남판람근(南板藍根)

마람(馬藍, *Baphicacanthus cusia* (Nees) Bremek.)의 건조한 분말 또는 잎이나 줄기에서 채취한 덩어리: 청대(青黛)

마람속(*Baphicacanthus*) 식물은 전 세계에 단 한 종이 있으며, 약재로 사용한다. 이 종은 중국 남부가 원산으로, 현재 중국의 광동성, 해남성, 광서성, 운남성, 귀주성, 사천성, 복건성, 절강성, 홍콩 및 대만뿐만 아니라 방글라데시, 인도 북동부, 미얀마, 히말라야 및 인도차이나 반도에 분포한다.

"마람(馬藍)"은 ≪본초도경(本草圖經)≫에서 약으로 처음 기술되었다. 대부분의 고대 한방의서에 기술되어 있으며, 약용 종은 고대부터 동일하게 남아 있다. "청대(青黛)"는 ≪약성론(藥性論)≫에서 약으로 처음 기술되었으며, 대부분의 고대 한방의서에 기술되어 있다. 청대는 고대로부터 마디풀과(Polygonaceae)의 *Polygonum tinctoria* Ait, 콩과(Fabaceae)의 *Indigofera tinctoria* L. 및 십자화과(Brassicaceae)의 *Isatis indigotica* Fort에서 왔다. 이 종은 중국약전(2015)에 남판람근(Baphicacanthis Cusiae Rhizoma et Radix)과 청대(Naturalis Indigo)의 공식적인 기원식물 내원종으로서 등재되어 있다. ≪대한민국약전외한약(생약)규격집≫(제4개정판)에는 "청대"를 "쪽 *Persicaria tinctoria* H. Gross 또는 마람(馬藍) *Baphicacanthus cusia* (Nees) Bremek. (여뀌과 Polygonaceae)의 잎을 발효시켜 얻은 가루"로 등재하고 있다. 의약 재료는 주로 중국의 복건성, 사천성, 절강성, 호남성, 광동성, 광서성, 귀주성 및 운남성에서 생산된다.

마람에는 주로 인돌 성분이 함유되어 있다.

약리학적 연구에 따르면 마람에는 항균, 항바이러스, 항종양, 항염 및 해열 작용이 있음을 확인했다.

한의학에서 남판람근은 청열해독(清熱解毒), 양혈소종(凉血消腫)의 효능이 있으며, 청대는 청열해독(清熱解毒), 양혈지혈(凉血止血), 청간사화(清肝瀉火)의 효능이 있다.

마람 馬藍 *Baphicacanthus cusia* (Nees) Bremek.

남판람근 南板藍根 Baphicacanthis Cusiae Rhizoma et Radix

함유성분

뿌리와 뿌리줄기에는 주로 인돌 성분으로 indirubin, indigo[1], indican[2]이 함유되어 있고, 트리테르페노이드 성분으로 lupeol, betulin, lupenone[1], 퀸아졸리논 성분으로 4(3H)-quinazolinone, 2,4(1H,3H)-quinazolinedione[1], 리그난 성분으로 pinoresinol-4-O-β-D-apiosyl-(1→2)-β-D-glucopyranoside[3], (+)-lyoniresinol-3α-O-β-apiofuranosyl-(1→2)-β-D-glucopyranoside, (+)-5,5'-dimethoxy-9-O-β-Dglucopyranosyl lariciresinol[4], 페닐에타노이드 배당체 성분으로 cusianosides A, B, acteoside[4], 안트라퀴논 성분으로 chrysophanol[5], benzoxazines 성분으로 blepharin, 4-hydroxyblepharin[3]이 함유되어 있다.
잎에는 인돌 성분으로 indirubin, isoindigo[6]와 또한 tryptanthrin[7]이 함유되어 있다.

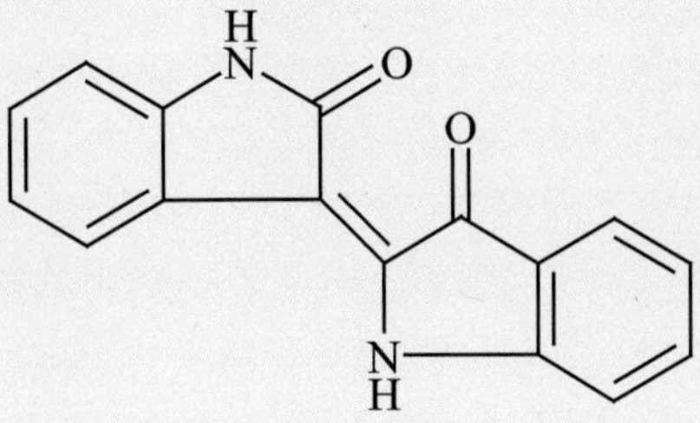

indirubin

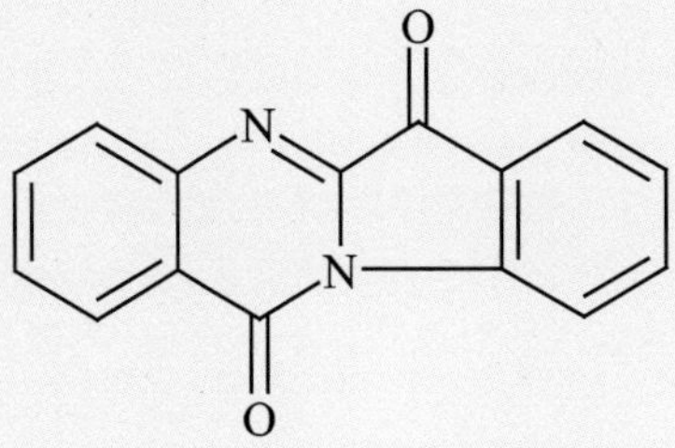

tryptanthrin

약리작용

1. 항균 작용

*In vivo*에서 트립탄트린은 백색 종창, 백선균, 개소포자균, 표피사상균 및 다약제내성 결핵과 같이 무좀을 유발하는 곰팡이에 대해 강력한 억제 효과를 나타냈다[7-8]. 뿌리는 황색포도상구균과 폐렴간균의 성장을 효과적으로 억제했다[9]. *In vivo*에서 인디루빈이 인플루엔자 바이러스에 감염된 사람의 기관지 표피 세포에서 RANTES의 발현을 억제하여 항바이러스 효과를 나타냈다[10]. 또한 뿌리의 아글루티닌은 인플루엔자 바이러스를 억제했다[11]. 루페올은 단순헤르페스바이러스-1(HSV-1)을 유의하게 억제했다[4].

2. 항종양

인디루빈은 만성 골수성 백혈병(CML)에 대해 우수한 치료 효과를 나타냈고, 랫드에서 백혈구 막의 유동성을 감소시켰다. *In vivo*에서 인디루빈은 인공 세포막의 리포솜 유동성을 직접 감소시키고 CML 세포에서 DNA 중합효소 I의 활성을 억제했다[12]. 또한 사이클린 의존성 키나아제2(CDK2)와 전사 인자 PU.1의 활성화를 억제함으로써 CML 세포 HL-60의 중성 분화를 촉진시켰다[13]. *In vivo*에서 인디루빈은 인간 유방암 세포를 유의하게 억제했다[14]. 또한 실험동물에서 종양 세포인 W256과 루이스 폐 암종에 대해 유의한 억제를 보였다[15]. 항종양 기전은 핵 인자-κB(NF-κB)의 신호 전달 경로가 조절되어, 종양 괴사 인자에 의한 세포사멸을 증가시킨다[16]. 인디루빈 추출물은 수많은 인간 암종 세포의 성장에 대한 억제 효과를 나타냈고, 피하 투여 시 랫드의 신장 발암물질인 RK3E-ras의 증식을 억제했다. 항종양 기전은 세포 증식과 세포사멸의 억제에 기인한다[17]. 잎의 트립탄트린은 랫드의 장암의 발생률을 감소시켰다[18].

3. 항염 및 해열 작용

잎의 메탄올 추출물은 아세트산으로 유발된 뒤틀림과 포르말린으로 유발된 마우스의 통증 반응을 초기 및 후기 단계에서 크게 감소시켰다. 또한 랫드의 카라기닌에 의해 유도된 뒷다리 부종을 억제하고, 지질다당류로 인한 열 반응을 완화시켰다[19]. 뿌리의 탕액을 경구 투여하면 상당한 해열 효과를 나타냈다. 뿌리의 소염 효과는 벤족사지논 함량과 관련이 있다. 인디루빈은 γ-인터페론 및 세포 인터류킨의 합성을 감소시켰으며 지연형 과민 반응, 유도 염증 반응에 대한 강력한 억제 효과를 보였다[20].

4. 기타
마람 유래의 4(3H)-퀴나졸리논은 혈압을 감소시켰다[1].

용도

1. 발진, 인후통, 두통, 유행성 이하선염, 독감, 폐렴, 뇌염, 출혈성 결막염
2. 토혈(吐血), 비혈(鼻血), 출혈
3. 종양, 백혈병
4. 단독(丹毒), 농가진, 건선, 습진, 백선, 사교상(蛇咬傷) 및 벌레 물림

해설

마람의 줄기와 잎을 말린 것도 약용한다. 그 효능은 남판람근의 효능과 유사하다. 그 약재명은 남판람근엽(南板藍根葉)이다. 또한 일부 지역에서는 대청엽(大青葉)으로 사용된다.
같은 과의 *Strobilanthes pentstemonoides* (Nees). T. Ander, *S. divaricatus* (Nees). Anders, *S. dliganthus* Miq. 및 *S. guangxiensis* S. Z. Huang 은 외관상 마람과 유사하지만 주요성분인 인디고와 인디루빈 성분은 함유되어 있지 않다. 따라서 이 식물 종들은 남판람근의 대체물로 사용될 수 없다[21].
십자화과(Brassicaceae)의 마람과 대청 *Isatis indigotica*는 모두 판람근의 기원식물이다. 전자는 일반적으로 남판람근(남부 판람근)으로, 후자는 북판람근(북부 판람근)으로 알려져 있다. 남판람근은 중국 남부와 남서부 지역에서 더 광범위하게 사용되는 반면, 북판람근은 중국의 대부분 지역에서 광범위하게 재배되며 시장에서 판매되는 주류 품목이다[23]. 그러나 화학 조성, 효능 및 적응증이 각각 다르다. 주요성분인 인디루빈의 함량은 북판람근보다 남판람근에서 훨씬 높다[24]. 따라서 효과적이고 안전한 약재의 사용을 위하여 임상 적용 시 특별한 주의가 필요하다[22].

참고문헌

1. L Li, HQ Liang, SX Liao, CZ Qiao, GJ Yang, TY Dong. Chemical studies of Strobilanthes cusia. Acta Pharmaceutica Sinica. 1993, 28(3): 238–240
2. H Marcinek, W Weyler, B Deus–Neumann, MH Zenk. Indoxyl–UDPG–glucosyltransferase from Baphicacanthus cusia. Phytochemistry. 2000, 53(2): 201–207
3. HH Wei, P Wu, XY Wei, Yashikawa Masayuki, HH Xie. Glycosides from the roots of Baphicacanthus cusia. Journal of Tropical and Subtropical Botany. 2005, 13(2): 171–174
4. T Tanaka, T Ikeda, M Kaku, XH Zhu, M Okawa, K Yokomizo, M Uyeda, T Nohara. A new lignan glycoside and phenylethanoid glycosides from Strobilanthes cusia Bremek. Chemical & Pharmaceutical Bulletin. 2004, 52(10): 1242–1245
5. 5. R Chen, S Jiang. Isolation and identification of chrysophanol in Baphicacanthus cusia. Journal of Medicinal Materials. 1990, 13(5): 29–30
6. DH Chen, JX Xie. Chemical constituents of a traditional Chinese medicine qingdai. Chinese Traditional and Herbal Drugs. 1984, 15(12): 534–536
7. G Honda, M Tabata. Isolation of anti–fungal principle tryptanthrin, from Strobilanthes cusia O. Kuntze. Planta Medica. 1979, 36(1): 85–86
8. LA Mitscher, WR Baker. A search for novel chemotherapy against tuberculosis amongst natural products. Pure and Applied Chemistry. 1998, 70(2): 365–371
9. XY Yang, SH Lü, SJ Wu. Study on the chemical constituents in the leaf of Baphicacanthus cusia. Chinese Medicinal and Herbal Drugs. 1995, 26(12): 622
10. NK Mak, CY Leung, XY Wei, XL Shen, RNS Wong, KN Leung, MC Fung. Inhibition of RANTES expression by indirubin in influenza virusinfected human bronchial epithelial cells. Biochemical Pharmacology. 2004, 67(1): 167–174

11. XC Hu, JW Cheng, SZ Liu, XY Zuo. Experimental study on relation between titer of isatis agglutinin and inhibition of influenza virus. Acta Universitatis Traditionis Medicalis Sinensis Pharmacologiaeque Shanghai. 2001, 15(3): 56–57

12. WJ Gan, TY Yang, ZC Wang, LS Qian, J Ma, YQ Ge, BJ Cheng, ZM Li, HQ Bao. Studies on the mechanism of indirubin by treatment of chronic myeloicytic leukemia (CML). Chinese Journal of Biochemisty and Molecular Biology. 1987, 3(3): 225–230

13. K Suzuki, R Adachi, A Hirayama, H Watanabe, S Otani, Y Watanabe, T Kasahara. Indirubin, a Chinese anti–leukemia drug, promotes neutrophilic differentiation of human myelocytic leukemia HL–60 cells. British Journal of Haematology. 2005, 130(5): 681–690

14. BC Spink, MM Hussain, BH Katz, L Eisele, DC Spink. Transient induction of cytochromes P_{450} 1A1 and 1B1 in MCF–7 human breast cancer cells by indirubin. Biochemical Pharmacology. 2003, 66(12): 2313–2321

15. CL Li, XJ Ji. The relationship between anti–cancer activity and absorption in vivo of indirubin and some of its derivatives. Journal of Peking University (Health Science). 1984, 16(4): 326–328

16. G Sethi, KS Ahn, SK Sandur, X Lin, MM Chaturvedi, BB Aggarwal. Indirubin enhances tumor necrosis factor–induced apoptosis through modulation of nuclear factor–κB signaling pathway. Journal of Biological Chemistry. 2006, 281(33): 23425–23435

17. SA Kim, YC Kim, SW Kim, SH Lee, JJ Min, SG Ahn, JH Yoon. Anti–tumor activity of novel indirubin derivatives in rat tumor model. Clinical Cancer Research. 2007, 13(1): 253–259

18. K Iwaki, M Kurimoto. Cancer preventive effects of the indigo plant, Polygonum tinctorium. Recent Research Developments in Cancer. 2002, 4(2): 429–437

19. YL Ho, KC Kao, HY Tsai FY Chueh, YS Chang. Evaluation of anti–nociceptive, anti–inflammatory and anti–pyretic effects of Strobilanthes cusia leaf extract in male mice and rats. The American Journal of Chinese Medicine. 2003, 31(1): 61–69

20. T Kunikata, T Tatefuji, H Aga, K Iwaki, M Ikeda, M Kurimoto. Indirubin inhibits inflammatory reactions in delayed–type hypersensitivity. European Journal of Pharmacology. 2000, 410(1): 93–100

21. H Xu, RZ Du, PM Yang, Y Zeng, PJ Chu, ZL Shi. Identification of Baphicacanthus cusia and its adulterants. Research and Practice on Chinese Medicines. 2003, 17(6): 54–55

22. YL Wang. Differences and similarities between Baphicacanthus cusia and Isatis indigotica. Strait Pharmaceutical Journal. 2003, 15(5): 86–87

23. SZ Liang, Q Liang. Analysis and proposition on quality problem of Baphicacanthus cusia. Research and Practice on Chinese Medicines. 2006, 20(2): 30–31

24. LX Wang, Y He, YG Chen, L Wang. Study progress on chemical constituents of Baphicacanthus cusia and Isatis indigotica. Journal of Henan Univerisity (Medical Science). 1999, 18(3): 52–53

Asteraceae

애납향 艾納香

Blumea balsamifera (L.) DC.

Balsamiferous Blumea

개 요

국화과(Asteraceae)

애납향(艾納香, *Blumea balsamifera* (L.) DC.)의 전초를 말린 것: 애납향(艾納香)

중약명: 애납향(艾納香)

애납향속(*Blumea*) 식물은 전 세계에 약 80종이 있으며, 아시아, 아프리카 및 호주의 열대 및 아열대 지역에 분포한다. 중국에서 약 30종과 1변종이 발견되며, 양자강 이남 지역에 분포되어 있다. 이 속의 약 12종이 약재로 사용되며, 중국의 남부와 귀주성, 복건성, 대만과 인도, 파키스탄 및 미얀마에 분포한다.

"애납향"은 ≪개보본초(開寶本草)≫에서 약으로 처음 기술되었다. 중국 영남 지방의 ≪영남채약록(嶺南采藥錄)≫에 기술되어 있을 뿐만 아니라, 대부분의 고대 한방의서에 기술되어 있다. 주로 중국의 광서성, 광동성, 귀주성 및 운남성에서 생산된다.

애납향에는 주로 정유 성분과 플라보노이드 성분이 함유되어 있다.

약리학적 연구에 따르면 애납향에는 간 보호, 항종양 및 항균 작용이 있음을 확인했다.

한의학에서 애납향은 거풍제습(祛風除濕), 온중지사(溫中止瀉), 활혈해독(活血解毒)의 효능이 있다.

애납향 艾納香 *Blumea balsamifera* (L.) DC.

함유성분

잎에는 정유 성분으로 L-borneol, caryophyllene, camphor, pinene, bornyl acetate, limonene, linalool, γ-eudesmol, trans-ocimene[1-2], blumealactones A, B, C[3], cadinol, patchoulene, carvacrol[4]이 함유되어 있고, 플라보노이드 성분으로 blumeatin, blumeatins A, B[5], (2R, 3R)-7,5'-dimethoxy-3,5,2'-trihydroxyflavanone[6], ombuin, rhamnetin[7], 3,4',5-trihydroxy-3',7-dimethoxyflavanone[8], 또한 ichthyothereol acetate와 cryptomeridiol[9]이 함유되어 있다.

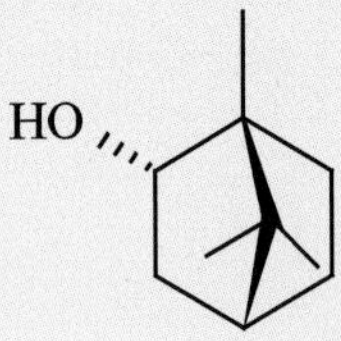

borneol

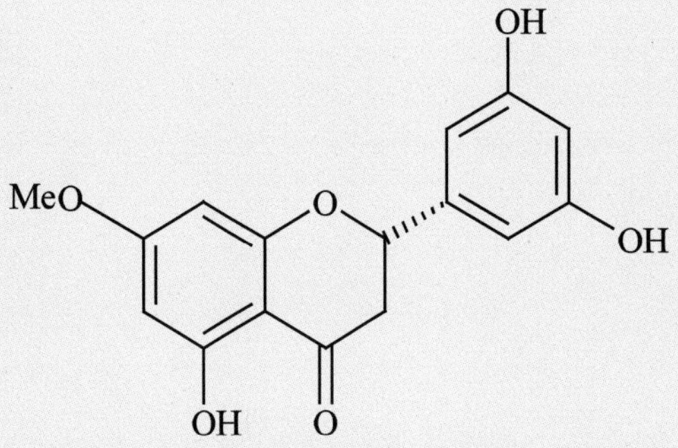

blumeatin

약리작용

1. 간 보호

약재의 플라보노이드를 복강 내 투여하면 랫드에서 CCl_4, 파라세타몰, 및 티오아세트아마이드로 유도된 랫드에서 혈장 알라닌아미노기전이효소와 간 트리글리세리드의 농도를 감소시켜서, 급성 간 손상에 유의한 보호 효과를 나타냈다[10]. 블루메아틴을 복강 내 투여하면 간 조직의 병리학적 손상을 현저히 감소시켰고, CCl_4로 유도된 마우스에서 펜토바르비탈 칼륨에 의해 유도된 수면 시간을 단축시켰다[11]. *In vitro*에서 약재의 플라보노이드가 지질과산화로 손상된 랫드와 일차 배양된 붉은털원숭이의 간세포 손상에서 강력한 지질과산화 억제 효과 및 보호 효과를 나타냈다[12-14].

2. 항종양

약재의 추출물로부터 분리한 디하이드로플라보놀 BB-1은 종양 괴사 인자 관련 세포 자멸사 유발 리간드(TRAIL)와 병용하면 항종양에 대한 강력한 시너지 효과를 나타냈다. 성체 T 세포 백혈병/림프종(ATLL)이 TRAIL에 저항성이 되면, BB-1과 TRAIL의 병용처리는 ATLL 세포에 대한 감수성을 역전시킬 수 있었다[15]. 세포 배양 연구에서 블루메아락톤 A, B 및 C는 요시다 육종 세포의 성장을 억제하는 것으로 나타났다[3].

3. 항균 작용

이치티오테레올 아세트산염은 검정곰팡이, 백색 종창 및 칸디다 알비칸스에 대해 중간 정도의 저해 효과를 나타냈다. 크립토메리디올은 위의 균류에 비해 덜 효과적이었다[9].

4. 기타

애납향 유래의 플라보노이드 두 종은 피브리놀리신의 활성을 억제했다[16]. *In vitro*에서 약재의 메탄올 추출물이 크산틴 산화 효소에 대한 강력한 억제 효과가 있음을 보여주었다[17].

애납향 艾納香

용도

1. 감기와 발열, 두통
2. 류머티스성 관절염
3. 설사
4. 가려움증, 염증, 옴, 사교상(蛇咬傷)

해설

최근 연구에 따르면 잎에서 분리된 플라보노이드는 우수한 간 보호 효과와 항종양 효과를 나타낸다. 특히 디하이드로플라보볼 BB-1은 종양에 대한 다약제내성 전환 치료제로서 좋은 전망을 가지고 있다. 보르네올을 추출한 후, 애납향은 또한 플라보노이드를 추출하는 데 사용될 수 있으며 간 질환 및 종양의 치료를 위한 새로운 제제로 개발 가능성이 있다.
애납향과 비슷한 가짜 애납향이 약초 시장에서 발견되었다. 마편초과(Verbenaceae)의 *Callicarpa macrophylla* Vahl의 잎으로 확인되었다. 애납향과 *C. macrophylla*는 관능검사상 그 특성은 비슷하지만 효능 면에서 매우 다르다. *C. macrophylla*는 산어지혈(散瘀止血), 소종지통(消腫止痛)의 효능이 있다. 약재의 안전성과 효능을 보장하기 위해 두 종의 한약재를 감별하는 데 특별한 주의를 기울여야 한다.

참고문헌

1. X Zhou, XS Yang, C Zhao. Chemical components of volatile oil from Folium et Cacumen Blumeae Balsamiferae originated from Guizhou. Journal of Instrumental Analysis. 2001, 20(5): 76–78
2. XY Hao, Z Yu, ZH Ding. The study on chemical constituents of volatile oil on Blumea balsamifera growing in Guizhou. Journal of Guiyang Medical College. 2000, 25(2): 121–122
3. Y Fujimoto, A Soemartono, M Sumatra. Sesquiterpenelactones from Blumea balsamifera. Phytochemistry. 1988, 27(4): 1109–1111
4. TT Nguyen, NLT Le, VT Nguyen, QT Nguyen. Study on the chemical composition of essential oil extracted from leaves of Blumea balsamifera (L.) DC in Vietnam. Tap Chi Duoc Hoc. 2004, 44(6): 12–13
5. F Nessa, Z Ismail, S Karupiah, N Mohamed. RP–HPLC method for the quantitative analysis of naturally occurring flavonoids in leaves of Blumea balsamifera DC. Journal of Chromatographic Science. 2005, 43(8): 416–420
6. NC Barua, RP Sharma. (2R,3R)–7,5'–dimethoxy–3,5,2'–trihydroxyflavanone from Blumea balsamifera. Phytochemistry. 1992, 31(11): 4040
7. QY Deng, CM Ding, WH Zhang, YC Lin. Studies on the flavonoid constituents in Blumea balsamifera. Chinese Journal of Magnetic Resonance. 1996, 13(5): 447–452
8. DMH Ali, KC Wong, PK Lim. Flavonoids from Blumea balsamifera. Fitoterapia. 2005, 76(1): 128–130
9. CY Ragasa, ALKC Co, JA Rideout. Anti–fungal metabolites from Blumea balsamifera. Natural Product Research. 2005, 19(3): 231–237
10. SB Xu, JH Zhao. Protective effect of blumea flavanones on experimental liver injury in rat. Chinese Pharmacological Bulletin. 1998, 14(2): 191–192
11. SB Xu, WF Chen, HQ Liang, YC Lin, YJ Deng, KH Long. Protective action of blumeatin on experimental liver injuries. Acta Pharmacologica Sinica. 1993, 14(4): 376–378
12. HL Pu, JH Zhao, SB Xu, Q Hu. Protective actions of Blumea balsamifera primary cultured hepatocytes against lipid peroxidation. Chinese Traditional and Herbal Drugs. 2000, 31(2): 113–115
13. JH Zhao, SB Xu, ZL Wang, YC Lin, RL Chen. Protective actions of Blumea flavanones on primary cultured hepatocytes and liver subcellular organelle against lipid peroxidation. Journal of Chinese Pharmaceutical Sciences. 1998, 7(3): 152–156
14. JH Zhao, SB Xu. Effect of blumea flavanones on lipid peroxidation and active oxygen radicals. Chinese Pharmacological Bulletin.

1997, 13(5): 438–441

15. H Hasegawa, Y Yamada, K Komiyama, M Hayashi, M Ishibashi, T Yoshida, T Sakai, T Koyano, TS Kam, K Murata, K Sugahara, K Tsuruda, N Akamatsu, K Tsukasaki, M Masuda, N Takasu, S Kamihira. Dihydroflavonol BB–1, an extract of natural plant Blumea balsamifera, abrogates TRAIL resistance in leukemia cells. Blood. 2005, 106(10): 4

16. N Osaki, T Koyano, T Kowithayakorn, M Hayashi, K Komiyama, M Ishibashi. Sesquiterpenoids and plasmin–inhibitory flavonoids from Blumea balsamifera. Journal of Natural Products. 2005, 68(3): 447–449

17. MTT Nguyen, S Awale, Y Tezuka, QL Tran, H Watanabe, S Kadota. Xanthine oxidase inhibitory activity of Vietnamese medicinal plants. Biological & Pharmaceutical Bulletin. 2004, 27(9): 1414–1421

18. ZY Lin. Identification of Blumea balsamifera and its adulterant–Callicarpa macrophylla. Journal of Chinese Medicinal Materials. 2005, 28(3): 179–181

애남향의 재배 모습

모시풀 苧麻 VP

Boehmeria nivea (L.) Gaud.

Ramie

개 요

쐐기풀과(Urticaceae)

모시풀(苧麻, *Boehmeria nivea* (L.) Gaud.)의 뿌리와 뿌리줄기를 말린 것: 저마근(苧麻根, Boehmeriae Radix et Rhizoma)

중약명: 저마근(苧麻根)

모시풀속(*Boehmeria*) 식물은 전 세계에 약 120종이 있으며, 열대 또는 아열대 지역에 주로 분포하고, 온대 지역에는 그 수가 적다. 중국에는 약 32종이 발견된다. 이 속에서 약 10종과 6변종이 약재로 사용된다. 이 종은 중국의 운남성, 귀주성, 광서성, 광동성, 복건성, 강서성, 호북성, 절강성, 사천성, 감숙성, 하남성, 홍콩 및 대만과 베트남 그리고 라오스에 분포한다.

모시풀은 적어도 3000년 동안 중국에서 재배되었으며 18세기 초에 유럽과 북아메리카로 전파되었다. 모시풀은 ≪명의별록(名醫別錄)≫에서 "저근(苧根)"이라는 이름의 약으로 처음 기술되었다. 대부분의 고대 한방의서에 기술되어 있으며, 약용 종은 고대부터 동일하게 남아 있다. 의약 재료는 주로 중국의 강서성, 호남성 및 사천성에서 생산된다.

모시풀에는 주로 플라보노이드, 유기산, 카로틴 및 스테롤 성분이 함유되어 있다.

약리학적 연구에 따르면 모시풀은 항염, 항균, 지혈, 유산 방지, 간 보호 및 항바이러스 효과가 있음을 확인했다.

민간요법에 따르면 저마는 양혈지혈(涼血止血), 청열안태(淸熱安胎), 이뇨(利尿), 해독(解毒)의 효능이 있다.

모시풀 苧麻 *Boehmeria nivea* (L.) Gaud.

저마근 苧麻根 Boehmeriae Radix et Rhizoma

함유성분

잎에는 플라보노이드 성분으로 rhoifolin, rutin이 함유되어 있고, 유기산 성분으로 protocatechuic acid[1], chlorogenic acid[2], 카로티노이드 성분으로 lutein, α−, β−carotenes[3]이 함유되어 있다.
뿌리에는 chlorogenic acid[2], δ−sitosterol, daucosterol과 19α−hydroursolic acid[4]가 함유되어 있다.

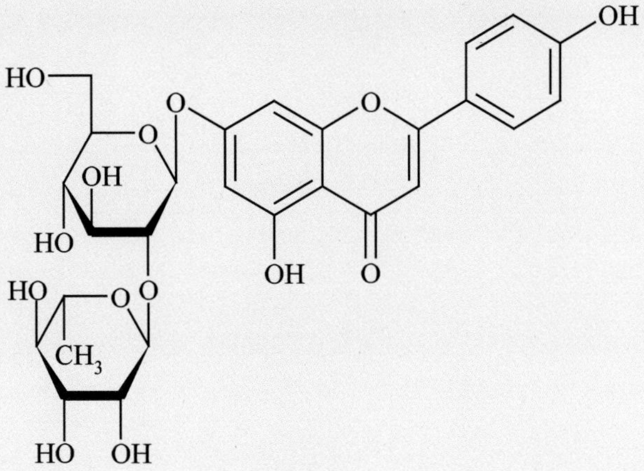

rhoifolin

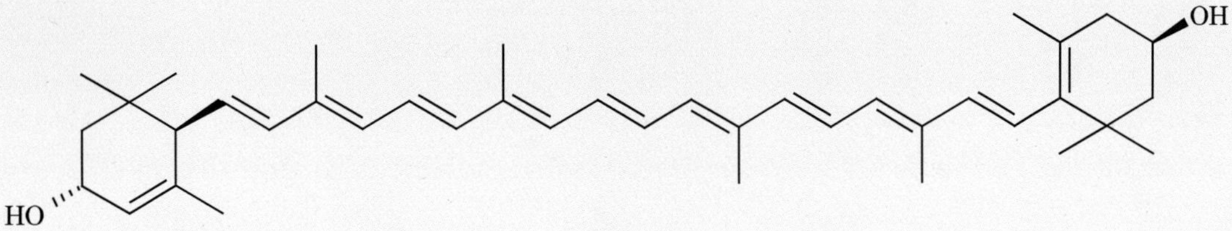

lutein

약리작용

1. 지혈 작용
   *In vivo*에서 혈액 응고제 실험은 뿌리의 물 추출물이 혈소판의 형태학적 변화와 생리 활성 물질의 방출을 유도하여 혈소판 응집과 지혈 작용을 함으로써 ADP와 유사한 효과가 있음을 나타냈다[5]. 복강 내 투여된 잎의 유기 염산염은 마우스의 꼬리 절단에 강력한 지혈 효과를 나타냈고, 혈액 응고 시간을 현저히 감소시켰다[5].

2. 유산 방지
   뿌리의 총 플라보노이드는 임신한 토끼, 기니피그, 마우스의 적출된 자궁 평활근의 활동을 억제함으로써 자궁의 수축력, 긴장 및 빈도를 감소시켜 낙태 방지 효과를 나타냈다[7].

3. 항박테리아 작용
*In vitro*에서 뿌리로부터 유기 염산염은 폐렴 구균, 대장균, 포도상구균, 돼지 살모넬라균, 포도상구균 및 폐렴간균을 억제했다. 또한 폐렴 구균 감염 마우스(복강 내 투여)와 토끼(귀 정맥 주사)의 사망률을 크게 감소시켰다[8].

4. 항바이러스 작용
*In vitro*에서 뿌리의 추출물은 인간 간암 HepG2 세포의 B형 간염 항원(HBeAg)과 B형 간염 바이러스(HBV) DNA의 분비를 유의하게 억제했다[9].

5. 항염 작용
약재의 물 추출물은 카라기닌에 의한 랫드의 뒷다리 부종을 유의하게 억제했다[10].

6. 간 보호 작용
약재의 물 추출물은 파라세타몰과 아세틸 갈락토사민에 의해 유도된 혈장 글루탐산 옥살초산 아미노기전달효소(GOT)와 글루탐산 피루브산 아미노기전달효소(GPT)의 증가를 감소시켰다[10]. 뿌리의 물 추출물을 경구 투여하면 CCl_4에 의한 랫드의 간 손상에 유의한 보호 효과를 나타냈다. 또한 균질화된 랫드의 간에서 $FeCl_2$–비타민 C로 유도된 지질과산화를 억제했다. 그 기전은 유리기의 소거와 관련이 있다[11].

용도

1. 토혈(吐血), 혈뇨, 자궁출혈 및 자궁누혈, 자반병(紫斑病), 협박 유산, 습관성 유산[12]
2. 기침, 천식
3. 이질
4. 배뇨 장애, 부종
5. 옹, 사교상(蛇咬傷) 및 벌레 물림

해설

모시풀의 줄기 껍질은 한약재 저마피(苧麻皮), 잎은 저마엽(苧麻葉), 줄기 또는 어린 줄기는 저마근(苧麻根)으로 사용된다. 이들 약재는 청혈양혈(清血凉血), 산어지혈(散瘀止血), 해독이뇨(解毒利尿), 안태(安胎), 회유(回乳)의 효능을 가져서 주로 어혈로 인한 가슴 답답함, 열병, 산후 어지럼증, 배뇨 곤란, 유방종통의 증상을 개선한다. 꽃은 한약재 저화(苧花)로 사용된다. 저화는 청심제번(清心除煩), 양혈투진(凉血透疹)의 효능으로 불면증, 구강 염증, 열꽃이 해소되지 못하여 생기는 발진 및 가려움증 증상을 개선한다. 뿌리와 잎은 광범위한 생리 활성을 가지고 있다.
뿌리와 잎은 생리 활성의 범위가 매우 넓다. 모시풀로 만든 가축의 항박테리아 주사액은 실용적인 것으로 입증되었지만[13], 이 식물을 사람에게 적용하기 위한 연구는 거의 없다. 모시풀은 용도가 다양하지만 그 화학 성분은 복잡하다. 따라서 효과적인 성분의 추출과 약리학적 특성에 대한 더 많은 연구가 필요하다[1].

참고문헌

1. WX Xiong, KC Li. Medicinal development value of Boehmeria nivea. Journal of Jiangxi University of Traditional Chinese Medicine. 2006, 18(3): 51–52
2. LN Zhao, GG Zang, YJ Li, JH Chen, JJ Liu. The content of chlorogenic acid and total flavones in Boehmeria. Plant Fiber Sciences in China. 2003, 25(2): 62–64
3. MC Santos, PA Bobbio, DB Rodriguez–Amaya. Carotenoid composition and vitamin A value of ramie (Boehmeria nivea) leaves. Acta Alimentaria. 1988, 17(1): 33–35
4. WW Li, LS Ding, BG Li. Preliminary study on the chemical constituents in root of Boehmeria nivea. China Journal of Chinese Materia Medica. 1996, 21(7): 427–428
5. F Zhu, C Zhao, HZ Gu, YJ Zhang. Experimental observation on the hemostatic effect of the root of Boehmeria nivea. Liaoning Journal of Traditional Chinese Medicine. 1995, 22(1): 41–42

6. ZM Sheng, TZ Zhu, AM She, XM Wang. Study on the hemostatic components and effect of Boehmeria nivea leaf. Chinese Journal of Veterinary Medicine. 1987, 7(10): 16–18

7. ZM Sheng, TZ Zhu, ST Qing, JS Liu, QJ Xiao, ZD Li, CT Wang, JC Li. Study on the effect of flavonoid glycosides in Boehmeria nivea root on uterus muscle. Chinese Journal of Veterinary Science and Technology. 1988, 11: 10–13

8. ZM Sheng, TZ Zhu, SC Ni, JZ Peng, LY Yin, YS Xiao, MQ Yang, CT Wang, CL Pan, ZD Li. Study on chemical constituents and anti–bacterial effect of Boehmeria nivea root. Chinese Journal of Veterinary Medicine. 1984, 5: 38–40

9. KL Huang, YK Lai, CC Lin, JM Chang. Inhibition of hepatitis B virus production by Boehmeria nivea root extract in HepG2 2.2.15 cells. World Journal of Gastroenterology. 2006, 12(35): 5721–5725

10. CC Lin, MH Yen, TS Lo, CF Lin. The anti–inflammatory and liver protective effects of Boehmeria nivea and B. nivea subsp. nippononivea in rats. Phytomedicine. 1997, 4(4): 301–308

11. CC Lin, MH Yen, TS Lo, JM Lin. Evaluation of the hepatoprotective and anti–oxidant activity of Boehmeria nivea var. nivea and B. nivea var. tenacissima. Journal of Ethnopharmacology. 1998, 60(1): 9–17

12. TS Zhu. A clinical report on 105 cases of using zhuma decoction to cure habitual abortion and infertility induced by habitual abortion. Hunan Journal of Traditional Chinese Medicine. 1994, 10(4): 18–19

13. ZD Li, JC Li. Comprehensive utilization of Boehmeria nivea. Crop Research. 1995, 9(2): 28–31

목면화 木棉 IP

Bombax malabaricum DC.

Silk Cotton Tree

개 요

물밤나무과(Bombacaceae)

목면(木棉, *Bombax malabaricum* DC.)의 꽃을 말린 것: 목면화(木棉花)

중약명: 목면(木棉)

목면속(*Bombax*) 식물은 전 세계에 약 50종이 있으며, 열대 아메리카에 주로 분포하고, 열대 아시아, 아프리카, 오세아니아에는 그 수가 적다. 중국에는 2종만이 발견되고, 남부와 남서부에 분포하며, 이 속에서 이들만이 약재로 사용된다. 이 종은 중국의 운남성, 사천성, 광동성, 복건성, 홍콩 및 대만과 인도, 스리랑카, 필리핀 및 호주 북부에 분포한다.

"목면화"는 ≪본초강목(本草綱目)≫에서 약으로 처음 기술되었으며, 대부분의 고대 한방의서에 기술되어 있고, 약용 종은 고대부터 동일하게 남아 있다. 이 종은 한약재 목면화(Bombacis Malabarici Flos)의 공식적인 기원식물 내원종으로서 광동성중약재표준에 등재되어 있다. 의약 재료는 주로 중국 광동성, 광서성, 해남성, 복건성, 대만 및 남서부 지역에서 생산된다.

목면에는 주로 시아니딘, 플라보노이드, 세스퀴테르페노이드 및 트리테르페노이드 성분이 함유되어 있다.

약리학적 연구에 따르면 목면에는 항염, 항종양, 혈압강하 및 간 보호 작용이 있음을 확인했다.

한의학에서 목면화는 청열(清熱), 이습(利濕), 해독(解毒), 지혈(止血)의 효능이 있다.

목면화 木棉 *Bombax malabaricum* DC.

목면화의 꽃 木棉 *Bombax malabaricum* DC.

목면화 木棉花 Bombacis Malabarici Flos

함유성분

꽃에는 안토시아니딘 성분으로 pelargonidin-5-β-D-glucopyranoside, 7-O-methyl cyanidin-3-β-D-glucopyranoside[1]가 함유되어 있다.
뿌리에는 플라보노이드 성분으로 hesperidin이 함유되어 있고, 스테로이드 성분으로 daucosterol[2], (24R)-5α-stigma-3,6-dione, cholest-4-ene-3,6-dione[3], 세스퀴테르펜 락톤 성분으로 2-O-methylisohemigossylic acid lactone[4], 트리테르페노이드 성분으로 lupeol, lupeol-20(29)-ene-3-one[3]이 함유되어 있다.
뿌리껍질에는 세스퀴테르펜 락톤 성분으로 5-isopropyl-3-methyl-2,4,7-trimethoxy-8,1-naphthalene carbolactone[5], 나프토퀴논 성분으로 bombaxquinone B[6]가 함유되어 있다.
씨가 생성되는 심피에는 나프토퀴논 성분으로 bombaxquinone B, 7-hydroxy-5-isopropyl-2-methoxy-3-methyl-1,4-naphthoquinone[7]이 함유되어 있다.
잎에는 크산톤 성분으로 chinonin, 플라보노이드 성분으로 vitexin, quercetin[8]이 함유되어 있다.

chinonin

pelargonidin-5-β-D-glucopyranoside

약리작용

1. 항염 작용

   꽃의 에탄올 추출물을 복강 내 투여하면 에틸아세테이트 용해성 부분은 마우스의 카라기닌에 의한 뒷다리 팽윤 및 디메틸벤젠에 의한 귀 부종에 강력한 억제 효과를 나타냈다. 또한 랫드에서 난백 알부민과 카라기닌으로 유발된 뒷다리 부기(浮氣) 및 목화송이로 유도된 육아종에 대해서도 매우 효과적이었다[9].

2. 항종양

   뿌리와 씨의 물 추출물을 경구 투여하면 마우스에서 이식된 종양 S180 세포를 저해했다[10-11]. *In vitro*에서 뿌리에서 추출한 플라보노이드는 사람 위의 저분화 선암 FGC-85 세포를 억제했다[12]. *In vitro*에서 2-O-메틸이소헤미고실산 락톤은 사람 백혈병 HL-60 세포에서 염색체의 DNA 절단 및 응집을 촉진하여 암세포의 성장을 억제했다[13]. 꽃의 에탄올 추출물은 사람 구강상피종양 KB 세포, 위 선암 SGC7901 및 FGC 세포에 대하여 강력한 항종양 효과를 *in vitro*에서 나타냈다. 또한 $[H^3]TdR$을 주사한 마우스 백혈병 P_{388} 세포에 대한 높은 억제율을 보였다. 꽃의 에탄올 추출물을 경구 투여하면 L1210 백혈병을 가진 마우스의 수명을 유의하게 증가시켰다[14].

3. 저혈압

   탈지한 줄기껍질의 메탄올 추출물과 열매 잔류물의 50% 메탄올 추출물(BCBM-50)을 정맥 내 주사하면 내피 과민성 인자를 생성시킴으로써 랫드 동맥의 평균 혈압을 유의하게 감소시켰다[15]. 정맥 주사한 잎 추출물, 메탄올 추출물, 키노닌은 랫드의 혈압을 유의하게 감소시켰다[16].

4. 간 보호

   껍질을 벗긴 키틴의 추출물을 경구 투여하면 마우스의 CCl_4 및 D-갈락토사민으로 유도된 급성 간 손상 모델에 대해 유의한 보호 효과를 보였다[17].

5. 항혈관신생

   *In vitro*에서 줄기껍질의 메탄올 추출물은 인간 제대정맥혈관내피세포(HUVEC)의 혈관 신생을 유의하게 억제했다. 활성 성분은 루펠이었다[18].

6. 항균 작용

   *In vitro*에서 꽃의 에탄올 추출물은 헬리코박터 파일로리에 대하여 유의한 억제 효과를 보였다[19].

7. 혈당강하 작용
키노닌을 복강 내 투여하면 랫드의 혈당을 유의하게 감소시켰다[16].

용도

1. 설사, 이질
2. 혈액 기침, 자궁출혈
3. 염증, 습진
4. 비염

해설

꽃 이외에, 줄기껍질은 또한 한약재 목면피(木棉皮, 광동해동피(廣東海桐皮))로 사용된다. 청열해독(清熱解毒)하고, 산혈(散血)시키며, 지혈 작용이 있고, 류머티스 관절염, 설사, 이질, 만성 위염, 자궁출혈, 염증 및 부기(浮氣)에 효능이 있다. 뿌리와 뿌리껍질도 약재로 사용된다. 거풍제습(祛風除濕), 청열해독(清熱解毒), 산결지통(散結止痛)의 효능으로 류머티스 관절염, 복통, 이질, 산후 부종 및 두통과 낙상 치료의 효능이 있다. 해외 민간요법에서 목면의 수지는 급성 이질 및 폐결핵의 객혈 치료에도 사용할 수 있다. 잎은 혈당을 낮추는 데 사용된다[16].
목면피(광동해동피)는 엄나무의 해동피(Erythrinae Cortex)[20]와 쉽게 혼동된다고 보고되었다. 해동피는 송곳오동나무 *Erythrina variegata* L. 또는 *E. arborescens* Roxb의 나무껍질 또는 줄기껍질이다. 콩과의 목면피와 두릅나무과의 해동피는 효능이 다르므로 임상 적용 시 특별한 주의가 필요하다.
목면은 잎이 나오기 전에 꽃이 피는 교목이다. 꽃은 크고 색깔은 선홍색으로, 중국 남부의 도시에서 일반적으로 심는 조경수이다. 그러나 열매 내부의 하얀 면 섬유소가 호흡기와 피부의 알레르기를 유발할 수 있으므로 주의해야 한다.

참고문헌

1. GS Niranjan, PC Gupta. Anthocyanins from the flowers of Bombax malabaricum. Planta Medica. 1973, 24(2): 196–199
2. YP Qi, SM Guo, ZL Xia, DL Xie. Study on the chemical constituents of Bombax malabaricum (II). China Journal of Chinese Materia Medica. 1996, 21(4): 234–235
3. YP Qi, CG Li, XM Li, SM Guo. Study on the chemical constituents of Bombax malabaricum root (III). Chinese Traditional and Herbal Drugs. 2005, 36(10): 1466–1467
4. LS Puckhaber, RD Stipanovic. Revised structure for a sesquiterpene lactone from Bombax malbaricum. Journal of Natural Products. 2001, 64(2): 260–261
5. MVB Reddy, MK Reddy, D Gunasekar, MM Murthy, C Caux, B Bodo. A new sesquiterpene lactone from Bombax malabaricum. Chemical & Pharmaceutical Bulletin. 2003, 51(4): 458–459
6. AV Sankaram, NS Reddy, JN Shoolery. New sesquiterpenoids of Bombax malabaricum. Phytochemistry. 1981, 20(8): 1877–1881
7. K Sreeramulu, KV Rao, CV Rao, D Gunasekar. A new naphthoquinone from Bombax malabaricum. Journal of Asian Natural Products Research. 2001, 3(4): 261–265
8. M Li, ZG Liu. Study on the chemical constituents of Bombax malabaricum leaf. China Journal of Chinese Materia Medica. 2006, 31(11): 934–935
9. JH Xu, ZQ Huang, CC Li, BF Pan, JZ Lin. Anti–inflammatory activity of alcohol extract from flower of Gossampinus malabarica. Journal of Fujian Medical College. 1993, 27(2): 110–112
10. H Zhu, ZJ Liu, YL Zheng, YP Qi, JF Lin. Inhibitory effects of the water extracts from roots of Gossampinus malabaria on S–180. Fujian Medical Journal. 1998, 20(4): 103, 105
11. PS Xie, AY Li, F Zhou, Y Zhao. Experimental study on screening anti–cancer Chinese herbal drugs. Shizhen Journal of Traditional

Chinese Medicine Research. 1996, 7(1): 19–20

12. YP Qi, JJ Jin, ZR Cao. Preliminary study on the anti–cancer effect of Bombax malabaricum. Fujian Medical Journal. 1994, 16(4): 102
13. H Hibasami, K Saitoh, H Katsuzaki, K Imai, Y Aratanechemuge, T Komiya. 2–O–Methylisohemigossylic acid lactone, a sesquiterpene, isolated from roots of mokumen (Gossampinus malabarica) induces cell death and morphological change indicative of apoptotic chromatin condensation in human promyelotic leukemia HL–60 cells. International Journal of Molecular Medicine. 2004, 14(6): 1029–1033
14. YP Qi, SM Guo. Studies on the chemical constituents and pharmaceutical effect of Gossampinus malabaria. Fujian Medical Journal. 2002, 24(3): 119–120
15. R Saleem, SI Ahmad, M Ahmed, Z Faizi, S Zikr–ur–Rehman, M Ali, S Faizi. Hypotensive activity and toxicology of constituents from Bombax ceiba stem bark. Biological & Pharmaceutical Bulletin. 2003, 26(1): 41–46
16. R Saleem, M Ahmad, SA Hussain, AM Qazi, SI Ahmad, MH Qazi, M Ali, S Faizi, S Akhtar, SN Husnain. Hypotensive, hypoglycaemic and toxicological studies on the flavonol C–glycoside shamimin from Bombax ceiba. Planta Medica. 1999, 65(4): 331–334
17. YP Qi, H Zhu, SM Guo, M Li. Experimental study on protective effect of Bombax malabaricum on acute liver injury in mice. Fujian Medical Journal. 1998, 20(3): 103–104
18. YJ You, NH Nam, Y Kim, KH Bae, BZ Ahn. Anti–angiogenic activity of lupeol from Bombax ceiba. Phytotherapy Research. 2003, 17(4): 341–344
19. YC Wang, TL Huang. Screening of anti–Helicobacter pylori herbs deriving from Taiwanese folk medicinal plants. FEMS Immunology and Medical Microbiology. 2005, 43(2): 295–300
20. CL Yan, KL Zang. Identification of cortex of Erytnrina variegate and its adulterant–cortex of Bombax malabaricum. Lishizhen Medicine and Materia Medica Research. 1999, 10(1): 42

아담자 鴉膽子 CP, VP

Simarubaceae

Brucea javanica (L.) Merr.

Jave Brucea

개 요

소태나무과(Simarubaceae)

아담자(鴉膽子, *Brucea javanica* (L.) Merr.)의 열매를 말린 것: 아담자(鴉膽子)

중약명: 아담자(鴉膽子)

아담자속(*Brucea*) 식물은 전 세계에 약 6종이 있으며, 아프리카와 아시아의 열대 지역 및 호주와 뉴질랜드의 북부 지역에 분포한다. 중국에는 약 2종이 발견되며, 남동부, 중남부 및 남서부에 분포하고, 이 속에서 1종만 약재로 사용된다. 이 종은 중국 복건성, 광동성, 홍콩, 광서성, 해남성, 운남성 및 대만에 분포한다. 또한 아시아의 남동부와 오스트레일리아, 뉴질랜드의 북부에 분포한다.

"아담자"는 ≪본초강목시의(本草綱目施醫)≫에 약으로 처음 기술되었다. 중국 영남 지방의 ≪생초약성비요(生草藥性備要)≫에서 "노아담(老鴉膽)"으로, ≪식물명실도고(植物名實圖考)≫에서 "아담자"로 기술하고 있다. 이 종은 아담자(Bruceae Fructus)의 공식적인 기원식물 내원종으로서 중국약전(2015)에 등재되어 있다. 약재는 주로 중국의 광동성, 광서성, 복건성 및 대만에서 생산된다.

열매에는 주로 쿠아시노이드 트리테르펜과 지방유 성분이 함유되어 있다. 중국약전은 의약 물질의 품질관리를 위해 관능검사와 현미경 감별법을 사용한다.

약리학적 연구에 따르면 아담자에는 구충 작용, 항말라리아, 항종양 및 위궤양 억제 작용이 있음을 확인했으며, 사마귀를 치료한다.

한의학에서 아담자는 청열해독(清熱解毒), 절학(截瘧), 지리(止痢), 부식췌우(腐蝕贅疣)의 효능이 있다.

아담자 鴉膽子 *Brucea javanica* (L.) Merr.

아담자 鴉膽子 CP, VP

아담자 꽃 鴉膽子 *B. javanica* (L.) Merr.

아담자 鴉膽子 Bruceae Fructus

함유성분

열매에는 쿠아시노이드 테르펜 성분으로 brusatol[1], bruceines A, B, C, D, E, F, G, H, I[1-2], bruceosides A, B, C, E[3], yadanziosides A, B, C, D, E, F, G, H, I, J, K, L, M, N, O, P, javanicosides A, B, C, D, E, F, bruceantinoside A, javanicolides C, D, yadanziolides A, B, C, D, S[3-4], yadanzigan[4], bruceantinol, bruceantinol B[5], dehydrobruceines A, B, bruceene, bruceantin이 함유되어 있고, 트리테르페노이드 성분으로 taraxerol, tirucalla-7,24-dien-3β-ol, lupeol, cycloartanol, α, β-amyrins[6], 플라보노이드 성분으로 hyperin, cynaroside[7]가 함유되어 있다.

bruceoside A

brusatol

약리작용

1. 구충 작용
   열매는 *in vitro*와 *in vitro*에서 아메바를 직접 사멸시킨다. 탈지된 물과 에테르 추출물은 감염된 배설물에서 아메바를 사멸시켰다. *In vitro*에서 조 추출물, 디클로로메탄 및 메탄올 추출물은 블라스토시스티스 호미니스를 저해했다[8-9]. 물 추출물은 바베시아 깁소니에 대해서도 유의한 억제 효과를 나타냈다[10].

2. 항종양 작용
   쿠아시노이드는 약물 내성 암종인 KB-VIN, KB-7d 및 KB-CPT 세포에 세포독성 효과를 나타냈다. 쿠아시노이드는 12-O-테트라데카노일포르볼-13-아세트산염(TPA)으로 유도된 엡스타인-바 바이러스 조기 항원 활성화를 억제했다[11]. 브루세안틴은 흑색종, 결장암 및 백혈병 세포의 성장을 억제했다[12]. 브루사톨은 백혈병 세포에 유의한 세포독성 효과를 보였으나 정상 림프 세포에는 영향을 미치지 않았다. 암세포의 분화와 사멸의 기전은 프로토온코진 c-myc와 bcl-2의 발현 조절과 관련이 있다[13-14]. 종자유로 만든 유화액은 마우스의 에를리히 암종 세포의 S, G_2, G_0 단계에서 억제 효과를 나타냈다.

3. 항말라리아 작용
   닭에 열매를 경구 투여 또는 열매의 조 추출물을 근육 내 투여하면 혈장을 감소시키거나 제거하고, 말라리아원충의 성장과 번식을 억제했다. 쿠아시노이드(브루사톨과 브루세올라이드 포함)는 항말라리아 성분이었다[10, 15].

4. 위궤양 억제
   종자유의 유제를 경구 투여하면 랫드의 유문 연결 또는 아세트산에 의해 유발된 위궤양, 및 마우스에서의 아스피린 또는 물 침지 스트레스에 의해 유발된 위궤양을 억제했다. 또한 유제를 경구 투여하면 랫드에서 암모니아에 의해 유도된 만성 위축 위염을 억제했다[16]. 열매의 물 추출물은 헬리코박터 파일로리를 효과적으로 억제했다[17]. 항궤양 기전은 내인성 프로스타글란딘 E_2 수준의 증가, 과산화물 불균등화효소(SOD) 활성의 감소, 위 점막에서 말론디알데하이드(MDA) 함량의 감소 및 유리기에 의한 손상의 감소와 관련이 있었다[18].

5. 고지혈증 개선
   고지방식의 고지혈증을 가진 게르빌루스 랫드에서 종자유 에멀젼을 경구 투여하면 혈중 총 트리글리세라이드와 콜레스테롤 수치를 감소시키고 지단백질 리파아제의 활성을 증가시켰다[19].

6. 항균 작용
   *In vitro*에서 종자유는 황색포도상구균, 대장균, 녹농균, 칸디다 알비칸스, 용혈성 연쇄상 구균 및 임균을 억제했다. 또한 질트리코모나스에 강력한 억제 효과를 보였다[20].

7. 기타
   씨 오일에는 진통, 가려움 완화 및 항염 효과가 있다[20].

용도

1. 이질
2. 말라리아
3. 종양
4. 사마귀, 티눈
5. 궤양성 대장염, 트리코모나스질염

해설

아담자는 중국 남부의 중요한 약용 식물이다. 씨의 종자유는 구강청정제와 주사제를 생산하는 원재료다. 중국 해남성에는 상당한 규모의 GAP생산기지가 세워졌다.
가장 흔히 사용되는 임상용 제제는 정맥 투여를 위한 종자유 에멀전이다. 그러나 에멀전은 동적으로 불안정한 다상 분산 시스템이며 가열, 냉장 또는 저장 기간 동안 크림화되거나 파손에 취약하므로, 종자유의 새로운 복용 형태 개발에 관한 추가 연구가 필요하다.

참고문헌

1. ZQ Yang, JR Wang, TM Sun, X Li. Chemical studies of the active anti–tumor constituents from the fruit of Brucea javanica (L.) Merr. (I). Journal of Shenyang Pharmaceutical University. 1996, 13(3): 214–215
2. ZQ Yang, HY Xie, JR Wang, TM Sun, X Li. Chemical studies of the active anti–tumor constituents from the fruit of Brucea javanica (L.) Merr. (II). Journal of Shenyang Pharmaceutical University. 1997, 14(1): 46–47
3. IH Kim, S Takashima, Y Hitotsuyanagi, T Hasuda, K Takeya. New quassinoids, javanicolides C and D and javanicosides B–F, from seeds of Brucea javanica. Journal of Natural Products. 2004, 67(5): 863–868
4. BN Su, LC Chang, EJ Park, M Cuendet, BD Santarsiero, AD Mesecar, RG Mehta, HHS Fong, JM Pezzuto, AD Kinghorn. Bioactive constituents of the seeds of Brucea javanica. Planta Medica. 2002, 68(8): 730–733
5. Subeki, H Matsuura, K Takahashi, N Nabeta, M Yamasaki, Y Maede, K Katakura. Screening of Indonesian medicinal plant extracts for antibabesial activity and isolation of new quassinoids from Brucea javanica. Journal of Natural Products. 2007, 70(10):1654–1657
6. HM Li, L Tan, TY Zhang. Isolation and structural identification of triterpene alcohols in seed oil of Brucea javanica. Journal of Beijing Normal University (Natural Science). 1995, 31(2): 230–233
7. YN Yu, X Li. Studies on the chemical constituents of Brucea javanica (L.) Merr. Acta Pharmaceutica Sinica. 1990, 25(5): 382–386
8. LQ Yang, M Singh, EH Yap, GC Ng, HX Xu, KY Sim. In vitro response of Blastocystis hominis against traditional Chinese medicine. Journal of Ethnopharmacology. 1996, 55(1): 35–42
9. N Sawangjaroen, K Sawangjaroen. The effects of extracts from anti–diarrheic Thai medicinal plants on the in vitro growth of the intestinal protozoa parasite: Blastocystis hominis. Journal of Ethnopharmacology. 2005, 98(1–2): 67–72
10. T Murnigsih, Subeki, H Matsuura, K Takahashi, M Yamasaki. Evaluation of the inhibitory activities of the extracts of Indonesian traditional medicinal plants against Plasmodium falciparum and Babesia gibsoni. The Journal of Veterinary Medical Science. 2005, 67(8): 829–831
11. C Murakami, N Fukamiya, S Tamura, M Okano, KF Bastow, H Tokuda, T Mukainaka, H Nishino, KH Lee. Multidrug–resistant cancer cell susceptibility to cytotoxic quassinoids, and cancer chemopreventive effects of quassinoids and canthin alkaloids. Bioorganic & Medicinal Chemistry. 2004, 12(18): 4963–4968
12. M Cuendet, JM Pezzuto. Anti–tumor activity of bruceantin: an old drug with new promise. Journal of Natural Products. 2004, 67(2): 269–272
13. E Mata–Greenwood, M Cuendet, D Sher, D Gustin, W Stock, JM Pezzuto. Brusatol–mediated induction of leukemic cell differentiation and G_1 arrest is associated with down–regulation of c–myc. Leukemia. 2002, 16(11): 2275–2284
14. Y Li, GL Xu, Y Li, N Zhang. Experimental study on induction of U937 cell apoptosis by Brucea javanica oil emulsion. Chinese Journal of Hematology. 2004, 25(6): 381–382
15. KH Lee, S Tani, Y Imakura. Anti–malarial agents, 4. Synthesis of a brusatol analog and biological activity of brusatol–related compounds. Journal of Natural Products. 1987, 50(5): 847–851
16. SY Xue, SW Chen, JS Wu, MW Wang, GL Song, XL Ma, HM Chen. Anti–gastric ulcerative actions of emulsive granules of seed oil of Brucea javanica. Journal of Shenyang Pharmaceutical University. 1996, 13(1): 13–1
17. PH Du, SZ Zhu, ZC Li. In vitro anti–bacterial activity of Brucea javanica against Helicobacter pylori. Chinese Journal of Medical Laboratory Technology. 2001, 2(6): 397–398
18. ST Zhang, ZL Yu, BE Wang, XF Hou, XJ Li, XY Xin, PY Yuan. Experimental study and clinical trials of emulsion of plant oil in the treatment of gastric ulcer. Chinese Journal of Digestion. 1997, 17(1): 23–25
19. XG Yu, SJ Wang, XF Zhang, BA Wang, SJ Zhang, DJ Xue, JF Wang. Study on LA in Mongolian gerbil with hyperlipidemia and effect of BJO on hyperlipidemia. Journal of Harbin Medical University. 1997, 31(1): 12–14
20. MM Qiu, SW Wang, RF Wei, Y Cao, ZK Huang, J Lin. Pharmacological study on active ingredients of Brucea Javanica oil in treating pointed condyloma. Guangxi Journal of Traditional Chinese Medicine. 2000, 23(6): 53–55

낙지생근 落地生根

Crassulaceae

Bryophyllum pinnatum (L. f.) Oken

Air-plant

개 요

돌나무과(Crassulaceae)

낙지생근(落地生根, *Bryophyllum pinnatum* (L. f.) Oken)의 전초를 말린 것: 낙지생근(落地生根, Bryophylli Pinnati Herba)

중약명: 낙지생근(落地生根)

낙지생근속(*Bryophyllum*) 식물은 약 20종이 있으며, 주로 아프리카의 마다가스카르에 분포하고, 전 세계에서 오직 1종만 열대 지역에 분포한다. 중국에는 오직 1종만이 발견되며, 약재로 사용된다. 이 종은 중국의 운남성, 광서성, 광동성, 복건성, 홍콩 및 대만에 분포한다.

"낙지생근"은 중국 영남 지역의 ≪영남채약록(嶺南采藥錄)≫에 약으로 처음 기술되었으며, ≪식물명실도고(植物名實圖考)≫에서 "토삼칠(土三七)" 및 "엽생근(葉生根)"으로 기록되어 있다. 의약 재료는 주로 중국의 복건성, 광서성, 광동성, 운남성 및 대만에서 생산된다.

낙지생근에는 주로 페난트렌과 플라보노이드 성분이 함유되어 있다.

약리학적 연구에 따르면 낙지생근에는 항궤양, 항균, 소염, 진통, 항종양 및 혈당강하 작용이 있음을 확인했다.

민간요법에 따르면 낙지생근은 양혈지혈(凉血止血), 청열해독(清熱解毒)의 효능이 있다.

낙지생근 落地生根 *Bryophyllum pinnatum* (L. f.) Oken

낙지생근 落地生根

낙지생근의 부정아(不定芽) 落地生根 *B. pinnatum* (L. f.) Oken

낙지생근 落地生根 Bryophylli Pinnati Herba

함유성분

잎에는 트리테르페노이드 성분으로 bryophynol, bryophollone, bryophyllol이 함유되어 있고, 페난드렌 유도체 성분으로 decenyl phenanthrene, undecenylphenanthrene[1], 플라보노이드 성분으로 quercitrin, quercetin-3-O-β-D-xylosyl-(1→4)-α-L-rhamnoside[2]가 함유되어 있다.

지상부에는 카테킨 성분으로 epigallocatechin-3-O-syringate, gallic acid가 함유되어 있고, 플라보노이드 성분으로 luteolin[3]이 함유되어 있다.

전초에는 부파디에놀라이드 성분으로 bryophyllins A, B, bersaldegenin-3-acetate[4], bersaldegenin-1,3,5-orthoacetate[5]가 함유되어 있다.

bryophynol

bryophyllin B

약리작용

1. 항궤양
   잎 추출물의 메탄올 분획을 랫드의 복강 내 투여하면 아스피린, 인도메타신 및 세로토닌으로 유발된 위궤양이 유의하게 억제되었다. 또한 랫드의 아스피린 및 유문 결찰로 유발된 위궤양, 기니피그의 히스타민으로 유발된 십이지장 병변에 대한 보호 효과가 있었다. 또한, 랫드에서 아세트산에 의해 유도된 만성 위 병변의 치료 시간을 크게 단축시켰다[6].

2. 항균 작용
   *In vitro*에서 잎의 추출물은 토루롭시스 칸디다, 칸디다 알비칸스, 흑색국균의 생장을 유의하게 억제했다[7]. 전초 추출물은 대장균과 황색포도상구균의 생장을 억제했다[8]. 잎 액과 메탄올 추출물은 그람 양성균과 양성균에 대하여 광범위한 항균 효과를 나타냈다[9-10].

3. 항염 및 진통 작용
   잎의 추출물을 경구 투여하면 난백 알부민에 의해 유발된 랫드의 뒷다리 부종을 유의하게 억제했으며, 마우스의 복강 내 투여하면 열판에 의한 통각 통증 자극과 아세트산으로 유도된 뒤틀림 반응을 억제했다[11].

4. 항종양
   *In vitro*에서 베르살데게닌-1,3,5-오르토아세테이트는 사람 비인두 세포암종 KB 세포, 인간 폐암 A549 세포 및 인간 결장암 HCT-8 세포를 유의하게 억제한다는 것을 나타냈다. 부파디에놀라이드와 같은 다른 성분들도 세포독성 효과를 나타냈다[5].

5. 혈당강하 작용
   잎의 물 추출물을 랫드의 복강 내 투여하면 스트렙토조신으로 유발된 당뇨가 유의하게 억제되었다[11].

6. 면역증강
   전초의 물 추출물을 경구 투여하면 인터류킨2(IL-2)의 합성을 촉진하는 마우스 비장의 임파 세포 증식을 유의하게 증가시켰다[12].

7. 중추신경계의 억제
   잎 추출물의 메탄올 분획을 경구 투여하면 랫드 및 마우스에서 펜토바르비톤에 의해 유도된 최면 유도시간을 연장했으며, 유의한 진통 효과를 나타냈다. 또한 마우스와 랫드의 탐험 활동을 현저하게 감소시켰고[13], 마우스에서 스트리크닌과 피크로톡신으로 유발된 간질 발병을 지연시켰다[14].

8. 기타
   식물 전체에는 자궁 수축 억제 효과[15]와 항돌연변이 효과가 있었다[16].

용도

1. 토혈(吐血), 충격에 의한 출혈, 낙상
2. 염증, 종창, 버짐, 단독(丹毒)
3. 유방염, 유방암
4. 인후통, 기침

해설

낙지생근의 동의어 중 하나는 "토삼칠(土三七)"이다. 그러나 진짜 한약재 "토삼칠"은 *Gynura japonica* (Thunb.) Juel의 뿌리 또는 전초를 말한다. 국화과의 *Gynura japonica*에 함유된 세레시필린은 항말라리아 효과를 나타내지만 토끼와 마우스의 간세포를 사멸시킬 수 있다. 그러므로 낙지생근과 토삼칠의 임상적 적용에는 특별한 주의가 필요하다.

낙지생근은 보통 잎을 통해 재생산된다. 따뜻한 계절에 잘 익은 잎을 골라 젖은 모래 위에 잎을 펴놓고 며칠을 지나면 그 잘려진 잎에서 뿌리가 박힌다. 어린 식물이 모양을 갖추게 되면 작은 포트에 옮겨 심을 수 있다. 이런 면에서 훌륭한 관상용 식물이다.

참고문헌

1. S Siddiqui, S Faizi, BS Siddiqui, N Sultana. Triterpenoids and phenanthrenes from leaves of Bryophyllum pinnatum. Phytochemistry.

1989, 28(9): 2433–2438

2. KL Miao, JZ Zhang, WJ Wu, ZJ Tang. Study on the chemical constituents in the leaf of Bryophyllum pinnatum. Chinese Traditional and Herbal Drugs. 1997, 28(3): 140–141
3. FO Ogungbamila, GO Onavunmi, O Adeosun. A new acylated flavan–3–ol from Bryophyllum pinnatum. Natural Product Letters. 1997, 10(3): 201–203
4. T Yamagishi, M Haruna, XZ Yan, JJ Chang, KH Lee. Anti–tumor agents, 110. Bryophyllin B, a novel potent cytotoxic bufadienolide from Bryophyllum pinnatum. Journal of Natural Products. 1989, 52(5): 1071–1079
5. XZ Yan, GX Li, T Yamagishi. Isalation and identification of cytotoxic components from Bryophyllum pinnatum. Journal of Shanghai Medical University. 1992, 19(3): 206–208
6. S Pal, AK Nag Chaudhuri. Studies on the anti–ulcer activity of a Bryophyllum pinnatum leaf extract in experimental animals. Journal of Ethnopharmacology. 1991, 33(1–2): 97–102
7. J Okuo, PO Okolo. Anti–fungal potency of leaf extract of Bryophylum pinnatum. International Journal of Chemistry. 2004, 14(2): 105–109
8. MU Akpuaka, FC Orakwue, U Nnadozie, CA Oyeka, I Okoli. Preliminary phytochemical and anti–bacterial activity screening of Bryophyllum pinnatum extracts. Journal of Chemical Society of Nigeria. 2003, 28(1): 11–14
9. DA Akinpelu. Anti–microbial activity of Bryophyllum pinnatum leaves. Fitoterapia. 2000, 71(2): 193–194
10. EE Obaseiki–Ebor. Preliminary report on the in vitro anti–bacterial activity of Bryophyllum pinnatum leaf juice. African Journal of Medicine and Medical Sciences. 1985, 14(3–4): 199–202
11. JAO Ojewole. Anti–nociceptive, anti–inflammatory and anti–diabetic effects of Bryophyllum pinnatum (Crassulaceae) leaf aqueous extract. Journal of Ethnopharmacology. 2005, 99(1): 13–19
12. QR Xu, SC Qiu, ZD Han, SC Li, LH Xu. Effect of airplant on mouse's lymphocyte proliferation and IL–2 level. Chinese Journal of Traditional Medical Science and Technology. 2002, 9(6): 356, 363
13. S Pal, T Sen, AKN Chaudhuri. Neuropsychopharmacological profile of the methanolic fraction of Bryophyllum pinnatum leaf extract. Journal of Pharmacy and Pharmacology. 1999, 51(3): 313–318
14. OK Yemitan, HM Salahdeen. Neurosedative and muscle relaxant activities of aqueous extract of Bryophyllum pinnatum. Fitoterapia. 2005, 76(2): 187–193
15. G Birgit, R Lukas, H Renate, VM Ursula. Effect of Bryophyllum pinnatum versus fenoterol on uterine contractility. European Journal of Obstetrics, Gynecology, and Reproductive Biology. 2004, 113(2): 164–171
16. EE Obaseiki–Ebor, K Odukoya, H Telikepalli, LA Mitscher, DM Shankel. Anti–mutagenic activity of extracts of leaves of four common edible vegetable plants in Nigeria (West Africa). Mutation Research. 1993, 302(2): 109–117

소목 蘇木 CP, KP, IP

Fabaceae

Caesalpinia sappan L.

Sappan

개 요

콩과(Fabaceae)

소목(蘇木, *Caesalpinia sappan* L.)의 심재를 말린 것: 소목(蘇木)

중약명: 소목(蘇木)

실거리나무속(*Caesalpinia*) 식물은 약 100종이 있으며, 전 세계의 열대 및 아열대 지역에 분포한다. 중국에는 약 17종이 발견되며 남부 및 남서부 지역에 분포하고, 약 8종과 1변종이 약재로 사용된다. 이 종은 중국의 운남성, 귀주성, 사천성, 광동성, 광서성, 복건성 및 대만에 분포한다. 인도, 스리랑카, 미얀마, 베트남 및 말레이반도가 원산이다.

소목은 ≪남방초목상(南方草木狀)≫에서 "소방(蘇枋)"의 이름으로 처음 기술되었으며, ≪신수본초(新修本草)≫에서 "소방목(蘇枋木)" 이름의 약으로 기술되었다. 대부분의 고대 한방의서에 기술되어 있으며, 약용 종은 고대부터 동일하게 남아 있다. 이 종은 중국약전(2015)에 소목(Sappan Lignum)의 공식적인 기원식물 내원종으로서 등재되어 있다. ≪대한민국약전≫(제11개정판)에는 "소목"을 "소목(蘇木) *Caesalpinia sappan* Linné (콩과 Leguminosae)의 심재"로 등재하고 있다. 의약 재료는 주로 중국의 광동성, 광서성, 귀주성, 운남성, 대만에서 생산된다.

심재에는 호모이소플라보노이드와 찰콘이 함유되어 있다. 브라질린, 사판찰콘 및 프로토사파닌은 중요한 유효성분이다. 중국약전은 의약 물질의 품질관리를 위해 고온 추출법으로 시험할 때 묽은 에탄올 용해 추출물의 함량이 10% 이상이어야 한다고 규정하고 있다.

약리학적 연구에 따르면 소목에는 항종양, 면역 억제, 혈소판 응집 억제 및 항균 작용이 있으며, 심장이식에서 반발을 억제하는 작용이 있음을 확인했다.

한의학에서 소목은 행혈거어(行血祛瘀), 소종지통(消腫止痛)의 효능이 있다.

소목 蘇木 *Caesalpinia sappan* L.

소목 蘇木 CP, KP, IP

소목의 절단 모습 蘇木 *C. sappan* L.

소목 蘇木 Sappan Lignum

함유성분

심재에는 호모이소플라보노이드 성분으로 sappanol, episappanol, 3'-deoxysappanol, 3'-O-methylsappanol, 3'-O-methylepisappanol[1], 4-O-methylsappanol, 3'-deoxy-4-O-methylepisappanol, brazilin, 3'-O-methylbrazilin[2], tetraacetylbrazilin[3], neosappanone A, sappanone B, 3-deoxysappanone B, protosappanins A, B, C[2], E_1, E_2[4], brazilein[5], 8-methoxybonducellin, 7-hydroxy-3-(4'-hydroxybenzylidene)-chroman-4-one, 3,7-dihydroxy-3-(4'-hydroxybenzyl)-chroman-4-one, 3,4,7- trihydroxy-3-(4'-hydroxybenzyl)-chroman[6], caesalpins P, J[7]이 함유되어 있고, 챨콘 성분으로 sappanchalcone[2], 4,4'-dihydroxy-2'-methoxychalcone, 플라보노이드 성분으로 quercetin, rhamnetin, ombuin[6], 나프토퀴논 성분으로 1,4-naphthoquinone, 1,2-naphthoquinone, juglone, plumbagin[8]이 함유되어 있다.

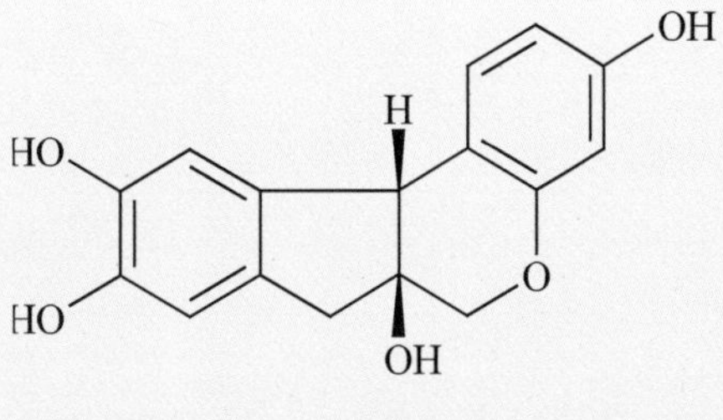

brazilin

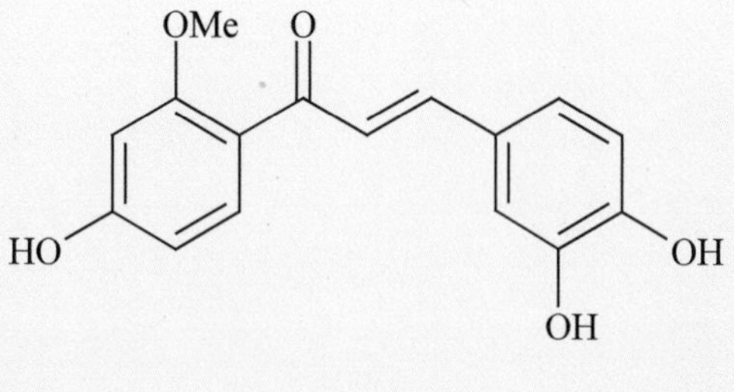

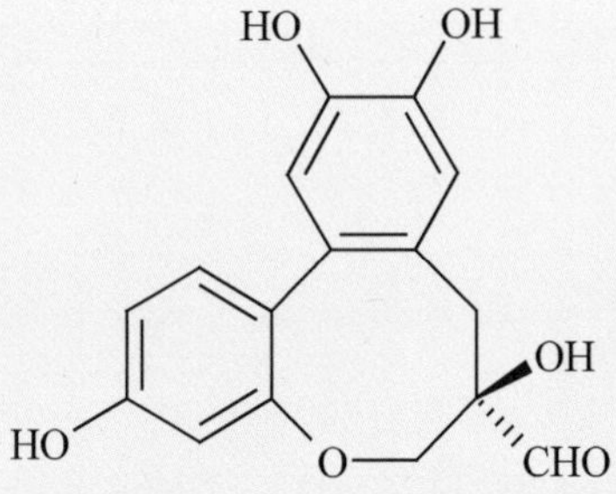

protosappanin C

sappanchalcone

약리작용

1. 항종양
   *In vitro*에서 심재의 물 추출물은 인간 전골수구백혈병 HL-60 세포의 세포사멸을 유도했다[9]. 또한 인간 백혈병 K562 세포와 마우스 섬유육종 L929 세포를 사멸시켰다[10]. 마우스의 복강 내 주입 시 에를리히 복수암 종양세포, 백혈병 P388 및 L1210 세포를 유의하게 억제했다[11]. *In vitro*에서 심재의 메탄올 추출물은 또한 인간 백혈병 K562 세포의 세포사멸을 유도했다[12]. 브라질린은 항종양 효과를 담당하는 활성 성분 중 하나였다[13].

2. 면역 억제
   심재의 탕액을 경구 투여하면 마우스에서 인터류킨-2(IL-2)의 활성을 유의하게 억제했으며 임파선 B 세포 및 T 세포의 증식을 억제했다[14]. 심재와 산화브라질린의 에탄올 추출물은 콘카나발린 A(Con A) 자극 림프구 T 세포 증식과 지질다당류로 자극된 림프 B 세포 증식을 억제했다. 플라크 형성 세포 실험에서, 산화된 브라질린은 마우스에서 면역 체액 반응에 대한 억제 효과를 보였다.

3. 심장 이식 후 면역 거부 반응의 억제
   심재의 물 추출물을 경구 투여하면 랫드의 심장 이식 후 면역 거부 반응에 대해 시험한 결과, 이식된 심장의 생존 시간을 유의하게 연장시키는 것으로 나타났다. 또한 심장근육 병리학적 손상이 덜 심했고 IL-2 수치도 유의하게 낮았다[15]. 항면역 거부 반응의 기전은 심장근육 그랜자임 B mRNA 발현의 감소로 인한 것일 수 있다[16].

4. 혈소판 응집 억제
   브라질린은 포스포리파아제 A_2(PLA_2)의 활성을 억제하고 혈소판 응집 억제 효과를 얻기 위해 세포 내 자유 Ca^{2+} 농도를 증가시켰다[17].

5. 항균 작용
   *In vitro*에서 심재의 메탄올 추출물은 웰치균 및 대장균과 같은 장 내 박테리아를 억제했으며, 유글론은 활성 성분 중 하나이다[8]. 브라질린은 또한 디메톡시페닐 페니실린 내성 포도상구균과 반코마이신 내성 장구균과 같은 항생제 저항성 박테리아를 억제했다[18].

6. 기타
   심재에는 항염[19], 항경련[20], 항산화[21], 혈관 확장[22], 산화질소 억제[23], 구충[24] 및 크산틴옥시다제(XO)저해[2] 특성을 갖고 있다.

용도

1. 월경통, 무월경, 산후 빈혈 실신, 고혈압
2. 옹, 부기(浮氣)
3. 낙상 및 찰과상
4. 류머티스성 관절염

해설

소목은 항종양, 면역 억제 및 심장 이식 시에 반발을 최소화하는 데 높은 의학적 가치가 있으므로 더 많은 연구와 개발이 필요하다.
소목은 산-알카리 반응 지표와 천연 염료로 사용되는 사파놀과 같은 천연 색소를 함유하고 있어서, 화학 산업에서 개발 잠재력이 크다.

참고문헌

1. M Namikoshi, H Nakata, H Yamada, M Nagai, T Saitoh. Homoisoflavonoids and related compounds. II. Isolation and absolute configurations of 3,4-dihydroxylated homoisoflavans and brazilins from Caesalpinia sappan L. Chemical & Pharmaceutical Bulletin. 1987, 35(7): 2761-2773

2. MTT Nguyen, S Awale, Y Tezuka, QL Tran, S Kadota. Xanthine oxidase inhibitors from the heartwood of Vietnamese Caesalpinia sappan. Chemical & Pharmaceutical Bulletin. 2005, 53(8): 984-988

3. H Xu, ZH Zhou, JS Yang. Chemical constituents of Caesalpinia sappan L. China Journal of Chinese Materia Medica. 1994, 19(8):

485–486

4. SR Oh, DS Kim, IS Lee, KY Jung, JJ Lee, HK Lee. Anti–complementary activity of constituents from the heartwood of Caesalpinia sappan. Planta Medica. 1998, 64(5): 456–458
5. M Ye, WD Xie, F Lei, Z Meng, YN Zhao, H Su, LJ Du. Brazilein, an important immunosuppressive component from Caesalpinia sappan L. International Immunopharmacology. 2006, 6(3): 426–432
6. M Namikoshi, H Nakata, T Saito. Homoisoflavonoids and related compounds. Part 1. Homoisoflavonoids from Caesalpinia sappan. Phytochemistry. 1987, 26(6): 1831–1833
7. T Shimokawa, J Kinjo, J Yamahara, M Yamasaki, T Nohara. Two novel aromatic compounds from Caesalpinia sappan. Chemical & Pharmaceutical Bulletin. 1985, 33(8): 3545–3547
8. MY Lim, JH Jeon, EY Jeong, CH Lee, HS Lee. Anti–microbial activity of 5–hydroxy–1,4–naphthoquinone isolated from Caesalpinia sappan toward intestinal bacteria. Food Chemistry. 2006, 100(3): 1254–1258
9. H Zhang, JH Piao, LS Ren, Y Tang, F Tian. A study on aqueous extract of lignum sappan inducing HL–60 cell apoptosis. Chinese Remedies & Clinics. 2002, 2(1): 16–17
10. LS Ren, JG Xu, JY Ma, H Zhang, BQ Zhuang, L Zhang. Study on the anti–tumor effect of Caesalpinia sappan. China Journal of Chinese Materia Medica. 1990, 15(5): 50–51
11. LS Ren, Y Tang, H Zhang, YY Wang. Studies of anti–cancer mechanism of aqueous extract of lignum sappan. Shangxi Medical Journal. 2000, 29(3): 201–203
12. SL Wang, B Cai, CB Cui, HF Zhang, XS Yao, GX Qu. Apoptosis induced by Caesalpinia sappan L. extract in leukemia cell line K562. Chinese Journal of Cancer. 2001, 20(12): 1376–1379
13. W Mar, HT Lee, KH Je, HY Choi, EK Seo. A DNA strand–nicking principle of a higher plant, Caesalpinia sappan. Archives of Pharmacal Research. 2003, 26(2): 147–150
14. F Yang, LQ Fan, X Shen, GH Dai, WQ Miao. Comparative study of Caesalpinia sappan and Tripterygium wilfordii on immunosuppressive activities in mice. Chinese Journal of Experimental & Clinical Immunology. 1997, 9(2): 52–56
15. JB Hou, B Yu, H Lü, W Xu, LL Qui. Experimental study of watery extract of Caesalpinia sappan L. on acute rejection after allograft rat heart transplantation. Chinese Journal of Critical Care Medicine. 2002, 22(3): 125–126
16. YB Zhou, TF Li, S Zhang, ZZ Guan, ZC Dong, JR Han. Effect of sappan wood on expression of granzyme B mRNA in rats of allogeneic transplantation. Shanghai Journal of Immunology. 2002, 22(2): 110–112
17. GY Lee, TS Chang, KS Lee, LY Khil, D Kim, JH Chung, YC Kim, BH Lee, CH Moon, CK Moon. Anti–platelet activity of BRX–018, (6aS,cis)–malonic acid 3–acetoxy–6a9–bis–(2–methoxycarbonyl–acetoxy)–6,6a,7,11b–tetrahydro–indeno[2,1–c]chromen–10–yl ester methylester. Thrombosis Research. 2005, 115(4): 309–318
18. HX Xu, SF Lee. The anti–bacterial principle of Caesalpinia sappan. Phytotherapy Research. 2004, 18(8): 647–651
19. IK Bae, HY Min, AR Han, EK Seo, SK Lee. Suppression of lipopolysaccharide–induced expression of inducible nitric oxide synthase by brazilin in RAW 264.7 macrophage cells. European Journal of Pharmacology. 2005, 513(3): 237–242
20. NI Baek, SG Jeon, EM Ahn, JT Hahn, JH Bahn, JS Jang, SW Cho, JK Park, SY Choi. Anti–convulsant compounds from the wood of Caesalpinia sappan L. Archives of Pharmacal Research. 2000, 23(4): 344–348
21. S Badami, S Moorkoth, SR Rai, E Kannan, S Bhojraj. Anti–oxidant activity of Caesalpinia sappan heartwood. Biological & Pharmaceutical Bulletin. 2003, 26(11): 1534–1537
22. CM Hu, JJ Kang, CC Lee, CH Li, JW Liao, YW Cheng. Induction of vasorelaxation through activation of nitric oxide synthase in endothelial cells by brazilin. European Journal of Pharmacology. 2003, 468(1): 37–45
23. Y Sasaki, T Hosokawa, M Nagai, S Nagumo. In vitro study for inhibition of NO production about constituents of Sappan Lignum. Biological & Pharmaceutical Bulletin. 2007, 30(1): 193–196
24. CH Lee, HS Lee. Color alteration and acaricidal activity of juglone isolated from Caesalpinia sappan heartwoods against Dermatophagoides spp. Journal of Microbiology and Biotechnology. 2006, 16(10): 1591–1596

목두 木豆 IP

Fabaceae

Cajanus cajan (L.) Millsp.

Pigeonpea

개 요

콩과(Fabaceae)
비둘기콩(木豆 *Cajanus cajan* (L.) Millsp.)의 잎을 말린 것: 목두엽(木豆葉)
중약명: 목두(木豆)
비둘기콩속(*Cajanus*) 식물은 전 세계에 약 32종이 있으며, 열대 아시아, 오스트레일리아 및 아프리카의 마다가스카르에 주로 분포한다. 중국에는 7종과 1변종이 발견되며, 남부와 서남부 지역에 분포하고, 1종이 도입되어 재배되고 있다. 이 종만 약재로 사용된다. 이 종은 중국의 운남성, 사천성, 강서성, 호남성, 광서성, 광동성, 해남성, 절강성, 복건성, 강소성 및 대만에 분포한다. 인도가 원산이며, 현재는 열대 및 아열대 지역에서 전 세계적으로 널리 재배되고 있다.
목두는 중국 광동성에서 일반적으로 사용되는 한약재이다. ≪천주본초(泉州本草)≫에서 "관음두(觀音豆)"라는 이름의 약으로 처음 기술되었다. 이 종은 한약재 목두엽(Cajani Folium)의 공식적인 기원식물 내원종으로서 광동성중약재표준에 등재되어 있다. 약재는 주로 중국의 광동성, 광서성, 복건성 및 대만에서 생산된다.
목두에는 주로 플라보노이드, 이소플라보노이드 및 스틸벤 성분이 함유되어 있다.
약리학적 연구에 따르면 목두는 겸상 적혈구 생성을 억제하고, 항 고지혈증, 항염 및 진통 작용이 있음을 확인했다.
민간요법에 따르면 목두엽은 청열해독(清熱解毒), 소종지통(消腫止痛)의 효능이 있다.

목두 木豆 *Cajanus cajan* (L.) Millsp.

함유성분

잎에는 플라보노이드 성분으로 vitexin, isovitexin, apigenin, luteolin, naringenin-4'7-dimethyl ether[1], pinostrobin[2], quercetin, isorhamnetin[3], cajaflavanone[4]이 함유되어 있고, 이소플라보노이드 성분으로 cajanin, cajanol[5], 2'-O-methylcajanone[6], 스틸벤 성분으로 longistylins A, C[2], 정유 성분으로 acoradiene, selinene, α-, β-guaienes, eremophilene, α-himachalene[7]이 함유되어 있다.
꼬투리와 씨에는 항겸상세포(抗鎌狀細胞)를 생성하는 물질인 phenylalanine[8]과 항균물질인benomyl[9]이 함유되어 있다. 또한 플라보노이드 성분으로 quercetin, isoquercetin, 3-methylquercetin, 스틸벤 성분으로 2-hydroxy-4-methoxy-3-prenyl-6-styrylbenzoic acid[10], 정유 성분으로 α-, β-, γ-selinene, copaene, eudesmol[11], concanavalin A[12]과 또 다른 타입의 phytoagglutinin[13]이 함유되어 있다.
뿌리에는 플라보노이드 성분으로 cajaflavanone, cajanone[14], cajaisoflavone[15], biochanin A, cajanol, genistein, 2'-hydroxygenistein[16]이 함유되어 있고, 안트라퀴논 성분으로 cajaquinone[17], 트리테르페노이드 성분으로 betulinic acid[16]가 함유되어 있다.
줄기에는 플라보노이드 성분으로 formononetin[18]이 함유되어 있다.
줄기껍질, 줄기, 및 잎에는 페놀산 성분으로 protocatechuic acid, p-hydroxybenzoic acid, vanillic acid, caffeic acid, p-coumaric acid, ferulic acid[19]가 함유되어 있다.

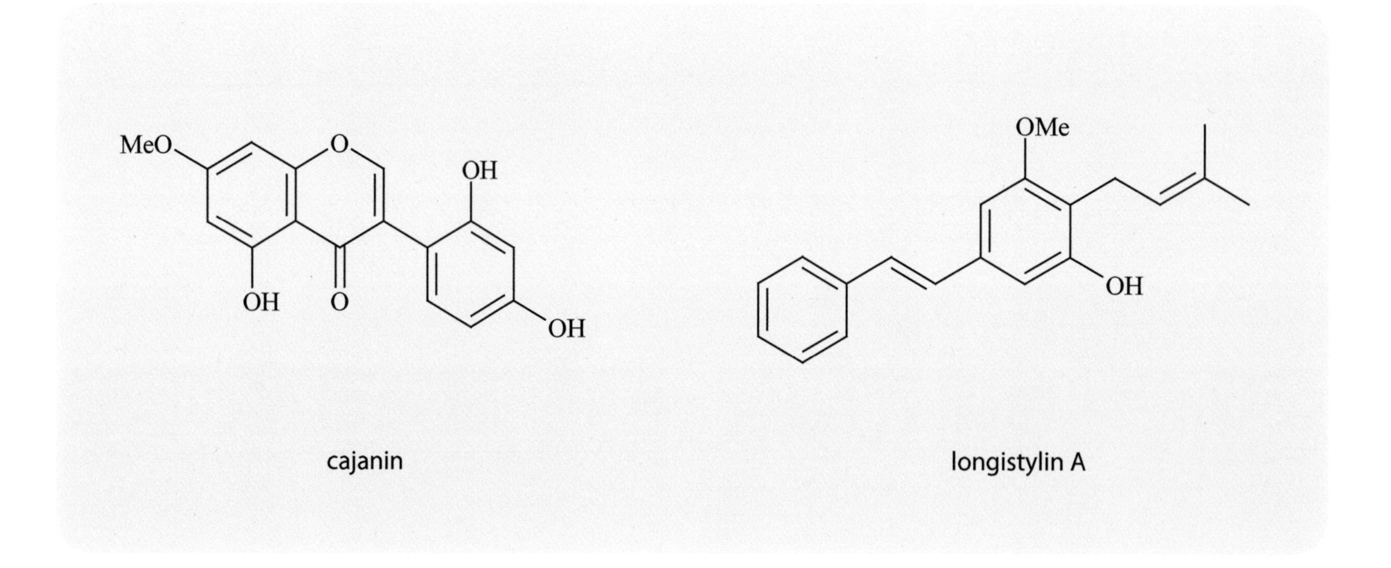

cajanin　　longistylin A

약리작용

1. 적혈구 겸상세포 생성의 억제
   겸상 적혈구는 감소된 헤모글로빈의 침착을 일으켜 겸상 적혈구 빈혈(SCA)을 유발할 수 있으며, 수성 메탄올 추출물은 선혈된 적혈구를 역전시키는 것으로 나타났다. 연속해서 구두로 투여하면 SCA 환자의 고통스런 위기가 감소하고 빈혈로 인한 SCA의 간 부작용이 완화된다[20-21]. 활성 성분은 주로 페닐알라닌과 하이드록시벤조산이었다[22].

2. 고지혈증 개선
   고지혈증과 고콜레스테롤 식이요법으로 유도된 랫드에서 단백질 분획을 경구 투여하면 혈장, 간 및 대동맥에서 유리 콜레스테롤, 총 콜레스테롤, 인지질 및 트리글리세라이드의 양을 유의하게 감소시켰다[23]. 위약에 들어 있는 비오카닌 A와 포르모노네틴은 또한 트리톤 WR 1339로 유도된 고지혈증 랫드에서 고지방 혈증 효과를 보였다[24].

3. 혈당강하 효과
   씨를 1회 복용하면 1-2시간 후에 혈당 수치가 현저히 감소하고 3시간 후에는 유의하게 증가한 것으로 나타났다. 반면에 볶은 씨의 경우, 3시간의 실험 기간 동안 혈청 글루코스 수준이 유의하게 증가했다[25]. 글루코스 내성 연구에서 고농도의 줄기와 잎의 물 추출물은 1-2시간 내에 마우스의 포도당 내성을 유의하게 증가시켰다[26].

4. 항염 및 진통 작용
   카자닌 현탁액을 피하 주사하면 랫드의 피마자유로 유도된 귀의 부기(浮氣)를 억제했다. 위 내관절 치료 시 아세트산에 의한 모세혈관 투과성 증가를 억제하고 아세트산에 의한 자극 반응을 감소시키며 열판 시험에서 통증 역치를 증가시켰다[27].

5. 저산소성 허혈성 뇌 손상 보호
잎의 추출물을 경구 투여하면 급성 뇌 허혈/재관류 모델인 마우스의 뇌에서 말론디알데히드(MDA)와 과산화물 불균등화효소(SOD) 활성을 유의하게 감소시켰다. 또한 급성 뇌 허혈을 가진 랫드에서 수분 함량, 대뇌 지수 및 모세혈관 투과성을 감소시켰다. 또한, 마우스에서 뇌척수 절제술 후 숨을 내쉬는 시간을 유의하게 연장시켰다[28].

6. 기타
씨에는 항균 효과가 있다. 단백분해효소를 억제하고 토끼의 적혈구 응집을 촉진시켰다[13]. 롱기스틸린 A와 C, 베툴린산은 말라리아 원충을 억제했다.

용도

1. 소아 수두
2. 옹, 염증, 외상성 상처 또는 화상으로 인한 감염
3. 황달
4. 설사
5. 무산소성 빈혈

해설

목두의 씨와 뿌리는 중국 남부에서 일반적으로 사용되는 민간약으로 목두(木豆) 및 목두근(木豆根)으로 알려져 있다. 씨는 이습(利濕), 소종(消腫), 산어(散瘀), 지혈(止血)의 효능이 있다. 씨는 중국 남부의 복건성의 특정 지역에서는 적소두(赤小豆)가 약으로 사용되며, 효능 측면에서 적소두(Phaseoli Semen)와 유사하다.
목두는 나무에서 나는 콩으로 유일하게 식용이 가능하다. 인도 대륙이 원산이며, 6000년 이상 재배되었다. 약 1500년 전에 인도에서 중국으로 도입되었는데 주로 귀주사과선(貴州絲瓜蘚)을 생산하는 귀주사과선(貴州絲瓜蘚) 곤충의 숙주 나무로 사용되었다.

참고문헌

1. L Lin, N Xie, ZH Cheng. Flavonoids from Cajanus cajan L.. Journal of China Pharmaceutical University. 1999, 30(1): 21-23
2. DH Chen, HY Li, H Lin. Chemical constituents of Cajanus cajan (L.) Milisp. leaves. Chinese Traditional and Herbal Drugs. 1985, 16(10): 2-7
3. YG Zu, YJ Fu, W Liu, CL Hou, Y Kong. Simultaneous determination of four flavonoids in pigeonpea [Cajanus cajan (L.) Millsp.] leaves using RPLC- DAD. Chromatographia. 2006, 63(9-10): 499-505
4. S Bhanumati, SC Chhabra, SR Gupta, V Krishnamoorthy. Cajaflavanone: a new flavanone from Cajanus cajan. Phytochemistry. 1978, 17(11): 2045
5. JS Dahiya, RN Strange, KG Bilyard, CJ Cooksey, PJ Garratt. Two isoprenylated isoflavone phytoalexins from Cajanus cajan. Phytochemistry. 1984, 23(4): 871-873
6. S Bhanumati, SC Chhabra, SR Gupta, V Krishnamoorthy. 2'-O-Methylcajanone: a new isoflavanone from Cajanus cajan. Phytochemistry. 1979, 18(4): 693
7. ZQ Cheng, HQ Wu, D Chen, DS Xiong. Study on the chemical constituents of essential oil from Cajanus cajan. Bulletin of Analysis and Testing. 1992, 11(5): 9-11
8. GI Ekeke, FO Shode. Phenylalanine is the predominant anti-sickling agent in Cajanus cajan seed extract. Planta Medica. 1990, 56(1): 41-43
9. MA Ellis, EHI Paschal, P Powell. The effect of maturity and foliar fungicides on pigeon pea seed quality. Plant Disease Reporter. 1977, 61(12): 1006-1009
10. PWC Green, PC Stevenson, MSJ Simmonds, HC Sharma. Phenolic compounds on the pod-surface of pigeonpea, Cajanus cajan,

mediate feeding behavior of Helicoverpa armigera larvae. Journal of Chemical Ecology. 2003, 29(4): 811-821

11. GL Gupta, SS Nigam, SD Sastry, KK Chakravarti. Investigations on the essential oil from Cajanus cajan. Perfumery and Essential Oil Record. 1969, 11-12: 329-336
12. A Naeem, RH Khan, M Saleemuddin. Single step immobilized metal ion affinity precipitation/chromatography based procedures for purification of concanavalin A and Cajanus cajan mannose-specific lectin. Biochemistry. 2006, 71(1): 56-59
13. RH Luo, YR Li. Brief reports of extracting and agglutination for erythrocytes of pigeonpea lectin. Journal of Guangxi Agricultural and Biological Science. 2004, 23(3): 262-264
14. JS Dahiya. Cajaflavanone and cajanone released from Cajanus cajan (L.) Millsp. roots induce nod genes of Bradyrhizobium sp. Plant and Soil. 1991, 134(2): 297-304
15. S Bhanumati, SC Chhabra, SR Gupta. Cajaisoflavone, a new prenylated isoflavone from Cajanus cajan. Phytochemistry. 1979, 18(7): 1254
16. G Duker-Eshun, JW Jaroszewski, WA Asomaning, F Oppong-Boachie, SB Christensen. Anti-plasmodial constituents of Cajanus cajan. Phytotherapy Research. 2004, 18(2): 128-130
17. S Bhanumati, SC Chhabra, SR Gupta. Cajaquinone: a new anthraquinone from Cajanus cajan. Indian Journal of Chemistry. 1979, 17B(1): 88-89
18. JL Ingham. Induced isoflavonoids from fungus-infected stems of pigeon pea (Cajanus cajan). Zeitschrift fuer Naturforschung. 1976, 31C(9-10): 504-508
19. N Nahar, M Mosihuzzaman, O Theander. Analysis of phenolic acids and carbohydrates in pigeon pea (Cajanus cajan) plant. Journal of the Science of Food and Agriculture. 1990, 50(1): 45-53
20. AO Akinsulie, EO Temiye, AS Akanmu, FEA Lesi, CO Whyte. Clinical evaluation of extract of Cajanus cajan (Ciklavit) in sickle cell anaemia. Journal of Tropical Pediatrics. 2005, 51(4): 200-205
21. JO Onah, PI Akubue, GB Okide. The kinetics of reversal of pre-sickled erythrocytes by the aqueous extract of Cajanus cajan seeds. Phytotherapy Research. 2002, 16(8): 748-750
22. FO Akojie, LW Fung. Anti-sickling activity of hydroxybenzoic acids in Cajanus cajan. Planta Medica. 1992, 58(4): 317-320
23. L Prema, PA Kurup. Hypolipidemic activity of the protein isolated from Cajanus cajan in high fat-cholesterol diet fed rats. Indian Journal of Biochemistry & Biophysics. 1973, 10(4): 293-296
24. RD Sharma. Effect of various isoflavones on lipid levels in Triton-treated rats. Atherosclerosis. 1979, 33(3): 371-375
25. T Amalraj, S Ignacimuthu. Hypoglycemic activity of Cajanus cajan (seeds) in mice. Indian Journal of Experimental Biology. 1998, 36(10): 1032-1033
26. AM Esposito, A Diaz, I de Gracia, R de Tello, MP Gupta. Evaluation of traditional medicine: effects of Cajanus cajan L. and of Cassia fistula L. on carbohydrate metabolism in mice. Revista medica de Panama. 1991, 16(1): 39-45
27. SM Sun, YM Song, J Liu, PG Xiao. Study on the pharmacological effect of preparation of cajanin. Chinese Traditional and Herbal Drugs. 1995, 26(3): 147-148
28. GY Huang, SZ Liao, HF Liao, SJ Deng, YH Tan, JY Zhou. Studies on water-soluble extracts from Cajanus cajan leaf against hypoxic-ischemic brain damage. Traditional Chinese Drug Research & Clinical Pharmacology. 2006, 17(3): 172-174
29. MU Dahot, ZH Soomro. Anti-microbial activity of smaller proteins isolated from white seeds of Cajanus cajan. Pakistan Journal of Pharmacology. 1999, 16(1): 21-27
30. VH Mulimani, S Paramjyothi. Proteinase inhibitors of redgram (Cajanus cajan). Journal of the Science of Food and Agriculture. 1992, 59(2): 273-275

차엽 茶CP

Theaceae

Camellia sinensis (L.) O. Ktze.

Tea

개요

차나무과(Theaceae)

차(茶, *Camellia sinensis* (L.) O. Ktze.)의 어린잎 또는 어린 싹: 차엽(茶葉, Camelliae Sinensis Folium)

중약명: 차(茶)

동백나무속(*Camellia*) 식물은 전 세계에 약 280종이 있으며, 동부 아시아의 북회귀선 양측에 분포한다. 중국에서 약 238종이 발견되며, 광서성, 광동성, 사천성, 복건성 등지에 분포하고, 약 11종과 2변종이 약재로 사용되고 있다. 이 종의 변종들이 양자강 이남에 널리 분포되어 있으며, 재배종은 안휘성, 절강성, 복건성, 광동성, 사천성, 강서성, 운남성, 산서성 및 홍콩에 주로 분포한다.

차의 재배, 가공 및 음용법은 모두 중국에서 시작되었으며 그 결과 차 문화가 전 세계적으로 알려져 있다[1]. "차엽(茶葉)"은 ≪보경본초절충(寶慶本草折衷)≫에서 약으로 처음 기술되었다. 대부분의 고대 한방의서에 기술되어 있으며, 약용 종은 고대부터 동일하게 남아 있다. "차"는 세계 최고 수준의 전통 음료이다[1]. 의약 재료는 주로 중국의 강소성, 안휘성, 절강성, 복건성, 강서성, 사천성 및 운남성에서 생산된다.

차나무에는 주로 탄닌, 퓨린 알칼로이드, 카로티노이드, 플라보노이드 및 트리테르페노이드 사포닌 성분이 함유되어 있다.

약리학적 연구에 따르면 차나무에는 중추신경계를 자극하고, 고지혈증 개선, 항산화, 간 보호, 항돌연변이, 항종양, 항균, 항바이러스, 항염, 혈당강하 및 항궤양 작용이 있음을 확인했다.

한의학에서 차엽은 청두목(清頭目), 제번갈(除煩渴), 소식(消食), 화담(化痰), 이뇨(利尿), 해독(解毒)의 효능이 있다.

차엽 茶 *Camellia sinensis* (L.) O. Ktze.

차엽 茶[CP]

흑차 黑茶 Camelliae Sinensis Folium (black tea)

1cm

우롱차 烏龍茶 Camelliae Sinensis Folium (oolong tea)

1cm

녹차 綠茶 Camelliae Sinensis Folium (green tea)

1cm

찻잎 채취 采葉 Picking Tea

찻잎 덖음 殺青 Roasting Tea

함유성분

잎에는 퓨린 알칼로이드 성분으로 caffeine, theobromine, theophylline[1]이 함유되어 있고, 플라보노이드 성분으로 quercetin, kaempferol, rutin, hesperidin, apigenin, myricetin, galangin[2], nicotifiorin[3], 탄닌 성분으로 catechin, epicatechin, epigallocatechin-3-gallate[4], epigallocatechin[5], epicatechin gallate, catechin gallate[6], epigallocatechin-3,5-digallate, epigallocatechin-3,3'-di-O-gallate, epigallocatechin-3,4'-di-O-gallate, epiafzelechin-3-O-gallate[3]가 함유되어 있으며, 블랙티에는 테아플라빈 성분으로 theaflavin, theaflavin-3'-gallate, theaflavin-3-gallate, theaflavin-3,3'-digallate[7], isotheaflavin-3'-O-gallate, neotheaflavin-3-O-gallate[8], 카로티노이드 성분으로 violaxanthin, lutein, zeaxanthin, neoxanthin, auroxanthin, antheraxanthin[9], 정유 성분으로 cis-3-hexenol, linalool, geraniol[10], 트리테르페노이드 사포닌 성분으로 foliatheasaponins I, II, III, IV, V[11]가 함유되어 있다.
이른 봄에 나오는 싹에는 플라보노이드 성분으로 hirsutrin, kaempferol-3-rhamnosylglucoside, 페놀산 성분으로 gallic acid, chlorogenic acid, isochlorogenic acid, p-coumaric acid[12]가 함유되어 있다.
씨에는 트리테르페노이드 사포닌 성분으로 theasaponins A_1, A_2, A_3[13], A_4, A_5, C_1[14], E_1, E_2, E_3, E_4, E_5, E_6, E_7[15], E_8, E_9[14], E_{10}, E11, E_{12}, E_{13}[16], F_1, F_2, F_3[13], G_1[14], G_2[16], H_1[14], assamsaponins A, B, C, D, F, I[15], floratheasaponin A, camelliasaponins B_1, C_1[15], 플라보노이드 성분으로 camelliasides A, B[17]가 함유되어 있다.
꽃에는 트리테르페노이드 사포닌 성분으로 floratheasaponins A, B, C[18]가 함유되어 있다.

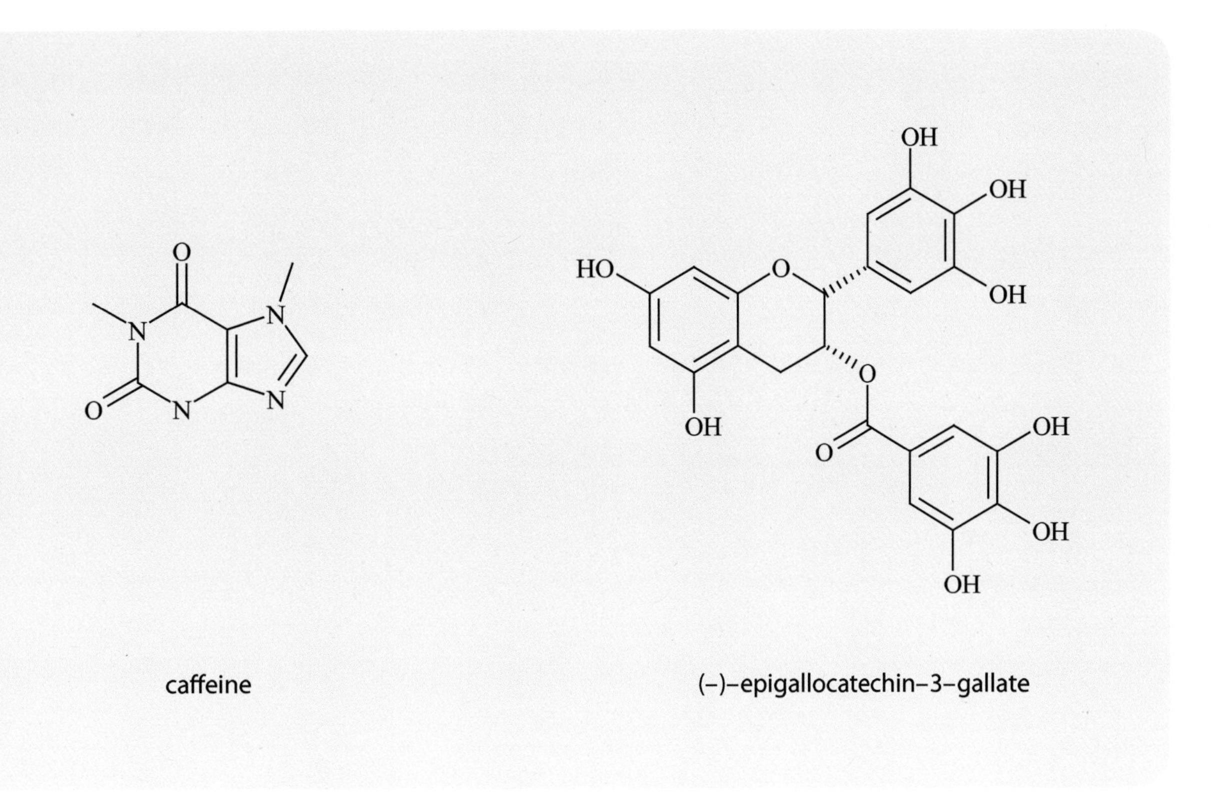

약리작용

1. 중추신경계의 자극
   카페인은 높은 수준의 신경 중추를 자극하여 정신적 흥분을 유발한다. 또한 정신을 강화시키고, 피로감을 분산시키며, 대뇌겉질의 흥분을 강화시켰다. 유효 복용량은 뉴런의 유형과 관련이 있다[19].
2. 심혈관계에 미치는 영향
   카페인과 테오필린은 심장을 직접 자극하고, 관상동맥을 확장시키며, 또한 말초 혈관 확장을 직접 유발한다[19]. 차 잎에는 탄닌이 함유되어 있어서 인간 제대정맥혈관내피세포(HUVEC)에서 혈관 안지오텐신 전환 효소(ACE)의 활성을 유의하게 억제하고 NO 합성을 증가시켜 심혈관 질환을 예방한다[20]. 차는 또한 콜레스테롤과 산화를 감소시킴으로써 심장 혈관계에 보호 효과를 나타냈다[21].

3. 고지혈증 개선

지속적으로 차를 마시면 인간 총 콜레스테롤(TC), 저밀도 지단백(LDL) 및 아포지단백질 B의 수준을 감소시켰고, 또한 콜레스테롤/HDL의 비율을 감소시켰으며, 반면에 아포지단백질 A와 고농도 지단백질(HDL)의 수준을 증가시켰다[22]. 탄닌을 함유하지 않은 차엽 추출물을 경구 투여하면 고콜레스테롤 혈증을 가진 랫드에서 혈장 콜레스테롤의 증가를 유의하게 억제했다. 또한 대변을 통해 콜레스테롤 배설을 증가시켰다. 그 기전은 위장관에서 콜레스테롤 흡수의 억제와 관련이 있다[23]. 녹차 메탄올 추출물의 n-부틸알코올 분획은 올리브 오일을 먹인 마우스에서 혈중 지질 농도를 감소시켰다. 주요 활성 성분으로는 플로라테 아사포닌 A, B, C가 있다[18].

4. 산화 방지

2,2-di(4-t-옥틸페닐)-1-피크릴하이드라질(DPPH)의 유리기 제거 연구에서, 차의 항산화 활성은 탄닌의 함량과 관련이 있음이 밝혀졌다[24]. 생 차 또는 녹차의 메탄올 추출물은 보다 강력한 항산화 효과를 나타냈다[25]. 끊임없이 차를 마시면 사람의 혈장 말론디알데하이드(MDA) 수치가 감소되고, 적혈구의 산화 스트레스가 억제되며 적혈구의 항산화능이 강화된다[26]. 녹차 추출물을 경구 투여하면 랫드에서 피하 주사로 주사한 안드루솔로 유도된 전립선 산화 손상[27]과 마우스에서 7,12-디메틸벤즈안트라센에 의해 유도된 간, 신장 및 전립선 산화 손상에 대한 유의한 보호 효과를 나타냈다[28].

5. 간 보호

녹차 추출물을 경구 투여하면 아미노기전이효소의 수치를 감소시키고, 유리기를 제거하며, 산화 손상을 방지하고, 항산화제의 수준을 증가시킴으로써, 타목시펜시트르산염과 CCl_4에 의한 간 손상을 억제했다[29-30].

6. 항돌연변이

차엽 추출물은 마우스에서 시클로포스파미드, 미토마이신 C, 및 $NiCl_2$로 유도된 돌연변이 유발을 억제했다[31]. 쥐장티푸스균 균주를 이용한 연구에서 타닌은 돌연변이 유발성 복귀 돌기 형성 및 담배 물 추출물에 의한 랫드의 돌연변이 유발성에 대한 억제 효과를 보였다[32]. 이 기전은 발암물질과 DNA 사이의 상호작용이 손상되어 돌연변이를 일으킬 수 있다[33].

7. 항종양

*In vivo*에서 녹차 폴리페놀(GTP)과 에피갈로카테킨 갈레이트(EGCG)는 세포주기 단백질 발현을 하향 조절하고 G_1 단계에서 인간 유방암 MDA-MB-231 세포의 세포주기를 정지시켰다. GTP와 EGCG의 경구 투여하면 유전자 변형 누드 마우스(MDA-MB-231 세포 포함)에서 종양 형성 속도를 억제하고, 종양의 크기를 감소시키며, 종양 세포사멸을 유도하고, 또한 종양 형성을 억제시켰다[34]. *In vivo*에서 EGCG, 갈로카테킨 및 에피갈로카테킨은 사람 유방암 MCF-7, 결장암 HT-29, 폐암 A427 및 흑색 종 UACC-375 세포에 대하여 강력한 억제 효과를 나타냈다[35]. 차는 종양 세포주기의 여러 단계를 억제했다. 이것은 또한 종양 세포의 증식과 형질 전환을 억제하고 세포 신호 전달 경로를 조절함으로써 세포사멸을 증가시킨다[36].

8. 항박테리아

포도상구균, 포도상구균, 콜레라균, 대장균, 쉬겔라 플렉스네리균, 살모넬라 및 바실러스와 같은 그람 양성균과 그람 음성균을 *in vivo* 및 *in vivo*에서 유의하게 억제했다[37]. EGCG와 β-락탐 항생제는 페니실린 내성 황색포도상구균에 대하여 시너지 효능이 있다[38]. *In vivo*에서 차엽의 산성 다당류는 헬리코박터 파일로리균, 프로피오니박테리움 아크네균 및 황색포도상구균에 대한 유착방지 효과를 나타냈다[39].

9. 항바이러스

차의 폴리페놀은 인체 면역결핍 바이러스-1(HIV-1) 외피 당단백 매개 막 융합을 차단했고, 정상 세포에서 바이러스 침입을 억제했다[40].

10. 항염 작용

차나무 뿌리의 수성 메탄올 추출물은 시클로옥시게나제와 리포옥시게나제 경로 모두를 억제하여 복강 내로 아라키돈산과 카라기닌이 유발한 뒷다리 부종을 억제했다. 그 활성은 사포닌의 함량과 관련이 있을 수 있다[41-42].

11. 혈당강하 작용

차엽의 물 추출물을 일정하게 투여하면 선천성 제2형 당뇨병 마우스 및 인슐린 저항성 실험용 마우스의 혈당 수준이 인슐린 수치와 저항성을 감소시켰다[43]. 지속적으로 녹차를 마시면 제2형 당뇨 환자의 혈장 포도당과 프룩토사민 농도를 유의하게 감소시켰다[44].

12. 항궤양

테아사포닌 A_2를 경구 투여하면 랫드의 에탄올에 의해 유발된 위 점막 병변에 유의한 보호 효과를 보였다[13].

13. 학습 및 기억력 향상

차 잎 조추출물은 중대 뇌동맥 폐색과 두 개의 총 경동맥에 의한 뇌 허혈로 인한 학습 장애의 상태를 개선시켰다[45]. 녹차 카테킨의 지속적인 섭취는 랫드의 인지 능력과 학습 능력을 향상시켰다[46].

14. 기타

테오필린은 또한 평활근을 이완시키고 이뇨 작용을 나타냈다[19].

용도

1. 두통, 현기증, 감기 및 발열, 갈증, 인후염
2. 결막염
3. 식체, 구취, 이질
4. 배뇨 장애
5. 옹, 염증, (뜨거운 물김에) 데인 상처 및 (불에) 덴 상처

해설

녹차의 어린잎과 연한 싹 이외에, 차나무의 뿌리는 또한 한약재 다수근(茶树根, Camelliae Sinensis Radix)로 사용된다. 다수근은 강심이뇨(强心利尿), 활혈통경(活血通經), 청열해독(淸熱解毒)의 효능이 있어 심장병, 부종, 간염, 월경통, 염증 및 부기(浮氣)를 개선한다. 꽃은 한약재 다화(茶花, Camelliae Sinensis Flos)로 사용된다. 청폐평간(淸肺平肝)의 효능으로 비(鼻)궤양을 개선한다. 열매는 한약재 다자(茶子, Camelliae Sinensis Semen)로 사용된다. 다자는 강화소담평천(降火消痰平喘)의 효능으로 담열해수(痰熱咳嗽), 천명음(喘鳴音) 및 이명(耳鳴) 증상을 개선한다.

전통적인 약용 및 식이 음료로서 차는 건강관리에 효용적 가치가 높다. 탄닌은 차엽(茶葉)의 주성분이며 강한 항종양 효과가 있다. 차는 가공 방법에 따라서 다양한 종류로 시장에서 판매되고 있지만, 이들 모두의 기원식물은 이 종이다. 가공 방법에 따라서 차는 녹차로 대표되는 비발효차, 우롱차로 대표되는 반발효차 및 홍차로 대표되는 발효차의 3가지 형태로 나뉜다.

참고문헌

1. JY Du, L Bai, BZ Bai. Major chemical constituents in tea plant. Agriculture & Technology. 2003, 23(1): 53–55
2. L Ferrara, D Montesano, A Senatore. The distribution of minerals and flavonoids in the tea plant (Camellia sinensis). Farmaco. 2001, 56(5–6–7): 397–401
3. A Degenhardt, UH Engelhardt, C Lakenbrink, P Winterhalter. Preparative separation of polyphenols from tea by high–speed countercurrent chromatography. Journal of Agricultural and Food Chemistry. 2000, 48(8): 3425–3430
4. ST Saito, A Welzel, ES Suyenaga, F Bueno. A method for fast determination of epigallocatechin gallate (EGCG), epicatechin (EC), catechin (C) and caffeine (CAF) in green tea using HPLC. Ciencia e Tecnologia de Alimentos. 2006, 26(2): 394–400
5. A Goodwin, CE Banks, RG Compton. Electroanalytical sensing of green tea anticarcinogenic catechin compounds: epigallocatechin gallate and epigallocatechin. Electroanalysis. 2006, 18(9): 849–853
6. LH Yao, N Caffin, B D'Arcy, YM Jiang, J Shi, R Singanusong, X Liu, N Datta, Y Kakuda, Y Xu. Seasonal variations of phenolic compounds in Australia–grown tea (Camellia sinensis). Journal of Agricultural and Food Chemistry. 2005, 53(16): 6477–6483
7. LP Wright, NIK Mphangwe, HE Nyirenda, Z Apostolides. Analysis of the theaflavin composition in black tea (Camellia sinensis) for predicting the quality of tea produced in central and southern Africa. Journal of the Science of Food and Agriculture. 2002, 82(5): 517–525
8. JR Lewis, AL Davis, Y Cai, AP Davies, JPG Wilkins, M Pennington. Theaflavate B, isotheaflavin–3'–O–gallate and neotheaflavin–3–O–gallate: three polyphenolic pigments from black tea. Phytochemistry. 1998, 49(8): 2511–2519
9. Y Suzuki, Y Shioi. Identification of chlorophylls and carotenoids in major teas by high–performance liquid chromatography with photodiode array detection. Journal of Agricultural and Food Chemistry. 2003, 51(18): 5307–5314
10. ZZ Zhang, YB Li, L Qi, XC Wan. Anti–fungal activities of major tea leaf volatile constituents toward Colletotrichum camelliae Massea. Journal of Agricultural and Food Chemistry. 2006, 54(11): 3936–3940
11. T Morikawa, S Nakamura, Y Kato, O Muraoka, H Matsuda, M Yoshikawa. Bioactive saponins and glycosides. XXVIII. New triterpene saponins, foliatheasaponins I, II, III, IV, and V, from Tencha (the leaves of Camellia sinensis). Chemical & Pharmaceutical Bulletin. 2007, 55(2): 293–298

12. LH Yao, YM Jiang, N Datta, R Singanusong, X Liu, J Duan, K Raymont, A Lisle, Y Xu. HPLC analyses of flavanols and phenolic acids in the fresh young shoots of tea (Camellia sinensis) grown in Australia. Food Chemistry. 2003, 84(2): 253–263

13. T Morikawa, N Li, A Nagatomo, H Matsuda, X Li, M Yoshikawa. Triterpene saponins with gastroprotective effects from tea seed (the seeds of Camellia sinensis). Journal of Natural Products. 2006, 69(2): 185–190

14. M Yoshikawa, T Morikawa, S Nakamura, N Li, X Li, H Matsuda. Bioactive saponins and glycoside. XXV. Acylated oleanane–type triterpene saponins from the seeds of tea plant (Camellia sinensis). Chemical & Pharmaceutical Bulletin. 2007, 55(1): 57–63

15. M Yoshikawa, T Morikawa, N Li, A Nagatomo, X Li, H Matsuda. Bioactive saponins and glycosides. XXIII. Triterpene saponins with gastroprotective effect from the seeds of Camellia sinensis–theasaponins E3, E4, E5, E6, and E7. Chemical & Pharmaceutical Bulletin. 2005, 53(12): 1559–1564

16. T Morikawa, H Matsuda, N Li, S Nakamura, X Li, M Yoshikawa. Bioactive saponins and glycosides. XXVI.1 new triterpene saponins, theasaponins E10, E11, E12, E13, and G2, from the seeds of tea plant (Camellia sinensis). Heterocycles. 2006, 68(6): 1139–1148

17. T Sekine, J Arita, A Yamaguchi, K Saito, S Okonogi, N Morisaki, S Iwasaki, I Murakoshi. Two flavonol glycosides from seeds of Camellia sinensis. Phytochemistry. 1991, 30(3): 991–995

18. M Yoshikawa, T Morikawa, K Yamamoto, Y Kato, A Nagatomo, H Matsuda. Floratheasaponins A–C, acylated oleanane–type triterpene oligoglycosides with anti–hyperlipidemic activities from flowers of the tea plant (Camellia sinensis). Journal of Natural Products. 2005, 68(9): 1360–1365

19. YQ Wang, XJ Wu, HB Li, Y Pang, L Tang, BM Feng. Research of Camelia Linn. on the used to drugs. Journal of Dalian University. 2006, 27(4): 47–55, 58

20. IAL Persson, M Josefsson, K Persson, RGG Andersson. Tea flavanols inhibit angiotensin–converting enzyme activity and increase nitric oxide production in human endothelial cells. Journal of Pharmacy and Pharmacology. 2006, 58(8): 1139–1144

21. ZM Chen. The effects of tea on the cardiovascular system. Medicinal and Aromatic Plants—Industrial Profiles. 2002, 17: 151–167

22. S Coimbra, A Santos–Silva, P Rocha–Pereira, S Rocha, E Castro. Green tea consumption improves plasma lipid profiles in adults. Nutrition Research. 2006, 26(11): 604–607

23. Y Matsui, H Kumagai, H Masuda. Anti–hypercholesterolemic activity of catechin–free saponin–rich extract from green tea leaves. Food Science and Technology Research. 2006, 12(1): 50–54

24. H Chen, CT Ho. Comparative study on total polyphenol content and total anti–oxidant activity of tea (Camellia sinensis). ACS Symposium Series. 2007, 956: 195–214

25. EWC Chan, YY Lim, YL Chew. Anti–oxidant activity of Camellia sinensis leaves and tea from a lowland plantation in Malaysia. Food Chemistry. 2007, 102(4): 1214–1222

26. S Coimbra, E Castro, P Rocha–Pereira, I Rebelo, S Rocha, A Santos–Silva. The effect of green tea in oxidative stress. Clinical Nutrition. 2006, 25(5): 790–796

27. IA Siddiqui, S Raisuddin, Y Shukla. Protective effects of black tea extract on testosterone induced oxidative damage in prostate. Cancer Letters. 2005, 227(2): 125–132

28. N Kalra, S Prasad, Y Shukla. Anti–oxidant potential of black tea against 7,12–dimethylbenz(a)anthracene–induced oxidative stress in Swiss Albino mice. Journal of Environmental Pathology, Toxicology and Oncology. 2005, 24(2): 105–114

29. HA El–Beshbishy. Hepatoprotective effect of green tea (Camellia sinensis) extract against tamoxifen–induced liver injury in rats. Journal of Biochemistry and Molecular Biology. 2005, 38(5): 563–570

30. D Sur–Altiner, B Yenice. Effect of black tea on lipid peroxidation in carbon tetrachloride treated male rats. Drug Metabolism and Drug Interactions. 2000, 16(2): 123–128

31. HN Shivaprasad, MS Gupta, MD Kharya, AC Rana. Anti–clastogenic effects of green tea extract. Chemistry. 2006, 3(3–4): 103–107

32. KT Santhosh, J Swarnam, K Ramadasan. Potent suppressive effect of green tea polyphenols on tobacco–induced mutagenicity. Phytomedicine. 2005, 12(3): 216–220

33. C Ioannides, V Yoxall. Anti–mutagenic activity of tea: role of polyphenols. Current Opinion in Clinical Nutrition and Metabolic

Care. 2003, 6(6): 649–656

34. RL Thangapazham, AK Singh, A Sharma, J Warren, JP Gaddipati, RK Maheshwari. Green tea polyphenols and its constituent epigallocatechin gallate inhibit proliferation of human breast cancer cells in vitro and in vivo. Cancer Letters. 2007, 245(1–2): 232–241

35. S Valcic, BN Timmermann, DS Alberts, GA Wachter, M Krutzsch, J Wymer, JM Guillen. Inhibitory effect of six green tea catechins and caffeine on the growth of four selected human tumor cell lines. Anti–Cancer Drugs. 1996, 7(4): 461–468

36. CS Yang, S Prabhu, J Landau. Prevention of carcinogenesis by tea polyphenols. Drug Metabolism Reviews. 2001, 33(3 & 4): 237–253

37. D Bandyopadhyay, TK Chatterjee, A Dasgupta, J Lourduraja, SG Dastidar. In vitro and in vivo anti–microbial action of tea: The commonest beverage of Asia. Biological & Pharmaceutical Bulletin. 2005, 28(11): 2125–2127

38. T Shimamura, WH Zhao, ZQ Hu. Mechanism of action and potential for use of tea catechin as an anti–infective agent. Anti–infective Agents in Medicinal Chemistry. 2007, 6(1): 57–62

39. JH Lee, JS Shim, JS Lee, JK Kim, IS Yang, MS Chung, KH Kim. Inhibition of pathogenic bacterial adhesion by acidic polysaccharide from green tea (Camellia sinensis). Journal of Agricultural and Food Chemistry. 2006, 54(23): 8717–8723

40. SW Liu, H Lu, Q Zhao, Y He, JK Niu, AK Debnath, SG Wu, SB Jiang. Theaflavin derivatives in black tea and catechin derivatives in green tea inhibit HIV–1 entry by targeting gp41. Biochimica et Biophysica Acta, General Subjects. 2005, 1723(1–3): 270–281

41. P Chattopadhyay, SE Besra, A Gomes, M Das, P Sur, S Mitra, JR Vedasiromoni. Anti–inflammatory activity of tea (Camellia sinensis) root extract. Life Sciences. 2004, 74(15): 1839–1849

42. P Sur, T Chaudhuri, JR Vedasiromoni, A Gomes, DK Ganguly. Anti–inflammatory and anti–oxidant property of saponins of tea [Camellia sinensis (L) O. kuntze] root extract. Phytotherapy Research. 2001, 15(2): 174–176

43. T Miura, T Koike, T Ishida. Anti–diabetic activity of green tea (Thea sinensis L.) in genetically type 2 diabetic mice. Journal of Health Science. 2005, 51(6): 708–710

44. K Hosoda, MF Wang, ML Liao, CK Chuang, M Iha, B Clevidence, S Yamamoto. Anti–hyperglycemic effect of oolong tea in type 2 diabetes. Diabetes Care. 2003, 26(6): 1714–1718

45. GR Wu, QR Wu, FX Cai, LW Lin, TJ Lü, WX Wang, WH Peng, MC Xie. Effects of Theae Folium extract on cerebral ischemia–induced memory impairment in rats. Mid–Taiwan Journal of Medicine. 2005, 10: 9–15

46. AM Haque, M Hashimoto, M Katakura, Y Tanabe, Y Hara, O Shido. Long–term administration of green tea catechins improves cognition learning ability in rats. The Journal of Nutrition. 2006, 136(4): 1043–1047

Fabaceae

시협결명 翅莢决明 VP

Cassia alata L.

Winged Cassia

개 요

콩과(Fabaceae)

시협결명(翅莢决明, *Cassia alata* L.)의 잎을 말린 것: 대엽두(對葉豆)

중약명: 시협결명(翅莢决明)

차풀속(*Cassia*) 식물은 전 세계에 약 600종이 있으며, 열대 및 아열대 지역에 분포하고, 온대 지역에는 소수만 분포한다. 중국에는 약 10개의 토착종과 20개의 재배종이 전역에 분포되어 있으며 약 20종이 약재로 사용된다. 이 종은 중국의 광동성, 운남성 및 홍콩에 분포한다. 아메리카의 열대 지역이 원산이며 현재 전 세계적으로 열대 지역에 널리 분포되어 있다.

시협결명(翅莢决明)은 ≪운남사모중초약선(雲南思茅中草藥選)≫에 "대엽두(對叶豆)"라는 이름의 약으로 처음 기술되었다. 또한 대만의 민간요법뿐만 아니라 중국의 시쌍반나(西双版纳)에 사는 타이족 사람들이 일반적으로 사용하는 약이다. 의약 재료는 주로 중국의 운남성과 광동성에서 생산된다.

시협결명에는 주로 안트라퀴논과 플라보노이드 성분이 함유되어 있다.

약리학적 연구에 따르면 시협결명에는 소염, 진통, 항균, 혈당강하 및 항산화 효과가 있음을 확인했다.

민간요법에 따르면 거풍조습(祛風燥濕), 지양(止痒), 완사(緩瀉)의 효능이 있다.

시협결명 翅莢决明 *Cassia alata* L.

함유성분

잎에는 안트라퀴논 성분으로 rhein, aloe-emodin[1], chrysophanol[2], emodin, 4,5-dihydroxy-1-hydroxymethyl anthrone, 4,5-dihydroxy-2-hydroxymethyl anthrone[3], isochrysophanol, physcion-L-glucoside[4]가 함유되어 있고, 플라보노이드 성분으로 kaempferol[5], kaempferol-3-O-gentiobioside[6], kaempferol-3-O-sophoroside[7], 이소플라보노이드성분으로 6,8,4'-trihydroxy isoflavone[8], 정유 성분으로 linalool, borneol[9]이 함유되어 있다.
줄기에는 안트라퀴논 성분으로 1,5-dihydroxy-2-methyl anthraquinone, 5-hydroxy-2-methylanthraquinone-1-O-rutinoside[10], alatinone[11], alarone[12], alquinone[13], alatonal[14]이 함유되어 있다.
씨에는 플라보노이드 성분으로 chrysoeriol-7-O-(2"-O-β-D-mannopyranosyl)-β-D-allopyranoside, rhamnetin-3-O-(2"-O-β-D-mannopyranosyl)-β-D-allopyranoside[15]가 함유되어 있다.

kaempferol-3-O-gentiobioside

alatinone

약리작용

1. 항염 작용
   잎의 추출물과 캠페롤-3-O-겐티오비오사이드는 마우스 복막 삼출 세포로부터 콘카나발린 A(Con A)에 의한 히스타민 방출을 유의하게 억제했다[6]. 또한 리폭시게나아제와 사이클로옥시게나제(COX)의 활성을 억제했다[7]. 잎 에탄올 추출물과 캠페롤-3-O-소포로사이드는 항염 효과를 나타냈다. 복강 내로 투여한 잎의 헥산 및 에틸아세테이트 추출물은 마우스에서 카라기닌에 의해 유발된 뒷다리 발 부종을 유의하게 억제했다[16].

2. 진통 작용
   복강 내 투여된 잎의 에탄올 추출물과 캠페롤-3-O-소포로사이드는 마우스나 랫드의 꼬리 튀기기와 꼬리 때리기 시험에서 진통 효과를 나타냈다. 또한 아세트산에 의한 자극 반응에 진통 효과를 보였다[17]. 또한 복강 내로 투여된 잎 헥산 추출물은 또한 마우스에서 아세트산에 의한 자극 반응을 억제했다[16].

3. 항균 작용
   *In vitro*에서 잎이나 껍질의 물, 메탄올, 에탄올, 클로로포름, 시클로헥산 추출물은 포도상구균, 칸디다 알비칸스, 대장균, 심상변형

균, 고초균을 다양하게 저해했다[18-19]. 잎의 물 추출물은 피부사상균 및 곰팡이의 생장을 억제했다[3, 20].

4. 혈당강하 작용
포도당을 주입한 마우스에서 복강 내로 투여한 잎의 에틸아세테이트 추출물은 혈당 수치의 증가를 유의하게 역전시켰다[16]. 잎을 경구 투여하면 랫드에서 스트렙토조신에 의해 유발된 고혈당을 유의하게 억제했다[21].

5. 항산화 작용
2,2-di(4-t-옥틸페닐)-1-피크릴하이드라질(DPPH)의 유리기 제거 연구에서, 잎의 메탄올 추출물은 강력한 항산화 활성을 가지며, 이는 캠페롤 함량과 관련이 있을 수 있다[22].

6. 혈류량에 미치는 영향
랫드에서 잎의 추출물을 경구 투여하면 헤모글로빈 수치와 적혈구 수를 현저히 감소시켰다. 또한 적혈구 세포의 부피(PCV), 평균 세포 부피(MCV) 및 평균 적혈구 헤모글로빈 농도(MCHC)를 증가시켰다[23].

7. 기타
잎에는 또한 항돌연변이성[16] 및 최담 효과[24]가 있었다. 잎의 아데닌은 혈소판 응집 또한 억제했다[25].

용도

1. 습진, 가려움증, 건선, 신경 피부염, 헤르페스, 염증, 옹
2. 변비

해설

시엽결명은 중국 태(傣)족의 민간요법으로서 인후염, 구강 염증, 고름이 나오는 종기 및 농양, 진드기증, 습진 및 뼈 골절을 치료하는 데도 사용된다. 샛노란색의 화관과 아름다운 꽃이 있는 우람한 나무이며, 길가에서든 정원에서든 장식용 나무로서 높이 평가된다[26].

참고문헌

1. NS Nguyen, VN Thai, DB Hoang. Anthraquinones from the lea ves of Cassia alata L., Caesalpiniaceae. Tap Chi Hoa Hoc. 2002, 40(2): 10–12
2. J Harrison, V Garro C. Study on anthraquinone derivatives from Cassia alata L. (Leguminosae). Revista Peruana de Bioquimica. 1977, 1(1): 31–32
3. MC Fuzellier, F Mortier, P Lectard. Anti–fungal activity of Cassia alata L. Annales Pharmaceutiques Francaises. 1982, 40(4): 357–363
4. RM Smith, S Ali. Anthraquinones from the leaves of Cassia alata from Fiji. New Zealand Journal of Science. 1979, 22(2): 123–125
5. MS Rahman, AJ Hasan, MY Ali, MU Ali. A new flavanone from the leaves of Cassia alata. Bangladesh Journal of Scientific and Industrial Research. 2005, 40(1–2): 123–126
6. H Moriyama, T Iizujka, M Nagai, H Miyataka, T Satoh. Anti–inflammatory activity of heat–treated Cassia alata leaf extract and its flavonoid glycoside. Yakugaku Zasshi. 2003, 123(7): 607–611
7. S Palanichamy, S Nagarajan. Anti–inflammatory activity of Cassia alata leaf extract and kaempferol 3–O–sophoroside. Fitoterapia. 1990, 61(1): 44–47
8. MS Rahman, AJMM Hasan, MY Ali, MU Ali. An isoflavone from the leaves of Cassia alata. Bangladesh Journal of Scientific and Industrial Research. 2005, 40(3–4): 287–290
9. H Agnaniet, R Bikanga, JM Bessiere, C Menut. Aromatic plants of tropical central Africa. Part XLVI. Essential oil constituents of Cassia alata (L.) from Gabon. Journal of Essential Oil Research. 2005, 17(4): 410–412
10. KN Rai, SN Prasad. Chemical examination of the stem of Cassia alata Linn. Journal of the Indian Chemical Society. 1994, 71(10): 653–654

11. Hemlata, SB Kalidhar. Alatinone, an anthraquinone from Cassia alata. Phytochemistry. 1993, 32(6): 1616–1617

12. Hemlata, SB Kalidhar. Alarone, an anthrone from Cassia alata. Proceedings of the Indian National Science Academy. 1994, 60(6): 765–767

13. SK Yadav, SB Kalidhar. Alquinone: an anthraquinone from Cassia alata. Planta Medica. 1994, 60(6): 601

14. Hemlata, SB Kalidhar. Alatonal, an anthraquinone derivative from Cassia alata. Indian Journal of Chemistry. 1994, 33B(1): 92–93

15. D Gupta, J Singh. Flavonoid glycosides from Cassia alata. Phytochemistry. 1991, 30(8): 2761–2763

16. IM Villasenor, AP Canlas, MPI Pascua, MN Sabando, LAP Soliven. Bioactivity studies on Cassia alata Linn. leaf extracts. Phytotherapy Research. 2002, 16(S1): 93–96

17. S Palanichamy, S Nagarajan. Analgesic activity of Cassia alata leaf extract and kaempferol 3–O–sophoroside. Journal of Ethnopharmacology. 1990, 29(1): 73–78

18. M Idu, FE Oronsaye, CL Igeleke, SE Omonigho, OE Omogbeme, BA Ayinde. Preliminary investigation on the phytochemistry and anti–microbial activity of Senna alata L. leaves. Journal of Applied Sciences. 2006, 6(11): 2481–2485

19. MN Somchit, I Reezal, IE Nur, AR Mutalib. In vitro anti–microbial activity of ethanol and water extracts of Cassia alata. Journal of Ethnopharmacology. 2003, 84(1): 1–4

20. S Damodaran, S Venkataraman. A study on the therapeutic efficacy of Cassia alata Linn. leaf extract against Pityriasis versicolor. Journal of Ethnopharmacology. 1994, 42(1): 19–23

21. S Palanichamy, S Nagarajan, M Devasagayam. Effect of Cassia alata leaf extract on hyperglycemic rats. Journal of Ethnopharmacology. 1988, 22(1): 81–90

22. P Panichayupakaranant, S Kaewsuwan. Bioassay–guided isolation of the anti–oxidant constituent from Cassia alata L. leaves. Songklanakarin Journal of Science and Technology. 2004, 26(1): 103–107

23. OA Sodipo, KD Effraim, E Emmagun. Effect of aqueous leaf extract of Cassia alata (Linn.) on some hematological indices in albino rats. Phytotherapy Research. 1998, 12(6): 431–433

24. M Assane, M Traore, E Bassene, A Sere. Choleretic effects of Cassia alata Linn in the rat. Dakar Medical. 1993, 38(1): 73–77

25. H Moriyama, T Iizuka, M Nagai, K Hoshi. Adenine, an inhibitor of platelet aggregation, from the leaves of Cassia alata. Biological & Pharmaceutical Bulletin. 2003, 26(9): 1361–1364

26. J Ma, LX Zhang, YH Guan. Introduction of 5 species of Cassia plants used in traditional Dai medicine. Chinese Journal of Ethnomedicine and Ethnopharmacy. 2004, 3: 178–180

시협결명 翅荚决明VP

시협결명의 재배 모습

병풀 積雪草 CP, VP, IP, EP, BP

Apiaceae

Centella asiatica (L.) Urban

Asiatic Pennywort

개 요

미나리과(Apiaceae)

병풀(積雪草, *Centella asiatica* (L.) Urban)의 전초를 말린 것: 적설초(積雪草)

중약명: 적설초(積雪草)

병풀속(*Centella*) 식물은 전 세계에 약 20종이 있으며, 열대 및 아열대 지역에 분포하고, 주로 남아프리카에서 생산된다. 중국에는 1종만 발견되고, 약재로 사용된다. 이 종은 중국 동부, 중남부 및 남서부뿐만 아니라 인도, 일본, 호주, 중앙아프리카 및 남아프리카에 분포한다.

"적설초"는 ≪신농본초경(神農本草經)≫에 중품 약으로 처음 기술되었다. 대부분의 고대 한방의서에 기술되어 있으며, 약용 종은 고대부터 동일하게 남아 있다. 이 종은 중국약전(2015)에 적설초(積雪草, Centellae Herba)의 공식적인 기원식물 내원종으로서 등재되어 있다. 의약 재료는 주로 중국의 강소성, 절강성, 강서성, 광동성, 광서성, 호남성, 사천성, 복건성 및 홍콩에서 생산된다.

병풀에는 주로 트리테르페노이드 사포닌, 트리테르펜 및 플라보노이드 성분이 함유되어 있다. 트리테르페노이드 사포닌과 프로사포닌이 주요 활성 성분이다. 중국약전은 의약 물질의 품질관리를 위해 고온 추출법에 따라 시험할 때 알코올 용해 추출물이 25% 이상이어야 한다고 규정하고 있다.

약리학적 연구에 따르면 병풀에는 위 점막을 보호하고, 항바이러스, 소염, 항우울 및 항종양 효과가 있음을 확인했다.

한의학에서 적설초(積雪草)는 청열이습(清熱利濕), 해독소종(解毒消腫)의 효능이 있다.

병풀 積雪草 *Centella asiatica* (L.) Urban

병풀 積雪草 CP, VP, IP, EP, BP

적설초 積雪草 Centellae Herba

함유성분

전초에는 트리테르페노이드 사포닌 성분으로 asiaticoside[1], asiaticosides A, B, C, D, E, F[2-3], asiaticodiglycoside, madecassoside[4], centellasaponins A, B, C, D[5-6]가 함유되어 있고, 트리테르페노이드 성분으로 asiatic acid, madecassic acid[4], ursolic acid, pomolic acid, 3−epimaslinic acid, corosolic acid[7], 2α,3β,20,23−tetrahydroxyurs−28−oic acid[8], terminolic acid[4], centellasapogenol A[5], 플라보노이드 성분으로 quercetin, kaempferol[4], quercetin−3−O−glucoside, kaempferol−3−O−glucoside[9], 유기산 성분으로 rosmarinic acid[7], vanillic acid, succinic acid[4]가 함유되어 있다.

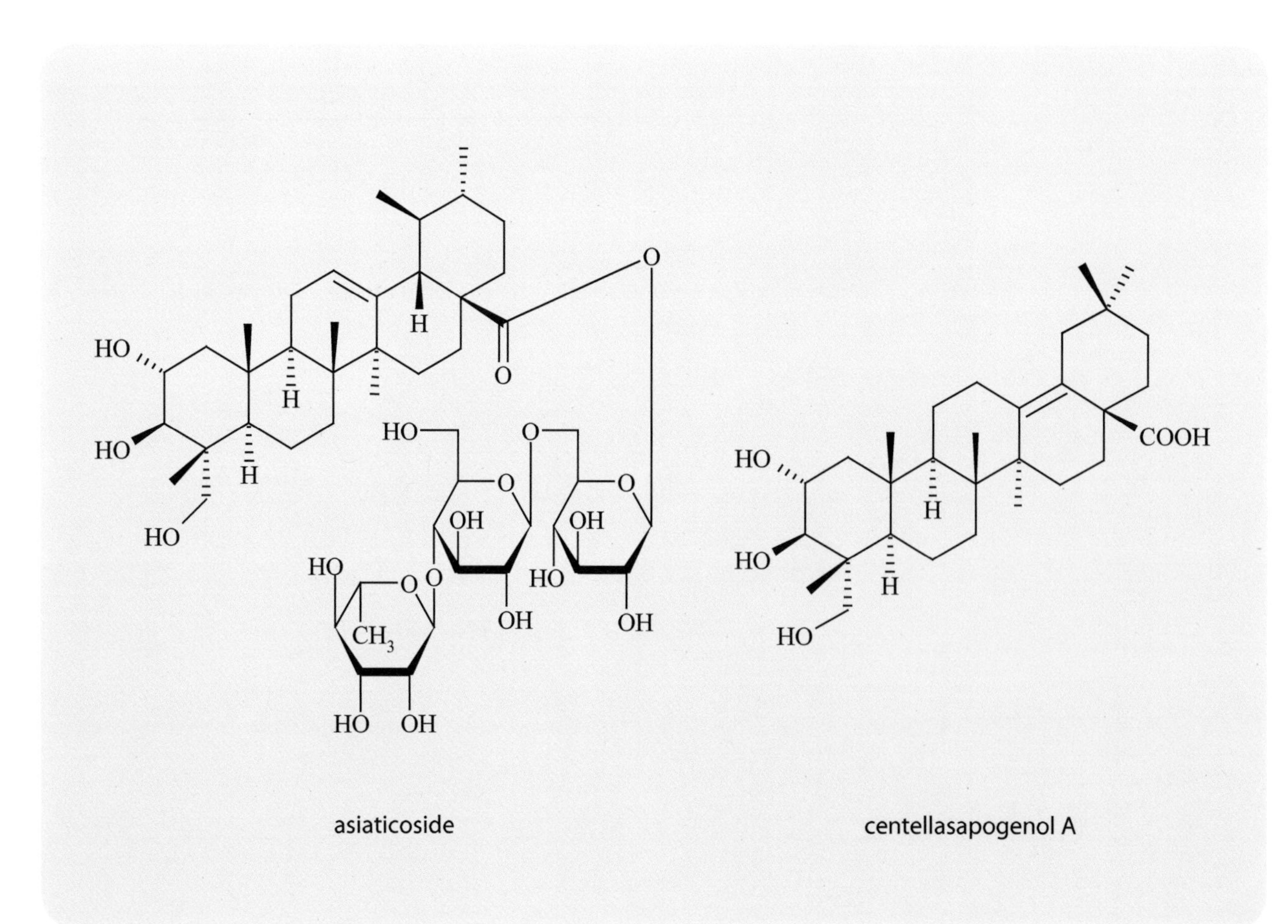

약리작용

1. 피부 조직에 미치는 영향

약재의 추출물은 랫드의 급성 방사선 피부염을 유의하게 감소시켰다[10]. 아시아티코사이드는 *in vitro*에서 섬유 육종 세포의 미세 조직에 유의한 영향을 미치고 콜라겐 합성을 억제했다. 아시아티코사이드의 국소 주사는 누드 마우스에서 흉터 증식을 억제했다[11].

2. 위장 점막의 보호

에탄올 투여 전에 약재의 추출물을 경구 투여하면 랫드의 위 병변 형성을 억제하고, 점막성 골수세포형과산화효소(MPO) 활성[12]을 감소시키며, 위 점막 세포의 생존율을 증가시켰고, 아세트산으로 유도된 위궤양의 치료를 촉진시켰다[13]. 약재의 신선 주스를 경구 투여하면 아스피린 및 유문 결절로 유발된 마우스의 위궤양에 대한 보호 효과가 있었다[14].

3. 항균 작용

*In vitro*에서 약재의 정유 성분은 흑색국균과 같은 대장균과 곰팡이와 같은 박테리아를 유의하게 억제했다[15]. *In vitro*에서 아시아티코사이드는 여러 임상 병원성 박테리아, 특히 디메톡시페니실린 내성 황색포도상구균과 아미노글리코사이드 항생제 내성 장 내 구균에 대해 강력한 항균 효과를 보였다. 그리고 실험적 비뇨기계에 감염된 마우스의 위 내관에 투여하면 대장균26보다 더 좋은 제거 효과를 보였다[16].

4. 항바이러스

약재의 추출물은 단순헤르페스바이러스(HSV)의 복제 활성을 억제했으며, 주요 활성 성분은 아시아티코사이드였다[17].

5. 항염 작용

총 아시아티코사이드를 경구 투여하면 목화솜이로 유도된 랫드의 육아종과 디메틸벤젠에 의한 랫드의 귓바퀴 부기(浮氣)가 억제됐다[18].

6. 진통 작용

경구 투여된 약재의 총 아시아티코사이드는 마우스에서 열판 시험과 아세트산으로 유발된 뒤틀림 반응에 상당한 진통 효과를 보였다[19].

7. 7. 중추신경계에 미치는 영향

(1) 항우울증

약재의 정유 성분을 경구 투여하면 레서핀에 의한 랫드의 눈꺼풀 팽만감과 저체온증을 크게 상쇄시켰다. 또한 전극 자극에 의한 마우스 각막의 최대 연속 비 이동 시간을 감소시켰다[20]. 약재의 추출물은 *in vitro*에서 마우스의 뇌 모노아민산화효소-A(MAO-A)의 활성을 유의하게 억제했다[21]. 약재의 총 아시아티코사이드를 경구 투여하면 혈청 코르티코스테론의 수치를 낮추고, 실험용 우울증 랫드에서 뇌의 5-하이드록시트립타민(5-HT), 노르에피네프린(NE), 도파민(DA) 및 기타 대사산물의 농도를 증가시켰다[22]. 랫드의 구강 내 또는 복강 내 투여된 약재 추출물은 강제 수영 정지 시간을 감소시켰다[23].

(2) 항불안

십자형 높은 미로 시험과 야외에서의 연구에서, 약재의 메탄올과 에틸아세테이트 추출물과 아시아티코사이드는 랫드나 마우스에서 유의한 항불안 효과를 나타냈다[24-25].

(3) 항치매

마데카소사이드는 경구 투여하면 알루미늄 독성으로 만성 치매가 있는 마우스에서 알루미늄 과부하로 인한 해마 뉴런 손상을 유의하게 감소시켰다. 또한 마우스의 수중 미로 연구에서 플랫폼 발견이 지연되는 것을 감소시켰으며, 마우스 뇌 조직에서의 MAO-B의 활성을 감소시켰고, 치매를 가진 마우스의 학습 능력 및 기억력을 개선시켰다[26]. 약재의 물 추출물은 랫드에서 뇌혈관 내 스트렙토조신으로 유발된 치매로 인한 인지 장애 및 학습 장애를 예방했다[27].

8. 항종양

*In vitro*에서 아시아티코사이드는 마우스 섬유 육종 L929 및 비인두암종 CNE 세포의 증식을 억제했다. 고용량의 아시아티코사이드를 경구 투여한 결과, S180 육종이 이식된 마우스의 종양 세포 무게가 현저하게 감소되었고, 종양을 보유한 마우스의 수명이 연장되었다[28]. *In vitro*에서 아시아티코사이드는 인간 구강 편평 상피 암세포와 유방 암종 MCF-7 세포의 종양 세포사멸을 유도했다. 빈크리스틴과 함께 시너지 효과를 보였다[29].

9. 항산화 작용

약재의 추출물과 가루는 랫드에서 과산화수소로 유도된 산화 스트레스성 궤양 손상을 줄여서, 항산화 방어 시스템의 변경으로 지질 과산화를 억제했다. 약재의 물 추출물을 경구 투여하면 펜틸렌테트라졸과 비소 이온에 의해 유도된 산화 스트레스성 궤양 손상에 대한 보호 효과가 있었다[31-32].

10. 기타

약재는 손상된 좌골 신경 기능의 회복을 촉진하고[33], 미토콘드리아를 보호하며[34], 면역조절 작용이 있고[35], 혈당강하[36], 항경련[37]

및 항간질 효과를 나타냈다[31]. 약재의 총 아시아티코사이드는 또한 만성 간 섬유증을 예방하고[38], 유선의 증식을 억제하며[39], 사구체 혈관 세포의 증식[40]을 억제했다.

용도

1. 황달, 간염, 담석증
2. 요도 결석, 유통성(有痛性) 혈뇨
3. 유방염, 백일해, 유행성 이하선염
4. 궤양, 염증, 옹
5. 낙상 및 찰과상

해설

병풀은 아프리카, 남부 아시아, 동남아시아 및 남아메리카에서 민간 또는 전통 약으로도 사용된다. 인도 및 스리랑카 전통 의학에서는 피부병, 매독, 류머티스, 정신병, 간질, 히스테리, 탈수 및 한센병 치료에 사용된다. 동남아시아 국가에서는 설사, 안질환, 감염, 천식 및 고혈압 치료에 사용된다.
병풀의 총 배당체는 임상적으로 다양한 피부 질환, 만성 신장 질환, 유선의 비후(肥厚), 우울증과 간질을 치료할 수 있는 큰 개발 잠재력을 가지고 있다.

참고문헌

1. JE Bontems. A new heteroside, asiaticoside, isolated from Hydrocotyle asiatica L. (Umbelliferae). Bulletin des Sciences Pharmacologiques. 1941, 49: 186-191
2. NP Sahu, SK Roy, SB Mahato. Spectroscopic determination of structures of triterpenoid trisaccharides from Centella asiatica. Phytochemistry. 1989, 28(10): 2852-2854
3. ZY Jiang, XM Zhang, J Zhou, JJ Chen. New triterpenoid glycosides from Centella asiatica. Helvetica Chimica Acta. 2005, 88(2): 297-303
4. LL Zhang, HS Wang, QQ Yao, YJ Liu, Y Luan, XL Wang. Chemical constituents from whole plant of Centella asiatica. Chinese Traditional and Herbal Drugs. 2005, 36(12): 1761-1763
5. H Matsuda, T Morikawa, H Ueda, M Yoshikawa. Medicinal foodstuffs. XXVI. Inhibitors of aldose reductase and new triterpene and its oligoglycoside, centellasapogenol A and centellasaponin A, from Centella asiatica (Gotu Kola). Heterocycles. 2001, 55(8): 1499-1504
6. H Matsuda, T Morikawa, H Ueda, M Yoshikawa. Medicinal foodstuffs. XXVII. Saponin constituents of gotu kola (2): structures of new ursane- and oleanane-type triterpene oligoglycosides, centellasaponins B, C, and D, from Centella asiatica cultivated in Sri Lanka. Chemical & Pharmaceutical Bulletin. 2001, 49(10): 1368-1371
7. M Yoshida, M Fuchigami, T Nagao, H Okabe, K Matsunaga, J Takata, Y Karube, R Tsuchihashi, J Kinjo, K Mihashi, T Fujioka. Antiproliferative constituents from umbelliferae plants VII. Active triterpenes and rosmarinic acid from Centella asiatica. Biological & Pharmaceutical Bulletin. 2005, 28(1): 173-175
8. QL Yu, HQ Duan, Y Takaishi, WY Gao. A novel triterpene from Centella asiatica. Molecules. 2006, 11(9): 661-665
9. N Prum, B Illel, J Raynaud. Flavonoid glycosides from Centella asiatica L. (Umbelliferae). Pharmazie. 1983, 38(6): 423
10. YJ Chen, YS Dai, BF Chen, A Chang, HC Chen, YC Lin, KH Chang, YL Lai, CH Chung, YJ Lai. The effect of tetrandrine and extracts of Centella asiatica on acute radiation dermatitis in rats. Biological & Pharmaceutical Bulletin. 1999, 22(7): 703-706
11. SH Qi, JL Xie, TZ Li, ZM Li, B Tang, XS Ben. Experimental study on the effect of asiaticoside on burned hyperplastic scar. Chinese Journal of Burns. 2000, 16(1): 53-56
12. CL Cheng, MWL Koo. Effects of Centella asiatica on ethanol-induced gastric mucosal lesions in rats. Life Sciences. 2000, 67(21): 2647-

2653

13. BW Chen, BA Ji, XZ Zhang, JF Xie, BQ Jia. Protection of titracted extract of Centella asiatica on gastric mucoa and its possible mechanism. Chinese Journal of Digestion. 1999, 19(4): 246-248
14. K Sairam, CV Rao, RK Goel. Effect of Centella asiatica Linn on physical and chemical factors induced gastric ulceration and secretion in rats. Indian Journal of Experimental Biology. 2001, 39(2): 137-142
15. J Minija, JE Thoppil. Anti-microbial activity of Centella asiatica (L.) Urb. essential oil. Indian Perfumer. 2003, 47(2): 179-181
16. SH Zhang, LX Yu, RX Zhen, JF Liu, RH Lou, XD Xu. Suppression of bacterial urinary infection in mice with asiaticoside. Chinese Journal of New Drugs. 2006, 15(20): 1746-1749
17. C Yoosook, N Bunyapraphatsara, Y Boonyakiat, C Kantasuk. Anti-herpes simplex virus activities of crude water extracts of Thai medicinal plants. Phytomedicine. 2000, 6(6): 411-419
18. ZJ Ming, M Sun. Experimental study on the anti-inflammatory effect of Centella asiatica total saponins. Chinese Journal of Traditional Medical Science and Technology. 2002, 9(1): 62
19. ZJ Ming, M Sun. Experimental study on the analgesic effect of Centella asiatica total saponins in mice. Acta Chinese Medicine and Pharmacology. 2001, 29(6): 53-54
20. LP Qin, RX Ding, WD Zhang, SQ Zheng, YT Guan, YM Hu. Analysis of the volatile oil constituents of Centella asiatica and study on its antidepressant effect. Academic Journal of Second Military Medical University. 1998, 19(2): 186-187
21. ZQ Zhang, L Yuan, ZP Luo. Suppression of the activity of monoamine oxidase-A in mice brain in vitro by extract of Centella asiatica. Bulletin of the Academy of Military Medical Sciences. 2000, 24(2): 158
22. Y Chen, T Han, YC Rui, M Yin, LP Qin, HC Zheng. Effects of total titerpenes of Centella asiatica on the corticosterone levels in serum and contents of monoamine in depression rat brain. Journal of Chinese Medicinal Materials. 2005, 8(6): 492-496
23. Y Chen, LP Qin, YC Rui, HC Zheng, M Yin. Experimental study on the anti-depressant effect of Centella asiatica extract. Chinese Pharmacologist. 2002, 19(1): 70
24. P Wijeweera, JT Arnason, D Koszycki, Z Merali. Evaluation of anxiolytic properties of Gotukola-(Centella asiatica) extracts and asiaticoside in rat behavioral models. Phytomedicine. 2006, 13(9-10): 668-676
25. SW Chen, WJ Wang, WJ Li, R Wang, YL Li, YN Huang, X Liang. Anxiolytic-like effect of asiaticoside in mice. Pharmacology, Biochemistry and Behavior. 2006, 85(2): 339-344
26. F Sun, YJ Liu, XH Xiao, LJ Gao. Therapeutic effects of madeacassoside on dementia induced by the chronic aluminum toxicities in mice. Chinese Journal of Gerontology. 2006, 26(10): 1363-1365
27. MHV Kumar, YK Gupta. Effect of Centella asiatica on cognition and oxidative stress in an intracerebroventricular streptozotocin model of Alzheimers' disease in rats. Clinical and Experimental Pharmacology and Physiology. 2003, 30(5-6): 336-342
28. JJ Wang, RG Wang, BK Wang, XB Yu. Preliminary experimental study on the anti-tumor effect of asiaticoside. Fujian Journal of Traditional Chinese Medicine. 2001, 32(4): 39-40
29. YH Huang, SH Zhang, RX Zhen, XD Xu, YS Zhen. Asiaticoside inducing apoptosis of tumor cells and enhancing anti-tumor activity of vincristine. Chinese Journal of Cancer. 2004, 23(12): 1599-1604
30. M Hussin, A Abdul-Hamid, S Mohamad, N Saari, M Ismail, MH Bejo. Protective effect of Centella asiatica extract and powder on oxidative stress in rats. Food Chemistry. 2006, 100(2): 535-541
31. YK Gupta, MH Veerendra Kumar, AK Srivastava. Effect of Centella asiatica on pentylenetetrazole-induced kindling, cognition and oxidative stress in rats. Pharmacology, Biochemistry and Behavior. 2003, 74(3): 579-585
32. R Gupta, SJS Flora. Effect of Centella asiatica on arsenic induced oxidative stress and metal distribution in rats. Journal of Applied Toxicology. 2006, 26(3): 213-222
33. A Soumyanath, YP Zhong, SA Gold, X Yu, DR Koop, D Bourdette, BG Gold. Centella asiatica accelerates nerve regeneration upon oral administration and contains multiple active fractions increasing neurite elongation in vitro. The Journal of Pharmacy and Pharmacology. 2005, 57(9): 1221-1229

34. A Gnanapragasam, S Yogeeta, R Subhashini, KK Ebenezar, V Sathish, T Devaki. Adriamycin induced myocardial failure in rats: protective role of Centella asiatica. Molecular and Cellular Biochemistry. 2007, 294(1-2): 55-63

35. XS Wang, Y Zheng, JP Zuo, JN Fang. Structural features of an immunoactive acidic arabinogalactan from Centella asiatica. Carbohydrate Polymers. 2005, 59(3): 281-288

36. XS Wang, Y Zheng, JN Fang. Study on hypoglycemic polysaccharide from Centella asiatica. Chinese Pharmaceutical Journal. 2005, 40(22): 1697-1700

37. S Sudha, S Kumaresan, A Amit, J David, BV Venkataraman. Anti-convulsant activity of different extracts of Centella asiatica and Bacopa monnieri in animals. Journal of Natural Remedies. 2002, 2(1): 33-41

38. ZJ Ming, SZ Liu, L Cao, LH Tang. Effect of total glucosides of Centella asiatica on antagonizing liver fibrosis induced by dimethylnitrosamine in rats. Chinese Journal of Integrated Traditional and Western Medicine. 2004, 24(8): 731-734

39. ZJ Ming, LJ Zhu, J Xue, ZL Gu. Effect of total glucosides of Centella asiatica on hyperplasia of mammary gland in rats. Chinese Journal of New Drugs and Clinical Remedies. 2004, 23(8): 510-512

40. BJ Zhang, HP Huang, HZ Xu, LR Han. Effect of extracts from Centella asiatica on intracellular free calcium content of rat glomerular mesangial cells. China Journal of Basic Medicine in Traditional Chinese Medicine. 2006, 12(1): 22-23

병풀의 재배 모습

중대가리풀 鵝不食草 CP

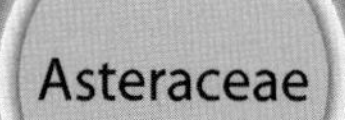

Centipeda minima (L.) A. Br. et Aschers.

Small Centipeda

개 요

국화과(Asteraceae)

중대가리풀(鵝不食草, *Centipeda minima* (L.) A. Br. et Aschers.)의 전초를 말린 것: 아불식초(鵝不食草)

중약명: 아불식초(鵝不食草)

중대가리풀속(*Centipeda*) 식물은 전 세계에 약 6종이 있으며, 아시아, 호주, 남아메리카에 분포한다. 중국에는 오직 1종이 발견되며, 약재로 사용된다. 중국의 북동부, 북부, 중앙, 동부, 남부 및 남서부에 널리 분포하며, 한반도, 일본, 인도, 말레이시아 및 호주에도 분포한다.

"아불식초"는 ≪식물본초(食物本草)≫에서 약으로 처음 기술되었다. 대부분의 고대 한방의서에 기술되어 있으며, 약용 종은 고대부터 동일하게 남아 있다. 이 종은 중국약전(2015)에 아불식초(Centipedae Herba)의 공식적인 기원식물 내원종으로서 등재되어 있다. 의약 재료는 주로 중국의 절강성, 호북성, 강소성 및 광동성에서 생산된다.

중대가리풀에는 주로 트리테르페노이드, 세스퀴테르펜락톤, 플라보노이드 및 스틸벤 성분이 함유되어 있다. 중국약전은 의약 물질의 품질관리를 위해 관능검사와 현미경 감별법을 사용한다.

약리학적 연구에 따르면 중대가리풀에는 항염, 항균, 항알레르기, 항종양 및 간 보호 효능이 있음을 확인했다.

한의학에서 아불식초(鵝不食草)는 청열이습(清熱利濕), 해독소종(解毒消腫)의 효능이 있다.

중대가리풀 鵝不食草 *Centipeda minima* (L.) A. Br. et Aschers.

아불식초 鵝不食草 Centipedae Herba

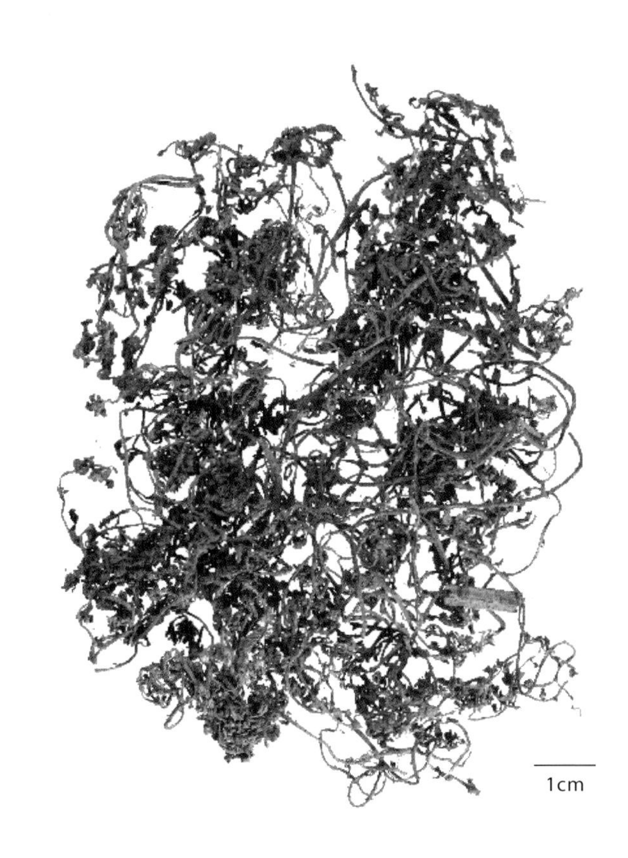

중대가리풀 鵝不食草 CP

함유성분

전초에는 트리테르페노이드와 트리테르페노이드 사포닌 성분으로 lupeol acetate, lupeol[1], taraxasteryl palmitate, taraxasteryl acetate, taraxasterol[2], 1β,2α,3β,19α−tetrahydroxy−urs−12−ene−28−oate−3−O−β−D−xylopyranoside[3], 1β,2α,3β,19α−tetrahydroxyurs−12−en−28−oate[4], 2α,3β,23,19α−tetrahydroxyurs−12−en−28−oic acid−28−O−β−D−xylopyranoside[5], 3α,21β,22α,28−tetrahydroxyolean−12−ene[6]이 함유되어 있고, 세스퀴테르펜 락톤 성분으로 brevilin A[7], 6−O−methylacrylylplenolin, 6−O−isobutyroylplenolin[8], 6−O−senecioylplenolin, arnicolide C[9], 플라보노이드 성분으로 quercetin, quercetin−3−methylether,

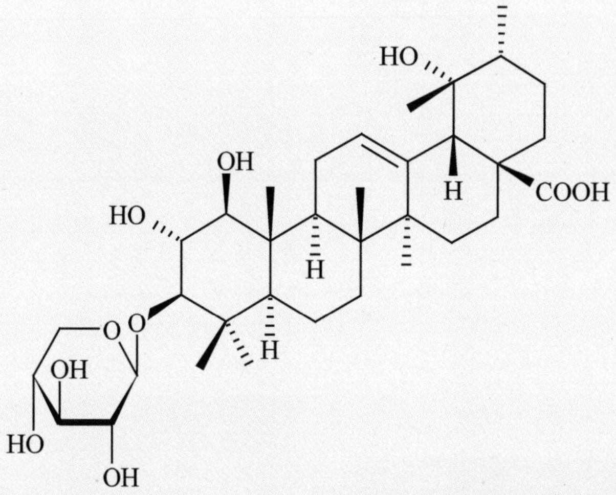

1β, 2α, 3β, 19α–tetrahydroxy–urs–12–ene–28–oate–3–O–β–D–xylopyranoside

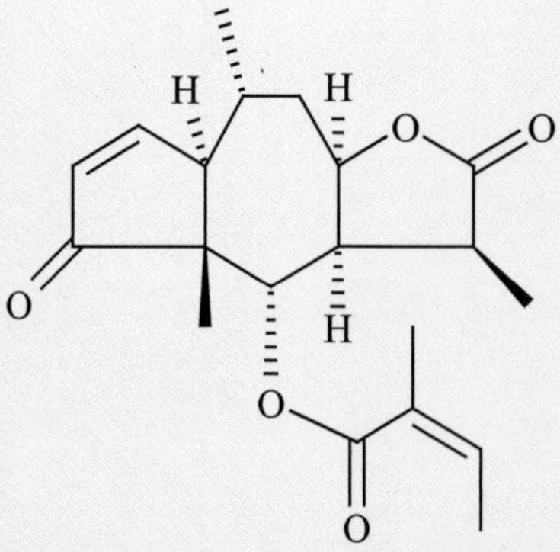

brevilin A

kaempferol-7-glucosylrhamnoside[10], quercetin-3,3'-dimethylether, quercetin-3-methylether, apigenin[9], 스틸벤 성분으로 3,5,4'-trimethoxy-trans-stilbene[6], (Z)-3,5,4'-trimethoxystilbene[11]이 함유되어 있다.

약리작용

1. 항염 작용
   전초의 정유 성분을 경구 투여하면 마우스에서 목화송이로 유도된 육아종과 알부민에 의해 유도된 뒷다리 부종을 유의하게 억제했고, 랫드에서 염증 조직의 히스타민 수준을 감소시켰다[12]. 또한 급성 폐 손상으로 유발된 폐부종과 호중구 수위 증가뿐만 아니라 기관지 상피 세포 CD54의 발현을 유의하게 억제하여, 랫드의 급성 폐 손상을 보호했다[13]. 또한 항흉막염 랫드 모델에서 백혈구 수치의 증가를 길항했으며, 흉막 삼출액에서의 일산화질소 및 프로스타글란딘 E_2(PGE_2)의 합성을 감소시켰고, 혈청 C-반응성 단백질(CRP) 및 종양 괴사 인자 α(TNF-α) 수준의 증가를 유의적으로 길항했다. 또한 랫드의 카라기닌에 의한 급성 흉막염에 대해 상당한 보호 효과를 나타냈다[14].
2. 항알레르기
   전초의 플라본, 세스퀴테르페노이드 및 아마이드는 비만 세포에서 히스타민 방출을 감소시켰다. 전초의 에테르, 메탄올 및 물 추출물을 경구 투여하면 수동적인 피부 아나필락시 시험에서 강력한 항알레르기 활성을 보였다[15].
3. 항균 작용
   6-O-메틸아크릴릴플레놀린, 6-O-이소부티로일플레놀린 및 브레빌린 A는 고초균과 황색포도상구균을 억제했다. 따라서 이 성분들은 부비동염 감염을 치료하는 데 사용할 수 있다[8].
4. 원충 감염 예방
   *In vitro*에서 브레빌린 A는 장편모충의 활성을 억제했고, 이질아메바와 악성 말라리아원충에 대해서도 유사하게 활성을 보였다[10].
5. 항종양
   브레빌린 A는 항종양 효과가 있는 파르네실 단백질 전이효소(FPTase)의 억제제이다[7]. (Z)-3,5,4'-트리메톡시스틸벤은 튜불린 집합을 억제하여 인간 결장암 카코-2 세포의 유사 분열을 길항했다[11]. 전초는 또한 피크롤론산과 벤조[α]피렌으로 유도된 돌연변이를 억제했다[16].
6. 간 보호
   전초의 물 추출물을 경구 투여하면 마우스의 CCl_4, 파라세타몰 및 D-갈락토사민/지질다당류로 유도된 간 손상 후 혈청 글루탐산 피루브산 아미노기전달효소(GPT)의 수준을 유의하게 길항하여, 실험적 간 손상에 유의한 보호 효과를 나타냈다[17].
7. 기타
   전초에는 또한 진해 효과와 거담 효과가 있다[18]. 전초의 세스퀴테르펜 락톤은 혈소판 활성화 인자(PAF)의 활성을 억제했다[19].

용도

1. 감기와 발열, 두통
2. 기관지염, 천식, 비염, 비용종(鼻茸腫)
3. 결막염, 각막백탁(角膜白濁)
4. 위장염, 이질
5. 류머티스성 관절염

해설

중대가리풀은 석호유(石胡荽)라고도 한다. ≪본초강목(本草綱目)≫에 "천호유(天胡荽)"로 기술되어 있다. 이 종의 묘사에 있어서 이시진(李时珍)은 석호유를 미나리과(Apiaceae)의 천호유(*Hydrocotyle sibthorpioides* Lam.)와 구분하지 못했으며, 청대에 이르러 질문본초(質問本草)에서도 석호유와 천호유를 구분하지 못했다[20]. 이런 이유로 이들 두 가지 종에 대해 혼란이 있었으며, 임상적 적용에는 특별한 주의가 필요하다고 결론지었다.
최근 중대가리풀의 항종양 활성이 주목을 끌고 있다. 또한 연구 결과에 따르면, 정유 성분과 세스퀴테르페노이드는 활성 성분이므로, 추가적인 연구와 개발할 가치가 있다.

참고문헌

1. AB Sen, YN Shukla. Chemical constituents of Centipeda minima. Journal of the Indian Chemical Society. 1970, 47(1): 96
2. T Murakami, CM Chen. Constituents of Centipeda minima. 1. Yakugaku Zasshi. 1970, 90(7): 846-849
3. N Rai, J Singh. Two new triterpenoid glycosides from Centipeda minima. Indian Journal of Chemistry. 2001, 40B(4): 320-323
4. N Rai, IR Siddiqui, J Singh. Two new triterpenoids from Centipeda minima. Pharmaceutical Biology. 1999, 37(4): 314-317
5. D Gupta, J Singh. Triterpenoid saponins from Centipeda minima. Phytochemistry. 1990, 29(6): 1945-1950
6. D Gupta, J Singh. Phytochemical investigation of Centipeda minima. Indian Journal of Chemistry. 1990, 29B(1): 34-39
7. HM Oh, BM Kwon, NI Baek, SH Kim, JH Lee, JS Eun, JH Yang, DK Kim. Inhibitory activity of 6-O-angeloylprenolin from Centipeda minima on farnesyl protein transferase. Archives of Pharmacal Research. 2005, 29(1): 64-66
8. RSL Taylor, GHN Towers. Anti-bacterial constituents of the Nepalese medicinal herb, Centipeda minima. Phytochemistry. 1997, 47(4): 631-634
9. JB Wu, YT Chun, Y Ebizuka, U Sankawa. Biologically active constituents of Centipeda minima: isolation of a new plenolin ester and the anti-allergy activity of sesquiterpene lactones. Chemical & Pharmaceutical Bulletin. 1985, 33(9): 4091-4094
10. HW Yu, CW Wright, Y Cai, SL Yang, JD Phillipson, GC Kirby, DC Warhurst. Anti-protozoal activities of Centipeda minima. Phytotherapy Research. 1994, 8(7): 436-438
11. P Chabert, A Fougerousse, R Brouillard. Anti-mitotic properties of resveratrol analog (Z)-3,5,4'-trimethoxystilbene. BioFactors. 2006, 27(1-4): 37-46
12. RA Qin, X Mei, M Chen, L Wan, YJ Shen. Study on the anti-inflammatory effect and mechanism of volatile oil of Centella asiatica. Chinese Journal of Hospital Pharmacy. 2006, 26(4): 369-371
13. RA Qin, JL Shi, L Wan, X Mei, LJ Yao, YJ Shen. Effects of the volatile oil of sandwort on expression of CD54 in the bronchial epithelium tissue of acute lung injury rat. China Journal of Traditional Chinese Medicine and Pharmacy. 2005, 20(8): 466-468
14. RA Qin, X Mei, L Wan, JL Shi, YJ Shen. Effects of the volatile oil of Centipeda minima on acute pleural effusion in rats induced by an intrapleural injection of Car. China Journal of Chinese Materia Medica. 2005, 30(15): 1192-1194
15. JB Wu, YT Chun, Y Ebizuka, U Sankawa. Biologically active constituents of Centipeda minima: sesquiterpenes of potential anti-allergy activity. Chemical & Pharmaceutical Bulletin. 1991, 39(12): 3272-3275
16. H Lee, JY Lin. Anti-mutagenic activity of extracts from anti-cancer drugs in Chinese medicine. Mutation Research. 1988, 204(2): 229-234
17. Y Qian, CJ Zhao, Y Yan. The liver-protective effect of the ebushicao on hepatic injury in mice. China Pharmaceuticals. 2004, 13(6): 25
18. XS Pham, MT Pham, TTH Nguyen. Study of Coc-Man (Centipeda minima L. Asteraceae) - an anti-tussive traditional medicine. Tap Chi Duoc Hoc. 1994, 3: 10-11
19. S Iwakami, JB Wu, Y Ebizuka, U Sankawa. Platelet activating factor (PAF) antagonists contained in medicinal plants: lignans and sesquiterpenes. Chemical & Pharmaceutical Bulletin. 1992, 40(5): 1196-1198
20. P Cao, XL Chu, CS Fan. Herbalogical study on different species of medicinal plants tianhusui used as jiangxijinqiancao. Journal of Chinese Medicinal Materials. 2002, 25(8): 593-595

토형개 土荊芥

Chenopodiaceae

Chenopodium ambrosioides L.

Wormseed

개 요

명아주과(Chenopodiaceae)

토형개(土荊芥, *Chenopodium ambrosioides* L.)의 전초를 말린 것: 토형개(土荊芥, Chenopodii Ambrosioidis Herba)

중약명: 토형개(土荊芥)

토형개속(*Chenopodium*) 식물은 약 250종이 있으며, 세계 전역에 널리 분포한다. 중국에는 19종과 2아종이 발견되며, 약 6종이 약재로 사용된다. 이 종은 중국의 복건성, 광동성, 광서성, 강서성, 절강성, 강소성, 호남성, 사천성, 홍콩 및 대만에 분포한다. 주로 야생에서 발견되며, 중국 북부에서 가끔 재배된다. 열대 아메리카가 원산이며, 현재 전 세계적으로 열대 및 온대 지역에 널리 분포되어 있다.

"토형개"는 중국 영남 지방의 ≪생초약성비요(生草藥性備要)≫에서 약으로 처음 기술되었다. 의약 재료는 주로 중국 남부에서 생산된다.

토형개의 주요 활성 성분은 정유 성분이다.

약리학적 연구에 따르면 토형개에는 구충, 항균, 항종양 효과를 나타내며, 침투를 촉진하는 작용이 있음을 확인했다.

한의학에서 토형개(土荊芥)는 거풍제습(祛風除濕), 살충지양(殺蟲止痒), 활혈소종(活血消腫)의 효능이 있다.

토형개 土荊芥 *Chenopodium ambrosioides* L.

토형개 土荊芥 Chenopodii Ambrosioidis Herba

함유성분

전초에는 정유 성분으로 ascaridole, isoascaridole, p−cymene, α−terpinene, limonene[1], camphor, pinocarvone, α−pinene, geraniol[2], menthol, carvomenthenol, paracymene, 1,8−cineole[3], germacrenes B, D, β−caryophyllene, curzerene, β−elemene, β−thujene[4]이 함유되어 있고, 또한 (1R,2S,3S,4S)−1,2,3,4−tetrahydroxy−p−menthene, 4−isopropyl−1−methyl−4−cyclohexene−1,2,3−triol, quercetin, trans−cinnamic acid[5], (−)−(2S,4S)−p−mentha−1(7),8−dien−2−hydroperoxide, (−)−(2R,4S)−p−mentha−1(7),8−dien−2−hydroperoxide, (−)−(1R,4S)−p−mentha−2,8−dien−1−hydroperoxide, (−)−(1S,4S)−p−mentha−2,8−dien−1−hydroperoxide[6]가 함유되어 있다.

열매에는 플라보노이드 성분으로 kaempferol, isorhamnetin, quercetin[7], 4−O−demethylabrectorin−7−O−α−L−rhamnopyranoside 3'−O−β−D−xylopyranoside[8]가 함유되어 있다.

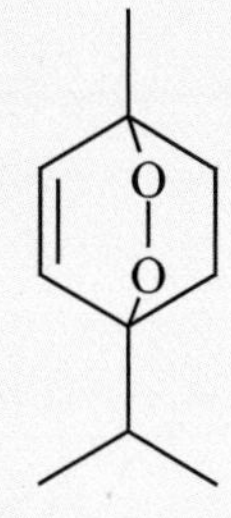

ascaridole

4-isopropyl-1-methyl-4-cyclohexene-1, 2, 3-triol

약리작용

1. 구충 작용
   약재의 주요 구충 성분인 아스카리돌은 회충과 아스카리스 메갈로세팔라와 같은 장 내 기생충에 독성을 보였다[9-10]. *In vitro*에서 아스카리돌은 트리파노소마 크루지를 살충했다[6]. 또한 악성 말라리아원충의 성장을 억제했다[11]. 약재의 정유 성분을 리슈만 편모충에 감염된 랫드의 복강 내 투여하면 리슈마니아 박멸 효과가 나타났다[12].

2. 항균 작용
   약재의 정유 성분은 클라도스포리움 트리코이데스[13], 백색 종창, 미크로스포룸 오두앵[14]과 같은 병원성 진균을 유의하게 억제했다. 또한 흑색국균, 아스페르질루스 후미게이트 및 아스페르질루스 플라부스를 억제했다[15].

3. 투과성 향상
   약재의 정유 성분은 적출된 랫드 피부에서 오스톨의 경피 흡수를 증가시켰다. 이 기전은 각질층의 투과성 변화, 피부를 통한 약물 전달의 저항 감소, 각질층 내 약물의 확산 계수 증가로 인한 것이다[16].

4. 항종양
   약재의 메탄올 추출물은 간암 HepG2 세포의 세포독성에 영향을 미쳤다[17]. 복강 내 투여한 약재의 수성 에탄올 추출물은 마우스에서 이식된 복수 및 에를리히 종양을 유의하게 억제했다[18].

5. 기타
   약재는 또한 일산화질소 합성을 촉진[19]하고, 항산화 효과[15]를 나타냈다.

용도

1. 기생충, 습진, 옴, 백선
2. 류머티스성 관절통
3. 월경통, 무월경
4. 구내염, 인후염
5. 낙상 및 찰과상, 사교상(蛇咬傷) 및 벌레 물림

해설

토형개는 중약 전통 약일 뿐만 아니라 중앙아메리카 및 남아메리카에서 사용되는 일반 민간 약재이다. 지상부는 근육 경련 완화, 소화 촉진, 기생충 구제, 배설 촉진 및 위 질환의 치료를 위해 스페인, 멕시코 및 페루에서 사용된다. 곰팡이, 십이지장충, 회충, 이와 벼룩을 사멸시키는 데 탁월한 효과가 있으며, 인체뿐만 아니라 가축의 사육과 수산물의 양식에서 천연 살충제로 사용된다.

참고문헌

1. JF Cavalli, F Tomi, AF Bernardini, J Casanova. Combined analysis of the essential oil of Chenopodium ambrosioides by GC, GC–MS and ^{13}C–NMR spectroscopy: quantitative determination of ascaridole, a heat–sensitive compound. Phytochemical Analysis. 2004, 15(5): 275–279
2. R Omidbaigi, F Sefidkon, FB Nasrabadi. Essential oil content and compositions of Chenopodium ambrosioides L. Journal of Essential Oil–Bearing Plants. 2005, 8(2): 154–158
3. XF Xiong, YH Zhang, FJ Gong, P Nan, P Yuan, GL Wang. Studies on the chemical constituents of the volatile oil from Chenopodium ambrosioides L. grown in Hubei. Journal of Wuhan Botanical Research. 1999, 17(3): 244–248
4. ZY He, X Zhou, DP Wang, BX Xu, GY Liang. The studies on the chemical constituents of the volatile oil from Chenopodium ambrosioides L. grown in Guizhou Province. Guizhou Science. 2002, 20(2): 76–79
5. XF Huang, F Li, CL Chen, LY Kong. Chemical studies on the herb of Chenopodium ambrosioides. Chinese Journal of Natural Medicines. 2003, 1(1): 24–26

6. F Kiuchi, Y Itano, N Uchiyama, G Honda, A Tsubouchi, J Nakajima-Shimada, T Aoki. Monoterpene hydroperoxides with trypanocidal activity from Chenopodium ambrosioides. Journal of Natural Products. 2002, 65(4): 509-512

7. N Jain, MS Alam, M Kamil, M Ilyas, M Niwa, A Sakae. Two flavonol glycosides from Chenopodium ambrosioides. Phytochemistry. 1990, 29(12): 3988-3991

8. M Kamil, N Jain, M Ilyas. A novel flavone glycoside from Chenopodium ambrosioides. Fitoterapia. 1992, 63(3): 230-231

9. HA Oelkers, W Rathje. The mode of action of anthelmintics. Tropical Diseases Bulletin. 1942, 39: 767-768

10. HA Oelkers. Pharmacology of chenopodium oil. Archiv fuer Experimentelle Pathologie und Pharmakologie. 1940, 195: 315-328

11. 11. Y Pollack, R Segal, J Golenser. The effect of ascaridole on the in vitro development of Plasmodium falciparum. Parasitology Research. 1990, 76(7): 570-572

12. L Monzote, AM Montalvo, S Almanonni, R Scull, M Miranda, J Abreu. Activity of the essential oil from Chenopodium ambrosioides grown in Cuba against Leishmania amazonensis. Chemotherapy. 2006, 52(3): 130-136

13. N Kishore, AK Mishra, JP Chansouria. Fungitoxicity of essential oils against dermatophytes. Mycoses. 1993, 36(5-6): 211-215

14. N Kishore, JPN Chansouria, NK Dubey. Anti-dermatophytic action of the essential oil of Chenopodium ambrosioides and an ointment prepared from it. Phytotherapy Research. 1996, 10(5): 453-455

15. R Kumar, AK Mishra, NK Dubey, YB Tripathi. Evaluation of Chenopodium ambrosioides oil as a potential source of anti-fungal, anti-aflatoxigenic and anti-oxidant activity. International Journal of Food Microbiology. 2007, 115(2): 159-164

16. ZT Yuan, DW Chen, H Xu, PT Ding, RH Zhang. Studies on effects of enhancers on percutaneous absorption of osthol across excised full thickness rat skin. Chinese Pharmaceutical Journal. 2003, 38(9): 683-685

17. MJ Ruffa, G Ferraro, ML Wagner, ML Calcagno, RH Campos, L Cavallaro. Cytotoxic effect of Argentine medicinal plant extracts on human hepatocellular carcinoma cell line. Journal of Ethnopharmacology. 2002, 79(3): 335-339

18. FRF Nascimento, GVB Cruz, PVS Pereira, MCG Maciel, LA Silva, APS Azevedo, ESB Barroqueiro, RNM Guerra. Ascitic and solid Ehrlich tumor inhibition by Chenopodium ambrosioides L. treatment. Life Sciences. 2006, 78(22): 2650-2653

19. GVB Cruz, PVS Pereira, FJ Patricio, GC Costa, SM Sousa, JB Frazao, WC Aragao-Filho, MCG Maciel, LA Silva, FMM Amaral, ESB Barroqueiro, RNM Guerra, FRF Nascimento. Increase of cellular recruitment, phagocytosis ability and nitric oxide production induced by hydroalcoholic extract from Chenopodium ambrosioides leaves. Journal of Ethnopharmacology. 2007, 111(1): 148-154

녹나무 樟 CP, KHP, VP, USP

Lauraceae

Cinnamomum camphora (L.) Presl

Camphor Tree

개 요

녹나무과(Lauraceae)

녹나무(樟, *Cinnamomum camphora* (L.) Presl)의 신선한 가지 및 잎으로부터 추출 및 가공해서 생성된 결정: 천연빙편(d-borneol)

녹나무(樟, *Cinnamomum camphora* (L.) Presl)의 줄기, 가지, 잎 및 뿌리를 추출 및 가공하여 제조된 결정체: 장뇌(樟腦)

녹나무속(*Cinnamomum*) 식물은 약 250종이 있는데, 동아시아, 호주 및 태평양 섬을 비롯하여 전 세계 열대와 아열대 지역에 걸쳐 분포한다. 중국에는 약 46종과 1변종이 발견되며, 주로 중국 남부와 북부의 산서성 및 감숙성 지역에서 생산된다. 이 속에서 약 21종이 약재로 사용된다. 이 종은 중국 남부와 베트남, 한반도, 일본에 분포한다. 또한 여러 나라에 도입되어 재배되고 있다.

"장뇌"는 ≪본초품휘정요(本草品彙精要)≫에서 약으로 처음 기술되었다. 대부분의 고대 한방의서에 기술되어 있으며, 약용 종은 고대부터 동일하게 남아 있다. 이 종은 중국약전(2015)에 천연빙편(Borneolum)의 공식적인 기원식물 내원종으로서 등재되어 있다. ≪대한민국약전외한약(생약)규격집≫(제4개정판)에는 "장뇌"를 "녹나무 *Cinnamomum camphora* (L.) Nees et Ebermair (녹나무과 Lauraceae)의 목부, 가지 또는 잎을 절단하여 수증기 증류로 얻은 장뇌유(樟腦油)를 냉각시켜 석출한 결정체"로 등재하고 있다. 이 종은 주로 중국의 강서성, 광동성, 광서성, 복건성 및 대만에서 생산되며, 대만의 생산량은 세계 총 생산량의 약 70%를 차지한다.

가지와 잎에는 주로 정유 성분과 리그난 성분이 함유되어 있다. 중국약전은 의약 물질의 품질을 관리하기 위해 가스크로마토그래피법에 따라 시험할 때 천연빙편에서 d-보르네올의 함량이 95.0% 이상이어야 한다고 규정하고 있다.

약리학적 연구에 따르면 장뇌에는 중추신경계를 자극하고, 강심 작용, 혈압상승, 항균 작용, 국소 자극 및 경피 흡수를 촉진하는 작용이 있음을 확인했다.

한의학에서 천연빙편은 개규성신(開竅醒神), 청열지통(淸熱止痛)의 효능이 있어서, 의식을 회복시키고, 기가 정체된 것을 해소하며, 예탁(穢濁)을 방지하고, 구충(驅蟲), 지양(止癢), 부기(浮氣)를 줄여 통증을 완화시킨다.

녹나무 樟 *Cinnamomum camphora* (L.) Presl

녹나무 樟 CP, KHP, VP, USP

보르네올 Borneolum

함유성분

심재에는 리그난 성분으로 maculatin, kusunokinin[1]이 함유되어 있고 또한 5−dodecanyl−4−hydroxy−4−methyl−2−cyclopentenone[2]이 함유되어 있다.
줄기, 잎, 열매, 껍질, 뿌리와 뿌리껍질에는 정유 성분으로 camphor, 1,8−cineole, linalool, camphene, safrole, eugenol, myrcene, isoborneol, limonene, sabinene, borneol[2-6]이 함유되어 있고, 세스퀴테르페노이드 성분으로 kusunol[7], campherenone, campherenol[8]이 함유되어 있다.
줄기에는 또한 리그난 성분으로 (+)−diasesamin, (+)−sesamin, (+)−episesamin[9]이 함유되어 있다.
잎에는 또한 비휘발성 세스퀴테르페노이드 성분으로 9−oxonerolidol, 9−oxofarnesol, cis−3,7,11−trimethyldodeca−1,7,10−trien−3−ol−9−one, trans−3,7,11−trimethyldodeca−1,7,10−trien−3−ol−9−one[10]이 함유되어 있고, 리그난 성분으로 dimethyl secoisolariciresinol, kusunokinin, kusunokinol, cinnamonol, hinokinin[11]이 함유되어 있다.
나무껍질에는 또한 플라보노이드 성분으로 5,7−dimethoxy−3'40−'methylenedioxyflavan−3−ol, 4'−hydroxy−5,7,3'−trimethoxyflavan−3−ol, 락톤 성분으로 obtusilactone, isoobtusilactone[12]이 함유되어 있다.
씨에는 또한 리보솜 불활성화 단백질인 cinnamomin과 camphorin[13]이 함유되어 있다.

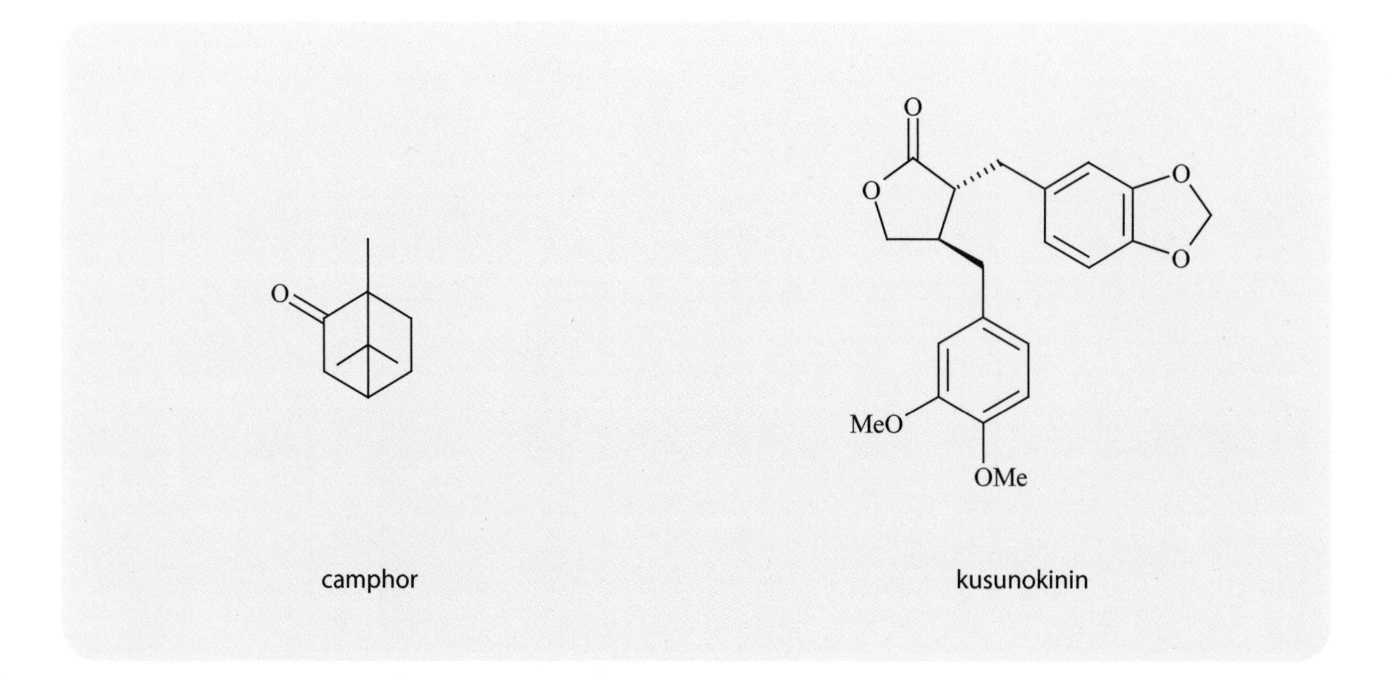

camphor　　kusunokinin

약리작용

1. 중추신경계의 자극
   장뇌는 중추신경계, 특히 고위 중추신경을 자극한다. 고용량에서, 운동 피질과 뇌간 주위에 있는 작용 부위로 피질 경련성 간질을 유발한다. 장뇌의 피하 주사는 말초신경 수용체를 자극하여 반사 자극을 일으킨다[14].
2. 국소 자극
   장뇌를 피부에 국소적으로 사용하면 약한 자극 효과가 있어 냉각수용기를 자극하여 냉각 작용을 일으킨다. 또한 가벼운 국소 마취 효과를 일으켜 가려움 완화 및 진통 효과를 일으킨다[14].
3. 강심 및 혈압 상승 효과
   장뇌의 대사산물인 산화된 장뇌는 심장을 강화시키고 혈압을 증가시킨다.
4. 항균 작용
   *In vitro*에서 추출물은 대장균, 황색포도상구균, 바실루스 메가테리윰, 고초균 및 털곰팡이에 대해 강력한 저해 효과를 나타냈다[15]. *In vitro*에서 녹나무 오일을 분무하면 칸디다 알비칸스[16]에 대한 강력한 억제 효과를 나타냈다. *In vitro*에서 장뇌는 또한 개소포자균과 백선균[14]에 대해 강력한 억제 효과를 나타냈다.
5. 피부 투과성 향상
   토끼 피부에 경피 흡수용 패치를 장애물로 사용하여, 장뇌가 외부에서 사용된 약물의 피부 투과에 미치는 영향을 관찰했다. 그 결과 장뇌가 피부에서 살리실산, 플루오로우라실, 니코틴아미드, 디클로페낙 나트륨의 경피 흡수를 증가시킨다는 사실이 밝혀졌다[17-18].
6. 항종양
   *In vitro*에서 라이보솜 불활화 단백질, 시나모민과 캄포린은 인간 간암 7721 세포에 세포독성 효과를 나타냈다[19].

용도

1. 열, 두통, 경련, 뇌졸중, 점액성 혼수
2. 후두염, 치통, 궤양 통증
3. 신경통, 관절염
4. 가려움증, 옴, 백선류, 대머리, 동상, (뜨거운 물김에) 데인 상처 및 (불에) 덴 상처
5. 결막충혈

해설

장뇌와 장뇌 오일은 의료 및 위생 목적으로 사용되며, 그 외에도 장뇌 오일은 향신료 산업 및 유기 합성 분야의 천연 원료로 사용된다. 또한 장뇌는 모기 및 다른 곤충을 퇴치하는 효능이 있다.
천연빙편(d−borneol)은 녹나무에서 몇 가지 화합물 형태로만 존재하므로, 화학 품종의 선택과 재배를 강화해야 한다.
일부 연구에 따르면 녹나무의 뿌리껍질, 줄기껍질 및 잎에 물을 주입하는 것은 그 농도나 효과의 상관관계에 따라서 일본뇌염바이러스를 사멸시키는 효능이 있다고 보고하고 있다. 예를 들어, 뿌리껍질에 물 1%를 넣고 72시간 동안 온코멜라니아를 담가두면 온코멜라니아를 100% 죽일 수 있다. 주혈흡충 전염 지역에서는 녹나무가 환경오염을 줄이기 위해 합성 살패제(殺貝劑) 대신 사용될 수 있으므로 개발이 필요하다[20].
천연 장뇌의 공급이 시장 수요를 충족시키기에 충분하지 않기 때문에 인공 장뇌로부터 살충제 및 방충제가 만들어졌다. 인공 좀약의 주요 구성 성분은 파라디클로로벤젠이다. 인공 좀약은 명백한 유전 독성이 있어서 그 사용이 금지되었다[21].

참고문헌

1. D Takaoka, M Imooka, M Hiroi. Studies of lignoids in Lauraceae. III. A new lignan from the heart wood of Cinnamomum camphora Sieb. Bulletin of the Chemical Society of Japan. 1977, 50(10): 2821-2822
2. D Takaoka, M Imooka, M Hiroi. A novel cyclopentenone, 5-dodecanyl-4-hydroxy-4-methyl-2-cyclopentenone from Cinnamomum

camphora. Phytochemistry. 1979, 18(3): 488-489

3. SN Garg, D Gupta, R Charles, A Yadav, AA Naqvi. Volatile oil constituents of leaf, stem, and bark of Cinnamomum camphora (Linn.) Nees and Eberm. (A potential source of camphor). Indian Perfumer. 2002, 46(1): 41-44
4. GY Liang, DW Qiu, HF Wei, HY Li, S Zhao, ZY He, N Liu. Study on the volatile oil from the fruit of Cinnamomum camphora. Journal of Guiyang College of Traditional Chinese Medicine. 1994, 16(4): 59-60
5. JA Pino, V Fuentes. Leaf oil of Cinnamomum camphora (L.) J. Presl. from Cuba. Journal of Essential Oil Research. 1998, 10(5): 531-532
6. A Baruah, SC Nath, AKS Baruah. Chemical constituents of root bark and root wood oils of Cinnamomum camphora Nees. Fafai Journal. 2002, 4(4): 37-38
7. H Hikino, N Suzuki, T Takemoto. Sesquiterpenoids. XXI. Structure and absolute configuration of kusunol. Chemical & Pharmaceutical Bulletin. 1968, 16(5): 832-838
8. H Hikino, N Suzuki, T Takemoto. Structure of campherenone and campherenol. Tetrahedron Letters. 1967, 50: 5069-5070
9. TJ Hsieh, CH Chen, WL Lo, CY Chen. Lignans from the stem of Cinnamomum camphora. Natural Product Communications. 2006, 1(1): 21-25
10. M Hiroi, D Takaoka. Nonvolatile sesquiterpenoids in the leaves of camphor tree (Cinnamomum camphora). Nippon Kagaku Kaishi. 1974, 4: 762-765
11. D Takaoka, N Takamatsu, Y Saheki, K Kono, C Nakaoka, M Hiroi. Lignoids in Lauraceae. I. Lignans in the leaves of camphor tree (Cinnamomum camphora). Nippon Kagaku Kaishi. 1975, 12: 2192-2196
12. RK Mukherjee, Y Fujimoto, K Kakinuma. 1-(⊠-Hydroxyfattyacyl)glycerols and two flavanols from Cinnamomum camphora. Phytochemistry. 1994, 37(6): 1641-1643
13. XD Li, WF Chen, WY Liu, GH Wang. Large-scale preparation of two new ribosome-inactivating proteins-cinnamomin and camphorin from the seeds of Cinnamomum camphora. Protein Expression and Purification. 1997, 10(1): 27-31
14. BX Wang. Modern Pharmacology and Clinic of Chinese Traditional Medicine. Tianjin: Tianjin Science and Technology Press. 1997: 1138-1139
15. XQ Liu, AL Du, CT Wang, Y Lin. Isolation, purification and partial properties of antibiotic compounds from leaves of Cinnamomum camphora. Journal of Huazhong Agricultural Univerisity. 1996, 15(4): 333-337
16. ZH Ma, SY Chen, MF Qu. Laboratory evaluation of efficacy and safety of camphor oil spray. Chinese Journal of Vector Biology & Control. 2001, 12(1): 58-60
17. CS Liu, BL Xu, K He. The enhancing effects of camphor on skin permeation of salicylic acid and fluorouracil. Journal of Guangdong Medical College. 1996, 14(4): 320-321
18. BL Xu, ZR Wang, K He, HX Chen. Effect of camphor on transdermal absorption of nicotinamide and diclofenac sodium. Chinese Journal of Hospital Pharmacy. 1999, 19(7): 398-400
19. J Ling, WY Liu. Cytotoxicity of two new ribosome-inactivating proteins, cinnamomin and camphorin, to carcinoma cells. Cell Biochemistry and Function. 1996, 14(3): 157-161
20. YF Liu, WX Wang, R Nie, Y Peng. The effect of the soaking liquids of Cinnamomum camphora on killing Oncomelania hupensis. Chinese Journal of Zoology. 2004, 39(3): 79-81
21. J Ji, WG Shen, L Wang, YJ Zhu. The effect of camphor ball on the germ cell and viscera of female mouse. Journal of Reproductive Medicine. 2001, 10(5): 282-285

육계 肉桂 CP, KP, JP, VP, EP, BP

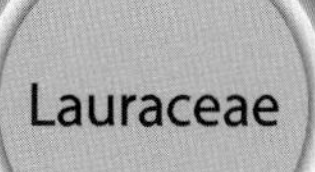

Cinnamomum cassia Presl

Cassia

개 요

녹나무과(Lauraceae)

육계(肉桂, *Cinnamomum cassia* Presl)의 나무껍질을 말린 것: 육계(肉桂)

육계(肉桂, *Cinnamomum cassia* Presl)의 어린 가지를 말린 것: 계지(桂枝)

녹나무속(*Cinnamomum*) 식물은 약 250종이 있으며, 동아시아, 호주 및 태평양 섬을 비롯하여 전 세계 열대와 아열대 지역에 걸쳐 분포한다. 중국에는 약 46종과 1변종이 발견되며, 주로 중국 남부와 북부의 산서성 및 감숙성 지역에서 생산된다. 이 속에서 약 21종과 1변종이 약재로 사용된다. 이 종은 중국의 광서성, 광동성, 해남성, 운남성, 복건성, 홍콩 및 대만에 분포한다. 또한 인도, 라오스, 베트남 및 인도네시아에서 재배된다.

"육계"는 ≪신농본초경(神農本草經)≫에서 "목계(牡桂)"라는 이름의 약용 상품으로 처음 기술되었다. "육계"라는 이름은 ≪신수본초(新修本草)≫에 처음 등장했다. 대부분의 고대 한방의서에 기술되어 있으며, 약용 종은 고대부터 동일하게 남아 있다. "계지"는 상한론(傷寒論)에서 약으로 처음 기술되었다. 당나라 이전의 한방문헌에서는 육계의 어린 가지의 껍질을 약으로 기술했으며, 이후에 어린 가지로 기술되었다. 이 종은 육계(Cinnamomi Cortex)와 계지(Cinnamomi Ramulus)의 공식적인 기원식물 내원종으로서 중국약전(2015)에 등재되어 있다. ≪대한민국약전≫(제11개정판)에는 "육계"를 "육계(肉桂) *Cinnamomum cassia* Presl (녹나무과 Lauraceae)의 줄기껍질로서 그 대로 또는 주피를 약간 제거한 것이다. 이 약은 정량할 때 환산한 건조물에 대하여 신남산($C_9H_8O_2$: 148.16) 0.03% 이상 함유"하는 것으로 등재하고 있다. 약재는 주로 중국의 광서성, 광동성, 해남성, 복건성과 베트남, 캄보디아에서 생산된다.

나무껍질에는 정유 성분, 디테르페노이드 및 응축된 탄닌 성분이 함유되어 있다. 신남알데하이드는 주요 항종양 및 항균 성분 중 하나이다. 중국약전은 고속액체크로마토그래피법에 따라 시험할 때 육계의 정유 성분 함량이 1.2% 이상이어야 하며, 육계의 신남알데하이드의 함량이 1.5% 이상이어야 한다고 규정하고 있다.

약리학적 연구에 따르면 녹나무에는 심근 조직을 보호하고, 항종양, 항산화 및 항균 효과가 있음을 확인했다.

한의학에서 육계(肉桂)는 보화조양(補花助陽), 인화귀원(引火歸源), 산한지통(散寒止痛), 온경통맥(溫經通脈) 등의 효능이 있으며, 계지(桂枝)는 온통경맥(溫通經脈), 통양화기(通陽化氣) 등의 효능이 있다.

육계 肉桂 *Cinnamomum cassia* Presl

육계 肉桂 CP, JP, KP, VP, EP, BP

육계 肉桂 Cinnamomi Cortex

계지 桂枝 Cinnamomi Ramulus

함유성분

나무껍질에는 정유 성분으로 cinnamaldehyde, cinnamyl acetate, 2-hydroxycinnamaldehyde[1], cinnamyl alcohol, cinnamic acid[2], eugenol[3]이 함유되어 있고, 배당체 성분으로 cassioside, cinnamoside, kelampayoside A[4], 응축된 탄닌 성분으로 procyanidins A_2, B_1,

cinnamaldehyde

cinncassiol A

cinnamoside

B_2, B_5, B_7[5], C_1, cinnamtanins A_2, A_3, A_4[6], 디테르페노이드 성분으로 cinncassiols A[7], B[8], C_1[9], C_2, C_3[10], D_1, D_2, D_3[11], D_4[12], E[13], cinnzeylanin, cinnzeylanol, anhydrocinnzeylanin, anhydrocinnzeylanol[7], 디테르페노이드 배당체 성분으로 cinncassiol A[7], B[8], C_1[10], D_1, D_2[11], D_4[12] glucosides, 유기산 성분으로 protocatechuic acid, vanillic acid, syringic acid[14], 또한 syringaresinol[15], cinnaman AX[16]가 함유되어 있다.

약리작용

1. 심혈관계에 미치는 영향

   약재의 정유 성분을 경구 투여하면 콕사키 바이러스 B(CVB)로 유도된 마우스의 바이러스성 심근염(VMC)의 사망률이 감소하고, 평균 수명이 증가되었으며, 급성기 동안 혈청 크레아틴 키나아제(CK)와 크레아틴 키나아제전이효소(CK-MB)의 수치가 감소되었다. 또한 심장근육에서 말론디알데히드(MDA)의 수치를 감소시켰다. 또한 마우스에서 VMC의 급성 및 아급성기의 과산화물 불균등화효소(SOD)의 활성을 증가시키고, 심장근육 조직의 괴사와 석회화를 감소시켰다[17]. 계피산은 랫드의 심장 허혈성 재관류 손상에 대한 보호 효과가 있었다[18]. *In vitro*에서 계피산은 종양 괴사 인자 α(TNF-α)에 의해 유도된 인간 제대 정맥 내피 ECV304 세포의 조직 인자(TF)의 발현을 억제했다[19].

2. 항종양

   나무껍질의 에탄올 추출물은 인간 유방암 MCF-7 세포의 성장을 억제했다[20]. *In vitro*에서 신남알데하이드는 인간 자궁경부암 HeLa, 흑색종 SK-MEL-2, 결장암 HCT-15 및 인간 폐 선암종 A549 세포의 증식을 억제했다. 유게놀은 난소암 SK-OV-3 및 중추신경계의 인간 암종 XF-498 세포에 대하여 세포독성 효과를 나타냈다. *In vitro*에서 계피산은 인간 허파 선암종 A549 세포의 증식을 억제했다[21]. 에임스 테스트에서, 약재는 마우스에서 벤조피렌과 시클로포스파미드(CP)에 의해 유발된 돌연변이 유발을 억제했다[23].

3. 항산화 작용

   *In vitro*에서 나무껍질의 물과 에탄올 추출물은 랫드의 간 균질 액에서 과산화 이온을 제거하는 데 효과적이었고, 과산화물의 형성을 유의하게 억제했다[24]. 나무껍질의 탕액을 경구 투여하면 노화된 랫드의 적혈구에서 혈청 총 항산화능(TAA)과 SOD 활성을 증가시켰다. 또한 리포푸신(LPF)과 간 MDA의 수준을 감소시키고, 심장근육 조직에서 Na^+, K^+-ATPase의 활성을 증가시키며, 간세포막 지질 유동성(LFU)을 향상시켰다[25]. 계피산과 유게놀은 RAW264.7 세포의 유도성 산화질소합성(iNOS)의 발현을 억제했다[26].

4. 항박테리아

   *In vitro*에서 약재의 정유 성분은 황색포도상구균, 대장균, 엔테로박터 에어로게네스균, 심상변형균, 녹농균, 칸디다 알비칸스, 백선균, 백색 종창[27], 바실루스 세레우스균[28]을 억제했다. 주요 활성 성분은 신남 알데하이드이다[27]. *In vitro*에서 신남알데하이드는 웰치균, 박테로이데스 프라길리스, 비피도박테륨, 비피도박테리움 론굼과 같은 장 내 박테리아에 대한 억제 효과를 보였다[29].

5. 항바이러스

   *In vitro*에서 나무껍질은 인체 면역결핍 바이러스-1(HIV-1)[30] 및 랫드의 비강 내 인플루엔자 바이러스를 억제했다[31].

6. 항골다공증

   *In vitro*에서 나무껍질의 에탄올 추출물은 골아 세포 유사 MC3T3-E1 세포의 생존율을 높이고, 알칼리 포스파타아제(AKP)의 활성을 증가시키며, 콜라겐 합성 및 오스테오칼신 분비를 촉진시키고, 종양 괴사 인자 α(TNF-α)로 유도된 세포 괴사를 감소시켰다[20].

7. 혈당강하 작용

   포도당 내성 검사에서 나무껍질의 추출물은 랫드의 혈당 수치를 현저하게 감소시켰다[32]. 약재의 정유 성분을 경구 투여하면 알록산으로 유발된 당뇨병 마우스의 혈당 수치를 현저히 감소시켰다[33]. *In vitro*에서 나무껍질 추출물은 랫드의 렌즈알도스환원 효소를 억제했으며, 주요 활성 성분은 신남 알데하이드였다[34].

8. 기타

   약재는 또한 신경세포의 사멸을 막고[35], 해열 효과가 있으며[31], 항알레르기성[36] 및 항보체[10] 효과가 있다. 또한 사구체 신염을 예방하고[37], 림프 세포의 증식을 촉진하며[38], 요산 수치를 낮췄다[39].

용도

1. 수족냉증, 발기 부전, 정액루(精液漏), 빈뇨, 호흡 곤란
2. 감기와 발열
3. 류머티스성 관절염

4. 월경통, 무월경, 복부 종괴
5. 흉부 폐색, 심계항진

해설

육계는 그 약용 가치에 더하여, 일반적인 향신료이며, 중국 위생부에서 정한 식약공용 품목이다. 육계는 사용 분야가 다양하므로 경제적 가치가 크다. 계피나무의 가지, 잎 및 열매에서 추출한 계피유는 계피산과 같은 중요한 향신료 및 화장료를 합성하기 위한 원료이며, 구풍제(驅風劑), 건위제 및 멘토캄포르산염과 같은 일부 중국 전통 의약품의 주요 성분이기도 하다. 육계는 거래량이 많고, 고가이며, 품질이 다양하다. 육계의 자원을 개발하고, 도입 및 재배를 촉진하여 시장의 수요 충족을 위해서 자원의 활용을 위한 종합적인 많은 노력이 요구된다.

참고문헌

1. JW Choi, KT Lee, H Ka, WT Jung, HJ Jung, HJ Park. Constituents of the essential oil of the Cinnamomum cassia stem bark and the biological properties. Archives of Pharmacal Research. 2001, 24(5): 418-423
2. K Sagara, T Oshima, T Yoshida, YY Tong, GD Zhang, YH Chen. Determinations in Cinnamomi Cortex by high-performance liquid chromatography. Journal of Chromatography. 1987, 409: 365-370
3. GB Lockwood. The major constituents of the essential oils of Cinnamomum cassia Blume growing in Nigeria. Planta Medica. 1979, 36(4): 380-381
4. Y Shiraga, K Okano, T Akira, C Fukaya, K Yokoyama, S Tanaka, H Fukui, M Tabata. Structures of potent anti-ulcerogenic compounds from Cinnamomum cassia. Tetrahedron. 1988, 44(15): 4703-4711
5. S Morimoto, G Nonaka, I Nishioka. Tannins and related compounds. XXXIX. Procyanidin C-glucosides and an acylated flavan-3-ol glucoside from the barks of Cinnamomum cassia Blume and C. obtusifolium Nees. Chemical & Pharmaceutical Bulletin. 1986, 34(2): 643-649
6. S Morimoto, G Nonaka, I Nishioka. Tannins and related compounds. XXXVIII. Isolation and characterization of flavan-3-ol glucosides and procyanidin oligomers from cassia bark (Cinnamomum cassia Blume). Chemical & Pharmaceutical Bulletin. 1986, 34(2): 633-642
7. A Yagi, N Tokubuchi, T Nohara, G Nonaka, I Nishioka, A Koda. The constituents of Cinnamomi Cortex. I. Structures of cinncassiol A and its glucoside. Chemical & Pharmaceutical Bulletin. 1980, 28(5): 1432-1436
8. T Nohara, N Tokubuchi, M Kuroiwa, I Nishioka. The constituents of Cinnamomi Cortex. III. Structures of cinncassiol B and its glucoside. Chemical & Pharmaceutical Bulletin. 1980, 28(9): 2682-2686
9. T Nohara, I Nishioka, N Tokubuchi, K Miyahara, T Kawasaki. The constituents of Cinnamomi Cortex. Part II. Cinncassiol C_1, a novel type of diterpene from Cinnamomi Cortex. Chemical & Pharmaceutical Bulletin. 1980, 28(6): 1969-1970
10. Y Kashiwada, T Nohara, T Tomimatsu, I Nishioka. Constituents of Cinnamomi Cortex. IV. Structures of cinncassiols C_1 glucoside, C_2 and C_3. Chemical & Pharmaceutical Bulletin. 1981, 29(9): 2686-2688
11. T Nohara, Y Kashiwada, K Murakami, T Tomimatsu, M Kido, A Yagi, I Nishioka. Constituents of Cinnamomi Cortex. V. Structures of five novel diterpenes, cinncassiols D_1, D_1 glucoside, D_2, D_2 glucoside and D_3. Chemical & Pharmaceutical Bulletin. 1981, 29(9): 2451-2459
12. T Nohara, Y Kashiwada, T Tomimatsu, I Nishioka. Studies on the constituents of Cinnamomi Cortex. Part VII. Two novel diterpenes from bark of Cinnamomum cassia. Phytochemistry. 1982, 21(8): 2130-2132
13. T Nohara, Y Kashiwada, I Nishioka. Cinncassiol E, a diterpene from the bark of Cinnamomum cassia. Phytochemistry. 1985, 24(8): 1849-1850
14. AX Yuan, L Qin, DG Jiang. Studies on chemical constituents of rougui (Cinnanomum cassia Presl). Bulletin of Chinese Materia Medica. 1982, 7(2): 26-28
15. M Miyamura, T Nohara, T Tomimatsu, I Nishioka. Studies on the constituents of Cinnamomi Cortex. Part 8. Seven aromatic compounds from bark of Cinnamomum cassia. Phytochemistry. 1983, 22(1): 215-218

16. M Kanari, M Tomoda, R Gonda, N Shimizu, M Kimura, M Kawaguchi, C Kawabe. A reticuloendothelial system-activating arabinoxylan from the bark of Cinnamomum cassia. Chemical & Pharmaceutical Bulletin. 1989, 37(12): 3191-3194

17. YY Ding, YH Xie, S Miao, B Liao, SW Wang. Effect of Oleum Cinnamomi on mice viral myocarditis caused by CVB$_{3m}$. Journal of the Fourth Military Medical University. 2005, 26(11): 1037-1040

18. F Chen, YL Fu, LY Zou, XY Lu, CY Wang. Protective effect of cinnamic acid on ischemia/reperfusion myocardial injury. China Journal of Traditional Chinese Medicine and Pharmacy. 1999, 14(1): 68-69

19. XF Li, ZB Wen, XF He, SL He. The effects of cinnamic acid on expression of tissue factor induced by TNF-⊠ in endothelial cells and its mechanisms. Chinese Journal of Thrombosis and Hemostasis. 2004, 10(4): 148-151

20. KH Lee, EM Choi. Stimulatory effects of extract prepared from the bark of Cinnamomum cassia Blume on the function of osteoblastic MC3T3-E1 cells. Phytotherapy Research. 2006, 20(11): 952-960

21. HS Lee, SY Kim, CH Lee, YJ Ahn. Cytotoxic and mutagenic effects of Cinnamomum cassia bark-derived materials. Journal of Microbiology and Biotechnology. 2004, 14(6): 1176-1181

22. G Jin, T Zhang, T Wang. The effects of cinnamic acid on proliferation and nucleolar organizer regions of A549 human lung adencarcinoma cell subline. Henan Medical Research. 2002, 11(2): 124-125

23. N Sharma, P Trikha, M Athar, S Raisuddin. Inhibition of benzo[a]pyrene- and cyclophosphamide-induced mutagenicity by Cinnamomum cassia. Mutation Research, Fundamental and Molecular Mechanisms of Mutagenesis. 2001, 480-481: 179-188

24. CC Lin, SJ Wu, CH Chang, LT Ng. Anti-oxidant activity of Cinnamomum cassia. Phytotherapy Research. 2003, 17(7): 726-730

25. GJ Wang, Q Ou, XD Wei, SL Li, YM Wang, SG Bai, J Bai, B Ji. Experimental study on the age-associated change of anti-oxidation system and antiaging effects of Cinnamomum cassia in female rats. Chinese Journal of Gerontology. 1998, 18: 241-243

26. HS Lee, BS Kim, MK Kim. Suppression effect of Cinnamomum cassia bark-derived component on nitric oxide synthase. Journal of Agricultural and Food Chemistry. 2002, 50(26): 7700-7703

27. LSM Ooi, YL Li, SL Kam, H Wang, EYL Wong, VEC Ooi. Anti-microbial activities of cinnamon oil and cinnamaldehyde from the Chinese medicinal herb Cinnamomum cassia Blume. American Journal of Chinese Medicine. 2006, 34(3): 511-522

28. HJ Chung. Anti-oxidative and anti-microbial activities of cassia (Cinnamomum cassia) and dill (Anethum graveolens L.) essential oils. Journal of Food Science and Nutrition. 2004, 9(4): 300-305

29. HS Lee, YJ Ahn. Growth-inhibiting effects of Cinnamomum cassia bark-derived materials on human intestinal bacteria. Journal of Agricultural and Food Chemistry. 1998, 46(1): 8-12

30. M Premanathan, S Rajendran, T Ramanathan, K Kathiresan, H Nakashima, N Yamamoto. A survey of some Indian medicinal plants for antihuman immunodeficiency virus (HIV) activity. The Indian Journal of Medical Research. 2000, 112: 73-77

31. M Kurokawa, CA Kumeda, J Yamamura, T Kamiyama, K Shiraki. Anti-pyretic activity of cinnamyl derivatives and related compounds in influenza virus-infected mice. European Journal of Pharmacology. 1998, 348(1): 45-51

32. EJ Verspohl, K Bauer, E Neddermann. Anti-diabetic effect of Cinnamomum cassia and Cinnamomum zeylanicum in vivo and in vitro. Phytotherapy Research. 2005, 19(3): 203-206

33. XY Xu, YM Peng, YG Peng, YZ Liang, F Gong. Experimental study on the hypoglycemic effect of volatile oil from Cinnamomum cassia. Chinese Journal of Information on Traditional Chinese Medicine. 2001, 8(2): 26

34. HS Lee. Inhibitory activity of Cinnamomum cassia bark-derived component against rat lens aldose reductase. Journal of Pharmacy & Pharmaceutical Sciences. 2002, 5(3): 226-230

35. Y Shimada, H Goto, T Kogure, K Kohta, T Shintani, T Itoh, K Terasawa. Extract prepared from the bark of Cinnamomum cassia Blume prevents glutamate-induced neuronal death in cultured cerebellar granule cells. Phytotherapy Research. 2000, 14(6): 466-468

36. K Park, D Koh, Y Lim. Anti-allergic compound isolated from Cinnamomum cassia. Han'guk Nonghwa Hakhoechi. 2001, 44(1): 40-42

37. H Nagai, T Shimazawa, T Takizawa, A Koda, A Yagi, I Nishioka. Immunopharmacological studies of the aqueous extract of Cinnamomum cassia (CCAq). II. Effect of CCAq on experimental glomerulonephritis. Japanese Journal of Pharmacology. 1982, 32(5): 823-831

38. BE Shan, Y Yoshida, T Sugiura, U Yamashita. Stimulating activity of Chinese medicinal herbs on human lymphocytes in vitro.

International Journal of Immunopharmacology. 1999, 21(3): 149-159

39. X Zhao, JX Zhu, SF Mo, Y Pan, LD Kong. Effects of cassia oil on serum and hepatic uric acid levels in oxonate-induced mice and xanthine dehydrogenase and xanthine oxidase activities in mouse liver. Journal of Ethnopharmacology. 2006, 103(3): 357-36

귤홍 化州柚 CP

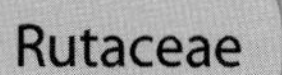

Citrus grandis (L.) Osbeck 'Tomentosa'

Tomentose Pummelo

개 요

운향과(Rutaceae)

화주귤(化州柚, *Citrus grandis* (L.) Osbeck 'Tomentosa')의 덜 익은 열매 또는 거의 익은 열매의 외과피를 말린 것: 화귤홍(化橘紅)

중약명: 화귤홍(化橘紅)

귤나무속(*Citrus*) 식물은 약 20종이 있으며, 아시아의 남동부와 남부 원산으로, 현재 전 세계의 열대 및 아열대 지역에서 재배되고 있다. 중국에는 약 15종이 발견되며, 대부분은 재배되어 약재로 사용된다. 이 종은 중국의 광동성, 광서성 및 호남성에 분포한다.

화주유(化州柚)는 ≪본초강목시의(本草綱目施醫)≫에서 "화귤홍(化橘红)"의 이름으로 약으로 처음 기술되었다. 이 종은 중국약전(2015)에 한약재 화귤홍(Citri Grandis Exocarpium)의 공식적인 기원식물 내원종으로서 등재되어 있다. 의약 재료는 주로 광동성의 화주(化州)에서 생산된다.

외과피의 주요 활성 성분은 플라보노이드, 정유 및 쿠마린이다. 중국약전은 의약 물질의 품질관리를 위해 고속액체크로마토그래피법으로 시험할 때 나린진의 함량이 1.5% 이상이어야 한다고 규정하고 있다.

약리학적 연구에 따르면 외과피에는 방부, 거담, 항균, 해열 및 진통 작용이 있음을 확인했다.

한의학에서 화귤홍은 산한(散寒), 조습(燥濕), 이기(理氣), 소담(消痰)의 효능이 있다.

귤홍 化州柚 *Citrus grandis* (L.) Osbeck 'Tomentosa'

화귤홍 化橘紅 Citri Grandis Exocarpium

함유성분

외과피에는 플라보노이드 성분으로 naringin, rhoifolin, apigenin, naringenin[1]이 함유되어 있고, 정유 성분으로 limonene, β-myrcene, α-, β-pinenes, linalool, paracymene, citral, cis-geraniol[2], γ-terpinene, γ-, δ-cadinenes, EPI-bicyclosesquiphellandr, germacrene B, nerolidol[3], 쿠마린 성분으로 isoimperatorin, bergapten[4], meranzin hydrate, pranferin, isomeranzin[5], 또한 protocatechuic acid[1]가 함유되어 있다.

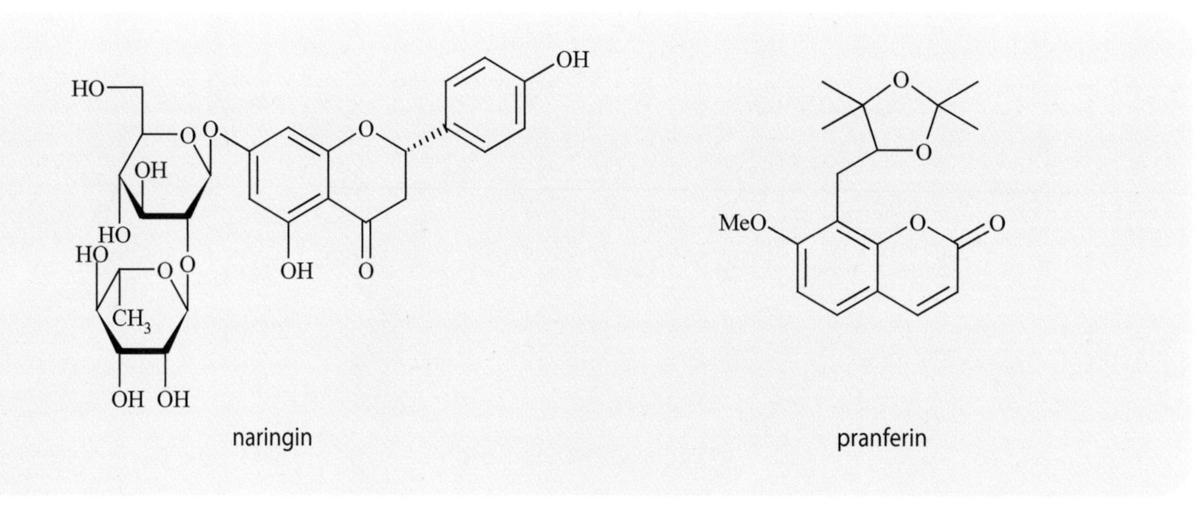

약리작용

1. 진해, 거담 및 천식 작용
   약재의 추출물(주로 플라보노이드 함유)을 경구 투여하면 마우스에서 암모니아로 유발된 기침을 유의하게 연장시켰고, 구연산으로 유발된 기침 요소를 줄였으며, 기니피그에서 첫 번째 기침을 지연시켰다. 또한 마우스에서 기관지의 페놀 레드 생산을 증가시켰으며, 랫드에서 객담 유도를 촉진시켰다. 또한 기니피그에서 히스타민 아세틸콜린 염화물 혼합물로 유도된 천식을 억제했다[6].
2. 진경 작용
   열매껍질의 에탄올 침지한 물 추출물은 기니피그에서 적출한 기관지 평활근의 휴식 긴장을 현저히 감소시켰고 아세틸콜린, 히스타민, 염화칼슘, 염화칼륨 및 염화바륨에 의해 유발된 기관지 평활근 수축을 억제했다. 또한 세포 외 Ca^{2+}의 유입으로 인한 아세틸콜린으로 유도된 수축을 유의하게 억제했다[7].
3. 항염 작용
   열매껍질의 에탄올 침지한 물 추출물을 랫드에 경구 투여하면 디메틸벤젠에 의해 유도된 귀의 부종과, 랫드에서 알부민으로 유발된 뒷다리 부기(浮氣) 및 랫드에서 목화송이로 유도된 육아종에 유의한 억제 효과를 보였다[8].

4. 항산화 작용
*In vivo*에서 약재의 다당류는 피로갈롤 자동 산화 시스템으로부터 생성된 슈퍼 음이온 유리기(SAFR)를 제거했다[9].

용도

1. 감기, 젖은 기침, 인후 가려움증, 기관지염, 폐기종
2. 음식 침체, 만성 알코올 중독

해설

Citrus grandis (L.) Osbeck은 중국약전의 또 다른 공식적인 기원식물 내원종으로서 한약재 화귤홍으로 등재되어 있다. 화주귤이 *Citrus grandis* 보다 더 좋은 것으로 일반적으로 알려져 있다. 1980년대에 중국 화주(化州)시에서는 귤홍 *Citrus grandis* 'Tomentosa'의 수가 감소하고 수확량이 감소했다. 따라서 *C. grandis*의 열매껍질이 화귤홍을 대신하여 사용되었다. 귤홍 *Citrus grandis* 'Tomentosa'의 열매껍질은 털이 많고 7개의 발톱 모양으로 가공되기 때문에 모려칠조(毛驢七爪)라는 이름이 붙여졌다. *C. grandis*의 열매껍질은 털이 없기 때문에 광귤홍 또는 광칠조(光七爪)라고도 한다. 시장에서 두 종의 기원 및 기원식물의 종을 명시해야 하며, "화귤홍"이라는 이름을 이 두 종에 사용해서는 안 된다.
귤홍 *Citrus grandis* 'Tomentosa'가 자라는 동안 플라보노이드와 같은 성분의 역학적 변화를 추적한 연구를 보면, 34일째의 어린 열매를 채취하거나 55일째의 덜 익은 열매를 채취하는 것이 좋은 것으로 나타났다[10].
귤홍 *Citrus grandis* 'Tomentosa'는 식용 및 의약 물질이다. 그 열매는 비타민과 다른 영양소가 풍부하다. 열매껍질은 약으로 사용되며, 제과 또는 젤리를 만드는 데 사용된다. 과육은 주스 또는 구연산으로 만들 수 있고, 씨는 기름을 짜는 데 사용된다. 그러므로 개발 가치가 큰 경제 작물이다.

참고문헌

1. XJ Yuan, L Lin, ZX Chen. Study on the phenolic constituents in Exocarpium Citri Grandis. Chinese Traditional an Herbal Drugs. 2004, 35(5): 498–500
2. HF Cheng, C Cai, XF Li. Study on the chemical constituents of volatile oil from Exocarpium Citri Gandis. Chinese Pharmaceutical Journal. 1996, 31(7): 424–425
3. LJ Lu, T Li, C Li. Analysis of supercritical CO2 fluid extraction of Exocarpium Citri Grandis by GC–MS. Journal of Chinese Medicinal Materials. 2003, 26(8): 559–560
4. ZX Chen, L Lin. Study on coumarin compounds from Exocarpium Citri Grandis. Journal of Chinese Medicinal Materials. 2004, 27(8): 577–578
5. SY Gu, XH Song, WW Su. Study on the coumarin components in Citrus grandis. Chinese Traditional and Herbal Drugs. 2005, 36(3): 341–343
6. PB Li, Y Ma, YG Wang, WW Su. Experimental studies on anti–tussive, expectorant and anti–asthmatic effects of extract from Citrus grandis var. tomentosa. China Journal of Chinese Materia Medica. 2006, 31(16): 1350–1352
7. JL Guan, ZH Wu, WZ Wu. Effects of extract of Exocarpium Citri Grandis on construction of smooth muscle of isolated guinea pig trachea. Journal of Chinese Medicinal Materials. 2004, 27(7): 515–517
8. PB Li, Y Ma, HL Yang, Q Gu, YG Wang, WW Su. Anti–inflammatory effect of extract of Citrus grandis. Chinese Traditional and Herbal Drugs. 2006, 37(2): 251–253
9. HF Cheng, XF Li, GZ Dongye. Study on chemistry and anti–oxidative activity of water soluble polysaccharide of Exocarpium Citri Grandis. Chemical World. 2002, 2: 91–93, 84
10. L Lin, LZ Huang, JF Ou, K Chen. Observation on dynamic changes of flavonoids contents of Citrus grandis (L.) Osbeck var. tomentosa Hort.. Journal of Guangzhou University of Traditional Chinese Medicine. 2006, 23(3): 256–261

황피 黃皮

Clausena lansium (Lour.) Skeels

Chinese Wampee

개 요

운향과(Rutaceae)

황피(黃皮, *Clausena lansium* (Lour.) Skeels)의 잎을 말린 것: 황피엽(黃皮葉)

황피(黃皮, *Clausena lansium* (Lour.) Skeels)의 잘 익은 열매를 말린 것: 황피핵(黃皮核)

중약명: 황피(黃皮)

황피속(*Clausena*) 식물은 전 세계에 약 30종이 있으며, 아시아, 아프리카, 호주 및 뉴질랜드에 분포한다. 중국에서 약 10종과 2변종이 발견되며, 1종이 도입되어 재배된다. 양자강의 남쪽에 분포하며, 대부분의 종은 운남성, 광서성 및 광동성에 분포한다. 이 속에서 약 5종과 1변종이 약재로 사용된다. 이 종은 중국 남부가 원산으로, 복건성, 광동성, 홍콩, 광서성, 운남성, 대만, 귀주성 남부 및 사천성의 금사강(金沙江) 계곡에서 재배되고 있다. 전 세계적으로 열대 및 아열대 지역으로 도입되었다.

"황피엽(黃皮葉)"과 "황피핵(黃皮核)"은 중국 영남 지방의 ≪영남채약록(嶺南采藥錄)≫에서 약으로 처음 기술되었다. 그 잘 익은 열매는 ≪본초강목(本草綱目)≫에서 황피과(黃皮果)의 이름으로 약으로 처음 기술되었다. 대부분의 고대 한방의서에 기술되어 있으며, 약용 종은 고대부터 동일하게 남아 있다. 이 종은 한약재 황피핵(Clausenae Lansii Semen)의 공식적인 기원식물 내원종으로서 광동성 중약재표준에 등재되어 있다. 의약 재료는 주로 중국의 광서성, 사천성, 운남성, 귀주성 및 호북성에서 생산된다.

잎에는 주로 아마이드와 카르바졸 알칼로이드 성분이 함유되어 있다. 씨에는 주로 아마이드 성분이 함유되어 있다. 클라우세나마이드는 주요 활성 성분이다.

약리학적 연구에 따르면 잎은 간 보호, 향정신, 항산화 및 혈당강하 효과가 있음을 확인했다.

민간요법에 따르면 황피엽은 해표산열(解表散熱), 행기화담(行氣化痰), 이뇨(利尿), 해독(解毒)의 효능이 있으며, 황피의 씨는 행기지통(行氣止痛), 해독산결(解毒散結)의 효능이 있다.

황피 黃皮 *Clausena lansium* (Lour.) Skeels

황피엽 黃皮葉 Clausenae Lansii Folium

황피핵 黃皮核 Clausenae Lansii Semen

함유성분

잎에는 아미드 성분으로 clausenamide[1], clausenamides I, II[2], neoclausenamide, cycloclausenamide[1], secoclausenamide, secodemethyl-clausenamide[3], homoclausenamide, ζ-clausenamide[4], lansamides-I[5], -2, -3, -4[6], lansimides-2, -3[7], N-2-phenylethylcinnamamide, N-methylcinnamamide[2]가 함유되어 있고, 카르바졸 알칼로이드 성분으로 heptaphylline, lansine[5], 쿠마린 성분으로 clausenacoumarin[8], 3-benzylcoumarin[2], 트리테르페노이드 성분으로 lansiol[7], 정유 성분으로 caryophyllene oxide, (Z)-α-santalol[9], cis β-farnesene[10], β-santalol, bisabolol, methyl santalol, ledol, sinensal[11]이 함유되어 있다.

clausenamide

clausenacoumarin

heptaphylline

씨에는 아마이드 성분으로 lansiumamides A, B, C, lansamide-I[12]이 함유되어 있다.
나무줄기에는 카르바졸 알칼로이드 성분으로 3-methylcarbazole, 3-formylcarbazole, methyl carbazole-3-carboxylate가 함유되어 있고, 쿠마린 성분으로 imperatorin, xanthotoxol, 8-geranoxypsoralen, wampetin[13], chalepin, phellopterin[14], 세스퀴테르페노이드 성분으로 oplopanone[13]이 함유되어 있다.
뿌리에는 카르바졸 알칼로이드 성분으로 3-formyl-6-methoxycarbazole, 3-formyl-1,6-dimethoxycarbazole, murrayanine, glycozoline, indizoline[15]이 함유되어 있고, 아미드 성분으로 angustifoline, 쿠마린 성분으로 chalepensin, chalepin, gravelliferone[16]이 함유되어 있다.
가지에는 또한 쿠마린 성분으로 lansiumarins A, B, C[17]가 함유되어 있다.

약리작용

1. 간 보호
잎, 클라우세나마이드 또는 세코클라우세나마이드의 클로로포름 추출물은 마우스에서 CCl_4, 파라세타몰 및 티오아세트아미드에 의해 유발된 간 손상에 대해 보호 효과를 보였다. 혈청 글루탐산 피루브산 아미노기전달효소(sGPT) 수치와 간 병리학적 손상을 줄이고 간 독성 기능을 향상시켰다[18-19]. 클라우세나마이드, 네오클라우세나마이드, 시클로클라우세나마이드는 아미노기 전이효소를 감소시키는 활성 성분이다[1]. *In vivo*에서 클라우세나마이드의 거울상 이성질체는 아플라톡신 B_1(AFB_1)에 의해 유도된 간세포의 예정되지 않은 DNA 합성(UDS)으로부터 랫드를 보호한다. 또한 GPT의 방출을 억지했다[20].

2. 중추신경계에 미치는 영향
(1) 향정신 효과
클라우세나마이드를 투여한 마우스에서 아니손딘으로 유도된 기억 장애를, 랫드에서 β-아밀로이드 펩타이드에 의한 공간 학습 장애를 개선시켰다. 이 기전은 피질, 해마 및 선상체의 아니손딘 억제에 의한 아세틸콜린 수준 감소[21-22], 뇌 NMDA 수용체의 농도 증가[23], 대뇌피질 콜린 아세틸트랜스페라제(ChAT)의 활성 증가, 뇌 단백질 인산 가수분해효소인 뉴로칼신과 칼파인[22]의 활성 증가뿐만 아니라 시냅스 후부의 해마의 치아이랑의 증진된 전이[24]에 따른 것이다.
(2) 뇌 조직에 미치는 영향
클라우세나마이드를 투여한 결과, 5-하이드록시 트립타민(5-HT), 프로스타글란틴 $F_2α$($PGF_2α$) 및 아라키돈산에 의한 뇌 기저 동맥 수축이 경구 광약근 혈관 경련을 완화시키고 대뇌 혈류를 증가시키는 것으로 나타났다[25]. 연속적으로 클라우세나마이드를 경구 투여하면 젖을 뗀 마우스와 성체 랫드에서 해마 시냅스의 밀도와 이끼 모양의 신경 섬유 출현 수가 증가했다[22]. *In vivo*에서 클라우세나마이드는 PC12 세포의 세포사멸을 억제하고 니트로프루시드나트륨의 신경 독성 효과와 해마 신경세포의 사멸을 길항하게 했다[26]. 이 기전은 항세포사멸 유전자인 bcl-2의 발현 증가, 친세포사멸 백스 유전자의 발현 감소, 그리고 bcl-2/bax의 증가된 비율 때문일 수 있다[27].
(3) 항산화 작용
클라우세나마이드를 마우스에 경구 투여하면 에탄올로 유도된 지질과산화를 억제시켰는데, 그 원인은 티오바르비투르산의 효능을 감소시켰기 때문이다. 또한 뇌와 간 조직의 장액에서 글루타티온과산화효소(GSH-Px)의 활성을 상당히 활성화시켰다[25]. 펜톤 반응 연구에서 클라우세나마이드는 히드록실 유리기 및 슈퍼옥사이드 음이온에 대한 제거 효과를 나타냈다. 또한 클라우세나마이드는 포르볼 미리스테이트 아세테이트(PMA)에 의한 인간 다형핵 백혈구(PML) 자극으로 생성된 유리기를 제거했다[28].
(4) 혈당강하 작용
클라우세나쿠마린을 경구 투여하면 마우스에서 알록산과 아드레날린에 의해 유발된 고혈당을 감소시켰고 정상 마우스에서 혈당 수치를 감소시켰다[8].
(5) 기타
클라우세나마이드를 경구 투여하면 경목이 잘린 마우스의 헐떡임의 생존 시간과 아질산나트륨에 중독된 마우스 생존 시간을 크게 연장시켰다[25]. 씨의 트립신 저해제는 인체 면역결핍 바이러스(HIV)의 역전사를 억제하고 항바이러스 효능이 있었다[29]. 란시마이드-2, -3은 항균 효과를 나타냈다[7].

용도

1. 열, 수막염
2. 기침, 가래 천식
3. 배뇨 장애, 부종
4. 상복부 통증, 류머티스성 관절통, 탈장
5. 옴, 백선, 염증, 사교상(蛇咬傷) 및 벌레 물림

해설

잎에 함유되어 있는 클라우세나마이드는 노화방지 효과와 인지능력 개선의 효과가 있으므로 개발할 만한 가치가 충분하다. 이 열매에는 아미노산이 풍부하고 인체가 필요로 하는 다양한 미량 원소 또한 풍부하다. 전 세계적으로 열대 및 아열대 지역에서 자라는 과일로서 영양가와 의약적 가치가 높다.

참고문헌

1. MH Yang, YY Chen, L Huang. Three novel cyclic amides from Clausena lansium. Phytochemistry. 1988, 27(2): 445–450
2. SH Li, SL Wu, WS Li. Amides and coumarin from the leaves of Clausena lansium. Chinese Pharmaceutical Journal. 1996, 48(5): 367–373
3. MH Yang, L Huang. Studies on the chemical constituents of Clausena lansium (Lour.) Skeels. IV. The structural elucidation of seco– and secodemethyl–clausenamide. Chinese Chemical Letters. 1991, 2(10): 775–776
4. MH Yang, YY Chen, L Huang. Studies on the chemical constituents of Clausena lansium (Lour.) Skeels. III. The structural elucidation of homoand ⊠– clausenamide. Chinese Chemical Letters. 1991, 2(4): 291–292
5. D Prakash, K Raj, RS Kapil, SP Popli. Chemical constituents of Clausena lansium: Part I. Structure of lansamide–I and lansine. Indian Journal of Chemistry. 1980, 19B(12): 1075–1076
6. V Lakshmi, K Raj, RS Kapil. Chemical constituents of Clausena lansium: Part III. Structure of lansamide–3 and 4. Indian Journal of Chemistry. 1998, 37B(4): 422–424
7. V Lakshmi, R Kumar, V Varshneya, A Chaturvedi, PK Shukla, SK Agarwal. Anti–fungal activity of lansimides from Clausena lansium (Lour.). Nigerian Journal of Natural Products and Medicine. 2005, 9: 61–62
8. ZF Shen, QM Chen. The hypoglycemic effect of clausenacoumarine. Acta Pharmaceutica Sinica. 1989, 24(5): 391–392
9. JA Pino, R Marbot, V Fuentes. Aromatic plants from western Cuba IV. Composition of the leaf oils of Clausena lansium (Lour.) Skeels and Swinglea glutinosa (Blanco) Merr. Journal of Essential Oil Research. 2006, 18(2): 139–141
10. H Luo, C Cai, JH Zhang, LE Mo. Study on the chemical constituents of essential oil from Clausena lansium leaves. Journal of Chinese Medicinal Materials. 1998, 21(8): 405–406
11. 11. JY Zhao, P Nan, Y Zhong. Chemical composition of the essential oils of Clausena lansium from Hainan Island, China. Zeitschrift fur Naturforschung. C, Journal of Biosciences. 2004, 59(3–4): 153–156
12. J Lin. Cinnamamide derivatives from Clausena lansium. Phytochemistry. 1989, 28(2): 621–622
13. SL Wu, WS Li. Chemical constituents from the stems of Clausena lansium. Chinese Pharmaceutical Journal. 1999, 51(3): 227–240
14. AC Adebajo, V Kumar, J Reish. 3–Formylcarbazole and furocoumarins from Clausena lansium. Nigerian Journal of Natural Products and Medicine. 1998, 2: 57–58
15. WS Li, JD McChesney, FS El–Feraly. Carbazole alkaloids from Clausena lansium. Phytochemistry. 1991, 30(1): 343–346
16. V Kumar, K Vallipuram, AC Adebajo, J Reisch. 2,7–Dihydroxy–3–formyl–1–(3'–methyl–2'–butenyl)carbazole from Clausena lansium. Phytochemistry. 1995, 40(5): 1563–1565
17. C Ito, S Katsuno, H Furukawa. Structures of lansiumarin–A, –B, –C, three new furocoumarins from Clausena lansium. Chemical & Pharmaceutical Bulletin. 1998, 46(2): 341–343
18. HL Wei, WX Li, YY Chen, GT Liu. Protective action of Clausena lansium against experimental liver injury in mice and its toxicity. Pharmacology and Clinics of Chinese Materia Medica. 1996, 12(4): 18–20
19. GT Liu, WX Li, YY Chen, HL Wei. Hepatoprotective action of nine constituents isolated from the leaves of Clausena lansium in mice. Drug Development Research. 1996, 39(2): 174–178
20. YQ Wu, GT Liu. Protective effect of enantiomers of clausenamides on aflatoxin B_1–induced damage of unscheduled DNA synthesis

of isolated rat hepatocytes. Chinese Journal of Pharmacology Toxicology. 2006, 20(5): 393–398

21. WZ Duan, JT Zhang. Effects of clausenamide on anisodine–induced acetylcholine decrease and associated memory deficits in the mouse brain. Acta Pharmaceutica Sinica. 1998, 33(4): 259–263
22. JT Zhang, WZ Duan, SL Liu, RS Wang. Anti–dementia effects of clausenamide. Herald of Medicine. 2001, 20(7): 403–404
23. WZ Duan, JT Zhang. Effects of clausenamide on central N–methyl–D–asparate receptors in rodents. Acta Pharmaceutica Sinica. 1997, 32(4): 259–263
24. SL Liu, MR Zhao, JT Zhang. Effects of clausenamide on synaptic transmission of the dentate gyrus in freely–moving rats. Acta Pharmaceutica Sinica. 1999, 34(5): 325–328
25. Y Liu, CZ Shi, JT Zhang. Anti–lipidperoxidation and cerebral protective effects of clausenamide. Acta Pharmaceutica Sinica. 1991, 6(3): 166–170
26. RS Wang, JT Zhang. Construction of Bax ⊠ high expressing PC–12 cell line and the mechanisms of clausenamide in inhibiting apoptosis. Acta Pharmaceutica Sinica. 2000, 35(6): 404–407
27. YJ Liu, QF Zhu. Effect of clausenamide on apoptosis of hippocampus neuron induced by sodiam nitroprusside. Chinese Journal of Gerontology. 2006, 26(7): 936–938
28. TJ Lin, GT Liu, XJ Li, BL Zhao, WJ Xin. Anti–lipid peroxidation and oxygen free radical scavenging activity of clausenamide. Chinese Journal of Pharmacology and Toxicology. 1992, 6(2): 97–102
29. TB Ng, SK Lam, WP Fong. A homodimeric sporamin–type trypsin inhibitor with anti–proliferative, HIV reverse transcriptase–inhibitory and antifungal activities from wampee (Clausena lansium) seeds. Biological Chemistry. 2003, 384(2): 289–293

수옹 水翁

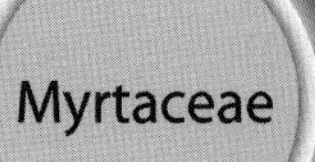

Cleistocalyx operculatus (Roxb.) Merr. et Perry
Operculate Cleistaealyx

개 요

도금양과(Myrtaceae)
수옹(水翁, *Cleistocalyx operculatus* (Roxb.) Merr. et Perry)의 꽃봉오리를 말린 것: 수옹화(水翁花)
중약명: 수옹(水翁)
수옹속(*Cleistocalyx*) 식물은 전 세계에 약 20종이 있으며 아시아와 오스트레일리아의 아열대 지역에 주로 분포한다. 중국에는 2종이 발견되며, 광동성, 광서성 및 운남성에 분포하고, 1종이 약재로 사용된다. 이 종은 중국의 광동성, 광서성, 운남성 및 홍콩에 분포한다. 인도차이나반도, 인도, 말레이시아, 인도네시아 및 호주에도 분포한다.
수옹은 중국 영남 지방의 ≪영남채약록(嶺南采藥錄)≫에서 "수옹화(水翁花)"라는 이름의 약으로 처음 기술되었다. 중국의 광동성에 사는 사람들은 여름철에 더위를 식히기 위해 이 꽃을 넣어서 차로 마시는 것이 일반적이다. 이 종은 광동성중약재표준에서 한약재 수옹화(Cleistocalycis Operculati Flos)의 공식적인 기원식물 내원종으로서 등재되어 있다. 의약 재료는 주로 중국의 광동성, 해남성, 광서성, 운남성 및 대만에서 생산된다.
수옹에는 주로 칼콘, 플라보노이드 및 정유 성분이 함유되어 있다.
약리학적 연구에 따르면 수옹에는 항균, 항종양 및 항산화 효능이 있음을 확인했다.
한의학에서 수옹화는 청열해독(清熱解毒), 거서생진(祛暑生津), 소체이습(消滯利濕)의 효능이 있다.

수옹 水翁 *Cleistocalyx operculatus* (Roxb.) Merr. et Perry

수옹 水翁

수옹화 水翁花 Cleistocalycis Operculati Flos

함유성분

꽃봉오리에는 챨콘 성분으로 2',4'-dihydroxy-6'-methoxy-3',5'dimethylchalcone[1], 3'-formyl-4',6'-dihydroxy-2'-methoxy-5'-methylchalcone[2], 2,4-dihydroxy-6-methoxy-3,5-dimethylchalcone[3]이 함유되어 있고, 플라보노이드 성분으로 (2S)-8-formyl-5-hydroxy-7-methoxy-6-methylflavanone[2], 7-hydroxy-5-methoxy-6,8-dimethylflavanone, 5,7-dihydroxy-6,8-dimethylflavanone[3], 트리테르페노이드 성분으로 ursolic acid[1]가 함유되어 있다.

잎에는 정유 성분으로 Z-, E-β-ocimenes, myrcene, β-caryophyllene, linalool, limonene, calamenene, terpinolene[4]이 함유되어 있다.

나무껍질에는 트리테르페노이드 성분으로 arjunolic acid[5]가 함유되어 있다.

HO OH OMe O

2',4'-dihydroxy-6'-methoxy-3',5'-dimethylchalcone

약리작용

1. 항균 작용
꽃봉오리는 일반적으로 화농구균과 장 내 병원성 박테리아에 대해 강력한 억제 효과를 가지고 있다.

2. 항종양
2',4'-디하이드록시-6'-메톡시-3',5'-디메틸칼콘(DMC)은 약물 내성 종양 세포 KB-A1의 독소루비신에 대한 감수성을 유의적으로 증가시켰다. 또한 종양 세포에서의 세포 내 독소루비신 축적을 증가시켰고 이식된 종양 세포의 무게를 현저히 감소시켰다[6]. 염색 시험에서는 DMC가 만성 골수성 백혈병 K562 세포에서 염색질의 응집과 파열을 유도하고, bcl-2 단백질 수준을 하향 조절하며, 백혈병 종양 세포의 사멸을 유도한다는 것을 보여주었다. DMC를 정맥 내 투여하면 키나제 삽입 영역 수용기(KDR)인 티로신 키나아제 인산화를 억제함으로써 미토겐으로 활성화된 단백질 분해효소(MAPK)를 억제했다. 또한 KDR에 의한 신호 변환을 차단하고, 피하 주사된 마우스에서 인간 간암 Bel7402 및 폐암 GLC-82 세포의 종양 성장을 억제했다[8]. 6개의 다른 인간 암 세포를 이용한 세포독성 연구에서 랫드 간암 SMMC-7721 세포가 DMC에 가장 민감하며, DMC가 종양 성장을 유의하게 억제하고 종양 세포의 세포사멸을 유발한다는 것이 밝혀졌다. DMC는 또한 접종된 마우스에서 SMMC-7721 종양 세포의 성장을 억제했다[9-10].

3. 항산화 작용
꽃봉오리는 랫드의 간의 마이크로솜에서 지질과산화와 과산화수소로 유발된 부신 갈색세포종 PC12 세포 손상에 대한 상당한 보호 효과를 나타냈다[11].

4. 심장에 미치는 영향
꽃봉오리의 물 추출물은 랫드에서 적출된 심장근육지방종에서 Na^+, K^+-ATPase 활성을 억제하고, 심장의 수축성을 증가시키며, 수축 빈도를 감소시켜 양성 및 음성 심장 박동수 변동 작용을 하는 것으로 나타났다[12].

용도

1. 감기와 발열, 두통
2. 복부 팽만, 구토, 설사

해설

수옹의 잎과 나무껍질은 각각 한약재 수옹엽(水翁葉)과 수옹피(水翁皮)로 사용된다. 두 가지 모두 청열소체(清熱消滯), 해독살충(解毒殺蟲), 조습지양(燥濕止痒)의 효능이 있어서, 습열로 인한 이질, 소화불량으로 인한 더부룩함, 각기부종, 습진, 화상 등을 개선한다. 수옹피는 또한 중국의 광동성에서는 "토형피(土荆皮)"의 이름으로 사용된다. 그러나 2005년 중국약전(2015)에 기록된 토형피는 소나무과(Pinaceae)의 *Pseudolarix kaempferi* Gord의 뿌리 부근의 뿌리껍질이나 줄기껍질을 말린 것을 가리킨다. 수옹피와 토형피는 가려움증을 멈추고 기생충을 구제하는 작용이 있다. *P. kaempferi*는 중국 특산종으로서 중국에서 2급 희귀 및 멸종위기종 중 하나이다.

참고문헌

1. CL Ye, YH Lu, XD Li, DZ Wei. HPLC analysis of a bioactive chalcone and triterpene in the buds of Cleistocalyx operculatus. South African Journal of Botany. 2005, 71(3&4): 312–315
2. CL Ye, YH Lu, DZ Wei. Flavonoids from Cleistocalyx operculatus. Phytochemistry. 2004, 65(4): 445–447
3. TAD Le, XD Nguyen, VL Hoang. Chemical composition of different parts of Cleistocalyx operculatus Roxb Merr et Perry from Vietnam. Tap Chi Hoa Hoc. 1997, 35(3): 47–51
4. NX Dung, HV Luu, TT Khoi, PA Leclercq. GC and GC/MS analysis of the leaf oil of Cleistocalyx operculatus Roxb. Merr. et Perry (Syn. Eugenia operculata Roxb.; Syzygicum mervosum DC.). Journal of Essential Oil Research. 1994, 6(6): 661–662
5. M Nomura, K Yamakawa, Y Hirata, M Niwa. Anti-dermatophytic constituent from the bark of Cleistocalyx operculatus. Shoyakugaku Zasshi. 1993, 47(4): 408–410

6. F Qian, CL Ye, DZ Wei, YH Lu, SL Yang. In vitro and in vivo reversal of cancer cell multidrug resistance by 2',4'–dihydroxy–6'–methoxy–3',5'–dimethylchalcone. Journal of Chemotherapy. 2005, 17(3): 309–314
7. CL Ye, F Qian, DZ Wei, YH Lu, JW Liu. Induction of apoptosis in K562 human leukemia cells by 2',4'–dihydroxy–6'–methoxy–3',5'–dimethylchalcone. Leukemia Research. 2005, 29(8): 887–892
8. XF Zhu, BF Xie, JM Zhou, GK Feng, ZC Liu, XY Wei, FX Zhang, MF Liu, YX Zeng. Blockade of vascular endothelial growth factor receptor signal pathway and anti–tumor activity of ON–III (2',4'–dihydroxy–6'–methoxy–3',5'–dimethylchalcone), a component from Chinese herbal medicine. Molecular Pharmacology. 2005, 67(5): 1444–1450
9. CL Ye, JW Liu, DZ Wei, YH Lu, F Qia. In vitro anti–tumor activity of 2',4'–dihydroxy–6'–methoxy–3',5'–dimethylchalcone against six established human cancer cell lines. Pharmacological Research. 2004, 50(5): 505–510
10. CL Ye, JW Liu, DZ Wei, YH Lu, F Qian. In vivo anti–tumor activity by 2',4'–dihydroxy–6'–methoxy–3',5'–dimethylchalcone in a solid human carcinoma xenograft model. Cancer Chemotherapy and Pharmacology. 2005, 56(1): 70–74
11. YH Lu, CB Du, ZB Wu, CL Ye, JW Liu, DZ Wei. Protective effects of Cleistocalyx operculatus on lipid peroxidation and trauma of neuronal cells. China Journal of Chinese Materia Medica. 2003, 28(10): 964–966
12. AYH Woo, MMY Waye, HS Kwan, MCY Chan, CF Chau, CHK Cheng. Inhibition of ATPases by Cleistocalyx operculatus. A possible mechanism for the cardiotonic actions of the herb. Vascular Pharmacology. 2002, 38(3): 163–168

신차 腎茶

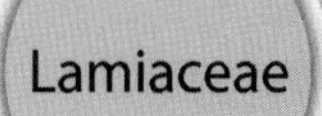

Lamiaceae

Clerodendranthus spicatus (Thunb.) C. Y. Wu ex H. W. Li

Spicate Clerodendranthus

개 요

꿀풀과(Lamiaceae)

신차(腎茶, *Clerodendranthus spicatus* (Thunb.) C. Y. Wu ex H. W. Li의 전초를 말린 것: 묘수초(貓鬚草, Clerodendranthi Spicati Herba)

중약명: 신차(腎茶)

신차속(*Clerodendthus*) 식물은 전 세계에 약 5종이 있으며, 동남아시아에서 오스트레일리아까지 분포한다. 중국에는 1종이 발견되며, 약재로 사용된다. 이 종은 중국의 광동성, 복건성, 해남성, 광서성, 운남성, 홍콩 및 대만에 분포한다. 인도, 미얀마, 태국, 인도네시아 및 필리핀, 호주 및 그 주변 섬에도 분포한다.

신차는 2000년 이상 태(傣)족 사람들에 의해 전통 민간약으로 사용되어 왔다. 태족의 약용 이름은 '아나초(雅糯秒)'로 태족 의서인 ≪패엽경(貝葉經)≫과 ≪당합아(檔哈雅)≫에 처음 기술되었다[1]. 한때 중국 광주성 군인들을 위한 일반용 중약재사용설명서에 "묘수공(貓须公)"이라는 이름으로 약으로 기술되었다. 약재는 주로 중국의 광동성, 해남성, 광서성, 운남성 및 대만에서 생산된다.

전초에는 주로 디테르페노이드, 트리테르펜, 플라보노이드 및 트리테르페노이드 사포닌 성분이 함유되어 있다.

약리학적 연구에 따르면 신차에는 이뇨, 항종양, 소염, 면역 조절, 항산화, 항혈전 및 항균 작용이 있음을 확인했다. 또한 혈소판 응집과 장간막 세포의 과형성을 억제한다.

민간요법에 따르면 묘수초(貓鬚草)는 청열이습(淸熱利濕), 통림배석(通淋排石)의 효능이 있다.

신차 腎茶 *Clerodendranthus spicatus* (Thunb.) C. Y. Wu ex H. W. Li

신차 腎茶

묘수초 貓鬚草 Clerodendranthi Spicati Herba

함유성분

전초에는 디테르페노이드 성분으로 orthosiphols A, B, D, E, F, G, H, I, J, K, L, M, N, O, P, Q, R, S, T, U, V, W, X, Y, secoorthosiphols A, B, C, neoorthosiphols A, B, siphonols A, B, C, D, E, staminols A, B[2], C, D[3], norstaminols A, B, C, staminolactones A, B, nororthosiphonolide A, norstaminolactone A[2], orthosiphonones A, B[4], C, D, 14-deoxo-14-O-acetylorthosiphol Y, 3-O-deacetylorthosiphol I, 2-O-deacetylorthosiphol J[3], neoorthosiphonone A[5]가 함유되어 있고, 트리테르페노이드 산 성분으로 ursolic acid, oleanolic acid, betulinic acid[6], maslinic acid[7], orthosiphonoic acid[8], 트리테르페노이드 사포닌 성분으로 orthosiphonosides A, B, C, D, E[9], 플라보노이드 성분과 플라보노이드 배당체 성분으로 ladanein[6], 3'-hydroxy-5,6,7,4'-tetramethoxyflavone, eupatorin, sinenset in[10], isosinensetin, salvigenin, gonzalitosin I, 6-methoxyluteolin, astragalin, isoquercetrin[11], 6-methoxygenkwanin[12], tetramethylscutellarein[13], pedalitin permethylether[14], 5,7,4'-trimethylapigenin, 5,7,3',4'-tetramethyllut eolin[15], 벤조크로멘 성분으로 orthochromene A[4], methylripariochromene A[16], 유기산 성분으로 caffeic acid, protocatechuic acid, rosmarinic acid[11], cichoric acid[17], 쿠마린 성분으로 esculetin[11]이 함유되어 있다.

orthosiphol A

orthosiphonoic acid

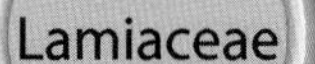

약리작용

1. 이뇨 작용

전초의 탕액을 경구 투여하면 정상적인 랫드와 마우스의 소변량을 증가시켰으나, 소변 pH에는 영향을 미치지 않았다[18-19]. 십이지장에 주사하면 토끼 요관의 활동 전위의 빈도와 진폭이 증가하여 요도 결석의 배출이 촉진되었다[19]. 또한 배양된 랫드 사구체 간질 세포의 증식과 인터류킨 1β의 분비를 유의하게 억제했다[20]. 전초의 수성 추출물을 경구 투여하면 아데닌에 의해 만성 신부전을 유발한 랫드의 사구체 침윤 속도와 신 혈류를 증가시켰고, 혈청 요소 질소와 크레아티닌 수치를 감소시켰으며, 빈혈을 개선시켰고, 내인성 크레아티닌과 요산 크레아티닌 분비를 증가시켰다[21].

2. 항염 작용

전초 추출물을 경구 투여하면 마우스에서 파두유로 유도된 귀의 부기(浮氣)를 유의하게 억제했다[18]. 전초의 클로로포름 추출물은 마우스에서 카라기닌에 의해 유발된 뒷다리 부종을 억제했다[22].

3. 항균 작용

*In vitro*에서 전초 추출물은 황색포도상구균, 대장균, 녹농균, 폐렴연쇄상구균, 시겔라소네이균, 프로테우스 뷰가리스균에 대한 억제 효과가 있었다[1, 18].

4. 항고혈압

*In vitro*에서 전초 추출물은 돼지 대동맥의 내피 세포에서 혈관 수축 물질인 엔도텔린 1의 방출을 유의하게 억제했다[23]. 주요 활성 성분으로는 메틸리파리오크로멘 A뿐만 아니라 추출물에 디테르페노이드와 플라본이 있다[24]. 메틸리파리오크로멘 A를 피하 투여하면 뇌졸중이 발생하기 쉬운 고혈압 랫드의 수축기 혈압과 심박수가 감소했다[25].

5. 항산화 작용

*In vitro*에서 전초의 메탄올 추출물은 2,2-di(4-t-옥틸페닐)-1-피크릴하이드라질(DPPH) 유리기 및 과산화 이온에 대한 강력한 소거 효과를 보였다[26]. 또한 크산틴 옥시다제 활성을 억제했다[27]. 주요 활성 성분은 추출물의 플라보노이드 함량을 함유한다[26-27].

6. 항종양

*In vitro*에서 전초의 플라보노이드와 디테르페노이드는 간 전이성 대장 암종 26-L5 세포에 대한 세포독성을 보였다[6, 28]. *In vitro*에서 시넨세틴과 테트라메틸스쿠텔라레인은 에를리히 복수 종양을 억제했다[13].

7. 면역조절

전초는 복막 대식세포의 식세포 능력, 콘카나발린 A로 유도된 비장 림프구 세포 증식 및 자연 살해 활성을 유의하게 증가시켰으며, 용혈성 플라크 형성 세포의 수를 증가시켰다[29]. 전초의 디테르페노이드는 마우스의 대식 유사 J774.1 세포에서 지질다당류로 유도된 일산화질소 합성을 억제했다[3, 5].

8. 기타

전는 항고혈당제[30], 간 보호[31], 지혈[19] 효과를 나타냈고, 멜라닌 생성을 억제했다[23].

용도

1. 신염, 방광염, 요로 감염, 요로결석, 담석증
2. 류머티스성 관절염
3. 부종

해설

Orthosiphon rubicundus (D. Don) Benth. var. *hainanensis* Sun ex C. Y. Wu도 신차와 유사하다고 보고된 바 있는데, 이 식물은 잎은 좁고, 타원형~장타원형이며, 가장자리는 거치가 심하고, 잎자루는 짧거나 없다. 따라서 혼용 방지를 위해 감별에 특별히 주의하여야 한다. 또한, *O. rubicundus* var. *hainanensis*의 약용 자원 개발의 확대를 위해 그 화학적 성분과 약리 활성에 대한 추가 연구가 요구된다.

참고문헌

1. NN Gao, Z Tian, LL Li, GQ Li, RL Li, HZ Chen, RH Lou, GH Yan. Study on the pharmacological effect of Clerodendranthus spicatus. Chinese Traditional and Herbal Drugs. 1996, 27(10): 615
2. S Awale, Y Tezuka, AH Banskota, S Kadota. Inhibition of NO production by highly-oxygenated diterpenes of Orthosiphon stamineus and their structure-activity relationship. Biological & Pharmaceutical Bulletin. 2003, 26(4): 468-473
3. NMT Thi, A Suresh, T Yasuhiro, CH Chang, K Shigetoshi. Staminane- and isopimarane-type diterpenes from Orthosiphon stamineus of Taiwan and their nitric oxide inhibitory activity. Journal of Natural Products. 2004, 67(4): 654-658
4. H Shibuya, T Bohgaki, T Matsubara, M Watarai, K Ohashi, I Kitagawa. Indonesian medicinal plants. XXII. Chemical structures of two new isopimarane-type diterpenes, orthosiphonones A and B, and a new benzochromene, orthochromene A from the leaves of Orthosiphon aristatus (Lamiaceae). Chemical & Pharmaceutical Bulletin. 1999, 47(5): 695-698
5. S Awale, Y Tezuka, M Kobayashi, JY Ueda, S Kadota. Neoorthosiphonone A; a nitric oxide (NO) inhibitory diterpene with new carbon skeleton from Orthosiphon stamineus. Tetrahedron Letters. 2004, 45(7): 1359-1362
6. Y Tezuka, P Stampoulis, AH Banskota, S Awale, KQ Tran, I Saiki, S Kadota. Constituents of the Vietnamese medicinal plant Orthosiphon stamineus. Chemical & Pharmaceutical Bulletin. 2000, 48(11): 1711-1719
7. MA Hossain, Z Ismail. Maslinic acid from the leaves of Orthosiphon stamineus. Journal of Bangladesh Academy of Sciences. 2005, 29(1): 61-64
8. MA Hossain, Z Ismail. A new lupene-type triterpene from the leaves of Orthosiphon stamineus. Indian Journal of Chemistry. 2005, 44B(2): 436-437
9. FV Efimova, AD Inaishvili. Java tea (Orthosiphon stamineus) saponins. Aktual'nye Voprosy Farmatsii. 1970: 17-18
10. GA Akowuah, I Zhari, I Norhayati, A Sadikun, SM Khamsah. Sinensetin, eupatorin, 3'-hydroxy-5,6,7,4'-tetramethoxyflavone and rosmarinic acid contents and anti-oxidative effect of Orthosiphon stamineus from Malaysia. Food Chemistry. 2004, 87(4): 559-566
11. AH Zhao, QS Zhao, RT Li, HD Sun. Chemical constituents from Clerodendranthus spicatus. Acta Botanica Yunnanica. 2004, 26(5): 563-568
12. JY Zhong, ZS Wu. Chemical constituents of Clerodendranthus spicatus. Acta Botanica Yunnanica. 1984, 6(3): 344-345
13. KE Malterud, IM Hanche-Olsen, I Smith-Kielland. Flavonoids from Orthosiphon spicatus. Planta Medica. 1989, 55(6): 569-570
14. MA Hossain, Z Ismail. Synthesis of sinensetin, a naturally occurring polymethoxyflavone. Pakistan Journal of Scientific and Industrial Research. 2004, 47(4): 268-271
15. IM Lyckander, KE Malterud. Lipophilic flavonoids from Orthosiphon spicatus prevent oxidative inactivation of 15-lipoxygenase. Prostaglandins, Leukotrienes and Essential Fatty Acids. 1996, 54(4): 239-246
16. T Matsubara. Pharmacological actions of methylripariochromene A in an Indonesian traditional herbal medicine, kumis kucing (Orthosiphon aristatus). Toyama-ken Yakuji Kenkyusho Nenpo. 1998, 25: 23-35
17. NK Olah, L Radu, C Mogosan, D Hanganu, S Gocan. Phytochemical and pharmacological studies on Orthosiphon stamineus Benth. (Lamiaceae) hydroalcoholic extracts. Journal of Pharmaceutical and Biomedical Analysis. 2003, 33(1): 117-123
18. HF Cai, Y Shou, JJ Wang, L Li. Preliminary study on the pharmacological action of Clerodendranthus spicatus. Journal of Chinese Medicinal Materials. 1997, 20(1): 38-40
19. RG Huang, WT Shen, XZ Zheng, YR Xu. Effect of Clerodendranthus spicatus on urinary calculus. Journal of Fujian Medical University. 1999, 33(4): 402-405
20. YT Li, RG Huang, XZ Zheng. Effect of Clerodendranthus spicatus on cell proliferation and interleukin-1β production in mesangial cells. Chinese Journal of Integrated Traditional and Western Nephrology. 2003, 4(10): 571-573
21. NN Gao, Z Tian, LL Li, GQ Li, RL Li. Improving effect of Clerodendranthus spicatus on rats with chronic renal failure induced by adenine. Northwest Pharmaceutical Journal. 1996, 11(3): 114-117

22. L Vuanghao, A Sadikun, TS Ying, MZ Asmawi. High-performance liquid chromatographic analysis of flavones from the anti-inflammatory fraction of Orthosiphon stamineus chloroform extract. Journal of Physical Science. 2005, 16(1): 1-8

23. R Hashizume, S Maruyama. Extract from Orthosiphon stamineus of Okinawa and its pharmacological action. Fragrance Journal. 2006, 34(8): 54-61

24. T Matsubara. Pharmacological actions of extracts and constituents from an Indonesian traditional herbal medicine, kumis kucing (Orthosiphon aristatus). (Part 3). Toyama-ken Yakuji Kenkyusho Nenpo. 2000, 27: 1-6

25. T Matsubara, T Bohgaki, M Watarai, H Suzuki, K Ohashi, H Shibuya. Anti-hypertensive actions of methylripariochromene A from Orthosiphon aristatus, an Indonesian traditional medicinal plant. Biological & Pharmaceutical Bulletin. 1999, 22(10): 1083-1088

26. GA Akowuah, I Zhari, I Norhayati, A Sadikun. Radical scavenging activity of methanol leaf extracts of Orthosiphon stamineus. Pharmaceutical Biology. 2004, 42(8): 629-635

27. GA Akowuah, I Zhari, A Sadikun, I Norhayati. HPTLC densitometric analysis of Orthosiphon stamineus leaf extracts and inhibitory effect on xanthine oxidase activity. Pharmaceutical Biology. 2006, 44(1): 65-70

28. P Stampoulis, Y Tezuka, AH Banskota, KQ Tran, I Saiki, S Kadota. Staminolactones A and B and norstaminol A: three highly oxygenated staminane-type diterpenes from Orthosiphon stamineus. Organic Letters. 1999, 1(9): 1367-1370

29. XB Cen, RS Wang. The effect of Clerodendranthus spicatus on immune function in mice. Modern Preventive Medicine. 1997, 24(1): 73-74

30. K Sriplang, S Adisakwattana, A Rungsipipat, S Yibchok-Anun. Effects of Orthosiphon stamineus aqueous extract on plasma glucose concentration and lipid profile in normal and streptozotocin-induced diabetic rats. Journal of Ethnopharmacology. 2007, 109(3): 510-514

31. MF Yam, R Basir, MZ Asmawi, Z Ismail. Anti-oxidant and hepatoprotective effects of Orthosiphon stamineus Benth. standardized extract. The American Journal of Chinese Medicine. 2007, 35(1): 115-126

더덕 羊乳

Codonopsis lanceolata Sieb. et Zucc.

Lance Asiabell

개 요

초롱꽃과(Campanulaceae)

더덕(羊乳, *Codonopsis lanceolata* Sieb. et Zucc.)의 뿌리를 말린 것: 산해라(山海螺)

중약명: 양유(羊乳)

더덕속(*Codonopsis*) 식물은 전 세계에 약 40종이 있으며, 아시아의 동부 및 중앙에 분포한다. 중국에는 39종과 11변종이 발견되며, 주로 중국의 서남부에 가장 많이 분포되어 있다. 이 속에서 약 18종과 10변종이 약재로 사용된다. 이 종은 중국의 북동부, 북부, 동부, 중남부 및 남부에 분포한다. 러시아, 한반도, 일본의 극동 지역에도 분포한다.

"양유(羊乳)"는 ≪명의별록(名醫別錄)≫에서 약으로 처음 기술되었다. 대부분의 고대 한방의서에 기술되어 있다. 의약 재료는 주로 중국 대부분의 지역에서 생산된다.

더덕에는 주로 트리테르펜, 트리테르페노이드 사포닌, 알칼로이드 및 플라보노이드 성분이 함유되어 있다.

약리학적 연구에 따르면 더덕에는 항산화, 항균, 콜레스테롤강하 작용, 항돌연변이 및 기억력 개선 효능이 있음을 확인했다.

민간요법에 따르면 산해라(山海螺)는 익기양음(益氣養陰), 해독소종(解毒消腫), 배농(排膿), 통유(通乳)의 효능이 있다.

더덕 羊乳 *Codonopsis lanceolata* Sieb. et Zucc.

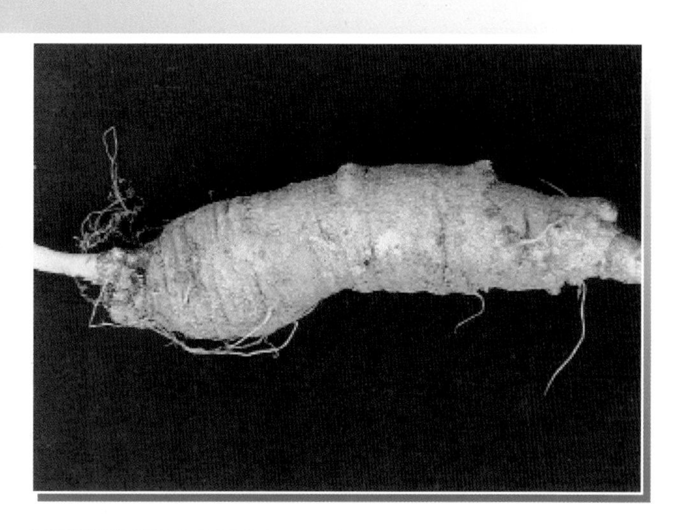

산해라 山海螺 Codonopsis Lanceolatae Radix

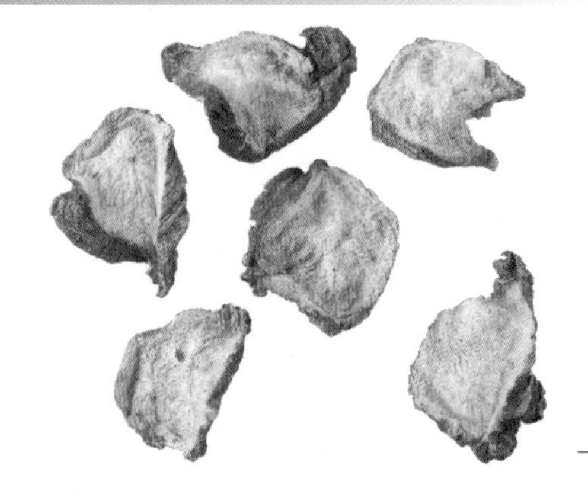

함유성분

뿌리에는 트리테르페노이드 성분으로 echinocystic acid[1], taraxerone, taraxerol[2]이 함유되어 있고, 트리테르페노이드 사포닌 성분으로 codonolaside[3], codonosides A, B, C[4-5], codonoposide[6], 알칼로이드 성분으로 N-9-formylharman, 1-carbomethoxycarboline, perlolyrine, norharman[7], 스테로이드 성분으로 α-spinasterol, α-spinasterol-β-D-glucoside, Δ7-stigmastenol-β-D-glucoside, stigmasterol-β-Dglucoside[2], 플라보노이드 성분으로 tectoridin[8], 정유 성분으로 carvone, α-terpineol[9]이 함유되어 있다.
잎에는 플라보노이드 성분으로 luteolin, luteolin-7-O-β-D-glucopyranoside, luteolin-5-O-β-D-glucopyranoside[10]가 함유되어 있다.

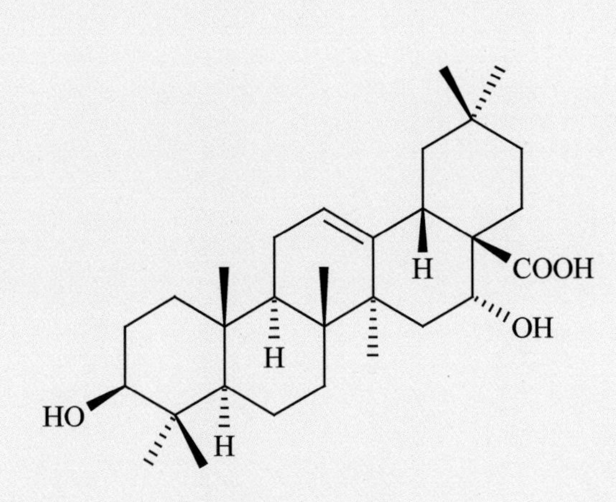

echinocystic acid

약리작용

1. 항산화 작용
뿌리의 물 추출물을 경구 투여하면 랫드의 간에서 CCl_4로 유도된 시토크롬 P_{450}의 감소를 길항하고, 간의 크산틴산화효소 및 글루타티온과산화효소의 활성을 감소시키며, 과산화물 불균등화효소(SOD)의 활성을 증가시키고 글루타티온 및 지질과산화물의 수준을 감소시킨다[11]. 뿌리의 물 추출물을 경구 투여하면 마우스의 뇌 조직과 적혈구의 지질과산화물 농도를 유의하게 감소시켰고, 성충에서 혈청 SOD 활성을 유의하게 증가시켰다[12]. 콩 오일과 라드를 사용한 산화 연구에서 뿌리의 에탄올 추출물은 강력한 항산화 특성을 나타냈다. 항산화 활성은 인삼 에탄올 추출물보다 높았다[13].

2. 항균 작용
*In vivo*에서 뿌리의 탕액은 폐렴연쇄상구균, A형 연쇄상구균, 헤모필루스 인플루엔자, 황색포도상구균, 탄저균, 클렙스로에플 바실루스 및 B형 연쇄상구균을 다양하게 억제했다[14].

3. 항고지혈증
뿌리의 에탄올 추출물을 경구 투여하면 고지방 사료를 섭취한 랫드의 트리글리세라이드 수치 증가를 효과적으로 억제했으며, 동시에 간 전체 지방 분해 효소의 활성을 증가시키고 혈중 트리글리세라이드 수치를 감소시킴으로써 죽상 경화증을 예방했다[15].

4. 항돌연변이
뿌리의 에탄올 추출물의 물 분획은 말초 혈액 림프구에서 시클로포스파미드로 유도된 돌연변이 유발에 대해 유의한 길항 작용을 나타냈고[16], 또한 뿌리에서 나온 사포닌은 유기체의 면역을 증진시켰다. 항돌연변이 유발 작용기전 중 하나는 질병에 저항하기 위해 면역 기능을 증가시킴으로써 달성되는 간접적인 항돌연변이 효과이다[17].

5. 기억력 향상
 수중 미로 연구에서, 뿌리의 물 추출물을 경구 투여하면 노령의 암컷 마우스 시험군이 출발점에서 종점으로 이동하는 데 필요한 시간을 상당히 감소시켰다. 뿌리의 물 추출물을 경구 투여하면 동일한 연구에서 부동 시간의 잠복기와 거짓 운동의 수를 현저하게 감소시켰다[12, 14].

6. 면역증강
 뿌리의 에탄올 추출물(WACL)의 물 분획은 미토마이신에 의한 면역계 억제 림프 세포의 형질 전환율 감소에 반비례했고, 그 효과는 용량 의존적이었으며, WACL이 림프절 세포의 면역을 증진시킬 수 있음을 나타냈다. 또한 저용량에서 강력한 억제 효과를 나타냈다[17].

7. 피로 회복
 뿌리의 탕액을 경구 투여하면 지친 마우스의 수영 시간을 현저히 연장시켰고, 그 영향은 당삼보다 더 강력했다[14].

8. 항종양
 뿌리의 다당류를 연속 경구 투여하면 S180 육종 마우스에서 시험군의 종양 무게가 대조군보다 유의하게 감소하여 강력한 항종양 활성을 보였다[14].

9. 항고혈압 효과
 뿌리의 탕액을 마취된 토끼에 경구 투여 또는 정맥 내 투여하면 혈압을 유의하게 감소시켰다. 호흡률은 유의하게 증가했으며, 아드레날린에 의한 혈압의 증가도 역전되었다[18].

10. 진정 작용
 뿌리 추출물을 복강 내 투여하면 상한 역치 투여량을 사용하는 펜토바르비탈 나트륨에 마취된 마우스의 수면 시간을 증가시켰고, 하한 역치 투여량을 사용하면 수면율을 증가시켰다. 마우스에서 자발적인 활동을 유의하게 억제하여 진정 작용을 나타냈다[19].

11. 진통 작용
 뿌리 추출물을 마우스의 복강 내 투여하면 열판과 아세트산에 의해 유도된 통증을 현저하게 완화시켰다[19].

용도

1. 피로, 두통, 현기증
2. 폐 농양, 기침, 기관지염, 폐암
3. 유방염, 유즙 부족, 백대하 과잉
4. 상처, 주름살, 사교상(蛇咬傷)

해설

다른 지역에서 사용하는 더덕의 동의어로는 양내삼(羊奶參), 윤엽당삼(輪葉党參), 사엽삼(四葉參), 내삼(奶參), 토당삼(土党蔘), 산호나복(山胡蘿卜) 등이 있다. 이러한 동의어는 혼동을 일으킬 수 있으므로 식별할 때 주의를 기울여야 한다. 더덕은 신선하고 부드러운 뿌리를 가진 식용 및 약용 식물로서 건강식품으로 개발될 수 있다. 또한 매우 높은 약용 가치가 있으며 보중익기(補中益氣) 약으로 사용되며 기억력 개선 및 항노화 약의 재료로 개발할 수 있다. 이미 수행된 연구 중 약리학적 연구는 주로 수분 섭취, 알코올 추출물 및 미정제 다당류에 집중되어 있다. 따라서 활성 성분과 약리학적 작용기전을 규명하고 그 용도를 높이기 위해서는 더 많은 약리학적 연구가 수행되어야 한다.

참고문헌

1. HS Yang, SS Choi, BH Han, SS Kang, WS Woo. Sterols and triterpenoids from Codonopsis lanceolata. Yakhak Hoechi. 1975, 19(3): 209-212
2. QS Ren, XY Yu, XR Song, HS Chen. Study on the chemical constituents of Codonopsis lanceolata. Chinese Traditional and Herbal Drugs. 2005, 36(12): 1773-1775

3. Z Yuan, ZM Liang. A new triterpenoid saponin from Codonopsis lanceolata. Chinese Chemical Letters. 2006, 17(11): 1460-1462

4. JG Jon, MH Ho, SI Kim. Saponin components of root of Codonopsis lanceolata Benth. et Hook. Choson Minjujuui Inmin Konghwaguk Kwahagwon Tongbo. 2004, 1: 53-56

5. NG Alad'ina, PG Gorovoi, GB Elyakov. Codonoside B, the major triterpene glycoside of Codonopsis lanceolata. Khimiya Prirodnykh Soedinenii. 1988, 1: 137-138

6. KT Lee, J Choi, WT Jung, JH Nam, HJ Jung, HJ Park. Structure of a new echinocystic acid bisdesmoside isolated from Codonopsis lanceolata roots and the cytotoxic activity of prosapogenins. Journal of Agricultural and Food Chemistry. 2002, 50(15): 4190-4193

7. YK Chang, SY Kim, BH Han. Chemical studies on the alkaloidal constituents of Codonopsis lanceolata. Yakhak Hoechi. 1986, 30(1): 1-7

8. SL Mao, SM Sang, AN Lao, ZL Chen. Studies on the chemical constituents of Codonopsis lanceolata Benth. et Hook. Natural Product Research and Development. 2000, 12(1): 1-3

9. XY Yu, QS Ren, XR Song. Analysis of essential oil from Codonopsis lanceolata by GC-MS. China Journal of Chinese Materia Medica. 2003, 28(5): 467-468

10. WK Whan, KY Park, SH Chung, IS Oh, IH Kim. Flavonoids from Codonopsis lanceolata leaves. Saengyak Hakhoechi. 1994, 25(3): 204-208

11. EG Han, SY Cho. Effect of Codonopsis lanceolata water extract on the activities of anti-oxidative enzymes in carbon tetrachloride treated rats. Han'guk Sikp'um Yongyang Kwahak Hoechi. 1997, 26(6): 1181-1186

12. CJ Han, LJ Li, KS Piao, YA Shen, YQ Piao. Experimental study on anti-oxygen and promoting intelligence development of Codonopsis lanceolata in old mice. Journal of Chinese Medicinal Materials. 1999, 22(3): 136-138

13. YS Maeng, HK Park. Anti-oxidant activity of ethanol extract from dodok (Codonopsis lanceolata). Han'guk Sikp'um Kwahakhoechi. 1991, 23(3): 311-316

14. XY Yu, QS Ren, XR Song. Study progress of Codonopsis lanceolata. Jiangxi Journal of Traditional Chinese Medicine. 2004, 35(255): 60-61

15. DM Wang, CJ Han, Z Liu, ZQ Zhang. Preventive effects of Codonopsis lanceolata on hypertriglyceridemia in rats. Journal of Medical Science Yanbian University. 2003, 26(4): 253-255

16. ZQ Zhang, CJ Han, HS Piao, LH Wu. Effect of the water portion of alcohol extract of Codonopsis lanceolata against CP-induced mutation. Chinese Journal of Environmental and Occupational Medicine. 2005, 22(5): 424-425, 445

17. ZQ Zhang, CJ Han, LJ Li, T Chen. Effect of alcoholic extract of Codonopsis lanceolata on lymphocyte proliferation. Chinese Journal of Public Health. 2005, 21(4): 467

18. LH Wu, HS Piao, CJ Han. Chemical and pharmacological study progress on Codonopsis lanceolata. Chinese Journal of Information on Traditional Chinese Medicine. 2005, 12(10): 97-99

19. HB Xu, XB Sun, CC Zhou, HR Li, J Zhang. Effect of extract of Codonopsis lanceolata on central nervous system. Special Wild Economic Animal and Plant Research. 1991, 1: 49-51

폐초강 閉鞘薑

Costus speciosus (Koen.) Smith

Crape Ginger

개 요

생강과(Zingiberaceae)

폐초강(閉鞘薑, *Costus speciosus* (Koen.) Smith)의 뿌리줄기를 말린 것: 폐초강(閉鞘薑)

중약명: 폐초강(閉鞘薑)

폐초강속(*Costus*) 식물은 전 세계에 약 150종이 있으며, 열대 및 아열대 지역에 분포한다. 중국에는 약 3종이 발견되며, 주로 남동부에서 남서부에 분포하고, 약재로 사용된다. 이 종은 중국의 광동성, 광서성, 해남성, 운남성, 홍콩 및 대만에 분포하며 아시아의 열대 지역에 널리 분포한다.

"폐초강(閉鞘姜)"은 중국 영남 지방의 ≪생초약성비요(生草藥性備要)≫에서 약으로 처음 기술되었다. 의약 재료는 주로 중국의 광동성, 광서성, 해남성, 운남성 및 대만에서 생산된다.

폐초강에는 주로 스테로이드성 사포닌과 사포닌 성분이 함유되어 있다. 살균 사포닌은 활성 성분이다.

약리학적 연구에 따르면 폐초강에는 소염, 항균, 항바이러스 및 항종양 효능이 있음을 확인했다.

민간요법에 따르면 폐초강은 이수소종(利水消腫), 청열해독(清熱解毒)의 효능이 있다.

폐초강 閉鞘薑 *Costus speciosus* (Koen.) Smith

폐초강 閉鞘薑 Costi Speciosi Rhizoma

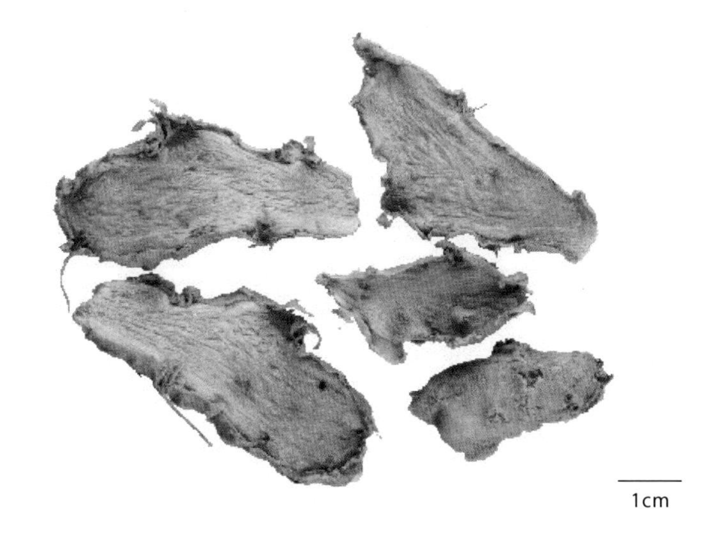

함유성분

뿌리줄기에는 스테로이드성 사포게닌 성분으로 diosgenin[1], tigogenin[2]이 함유되어 있고, 스테로이드성 사포닌 성분으로 dioscin, ophiopogonin C, gracillin, methyl protogracillin[3], dioscin의 prosapogenin B, methyl protodioscin, protogracillin, diosgenin−3−O−β−D−glucopyranosyl(1→3)−β−D−glucopyranoside[4], 트리테르페노이드 성분으로 cycloartenol, 25−en−cycloartenol[5], cycloartanol, cycloartenol[6], 정유 성분으로 pinocarveol, cadinene, cineole, carvacrol[7]과 또한 methyl−3−(4−hydroxyphenyl)−2E−propenoate[8]가 함유되어 있다.

씨에는 스테로이드성 사포게닌 성분으로 diosgenin[9], 스테로이드성 사포닌 성분으로 dioscin의 prosapogenins A, B, dioscin, gracillin, methyl protogracillin, protodioscin[10], costusosides I, J[11]가 함유되어 있다.

ophiopogonin C

약리작용

1. 항염 작용

뿌리줄기의 사포닌은 상당한 항염 효과를 나타냈다. 디오스게닌으로 양성 피드백되는 시클로옥시게나아제-2(COX-2)는 인간 류머티스 관절염에서 섬유 육종과 유사한 활막 세포(FLS)의 성장을 억제하여 세포사멸을 유도했다[12-13]. 식이요법제 디오스게닌은 랫드에서 체중을 억제했고 음식 섭취량을 감소시켰으며, 피하에 인도메타신으로 유도된 아급성으로 인한 장염을 억제했다. 디오스게닌은 담즙 콜레스테롤, 담즙산 배출량 및 흐름의 감소를 유의하게 예방했으며, 담즙 내 하이오데옥시콜산과 데옥시콜산의 농도를 증가시켰다. 디오스게닌은 또한 인도메타신의 제거 상수를 유의하게 증가시켰고 혈장 인도메타신 농도를 감소시켰다[14].

2. 항균 작용

뿌리줄기의 정유 성분은 황색포도상구균, 용혈성 연쇄상구균, 콜레라균, 녹농균과 같은 병원성 박테리아를 유의하게 억제했다. *In vivo*에서 메틸-3-(4-하이드록시페닐)-2E-프로페논염은 흑색국균, 클라도스포리움 클라도스포리오이데스, 콜렉토트리쿰 글로에오스프리오이데스, 쿠르불라리아속과 같은 박테리아를 유의하게 억제했다[8].

3. 항바이러스

뿌리줄기의 수성 에탄올 추출물은 뉴캐슬병 바이러스와 우두 바이러스를 억제했다[15].

4. 항종양

*In vivo*에서 디오스게닌은 세포사멸을 유도하는 G1 단계에서 주기 억류와 함께 인간 오스테오스콤코마 1547 세포 성장을 억제했다[16]. *In vitro*에서 디오스게닌이 프로토온코진bcl-2를 억제하고 카스파제-3 발현을 유도하며 인간 대장 암종 HT-29 세포의 성장을 억제하여 세포사멸을 유발한다는 것을 보여주었다[17]. 디오스게닌은 또한 파골 세포 종양 유전자의 증식과 침입 및 핵 인자 κB(NF-κB)의 관련 유전자 발현을 억제하여 사이토카인과의 상승 작용으로 세포사멸을 유도했다[18]. 디오신은 미토콘드리아 단백질 발현을 조절하여 단백질 합성을 억제하고, 포스포에스테라아제의 활성에 영향을 미쳤으며, 미토콘드리아의 세포사멸 경로를 유도하고, 인간 백혈병 암종의 HL-60 세포에 대한 세포독성 효과를 일으켰다[19]. 디오신은 카스파제-8의 활성을 감소시켰고, 반면에 카스파제-9의 활성을 증가시켰으며, 미토콘드리아 경로를 통해 인간 자궁경부암 HeLa 세포의 증식을 유의하게 억제했다[20]. 디오신은 또한 유방암 MDA-MB-435 및 폐암 H14 세포에 대해 유의한 저해 효과를 보였다[21].

5. 생식기계에 미치는 영향

뿌리줄기 주스는 자궁 근육에 직접 작용하여, 토끼와 기니피그의 적출된 자궁에 수축 효과를 나타냈다. 또한 개와 토끼의 자궁을 흥분시켰다. 그 활성 성분은 주로 뿌리줄기 주스의 클로로포름 분획에 존재했다[15]. 뿌리줄기의 사포닌은 난소가 제거된 랫드에서 자궁의 무게와 헤파틴 수준을 증가시켜, 질 상피 세포의 각질화와 증식을 일으키며, 디에틸 스틸베스트롤과 같은 에스트로겐 효과를 나타냈다[15, 22-23]. 뿌리줄기의 사포닌도 임신한 랫드에서 불임 효과를 나타냈다[24].

용도

1. 신염, 부종, 배뇨 장애
2. 간경화, 복수
3. 백대하 과잉
4. 상처, 옹, 발진, 두드러기

해설

폐초강의 한약재 동의어 중 하나는 "광동상륙(廣東商陸)"이다. *Phytolacca acinosa* Roxb. 또는 상륙과(Phytolaccaceae)의 미국자리공은 중국약전(2015)의 공식적인 기원식물 내원종으로서 등재되어 있다. 광동상륙, 자리공과 다른 자리공의 의약 재료의 임상적 적용에는 특별한 주의가 필요하다[25].

디오시게닌은 스테로이드 호르몬 합성에 중요한 원료이다. 중국에서는 *Dioscorea zingiberensis* C. H. Wright와 *D. nipponica* Makino에서 마과(Dioscoreaceae)의 식물체에서 약 2%의 수율로 주로 추출되는 반면에, 폐초강 *Costus speciosus*에서 추출한 디오스게닌의 수율은 2.12%라고 해외에서 보고된 바 있다. 폐초강 *C. speciosus*는 중국에서 널리 분포하며 디오스게닌을 추출하기 위한 다른 식물 공급원이 될 가능성이 있다[26]. 고수율 종에 대한 조사를 통해 더 많은 연구가 필요하다. 폐초강 *C. speciosus*는 또한 중국 해남성 산지에 살고 있는 여족(黎族) 사람들의 유명한 야생 식용 야채이다. 그 어린 줄기는 보존하거나 신선하게 먹을 수 있으며, 거대한 현지 시장 수요로 인해 다른 곳에서도 시장에 팔리는 경우는 거의 없다. 폐초강 *C. speciosus*의 의약 및 식용에 개발 가치가 있어 이에 대한 더 많은 연구가 필요하다[14, 27].

참고문헌

1. CF Qiao, AM Tan, H Dong, LS Xu, ZT Wang. Quantitative analysis of diosgenin in Chinese Costus species by colorimetric and GC. Journal of China Pharmaceutical University. 2000, 31(2): 156–158
2. DL Wu. Costus speciosus–a new source of steroid sapogenin. Guihaia. 1984, 4(1): 57–64
3. CX Chen, HX Yin. Steroidal saponins from Costus speciosus. Natural Product Research and Development. 1995, 7(4): 18–23
4. K Inoue, S Kobayashi, H Noguchi, U Sankawa, Y Ebizuka. Spirostanol and furostanol glycosides of Costus speciosus (Koenig.) Sm. Natural Medicines. 1995, 49(3): 336–339
5. CF Qiao, QW Li, H Dong, LS Xu, ZT Wang. Studies on chemical constituents of two plants from Costus. China Journal of Chinese Materia Medica. 2002, 27(2): 123–125
6. MM Gupta, SB Singh, YN Shukla. Investigation of Costus; V. Triterpenes of Costus speciosus roots. Planta Medica. 1988, 54(3): 268
7. ML Sharma, MC Nigam, KL Hande. Essential oil of Costus speciosus. Perfumery and Essential Oil Record. 1963, 54(9): 579–580
8. BM Bandara, CM Hewage, V Karunaratne, NKB Adikaram. Methyl ester of para–coumaric acid: anti–fungal principle of the rhizome of Costus speciosus. Planta Medica. 1988, 54(5): 477–478
9. SB Singh, MM Gupta, RN Lai, RS Thakur. Costus speciosus seeds as an additional source of diosgenin. Planta Medica. 1980, 38(2): 185–186
10. SB Singh, RS Thakur. Plant saponins. II. Saponins from the seeds of Costus speciosus. Journal of Natural Products. 1982, 45(6): 667–671
11. SB Singh, RS Thakur. Plant saponins. Part 3. Costusoside–I and costusoside–J, two new furostanol saponins from the seeds of Costus speciosus. Phytochemistry. 1982, 21(4): 911–915
12. VB Pandey, B Dasgupta, SK Bhattacharya, PK Debnath, S Singh, AK Sanyal. Chemical and pharmacological investigation of saponins of Costus speciosus. Indian Journal of Pharmacy. 1972, 34(5): 116–119
13. B Liagre, P Vergne–Salle, C Corbiere, JL Charissoux, JL Beneytout. Diosgenin, a plant steroid, induces apoptosis in human rheumatoid arthritis synoviocytes with cyclooxygenase–2 over–expression. Arthritis Research & Therapy. 2004, 6(4), R373–R383
14. T Yamada, M Hoshino, T Hayakawa, H Ohhara, H Yamada, T Nakazawa, T Inagaki, M Iida, T Ogasawara, A Uchida, C Hasegawa, G Murasaki, M Miyaji, A Hirata, T Takeuchi. Dietary diosgenin attenuates subacute intestinal inflammation associated with indomethacin in rats. The American Journal of Physiology. 1997, 273(2 Pt 1): G355–G364
15. PX Bi, RX Jiang, TL Wu. Studies on chemical constituents, pharmacological actions and economical use of Zingiberaceae medicinal plants I–Costus speciosus. Journal of Chinese Medicinal Materials. 1984, 4: 37–40
16. S Moalic, B Liagre, C Corbiere, A Bianchi, M Dauca, K Bordji, JL Beneytout. A plant steroid, diosgenin, induces apoptosis, cell cycle arrest and COX activity in osteosarcoma cells. FEBS Letters. 2001, 506(3): 225–230
17. J Raju, JMR Patlolla, MV Swamy, CV Rao. Diosgenin, a steroid saponin of Trigonella foenum graecum (Fenugreek), inhibits azoxymethane–induced aberrant crypt foci formation in F344 rats and induces apoptosis in HT–29 human colon cancer cells. Cancer Epidemiology, Biomarkers & Prevention. 2004, 13(8): 1392–1398
18. S Shishodia, BB Aggarwal. Diosgenin inhibits osteoclastogenesis, invasion, and proliferation through the downregulation of Akt, IκB kinase activation and NF–κB–regulated gene expression. Oncogene. 2006, 25(10): 1463–1473
19. Y Wang, YH Cheung, ZQ Yang, JF Chiu, CM Che, QY He. Proteomic approach to study the cytotoxicity of dioscin (saponin). Proteomics. 2006, 6(8): 2422–2432
20. J Cai, MJ Liu, Z Wang, Y Ju. Apoptosis induced by dioscin in HeLa cells. Biological & Pharmaceutical Bulletin. 2002, 25(2): 193–196
21. Z Wang, JB Zhou, J Yong, SQ Yao, HJ Zhang. Effects of dioscin extracted from Polygonatum zanlanscianense Pamp on several human tumor cell lines. Tsinghua Science and Technology. 2001, 6(3): 239–242

22. PV Tewari, C Chaturvedi, VB Pandey. Estrogenic activity of diosgenin isolated from Costus speciosus. Indian Journal of Pharmacy. 1973, 35(1): 35–36

23. S Singh, AK Sanyal, SK Bhattacharya, VB Pandey. Estrogenic activity of saponins from Costus speciosus (Koen) Sm. Indian Journal of Medical Research. 1972, 60(2): 287–290

24. PV Tewari, C Chaturvedi, VB Pandey. Anti–fertility activity of Costus speciosus. Indian Journal of Pharmacy. 1973, 35(4): 114–115

25. JM Lin, HC Zheng, JC Zhang, ZW Su, HM Mi, YH Yi. Identification of Radix Phytolaccae and its adulterants with differential thermal analysis. Journal of Chinese Medicinal Materials. 1995, 18(12): 611–613

26. ZQ Li, W Fu, RC Lin, GL Wang, F Wei, TJ Hang. Study progress in chemical constituents and pharmacological action of Costus plants. Journal of Chinese Medicinal Materials. 2001, 24(2): 148–150

27. LY Zeng. Costus speciosus and its artificial cultivation, development and utilization. Vegetables. 2001, 4: 33–34

강황 薑黃 CP, KP, JP, VP, IP

Zingiberaceae

Curcuma longa L.

Common Turmeric

개요

생강과(Zingiberaceae)
강황(薑黃, *Curcuma longa* L.)의 뿌리줄기를 말린 것: 강황(薑黃)
강황(薑黃, *Curcuma longa* L.)의 덩이뿌리를 말린 것: 울금(郁金)
중약명: 강황(薑黃)

강황속(*Curcuma*) 식물은 전 세계에 약 50종이 있으며, 아시아의 동남부 및 호주의 북부에 분포한다. 중국에서 약 7종이 발견되며, 남동부에서 남서부에 걸쳐 분포하고, 모두 약재로 사용된다. 이 종은 중국의 복건성, 광동성, 광서성, 사천성, 운남성, 티베트, 홍콩 및 대만에 분포한다. 또한 아시아의 동부 및 남동부에서 재배된다.

"강황(薑黃)"은 ≪신수본초(新修本草)≫에서 약으로 처음 기술되었다. 고대 한방문헌에 기록된 "강황(薑黃)"은 이 속에서 여러 종의 식물을 언급했다. 이 종은 청대의 ≪식물명실도고(植物名實圖考)≫에서 강황(薑黃)으로 확정되었으며 이후 점차적으로 강황(薑黃)의 주류가 되었다. "울금"은 ≪약성론(藥性論)≫에서 약으로 처음 기술되었다. 대부분의 고대 한방의서에 기술되어 있으며, 약용 종은 고대부터 동일하게 남아 있다. 이 종은 중국약전(2015)에 한약재 강황(Curcumae Longae Rhizoma)과 한약재 울금(Curcumae Radix)의 공식적인 기원식물 내원종의 하나이다. ≪대한민국약전≫(제11개정판)에는 "강황"을 "강황(薑黃) *Curcuma longa* Linné (생강과 Zingiberaceae)의 뿌리줄기로서 속이 익을 때까지 삶거나 쪄서 말린 것이다. 이 약은 정량할 때 환산한 건조물에 대하여 쿠르쿠민($C_{21}H_{20}O_6$: 368.38), 데메톡시쿠르쿠민($C_{20}H_{18}O_5$: 338.35) 및 비스데메톡시쿠르쿠민($C_{19}H_{16}O_4$: 308.33)의 합 3.2% 이상 함유"하는 것으로 등재하고 있다. 의약 재료는 중국의 광동성, 광서성, 호북성, 산서성, 운남성, 대만뿐만 아니라 사천성, 복건성, 강서성에서 주로 생산된다.

뿌리줄기에는 디아릴헵타노이드, 세스퀴테르페노이드 및 정유 성분이 함유되어 있다. 정유 성분은 항염, 진통 및 간 보호의 활성 성분이다. 중국약전은 의약 물질의 품질관리를 위해 고속액체크로마토그래피법에 따라 시험할 때 강황의 정유 성분 함량이 7.0% 이상이어야 하고, 쿠르쿠민 함량이 1.0% 이상이어야 한다고 규정하고 있다.

약리학적 연구에 따르면 강황에는 부기(浮氣)를 내리고, 진통, 소염, 항종양 및 항균 효과가 있음을 확인했다.

한의학에서 강황(薑黃)은 파혈행기(破血行氣), 통경지통(通經止痛)의 효능이 있으며, 郁金(울금)은 행기화어(行氣化瘀), 청심해울(淸心解鬱), 이담퇴황(利膽退黃)의 효능이 있다.

강황 薑黃 *Curcuma longa* L.

강황 薑黃 Curcumae Longae Rhizoma

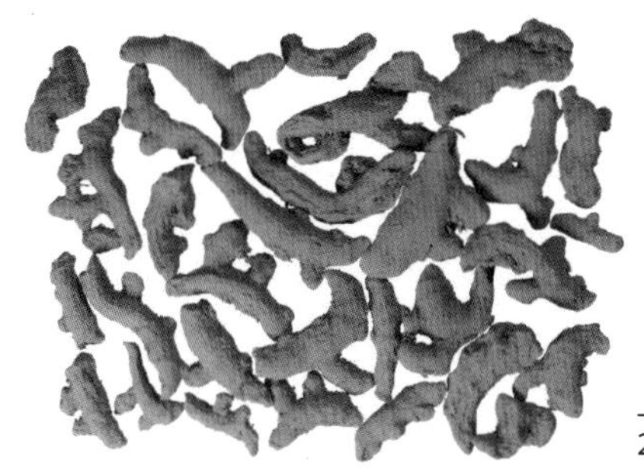

함유성분

뿌리줄기에는 디아릴헵타노이드 성분으로 curcumin, demethoxycurcumin, bisdemethoxycurcumin, letestuianin C, dihydrocurcumin[1], tetrahydrocurcumin[2]이 함유되어 있고, 세스퀴테르페노이드 성분으로 curlone[3], turmeronols A, B[4], germacrone-13-al, curcumenone, α-turmerone, bisacumol, biascurone, curcumenol, procurcumenol, isoprocurcumenol, epiprocurcumenol, dehydrocurdione, (+)-germacrone-4,5-epoxide, zedoarondiol[5], 다당류 성분으로 ukonans A, B, C, D[6-8], 정유 성분으로 turmerone, ar-turmerone, zingiberene, phellandrene, sabinene, camphol[9-10]이 함유되어 있다.
잎에는 테르핀놀렌 성분으로 주로 구성되어 있는 정유 성분[11]이 함유되어 있다.

curcumin

turmerone

약리작용

1. 항염 및 진통 작용
   정유 성분과 약재 추출물을 경구 투여하면 마우스에서 아세트산에 의해 유발된 뒤틀림 반응을 감소시켰고, 또한 알부민에 의해 유발된 랫드의 뒷다리 부종에 대해 유의한 억제 효과를 나타냈다[12]. 에탄올 식이요법과 저용량 콜레시스토키닌(CCK)을 병용하여 유도된 췌장암과 세룰레인 췌장암 모두에서 쿠르쿠민은 혈청 아밀라아제, 췌장 트립신, 호중구 침윤 등의 많은 변수를 측정하여 증상을 유의하게 개선한다[13]. *In vivo*와 *In vivo*에서 쿠르쿠민은 T 림프구의 야누스 키나아제-STAT(JAK-STAT) 경로를 통해 인터류킨-12(IL-12)의 신호 전달을 차단함으로써 실험적 알레르기성 뇌척수염(EAE)을 억제했다[14]. 만성 대장염을 가진 마우스에서 쿠르쿠민을 경구 투여하면 골수세포형과산화효소(MPO)와 종양 괴사 인자 α(TNF-α)의 활성을 증가시켰다[15].

2. 혈소판 응집 억제

*In vivo*에서 뿌리줄기의 메탄올 추출물에서 얻은 헥산 분획은 토끼에서 콜라겐과 아라키돈산으로 유도된 혈소판 응집을 억제했으며, 주요 활성 성분은 아르투메론이다[16].

3. 항종양

쿠르쿠민은 인간 간암 세포의 성장을 억제했다[17]. 또한 마우스의 장 내 점막에서 선종 형성을 방지했다[18].

4. 항균 작용

*In vivo*에서 뿌리줄기의 정유 성분은 황색포도상구균, 바실루스 세밀리스, 클렙스로에플 바실루스, 대장균, 바실루스 세레우스, 살모넬라 티피무리무리늄과 같은 균을 다양한 정도로 억제했다[19~21]. 뿌리줄기의 메탄올 추출물은 클로스트리디움 페르프린젠스와 대장균에 대한 강력한 억제 효과를 나타냈다[22]. 뿌리줄기의 에틸아세테이트, 메탄올 및 물 추출물은 디메톡시페닐페니실린 내성 황색포도상구균을 억제했고, 에틸아세테이트 추출물은 인간의 점액성 섬유아세포로부터 침입하는 디메톡시페닐페니실린 내성 황색포도상구균을 효과적으로 억제했다[23]. 쿠르쿠민은 항균 활성 성분 중 하나이다[24].

5. 간 보호

*In vivo*에서 뿌리줄기의 가루는 랫드 간세포피막의 산화방지 특성을 강화했고, 좋은 영양 상태와 영양 결핍 동물 모두에서 파라세타몰 산화촉진 효과를 방지했다[25]. 경구 투여 시 랫드에서 CCl_4로 유도된 간 손상을 감소시켰고[26], 더불어 복강 내 투여 시 염화카드뮴에 의해 유도된 간 손상 마우스에서 산화 스트레스와 혈청 아미노전이효소를 감소시켰다[27]. 뿌리줄기의 에탄올 추출물은 파라세타몰에 의해 유발된 간 손상된 랫드에서 알라닌아미노전이효소(ALT), 아스파르트산염 트란스아미나아제(AST) 및 알칼리 인산분해효소(ALP)의 증가를 억제했다[28]. 또한 경구 투여하면 만손주혈흡충에 감염된 마우스의 비정상적인 간 기능을 억제했고, 또한 피루브산키나아제의 수치를 감소시켰다[29]. 쿠르쿠민을 경구 투여하면 마우스에서 CCl_4, D-갈락토사민, 칼메트-게랭균 및 리포다당류로 유도된 간 손상에 대한 보호 효과를 나타냈다[30]. *In vivo*에서 쿠르쿠민은 마우스 간의 성상세포-T_6 I형 콜라겐과 세포외 신호 조절 키나아제의 인산화 발현을 억제하여 간 성상세포의 확산을 억제하는 결과를 나타냈다[31].

6. 신장 보호

*In vivo*에서 쿠르쿠민은 미토콘드리아기질에서 산화방지제의 발현을 양성 피드백하여, 랫드의 요관 폐색 또는 허혈성 재관류로 유도된 신장 손상에 대한 보호 효과를 나타냈다[32].

7. 항산화 작용

쿠르쿠민을 복강 내 투여하면 허혈성 재관류 상해를 입은 랫드의 뇌 조직에서 말론디알데하이드(MDA)와 아질산염의 합성을 억제하여, 과산화물 불균등화효소(SOD)의 활성을 증가시켰다[33].

8. 항섬유화

쿠르쿠민을 경구 투여하면 랫드에서 블레오마이신으로 유도된 폐섬유증을 유의미하게 억제했으며, 랫드 간 콜라겐 침적과 성상세포 DNA의 합성이 감소되었다[35]. 아가로스겔에서, 뿌리줄기의 추출물은 DNA의 산화 손상에 대한 보호 효과를 나타냈다[36].

9. 항스트레스

뿌리줄기의 에탄올 추출물을 경구 투여하면 수영 스트레스로 유도된 세로닌, 5-하이드록시인돌아세트산, 노르아드레날린 및 도파민 수치의 감소를 역전시켰다[37]. 또한 혈청 IL-6과 TNF-α의 수준을 증가시켰고, 랫드의 만성의 가벼운 스트레스 모델에서 비장세포의 자연 살해 세포(NKC)의 활성을 감소시켜 압력 완화 효과를 생성했다[38].

10. 혈당 농도 감소

테트라하이드로쿠르쿠민을 경구 투여하면 2형 당뇨 마우스에서 혈당 및 혈장 당단백의 수치가 감소했다[2]. 뿌리줄기의 에탄올 추출물로부터 세스퀴테르페노이드를, 뿌리줄기의 헥산 추출물로부터 쿠르쿠미노이드를 경구 투여하면 당뇨병성 KK-A(y) 2형 마우스에서 혈당 증가를 억제했다[39]. 쿠르쿠민을 경구 투여하면 산화 스트레스를 증가시키고, 스트렙토조신으로 유도된 당뇨병성 신장염이 있는 랫드에서 신장을 보호했다[40].

11. 심혈관계에 미치는 영향

뿌리줄기의 가루를 경구 투여하면 랫드에서 실험적으로 유도한 심근 허혈성 재관류 손상에서 심근의 세포사멸을 감소시켰고[41], 허혈성 재관류로 인한 심근경색을 감소시켰며, 심근의 항산화능을 역전시켰고, 혈류역학 지수를 변하게 했으며, 지질과산화를 현저하게 감소시켰다[42].

12. 기타

면역력 조절[43], 위궤양 억제[44], 피임 효과[45]도 있었다. 또한 쿠르쿠민은 피부의 산화 손상을 억제[46]했으며, 리슈마니아 박멸 효과가 있었다[47].

용도

1. 심기증(心氣症: 건강염려증), 임질, 산후 복통
2. 만성 류머티스 통증
3. 낙상 및 찰과상, 골절
4. 상처, 옹, 부기(浮氣), 단독(丹毒)

해설

강황은 중국에서 일반적인 의약품이다. 강황의 쿠르쿠민은 광범위한 생리 활성을 가지고 있고, 특히, 다양한 암세포를 억제하는 효과를 가지고 있어서, 개발의 여지가 많다.

강황은 의약적 가치 외에도 천연 착색제로서의 가치도 있다. 쿠르쿠민은 밝은 색채를 띠고, 강력한 착색능을 가지고 있으며, 의약용 및 건강관리 효능을 갖는다. FAO와 WHO가 지정한 매우 안전한 천연 색소 중 하나이며, 음식과 음료의 색소에 널리 사용된다. 강황 가루는 카레 가루와 야채 절임에서 고급 조미료로 사용될 수 있으며, 강황유는 식용 향신료로 사용될 수 있다.

강황은 또한 개발 전망이 밝은 화장품 첨가제이다. 강황의 정유 성분은 여드름을 억제할 수 있고, 그 추출물은 수분 유지용 목욕용품으로 사용된다. 또한 생강황 주스는 상처 치료를 촉진한다.

참고문헌

1. HL Jiang, BN Timmermann, DR Gang. Use of liquid chromatography-electrospray ionization tandem mass spectrometry to identify diarylheptanoids in turmeric (Curcuma longa L.) rhizome. Journal of Chromatography, A. 2006, 1111(1): 21-31
2. L Pari, P Murugan. Changes in glycoprotein components in streptozotocin-nicotinamide induced type 2 diabetes: influence of tetrahydrocurcumin from Curcuma longa. Plant Foods for Human Nutrition. 2007, 62(1): 25-29
3. Y Kiso, Y Suzuki, Y Oshima, H Hikino. Stereostructure of curlone, a sesquiterpenoid of Curcuma longa rhizomes. Phytochemistry. 1983, 22(2): 596-597
4. S Imai, M Morikiyo, K Furihata, Y Hayakawa, H Seto. Turmeronol A and turmeronol B, new inhibitors of soybean lipoxygenase. Agricultural and Biological Chemistry. 1990, 54(9): 2367-2371
5. M Ohshiro, M Kuroyanagi, A Ueno. Structures of sesquiterpenes from Curcuma longa. Phytochemistry. 1990, 29(7): 2201-2205
6. M Tomoda, R Gonda, N Shimizu, M Kanari, M Kimura. A reticuloendothelial system-activating glycan from the rhizomes of Curcuma longa. Phytochemistry. 1990, 29(4): 1083-1086
7. R Gonda, M Tomoda, N Shimizu, M Kanari. Characterization of polysaccharides having activity on the reticuloendothelial system from the rhizome of Curcuma longa. Chemical & Pharmaceutical Bulletin. 1990, 38(2): 482-486
8. R Gonda, K Takeda, N Shimizu, M Tomoda. Characterization of a neutral polysaccharide having activity on the reticuloendothelial system from the rhizome of Curcuma longa. Chemical & Pharmaceutical Bulletin. 1992, 40(1): 185-188
9. W Hou, SL Han, HM Wang. Analysis of the chemical constituents of volatile oil from Curcuma longa. Chinese Traditional and Herbal Drugs. 1999, 30(1): 15
10. J Pino, R Marbot, E Palau, E Roncal. Essential oil constituents from Cuban turmeric rhizomes. Revista Latinoamericana De Quimica. 2003, 31(1): 16-19
11. C Pande, CS Chanotiya. Constituents of the leaf oil of Curcuma longa L. from Uttaranchal. Journal of Essential Oil Research. 2006, 18(2): 166-167
12. YL Zhao, XH Xiao, HL Yuan, WJ Xia, GR Chen, WQ Chen. Comparative experiment on pharmacological effects of Rhizoma Curcumae Longae and Radix Curcumae. Journal of Chinese Medicinal Materials. 2002, 25(2): 112-114
13. I Gukovsky, CN Reyes, EC Vaquero, AS Gukovskaya, SJ Pandol. Curcumin ameliorates ethanol and nonethanol experimental pancreatitis. American Journal of Physiology. 2003, 284(1): G85-G95

14. C Natarajan, JJ Bright. Curcumin inhibits experimental allergic encephalomyelitis by blocking IL-12 signaling through Janus kinase-STAT pathway in T lymphocytes. Journal of Immunology. 2002, 168(12): 6506-6513

15. L Camacho-Barquero, I Villegas, JM Sanchez-Calvo, E Talero, S Sanchez-Fidalgo, V Motilva, C Alarcon de la Lastra. Curcumin, a Curcuma longa constituent, acts on MAPK p38 pathway modulating COX-2 and iNOS expression in chronic experimental colitis. International Immunopharmacology. 2007, 7(3): 333-342

16. HS Lee. Anti-platelet property of Curcuma longa L. rhizome-derived ar-turmerone. Bioresource Technology. 2006, 97(12): 1372-1376

17. HY Li, Y Che, WX Tang. Effect of curcumin on proliferation and apoptosis in human hepatic cells. Chinese Journal of Hepatology. 2002, 10(6): 449-451

18. M Churchill, A Chadburn, RT Bilinski, MM Bertagnolli. Inhibition of intestinal tumors by curcumin is associated with changes in the intestinal immune cell profile. Journal of Surgical Research. 2000, 89(2): 169-175

19. SC Garg, RK Jain. Anti-microbial activity of the essential oil of Curcuma longa. Indian Perfumer. 2003, 47(2): 199-202

20. JH Jagannath, M Radhika. Anti-microbial emulsion (coating) based on biopolymer containing neem (Melia azardichta) and turmeric (Curcuma longa) extract for wound covering. Bio-Medical Materials and Engineering. 2006, 16(5): 329-336

21. G Singh, S Maurya, CAN Catalan, MP De Lampasona. Chemical, anti-fungal, insecticidal and anti-oxidant studies on Curcuma longa essential oil and its oleoresin. Indian Perfumer. 2005, 49(4): 441-451

22. HS Lee. Anti-microbial properties of turmeric (Curcuma longa L.) rhizome-derived ar-turmerone and curcumin. Food Science and Biotechnology. 2006, 15(4): 559-563

23. KJ Kim, HH Yu, JD Cha, SJ Seo, NY Choi, YO You. Anti-bacterial activity of Curcuma longa L. against methicillin-resistant Staphylococcus aureus. Phytotherapy Research. 2005, 19(7): 599-604

24. BS Park, JG Kim, MR Kim, SE Lee, GR Takeoka, KB Oh, JH Kim. Curcuma longa L. constituents inhibit sortase A and Staphylococcus aureus cell adhesion to fibronectin. Journal of Agricultural and Food Chemistry. 2005, 53(23): 9005-9009

25. ST Paolinelli, R Reen, T Moraes-Santos. Curcuma longa ingestion protects in vitro hepatocyte membrane peroxidation. Revista Brasileira de Ciencias Farmaceuticas. 2006, 42(3): 429-435

26. M Alizadeh, M Fereidoni, N Mahdavi, A Moghimi. Protective and therapeutic effects of Curcuma longa powder on the CCl_4 induced hepatic damage. Fiziolozhi va Farmakolozhi. 2006, 9(2): 143-150

27. N Yadav, S Khandelwal. Ameliorative potential of turmeric (Curcuma longa) against cadmium induced hepatotoxicity in mice. Toxicology International. 2005, 12(2): 119-124

28. MN Somchit, A Zuraini, AA Bustamam, N Somchit, MR Sulaiman, R Noratunlina. Protective activity of turmeric (Curcuma longa) in paracetamolinduced hepatotoxicity in rats. International Journal of Pharmacology. 2005, 1(3): 252-256

29. EAK Afaf, SA Ahmed, SA Aly. Biochemical studies on the hepatoprotective effect of Curcuma longa on some glycolytic enzymes in mice. Journal of Applied Sciences. 2006, 6(15): 2991-3003

30. YG Liu, HC Chen, YP Jiang. Protective effect of curcumin on experimental liver injury in mice. China Journal of Chinese Materia Medica. 2003, 28(8): 756-758, 793

31. Y Cheng, J Ping, C Liu, YZ Tan, GF Chen. Study on effects of extracts from Salvia miltiorrhiza and Curcuma longa in inhibiting phosphorylated extracellular signal regulated kinase expression in rat's hepatic stellate cells. Chinese Journal of Integrative Medicine. 2006, 12(3): 207-211

32. AR Shahed, E Jones, D Shoskes. Quercetin and curcumin up-regulate anti-oxidant gene expression in rat kidney after ureteral obstruction or ischemia/reperfusion injury. Transplantation Proceedings. 2001, 33(6): 2988

33. J Shi, Y Tao, JH Hu, YP Tian. Effects of curcumin on contents of SOD, MDA and nitrite in the brain of cerebral ischemia reperfusion rats. Academic Journal of Second Military Medical University. 1999, 20(6): 386-387

34. D Punithavathi, N Venkatesan, M Babu. Curcumin inhibition of bleomycin-induced pulmonary fibrosis in rats. British Journal of Pharmacology. 2000, 131(2): 169-172

35. HC Kang, JX Nan, PH Park, JY Kim, SH Lee, SW Woo, YZ Zhao, EJ Park, DH Sohn. Curcumin inhibits collagen synthesis and hepatic

stellate cell activation in vivo and in vitro. Journal of Pharmacy and Pharmacology. 2002, 54(1): 119-126

36. GS Kumar, H Nayaka, SM Dharmesh, PV Salimath. Free and bound phenolic anti-oxidants in amla (Emblica officinalis) and turmeric (Curcuma longa). Journal of Food Composition and Analysis. 2006, 19(5): 446-452

37. X Xia, G Cheng, Y Pan, ZH Xia, LD Kong. Behavioral, neurochemical and neuroendocrine effects of the ethanolic extract from Curcuma longa L. in the mouse forced swimming test. Journal of Ethnopharmacology. 2007, 110(2): 356-363

38. X Xia, Y Pan, WY Zhang, G Cheng, LD Kong. Ethanolic extracts from Curcuma longa attenuates behavioral, immune, and neuroendocrinealterations in a rat chronic mild stress model. Biological and Pharmaceutical Bulletin. 2006, 29(5): 938-944

39. T Nishiyama, T Mae, H Kishida, M Tsukagawa, Y Mimaki. M Kuroda, Y Sashida, K Takahashi, T Kawada, K Nakagawa, M Kitahara. Curcuminoids and sesquiterpenoids in turmeric (Curcuma longa L.) suppress an increase in blood glucose level in type 2 diabetic KK-Ay mice. Journal of Agricultural and Food Chemistry. 2005, 53(4): 59-63

40. S Sharma, SK Kulkarni, K Chopra. Curcumin, the active principle of turmeric (Curcuma longa), ameliorates diabetic nephropathy in rats. Clinical and Experimental Pharmacology and Physiology. 2006, 33(10): 940-945

41. I Mohanty, DS Arya, SK Gupta. Effect of Curcuma longa and Ocimum sanctum on myocardial apoptosis in experimentally induced myocardial ischemic-reperfusion injury. Complementary and Alternative Medicine. 2006, 6: 3

42. I Mohanty, AD Singh, A Dinda, S Joshi, KK Talwa, SK Gupta. Protective effects of Curcuma longa on ischemia-reperfusion induced myocardial injuries and their mechanisms. Life Sciences. 2004, 75(14): 1701-1711

43. IM El-Ashmawy, KM Ashry, OM Salama. Immunomodulatory effects of myrrh (Commiphora molmol) in comparison with turmeric (Curcuma longa) in mice. Alexandria Journal of Pharmaceutical Sciences. 2006, 20(1): 19-22

44. DC Kim, SH Kim, BH Choi, NI Baek, D Kim, MJ Kim, KT Kim. Curcuma longa extract protects against gastric ulcers by blocking H_2 histamine receptors. Biological and Pharmaceutical Bulletin. 2005, 28(12): 2220-2224

45. P Ashok, B Meenakshi. Contraceptive effect of Curcuma longa (L.) in male albino rat. Asian Journal of Andrology. 2004, 6(1): 71-74

46. TT Phan, P See, ST Lee, SY Chan. Protective effects of curcumin against oxidative damage on skin cells in vitro: its implication for wound healing. Journal of Trauma. 2001, 51(5): 927-931

47. T Koide, M Nose, Y Ogihara, Y Yabu, N Ohta. Leishmanicidal effect of curcumin in vitro. Biological & Pharmaceutical Bulletin. 2002, 25(1): 131-133

봉아출 蓬莪朮 CP, KP

Zingiberaceae

Curcuma phaeocaulis Val.

Zedoary

개 요

생강과(Zingiberaceae)

봉아출(蓬莪朮, *Curcuma phaeocaulis* Val.)의 뿌리줄기를 말린 것: 봉아출(蓬莪朮)

봉아출(蓬莪朮, *Curcuma phaeocaulis* Val.)의 덩이뿌리를 말린 것: 울금(郁金)

강황속(*Curcuma*) 식물은 전 세계에 약 50종이 있으며, 주로 동남아시아에서 호주의 북부에 분포한다. 중국에서 약 7종이 발견되며, 이들은 모두 약재로 사용된다. 이 종은 중국의 복건성, 강서성, 광동성, 광서성, 사천성, 운남성, 홍콩 및 대만에서 생산된다. 인도와 말레이시아에도 분포한다.

아출은 ≪뇌공포자론(雷公炮炙論)≫에서 약으로 처음 기술되었다. 고대의 한방의서에 기술되어 있으며, 고대부터 약으로 사용된 약용 종은 강황속의 여러 종의 식물이다. 이 종은 아출(Curcumae Rhizoma)과 울금(郁金, Curcumae Radix)의 공식적인 기원식물 내원종으로서 중국약전(2015)에 등재되어 있다. ≪대한민국약전≫(제11개정판)에는 "아출"을 "봉아출 (蓬莪朮) *Curcuma phaeocaulis* Val., 광서아출(廣西莪朮) *Curcuma kwangsiensis* S. G. Lee et C. F. Liang 또는 온울금(溫鬱金) *Curcuma wenyujin* Y. H. Chen et C. Ling (생강과 Zingiberaceae)의 뿌리줄기를 그대로 또는 수증기로 쪄서 말린 것"으로 등재하고 있다. 약재는 주로 중국의 온강(温江) 및 락산(樂山)시와 사천성에서 생산된다.

봉아출(蓬莪朮)에는 주로 정유 성분과 디아릴헵타노이드 성분이 함유되어 있다. 중국약전에는 의약 물질의 품질관리를 위해 잔류 정유 성분의 함량이 1.5%(mL/g) 이상이어야 한다고 규정하고 있다.

약리학적 연구에 따르면 봉아출에는 항종양, 항혈전, 간 보호, 진통 및 면역 자극 작용이 있음을 확인했다.

한의학에서 봉아출은 행기파혈(行氣破血), 소적지통(消積止痛)의 효능이 있다.

봉아출 蓬莪朮 *Curcuma phaeocaulis* Val.

봉아출 蓬莪朮 Curcumae Rhizoma

함유성분

뿌리줄기에는 모노테르페노이드 성분으로 1,8-cineole, o-, p-cymenes, terpinolene, α-, β-pinenes으로 구성된 정유 성분이 함유되어 있고, 세스퀴테르페노이드 성분으로 α-, β-phellandrenes[1], furanodiene, germacrone, curdione, neocurdione, curcumenol, isocurcumenol, curcumenone, aerugidiol, zedoarondiol[2], furanodienone, zederone, curzerenone, curzeone, 13-hydroxygermacrone, dehydrocurdione[3], 4-epi-curcumenol, neocurcumenol, gajutsulactones A, B, zedoarolides A, B[4], neocurdione, isoprocurcumenol, 9-oxo-neoprocurcumenol[5], 1,7-bis(4-hydroxyphenyl)-1,4,6-heptatrien-3-one, procurcumenol, epiprocurcumenol[6], isofuranodienone[7], curcolone[8], dihydrocurdione[9], curcarabranols A, B[10], curcolonol, guaidiol[11], β-turmerone, ar-turmerone[12], 디아릴헵타노이드 성분으로 curcumin, dihydrocurcumin, tetrahydrodemethoxycurcumin, tetrahydrobisdemethoxycurcumin[13], demethoxycurcumin, bisdemethoxycurcumin[11]이 함유되어 있다.

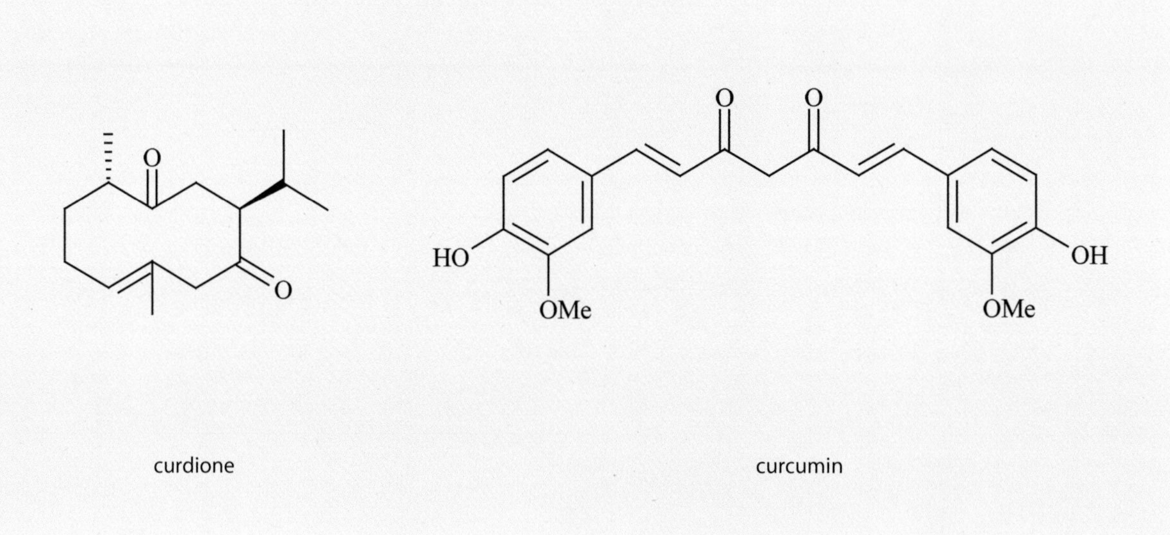

curdione　　curcumin

약리작용

1. 항종양

*In vitro*에서 뿌리줄기는 인간 간암 7721과 Bel27402 세포를 유의하게 억제했다[14]. 또한 뿌리줄기는 사람 위암 SGC7901 세포의 사이클로옥시게나제-2(COX-2)와 프로스타글란딘 E_2(PGE_2)의 후속 발현을 억제했고, 종양 세포의 증식을 억제하기 위한 혈관 내피 세포 성장 인자(VEGF)의 발현을 억제했다[15]. *In vitro*에서 제도아리유는 인간 자궁 내막 암종인 RL-95-2 세포의 증식을 억제했으며, *In vitro*에서 마우스 간암 HepA와 랫드의 간에 이식된 간암에 대해 유의한 억제 효과를 보였으며, 또한 랫드에서 황산 니켈에 의한 유도된 전암성 병변을 억제했다[16-17]. *In vitro*에서 쿠르쿠메놀은 인간 유방암 MCF7 및 MM231, 인간 난소암 OV-UL-2 및 인간 자궁경부암 HeLa 및 U14 세포뿐만 아니라 마우스 육종 S37 및 에를리히 복수와 같은 부인과 종양 세포의 증식에 대한 억제 효과가 있었다[17-18]. 항종양 효과의 기전은 종양 세포 DNA와 RNA의 합성, 세포사멸 또는 세포 분화 및 면역 기능의 촉진에 의한 것으로 보인다[17].

2. 혈액계에 대한 영향

뿌리줄기의 가루를 경구 투여하면 혈액 정체 모델 랫드에서 전혈 점도를 감소시켰고, 혈류지표를 크게 향상시켰다[19]. *In vitro*에서 쿠르디온은 ADP에 의해 유도된 토끼 혈소판 응집을 억제했다[20]. 제도아리유를 복강 내 투여하면 랫드의 풍선 폐색에 의한 경동맥 손상 후 신생 혈관 형성 및 혈관 재형성을 억제하여, 혈관 형성술 후 재협착을 예방했다[21].

3. 간 보호 효과

(1) 급성 간 손상에 대한 보호

푸라오디엔, 게르마크론, 쿠르디온, 네오쿠르디온, 쿠르쿠메놀, 이소쿠르쿠메놀, 쿠르쿠메논 및 쿠르쿠민은 D-갈락토사민 또는 지질 다당류에 의한 마우스의 급성 간 손상에 대한 보호 효과가 있었다[2].

(2) 지방간 억제

뿌리줄기의 농축 추출물을 경구 투여하면 고지방 식이요법으로 인한 지방간을 가진 랫드의 균질화된 간에서 말론디알데하이드(MDA), 총 콜레스테롤(TC) 및 트리글리세리드(TG)의 수준을 감소시켰다. 알라닌아미노전달효소(ALT)와 아스파르테이트아미노전달효소(AST)도 감소했다[22].

(3) 항간섬유화

뿌리줄기의 50% 메탄올 추출물을 경구 투여하면 랫드에서 CCl_4에 의한 간 섬유화를 억제했고, 간 조직 섬유화 정도와 히드록시프로로린(Hyp)의 수준을 감소시켰으며, 또한 I형 콜라겐 α1mRNA를 억제했다. 이 기전은 안지오텐신 II(ANG II)의 분비, ANG I 수용체의 부분 차단 및 섬유화를 유발하는 형질전환생장인자 β1(TGF-β1)의 하향 조절에 기인하는 것으로 보인다[23].

4. 진통 작용

뿌리줄기 및 쿠르쿠메놀의 하이드로알코올 및 디클로로메탄 추출물은 진통 효과가 있었다. 복막 내 투여하면 마우스에서 포르말린과 캅사이신에 의해 유발된 뒤틀림 반응을 억제했다[24].

5. 면역증강

뿌리줄기의 탕액을 경구 투여하면 마우스에서 항체의 합성능이 현저하게 증가했고, 림프 세포 증식과 인터류킨-2(IL-2)의 합성을 증가시켜서, 면역증강 효과를 나타냈다[25].

6. 위장 계통에 대한 영향

뿌리줄기의 탕액을 경구 투여하면 기능성 소화불량증을 가진 랫드의 상태를 개선시켰다. 그 기전은 위 배출 및 위 운동성의 증가와 관련이 있는 것으로 보인다[26]. 쿠르제레논을 경구 투여하면 랫드의 염산과 에탄올로 유도된 위 병변에 대한 보호 효과가 있었다[27].

7. 생식기계에 대한 영향

뿌리줄기의 탕액은 자궁 평활근을 자극하고, 정상 마우스의 임신율을 감소시키며, 임신 마우스의 기형 발생률을 증가시키고, 수컷 마우스의 정소 및 소낭의 무게를 감소시켜, 불임 효과를 나타냈다[28].

8. 기타

뿌리줄기에는 항균[29], 항바이러스[30], 항염 작용[31]이 있었다. 또한 쿠르쿠메놀은 중추신경계 억제 효과도 있었다[27].

용도

1. 흉통, 관상동맥 심장 질환
2. 복부 종괴, 월경불순, 무월경, 자궁경부암, 질염
3. 열, 인사불성
4. 간질, 조광증
5. 소화성 궤양, 황달

해설

Curcuma kwangsiensis SG Lee et CF Liang 및 *C. Wenyujin* YH Chen et C. Ling의 뿌리줄기를 말린 것은 중국약전(2015)에 “아출(莪术)”의 공식적인 기원식물 내원종으로서 등재되어 있으며, 후자를 일반적으로 온아출(温莪术)이라고 한다.

참고문헌

1. G Singh, OP Singh, YR Prasad, MP Lampasona, C Catalan. Chemical and biocidal investigations on rhizome volatile oil of Curcuma zedoaria Rosc - part 32. Indian Journal of Chemical Technology. 2003, 10(5): 462-465
2. H Matsuda, K Ninomiya, T Morikawa, M Yoshikawa. Inhibitory effect and action mechanism of sesquiterpenes from Zedoariae rhizoma on D-galactosamine/lipopolysaccharide-induced liver injury. Bioorganic & Medicinal Chemistry Letters. 1998, 8(4): 339-344
3. H Makabe, N Maru, A Kuwabara, T Kamo, M Hirota. Anti-inflammatory sesquiterpenes from Curcuma zedoaria. Natural Product

Research. 2006, 20(7): 680-685

4. H Matsuda, T Morikawa, I Toguchida, K Ninomiya, M Yoshikawa. Inhibitors of nitric oxide production and new sesquiterpenes, 4-epi-curcumenol, neocurcumenol, gajutsulactones A and B, and zedoarolides A and B from Zedoariae rhizoma. Heterocycles. 2001, 55(5): 841-846
5. H Etoh, T Kondoh, N Yoshioka, K Sugiyama, H Ishikawa, H Tanaka. 9-Oxo-neoprocurcumenol from Curcuma aromatica (Zingiberaceae) as an attachment inhibitor against the blue mussel, Mytilus edulis galloprovincialis. Bioscience, Biotechnology, and Biochemistry. 2003, 67(4): 911-913
6. MK Jang, HJ Lee, JS Kim, JH Ryu. A curcuminoid and two sesquiterpenoids from Curcuma zedoaria as inhibitors of nitric oxide synthesis in activated macrophages. Archives of Pharmacal Research. 2004, 27(12): 1220-1225
7. H Hikino, K Agatsuma, C Konno, T Takemoto. Sesquiterpenoids. XXXV. Structure of furanodiene and isofurano-germacrene (curzerene). Chemical & Pharmaceutical Bulletin. 1970, 18(4): 752-755
8. H Hikino, Y Sakurai, T Takemoto. Sesquiterpenoids. XX. Structure and absolute configuration of curcolone. Chemical & Pharmaceutical Bulletin. 1968, 16(5): 827-831
9. CR Pamplona, SMM de, MDS Machado, FV Cechinel, D Navarro, RA Yunes, MF Delle, R Niero. Seasonal variation and analgesic properties of different parts from Curcuma zedoaria Roscoe (Zingiberaceae) grown in Brazil. Zeitschrift fur Naturforschung. C, Journal of Biosciences. 2006, 61(1-2): 6-10
10. H Matsuda, T Morikawa, K Ninomiya, M Yoshikawa. Absolute stereostructure of carabrane-type sesquiterpene and vasorelaxant-active sesquiterpenes from Zedoariae rhizoma. Tetrahedron. 2001, 57(40): 8443-8453
11. WJ Syu, CC Shen, MJ Don, JC Ou, GH Lee, CM Sun. Cytotoxicity of curcuminoids and some novel compounds from Curcuma zedoaria. Journal of Natural Products. 1998, 61(12): 1531-1514
12. CH Hong, MS Noh, WY Lee, SK Lee. Inhibitory effects of natural sesquiterpenoids isolated from the rhizomes of Curcuma zedoaria on prostaglandin E_2 and nitric oxide production. Planta Medica. 2002, 68(6): 545-547
13. H Matsuda, S Tewtrakul, T Morikawa, A Nakamura, M Yoshikawa. Anti-allergic principles from Thai zedoary: structural requirements of curcuminoids for inhibition of degranulation and effect on the release of TNF-α and IL-4 in RBL-2H3 cells. Bioorganic & Medicinal Chemistry. 2004, 12(22): 5891-5898
14. SY Li, YD Zhou. Studies on the inhibitory effect of Curcuma phaeocaulis, Sparganium stoloniferum and Hedyotis diffusa on tumor cells. Journal of Practical Traditional Chinese Internal Medicine. 2006, 20(3): 246-247
15. H Shen, ZW Liu, XX Zhu, K Zhang, W Wang, QL Guo, ST Yuan. Effect of ezhu on expression of cyclooxygenase, vascular endothelial growth factor and prostaglandin E_2 in human gastric cancer cell line SGC7901. World Chinese Journal of Digestology. 2006, 14(16): 1548-1553
16. H Zhao, WX Tang. An in vitro study of the suppressing role of Eleo-Zedoray on cell lines RL-95-2's cell cycle. Journal of Practical Obstetrics and Gynecology. 2006, 22(3): 158-160
17. YL Ding, AX Xu. Study on anti-tumor effect of Rhizoma Zedoariae oil and its active components. Journal of Chinese Medicinal Materials. 2005, 28(2): 152-156
18. LC Xu, KJ Bian, ZM Liu, J Zhou, G Wang. The inhibitory effect of the curcumol on women cancer cells and synthesis of RNA. Tumor. 2005, 25(6): 570-572
19. L He, TM Mao. Comparative study on effects of blood-breaking drugs sanleng and ezhu on hemorheology indexes in rats with blood stasis syndrome. Journal of Anhui Traditional Chinese Medicine College. 2005, 24(6): 35-37
20. Q Xia, TX Dong, HQ Zhan, JR Liang, SP Li. Inhibition effect of curdione on platelet aggregation induced by ADP in rabbits. Chinese Pharmacological Bulletin. 2006, 22(9): 1151-1152
21. SH Weng, JL Zhao, JH Chen, XX Luo, SH Wu. Inhibitory effect of Rhizoma Zedoariae oil on coronary restenosis after angioplasty in rats with arterial injury. Journal of Guangzhou University of Traditional Chinese Medicine. 2003, 20(4): 282-284
22. J Li, WJ Feng. Experimental study into the effect of raw hawthornfruit, alisma and zedoary in treating fatty liver and the interaction of the three herbs. Shanxi Journal of Traditional Chinese Medicine. 2006, 22(3): 57-59

23. L Yang, W Qian, XH Hou, KS Xu, JP Wang. Effects of extracts of Rhizoma Curcumae on angiotensin II and its type I receptor expression in rat liver fibrosis induced by CCl_4. Chinese Journal of Hepatology. 2006, 14(4): 303-305

24. DDF Navarro, MM de Souza, RA Neto, V Golin, R Niero, RA Yunes, MF Delle, FV Cechinel. Phytochemical analysis and analgesic properties of Curcuma zedoaria grown in Brazil. Phytomedicine. 2002, 9(5): 427-432

25. FQ Li, DL Di, L Chen. Research on the effect of zedoray on mouse's immune function. Lishizhen Medicine and Materia Medica Research. 2006, 17(8): 1482-1483

26. LF Wei, BC Zou, MX Wei. Effect of zedoary on emptying function and myoeletrical activity of the stomach in experimental functional dyspepsia rats. Acta Universitatis Medicinalis Nanjing (Natural Science). 2003, 23(4): 350-352

27. KH Shin, KY Yoon, TS Cho. Pharmacological activities of sesquiterpenes from the rhizomes of Curcuma zedoaria. Saengyak Hakhoechi. 1994, 25(3): 221-225

28. NN Zhou, XJ Mao, J Zhang, SW Yang, JM Zhang. Pharmacological study on the contraindication in pregnancy of zedoary. Chinese Archives of Traditional Chinese Medicine. 2004, 22(12): 2291-2292

29. EYC Lai, CC Chyau, JL Mau, CC Chen, YJ Lai, CF Shih, LL Lin. Anti-microbial activity and cytotoxicity of the essential oil of Curcuma zedoaria. American Journal of Chinese Medicine. 2004, 32(2): 281-290

30. Y Zhao, RG Yang, M Luo. Study progress on pharmacological action and clinical application of Rhizoma Zedoariae oil. Journal of Practical Traditional Chinese Internal Medicine. 2006, 20(2): 125-126

31. C Tohda, N Nakayama, F Hatanaka, K Komatsu. Comparison of anti-inflammatory activities of six Curcuma rhizomes: a possible curcuminoidindependent pathway mediated by Curcuma phaeocaulis extract. Evidence-based Complementary and Alternative Medicine. 2006, 3(2): 255-260

서장경 徐長卿 CP, KHP

Cynanchum paniculatum (Bge.) Kitag.

Paniculate Swallowwort

개 요

박주가리과(Asclepiadaceae)

서장경(徐長卿, *Cynanchum paniculatum* (Bge.) Kitag.)의 뿌리와 뿌리줄기를 말린 것: 서장경(徐長卿)

중약명: 서장경(徐長卿)

백미꽃속(*Cynanchum*) 식물은 전 세계에 약 200종이 있으며, 동부 아프리카, 지중해 및 유라시아의 열대, 아열대 및 온대 지역에 분포한다. 중국에서 53종과 2변종이 발견되며, 주로 중국 서남부와 북서부 및 북동부 지역에 분포한다. 이 속에서 약 24종과 2변종이 약재로 사용된다. 이 종은 중국과 일본, 한반도 대부분의 지역에 분포한다.

"서장경(徐長卿)"은 ≪신농본초경(神農本草經)≫에서 의약 상품으로서 처음 기술되었다. 대부분의 고대 한방의서에 기술되어 있으며, 약용 종은 고대부터 동일하게 남아 있다. 이 종은 중국약전(2015)에 서장경(Cynanchi Paniculati Radix et Rhizoma)의 공식적인 기원식물 내원종으로서 등재되어 있다. ≪대한민국약전외한약(생약)규격집≫(제4개정판)에는 "서장경"을 "산해박 *Cynanchum paniculatum* Kitagawa (박주가리과 Asclepiadaceae)의 뿌리 및 뿌리줄기"로 등재하고 있다. 의약 재료는 주로 중국의 강소성, 절강성, 안휘성, 산동성, 호북성, 호남성, 호남성에서 생산된다.

서장경에는 주로 C_{21} 스테로이드 성분이 함유되어 있다. 중국약전은 의약 물질의 품질관리를 위해 고속액체크로마토그래피법에 따라 시험할 때 페오놀의 함량이 1.3% 이상이어야 한다고 규정하고 있다.

약리학적 연구에 따르면 서장경에는 소염, 진통, 진정, 항종양, 간 보호, 면역 자극, 해열 및 혈소판 응집 억제 작용이 있음을 확인했다.

한의학에서 서장경은 거풍제습(祛風除濕), 행기활혈(行氣活血), 거풍지양(祛風止痒), 해독소종(解毒消腫)의 효능이 있다.

서장경 徐長卿 *Cynanchum paniculatum* (Bge.) Kitag.

서장경 徐長卿 Cynanchi Paniculati Radix et Rhizoma

함유성분

뿌리와 뿌리줄기에는 C_{21} 스테로이드성 사포게닌 성분으로 neocynapanogenins A, B, C, F, 3β,14−dihydroxy−14β−pregn−5−en−20−one, glaucogenins A, C, D, sarcostin, deacylcynanchogenin, tomentogenin, deacylmetaplexigenin[1-4]이 함유되어 있고, C_{21} 스테로이드성 사포닌 성분으로 paniculatumosides A, B[2], cyanpanosides A, B, C, cynatratoside B[5], glaucogenin C−3−O−β−D−thevetoside[3], neocynapanogenin C−3−O−β−D−oleandropyranoside[6], 면역증강성 다당류 성분으로 CPB−2IG[7], CPB−64[8], CPB−54[9], CPB−4[10], 알칼로이드 성분으로 antofine[11], 정유 성분으로 paeonol, dibutyl phthalate, 4−hydroxy acetophenone[12], isopaeonol[13]이 함유되어 있다.

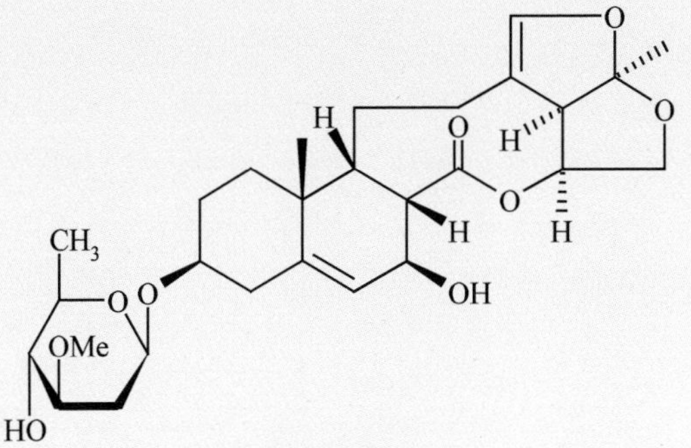

cynapanoside A

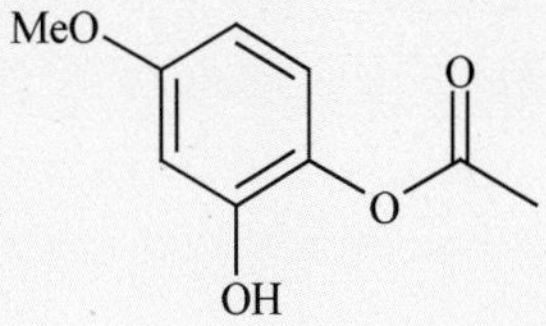

paeonol

약리작용

1. 소염, 진통 및 진정 작용

뿌리와 뿌리줄기의 에틸아세테이트 추출물을 경구 투여하면 아세트산으로 유도된 혈관 투과성, 아라키돈산으로 유발된 부종 및 마우스와 랫드에서 포르말린으로 유도된 꼬리 핥기 마지막 단계의 항염 작용을 현저하게 나타냈다. 또한 마우스와 랫드에서 아세트산에 의한 뒤틀림 반응과 펜토바르비탈에 의한 수면 시간 진정 효과가 항 침해 효과를 보였다[14]. 페오놀과 이소페오놀은 주요 활성 진통 성분이었다[13]. 뿌리 및 뿌리줄기의 추출물을 경구 투여하면 랫드에서 코브라 독으로 유발된 뒷다리 부종 및 만성 육아 종성 질환을 유의하게 억제했다. 또한 코브라 독에 중독된 랫드의 독성 영향을 크게 줄였으며 사망률도 감소시켰다[15].

2. 항종양

뿌리 및 뿌리줄기 메탄올 추출물의 메틸렌 클로라이드 분획은 인간 폐암 A549 및 인간 결장암 Col2 세포의 성장을 억제했다[16]. 안토파인이 주요 활성 성분이었다[11].

3. 간 보호

*In vitro*에서 뿌리 및 뿌리줄기의 물 추출물은 B형 간염 바이러스 항원(HBeAg)과 B형 간염 표면 항원(HBsAg)의 분비를 유의하게 억제했으며, 간암 HepG2 세포의 증식을 억제했다[17-18].

4. 면역증강

*In vitro*에서 뿌리와 뿌리줄기의 다당류인 CPB-2IG와 CPB-64는 비장 세포의 증식을 촉진시켰다[7-8]. CPB-54는 비장 세포와 림프구의 증식을 촉진하는 데 더 강력한 영향을 미쳤다[9]. CPB-4는 콘카나발린 A(Con A) 또는 지질다당류(LPS)에 의해 유도된 임파구 T 및 B 세포의 증식을 억제했다[10].

5. 항해열 작용

페오놀을 랫드의 피하에 투여하면 효모 현탁액에 의한 열이 경감되었다[19].

6. 혈소판 응집 억제

*In vitro*에서 뿌리와 뿌리줄기는 적혈구와 혈소판의 응집을 감소시켰다[20].

7. 평활근에 미치는 영향

페오놀과 이소페오놀을 경구 투여하면 마우스에서 위장관 연동 운동을 유의하게 억제했다[13].

8. 기타

뿌리와 뿌리줄기에는 항균, 항알레르기, 혈중 지질 조절 및 항 죽상 경화 효과가 있었다.

용도

1. 감기, 두통
2. 비염, 비용종(鼻茸腫), 기침, 천식, 후두염, 난청, 결막염, 각막백탁(角膜白濁)
3. 만성 류머티스 통증, 낙상 및 찰과상
4. 부기(浮氣), 옴, 백선, 대상포진, 두드러기, 가려움증, 결절성 홍반

해설

백전(白前), 백미(白薇) 및 서장경(徐長卿)은 중국약전에 기술되어 있으며 박주가리과(Asclepiadaceae)의 큰조롱속에 포함된다. 이것들은 관능검사상의 특성은 비슷하지만 화학적 성분과 효능은 다르다. 따라서 쉽게 혼동할 수 있다. 중국의 몇몇 지역에서 서장경(徐長卿)은 백전 또는 백미로 사용되거나 세신(细辛)과 혼합되기 때문에 죽엽세신(竹葉細辛)이라는 이름이 붙어졌으며, 산동성의 일부 지역에서는 서장경투골초(徐長卿透骨草)가 투골초(透骨草)로 사용된다[21]. 최근에는 폭 넓은 임상 응용에 의한 자원 부족으로 가격이 비싸기 때문에 시중에서 판매되고 있는 백미와 만생백미가 때로는 서장경으로 판매되거나 섞여서 판매된다. 그러므로 안전하고 효과적인 임상 약물 치료를 위해서는 이들을 확인하는 데 특별히 주의를 기울여야 한다.

서장경의 정유 성분인 페오놀은 진통, 진정, 최면, 해열, 항염, 항알레르기 및 면역 조절과 같은 다양한 약리학적 활성을 가지고 있다. 그러므로 오랫동안 관심과 연구의 대상이었다. 최근 큰조롱속 식물체의 C_{21} 스테로이드에 대한 집중적인 연구 결과에 따르면 C_{21} 스테로이드가 항종양, 면역증강 및 항산화에서 매우 활동적이라고 한다[24].

참고문헌

1. K Sugama, K Hayashi. A glycoside from dried roots of Cynanchum paniculatum. Phytochemistry. 1988, 27(12): 3984–3986
2. SL Li, H Tan, YM Shen, K Kawazoe, XJ Hao. A pair of new C–21 steroidal glycoside epimers from the roots of Cynanchum paniculatum. Journal of Natural Products. 2004, 67(1): 82–84
3. J Dou, ZM Bi, YQ Zhang, P Li. C_{21} steroidal compounds in roots of Cynanchum paniculatum. Chinese Journal of Natural Medicines. 2006, 4(3): 192–194

4. H Mitsuhashi, K Hayashi, T Nomura. The constituents of Asclepiadaceae plants. XVIII. Components of Cynanchum paniculatum. Chemical & Pharmaceutical Bulletin. 1966, 14(7): 779–783

5. K Sugama, K Hayashi, H Mitsuhashi, K Kaneko. Studies on the constituents of Asclepiadaceae plants. LXVI. The structures of three new glycosides, cynapanosides A, B, and C, from the Chinese drug "Xu–Chang–Qing", Cynanchum paniculatum Kitagawa. Chemical & Pharmaceutical Bulletin. 1986, 34(11): 4500–4507

6. H Tan, SL Li, ZF Yu, HP He, YM Shen, XJ Hao. A new C_{21} steroidal glycoside from Cynanchum paniculatum. Acta Botanica Yunnanica. 2002, 24(6): 795–798

7. SC Wang, JN Fang. Studies on separation, purification and chemical structure of a polysaccharide in Cynanchum paniculatum. Chinese Pharmaceutical Journal. 1999, 34(10): 656–658

8. SC Wang, LW Jin, JN Fang. Chemical structure of CPB64, an arabinogalactan from Cynanchum paniculatum (Bunge) Kitagawa. Acta Pharmaceutica Sinica. 1999, 34(10): 755–758

9. SC Wang, JN Fang. Structural analysis of CPB54, a polysaccharide from Cynanchum paniculatum (Bunge) Kitagawa and its activities. Acta Pharmaceutica Sinica. 2000, 35(9): 675–678

10. SC Wang, XF Bao, JN Fang. Structural features of a neutral heteropolysaccharide CPB–4 from Cynanchum paniculatum. China Journal of Chinese Materia Medica. 2002, 27(2): 128–130

11. SK Lee, KA Nam, YH Heo. Cytotoxic activity and G_2/M cell cycle arrest mediated by antofine, a phenanthroindolizidine alkaloid isolated from Cynanchum paniculatum. Planta Medica. 2003, 69(1): 21–25

12. YQ Zhang, P Li, JC Wang, J Li. Analysis of chemical constituent of essential oils from fresh and dried Cynanchum paniculatum. China Journal of Chinese Materia Medica. 2006, 31(14): 1205–1206

13. FZ Sun, M Cai, FC Lou. Analgesic and gastrointestinal peristalsis suppressive effect of HMA from Cynanchum paniculatum. China Journal of Chinese Materia Medica. 1993, 18(6): 362–363

14. JH Choi, BH Jung, OH Kang, HJ Choi, PS Park, SH Cho, YC Kim, DH Sohn, H Park, JH Lee, DY Kwon. The anti–inflammatory and antinociceptive effects of ethyl acetate fraction of cynanchi paniculati radix. Biological & Pharmaceutical Bulletin. 2006, 29(5): 971–975

15. LS Lin, GF Liu, QC Wang, KH Li. Effects of Cynanchum paniculatum on the inflammation and the toxicity induced by the Naja atra venom in rodents. Journal of Fujian Medical University. 2003, 37(2): 188–190

16. KA Nam, SK Lee. Evaluation of cytotoxic potential of natural products in cultured human cancer cells. Natural Product Sciences. 2000, 6(4): 183–188

17. B Xie, N Liu, F Zhao. In vitro experimental study on the effect of Cynanchum paniculatum extract against hepatitis B virus. China Tropical Medicine. 2005, 5(2): 196–197, 233

18. B Xie, ZF Yang, QY Chen, N Liu. Initially exploration of the anti–hepatocarcinoma effect of Cynanchum paniculatum aqueous extract. China Tropical Medicine. 2006, 6(2): 228–229

19. SJ Lee. Structure and pharmacological action of a component of Cynanchum paniculatum. Soul Taehakkyo Nonmunjip, Uiyakke. 1967, 18: 75–77

20. ZQ Ji, XX Gao, LQ Song, WY Ji, PX Wang, ZT Liu, QC Niu, MY Liu. Experimental study on the effect of glycemic–regulating Chinese traditional medicine on anti–platelet aggregation and hemorrheological properties. Research of Traditional Chinese Medicine. 1999, 15(5): 47–49

21. SJ Wu, HJ Qi, MR Zhu. The differential treatment for isogeneric–plants of Baiqian, Baiwei and Xuchangqing. Journal of Beijing Traditional Chinese Medicine. 2003, 22(2): 34–35

22. X Pan. Identification of adulterants of the same genus – baiqian, baiwei and xuchangqing. Capital Medicine. 2005, 12(12): 43–44

23. LH Zhang, PG Xiao, Y Huang, YK Qian. Pharmacological and clinical study progress of paeonol. Chinese Journal of Integrated Traditional and Western Medicine. 1996, 16(3): 187–190

24. WW Liu, CH Zhang, LY Wu, YJ Dai, QZ Wu. Chemical constituents and pharmacological study progress of Cynanchum plants. Journal of Chinese Medicinal Materials. 2003, 26(3): 216–218

강향단 降香檀 CP, KHP

Dalbergia odorifera T. Chen

Rosewood

개 요

콩과(Fabaceae)

강향단(降香檀, *Dalbergia odorifera* T. Chen)의 줄기와 뿌리의 심재: 강향단(降香檀)

중약명: 강향단(降香檀)

강향단속(*Dalbergia*) 식물은 전 세계에 약 100종이 있으며, 아시아, 아프리카 및 아메리카의 열대 및 아열대 지역에 분포한다. 중국에는 28종과 1변종이 발견되며, 약 13종이 약재로 사용된다. 이 종은 중국 해남성에 분포한다.

"강향단(降香檀)"은 ≪해약본초(海藥本草)≫에서 약으로 처음 기술되었다. 대부분의 고대 한방의서에 기술되어 있으며 고대부터 수입 및 국내 강향단 의약 재료가 있었다. 수입 강향단(降香檀)은 주로 *Dalbergia sissoo* Roxb를 말한다. 중국 국내의 강향(降香)은 이 두 종을 말한다. 이 종은 한약재 강향(*Dalbergiae Odoriferae* Lignum)의 공식적인 기원식물 내원종으로서 중국약전(2015)에 등재되어 있다. ≪대한민국약전외한약(생약)규격집≫(제4개정판)에는 "강향"을 "강향단(降香檀) *Dalbergia odorifera* T. Chen. (콩과 Leguminosae)의 줄기와 뿌리의 심재(心材)"로 등재하고 있다. 의약 재료는 주로 중국 해남성에서 생산된다.

심재에는 정유 성분과 플라보노이드 성분이 함유되어 있다. 중국약전은 의약 물질의 품질관리를 위해 고온추출법에 따라 시험할 때 에탄올 추출물의 함량이 8.0% 이상이어야 한다고 규정하고 있다.

약리학적 연구에 따르면 강향단에는 혈소판 응집 억제, 혈관 확장, 진통 및 항염 작용이 있음을 확인했다.

한의학에서 강향은 행기활혈(行氣活血), 지통(止痛), 지혈(止血) 등의 효능이 있다.

강향단 降香檀 *Dalbergia odorifera* T. Chen

강향단 降香檀 Dalbergiae Odoriferae Lignum

함유성분

심재에는 정유 성분으로 β−bisabolene, trans−β−farnesene, trans−nerolidol, 1,2,4−trimethylcyclohexane, α−santalol, 4−methyl−4−hydroxy−cyclohexone, geranylacetone[1]이 함유되어 있고, 이소플라보노이드 성분으로 3'−hydroxydaidzein, koparin, 2',7−dihydroxy−4',5'−dimethoxyisoflavone, 2'−hydroxyformononetin, formononetin, prunetin[2], bowdichione, fisetin, xenognosin B[3], 디하이드로이소플라보노이드 성분으로 violanone, 3'−o−methylviolanone, vestitone, sativanone, 네오플라본 성분으로 3'−hydroxymelanettin, melanettin, stevenin, dalbergin, 4'−hydroxy−4−methoxydalbergione, 4−methoxydalbergione[2], 3'−hydroxy−2,4,5−trimethoxydalbergiquinol, stevenin[4], 디하이드로이소플라보노이드 성분으로 butin, liquiritigenin, pinocembrin, 찰콘 성분으로 butein, isoliquiritigenin[2], 2'−O−methyoxyisoliquiritigenin[5], 이소디하이드로이소플라보노이드 성분으로 (3R)−4'−methoxy−2',3,7−trihydroxyisoflavanone, 프테로카르포이드 성분으로 medicarpin[2], 3−hydroxy−9−methoxy−coumestan, meliotocarpan A[3], C, D, (−)−methylnissolin, (−)−odoricarpan, 이소플라반 성분으로 (+)−isoduartin, odoriflavene, mucronulatol[6], (3R)−claussequinone, (3R)−vestitol, (3R)−5−methoxyvestitol, (3R)−3' 8−dihydroxyvestitol[7], 바이플라보노이드성분으로 DO−18, 19, 20, 21[8], 또한 sulfuretin, cearoin[3], obtustyrene, isomucronustyrene[6], DO−22[8]가 함유되어 있다.

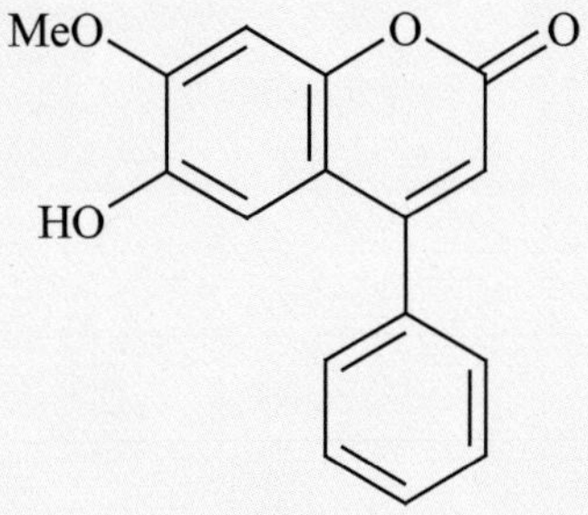

dalbergin

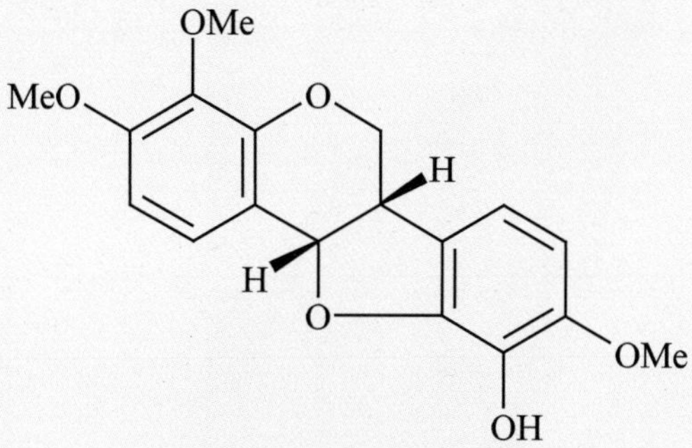

odoricarpan

약리작용

1. 혈소판 응집 억제

   신나믹 아실-페놀, 이소플라본, 이소플라보노이드 및 안식향산 추출물은 프로스타글란딘 합성을 유의하게 억제했고, 아라키돈산으로 유도된 혈소판 응집에 대한 억제 효과를 나타냈다[9]. 심재의 정유 성분과 그 방향수를 경구 투여하면 랫드에서 실험적 혈전증 형성을 유의하게 감소시켰고, 토끼에서 혈소판 cAMP 수준을 증가시켰으며, 토끼의 혈장 플라스민의 *in vitro*에서의 활성을 증가시켰다[10].

2. 혈관 확장

   부테인은 페닐에프린에 의해 유도된 랫드의 대동맥 수축에서 혈관 확장 효과를 나타냈고, 그 효과는 선택적 cAMP 포스포디에스테라제 저해제로 작용할 수 있는 내피 유래 완화 인자(EDRF)에 의해 유도되었다[9].

3. 항종양

   2'-메톡시이졸리키티게닌은 사람 선암 A549, 멜라닌 세포종 SK-MEL-2 및 인간 난소암 SK-OV-3 세포에 대하여 세포독성 효과를 나타냈다[5].

4. 항산화 작용

   심재로부터의 플라보노이드는 항산화 활성을 가지며, *in vitro*에서 라드 및 ascidiacean 오일에 대하여 유의한 항산화 효과를 보였다[11].

5. 항염 작용

   심재의 염화 메틸렌 추출물은 활성 성분 중 하나인 메디카르핀과 함께, 비만 종양 세포의 류코트리엔 C4(LTC4)의 합성을 억제했다. 또한 플라본과 같은 (S)-4-메톡시달베르지온 및 부테인은 항염 효과가 있었다[3].

6. 항알레르기

   (S)-4-메톡시달베르지온과 세아로인은 항알러지 효과가 있었다[3].

7. 기타

   심재는 또한 티로시나아제의 활성을 증가시켰다[13].

용도

1. 통증, 낙상 및 찰과상, 외상성 출혈
2. 관상동맥 심장 질환, 협심증, 심근경색

해설

강향단의 자원이 한정되어 있기 때문에 시중에 유통되는 주류 강향단(降香檀) 상품 중 일부는 강향단 *D. odorifera*의 심재의 것이며, 일부는 출처가 다르거나 다른 약재와 혼합되어 있다. *D. hainanensis* Merr., *D. sisso* Roxb. 및 콩과(Fabaceae)의 *Pterocarpus indicus* Willd.와 운향과(Rutaceae)의 *Acronychia pedunculate* (L.) Miq.도 강향의 약재로 사용된다.

참고문헌

1. Q Zhao, JX Guo, YY Zhang. Chemical and pharmacological research progress of Chinese drug "jiangxiang" (Lignum Dalbergiae Odoriferae). Journal of Chinese Pharmaceutical Sciences. 2000, 9(1): 1–5
2. RX Liu, M Ye, HZ Guo, KH Bi, DA Guo. Liquid chromatography/electrospray ionization mass spectrometry for the characterization of twentythree flavonoids in the extract of Dalbergia odorifera. Rapid Communications in Mass Spectrometry. 2005, 19(11): 1557–1565
3. SC Chan, YS Chang, JP Wang, SC Chen, SC Kuo. Three new flavonoids and anti–allergic, anti–inflammatory constituents from the heartwood of Dalbergia odorifera. Planta Medica. 1998, 64(2): 153–158
4. SC Chan, YS Chang, SC Kuo. Neoflavonoids from Dalbergia odorifera. Phytochemistry. 1997, 46(5): 947–949
5. JD Park, YH Lee, MI Baek, SI Kim, BZ Ahn. Isolation of anti–tumor agent from the heartwood of Dalbergia odorifera. Saengyak Hakhoechi. 1995, 26(4): 323–326
6. Y Goda, F Kiuchi, M Shibuya, U Sankawa. Inhibitors of prostaglandin biosynthesis from Dalbergia odorifera. Chemical & Pharmaceutical Bulletin. 1992, 40(9): 2452–2457
7. S Yahara, T Ogata, R Saijo, R Konishi, J Yamahara, K Miyahara, T Nohara. Isoflavan and related compounds from Dalbergia odorifera. I. Chemical & Pharmaceutical Bulletin. 1989, 37(4): 979–987
8. T Ogata, S Yahara, R Hisatsune, R Konishi, T Nohara. Isoflavan and related compounds from Dalbergia odorifera. II. Chemical & Pharmaceutical Bulletin. 1990, 38(10): 2750–2755
9. SM Yu, ZJ Cheng, SC Kuo. Endothelium–dependent relaxation of rat aorta by butein, a novel cyclic AMP–specific phosphodiesterase inhibitor. European Journal of Pharmacology. 1995, 280(1): 69–77
10. L Zhu, HW Leng, LW Tan, JX Guo. Effect of essential oil of Dalbergia odorifera on thrombosis formation, blood platelet cAMP and plasmin activity. Chinese Traditional Patent Medicine. 1992, 14(4): 30–31
11. AL Jiang, LQ Sun. Anti–oxidation activities of natural components from Dalbergia odorifera T. Chen. Fine Chemicals. 2004, 21(7): 525–528
12. DK Miller, S Sadowski, GQ Han, H Joshua. Identification and isolation of medicarpin and a substituted benzofuran as potent leukotriene inhibitors in an anti–inflammatory Chinese herb. Prostaglandins, Leukotrienes and Essential Fatty Acids. 1989, 38(2): 137–143
13. KK Wu, F Wang. Study of kinetics for activation of Chinese medicinal plant Dalbergia odorifera T. Chen to tyrosine. China Surfactant Detergent & Cosmetics. 2003, 33(3): 204–206

야호나복 野胡蘿蔔 CP

Daucus carota L.

Wild Carrot

개 요

미나리과(Apiaceae)

산당근(野胡蘿蔔, *Daucus carota* L.)의 열매를 말린 것: 남학슬(南鶴虱)

중약명: 야호나복(野胡蘿蔔)

당근속(*Daucus*) 식물은 전 세계에 약 60종이 있으며, 유럽, 아프리카, 아메리카 및 아시아에 분포한다. 중국에는 1종과 1재배변종이 발견되며, 모두 약재로 사용된다. 이 종은 중국과 동남아시아뿐만 아니라 중국의 사천성, 귀주성, 호북성, 강서성, 안휘성, 강소성 및 절강성에 분포한다.

"야호나복"은 ≪구황본초(救荒本草)≫에서 약으로 처음 기술되었다. 이것은 ≪본초구진(本草求真)≫에서 학슬(鶴虱)의 대체물로 여겨졌다. 이 종은 중국약전(2015)에 한약재 남학슬(南鶴虱, Carotae Fructus)의 공식적인 기원식물 내원종으로서 등재되어 있다. 의약 재료는 주로 중국의 강소성, 안휘성, 호북성 및 절강성 등지에서 생산된다.

산당근에는 주로 정유 성분과 플라보노이드 성분이 함유되어 있다. 중국약전은 의약 물질의 품질관리를 위해 박층크로마토그래피법을 사용한다.

약리학적 연구에 따르면 산당근에는 구충작용, 항균, 혈관 확장작용이 있음을 확인했다.

한의학에서 남학슬은 살충(殺蟲), 소적(消積), 지양(止痒)의 효능이 있다.

야호나복 野胡蘿蔔 *Daucus carota* L.

남학슬 南鶴虱 Carotae Fructus

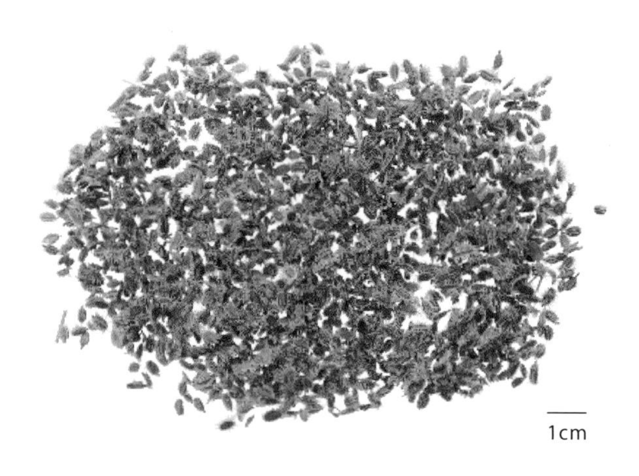

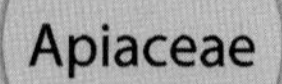

함유성분

열매에는 정유 성분으로 daucol, carotol, β−caryophyllene[1], carota−1,4−β−oxide[2], α−pinene, terpinene−4−ol, γ−terpinene, limonene[3], trans−asarone, β−bisabolene, asarone aldehyde, cis−asarone, eugenol, 2−hydroxy−4−methoxyacetophenone, 3−carene, methyl eugenol[4], linalool, geraniol, geranyl acetate, β−pinene, sabinene, bergamotene, daucene, p−thymol, α−curcumene, elemicin[5], trans−dauc−8−en−4β−ol, trans−dauca−8,11−diene, dauca−5,8−diene, acora−4,9−diene, acora−4,10−diene, (E)−β10,11−dihydro−10,11−epoxyfarnesene, (E)−methylisoeugenol[6]이 함유되어 있고, 플라보노이드 성분으로 luteolin, dracocephaloside, juncein[7]이 함유되어 있고, 또한 crotonic acid[8], 2,4,5−trimethoxy benzaldehyde[9]가 함유되어 있다.
지상부에는 coumarin glycosides[10]가 함유되어 있다.
뿌리에는 폴리아세틸렌 성분으로 falcarindiol, falcarindiol 3−acetate, falcarinol[11]이 함유되어 있다.

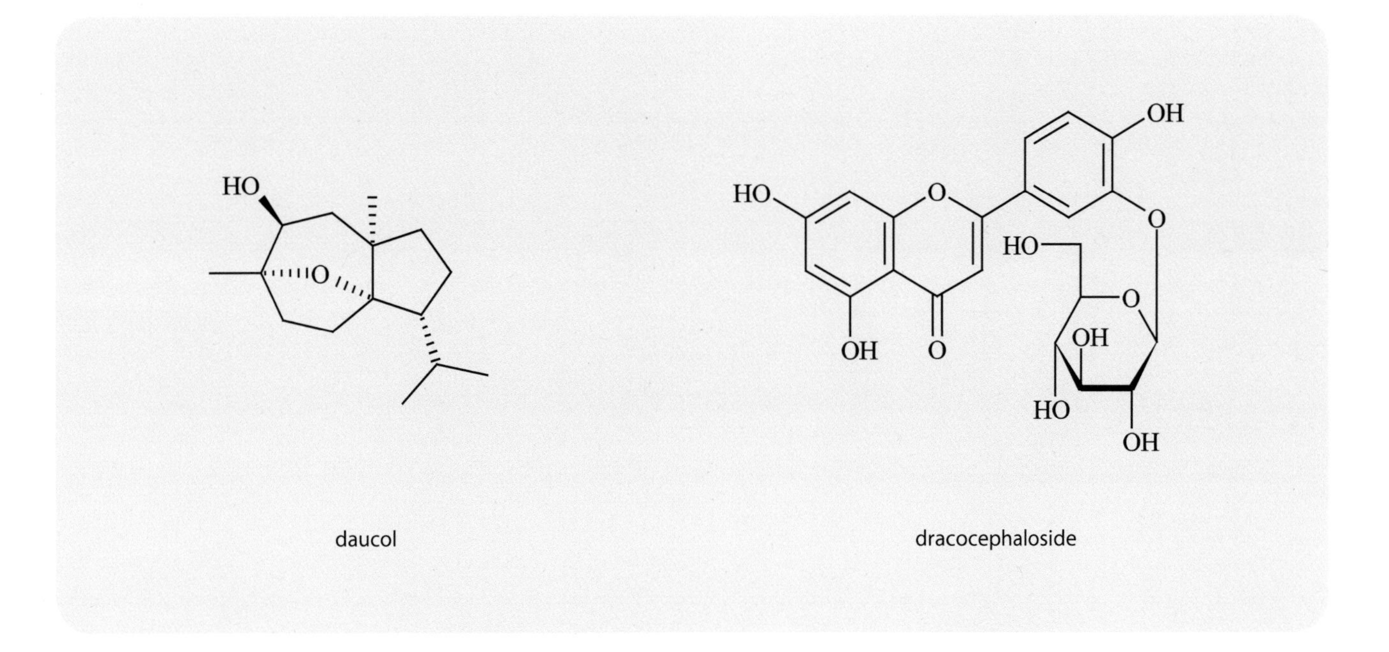

daucol dracocephaloside

약리작용

1. 구충 작용
열매는 초기 흥분 후에 십이지장충을 마비시키고, 십이지장충의 입구에 소화관을 유도해서 죽게 했다. *In vitro*에서 열매 수성 추출물과 정유 성분은 24시간 이내에 회충을 사멸시켰다.

2. 항균 작용
열매의 물과 알코올 추출물은 황색포도상구균, 장티푸스균, 파라티푸스 A, B, 녹농균 및 대장균을 억제했다. *In vitro*에서 뿌리 추출물은 황색포도상구균, 감자더뎅이병균, 고초균, 바실루스 세레우스균, 녹농균, 대장균, 시들음병균, 흑색국균에 강력한 억제 효과를 보였다[12].

3. 생식기계에 미치는 영향
열매는 가벼운 에스트로겐 효과와 출산 후의 불임 효과를 나타냈다[13]. 열매의 오일 에테르 추출물과 지방산 함량은 성체 마우스의 정상적인 발정주기를 멈추고 난소 무게를 줄였으며 δ5,3−β−hyroxysteroid dehydrogenase와 glucose−6−phosphate dehydrogenase를 유의하게 억제하여 항스테로이드 생성 활성을 보였다[14].

4. 진경 작용
열매는 파파베린과 같은 진경 효과가 있으며, 회장(回腸)의 평활근, 자궁, 혈관 및 기관지에 대하여 비특이적인 평활근 이완 효과를 나타내지만 효과는 파파베린의 약 1/10 정도였다[15].

5. 저혈압
지상부의 쿠마린 글리코시드 DC−2 및 DC−3를 정맥 내 투여하면 마취된 랫드의 동맥압을 감소시켰다. 또한 DC−2와 DC−3는 기니피그의 적출된 우심방의 자발적 수축을 억제하고, 토끼 대동맥의 K^+유도 대동맥 수축을 확장시켰다. 이 혈압강하 메커니즘은 Ca^{2+} 채널 차단의 결과로 인한 것일 수 있다[10]. 또한 열매의 하이드로알코올 추출물 또한 저혈압 효과가 있었다[16].

6. 인지능력 개선

열매의 에탄올 추출물을 경구 투여하면 디아제팜, 스코폴라민 및 노화에 의해 유도된 마우스의 기억 상실의 상태를 상당히 개선시켰다. 미로 및 수동 회피 연구에서 마우스의 가짜 움직임을 감소시켰으며 젊거나 나이 든 마우스의 뇌에서 아세틸콜린 에스테라아제의 활성과 콜레스테롤 수치를 감소시켰다[17].

7. 기타

열매는 또한 사이클로옥시게나제 (COX)를 억제했다[18].

용도

1. 회충증, 장내증, 조충증, 시클로스토미아증
2. 복부통, 영양실조
3. 가려움증

해설

국화과(Asteraceae)의 담배풀 *Carpesium abrotanoides* L.의 열매는 학슬로 알려져 있으며 미나리과(Apiaceae)의 사상자 *Torilis japonica* (Houtt.) DC의 열매는 화남학슬(華南鶴蝨)로 알려져 있다. 둘 모두 남학슬과 이름이 비슷하여 종종 섞여 있다. 실험 결과 학슬과 남학슬은 모두 기생충을 제거하는 효과가 뛰어났다. 다만 후자가 더 효과적이었으나 화남학슬은 효과가 크지 않았다[19]. 따라서 임상 적용 시 특별한 주의를 기울여야 한다.

참고문헌

1. I Jasicka-Misiak, J Lipok, EM Nowakowska, PP Wieczorek, P Mlynarz, P Kafarski. Anti-fungal activity of the carrot seed oil and its major sesquiterpene compounds. Zeitschrift fur Naturforschung. C, Journal of Biosciences. 2004, 59(11-12): 791-796
2. RS Dhillon, VK Gautam, PS Kalsi, BR Chhabra. Carota-1,4-β-oxide, a sesquiterpene from Daucus carota. Phytochemistry. 1989, 28(2): 639-640
3. D Mockute, O Nivinskiene. The sabinene chemotype of essential oil of seeds of Daucus carota L. ssp. carota growing wild in Lithuania. Journal of Essential Oil Research. 2004, 16(4): 277-281
4. H Kameoka, K Sagara, M Miyazawa. Components of essential oils of Kakushitsu (Daucus carota L. and Carpesium abrotanoides L.). Nippon Nogei Kagaku Kaishi. 1989, 63(2): 185-188
5. GV Pigulevskii, VI Kovaleva, DV Motskus. Essential oils obtained from the fruit of the wild carrot Daucus carota, collected in different regions. Rast. Resursy. 1965, 1(2): 227-230
6. V Mazzoni, F Tomi, J Casanova. A daucane-type sesquiterpene from Daucus carota seed oil. Flavour and Fragrance Journal. 1999, 14(5): 268-272
7. Y Kumarasamy, L Nahar, M Byres, A Delazar, SD Sarker. The assessment of biological activities associated with the major constituents of the methanol extract of 'wild carrot' (Daucus carota L) seeds. Journal of Herbal Pharmacotherapy. 2005, 5(1): 61-72
8. I Jasicka-Misiak, PP Wieczorek, P Kafarski. Crotonic acid as a bioactive factor in carrot seeds (Daucus carota L.). Phytochemistry. 2005, 66(12): 1485-1491
9. RA Momin, MG Nair. Pest-managing efficacy of trans-asarone isolated from Daucus carota L. seeds. Journal of Agricultural and Food Chemistry. 2002, 50(16): 4475-4478
10. AH Gilani, E Shaheen, SA Saeed, S Bibi, Irfanullah, M Sadiq, S Faizi. Hypotensive action of coumarin glycosides from Daucus carota. Phytomedicine. 2000, 7(5): 423-426

11. LP Christensen, S Kreutzmann. Determination of polyacetylenes in carrot roots (Daucus carota L.) by high-performance liquid chromatography coupled with diode array detection. Journal of Separation Science. 2007, 30(4): 483-490
12. AA Ahmed, MM Bishr, MA El-Shanawany, EZ Attia, SA Ross, PW Pare. Rare trisubstituted sesquiterpenes daucanes from the wild Daucus carota. Phytochemistry. 2005, 66(14): 1680-1684
13. A Kant, D Jacob, NK Lohiya. The estrogenic efficacy of carrot (Daucus carota) seeds. Journal of Advanced Zoology. 1986, 7(1): 36-41
14. PK Majumder, S Dasgupta, RK Mukhopadhaya, UK Mazumdar, M Gupta. Anti-steroidogenic activity of the petroleum ether extract and fraction 5 (fatty acids) of carrot (Daucus carota L.) seeds in mouse ovary. Journal of Ethnopharmacology. 1997, 57(3): 209-212
15. SS Gambhir, SP Sen, AK Sanyal, PK Das. Anti-spasmodic activity of the tertiary base of Daucus carota Linn. seeds. Indian Journal of Physiology and Pharmacology. 1979, 23(3): 225-228
16. AA Siddiqui, SM Wani, R Rajesh, V Alagarsamy. Isolation and hypotensive activity of three new phytocontituents from seeds of Daucus carota. Indian Journal of Pharmaceutical Sciences. 2005, 67(6): 716-720
17. M Vasudevan, M Parle. Pharmacological evidence for the potential of Daucus carota in the management of cognitive dysfunctions. Biological & Pharmaceutical Bulletin. 2006, 29(6): 1154-1161
18. RA Momin, DL De Witt, MG Nair. Inhibition of cyclooxygenase (COX) enzymes by compounds from Daucus carota L. seeds. Phytotherapy Research. 2003, 17(8): 976-979
19. LX Wei, JS Li. Analysis of chemical constituents of essential oil from Fructus Carpesii. Journal of Beijing College of Traditional Medicine. 1993, 16(2): 64-66

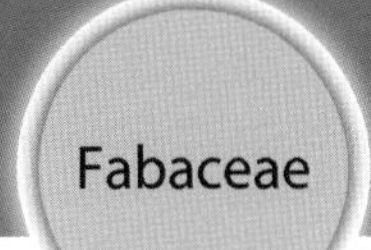

광금전초 廣金錢草 CP, KHP, VP

Desmodium styracifolium (Osbeck) Merr.

Snow-bell-leaf Tickclover

개 요

콩과(Fabaceae)

광금전초(廣金錢草, *Desmodium styracifolium* (Osbeck) Merr.)의 지상부를 말린 것: 광금전초(廣金錢草)

중약명: 광금전초(廣金錢草)

도둑놈의갈고리속(*Desmodium*) 식물은 전 세계에 약 350종이 있으며, 아열대 및 열대 지역에 분포한다. 중국에서 약 27종과 5변종이 발견되며, 약 15종과 1변종이 약재로 사용된다. 이 종은 중국의 광동성, 해남성, 광서성, 운남성 및 홍콩에 분포한다. 인도, 스리랑카, 미얀마, 태국, 베트남 및 말레이시아에도 분포한다.

광금전초(廣金錢草)는 중국 영남 지방의 ≪영남초약지(嶺南草藥誌)≫에서 "광동금전초(廣東金錢草)" 이름의 약으로 처음 기술되었다. 이 종은 중국약전(2015)에 한약재 광금전초(Desmodii Styracifolii Herba)의 공식적인 기원식물 내원종으로서 등재되어 있다. ≪대한민국약전외한약(생약)규격집≫(제4개정판)에는 "광금전초"를 "광금전초(廣金錢草) *Desmodium styracifolium* (Osbeck) Merrill (콩과 Leguminosae)의 지상부"로 등재하고 있다. 의약 재료는 주로 중국의 광동성, 광서성, 복건성 및 해남성에서 생산된다.

전초에는 플라보노이드, 알칼로이드 및 다당류 성분이 함유되어 있다. 다당류는 결석 치료를 위한 주요 유효성분이다. 중국약전은 의약 물질의 품질관리를 위해 물 추출물의 함량이 5.0% 이상이어야 한다고 규정하고 있다.

약리학적 연구에 따르면 광금전초에는 이뇨 작용, 담즙 분비 촉진 작용, 항염 작용이 있으며 요로결석의 형성을 억제하는 작용이 있음을 확인했다.

한의학에서 광금전초(廣金錢草)는 청열이습(淸熱利濕), 통림배석(通淋排石) 등의 효능이 있다.

광금전초 廣金錢草 *Desmodium styracifolium* (Osbeck) Merr.

광금전초의 꽃 廣金錢草 *D. styracifolium* (Osbeck) Merr.

광금전초 廣金錢草 Desmodii Styracifolii Herba

함유성분

전초에는 플라보노이드 성분으로 schaftoside, vicenins-1, -2, -3[1-2], isovitexin, isoorientin[3]이 함유되어 있고, 트리테르페노이드 사포닌 성분으로 soyasaponins B[3], I[4], 22-keto-soyasaponin B[3], dehydrosoyasaponin I[4], kaikasaponin III, lupinoside PA4[5], 알칼로이드 성분으로 desmodimine[6], (3α,4β,5α-4,5-dihydro-4,5-dimethyl-3-(1-pyrrolyl)-furan-2(3H)-one, 유기산 성분으로 salicylic acid, vanillic acid, ferulic acid, oxalic acid[7]가 함유되어 있으며, 또한 desmodilactone[6], lupenone, lupeol[8]이 함유되어 있다.

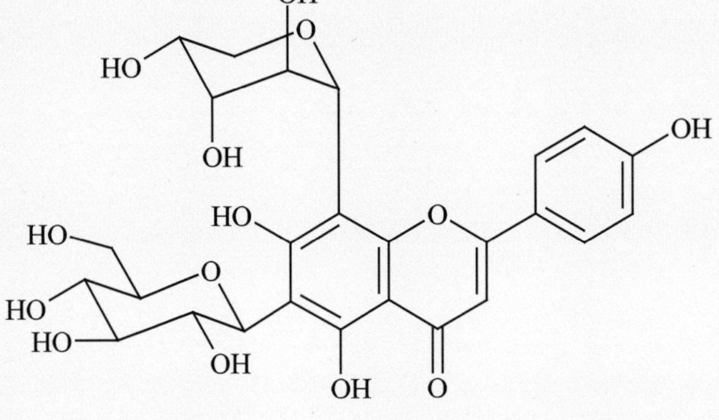

schaftoside

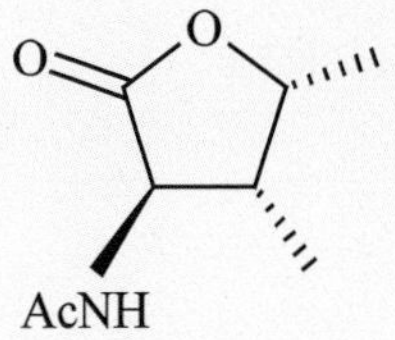

desmodilactone

광금전초 廣金錢草 CP, KHP, VP

약리작용

1. 요로결석의 억제
전초의 트리테르페노이드와 방향족 화합물을 경구 투여하면 수산과잉뇨와 칼슘과잉뇨가 있는 랫드에서 수산칼슘 결석의 형성을 예방했다. 그 기전은 내인성 수산과잉뇨와 흡수성 칼슘과잉뇨의 억제와 관련이 있다[9-10]. 전초의 다당류는 칼슘 옥살레이트일수화물 결정의 성장을 억제했다[11].

2. 항염 작용
광금전초(廣金錢草) 주사와 전초의 플라보노이드를 복강 내 투여하면 마우스에서 히스타민으로 유발된 혈관 투과성 증가와 파두유로 유발된 귀의 부기(浮氣)가 유의하게 억제되었다. 또한 알부민에 의한 랫드의 관절 부종을 유의하게 억제했다. 또한 전초의 플라보노이드와 페놀산은 목화송이로 유도된 육아종에 대하여 유의한 억제 효과를 나타냈다[12].

3. 담즙 분비 촉진 효과
전초의 총 플라보노이드는 담즙 분비를 자극했다[13]. 전초를 개에 경구 투여하면 담낭의 부피가 현저히 감소하고 담즙 농축액의 농도가 증가했으며 담낭의 부피와는 음의 상관관계가 나타났다[14].

4. 심혈관계에 미치는 영향
전초의 총 플라보노이드를 복강 내 투여하면 마우스의 뇌 혈류뿐만 아니라 심근 및 관상동맥의 영양 혈류가 유의하게 증가했다. 또한 랫드의 무산소 저항성을 높이고 토끼 대동맥의 반감을 경련시켰다. 또한 랫드의 급성 심근 허혈에 대한 보호 효과를 보였다[15]. 전초의 물 추출물은 지속적으로 저혈압 효과를 나타냈고 이는 히스타민성 활성을 통해 매개되었다[16].

5. 항균 작용
*In vivo*에서 전초의 물과 알코올 추출물, 총 사포닌 및 총 플라보노이드는 그람 양성균을 억제했으며, 알코올 추출물이 가장 강력했다[13].

6. 기타
또한 전초에는 진통 작용과 인지능력 개선의 효능이 있다[13, 17].

용도

1. 요로 감염, 요로결석, 신염, 부종, 신장 결석
2. 담낭염, 담석증, 황달형 간염
3. 영양실조
4. 종창, 부기(浮氣), 두드러기

해설

광금전초(廣金錢草)는 요로결석을 완화하기 위한 이상적인 약이다. 칼슘 옥살산염 일수화물 결정의 성장 억제에 매우 효과적이다. 또한 혈압을 낮추고 혈류를 증가시키며 동맥경화를 완화시킨다. 요로결석 환자, 특히 고혈압이나 다른 심혈관 질환으로 고통 받는 사람들을 위한 보충 식품으로 개발될 가능성이 있다.

다른 지역에서는 광금전초 *Desmodium styracifolium*, *Lysimachia christinae* Hance(앵초과, Primulaceae) 및 *Glechoma longituba* (Nakai) Kupr.(꿀풀과, Lamiaceae)가 금전초의 이름으로 사용된다. 상업적 유통 측면에서, 광금전초 *Desmodium styracifolium*은 주로 광동성, 광서성 및 인접 지역에서 사용되는 반면, *Lysimachia christinae* 또는 *Glechoma longituba*는 다른 지역에서 사용된다. 이 세 가지 식물은 기원이 너무 달라서 화학 성분, 특성, 효능 및 적응증이 다르다. 광금전초 *Desmodium styracifolium*은 방광결석에, 담석증에는 *Lysimachia christinae*, 그리고 신장 결석을 위해서는 금전초가 치료하는 데 더 좋다는 것이 일반적으로 알려져 있다. 임상 적용 시 특별한 주의가 필요하다.

참고문헌

1. K Yasukawa, T Kaneko, S Yamanouchi, M Takido. Studies on the constituents in the water extracts of crude drugs. V. On the leaves of Desmodium styracifolium Merr. (1). Yakugaku Zasshi. 1986, 106(6): 517–519
2. YL Su, YL Wang, JS Yang. Study on flavonoids from Desmodium styracifolium. Chinese Traditional and Herbal Drugs. 1993, 24(7): 343–344, 378
3. ZR Wang, XZ Bai, F Liu, H Hirayama, S Ueda, K Ikegami, T Kubo, T Nohara. Study on the chemical constituents in Desmodium styracifolium. Journal of Guangxi Medical University. 1998, 15(3): 10–14
4. T Kubo, S Hamada, T Nohara, ZR Wang, H Hirayama, K Ikegami, KYasukawa, M Takido. Leguminous plants. XIV. Study on the constituents of Desmodium styracifolium. Chemical & Pharmaceutical Bulletin. 1989, 37(8): 2229–2231
5. T Aoshima, M Kuroda, Y Mimaki. Triterpene glycosides from the whole plants of Desmodium styracifolium. Natural Medicines. 2005, 59(4): 193
6. RY Gao, XH Guo. Isolation and identification of chemical constituents from Desmodium styracifolium. Journal of Chinese Medicinal Materials. 2001, 24(10): 724–725
7. Z Liu, Y Dong, N Wang, N Wang, JH Wang, X Li. Chemical studies on the constituents of Desmodium styracifolium (Osb.) Merr.. Journal of Shenyang Pharmaceutical University. 2005, 22(6): 422–424, 437
8. FL Chen, SL Wang, HH Xu. Analysis of essential oil from Desmodium styracifolium by GC–MS. Journal of Guangzhou University of Traditional Chinese Medicine. 2005, 22(4): 302–303
9. ZR Wang, XZ Bai, GX Qin, H Hirayama, S Ueda, K Ikegami, T Kubo, T Nohara. Effects of Desmodium styracifolium–triterpenoid (Ds–t) and Desmodium styracifolium–aromatic compound (Ds–a) on calcium oxalate renal stones induced in rats. Chinese Journal of Urology. 1991, 12(1): 13–16
10. H Hirayama, Z Wang, K Nishi, A Ogawa, T Ishimatu, S Ueda, T Kubo, T Nohara. Effect of Desmodium styracifolium–triterpenoid on calcium oxalate renal stones. British Journal of Urology. 1993, 71(2): 143–147
11. HZ Li, ZH Yuan, YY Wei. Effective constituents of Desmodium styracifolium (Osb.) Merr and Lysimchia christinae Hance which inhibit the crystallization of calcium oxalate monohydrate. Journal of Shenyang College of Pharmacy. 1988, 5(3): 208–212
12. LZ Gu, BS Zhang, JH Nan. Study on the anti–inflammatory effect of Lysimchia christinae and Desmodium styracifolium. Bulletin of Chinese Materia Medica. 1988, 13(7): 40–42
13. VD Vu, TT Mai, TL Chu. Exploration of some pharmacological actions of Desmodium styracifolium (Osb.) Merr.. Tap Chi Duoc Hoc. 1997, 4: 16–18
14. JJ Liu, CQ Zhang, Z Zhou, FY Niu. The influence of single Chinese medicinal herb on the movement of dog gallbladder. Journal of Chinese Medicine Research. 2003, 3(5): 404–405
15. SB Xu, RY Zhong, SY Xian. Effect of the flavanoids isolated from the Dermodium styracifolium on the cardio–cerebrovasculum. Chinese Traditional and Herbal Drugs. 1980, 11(6): 265–267
16. CS Ho, YH Wong, KW Chiu. The hypotensive action of Desmodium styracifolium and Clematis chinensis. American Journal of Chinese Medicine. 1989, 17(3–4): 189–202
17. WC Qin, GX Hong. Studies on memory–improving effects of Desmodium styracifolium. Pharmacology and Clinics of Chinese Materia Medica. 1992, 8(3): 24–26

용안 龍眼 CP, KP, VP

Dimocarpus longan Lour.

Longan

개 요

무환자나무과(Sapindaceae)

용안(龍眼, *Dimocarpus longan* Lour.)의 헛씨껍질을 말린 것: 용안육(龍眼肉)

중약명: 용안(龍眼)

용안속(*Dimocarpus*) 식물은 전 세계에 약 20종이 있으며, 아시아의 열대 지역에 주로 분포한다. 중국에서 약 4종이 발견되며, 이 종만 약재로 사용된다. 이 종은 중국의 남서부에서 남동부에 걸쳐 재배되며, 복건성에서 재배량이 가장 많고, 광동성이 다음으로 많이 재배되고 있다. 야생 또는 반야생종은 광동성, 광서성 및 운남성에서도 발견된다. 또한 동남아시아에서 재배되고 있다.

"용안"은 ≪신농본초경(神農本草經)≫에서 중품 약으로 처음 기술되었다. 대부분의 고대 한방의서에 기술되어 있으며, 약용 종은 고대부터 동일하게 남아 있다. 이 종은 한약재 용안육(龍眼肉, Longan Arillus)의 공식적인 기원식물 내원종으로서 중국약전에 등재되어 있다. ≪대한민국약전≫(제11개정판)에는 "용안육"을 "용안 (龍眼) *Dimocarpus longan* Loureiro (무환자과 Sapindaceae)의 헛씨껍질"로 등재하고 있다. 의약 재료는 주로 복건성, 광동성, 광서성 및 운남성에서 생산된다.

용안육에는 세레브로사이드, 특수 아미노산 및 탄닌 성분이 함유되어 있다. 중국약전은 의약 물질의 품질관리를 위해 열수침지법으로 측정했을 때 물 추출물의 함량이 70% 이상이어야 한다고 규정하고 있다.

약리학적 연구에 따르면 용안육에는 면역강화, 노화방지 및 항산화 작용이 있음을 확인했다.

한의학에서 용안육은 보심비(補心脾), 양기혈(養氣血), 안심신(安心神) 등의 효능이 있다.

용안 龍眼 *Dimocarpus longan* Lour.

용안육 龍眼肉 Longan Arillus

함유성분

가종피에는 세레브로사이드 성분으로 soyacerebrosides I, II, ongan cerebrosides I, II, momor-cerebroside I, phytolacca cerebroside[1]가 함유되어 있고, 정유 성분으로 benzothiazole, benzisothiazole, limonene-6-ol privalate[2], trans-ocimene, trans-caryophyllene[3]이 함유되어 있으며, 또한 adenine, adenosine, uridnine[4], 5-(hydroxymethyl)-2-furfuraldehyde[5]가 함유되어 있다.

씨에는 특이 아미노산 성분으로 2-amino-4-methylhex-5-ynoic acid, hypoglycin A, 2-amino-4-hydroxyhept-6-ynoic acid[6], 탄닌 성분으로 acetonylgeraniins A, B, corilagin, 페놀산 성분으로 gallic acid, chebulagic acid[7], ellagic acid, 플라보노이드 성분으로 quercitrin[8], 지방산 성분으로 dihydrosterculic acid[9]가 함유되어 있다.

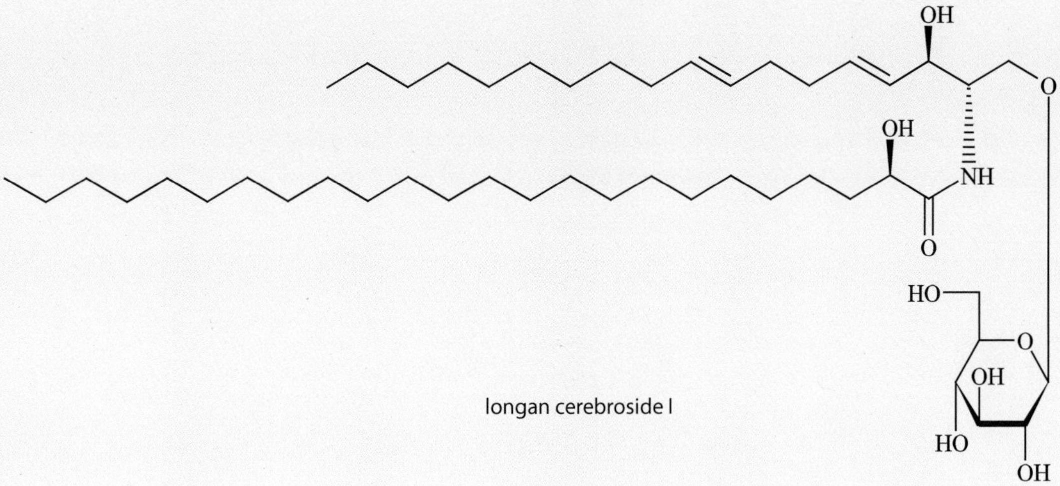

longan cerebroside I

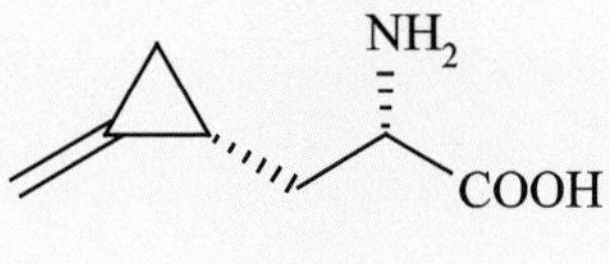

hypoglycin A

줄기껍질에는 (−)−epicatechin, procyanidins B_2, C_1 [7]이 함유되어 있다.
꽃에는 탄닌 성분으로 acalyphidin M_1, corilagin, repandusinic acid A, phyllanthusiin C, furosin, geraniin, 페놀산 성분으로 brevifolincarboxylic acid, p−coumaric acid, 플라보노이드 성분으로 luteolin, kaempferol, chrysoeriol, quercetin, hyperin[10]이 함유되어 있다.
열매껍질에는 friedelinol과 friedelin[11]이 함유되어 있다.

약리작용

1. 면역증강
   헛씨껍질 추출물을 경구 투여하면 마우스의 흉선과 림프절 조직에서 T 세포의 검출 가능한 비율을 유의하게 증가시켰으며, 특정 세포의 면역 기능 증진 효과를 나타냈다[12].
2. 항산화 작용
   *In vitro*에서 헛씨껍질의 추출물은 마우스의 균질화된 간에서 지질과산화를 억제했으며, 위 내에 투여하면, 마우스에서 혈액 글루타티온과산화효소(GSH−Px)의 활성을 증가시켰다[12]. 또한, 암모늄 과황산 N,N,N',N'−테트라메틸에틸렌디아민 시험에서, 헛씨껍질의 다당류는 활성 산소 라디칼에 대한 강력한 소거 효과를 보였다[13].
3. 뇌하수체와 성선 축에 미치는 효과
   헛씨껍질의 에탄올 추출물을 복강 내 투여하면 암컷 랫드에서 혈청 프로락틴의 농도를 현저하게 감소시켰으며, (고용량 투여에서) 에스트라디올과 안드루솔의 농도를 유의하게 감소시켰고, 프로게스테론과 모낭 자극 호르몬 수치는 증가시켰다. 하지만 황체 형성 호르몬의 수치에는 영향을 미치지 못했다[14].
4. 불안 완화 효과
   보겔형 반충돌시험에서, 헛씨껍질의 추출물을 피하 투여하면 활성 성분인 아데노신의 병용으로 마우스에서 불안 완화 효과가 뚜렷했다[4].
5. 혈압에 미치는 영향
   아세토닐게라니인 A를 정맥 내 투여하면 랫드의 노르아드레날린성 종말신경에서 아드레날린의 말초 방출이 촉진되어, 기립성 저혈압 상태가 개선되었다[15]. 코릴라진은 NA 방출 또는 직접적인 혈관 확장을 줄임으로써 자발적 고혈압 랫드의 혈압을 유의하게 낮추었다[16].
6. 저혈당 효과
   씨의 물 추출물을 경구 투여하면 알록산으로 유도된 당뇨 마우스의 고혈당 증상을 유의하게 완화시켜, 혈당 수준을 낮추었다[17].
7. 기타
   헛씨껍질은 또한 항균성이 있다. 5−(하이드록시메틸)−2−푸르푸르알데하이드는 항경련 효과를 보였다[5]. 씨는 티로신키나아제도 억제했다[18]. 또한 씨에서 3종의 특정 아미노산은 항돌연변이 효과를 나타냈다[6].

용도

1. 심계항진, 관상동맥 심장 질환
2. 기억상실, 불면증, 현기증
3. 빈혈, 월경불순, 자궁출혈 및 자궁누혈

해설

용안육(龍眼肉)은 일반적으로 중국에서 강장제와 약용에 사용되며, 중국 위생부에서 지정한 식약공용 품목이다. 면역력 강화에 매우 효과적이며, 중국에서 한약 처방이나 식품 제품 및 건강관리 제품에 널리 사용된다. 헛씨껍질이 의약용으로 사용되는 것뿐만 아니라, 용안 열매의 껍질과 나무껍질도 소풍(疏風), 해독(解毒) 및 소염(消炎)에 사용된다. 나무껍질의 탕액은 만성 백선(白癬)의 치료에 로션으로 임상 사용된다고 보고되어 있다[19].
같은 속의 *Dimocarpus confinis* (How et Ho) H. S. Lo의 열매를 말린 것은 관능검사적으로 용안과 기본적으로 동일하지만, 유독해서 식용을 권장하지 않으며 과도한 섭취는 치명적이다[20]. 그러므로 종의 식별에 특별한 주의를 기울여야 한다.

참고문헌

1. J Ryu, JS Kim, SS Kang. Cerebrosides from Longan Arillus. Archives of Pharmacal Research. 2003, 26(2): 138–142
2. XH Yang, RR Hou, HX Zhao, P Zhang. GC/MS analysis of the volatile chemical constituents from fresh Arillus Longan. Food Science. 2002, 23(7): 123–125
3. JH Chang, TX You, LY Lin, JY Zhang. Studies on the important volatile flavor compounds of fresh and dried longan fruits. Journal of the Chinese Agricultural Chemical Society. 1998, 36(5): 521–532
4. E Okuyama, H Ebihara, H Takeuchi, M Yamazaki. Adenosine, the anxiolytic–like principle of the arillus of Euphoria longana. Planta Medica. 1999, 65(2): 115–119
5. DH Kim, DW Kim, SY Choi, CH Park, NI Baek. 5–(Hydroxymethyl)–2–furfuraldehyde, anti–convulsant furan from the arils of Euphoria longana L. Agricultural Chemistry and Biotechnology. 2005, 48(1): 32–34
6. H Minakata, H Komura, SY Tamura, Y Ohfune, K Nakanishi, T Kada. Anti–mutagenic unusual amino acids from plants. Experientia. 1985, 41(12): 1622–1623
7. FL Hsu, L Chyn. Studies on the tannins from Euphoria longana LAM. Proceedings of the National Science Council, Republic of China, Part A: Physical Science and Engineering. 1991, 15(6): 541–546
8. YY Soong, PJ Barlow. Isolation and structure elucidation of phenolic compounds from longan (Dimocarpus longan Lour.) seed by high–performance liquid chromatography–electrospray ionization mass spectrometry. Journal of Chromatography, A. 2005, 1085(2): 270–277
9. R Kleiman, FR Earle, IV Wolff. Dihydrosterculic acid, a major fatty acid component of Euphoria longana seed oil. Lipids. 1969, 4(5): 317–320
10. JH Lin, CC Tsai. Phenolic constituents from the flowers of Euphoria longana Lam. Chinese Pharmaceutical Journal. 1995, 47(2): 113–121
11. J Xu. Crytal structure of Longan triterpene–B. Chinese Traditional and Herbal Drugs. 1999, 30(4): 254–255
12. HQ Wang, JC Bai, BJ Jiang, ZJ Ma, LJ Liu, XJ Fu, JQ Shen, HW Zhang, D Xin, XC Wang. Experimental study on the anti–free radical and strengthen immunity effect of extract of Dimocarpus longan. Chinese Journal of Gerontology. 1994, 14(4): 227–229
13. HH Wu, XH Li, L Qiu. Studies on superoxide scavenging capability on litci and longan fruit pulp by its polysaccharides. Food Science. 2004, 25(5): 166–169
14. LZ Xu, HG Wang, XF Geng, P Leng. The effect of ethanol extract pseudo–seed coat of Euphoria longan Steud on pituitary–gonad axis in female rats. Information of Traditional Chinese Medicine. 2002, 19(5): 57–58
15. FL Hsu, FH Lu, JT Cheng. Influence of acetonylgeraniin, a hydrolyzable tannin from Euphoria longana, on orthostatic hypotension in a rat model. Planta Medica. 1994, 60(4): 297–300
16. JT Cheng, TC Lin, FL Hsu. Anti–hypertensive effect of corilagin in the rat. Canadian Journal of Physiology and Pharmacology. 1995, 73(10): 1425–1429
17. RQ Huang, YX Zou, XM Liu. Study on the hypoglycemic effect of longan seed extract. Natural Product Research Development. 2006, 18: 991–992
18. N Rangkadilok, S Sitthimonchai, L Worasuttayangkurn, C Mahidol, M Ruchirawat, J Satayavivad. Evaluation of free radical scavenging and antityrosinase activities of standardized longan fruit extract. Food and Chemical Toxicology. 2007, 45(2): 328–336
19. XB Li, HJ Guan, Y Yang. Observation on the therapeutic effect and care of using decoction of Longan cortex externally to treat tinea capitis. Modern Nursing. 2001, 7(8): 28
20. ZM Ping, YP Zhao. Identification between Euphoria longan and its adulterant Dimocarpus confinis. Journal of Chinese Medicinal Materials. 1993, 9(9): 17–18

Liliaceae

혈갈 劍葉龍血樹

Dracaena cochinchinensis (Lour.) S. C. Chen

Chinese Dragon's Blood

개 요

백합과(Liliaceae)

검엽용혈수(劍葉龍血樹, *Dracaena cochinchinensis* (Lour.) S. C. Chen)의 수지가 함유되어 있는 목재로부터 수지를 추출한 것: 용혈갈(龍血竭, Dracaenae Cochinchinensis Resina)

중약명: 검엽용혈수(劍葉龍血樹)

검엽용혈수속(*Dracaena*) 식물에는 약 40종이 있으며, 아시아와 아프리카의 열대 및 아열대 지역에 분포한다. 중국에는 약 5종이 발견되며, 중국 남부에 분포한다. 이 속에서 약 4종이 약재로 사용된다. 이 종은 중국 남부의 운남성과 광서성의 남부, 베트남과 라오스에 분포한다.

혈갈은 ≪뇌공포자론(雷公炮炙論)≫에서 "기린갈(麒麟竭)"이란 이름의 약으로 처음 기술되었다. 대부분의 고대 한방의서에 기술되어 있다. 고대부터 의약품 혈갈은 전통적으로 "목혈갈(木血竭)"로 알려진 검엽용혈수속의 식물의 목재에 있는 수지를 말한다. 용혈갈은 명대와 청대를 걸쳐 약 500년 동안 중국 운남성에서 사용되었지만, 최근에는 없어졌으며 대부분 수입에 의존한다. 현재 시장에 유통되는 것은 *Daemonorops draco* Bl의 수지가 있다. 1970년대 이래 중국의 한약 전문가들이 약용식물 자원 조사를 통하여 운남성과 광서성에서 검엽용혈수를 발견했다. 20년 동안 그 식물의 수지에 대한 효능, 독성학 및 임상적용에 대한 연구를 통해 이 용혈갈이 혈갈의 수입 대체품으로 사용될 수 있음이 입증되었다. 의약 재료는 주로 중국의 운남성과 광서성에서 생산된다.

검엽용혈수의 수지에는 주로 플라보노이드와 스테로이드 사포닌 성분이 함유되어 있다.

약리학적 연구에 따르면 검엽용혈수에는 혈류를 개선시키고, 혈액 정체를 분산시키며, 지혈, 심근 손상 억제, 항염 및 진통 작용이 있음을 확인했다.

한의학에서 용혈갈은 활혈산어(活血散瘀), 지혈정통(止血定痛), 염창생기(斂瘡生肌)의 효능이 있다[1].

혈갈 劍葉龍血樹 *Dracaena cochinchinensis* (Lour.) S. C. Chen

용혈갈 龍血竭 Dracaenae Cochinchinensis Resina

1cm

dracaenoside A

pterostilbene

cochinchinenin

함유성분

수지에는 플라보노이드 성분으로 cochinchinenin, isoliquiritigein, dihydroisoliquiritigein, socotrin-4'-ol, 2'-methoxysocotrin-5'-ol[2], cochinchinenins A, B, C[3-4], loureirins A, B, C, D[2, 5], echinatin, broussin, demethylbroussin[6], 7-hydroxyflavone, apigenin, 8-methylapigenin, 6-methylapigenin, 5-methoxy-8-methylapigenin[7], equol, cochichin[8], 10,11-dihydroxydracaenone C, 7,4'-homoisoflavane[9]이 함유되어 있고, 스테로이드성 사포닌 성분으로 dracaenosides A, B, C, D, E, F, G, H, I, J, K, L, M, N, O, P, Q, R[10], desglucoruscoside[11], 스테로이드 성분으로 dracaenogenins A, B[12], 리그난 성분으로 acanthoside B[13], 스틸벤 성분으로 pterostilbene, resveratrol[14]이 함유되어 있고, 또한 protocatechualdehyde[13], tachioside[9]가 함유되어 있다.

약리작용

1. 혈액계에 미치는 영향
   (1) 혈액 정체의 완화로 혈액순환 활성화 효과
   장기간의 경구 투여로 혈액 응고 토끼 모델에서 글루칸에 의한 총 혈액 점도와 혈장 농도 증가가 줄어들었고, 랫드의 적혈구 전기영동 이동성과 실험적 혈전 형성이 증가하였다[15].
   (2) 지혈 작용
   용혈갈을 경구 투여하면 마우스에서 응고 시간을 단축시켰으며, 토끼에서 칼슘재가혈장시간과 유글로불린용해시간(ELT)이 단축되었다[16-17].
2. 심근 손상 방지
   *In vitro*에서 약재의 총 플라보노이드는 젖먹이 마우스에서 H_2O_2로 유발된 심근 세포 손상을 억제했다. 또한 젖산 탈수소 효소(LDH)의 배양 농도를 감소시켜서, 손상된 세포의 활성을 증가시켰다[18]. 약재의 총 플라보노이드를 경구 투여하면 랫드에서 피투트린으로 유도된 심장근육 허혈 및 개에서 관상동맥 결찰로 유발된 심장근육 허혈을 효과적으로 보호했다. 또한 심장근육 허혈증이 있는 랫드에서 심박동 기록기의 J 포인트와 T 파의 변화에 길항했고, 심근 허혈을 가진 개에서 심근경색 면적이 감소되었으며, 심박동 기록기에서 ST 부분이 감소되었다. 또한 혈청 크레아틴 키나아제(CK), 젖산 탈수소 효소(LDH) 및 젖산(LD)의 방출을 감소시켰다[19].
3. 항염 및 진통 작용
   용혈갈을 외용으로 사용하면 마우스에서 파두유로 유도된 귀의 부기(浮氣)와 카라기닌으로 유도된 뒷다리 부종을 유의하게 억제했고, 마우스에서 복막 모세혈관의 투과성을 감소시켰다. 위 내관에 투여하면 마우스에서 뒤틀림 반응을 감소시켰고[20], 마우스에서 디메틸벤젠으로 유도된 귀의 부기(浮氣)를 억제했으며[17], 랫드에서 디에틸스틸베스트롤로 유도된 자궁 수축을 길항했다[20].
4. 항균 작용
   *In vitro*에서 용혈갈은 황색포도상구균, 클렙스로에플 바실루스, 바실루스 안트루코이데스, 칸디다 알비칸스, 크립토콕쿠스 네오포르만스, 스포로트리쿰 쉥키[21], 백색 종창, 칸디다 글라브라타, 트리코피톤 파라프실로시스, 칸디다 트로피칼리스 및 칸디다 크루세이[22]를 억제했다. 스틸벤은 활성 성분 중 하나였다[14].

용도

1. 낙상 및 찰과상, 외상성 출혈, 과다 출혈, 혈액 정체, 자궁 근종
2. 소화성 궤양
3. 허혈성 심장 질환, 심근경색

해설

기린갈 *Daemonorops draco*의 열매에서 삼출되어 나온 수지는 기린갈(麒麟竭)이라고도 알려져 있는 한약재 혈갈로서 중국에서는 거의 발견되지 않으며, 오랫동안 외국에서 수입되었다. 검엽용혈수에서 얻은 용혈갈(龍血竭)은 이제 임상 응용에서 혈갈의 대체물로 널리 사용된다. 용혈갈은 혈갈과 화학 성분이 크게 다르지만, 약리학적 효과는 혈갈과 기본적으로 동일하다. 따라서 광범위한 응용 가능성이 있다.

참고문헌

1. WD Zhu, ZQ Sun. Pharmacological study on Dracaena cochinchinensis. Heilongjiang Medicine Journal. 2006, 19(5): 403–404
2. ZH Zhou, JL Wang, CR Yang. Cochinchinenin–a new chalcone dimer from the Chinese dragon blood. Acta Pharmaceutica Sinica. 2001, 36(3): 200–204
3. WJ Lu, XF Wang, JY Chen, Y Lü, N Wu, WJ Kang, QT Zheng. Studies on the chemical constituents of chloroform extract of Dracaena cochinchinensis. Acta Pharmaceutica Sinica. 1998, 33(10): 755–758
4. DX Wen, WL Liu, Q Chen, RJ Tang. RP–HPLC determination of cochinchinenin C in dragon's blood. Guangxi Sciences. 2003, 10(4): 279–281
5. ZQ Li, D Xiang. Determination of loureirin A and B in resina draconis by HPLC. West China Journal of Pharmaceutical Sciences. 2005, 20(4): 348–349
6. QA Zheng, HZ Li, YJ Zhang, CR Yang. Flavonoids from the resin of Dracaena cochinchinensis. Helvetica Chimica Acta. 2004, 87(5): 1167–1171
7. PF Tu, J Tao, YQ Hu, MB Zhao. Flavones from the wood Dracaena cochinchinensis. Chinese Journal of Natural Medicines. 2003, 1(1): 27–29
8. L He, ZH Wang, XH Liu, DC Fang, HM Li. Cochinchin from Dracaena cochinchinensis. Chinese Journal of Chemistry. 2004, 22(8): 867–869
9. QA Zheng, YJ Zhang, CR Yang. A new meta–homoisoflavane from the fresh stems of Dracaena cochinchinensis. Journal of Asian Natural Products Research. 2006, 8(6): 571–577
10. QA Zheng, YJ Zhang, HZ Li, CR Yang. Steroidal saponins from fresh stem of Dracaena cochinchinensis. Steroids. 2004, 69(2): 111–119
11. ZH Zhou, JL Wang, CR Yang. Three glycosides from the Chinese dragon's blood (Dracaena cochinchinensis). Chinese Traditional and Herbal Drugs. 1999, 30(11): 801–804
12. QA Zheng, HZ Li, YJ Zhang, CR Yang. Dracaenogenins A and B, new spirostanols from the red resin of Dracaena cochinchinensis. Steroids. 2006, 71(2): 160–164
13. ZH Zhou, JL Wang, CR Yang. Chemical constituents of Sanguis Draxonis made in China. Chinese Traditional and Herbal Drugs. 2001, 32(6): 484–486
14. YQ Hu, PF Tu, RY Li, Z Wan, DL Wang. Studies on stilbene derivatives from Dracaena cochinchinensis and their anti–fungal activities. Chinese Traditional and Herbal Drugs. 2001, 32(2): 104–106
15. SL Huang, XF Chen, XJ Chen, H Lin. Studies on the activating blood circulation to dissipate blood stasis of Resina Draconis in Guangxi. Journal of Chinese Medicinal Materials. 1994, 17(9): 37–39
16. XX Nong. Hematischetic effect of Dracaena cochinensis (Lour.) S.C. Chen. China Journal of Chinese Materia Medica. 1997, 22(4): 240–242
17. GJ Cao, JZ Zhang, YQ Hu, YY Song, YT Wang. Comparison on the effects of dragon's blood extracts from thermal independence technology and tradition method. Tianjin Pharmacy. 2005, 17(3): 3–4, 34
18. JY Deng, YM Li, WR Fang. Protective effect of Sanguis Draxonis flavones on cell injury in primary cultured cardiac myocytes. Chinese Journal of Natural Medicines. 2006, 4(5): 373–376
19. WR Fang, YM Li, JY Deng. Protective effect of Sanguis Draxonis flavones on animal myocardial ischemia. Chinese Journal of Clinical Pharmacology and Therapeutics. 2005, 10(9): 1020–1023
20. XY Zeng, F He, YD Li, XC He, B Cao, WC Qin, CH Li. Study on the anti–inflammatory and analgesic effect and toxicity of Guangxi Resina Draconis. China Journal of Chinese Materia Medica. 1999, 24(3): 171–173
21. RQ Cai, YL Rong, BX Chen, JJ Liu, ZM Chen. Anti–bacterial and anti–fugal activity of Guangxi Resina Draconis. Journal of Guilin Medical College. 1990, 3(1): 16–19

22. Y Gao, QY Zhang, GJ Cao, XQ Dong, P Guo, YQ Hu. To compare the anti-fungal activity of dragon's blood from difference extracting technology. Acta Academiae Medicinae CPAPF. 2004, 13(3): 183-185

야생 검엽용혈수

지담초 地膽草

Asteraceae

Elephantopus scaber L.

Scabrous Elephant's Foot

개 요

국화과(Asteraceae)

지담초(地膽草, *Elephantopus scaber* L.)의 전초를 말린 것: 고지단(苦地胆)

중약명: 고지단(苦地胆)

지담초속(*Elephantopus*) 식물은 전 세계에 약 30종이 있으며, 주로 아메리카 대륙에 분포하고, 아프리카, 아시아 및 호주에서는 소수만 분포한다. 중국에는 2종만 발견되며, 남부 및 남서부 지역에 분포하고, 모두 약재로 사용된다. 이 종은 중국의 절강성, 강서성, 복건성, 호남성, 광동성, 홍콩, 광서성, 귀주성, 운남성 및 대만에 분포한다. 또한 미국, 아시아 및 아프리카의 열대 지역에 널리 분포되어 있다.

"고지단"은 ≪생초약성비요(生草藥性俻要)≫에서 약으로 처음 기술되었다. 중국 영남 지방의 전통 민간약으로서, 지담초는 적어도 500 년 동안 약으로 사용되어 왔다[1]. 이 종은 중국약전(1977)에 고지단(Elephantopi Scaberis Herb)에 대한 공식적인 기원식물 내원종으로서 등재되었다. 의약 재료는 주로 중국의 광동성, 광서성, 복건성 및 강서성에서 생산된다.

지담초에는 세스퀴테르펜 락톤, 플라보노이드 및 정유 성분이 함유되어 있다. 세스퀴테르펜 락톤은 주요 활성 성분이다.

약리학적 연구에 따르면 지담초에는 항균, 항바이러스, 항염, 해열, 간 보호 및 항종양 작용이 있음을 확인했다.

민간요법에 따르면 고지단(苦地胆)은 청열(清熱), 양혈(凉血), 해독(解毒)의 효능이 있다.

지담초 地膽草 *Elephantopus scaber* L.

지담초 地膽草

고지단 苦地胆 Elephantopi Scaberis Herba

함유성분

전초에는 젬아크라놀라이드형 세스퀴테르펜 락톤 성분으로 scabertopin, isoscabertopin, deoxyelephantopin, isodeoxyelephantopin[2], 17,19-dihydrodeoxyelephantopin, iso-17,19-dihydrodeoxyelephantopin[3], 11,13-dihydrodeoxyelephantopin[4], 과이어놀리드형 세스퀴테르펜 락톤 성분으로 deacylcynaropicrin, glucozaluzanin-C, crepiside E[5], 플라보노이드 성분으로 tricin, diosmetin, luteolin, cynaroside[6]가 함유되어 있고, 유기산 성분으로 4,5-dicaffeoyl quinic acid, 3,5-dicaffeoyl quinic acid[7], 정유 성분으로 ⊠-sesquiphellandrene, phytol[8], 아미드 성분으로 aurantiamide, lyciumamide[9]가 함유되어 있다.

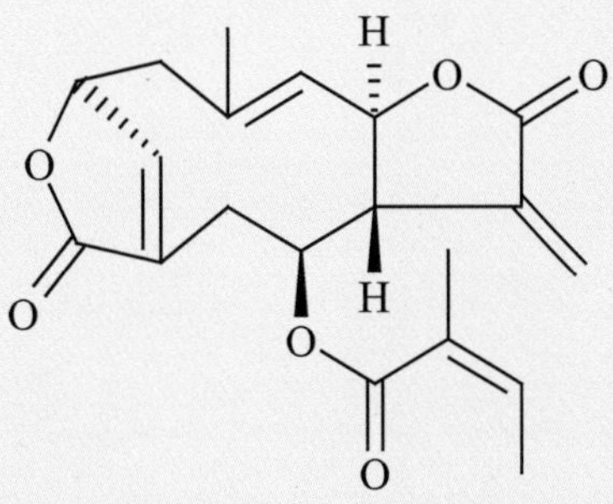

scabertopin

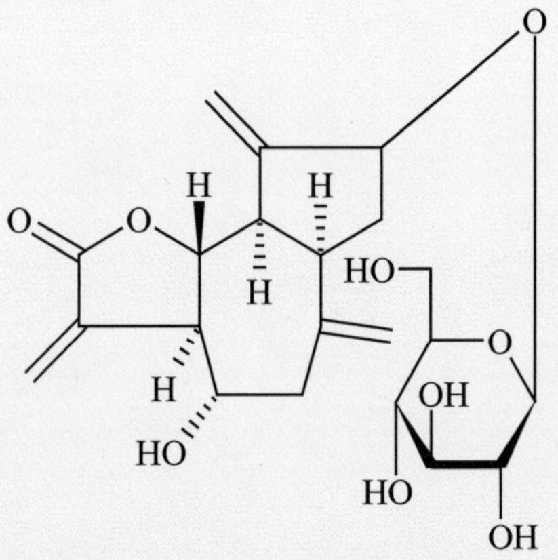

crepiside E

약리작용

1. 항균 및 항바이러스
   *In vitro*에서 약재의 물 추출물은 대장균, 녹농균, 장티푸스균, 시겔라 디센테이아, 황색포도상구균, 부패된 치아 병원균 및 스트렙토코쿠스 뮤탄스를 유의하게 억제했다[10-11]. 또한 약재의 물 추출물은 호흡기 세포 바이러스(RSV)에 억제 효과가 있다[12].

2. 해열 작용
   약재의 물 및 하이드로알코올 추출물을 복강 내 투여하면 랫드에서 양조용 효모로 유도된 고체온을 현저히 감소시켰으나, 경구 투여하면 해열 효과가 없었다[13].

3. 간 보호
   약재의 물 추출물은 D-갈락토사민(D-GalN) 및 파라세타몰(APAP)에 의한 급성 간 손상 및 CCl4에 의한 랫드의 만성 간 기능 장애를 예방하는 효과가 있었다. 또한 혈청 글루탐산 옥살초산 아미노기전달효소(sGOT)와 글루탐산 피루브산 아미노기전달효소(sGPT)의 수준을 감소시켜서, 간세포 손상의 상태를 현저히 개선시켰다[14-15].

4. 항종양
   *In vitro*에서 스카베르토핀, 데옥시엘레판토핀 및 이소데옥시엘레판토핀은 랫드의 간암 SMMC7721 세포와 인간 자궁경부암 HeLa 및 카코-2 세포를 유의하게 억제했다. 이소스카베르토핀의 항종양 효과는 상대적으로 약했다. 데옥시엘레판토핀은 *in vitro*에서 HeLa 세포에 대한 억제 효과를 보였다[16].

5. 심혈관계에 미치는 영향
   약재의 물 및 하이드로알코올 추출물을 정맥 내 투여하면 랫드의 혈압과 심박수를 감소시켰다. 이 효과는 아트로핀에 의해 길항되었지만, 피릴라민과 시메티딘을 동시에 투여하면 효과가 없었다[13].

6. 기타
   4,5-디카페오일 퀸산과 3,5-디카페오일 퀸산은 알도오스 환원효소의 활성을 억제했다[7]. 또한 잎의 수성 에탄올 추출물은 랫드에서 상처 치유를 촉진시켰다[17].

용도

1. 감기, 백일해, 기침, 폐렴, 편도선염, 인후두염
2. 간염, 황달
3. 신장염, 부종
4. 불규칙한 생리, 백대하 과잉
5. 상처, 주름살, 습진, 사교상(蛇咬傷) 및 벌레 물림

해설

같은 속에 있는 백화지담초 *Elephantopus tomentosus* L.는 한약재 고지단(苦地胆)의 또 다른 기원식물이다.
고지단은 중국의 영남 지방에서 흔히 볼 수 있는 한약재이며, 남아메리카의 브라질 원주민과 아프리카의 나이지리아, 마다가스카르에서 이뇨제나 해열제로 사용되며, 이질과 관절염 치료에도 사용된다. 현대 연구에 따르면 고지단에는 항균, 항염, 간 보호 및 항종양 특성이 있다. 따라서 다양한 의약적 응용 분야가 있다.
지담초(地膽草)는 토포공영(土蒲公英)으로도 알려져 있으며, 중국의 영남(嶺南)지방에서는 한약재 포공용으로 자주 사용된다. 지담초와 포공영은 모두 청열해독(清熱解毒)의 효능이 있지만, 그 효능의 정도가 다르므로 응용에서 주의 깊게 감별되어야 하며 서로 혼용해서는 안 된다[18].

참고문헌

1. H Cao, YP Liu, PX Bi. Herbal study on Chinese herb Elephantopus scaber L. China Journal of Chinese Materia Medica. 1997, 22(7): 387-389
2. QL Liang, ZN Gong, GX Shi. Application of the noesy technique in structure elucidation of sesquiterpenoides isolated from Elephantopus scaber (II). Chinese Journal of Magnetic Resonance. 2004, 21(3): 311-315
3. NN Than, S Fotso, M Sevvana, GM Sheldrick, HH Fiebig, G Kelter, H Laatsch. Sesquiterpene lactones from Elephantopus scaber. Zeitschrift fuer Naturforschung. 2005, 60(2): 200-204
4. LB De Silva, WHMW Herath, RC Jennings, M Mahendran, GE Wannigama. A new sesquiterpene lactone from Elephantopus scaber. Phytochemistry. 1982, 21(5): 1173-1175
5. A Hisham, L Pieters, M Claeys, R Dommisse, BD Vanden, A Vlietinck. Guaianolide glucosides from Elephantopus scaber. Planta Medica. 1992, 58(5): 474-475
6. F Guo, QL Liang, ZD Min. Study on the flavonoids from Elephantopus scaber. Chinese Traditional and Herbal Drugs. 2002, 33(4): 303-304
7. K Ichikawa, Y Sakurai, T Akiyama, S Yoshioka, T Shiraki, H Horikoshi, H Kuwano, T Kinoshita, M Boriboon. Isolation and structure determination of aldose reductase inhibitors from traditional Thai medicine, and synthesis of their derivatives. Sankyo Kenkyusho Nenpo. 1991, 43: 99-110
8. L Wang, SG Jian, N Peng, Y Zhong. Chemical composition of the essential oil of Elephantopus scaber from Southern China. Zeitschrift fuer Naturforschung. 2004, 59(5/6): 327-329
9. QL Liang, ZD Min, L Cheng. Studies on the two dipepetides from Elephantopus scaber. Journal of China Pharmaceutical University. 2002, 33(3): 178-180
10. QY Yang, QK Zheng, XR Li. Study on the chemical constituents in Elephantopus scaber from Guangdong. Guangzhou Medical Journal. 1983, 14(3): 33-35
11. CP Chen, CC Lin, T Namba. Screening of Taiwanese crude drugs for antibacterial activity against Streptococcus mutans. Journal of Ethnopharmacology. 1989, 27(3): 285-295
12. YL Li, LSM Ooi, H Wang, PPH But, VEC Ooi. Anti-viral activities of medicinal herbs traditionally used in southern mainland China. Phytotherapy Research. 2004, 18(9): 718-722
13. A Poli, M Nicolau, CM Simoes, RM Nicolau, M Zanin. Preliminary pharmacologic evaluation of crude whole plant extracts of Elephantopus scaber. Part I: In vivo studies. Journal of Ethnopharmacology. 1992, 37(1): 71-76
14. CC Lin, CC Tsai, MH Yen. The evaluation of hepatoprotective effects of Taiwan folk medicine 'teng-khia-u'. Journal of Ethnopharmacology. 1995, 45(2): 113-123
15. MG Rajesh, MS Latha. Hepatoprotection by Elephantopus scaber Linn. in CCl_4-induced liver injury. Indian Journal of Physiology and Pharmacology. 2001, 45(4): 481-486
16. G Xu, Q Liang, Z Gong, W Yu, S He, L Xi. Anti-tumor activities of the four sesquiterpene lactones from Elephantopus scaber L. Experimental Oncology. 2006, 28(2): 106-109
17. SDJ Singh, V Krishna, KL Mankani, BK Manjunatha, SM Vidya, YN Manohara. Wound healing activity of the leaf extracts and deoxyelephantopin isolated from Elephantopus scaber Linn. Indian Journal of Pharmacology. 2005, 37(4): 238-242
18. JJ Chen, XJ Deng. Distribution and utilization of Elephantopus plants from Guangdong province. Journal of Zhanjiang Ocean University. 2005, 25(3): 94-96

쇠뜨기 問荊 EP, BP

Equisetaceae

Equisetum arvense L.

Horsetail

개 요

속새과(Equisetaceae)

쇠뜨기(問荊, *Equisetum arvense* L.)의 지상부를 말린 것: 문형(問荊)

중약명: 문형(問荊)

속새속(*Equisetum*) 식물은 약 25종이 있으며, 전 세계에 걸쳐 널리 분포한다. 중국에는 약 10종과 3아종이 발견되며, 이 속에서 약 5종이 약재로 사용된다. 이 종은 유럽, 북미, 러시아, 히말라야, 일본, 한반도, 터키 및 이란에 분포한다. 중국에 널리 분포되어 있다.

"문형(問荊)"은 ≪본초습유(本草拾遺)≫에서 약으로 처음 기술되었다. 대부분의 고대 한방의서에 기술되어 있으며, 약용 종은 고대부터 동일하게 남아 있다. 이 종은 유럽약전(5개정판)과 영국약전(2002)에서 문형(Equiseti Herba)의 공식적인 기원식물 내원종으로서 등재되어 있다. 의약 재료는 주로 중국의 흑룡강성, 길림성 및 요녕성뿐만 아니라 산서성, 사천성, 귀주성, 강서성 및 안휘성에서 생산된다.

쇠뜨기에는 주로 플라보노이드, 정유, 페놀 배당체 및 페트로신 성분이 함유되어 있다.

약리학적 연구에 따르면 쇠뜨기에는 항균, 혈소판 응집 억제, 혈관 확장, 진통, 항염, 진정, 진경, 간 보호 및 항산화 효과가 있으며, 인지 기능을 향상시키고, α-글루코사카라아제를 억제하며, 혈액 지질을 개선하고, 이뇨 작용이 있음을 확인했다.

한의학에서 쇠뜨기는 지혈(止血), 이뇨(利尿), 명목(明目)의 효능이 있다.

쇠뜨기 問荊 *Equisetum arvense* L.

문형 問荊 Equiseti Herba

함유성분

지상부에는 페놀염 배당체 성분으로 equisetumosides A, B, C[1]가 함유되어 있고, 페트로신 성분으로 onitin, onitin-9-O-glucoside[2], 스티릴피론 배당체 성분으로 equisetumpyrone[3], 플라보노이드 성분으로 apigenin, luteolin, luteolin-5-O-β-D-glucopyranoside(luteolin-5-glucoside), kaempferol-3-O-glucoside, quercetin-3-O-β-D-glucopyranoside(quercetin-3-O-glucoside), isoquercitroside(isoquercitrin), kaempferol, kaempferol-3-rutinoside-7-glucoside, kaempferol-3,7-di-O-glucoside(kaempferol

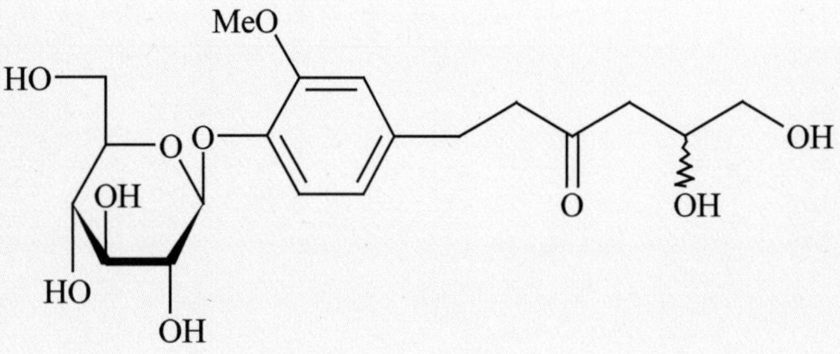

equisetumoside A

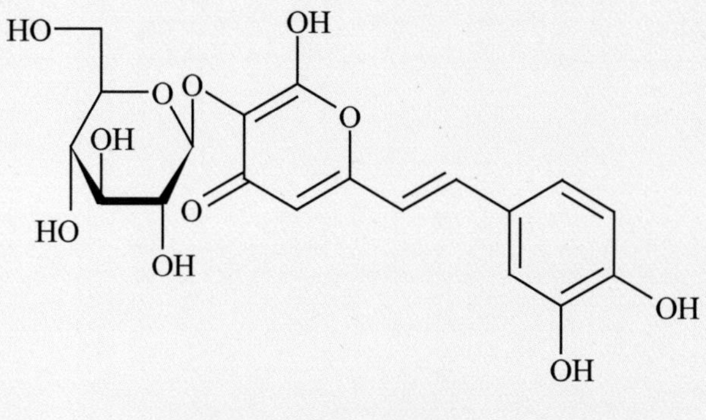

equisetumpyrone

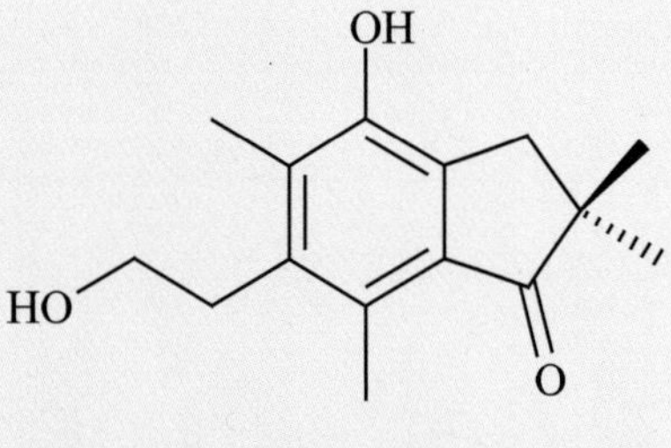

onitin

3,7−diglucoside), kaempferol−3−O−β−D−sophoroside−7−O−β−D−glucopyranoside[1−2, 4−6], herbacitrin[7], 모노테르페노이드 성분으로 loliolide[8], 정유 성분으로 hexahydrofarnesyl acetone, cis−geranyl acetone, thymol, trans−phytol, trans−β−ionone, β−caryophyllene, 1,8−cineol[9], 유기산 성분으로 dicaffeoyl−meso−tartaric acid[10], caffeic acid, ferulic acid[6]가 함유되어 있다.
뿌리줄기에는 스티릴피론 배당체 성분으로 3'−deoxyequisetumpyrone, 4'−O−methylequisetumpyrone[11]이 함유되어 있다.

약리작용

1. 항균 작용
   *In vivo*에서 약재의 정유 성분은 황색포도상구균, 대장균, 폐렴간균, 녹농균, 장염균, 칸디다 알비칸스 및 흑색국균의 성장을 억제하여, 광범위한 항균성을 나타냈다[9].
2. 혈소판 응집 억제
   *In vivo*에서 약재 추출물의 트롬빈에 의한 랫드의 혈소판 응집을 유의하게 억제했다[12].
3. 진통 및 항염 작용
   약재의 하이드로알코올 추출물을 복강 내 투여하면 마우스에서 아세트산에 의해 유발된 반응과 카라기닌에 의해 유발된 뒷다리 수종을 유의하게 억제했다[13].
4. 진정 및 항경련 작용
   약재의 추출물은 신경안정제에 의한 수면 시간을 현저하게 연장시켰고, 펜틸렌테트라졸에 의한 경련의 잠복시간을 늦췄으며, 경련의 중증도를 감소시켰고, 경련을 일으킨 랫드의 비율을 감소시켰으며, 랫드의 사망률을 감소시켰다[14].
5. 간 보호
   에퀴세툼의 규소 화합물을 복강 내 투여하면 정상 랫드의 혈청 알라닌아미노기전이효소(ALT)의 수준이 현저하게 감소하고, CCl_4에 중독된 랫드에서 혈청 ALT 수준의 증가가 억제되었다. 또한 간 미토콘드리아의 증식을 감소시켰고, 조면소포체를 정상으로 되돌려 놓았으며, 글리코겐 과립 수준을 증가시켰고, CCl_4에 중독된 랫드의 지방소립을 감소시켰다. 또한 CCl_4에 중독된 마우스에서 혈청 술포브로모프탈레인나트륨(BSP)의 증가를 억제하고, 티오아세트아미드(TAA)를 감소시켰으며, 마우스에서 프레드니솔론에 의한 혈청 ALT 수준의 증가를 유의하게 감소시켰다. 약재의 메탄올 추출물의 에틸아세테이트 가용성 분획으로부터 분리된 오니틴과 루테올린은 *In vivo*에서 타크린에 의한 간세포 독성을 유의하게 억제했다[2].
6. 항산화 작용
   *In vivo*에서, 약재의 에탄올과 물 추출물은 과산화물음이온 라디칼에 상당한 제거 효과를 나타냈다[16,17]. 약재의 메탄올 추출물의 에틸아세테이트 가용성 분획으로부터 분리된 오니틴과 루테올린은 과산화와 2,2−di(4−t−옥틸페닐)−1−피크릴하이드라질(DPPH) 유리기를 *in vivo*에서 유의하게 제거했다[2].
7. 학습 및 기억력 향상
   약재의 하이드로알코올 추출물을 복강 내 투여하면 노화된 랫드의 인지 기능 손상을 길항하여, 학습 능력 및 기억력을 향상시켰다. 이 기전은 아마도 약재 추출물의 이소쿠에르시트로사이드와 같은 플라보노이드의 항산화 특성과 관련이 있다[18].
8. 기타
   디카페오일−메소−타르타르산은 혈관 확장 효과를 나타냈다[10]. 약재의 메탄올 추출물은 α−글루코시다아제의 활성을 억제했다[16]. 또한 쇠뜨기에는 이뇨, 혈중 지질조절 및 항고혈압 효과가 있다.

용도

1. 출혈, 토혈, 객혈, 혈변, 자궁출혈 및 자궁누혈, 외상 출혈
2. 결막염, 각막백탁(角膜白濁)
3. 배뇨 장애
4. 고혈압

해설

쇠뜨기는 두 종류의 중형과 소형 가지를 가진 양치식물이다. 영양이 풍부한 가지는 봄에 먼저 자라며 포자가 떨어지면 시든다. 불임 가지는 나중에 발아하여 크기가 40cm에 이른다. 가지는 녹색이며 주 가지에는 몇 개의 호생 하위 분지가 있다. 불임 가지를 여름에 약재로 수확한다.

쇠뜨기에는 두 가지의 화학형, 즉 아시아-아메리카형은 및 유럽형이 있다. 두 종 모두의 화학형은 퀘르세틴-3-O-β-D-글루코피라노사이드를 함유하고 있다. 아시아-아메리카형은 루테올린-5-O-β-D-글루코피라노사이드가 함유되어 있지만, 유럽형은 그렇지 않다. 유럽형은 퀘르세틴-3-O-소포로사이드, 겐콰닌-4'-O-β-D-글루코피라노사이드 및 프로토겐콰닌-4'-O-β-D-글루코피라노사이드가 함유되어 있지만, 아시아-아메리카형은 그렇지 않다.

인지 기능 장애는 노인성 치매와 밀접하게 관련되어 있다. 그러므로 쇠뜨기의 인지 기능 개선 효과에 주의를 기울일 필요가 있다.

참고문헌

1. J Chang, LJ Xuan, YM Xu. Three new phenolic glycosides from the fertile sprouts of Equisetum arvense. Acta Botanica Sinica. 2001, 43(2): 193-197
2. H Oh, DH Kim, JH Cho, YC Kim. Hepatoprotective and free radical scavenging activities of phenolic petrosins and flavonoids isolated from Equisetum arvense. Journal of Ethnopharmacology. 2004, 95(2-3): 421-424
3. M Veit, H Geiger, V Wray, A Abou-Mandour, W Rozdzinski, L Witte, D Strack, FC Czygan. Equisetumpyrone, a styrylpyrone glucoside in gametophytes from Equisetum arvense. Phytochemistry. 1993, 32(4): 1029-1032
4. L Zhao, CZ Zhang, C Li, BQ Tao. Study on the chemical constituents of Equisetum arvense. Chinese Traditional and Herbal Drugs. 2003, 34(1): 15-16
5. M Veit, H Geiger, FC Czygan, KR Markham. Malonylated flavone 5-O-glucosides in the barren sprouts of Equisetum arvense. Phytochemistry. 1990, 29(8): 2555-2560
6. RH Zhou, JA Duan. Plant Chemotaxonomy. Shanghai: Shanghai Scientific & Technical Publishers. 2005: 360-363
7. M Ito, S Shirahata, N Ohta. Effects of herbacitrin, a flavonoid, on the growth of normal and transformed serum-free mouse embryo cells. Agricultural and Biological Chemistry. 1990, 54(10): 2743-2744
8. Y Hiraga, K Taino, M Kurokawa, R Takagi, K Ohkata. (-)-Loliolide and other germination inhibitory active constituents in Equisetum arvense. Natural Product Letters. 1997, 10(3): 181-186
9. N Radulovic, G Stojanovic, R Palic. Composition and anti-microbial activity of Equisetum arvense L. essential oil. Phytotherapy Research. 2006, 20(1): 85-88
10. N Sakurai, T Iizuka, S Nakayama, H Funayama, M Noguchi, M Nagai. Vasorelaxant activity of caffeic acid derivatives from Cichorium intybus and Equisetum arvense. Yakugaku Zasshi. 2003, 123(7): 593-598
11. M Veit, H Geiger, B Kast, C Beckert, C Horn, KR Markham, H Wong, FC Czygan. Styrylpyrone glucosides from Equisetum. Phytochemistry. 1995, 39(4): 915-917
12. H Mekhfi, ME Haouari, A Legssyer, M Bnouham, M Aziz, F Atmani, A Remmal, A Ziyyat. Platelet anti-aggregant property of some Moroccan medicinal plants. Journal of Ethnopharmacology. 2004, 94(2-3): 317-322
13. FHM Do Monte, JGJ Dos Santos, M Russi, VMNB Lanziotti, LKAM Leal, GMDA Cunha. Anti-nociceptive and anti-inflammatory properties of the hydroalcoholic extract of stems from Equisetum arvense L. in mice. Pharmacological Research. 2004, 49(3): 239-243
14. JGJ Dos Santos, MM Blanco, FHM Do Monte, M Russi, VMNB Lanziotti, LKAM Leal, GM Cunha. Sedative and anti-convulsant effects of hydroalcoholic extract of Equisetum arvense. Fitoterapia. 2005, 76(6): 508-513
15. SY Li, YL Dang, JQ Wang, XY Yin. Studies on the protective action of silicon compound of Equisetum against experimental liver injury in rats and mice. Chinese Journal of Pharmacology and Toxicology. 1992, 6(1): 67-70
16. G Jia, YS Jin, W Han, TH Shim, JH Sa, MH Wang. Studies for component analysis, anti-oxidative activity and α-glucosidase inhibitory activity from Equisetum arvense. Han'guk Eungyong Sangmyong Hwahakhoeji. 2006, 49(1): 77-81

17. T Nagai, T Myoda, T Nagashima. Anti-oxidative activities of water extract and ethanol extract from field horsetail (tsukushi) Equisetum arvense L. Food Chemistry. 2005, 91(3): 389-394

18. JGJ Dos Santos, FHM Do Monte, MM Blanco, VMNB Lanziotti, MF Damasseno, LKAM Leal. Cognitive enhancement in aged rats after chronic administration of Equisetum arvense L. with demonstrated anti-oxidant properties in vitro. Pharmacology, Biochemistry, and Behavior. 2005, 81(3): 593-600

19. J Bruneton. Pharmacognosy, Phytochemistry, Medicinal Plants (2nd edition). Paris: Technique & Documentation. 1999: 340-342

Equisetaceae

목적 木賊 CP, KHP

Equisetum hiemale L.

Rough Horsetail

개 요

속새과(Equisetaceae)

속새(木賊, *Equisetum hiemale* L.)의 지상부를 말린 것: 목적(木賊)

중약명: 목적(木賊)

속새속(*Equisetum*) 식물은 전 세계에 약 25종이 있으며, 북아메리카, 일본, 한반도의 서부, 러시아 및 유럽에 분포한다. 중국에는 약 10종과 3아종이 발견되며, 이 속에서 약 5종이 약재로 사용된다. 이 종은 주로 중국 북동부, 북부 및 북서부에 분포한다.

"목적"은 ≪가우본초(嘉祐本草)≫에서 약으로 처음 기술되었다. 대부분의 고대 한방의서에 기술되어 있으며, 약용 종은 고대부터 동일하게 남아 있다. 이 종은 중국약전(2015)에 목적 (Equiseti Hiemalis Herba)의 공식적인 기원식물 내원종으로서 등재되어 있다. ≪대한민국약전외한약(생약)규격집≫(제4개정판)에는 "목적"을 "속새 *Equisetum hyemale* Linné (속새과 Equisetaceae)의 지상부"로 등재하고 있다. 의약 재료는 요녕성, 길림성, 흑룡강성, 산서성 및 호북성에서 주로 생산되며, 요녕성의 것이 품질이 우수하다.

목적에는 주로 플라보노이드와 정유 성분이 함유되어 있다. 중국약전은 의약 물질의 품질관리를 위해 고속액체크로마토그래피법으로 시험할 때 캠페롤의 함량이 0.20% 이상이어야 한다고 규정하고 있다.

약리학적 연구에 따르면 목적(木賊)에는 혈압강하, 고지혈개선 및 항산화 작용이 있음을 확인했다.

한의학에서 목적은 소풍산열(疏風散熱), 명목퇴예(名目退翳), 지혈(止血)의 효능이 있다.

목적 木賊 *Equisetum hiemale* L.

목적 木賊 Equiseti Hiemalis Herba

함유성분

지상부에는 플라보노이드 성분으로 kaempferol, rutin, quercetin, isoquercitrin[1], kaempferol-7-glucoside, quercetin-3-glucopyranoside, kaempferol-3-rutinose-7-glucoside, kaempferol-3,7-diglucoside[2], herbacetin-3-β-D-(2-O-β-D-glucopyranosidoglucopyranoside)-8-β-D-glucoside, gossypetin-3-β-D-(2-O-β-D-glucopyranosidoglucopyranoside)-8-β-D-glucoside, kaempferol-3-sophoroside-7-glucoside[3]가 함유되어 있고, 유기산 성분으로 vanillic acid, caffeic acid, p-methoxycinnamic acid, m-methoxycinnamic acid, ferulic acid, m-hydroxybenzoic acid, p-hydroxybenzoic acid, fumaric acid, succinic acid[4], 또한 palustrine과 nicotine[5]이 함유되어 있다.

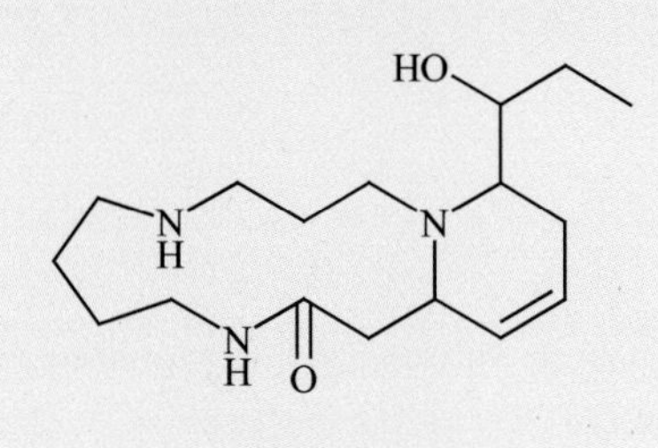

palustrine

약리작용

1. 심장 기능에 미치는 영향
   전초의 에탄올 침지한 물 추출물을 적출된 랫드의 심장에 주사하면, 좌심실 수축기 혈압(LVSP), dP/dt_{max}, $-dP/dt_{max}$ 및 관상동맥 혈류(CF)가 증가했다. 그리고 심박수의 감소를 나타냈다[6].

2. 저혈압
   전초의 알코올 추출물은 마우스에서 유의하고 지속적인 저혈압 효과를 나타냈다. 그 기전은 무스카린에 의한 아세틸콜린 시스템과 관련이 있다[7].

3. 항동맥경화
   전초의 탕액을 경구 투여하면 죽상 경화성 랫드의 초기 단계에서 혈관 내피 세포사멸을 감소시키고, 백스 유전자 발현을 현저히 감소시키며, 평활근의 증식을 억제했다[8-9]. 또한 랫드에서 NOS 활성의 감소와 일산화질소 대사를 조절하여, 죽상 동맥경화증의 초기 단계와 발생에 간섭 효과를 나타냈다[10]. 전초의 탕액을 경구 투여하면 혈청 총 콜레스테롤(TC), 저밀도 지단백질 콜레스테롤(LDL-C) 및 혈청 염증성 인자 인터류킨 1,8(IL-1, 8)의 수준을 감소시키고, 고지혈증 랫드에서 고농도 지단백질 콜레스테롤(HDL-C)을 증가시켜, 죽상 동맥경화증의 병리학적 형성을 지연키는 결과를 나타냈다[11].

4. 혈소판 응집 억제
   전초의 하이드로알코올 추출물을 경구 투여하면 아데노신 2 인산염(ADP), 콜라겐 및 트롬빈에 의해 유도된 혈소판 응집을 억제했으며, 또한 혈전의 무게를 감소시켰다[12].

5. 항산화 작용
   *In vitro*에서 약재의 하이드로알코올 추출물을 경구 투여하면 마우스의 균질화 뇌, 심장 및 폐에서 지질과산화(LPO)의 수준을 감소시켰다[13].

6. 기타
   지상부에는 항균, 항바이러스, 진통 및 진정[14]의 효과가 있다. 또한 장의 연동 운동을 증가시켰다[15].

용도

1. 결막염, 각막백탁(角膜白濁), 누루(淚漏)
2. 혈변, 혈뇨, 자궁출혈 및 자궁누혈

3. 탈항
4. 첨규콘딜로마

해설

속새속에 속하는 대부분의 식물에는 강력한 약리학적 활성이 있다. 속새 이외에, *E. myriochaetum* Schlecht. & Cham.은 신장 질환 및 2형 당뇨병을 치료하기 위해 멕시코 의약에서 전통적으로 사용되어 왔다. 실험을 통해서 *E. myriochaetum*의 지상부의 물과 부탄올 추출물이 고혈당 치료에 효과적이었다는 것을 나타냈다[16]. 일본에서 생산된 *E. giganteum* L.의 알코올 추출물은 피부 보호 효능이 있다. *E. giganteum*을 주요 성분으로 함유한 스킨케어 제품은 색소 침착을 완화시키고, 미백에 효과가 있으며, 피부가 거칠어지는 것을 예방하며, 피부 염증과 건선을 치료하거나 조절한다.

참고문헌

1. M Beschia, A Leonte, I Oancea. Phenolic components with biological activity. II-determination of components in water plants. Buletinul Universitatii din Galati, Fascicula 6. 1982, 5: 23-27
2. CZ Zhang, L Zhao, C Li, Y Liu. Study on the chemical constituents of Equisetum hiemale. Chinese Traditional and Herbal Drugs. 2002, 33(11): 978-979
3. H Geiger, S Reichert, KR Markham. Herbacetin-3-β-D-(2-O-β-D-glucopyranosidoglucopyranoside)-8-β-D-glucopyranoside and gossypetin-3-β-D-(2-O-β-D-glucopyranosidoglucopyranoside)-8-β-D-glucopyranoside, two new flavonol-glycosides from Equisetum hiemale L. (Equisetaceae). Zeitschrift fuer Naturforschung, Teil B. 1982, 37B(4): 504-507
4. L Wei. Analysis of organic acids in essential oil from Equisetum hiemale. Territory & Natural Resources Study. 1991, 3: 78-80
5. SH Li, DH Jin, DK Li, PY Li, J Li. Research progress on Equisetaceae plants I. Study on the chemical constituents. Chinese Traditional and Herbal Drugs. 2000, 31(7): S12-S14
6. YM Chen, YA Liu, Y Zhang, SZ Huang, SZ Chen, QA Zhang, C Zhang. Effect of Equisetum hiemale L. on the physiological cardiac performances of rat. Journal of Chengde Medical College. 2001, 18(3): 184-187
7. SF Zhang, GB He, LZ Li, SF Chen, HZ Wang, J Yang. Study on hypotensive mechanism of Equisetum hiemale. Hubei Journal of Traditional Chinese Medicine. 1982, 2: 43
8. YJ Zhen, J An, JM Hou, F Zhu, F Liu, XH Zhou. Effects of Equisetum on the apoptosis of early atherosclerosis in rats' aorta endothelium. Chinese Journal of Gerontology. 2003, 23(5): 304-305
9. YJ Zhen, JM Hou, XJ Jiang, LY Niu, XJ Zhang, MF Wu, FM Zhang, ZM Liu. Effect of Equisetum extract on the apoptosis and proliferation of smooth muscle cells in rats with early atherosclerosis. Chinese Journal of Gerontology. 2006, 26(12): 1665-1667
10. JM Hou, YJ Zhen, J An, F Zhu, F Liu, HZ Xu. Effect of Equisetum hiemale on serum NO and NOS in atherosclerosis rats. Chinese Journal of the Practical Chinese with Modern Medicine. 2003, 3(16): 1008-1009
11. YJ Zhen, J An, XH Zhou, JM Hou, F Zhu, F Liu, YM Wang, L He, M Li. Effect of Equisetum hiemale on serum IL-1, IL-8 and TNF-α in early atherosclerosis rats. Chinese Journal of Gerontology. 2003, 23(8): 538-539
12. ZM Qi, Q Wang. Effects of extracts of Equisetum hiemale on platelet aggregation and thrombosis in rats. Chinese Journal of Clinical Rehabilitation. 2004, 34(8): 7738-7739
13. CF Xu, LY Sun. The effect of extract from Equisetum hiemale on forming of mouse' brain heart and lung lipid peroxide. The Chinese Journal of Modern Applied Pharmacy. 1998, 15(3): 5-7
14. HS Piao, GZ Jin. Study progress on the chemical constituents and pharmacological effect of Equisetum hiemale. Lishizhen Medicine and Materia Medica Research. 2006, 17(6): 1077-1078
15. JJ Mao, Y Li, YZ Lu, FJ Ma, ML Chen. Effects of Selaginella tamariscina (Beauv) Spring, Equisetum hiemale L. and their complex compounds on isolated rabbit ileum. Heilongjiang Medicine and Pharmacy. 1988, 11(3): 194
16. MC Revilla, A Andrade-Cetto, S Islas, H Wiedenfeld. Hypoglycemic effect of Equisetum myriochaetum aerial parts on type 2 diabetic patients. Journal of Ethnopharmacology. 2002, 81(1): 117-120

곡정초 穀精草 CP, KHP

Eriocaulaceae

Eriocaulon buergerianum Koern.

Pipewort

개 요

곡정초과(Eriocaulaceae)

곡정초(穀精草, *Eriocaulon buergerianum* Koern.)의 꽃대가 붙어 있는 두상화서를 말린 것: 곡정초(穀精草)

중약명: 곡정초(穀精草)

곡정초속(*Eriocaulon*) 식물은 전 세계에 약 400종이 있으며, 열대와 아열대 지역에 분포하고, 아시아의 열대 지역이 원산이다. 중국에서 약 34종이 발견되며, 남서부와 남부에 분포한다. 이 속에서 약 7종이 약재로 사용된다. 이 종은 중국의 강소성, 안휘성, 절강성, 강서성, 복건성, 후베이, 호남성, 광동성, 홍콩, 광서성, 사천성, 귀주성 및 대만뿐만 아니라 일본에도 분포한다.

"곡정초"는 ≪본초습유(本草拾遺)≫에서 약으로 처음 기술되었다. 대부분의 고대 한방의서에 기술되어 있으며, 약용 종은 고대부터 동일하게 남아 있다. 어떤 지역에서는 같은 속의 다른 식물도 곡정초로 사용된다. 이 종은 중국약전(2015)에서 한약재 곡정초(Eriocauli Flos)의 공식적인 기원식물 내원종으로서 등재되어 있다. ≪대한민국약전외한약(생약)규격집≫(제4개정판)에는 "곡정초"를 "곡정초 *Eriocaulon sieboldianum* Siebold et Zuccarini 또는 중국곡정초(穀精草) *Eriocaulon buergerianum* Koernicke (곡정초과 Eriocaulaceae)의 꽃대가 붙어 있는 두상화서"로 등재하고 있다. 의약 재료는 주로 중국의 절강성, 강소성 및 호북성에서 생산되며, 절강성 및 강소성의 것이 품질이 우수하다.

곡정초에는 주로 플라보노이드 성분이 함유되어 있다.

약리학적 연구에 따르면 곡정초에는 항균 작용이 있음을 확인했다.

한의학에서 곡정초는 거풍산열(祛風散熱), 명목퇴예(名目退翳)의 효능이 있다.

곡정초 穀精草 *Eriocaulon buergerianum* Koern.

곡정초 穀精草 Eriocauli Flos

함유성분

두상화에는 주로 플라보노이드 성분으로 hispidulin, hispidulin 7−O−glucoside, hispidulin 7−(6−E−p−coumaroyl−β−D−glucopyranoside), (2S)−3',4'−methylenedioxy−5,7−dimethoxyflavane[1]이 함유되어 있고, 또한 γ−tocopherol[1]과 정유 성분[2]이 함유되어 있다.

hispidulin

(2S)-3′,4′-methylenedioxy-5,7-dimethoxyflavane

약리작용

1. 항균 작용

*In vitro*에서 두상화서의 탄벽주수(炭壁注水)는 미크로스포룸 오두앵 및 미크로스포룸 페루기늄과 같은 병원성 피부 균류를 억제하는 것으로 나타났다. 두상화서의 탕액은 녹농균, 대장균, 폐렴쌍구균을 다양한 정도로 억제했다.

2. 간 보호

히스피둘린은 CCl_4에 의한 간세포 손상을 유의적으로 길항하고, 포스파티딜세린, 포스포이노시티드, 리솔레시틴의 수준을 증가시켰으며, 미토콘드리아 막에서 심장근 인지질을 감소시켜, 간 보호 효과를 나타냈다[3-4].

3. 기타

히스피둘린은 항산화, 항종양[5], 항경련[6], 소염 및 진통[7] 효과가 있었다.

용도

1. 결막염, 각막백탁(角膜白濁), 광 공포증, 누루(淚漏), 야맹증
2. 두통, 비염, 인후염, 치통
3. 발진, 가려움증

해설

곡정초 이외에, *E. sieboldianum* Sieb. et Zucc., *E. sexangulare* L., *E. australe* R. Br., *E. luzulaefolium* Mart., *E. cristatum* Mart. 및 *E. yaoshanense* Ruhl.의 전초 또는 두상화서를 말린 것도 약재로 사용된다. 앞의 3종은 일부 지역에서 곡정초라 하여 약으로 사용된다. 특히, *E. sexangulare*는 약재 곡정주(穀精珠)의 기원식물이며, 홍콩과 중국 남부에서 종종 곡정초로 사용된다[8]. *E. sexangulare*와 *E. buergerianum*은 효능 면에서 유사하며 쉽게 혼동될 수 있다.
지금까지 곡정초의 화학적 조성 성분, 약리학적 및 독성에 관한 보고는 거의 없었다. 중국약전에 등재된 종으로서, 곡정초는 추가적으로 연구해야 할 가치가 있다.

참고문헌

1. JC Ho, CM Chen. Flavonoids from the aquatic plant Eriocaulon buergerianum. Phytochemistry. 2002, 61(4): 405–408
2. Y Qiu, M Fan, P Shan. GC/MS analysis of essential oil from Eriocaulon buergerianum. Fujian Journal of Traditional Chinese Medicine. 2006, 37(1): 46
3. FH Wu, JY Liang, R Chen, QZ Wang, WG Li. Chemical constituents and hepatoprotective activity of Plantago depressa var. montata Kitag. Chinese Journal of Natural Medicines. 2006, 4(6): 435–439
4. GM Irgasheva, RP Rustamova, ZA Khushbaktova, LS Klemesheva, KT Almatov. Influence of hispidulin and 5,5–dihydroxy–7,8–dimethoxyflavone on phospholipid contents of liver mitochondria membranes. O'zbekiston Biologiya Jurnali. 2005, 2–3: 10–15
5. P Dabaghi–Barbosa, AM Rocha, AFC Lima, BH de Oliveira, MBM de Oliveira, EGS Carnieri, SMSC Cadena, MEM Rocha. Hispidulin: anti–oxidant properties and effect on mitochondrial energy metabolism. Free Radical Research. 2005, 39(12): 1305–1315
6. D Kavvadias, P Sand, KA Youdim, MZ Qaiser, C Rice–Evans, R Baur, E Sigel, WD Rausch, P Riederer, P Schreier. The flavone hispidulin, a benzodiazepine receptor ligand with positive allosteric properties, traverses the blood–brain barrier and exhibits anti–convulsive effects. British Journal of Pharmacology. 2004, 142(5): 811–820
7. S Kavimani, VM Mounissamy, R Gunasegaran. Analgesic and anti–inflammatory activities of hispidulin isolated from Helichrysum bracteatum. Indian Drugs. 2000, 37(12): 582–584
8. ZZ Zhao, YS Li. Easily confused Chinese medicines in Hong Kong. Hong Kong: Chinese Medicine Merchants Association. 2007: 110–111

정향 丁香 CP, KP, VP, USP, EP, BP

Eugenia caryophyllata Thunb.

Clove Tree

개 요

금양과(Myrtaceae)

정향(丁香, *Eugenia caryophyllata* Thunb.)의 꽃봉오리를 말린 것: 정향(丁香)

정향(丁香, *Eugenia caryophyllata* Thunb.)의 꽃봉오리를 말린 것을 수증기 증류하여 얻은 오일: 정향유(丁香油)

정향(丁香, *Eugenia caryophyllata* Thunb.)의 덜 익은 열매를 말린 것: 모정향(母丁香)

중약명: 정향(丁香)

정향속(*Eugenia*) 식물은 전 세계에 약 500종이 있으며, 주로 아시아의 열대 지역에 분포하며, 일부는 오세아니아와 아프리카에 분포한다. 중국에는 약 70종이 발견되며, 약 12종이 약재로 사용된다. 이 종은 중국의 해남성, 광서성 및 운남성에 도입되었으며, 이 지역에서 소량으로 재배되고 있다. 인도네시아가 원산이며 탄자니아, 마다가스카르, 브라질 및 다른 열대 지역에서 재배되고 있다.

"정향"은 ≪약성론(藥性論)≫에서 약으로 처음 기술되었다. 또한 대부분의 고대 한방의서에 기술되어 있으며, 약용 종은 고대부터 동일하게 남아 있다. 이 종은 정향(丁香, Caryophylli Flos)과 모정향(母丁香, Caryophylli Fructus)에 대한 공식적인 기원식물 내원종으로서 중국약전(2015)에 등재되어 있다. ≪대한민국약전≫(제11개정판)에는 "정향"을 "정향(丁香) *Syzygium aromaticum* Merrill et Perry(정향나무과 Myrtaceae)의 꽃봉오리"로 등재하고 있어서, 중국약전의 정향의 기원식물과는 다르다. 의약 재료는 주로 말레이시아, 인도네시아 및 동부 아프리카의 연안 국가에서 생산된다.

정향에는 주로 정유와 엘라기탄닌 성분이 함유되어 있다. 중국약전은 의약 물질의 품질관리를 위해 가스크로마토그래피법에 따라 시험할 때 정향의 유게놀의 함량이 11% 이상이어야 한다고 규정하고 있으며, 고속액체크로마토그래피법에 따라 시험할 때 모정향의 유게놀의 함량이 0.65% 이상이어야 한다고 규정하고 있다.

약리학적 연구에 따르면 정향에는 항균, 살충, 살균, 인슐린 유사 작용, 항산화, 항종양, 위궤양 억제 및 진통 작용이 있음을 확인했다.

한의학에서 정향은 온중강역(溫中降逆), 온신조양(溫腎助陽)의 효능이 있으며, 정향유는 난위(暖胃), 강역(降逆), 지통(止痛)의 효능이 있다. 모정향은 온중산한(溫中散寒), 이기지통(理氣止痛)의 효능이 있다.

정향 丁香 *Eugenia caryophyllata* Thunb.

정향 丁香 Caryophylli Flos

함유성분

잎, 꽃눈 및 열매에는 정유 성분(15–20%로 풍부하게)이 함유되어 있다. 정유의 주요 조성 성분으로는 유게놀(전체 조성 성분의 60–90%[1])과 β–카리오필렌이 함유되어 있다. 조성 성분과 함량은 생산지와 부위에 따라 매우 다르다[2–6]. 꽃봉오리에는 페놀성 화합물 성분으로 eugenol, trans–isoeugenol [7], orsellinic–2–O–β–D–glucopyranoside [8], 세스퀴테르페노이드 성분으로 β–caryophyllene, α–humulene [9], 플라보노이드 성분으로 biflorin, isobiflorin [10], kaempferol, rhamnocitrin, myricetin [11], isorhamnetin–3–O–glucoside [12], luteolin, quercetin [13], 트리테르페노이드 성분으로 oleanolic acid, crategolic acid (maslinic acid) [8,12], 탄닌 성분으로 casuarictin, tellimagrandin I, tellimagrandin II (eugeniin), 1,3–di–O–galloyl–4,6–(S)–hexahydroxydiphenoyl–β–D–glucopyranose [10]가 함유되어 있다.
잎에는 또한 탄닌 성분으로 eugeniin, syzyginins A, B, strictinin, casuariin, gemin D, pterocarinin A, rugosins A, D, E [14–15]가 함유되어 있다.

eugenol

eugeniin

약리작용

1. 항균 작용

*In vitro*에서 꽃봉오리의 메탄올 추출물은 포르피로모나스 긴기발리스 및 프레보텔라 인터메디아와 같은 그람 음성 혐기성 구강 세균의 성장을 유의하게 억제했다. 주요 항균 성분에는 캠페롤과 같은 플라보노이드가 함유되어 있다[11]. *In vitro*에서 꽃봉오리의 에센셜 오일과 유게놀은 칸디다 알비칸스와 같은 병원성 피부진균을 유의하게 억제했다[16-17]. *In vitro*에서 꽃봉오리의 탕액은 인간 거대세포 바이러스(HCMV)의 증식을 유의하게 억제했다[18]. *In vitro*에서 탄닌과 꽃봉오리의 메탄올 추출물은 신시튬 바이러스의 형성을 유의하게 억제했다[10].

2. 구충 작용

여과지 확산 생물학적 분석법에서 꽃봉오리와 잎 오일의 살충 효과는 페노스린과 피레트룸의 살충 효과와 유사하며, 유게놀이 가장 효과적인 성분이다. 유게놀로 훈증하면 살충 효과가 있다[3]. 꽃봉오리의 에센셜 오일에서 추출한 유게놀과 잎 오일은 직접 접촉 또는 훈증으로 집먼지 진드기와 음식 진드기를 유의하게 살충했다. 진드기 구충 효과를 지닌 안식향산베조산과 DEET와 같은 화학 합성 살충제의 살충 효과보다 더 효과적이었다[19-21].

3. 인슐린 유사 효과

*In vitro*에서 꽃봉오리의 추출물(주로 폴리페놀을 함유함)은 인슐린 유사 효과를 가지므로, 간세포 및 간 종양 세포에서 포스포에놀피루베이트 카르복시키나아제(PEPCK) 및 글루코스-6-포스타파아제(G6Pase)의 유전자 발현을 감소시켰다. 추출물은 인슐린과 유사한 작용으로 여러 유전자 발현을 조절했다[22].

4. 항산화 작용

*In vitro*에서 꽃봉오리의 오일과 잎 오일은 2,2-디(4-t-옥틸페닐)-1-피크릴하이드라질(DPPH)의 유리기에 대해 유의한 소거 효과를 보였다[2, 23]. *In vitro*에서 꽃봉오리 오일로부터의 유게놀은 대구 간유와 펜톤 시약으로 산화된 말 혈장에서 말론디알데하이드 형성을 유의하게 억제했다. 항산화의 효과는 α-토코페롤과 유사했다[5, 24].

5. 항종양

우무(Umu) 연구에서 꽃봉오리의 메탄올 추출물의 헥산과 에틸 아세테이트 분획이 푸릴푸라미드와 같은 화학적 돌연변이 유발 물질에 의해 유도된 SOS 반응을 억제한다는 것을 보여주었다[7, 25]. 꽃봉오리는 P815 비만 종양 세포의 세포사멸을 유도했다. 나무껍질의 메탄올 추출물과 그 유게놀 성분은 마우스 대식세포 RAW264.7에서 지질다당류(LPS)에 의해 유도된 프로스타글란딘 E_2(PGE_2)의 방출을 유의하게 억제했다. 유게놀은 또한 인간 결장 암종 HT-29 세포의 증식과 사이클로옥시게나제-2(COX-2)의 mRNA 발현을 유의하게 억제했다[27]. β-카리오필렌과 같은 세스퀴테르페노이드도 항종양 활성을 보였다[9].

6. 항알레르기

복강 내 투여한 꽃봉오리의 추출물은 랫드에서 화합물 48/80에 의한 직접적인 과민 반응을 유의하게 억제했고, 랫드의 복강 내 비만 세포에서 히스타민의 방출을 억제했다[28].

7. Na^+, K^+-ATPase에 대한 효과

꽃봉오리 추출물과 유게놀은 적출된 랫드의 공장(空腸)과 신장 및 적출된 개의 신장에서 Na^+, K^+-ATPase의 활성을 유의하게 억제했다[29].

8. 기타

꽃봉오리의 다당류는 혈전 형성을 억제했다[30]. 플라보노이드는 프롤릴 엔도펩티다아제(PEP)의 저해제이다[13]. 또한, 꽃봉오리는 위장, 항설사, 위궤양 억제, 담즙 분비 촉진 및 진통 효과가 있었다.

용도

1. 복통, 딸꾹질, 역류, 식욕 부진, 구토, 설사
2. 발기 부전, 탈장
3. 치통, 구내염, 등에 나는 종창(腫脹)

해설

정향은 상대적으로 높은 경제적 가치가 있으며 중국 위생부에서 지정한 식약공용 품목이다. 꽃봉오리가 약과 식품용 향신료로 사용되는 것 외에도, 잎은 정유 성분을 추출하는 데 사용된다.

정향은 중국에서 오랫동안 사용되어 왔다. 정향의 여러 부위가 약으로 사용된다. 꽃봉오리와 열매 이외에, 정향수피(丁香樹皮)는 산한이기(散寒理氣), 지통지사(止痛止瀉)의 효능이 있으며, 정향의 가지(丁香枝)는 이기산한(理氣散寒), 온중지사(溫中止瀉)의 효능이 있고, 정향의 뿌리(丁香根)는 산열해독(散熱解毒)의 효능이 있다.

참고문헌

1. Facts and Comparisons (Firm). The Review of Natural Products (3rd edition). Missouri: Facts and Comparisons. 2000: 200–201
2. L Jirovetz, G Buchbauer, I Stoilova, A Stoyanova, A Krastanov, E Schmidt. Chemical composition and anti–oxidant properties of clove leaf essential oil. Journal of Agricultural and Food Chemistry. 2006, 54(17): 6303–6307
3. YC Yang, SH Lee, WJ Lee, DH Choi, YJ Ahn. Ovicidal and adulticidal effects of Eugenia caryophyllata bud and leaf oil compounds on Pediculus capitis. Journal of Agricultural and Food Chemistry. 2003, 51(17): 4884–4888
4. JA Pino, R Marbot, J Aguero, V Fuentes. Essential oil from buds and leaves of clove (Syzygium aromaticum (L.) Merr. et Perry) grown in Cuba. Journal of Essential Oil Research. 2001, 13(4): 278–279
5. KG Lee, T Shibamoto. Anti–oxidant property of aroma extract isolated from clove buds (Syzygium aromaticum). Food Chemistry. 2001, 74(4): 443–448
6. CX Zhao, YZ Liang. Study on essential oils from buds and fruits of (Syzygium aromaticum L.) Merr. et Perry by GC/MS. Research and Practice of Chinese Medicines. 2004, 18: 92–95
7. M Miyazawa, M Hisama. Suppression of chemical mutagen–induced SOS response by alkylphenols from clove (Syzygium aromaticum) in the Salmonella typhimurium TA1535/pSK1002 umu test. Journal of Agricultural and Food Chemistry. 2001, 49(8): 4019–4025
8. R Charles, SN Garg, S Kumar. An orsellinic acid glucoside from Syzygium aromaticum. Phytochemistry. 1998, 49(5): 1375–1376
9. GQ Zheng, PM Kenney, LK Lam. Sesquiterpenes from clove (Eugenia caryophyllata) as potential anti–carcinogenic agents. Journal of Natural Products. 1992, 55(7): 999–1003
10. HJ Kim, JS Lee, ER Woo, MK Kim, BS Yang, YG Yu, H Park, YS Lee. Isolation of virus–cell fusion inhibitory components from Eugenia caryophyllata. Planta Medica. 2001, 67(3): 277–279
11. LN Cai, CD Wu. Compounds from Syzygium aromaticum possessing growth inhibitory activity against oral pathogens. Journal of Natural Products. 1996, 59(10): 987–990
12. KH Son, SY Kwon, HP Kim, HW Chang, SS Kang. Constituents from Syzygium aromaticum Merr. et Perry. Natural Product Sciences. 1998, 4(4): 263–267
13. KH Lee, JH Kwak, KB Lee, KS Song. Prolyl endopeptidase inhibitors from Caryophylli Flos. Archives of Pharmacal Research. 1998, 21(2): 207–211
14. T Tanaka, Y Orii, GI Nonaka, I Nishioka, I Kouno. Syzyginins A and B, two ellagitannins from Syzygium aromaticum. Phytochemistry. 1996, 43(6): 1345–1348
15. T Tanaka, Y Orii, G Nonaka, I Nishioka. Tannins and related compounds. CXXIII. Chromone, acetophenone and phenylpropanoid glycosides and their galloyl and/or hexahydroxydiphenoyl esters from the leaves of Syzygium aromaticum Merr. et Perry. Chemical & Pharmaceutical Bulletin. 1993, 41(7): 1232–1237
16. CW Gayoso, EO Lima, VT Oliveira, FO Pereira, EL Souza, IO Lima, DF Navarro. Sensitivity of fungi isolated from onychomycosis to Eugenia caryophyllata essential oil and eugenol. Fitoterapia. 2005, 76(2): 247–249
17. J Song, HY Li, XQ Zhao, LJ Yu. Experimental study on the anti–fungal effect of eugenol. The Chinese Journal of Dermatovenereology. 1996, 10(4): 203–204

18. H Liu, PY Mao, SW Hong, LC Ju, YP Bai. Study on the inhibitory effect of Flos Caryophylli on human cytomegalovirus in vitro by Chinese. Medical Journal of Chinese People's Liberation Army. 1997, 22(1): 73

19. EH Kim, HK Kim, YJ Ahn. Acaricidal activity of clove bud oil compounds against Dermatophagoides farinae and Dermatophagoides pteronyssinus (Acari: Pyroglyphidae). Journal of Agricultural and Food Chemistry. 2003, 51(4): 885–889

20. BK Sung, HS Lee. Chemical composition and acaricidal activities of constituents derived from Eugenia caryophyllata leaf oils. Food Science and Biotechnology. 2005, 14(1): 73–76

21. N Ruan, XP Song. Tracing, isolation, purification and identification of compound with acaricidal activity in Eugenia caryophyllata. Chinese Agricultural Science Bulletin. 2005, 21(9): 24–27

22. RC Prasad, B Herzog, B Boone, L Sims, M Waltner–Law. An extract of Syzygium aromaticum represses genes encoding hepatic gluconeogenic enzymes. Journal of Ethnopharmacology. 2005, 96(1–2): 295–301

23. HJ Park. Toxicological studies on the essential oil of Eugenia caryophyllata buds. Natural Product Sciences. 2006, 12(2): 94–100

24. KG Lee, T Shibamoto. Inhibition of malonaldehyde formation from blood plasma oxidation by aroma extracts and aroma components isolated from clove and eucalyptus. Food and Chemical Toxicology. 2001, 39(12): 1199–1204

25. M Miyazawa, M Hisama. Anti–mutagenic activity of phenylpropanoids from clove (Syzygium aromaticum). Journal of Agricultural and Food Chemistry. 2003, 51(22): 6413–6422

26. HI Park, MH Jeong, YJ Lim, BS Park, GC Kim, YM Lee, HM Kim, KS Yoo, YH Yoo. Szygium aromaticum (L.) Merr. et Perry (Myrtaceae) flower bud induces apoptosis of p815 mastocytoma cell line. Life Sciences. 2001, 69(5): 553–566

27. SS Kim, OJ Oh, HY Min, EJ Park, YL Kim, HJ Park, HY Nam, SK Lee. Eugenol suppresses cyclooxygenase–2 expression in lipopolysaccharidestimulated mouse macrophage RAW264.7 cells. Life Sciences. 2003, 73(3): 337–348

28. HM Kim, EH Lee, SH Hong, HJ Song, MK Shin, SH Kim, TY Shin. Effect of Syzygium aromaticum extract on immediate hypersensitivity in rats. Journal of Ethnopharmacology. 1998, 60(2): 125–131

29. SI Kreydiyyeh, J Usta, R Copti. Effect of cinnamon, clove and some of their constituents on the Na^{+}–K^{+}–ATPase activity and alanine absorption in the rat jejunum. Food and Chemical Toxicology. 2000, 38(9): 755–762

30. JI Lee, HS Lee, WJ Jun, KW Yu, DH Shin, BS Hong, HY Cho, HC Yang. Purification and characterization of anti–thrombotics from Syzygium aromaticum (L.) Merr. et Perry. Biological & Pharmaceutical Bulletin. 2001, 24(2): 181–187

비양초 飛楊草

Euphorbiaceae

Euphorbia hirta L.

Garden Euphorbia

개 요

대극과(Euphorbiaceae)

비양초(飛楊草, *Euphorbia hirta* L.)의 전초를 말린 것: 대비양초(大飛楊草)

중약명: 비양초(飛楊草)

대극속(*Euphorbia*) 식물은 약 2000종이 있으며, 세계 전역에 널리 분포한다. 중국 북부와 남부 지역에 분포하며, 약 80종이 발견된다. 이 속에서 약 30종이 약재로 사용된다. 이 종은 중국의 절강성, 강서성, 복건성, 호남성, 광동성, 해남성, 광서성, 사천성, 귀주성, 운남성, 홍콩과 대만에 분포한다. 또한 전 세계적으로 열대 및 아열대 지역에 널리 분포한다.

비양초는 중국 영남 지방의 ≪생초약성비요(生草藥性備要)≫에서 "대비양(大飛楊)"의 이름으로 약으로 처음 기술되었다. 의약 재료는 주로 중국의 절강성, 광동성, 광서성, 복건성 및 운남성에서 생산된다.

비양초에는 주로 플라보노이드, 탄닌 및 트리테르페노이드 성분이 함유되어 있다. 퀘르시트린은 주요 지사 성분이며, 트리테르페노이드는 주요 항염 성분이다.

약리학적 연구에 따르면 비양초는 진통, 해열, 항균, 항염, 자궁 자극 및 지사 작용이 있음을 확인했다.

한의학에서 대비양초(大飛楊草)는 청열해서(清熱解暑), 이습지양(利濕止痒), 통유(通乳), 지혈(止血)의 효능이 있다.

비양초 飛楊草 *Euphorbia hirta* L.

대비양초大飛楊草 Euphorbia Hirtae Herba

함유성분

전초에는 플라보노이드 성분으로 euphorbianin[1], afzelin, myricetin, quercitrin, myricitrin, quercetin-7-glucoside[2], leucocyanidol[3]이 함유되어 있고, 탄닌 성분으로 euphorbins A, B[4], C[5], E[6], geraniin, terchebin[4], 유기산 성분으로 gallic acid, protocatechoic acid[2], 3,4-di-O-galloylquinic acid, 5-O-caffeoylquinic acid[4], 트리테르페노이드 성분으로 taraxerone, 11α,12α-oxidotaraxerol[7], 24-methylenecycloartenol, cycloartenol, 디테르페노이드 성분으로 12-deoxy-4β-hydroxyphorbol-13-phenylacetate-20-acetate, euphorbol hexacosanoate, ingenol triacetate[8]가 함유되어 있다.

euphorbianin

약리작용

1. 진통 작용
   약재의 수성 추출물을 복강 내 투여하면 마우스에서 뒤틀림 반응이 현저히 감소했으며, 또한 열판 검사에서 통증 역치를 현저하게 증가시켰다[9].

2. 해열 작용
   약재의 수성 추출물을 복강 내 투여하면 효모로 유도된 랫드의 고체온증에서 체온을 유의하게 감소시켰다[9].

3. 항균 작용
   *In vitro*에서 약재의 물 추출물과 에틸아세테이트 추출물은 황색포도상구균, 대장균 및 녹농균을 저해하는 것으로 나타났다. 약재의 석유 에테르 추출물은 황색포도상구균, 녹농균, 폐렴간균을 억제했다[10]. 약재의 메탄올 추출물은 이질을 일으키는 플렉스네리이질균을 억제했다[11]. 약재의 폴리페놀은 병원성 아메바의 성장을 억제했다[12].

4. 항염 작용
   약재의 헥산 추출물과 그 트리테르페노이드는 마우스에서 포르볼아세트산염에 의한 귀의 염증을 유의하게 억제했다[13]. 전초의 추출물을 복강 내 투여하면 랫드의 카라기닌으로 유도된 염증 반응을 현저히 감소시켰다. 그러나 류머티스성 관절염에 대해서는 효과가 없었다[9].

5. 지사 작용
약재의 추출물은 피마자유, 아라키돈산, 프로스타글란딘 $E_2(PGE_2)$에 의해 유발된 설사를 억제했으나, 황산마그네슘에 의한 설사에 대한 활성은 보이지 않았다[14]. 또한 약재의 추출물은 피마자유에 의해 유도된 랫드의 소장 운동성의 증가를 지연시켰다. 설사 방지 효과는 퀘르시트린이 장에서 방출됨으로써 나타났다[15].

6. 고혈압 및 부종에 대한 영향
잎의 물 및 알코올 추출물은 랫드에서 소변을 유도했다. 물 추출물은 소변 내 Na^+, K^+ 및 HCO_3의 배설을 증가시켰고, 반면에 알코올 추출물은 HCO_3를 증가시켰으며, K^+의 손실을 감소시켰으나, 신장 내 Na^+의 제거에는 영향을 미치지 않았다. 잎의 물 추출물의 활성 성분이 소변 함량에 미치는 영향은 이뇨제 아세타졸아미드의 효과와 유사했다[16].

7. 항원충 작용
약재의 에탄올과 메틸렌 클로라이드 추출물을 경구 투여하면 감염된 마우스에서 말라리아원충의 성장을 억제했다[17].

8. 진경 작용
약재의 폴리페놀은 아세틸콜린과 KCl 용액에 의해 유발된 적출된 기니피그 회장(回腸)의 수축을 억제했다[12].

9. 기타
약재에는 또한 항종양[18], 항알레르기[19], 진정 작용[20]이 있었다. 또한 위장관 운동성을 감소시켰다[21].

용도

1. 폐 농양, 유선염
2. 이질, 설사
3. 발열성 배뇨 곤란, 혈뇨
4. 습진, 족부백선

해설

비양초는 생존능이 매우 높아서 자연에서 풍부하게 자란다. 민간요법에서 다양한 용도로 사용된다. 대극속에 있는 식물은 일반적으로 유독성이기 때문에, 의약품의 효능 및 안전성을 확보하기 위해 그 효능과 부작용에 대한 더 많은 연구가 필요하다.
약재의 에탄올 추출물은 항말라리아 및 항알레르기 효능이 있다. 이러한 관점에서 식물의 활용과 개발을 위한 더 많은 연구가 이루어져야 한다. 비양초는 또한 열대 및 아열대 지역의 많은 국가에서 의약용으로 널리 사용되고 있다. 약재에 대한 전통적인 적용과의 차이점과 유사점에 대하여 비교해야 한다.

참고문헌

1. M Aqil, IZ Khan. Euphorbianin – a new flavonol glycoside from Euphorbia hirta Linn. Global Journal of Pure and Applied Sciences. 1999, 5(3): 371–373
2. YL Lin, SY Hsu. The constituents of the anti–ulcer fractions of Euphorbia hirta. The Chinese Pharmaceutical Journal. 1988, 40(1): 49–51
3. P Blanc, G De Saqui–Sannes. Flavonoids of Euphorbia hirta (Euphorbiaceae). Plantes Medicinales et Phytotherapie. 1972, 6(2): 106–109
4. T Yoshida, L Chen, T Shingu, T Okuda. Tannins and related polyphenols of euphorbiaceous plants. IV. Euphorbins A and B, novel dimeric dehydroellagitannins from Euphorbia hirta L. Chemical & Pharmaceutical Bulletin. 1988, 36(8): 2940–2949
5. T Yoshida, O Namba, L Chen, T Okuda. Tannins and related polyphenols of euphorbiaceous plants. V. Euphorbin C, and equilibrated dimeric dehydroellagitannin having a new tetrameric galloyl group. Chemical & Pharmaceutical Bulletin. 1990, 38(1): 86–93

6. T Yoshida, O Namba, L Chen, T Okuda. Euphorbin E, a hydrolyzable tannin dimer of highly oxidized structure, from Euphorbia hirta. Chemical & Pharmaceutical Bulletin. 1990, 38(4): 1113–1115
7. MA Sayeed, MA Ali, PK Bhattacharjee, MSTS Yeasmin, GRMAM Khan. Triterpene constituents from Euphorbia hirta. Acta Ciencia Indica, Chemistry. 2004, 30(1): 33–36
8. RK Baslas, R Agarwal. Isolation and characterization of different constituents of Euphorbia hirta Linn. Current Science. 1980, 49(8): 311–312
9. MC Lanhers, J Fleurentin, P Dorfman, F Mortier, JM Pelt. Analgesic, anti–pyretic and anti–inflammatory properties of Euphorbia hirta. Planta Medica. 1991, 57(3): 225–231
10. AO Oyewale, A Mika, FA Peters. Phytochemical, cytotoxicity and microbial screening of Euphorbia hirta Linn. Global Journal of Pure and Applied Sciences. 2002, 8(1): 49–55
11. K Vijaya, S Ananthan, R Nalini. Anti–bacterial effect of theaflavin, polyphenon 60 (Camellia sinensis) and Euphorbia hirta on Shigella spp. —a cell culture study. Journal of Ethnopharmacology. 1995, 49(2): 115–118
12. L Tona, K Kambu, N Ngimbi, K Mesia, O Penge, M Lusakibanza, K Cimanga, T De Bruyne, S Apers, J Totte, L Pieters, AJ Vlietinck. Anti–amoebic and spasmolytic activities of extracts from some anti–diarrheal traditional preparations used in Kinshasa, Congo. Phytomedicine. 2000, 7(1): 31–38
13. M Martinez–Vazquez, TOR Apan, ME Lazcano, R Bye. Anti–inflammatory active compounds from the n–hexane extract of Euphorbia hirta. Revista de la Sociedad Quimica de Mexico. 1999, 43(3–4): 103–105
14. J Galvez, A Zarzuelo, ME Crespo, MD Lorente, MA Ocete, J Jimenez. Anti–diarrheal activity of Euphorbia hirta extract and isolation of an active flavonoid constituent. Planta Medica. 1993, 59(4): 333–336
15. J Galvez, ME Crespo, J Jimenez, A Suarez, A Zarzuelo. Anti–diarrheic activity of quercitrin in mice and rats. Journal of Pharmacy and Pharmacology. 1993, 45(2): 157–159
16. PB Johnson, EM Abdurahman, EA Tiam, I Abdu–Aguye, IM Hussaini. Euphorbia hirta leaf extracts increase urine output and electrolytes in rats. Journal of Ethnopharmacology. 1999, 65(1): 63–69
17. L Tona, NP Ngimbi, M Tsakala, K Mesia, K Cimanga, S Apers, T De Bruyne, L Pieters, J Totte, AJ Vlietinck. Anti–malarial activity of 20 crude extracts from nine African medicinal plants used in Kinshasa, Congo. Journal of Ethnopharmacology. 1999, 68(1–3): 193–203
18. PF Zhang, HM Luo. Study progress on the pharmacological effect of Euphorbia hirta L. Journal of Chinese Medicinal Materials. 2005, 28(5): 437–439
19. GD Singh, P Kaiser, MS Youssouf, S Singh, A Khajuria, A Koul, S Bani, BK Kapahi, NK Satti, KA Suri, RK Johri. Inhibition of early and late phase allergic reactions by Euphorbia hirta L. Phytotherapy Research. 2006, 20(4): 316–321
20. MC Lanhers, J Fleurentin, P Cabalion, A Rolland, P Dorfman, R Misslin, JM Pelt. Analgesic. Behavioral effects of Euphorbia hirta L.: sedative and anxiolytic properties. Journal of Ethnopharmacology. 1990, 29(2): 189–198
21. SK Hore, V Ahuja, G Mehta, P Kumar, SK Pandey, AH Ahmad. Effect of aqueous Euphorbia hirta leaf extract on gastrointestinal motility. Fitoterapia. 2006, 77(1): 35–38

땅빈대 地錦 CP

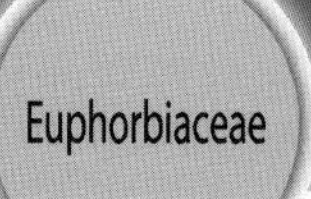

Euphorbia humifusa Willd.

Creeping Euphorbia

개 요

대극과(Euphorbiaceae)

땅빈대(地錦, *Euphorbia humifusa* Willd.)의 전초를 말린 것: 지금초(地錦草)

중약명: 지금(地錦)

대극속(*Euphorbia*) 식물은 약 2000종이 있으며, 세계 전역에 널리 분포한다. 중국에서 약 80종이 발견되며, 중국 북부와 남부 지역에 분포한다. 이 속에서 약 30종이 약재로 사용된다. 이 종은 해남성을 제외하고 중국 대부분의 지역에 분포한다. 또한 유라시아의 온대 지역에 널리 분포한다.

"지금초(地錦草)"는 ≪가우본초(嘉祐本草)≫에서 약으로 처음 기술되었다. 대부분의 고대 한방의서에 기술되어 있으며, 약용 종은 고대부터 동일하게 남아 있다. 이 종은 한약재 지금초(Euphorbiae Humifusae Herba)의 공식적인 기원식물 내원종으로서 중국약전(2015)에 등재되어 있다. 의약 재료는 광동성과 광서성를 제외한 중국의 모든 성에서 생산된다.

땅빈대에는 주로 가수분해성 탄닌, 플라보노이드 및 쿠마린 성분이 함유되어 있다. 총 플라보노이드는 항균의 주요 활성 성분 중 하나이다. 중국약전에는 의약 물질의 품질관리를 위해 고속액체크로마토그래피법에 따라 시험할 때 퀘르세틴의 함량이 0.10% 이상이어야 한다고 규정하고 있다.

약리학적 연구에 따르면 땅빈대에는 항균, 지혈 및 항산화 작용이 있음을 확인했다.

한의학에서 지금초(地锦草)는 청열해독(淸熱解毒), 이습퇴황(利濕退黃), 활혈지혈(活血止血) 등의 효능이 있다.

땅빈대 地錦 *Euphorbia humifusa* Willd.

땅빈대 地錦 CP

땅빈대의 꽃 地錦 *E. maculata* L.

지금초 地錦草 Euphorbiae Humifusae Herba

함유성분

전초에는 플라보노이드 성분으로 quercetin, kaempferol, quercetin-3-O-arabinoside, cosmoside, cynaroside[1]가 함유되어 있고, 쿠마린 성분으로 scopoletin, umbellferone, ayapin[2], 가수분해성 탄닌 성분으로 geraniin, euphormisins M_1, M_2, M_3, euphorbins A, B, excoecarianin, eumaculin A, chebulagic acid, corilagin, tellimagrandin I, mallotusinin[3]이 함유되어 있고, 또한 gallic acid, ellagic acid, brevifolin[1]이 함유되어 있다.

ayapin

corilagin

약리작용

1. 항균 작용
In vitro에서 약재의 물 추출물이나 하이드로알코올 추출물은 대장균, 살모넬라균, 황색포도상구균을 억제했다[4]. *In vitro*에서 약재의 플라보노이드는 살모넬라균, 대장균, 포도상구균 및 바실루스 에리시펠라토수스균의 활성을 억제했다[5]. 스코폴레틴과 움벨리페론도 항균 효과를 나타냈다[2].

2. 지혈 작용
약재의 탕액을 경구 투여하면 마우스의 꼬리를 절단한 혈액 응고 시간을 급격히 감소시켜, 혈소판 수를 크게 증가시켰다[6].

3. 항산화 작용
*In vitro*에서 약재의 에탄올 추출물은 $CuSO_4$-비타민 C-H_2O_2 효모 시스템에 의해 생성된 히드록실기에 대한 소거 효과를 나타냈으며, $CuSO_4$-비타민 C-H_2O_2-phen 화학 발광 시스템에서 생성된 히드록실기에 의해 유발된 DNA 산화 손상에 대한 보호 효과를 나타냈다[7]. 활성 성분은 플라보노이드였다[8].

4. 해독 작용
헥사클로로시클로헥산으로 마취된 마우스에서 전초를 장기간 섭취하면 심장, 간, 비장 및 신장과 같은 다양한 장기의 조직 손상을 감소시켰다[9]. 약재의 틴크는 저온에서 클렙스로에플 바실루스 외독소와 혼합되었다. 30분 후, 혼합물을 기니피그의 피하 조직에 주사하면 동물의 사망률이 감소되었다[10].

용도

1. 이질, 설사, 장염, 황달
2. 기침, 혈액 혈뇨, 반흔 통증, 자궁출혈 및 자궁누혈
3. 낙상 및 찰과상, 부기(浮氣), 염증, 옹, 사교상(蛇咬傷)
4. 상부 호흡기 감염, 요로 감염

해설

Euphorbia maculata L.도 한약재 지금초(地锦草)의 또 다른 공식적인 기원식물 내원종으로서 중국약전에 등재되어 있다. 두 식물의 가장 큰 차이점은 *E. maculata*의 잎에는 뚜렷한 줄무늬가 있다는 것이다. 또한 약리학적 연구에서는 *E. maculata*의 총 플라보노이드 성분은 항균 효과를 가지고 있음을 나타낸다. 위의 두 식물은 일반적으로 실제 응용에서 서로 구별되지 않는다. 그 화학적 성분과 효능의 차이에 대한 추가 연구가 수행되어야 한다.

참고문헌

1. RH Liu, HB Wang, LY Kong. Studies on chemical constituents of Euphorbia humifusa. Chinese Traditional and Herbal Drugs. 2001, 32(2): 107-108
2. M Kashihara, K Ishiguro, M Yamaki, S Takagi. Anti-microbial constituents of Euphorbia humifusa Willd. Shoyakugaku Zasshi. 1986, 40(4): 427-428
3. T Yoshida, Y Amakura, YZ Liu, T Okuda. Tannins and related polyphenols of euphorbiaceous plants. XI. Three new hydrolyzable tannins and a polyphenol glucoside from Euphorbia humifusa Willd.. Chemical & Pharmaceutical Bulletin. 1994, 42(9): 1803-1807
4. XP Song, JY Wang, YQ Li, WM Zhang, FX Chen, JJ Gao. Selection of bacteriostasis positions of Euphorbia humifusa Willd. in vitro. Acta Universitatis Agriculturalis Boreali-occidentalis. 1999, 27(5): 75-78
5. XX Liu, ZL Sun, QH Feng, ZM Sheng. Identification and anti-bacterial experiment of the active ingredients from Euphorbia humifusa Willd. Chinese Journal of Veterinary Science and Techonology. 1996, 26(7): 30-31
6. P Dong, WB Tang, LF Guo. Study on hemostasis effect of Euphorbia humifusa Willd. Medical Journal of the Chinese People's Armed

Police Forces. 1997, 8(2): 117-119

7. Abudureyimo, Abuduaini, Hamulati, Reziwanguli. Studies on scavenge of hydroxyl radical and protection of DNA damage by 5 different Uighur medicinal herbs. Chinese Traditional and Herbal Drugs. 2001, 32(3): 236-238
8. BS Li, Bagenna, XY Zhang, FX Sun, Wurina, ZM Wang, ZX Zhao. The anti-oxidant effect of total flavonoids from Herba Euphorbiae Humifusae. Lishizhen Medicine and Materia Medica Research. 1998, 9(4): 328-329
9. TJ Ma, YZ Sang, ZP Si. Protective effect of Euphorbia humifusa Willd. on histopathologic toxicity of hexachlorocyclohexane (HCH) in mice. Chinese Journal of Modern Applied Pharmacy. 1987, 4(5): 6-7
10. BX Wang. Modern Pharmacology and Clinic of Chinese Traditional Medicine. Tianjing: Tianjing Science and Technology Press. 1997: 854-857
11. L Shao, AL Shen, SM Zheng. Extraction of total flavonoids from Herba Euphorbiae Maculatae and their inhibitory effect for Aeromonas sobria. Journal of Southwest Agricultural University. 2005, 27(6): 902-905

가시연꽃 芡 CP, KP, VP

Nymphaeaceae

Euryale ferox Salisb.

Gordon Euryale

개 요

수련과(Nymphaeaceae)

가시연꽃(芡, *Euryale ferox* Salisb.)의 잘 익은 씨의 핵을 말린 것: 검실(芡實)

중약명: 검실(芡實)

가시연꽃속(*Euryale*) 식물은 전 세계에 유일한 1종만 있으며, 약재로 사용된다. 중국의 북부와 남부에 분포한다. 러시아, 한반도, 일본 및 인도에도 분포한다.

가시연꽃은 ≪신농본초경(神農本草經)≫에서 "계두실(雞頭實)"이라는 이름의 상품으로 처음 약으로 기술되었다. 대부분의 고대 한방 의서에 기술되어 있으며, 약용 종은 고대부터 동일하게 남아 있다. 이 종은 검실(Euryales Semen)의 공식적인 기원식물 내원종으로서 중국약전(2015)에 등재되어 있다. ≪대한민국약전≫(제11개정판)에는 "검인"을 "가시연꽃 Salisbury (수련과 Nymphaeaceae)의 잘 익은 씨"로 등재하고 있다. 의약 재료는 주로 중국의 강소성, 산동성, 안휘성, 호남성 및 호북성과 같은 성에서 생산된다.

핵에는 스테로이드뿐만 아니라 전분, 단백질 및 미량 원소와 같은 다양한 영양소가 함유되어 있다. 중국약전은 의약 물질의 품질관리를 위해 관능검사법과 현미경 감별법을 사용한다.

약리학적 연구에 따르면 핵에는 항산화, 면역 자극 및 심장 보호 작용이 있음을 확인했다.

한의학에서 검실은 익신고정(益腎固精), 보비지사(補脾止瀉), 거습지대(祛濕止帶)의 효능이 있다.

가시연꽃 芡 *Euryale ferox* Salisb.

가시연꽃 芡 CP, KP, VP

가시연꽃 芡 *E. ferox* Salisb.

검실 芡實 Euryales Semen

함유성분

검인에는 스테로이드 성분으로 24−ethylcholest−5−en−3b−O−glucopyranosyl palmitate, 24−ethylcholesta−5, 22E−dien−3b−O−glucopyranosyl palmitate[1]가 함유되어 있고, 또한 starch, protein, amino acids, fatty acids, dietary fiber, α−, β−, γ−, δ−tocopherols[2−3]이 함유되어 있다.

뿌리줄기에는 스테로이드 성분으로 24−methylcholest−5−enyl−3b−O−glucopyranoside, 24−ethylcholest−5−enyl−3b−O−glucopyranoside, 24−ethylcholesta−5,22E−dienyl−3b−O−glucopyranoside[4]가 함유되어 있고, 세레브로사이드 성분으로 N−α−hydroxyl−cis−octadecaenoyl−1−O−β−glucopyranosylsphingosine과 그 트랜스 이성질체[5]가 함유되어 있다.

24-ethylcholesta-5,22E-dienyl-3β-O-pyranoglucoside

약리작용

1. 항산화 작용
   핵은 토코페롤을 함유하고 있으며, 이 성분은 상당한 항산화 활성이 있다. 총 추출물은 햄스터의 섬유아세포 V79-4에서 과산화물 불균등화효소(SOD), 카탈라아제(CAT), 글루타티온과산화효소(GSH-Px)의 활성을 유의하게 향상시켰다. GSH-Px에 대한 효과는 다른 효소들에 비해 가장 강력했다[6-8].

2. 면역증강
   핵은 마우스에서 체액성 면역을 유의하게 촉진시켰다[9].

3. 심장 보호
   *In vitro*와 *in vitro*에서 허혈과 재관류 손상을 가진 랫드에서 심장경화제 티오레독신-1(Trx-1)과 티오레독신 관련 단백질-32(TRP32)의 농도가 증가함을 나타냈다. 또한 허혈성 심실 기능을 향상시키고 심근경색 크기를 감소시켜 심장 보호 효과를 나타냈다[10].

용도

1. 정액루(精液漏), 야뇨증, 빈뇨, 도한(盜汗)
2. 설사, 백대하 과잉
3. 만성 류머티스 통증

해설

일반적으로 강장제인 가시연꽃은 중국 위생부에서 지정한 식약공용 품목 중 하나이다. 따라서 경제적 이용 가치가 높다. 그러나 화학적 성분 조성과 약리학적 효과에 대한 연구는 거의 없다. 그러므로 더 많은 연구가 필요하다.
가시연꽃의 줄기는 일반적으로 수생채소이다. 탄닌 추출물은 연꽃의 핵에서 추출하며 산업에서 널리 활용된다.

참고문헌

1. HR Zhao, SS Zhao. Characterization of acylated steryl glycosides from Euryale ferox by nuclear magnetic resonance spectroscopy. Phytochemical Analysis. 1992, 3(1): 38-41
2. BK Nath, AK Chakraborty. Studies on amino acid composition of the seeds of Euryale ferox Salisb. Journal of Food Science and Technology. 1985, 22(4): 293
3. JS Ye, ZD Su. Study on anti-oxidative components of Chiann-Shyr (Euryale ferox Salisb.). Tunghai Journal. 1993, 4: 1115-1131
4. HR Zhao, SX Zhao, CQ Sun, D Guillaume. Glucosylsterols in extracts of Euryale ferox identified by high resolution NMR and mass spectrometry. Journal of Lipid Research. 1989, 30(10): 1633-1637
5. HR Zhao, SX Zhao, D Guillaume, CQ Sun. New cerebrosides from Euryale ferox. Journal of Natural Products. 1994, 57(1): 138-141
6. JD Su, T Osawa, M Namiki. Screening for anti-oxidative activity of crude drugs. Agricultural and Biological Chemistry. 1986, 50(1): 199-203
7. YP Liu, M Liu, JY Liu, XC Weng. Study on anti-oxidant activity of 30 Chinese medicines. Journal of Yantai University (Natural Science and Engineering Edition). 2000, 13(1): 70-73
8. SE Lee, EM Ju, JH Kim. Anti-oxidant activity of extracts from Euryale ferox seed. Experimental and Molecular Medicine. 2002, 34(2): 100-106
9. A Puri, R Sahai, KL Singh, RP Saxena, JS Tandon, KC Saxena. Immunostimulant activity of dry fruits and plant materials used in Indian traditional medical system for mothers after child birth and invalids. Journal of Ethnopharmacology. 2000, 71(1-2): 89-92
10. S Das, P Der, U Raychaudhuri, N Maulik, DK Das. The effect of Euryale ferox (Makhana), an herb of aquatic origin, on myocardial ischemic reperfusion injury. Molecular and Cellular Biochemistry. 2006, 289(1-2): 55-63

오지모도 粗葉榕

Ficus hirta Vahl.

Hairy Fig

개 요

뽕나무과(Moraceae)

조엽용(粗葉榕, *Ficus hirta* Vahl.)의 뿌리를 말린 것: 오지모도(五指毛桃)

중약명: 조엽용(粗葉榕)

무화과속(*Ficus*) 식물은 전 세계에 약 1000종이 있으며, 열대 및 아열대 지역에 분포한다. 중국에는 약 98종, 3아종, 43변종, 2품종이 있다. 이 속에서 약 18종, 1아종 및 10변종이 약재로 사용된다. 이 종은 중국의 운남성, 귀주성, 광서성, 광동성, 해남성, 호남성, 복건성, 강서성 및 홍콩에 분포한다. 네팔, 부탄, 인도, 베트남, 미얀마, 태국, 말레이시아 및 인도네시아에도 분포한다.

오지모도는 청대에 영남 지방의 ≪생초약성비요(生草藥性備要)≫에서 "오조룡(五爪龍)"이라는 이름의 약으로 처음 기술되었다. 문헌에서는 *Ficus simplicissima* Lour와 종종 섞여 있다. 이 종은 한약재 오지모도(Fici Radix)의 공식적인 기원식물 내원종으로서 광동성중약재표준에 등재되어 있다. 의약 재료는 주로 중국의 광동성, 해남성 및 광서성에서 생산된다.

뿌리에는 쿠마린과 플라보노이드 성분이 함유되어 있다. 광동성중약재표준은 의약 물질의 품질관리를 위해 물 추출물의 함량이 7.0% 이상이어야 한다고 규정하고 있다.

약리학적 연구에 따르면 조엽용에는 항해소, 천식, 거담, 면역 자극 및 항균 작용이 있음을 확인했다.

민간요법에 따르면 오지모도(五指毛桃)는 거풍제습(祛風除濕), 거어소종(祛瘀消腫)의 효능이 있다.

오지모도 粗葉榕 *Ficus hirta* Vahl.

오지모도 五指毛桃 Fici Radix

함유성분

뿌리에는 쿠마린 성분으로 psoralene, isopsoralene, bergapten[1-2]이 함유되어 있고, 플라보노이드 성분으로 gardenin B, tangeritin, apigenin, hesperidin, 또한 3β-acetoxy-β-amyrin[3]이 함유되어 있다.

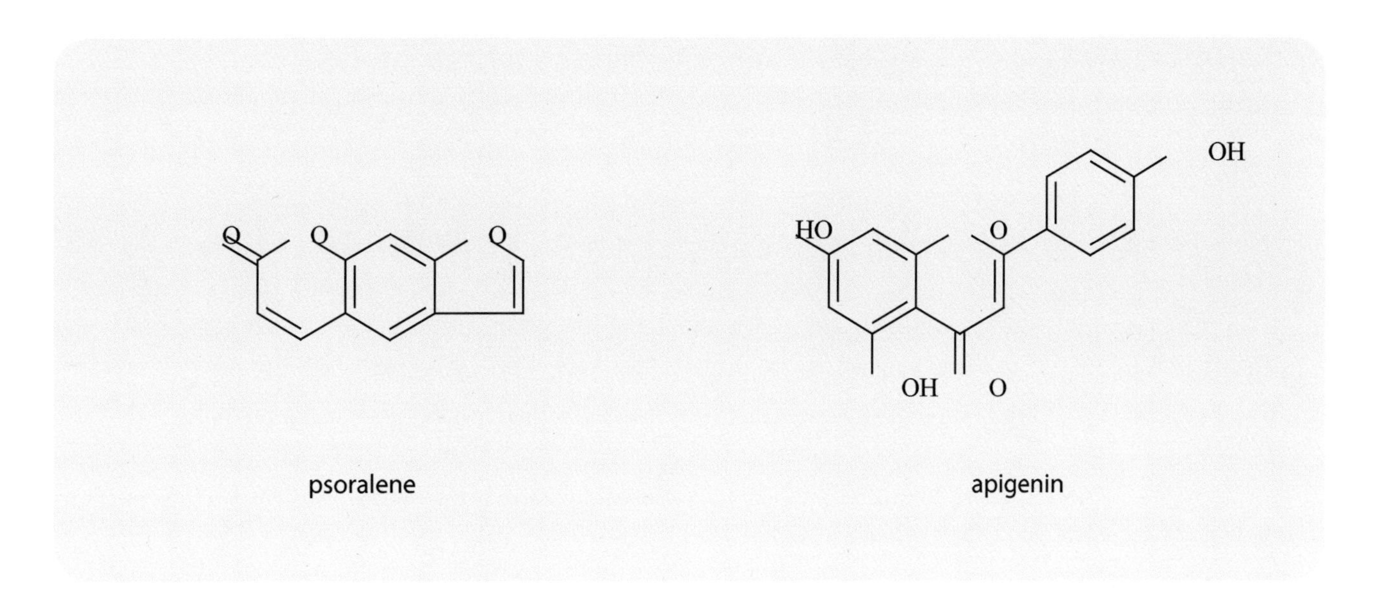

psoralene

apigenin

약리작용

1. 지해 및 항천식 작용
   뿌리의 에탄올 추출물을 복강 내 투여하면 기니피그에서 네모파로 미주신경을 자극하여 기침에 영향을 미치는 한계치를 증가시켰고, 아세틸콜린 클로라이드와 히스타민 포스페이트 혼합물에 의해 유발된 천식의 잠복기를 감소시켰다. 또한 적출된 기니피그 기관의 크기를 어느 정도 증가시켰다[4].
2. 거담 작용
   뿌리의 에탄올 추출물을 경구 투여하면 마우스에서 기도의 페놀설폰프탈레인의 배출량이 유의하게 증가했다. 개구리의 구강 점막에 적용하면, 섬모 운동이 증가했다[4].

3. 면역증강
뿌리의 물 추출물을 경구 투여하면 숯 입자의 제거율, 흉선과 비장 중량 지수, 시클로포스파미드로 인해 면역력이 감소된 마우스에서 혈청 용혈성 혈장 수준을 유의하게 증가시켰으며, 면역 기능을 향상시켰다[5].

4. 항균 작용
*In vitro*에서 뿌리 추출물은 황색포도상구균과 A형 연쇄상구균에 대한 강력한 억제 효과를 나타냈다.

용도

1. 류머티스, 마비, 요통
2. 이질, 부종, 백대하 과잉
3. 간경변, 연주창
4. 낙상 및 찰과상, 무월경

해설

중국약전(1977)에서는 오지모도를 *Ficus simplicissima* Lour.로 등재하고 있으며, 이후의 참고 서적에서는 조엽용과 *F. simplicissima*의 라틴명을 혼동해서 사용하고 있다. 그러나 연구 결과에 따르면 오지모도는 조엽용의 뿌리라고 하고 있다[6].
오지모도는 중국의 영남 지방에서 흔히 볼 수 있는 약이며, 보폐(補肺)의 효능이 있기 때문에 토황기(土黃芪)와 남기(南芪)라는 이름이 붙어 있다. 최근 수프의 원료, 약용 술 및 과립 약으로 개발되었다. 오지모도에는 주로 쿠마린 성분이 함유되어 있다. 현대 문헌이나 보고서에 따르면 쿠마린에는 항고혈압, 항부정맥, 항HIV, 항종양, 항골다공증, 항염 및 천식 예방 효능이 있는 것으로 나타났다.
시장에서 유통되고 있는 오지모도 제품은 그 품질이 다양하다. 따라서 오지모도의 품질관리를 강화할 필요가 있다. 프소랄렌 성분의 함량으로 오지모도의 품질관리를 할 수 있으며, 약리학적 활성과 함께 추가적인 연구가 필요하다고 보고되었다.

참고문헌

1. B Jiang, ZQ Liu, YE Zeng, HH Xu. Study on chemical constituents of Radix Fici. Chinese Traditional and Herbal Drugs. 2005, 36(8): 1141-1142
2. L Lin, XQ Zhong, G Wei. GC-MS analysis of volatile components in root of Ficus hirta. Journal of Chinese Medicinal Materials. 2000, 23(4): 206-207
3. C Li, PB Bu, DK Yue, YF Sun. Chemical constituents from roots of Ficus hirta. China Journal of Chinese Materia Medica. 2006, 31(2): 131-133
4. XC Zeng, SH Chen, SN Lai, J Chen. Anti-tussive, anti-asthmatic and expectorant effects of Ficus hirta. Chinese Journal of Information on Traditional Chinese Medicine. 2002, 9(2): 30-32
5. CL Liu, HH Xu, QH Wu, SS Zhuo, FH Chen. Experimental study on effects of Radix Fici on immune function of mice. Journal of Chinese Medicinal Materials. 2004, 27(5): 367-368
6. XQ Zhong, HH Xu. Textual study of Radix Fici. Journal of Chinese Medicinal Materials. 2000, 23 (6): 361-362
7. YY Li, XD Cai. Study progress on the pharmacology of coumarins. Journal of Chinese Medicinal Materials. 2004, 27(3): 218-222
8. ZJ Zhong, FY Song, SY Li, FH Wu, CL Chen. Study on quality standard of Radix Fici Simplicissimatis. Chinese Journal of Experimental Traditional Medical Formulae. 2005, 11(5): 12-14

오지모도의 표준 재배 모습

구문 鉤吻

Gelsemium elegans (Gardn. et Champ.) Benth.

Graceful Jessamine

개 요

마전과(Loganiaceae)

구문(鉤吻, *Gelsemium elegans* (Gardn. et Champ.) Benth.)의 전초 또는 뿌리를 말린 것: 구문(鉤吻)

중약명: 구문(鉤吻)

구문속(*Gelsemium*) 식물은 전 세계에 약 2종이 있으며, 1종은 동남아시아에서, 나머지 1종은 아메리카에서 생산된다. 중국에는 1종만 발견되며, 약재로 사용된다. 이 종은 중국의 강서성, 복건성, 호남성, 광동성, 광서성, 귀주성, 운남성, 홍콩 및 대만에 분포한다. 인도, 미얀마, 태국, 라오스, 베트남, 말레이시아 및 인도네시아에도 분포한다.

"구문"은 ≪신농본초경(神農本草經)≫에서 하품 약으로 처음 기술되었다. 대부분의 고대 한방의서에 기술되어 있으며, 약용 종은 고대부터 동일하게 남아 있다. 구문은 독성이 매우 강하기로 잘 알려진 식물이다. 맹독성으로 인하여 고대의 사람들은 "구문(鉤吻)"(문자 그대로 "입을 구부리다")이라고 생각하여 단장초(斷腸草, 문자 그대로 "창자를 절단하는 약초")라고도 한다. 이 종은 상록 덩굴성 관목이어서 호만등(葫蔓藤)이라는 이름이 붙여졌다. 그 뿌리는 복건성에서는 황등근(黃藤根)으로 불리고 있다. 이 종은 광동성중약재표준에 구문(Gelsemii Elegantis Herba)의 기원식물종으로 등재되어 있다. 의약 재료는 주로 중국 광동성, 광서성, 복건성, 절강성, 운남성 및 귀주성에서 생산된다.

구문에는 주로 주요 항종양 성분인 인돌 알칼로이드 성분이 함유되어 있다. 광동성중약재표준에는 의약 물질의 품질관리를 위해 열수 추출법에 따라 시험할 때 물 추출물의 함량이 8.0% 이상이어야 한다고 규정하고 있다.

약리학적 연구에 따르면 구문에는 항종양, 진통, 진정 및 면역 조절 작용이 있음을 확인했다.

민간요법에 따르면 구문은 거풍공독(祛風攻毒), 소종산결(消腫散結), 지통(止痛)의 효능이 있다.

구문 鉤吻 *Gelsemium elegans* (Gardn. et Champ.) Benth.

구문 鉤吻 Gelsemii Elegantis Herba

함유성분

전초에는 인돌 알칼로이드 성분으로 gelsemine[1], gelsemicine[2], sempervirine[1], koumicine, koumidine[3], gelsenicine(humantenmine)[2], koumine[1], kouminicine, kouminidine[4], kounidine[5], humantenine, humantenidine, humantenirine[6], gelsevirine, gelsebanine, gelsebamine, 14α-hydroxyelegansamine, anhydrovobasindiol, 19-(Z)-akuammidine, 19R-hydroxydihydrogelsevirine, 16-epi-voacarpine, N-methoxyanhydrovobasindiol[1], 14-acetoxygelsenicine, 14-acetoxy-15-hydroxygelsenicine, 14-hydroxy-19-oxogelsenicine, 14-acetoxygelselegine, 14,15-dihydroxygelsenicine, gelsedine[2], 19-(Z)-taberpsychine, 14-hydroxygelsenicine, koumine N-oxide, gelsemine N-oxide, 19-oxo-gelsenicine, 14-hydroxygelsedine[7], (19R)-, (19S)-kouminols[8], gelsemoxonine[9], N-desmethoxyrankinidine, 11-hydroxrankinidine, 11-hydroxyhuman-humantenine[10], (19R)-, (19S)-hydroxydihydrokoumines[11], gelsamydine[12], 14α-hydroxygelsamydine[1], gelsedilam, 14-acetoxygelsedilam, gelsefuranidine, gelseiridone[13]이 함유되어 있고, 트리테르페노이드 성분으로 uncarinic acid E[14], 이리도이드 성분으로 gelsemide, 7-deoxygelsemide, 9-deoxygelsemide[15]가 함유되어 있다.

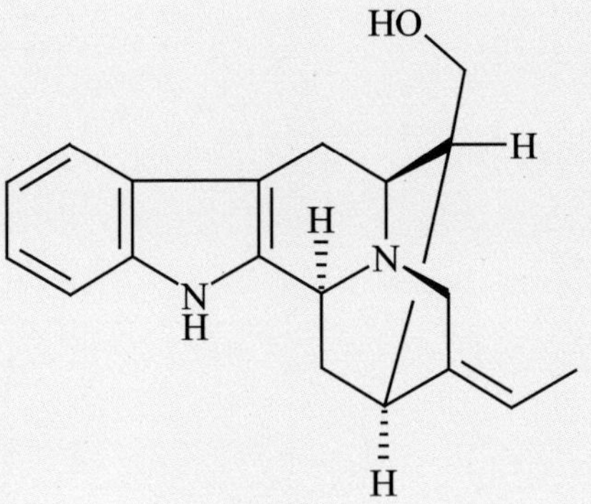

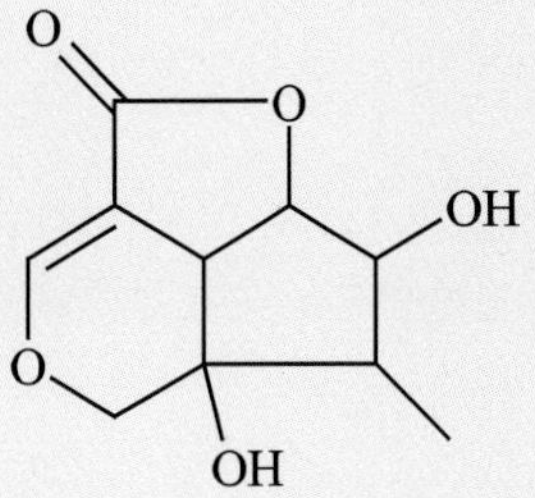

약리작용

1. 항종양

전초의 에탄올 추출물을 경구 투여하면 마우스에서 이식된 육종 S180의 성장을 유의하게 억제했다[16]. *In vitro* 실험에서 전초의 총 알칼로이드가 간암 HepG2 세포의 증식을 억제한다는 것이 나타났다[17]. 전초의 추출물은 HeLa 세포의 증식을 억제하여 세포사멸을 유도했다[18]. 쿠민은 인간 결장 선암 LoVo 세포의 세포사멸을 유도했다[19]. 구문을 주사(주로 쿠민과 겔세민과 같은 알칼로이드를 포함)하면 인간 허파 선암 AGEy-83-α 세포의 증식을 억제하고 ^{60}Co-γ 선에서 종양 세포의 방사선 민감도를 증가시켰다[20].

2. 진통 및 진정 작용

전초의 총 알칼로이드를 경구 투여하면 마우스에서 아세트산에 의한 자극 반응을 유의하게 억제했고, 열로 인한 통증을 감소시키며 통증 역치를 증가시켰다. 또한 마우스에서 자발운동의 빈도를 줄이고, 펜토바르비탈 수면 시간을 향상시켰다[21].

3. 면역계에 미치는 영향

뿌리 및 줄기의 에탄올 추출물을 복강 내 투여하면 시클로포스파미드(Cy)로 유도된 면역 억제 랫드에서 복막 대식세포의 기능을 현저하게 향상시켰고, Cy에 면역화된 마우스에서 항염소 적혈구 항체의 합성을 촉진시켰으며, 림프 세포의 형질전환율을 유의하게 증가시켰다. 정상 마우스에서 약재는 대식세포의 식세포 기능을 촉진시키는 데 동일한 효과를 나타내지만, 다른 면역 기능에는 유의한 향상을 보이지 않았다[22]. *In vitro*에서 코우민은 배양된 혼합 림프 세포 반응, 콘카나발린 A 또는 박테리아 리포폴리사카라이드에 의해 다양한 정도로 유도된 마우스 비장 세포의 증식을 억제했다. 코우민을 복강 내 투여하면 마우스 혈청 헤모리신의 활성을 감소시켰으며, 보체로 유도된 용혈에 대해서도 약간의 억제 효과를 나타냈다[23].

4. 표피 세포 증식의 억제

건선의 주요 병리학적 및 생리학적 특성을 자극하기 위해 두 가지 모델이 제조되었다. 하나는 에스트로겐 기간 동안 생성된 마우스의 질 상피 세포 모델이었고, 다른 하나는 마우스의 꼬리 편평 상피 세포 모델이었다. 코우민을 마우스의 질 내에 투여하면 에스트로겐 기간 동안 질 상피 세포의 유사 분열을 유의하게 억제하고, 마우스 꼬리 편평 상피 세포의 층 과립의 합성을 촉진시키며, 또한 마우스 혈청의 수준을 현저하게 감소시키고, 골수세포형과산화효소루킨-2(IL-2)의 수준을 유의하게 감소시키는 것으로 밝혀졌다.

이것은 코우민이 마우스 표피 세포의 증식을 억제하여 분화를 촉진하고, 건선과의 싸움으로 염증 인자의 합성을 감소시키는 것을 나타낸다[24].

5. 심혈관계에 미치는 영향
겔세미신을 정맥 내 투여하면 단기 잠복 반응으로 개의 혈압을 낮추는데 상당히 지속적인 효과를 나타냈다. 혈압강하 메커니즘은 아드레날린성 신경의 흥분과 심혈관계에서 콜린성 중추신경의 자극으로 말초 무스카린성 수용체의 자극을 감소시키고, 심근 수축과 혈관 확장을 감소시킨 결과에 따른 것으로 볼 수 있다[25]. 구문을 정맥 내 주사(주로 코우민과 겔세민과 같은 알칼로이드를 포함)하면 토끼에서 염화바륨에 의해 유도된 부정맥에 길항했다. 복강 내 주사하면, 마우스에서 클로로포름 흡입에 의한 부정맥에 대해 길항작용을 나타냈다[26].

6. 혈소판 응집 억제
*In vitro*에서 코우민은 아라키돈산, 트롬빈(Thr) 및 Ca^{2+}에 의해 유도된 토끼 혈소판 응집을 유의하게 억제했다[27].

7. 조혈 기능의 향상
뿌리 및 줄기의 에탄올 추출물을 복강 내 투여하면 Cy로 유도된 골수 억제 마우스에서 말초 혈액 세포, 적혈구, 혈소판 및 수질 핵장의 수를 현저하게 증가시켰다. 또한 방사선에 노출시킨 후 마우스의 생존율과 비장 콜로니의 수를 현저하게 증가시켰다[28].

용도

1. 옴, 탈모증, 습진, 부기(浮氣), 염증, 종창, 연주창
2. 낙상 및 찰과상
3. 류머티스성 관절통, 신경통

해설

구문(鉤吻)은 외용제로 사용하기에 매우 독성이 강한 약재이다. 부적절한 응용 또는 잘못 섭취하면 중독 또는 사망까지 초래할 수 있다. 토끼에게 체중 1킬로그램당 총 알칼로이드 4.0mg을 주입하면 호흡을 억제하고, 심장 박동을 감소시키며 토끼의 혈압을 낮출 수 있다. 8.0mg/kg 이상의 주사는 토끼의 사망을 초래할 수 있다. 그 기전은 총 알칼로이드가 수포 주위의 호흡 중심을 억제하여 호흡기가 마비되어 호흡 부전으로 사망을 유발한다는 것이다. 또한 총 알칼로이드가 미주신경 및 심장근육에 작용하여 혈액순환 장애를 일으켜 간과 신장 같은 장기에 대한 손상을 악화시킨다[29].
구문은 독성이 매우 강한 식물로 오랫동안 외용제로만 사용되었다. 그러나 최근에는 항종양 및 진통 효과에 대하여 개발 가치가 있는 것으로 밝혀졌으며, 내복용에 대한 임상 연구가 시작되었다. 해로운 영향을 피하면서 이익을 창출할 수 있는 방법에 대하여 광범위한 약리학적 연구가 수행되어야 한다.

참고문헌

1. YK Xu, SP Yang, SG Liao, H Zhang, LP Lin, J Ding, JM Yue. Alkaloids from Gelsemium elegans. Journal of Natural Products. 2006, 69(9): 1347-1350
2. M Kitajima, T Nakamura, N Kogure, M Ogawa, Y Mitsuno, K Ono, S Yano, N Aimi, H Takayama. Isolation of gelsedine-type indole alkaloids from Gelsemium elegans and evaluation of the cytotoxic activity of gelsemium alkaloids for A431 epidermoid carcinoma cells. Journal of Natural Products. 2006, 69(4): 715-718
3. CT Liu, JY Loh, CC Liu, JY Lu, TC Chu, CH Wang. Gelsemium alkaloids. I. Reinvestigation of the alkaloids of Gelsemium elegans and the constitution of koumine. Acta Chimica Sinica. 1961, 27(1): 47-58
4. TQ Chou. The alkaloids of Gelsemium elegans. The Chinese Journal of Physiology. 1931, 5: 345-352
5. TQ Chou, CH Wang, WC Cheng. The alkaloids of Chinese gelsemium, Ta-ch'a-yeh. The Chinese Journal of Physiology. 1936, 10: 79-84
6. JS Yang, YW Chen. Chemical study of the alkaloids of gelsemium elegans. Acta Pharmaceutica Sinica. 1982, 17(2): 119-120
7. S Sakai, H Takayama, M Yokota, M Kitajima, K Masubuchi, K Ogata, E Yamanaka, N Aimi, S Wongseripipatana, D Ponglux. Studies on the indole alkaloids from Gelsemium elegans. Structural elucidation, proposal of biogenetic route, and biomimetic synthesis of koumine

and humantenine skeletons. Tennen Yuki Kagobutsu Toronkai Koen Yoshishu. 1987, 29: 224-231

8. F Sun, QY Xing, XT Liang. Structures of (19R)-kouminol and (19S)-kouminol from Gelsemium elegans. Journal of Natural Products. 1989, 52(5): 1180-1182

9. M Kitajima, N Kogure, K Yamaguchi, H Takayama, N Aimi. Structure reinvestigation of gelsemoxonine, a constituent of Gelsemium elegans, reveals a novel, azetidine-containing indole alkaloid. Organic letters. 2003, 5(12): 2075-2078

10. LZ Lin, GA Cordell, CZ Ni, J Clardy. New humantenine-type alkaloids from Gelsemium elegans. Journal of Natural Products. 1989, 52(3): 588-594

11. LZ Lin, GA Cordell, CZ Ni, J Clardy. 19-(R)- and 19-(S)-hydroxydihydrokoumine from Gelsemium elegans. Phytochemistry. 1990, 29(3): 965-968

12. LZ Lin, GA Cordell, CZ Ni, J Clardy. Gelsamydine, an indole alkaloid from Gelsemium elegans with two monoterpene units. Journal of Organic Chemistry. 1989, 54(13): 3199-3202

13. N Kogure, N Ishii, M Kitajima, S Wongseripipatana, H Takayama. Four novel gelsenicine-related oxindole alkaloids from the leaves of Gelsemium elegans Benth. Organic Letters. 2006, 8(14): 3085-3088

14. MH Zhao, T Guo, MW Wang, QC Zhao, YX Liu, XH Sun, HL Wang, Y Hou. The course of uncarinic acid E-induced apoptosis of HepG2 cells from damage to DNA and p53 activation to mitochondrial release of cytochrome c. Biological & Pharmaceutical Bulletin. 2006, 29(8): 1639-1644

15. H Takayama, Y Morohoshi, M Kitajima, N Aimi, S Wongseripipatana, D Ponglux, S Sakai. Two new iridoids from the leaves of Gelsemium elegans Benth., in Thailand. Natural Product Letters. 1994, 5(1): 15-20

16. F Yang, Y Lu, Y Li, ZQ Meng, NS Liang. Experimental research on anti-neoplastic effect of extract from Gelsemium elegans Benth. Guangxi Journal of Traditional Chinese Medicine. 2004, 27(1): 51-53

17. Y Wang, YF Fang, W Lin, MH Cheng, YY Jiang, M Yin. Inhibitory effect of gelsemium alkaloids extract on hepatic carcinoma HepG2 cells in vitro. Journal of Chinese Medicinal Materials. 2001, 24(8): 579-581

18. JN Ding, FY An, M Zeng. Effect of Gelsemium elegans extract on proliferation of HeLa cell growth and cell cycle. China Journal of Modern Medicine. 2005, 15(2): 230-232

19. DB Chi, LS Lei, H Jin, JX Pang, YP Jiang. Study of koumine-induced apoptosis of human colon adenocarcinoma LoVo cells in vitro. Journal of First Military Medical University. 2003, 23(9): 911-913

20. JM Lu, ZR Qi, GL Liu, ZY Shen, KC Tu. Effect of Gelsemium elegans Benth injection on proliferation of tumor cells. Chinese Journal of Cancer. 1990, 9(6): 472-474, 477

21. ML Zhou, C Huang, XP Yang. Studies on analgesic and sedative effects and safety of gelsemium alkaloids. Chinese Traditional Patent Medicine. 1998, 20(1): 35-36

22. LY Zhou, K Wang, LQ Huang, SY She. Effect of Gelsemium elegans Benth. on immune function of mouse. Chinese Journal of Experimental & Clinical Immunology. 1992, 4(4): 14-15

23. LS Sun, LS Lei, FZ Fang, SQ Yang, J Wang. Inhibitory effects of koumine on splenocyte proliferation and humoral immune response in mice. Pharmacology and Clinics of Chinese Materia Medica. 1999, 15(6): 10-12

24. LL Zhang, CQ Huang, ZY Zhang, ZR Wang, JM Lin. Therapeutic effects of koumine on psoriasis: an experimental study in mice. Journal of First Military Medical University. 2005, 25(5): 547-549

25. ZL Huang, XY Li. Analysis of gelsemicine acting on dog blood pressure. Journal of Youjiang Medical College for National Minorities. 1995, 17(1): 1-6

26. KG Luo, XY Huangpu, ZL Chen, QS Xian. Study on anti-arrhythmia effect of gelsemium alkaloids. Journal of Henan Normal University (Natural Science). 1995, 23(1): 108-109

27. FZ Fang, CW Shan, PY Chen. Effect of koumine on platelet aggregation in rabbit. Pharmacology and Clinics of Chinese Materia Medica. 1998, 14(1): 21-24

28. K Wang, J Xiao, Y Huang, XL Yu, YF Xiao. Effects of Gelsemium elegans Benth on hemopoiesis in mice. Guangxi Journal of Traditional Chinese Medicine. 2000, 23(6): 48-50

29. JE Yi, H Yuan. On toxic mechanism of gelsemium total alkaloids. Journal of Hunan Agricultural University (Natural Science). 2003, 29(3): 254-257

천일홍 千日紅

Gomphrena globosa L.

Globe Amaranth

개 요

비름과(Amaranthaceae)

천일홍 *Gomphrena globosa* L.의 두상화 또는 전초를 말린 것: 천일홍(千日紅)

중약명: 천일홍(千日紅)

천일홍속(*Gomphrena*) 식물은 전 세계에 약 100종이 있으며, 주로 열대 아메리카에 분포하고, 일부 종은 오세아니아와 말레이시아에 분포한다. 중국에는 오직 2종만 발견되며, 모두 약재로 사용된다. 이 종은 중국 남부와 북부에서 재배되고 있으며, 열대 아메리카 원산이다.

천일홍에는 주로 안토시아닌과 플라보노이드 배당체 성분이 함유되어 있다.

약리학적 연구에 따르면 천리홍에는 거담 작용과 천식 억제 효능이 있음을 확인했다.

민간요법에 따르면 천리홍은 지해정천(止咳定喘), 청간명목(淸肝明目), 해독(解毒)의 효능이 있다.

천일홍 千日紅 *Gomphrena globosa* L.

천일홍 千日紅 Gomphrenae Globosae Herba

함유성분

화서에는 베타시아닌 성분으로 gomphrenins I, II, III, V, VI, VII, VIII[1-2], isogomphrenins I, II, III[3], amaranthin, betanin[1]이 함유되어 있고, 플라보노이드 배당체 성분으로 chrysoeriol-7-O-β-D-glucoside, 또한 gomphsterol β-D-glucoside, friedelin, 3-epi-friedelinol, allantoin[4]이 함유되어 있다.

전초에는 4',5-dihydroxy-6,7-methylenedioxyflavonol-3-O-β-D-glucoside가 함유되어 있다.

지상부에는 트리테르페노이드 사포닌 성분으로 gomphrenoside가 함유되어 있고, 트리테르페노이드 성분으로 hopan-7β-ol[5]이 함유되어 있다.

잎에는 플라보노이드 성분으로 gomphrenol[6]이 함유되어 있다.

gomphrenin I

gomphrenol

약리작용

1. 거담 및 항천식 작용
   마우스의 페놀 레드 방법과 기니피그의 히스타민 방법에서, 전초의 물과 에탄올 추출물은 거담 작용과 항천식 효과를 나타냈다. 전초의 총 플라보노이드는 거담 효과를 나타냈다. 4',5-디하이드록시-6,7-메틸렌디옥시플라보놀-3-O-β-D-글루코사이드가 활성 성분이었다.

용도

1. 기관지염, 천식, 백일해
2. 결막염, 현기증, 두통
3. 이질
4. 염증, 뾰루지

해설

천일홍은 일반적으로 관상용 식물이다. 두상화는 아스코르빈산, 포도당, 자당, 녹말, 구연산 및 여러 금속 이온의 영향을 받아 그 특성이 안정화되어 자연적이고 지속적인 붉은색 색소 성분이 함유되어 있다. 따라서 이 색소는 식료품, 건강관련 제품 및 화장품에 사용되며 위생적인 천연 색소 자원이다[7].

참고문헌

1. S Heuer, V Wray, JW Metzger, D Strack. Betacyanins from flowers of Gomphrena globosa. Phytochemistry. 1992, 31(5): 1801-1807
2. L Minale, M Piattelli, S De Stefano. Pigments of Centrospermae. VII. Betacyanins from Gomphrena globosa. Phytochemistry. 1967, 6(5): 703-709
3. YZ Cai, J Xing, M Sun, H Corke. Rapid identification of betacyanins from Amaranthus tricolor, Gomphrena globosa, and Hylocereus polyrhizus by matrix-assisted laser desorption/ionization quadrupole ion trap time-of-flight mass spectrometry (MALDI-QIT-TOF MS). Journal of Agricultural and Food Chemistry. 2006, 54(18): 6520-6526
4. B Dinda, B Ghosh, B Achari, S Arima, N Sato, Y Harigaya. Chemical constituents of Gomphrena globosa. II. Natural Product Sciences. 2006, 12(2): 89-93
5. B Dinda, B Ghosh, S Arima, N Sato, Y Harigaya. Phytochemical investigation of Gomphrena globosa aerial parts. Indian Journal of Chemistry, Section B: Organic Chemistry Including Medicinal Chemistry. 2004, 43B(10): 2223-2227
6. ML Bouillant, P Redolfi, A Cantisani, J Chopin. Gomphrenol, a new methylenedioxyflavonol from the leaves of Gomphrena globosa (Amaranthaceae). Phytochemistry. 1978, 17(12): 2138-2140
7. CR Liu, XL Hu, XJ Zeng, WB Zhao. Study of stability in Gomphrena globosa L. pigment. Guangzhou Food Science and Technology. 2003, 19(4): 62-63

시낭등 匙羹藤

Asclepiadaceae

Gymnema sylvestre (Retz.) Schult.

Australian Cowplant

개 요

박주가리아과(Asclepiadaceae)

시낭등(匙羹藤, *Gymnema sylvestre* (Retz.) Schult.)의 뿌리 또는 어린잎과 가지를 말린 것: 시낭등(匙羹藤)

중약명: 시낭등(匙羹藤)

시낭등속(*Gymnema*) 식물은 전 세계에 약 25종이 있으며, 아시아, 남부 아프리카 및 오세아니아의 열대 및 아열대 지역에 분포한다. 중국에는 약 8종이 발견되고, 약 7종이 약재로 사용된다. 이 종은 중국의 운남성, 광서성, 광동성, 복건성, 절강성 홍콩 및 대만에 분포한다. 인도, 베트남, 인도네시아, 호주 및 열대 아프리카에도 분포한다.

시낭등은 중국과 인도의 민간요법을 통해 오랫동안 사용되어 왔다. 중국의 민간요법에서는 전초가 류머티스 관절염, 혈관염 및 사교상(蛇咬傷) 치료에 사용되며, 외용적으로는 치질 치료와 부기(浮氣)를 가라앉히고, 상처 치료 및 이를 사멸시키는 데 사용된다. 인도의 민간요법에서, 잎의 가루는 피마자 오일과 함께 소종(消腫)과 해독을 위해 사용된다. 뿌리의 가루는 사교상에 대해 외용적으로 사용된다. 잎의 탕액은 발열, 기침 및 말라리아를 치료하고, 배뇨를 촉진하며, 혈당치를 낮추는 데 사용된다[1].

시낭등에는 주로 플라보노이드와 폴리펩타이드뿐만 아니라 트리테르페노이드 사포닌 성분이 함유되어 있다. 올레아난형 사포닌은 혈당을 낮추고 감미료에 대한 반응을 억제하는 활성 성분으로 보고되었다. 짐네마산은 주요 혈당강하 성분이다[1-2].

약리학적 연구에 따르면 시낭등에는 혈당강하 및 고지혈증 개선 및 감미료에 대한 반응을 억제하는 작용이 있음을 확인했다.

한의학에서 시낭등은 거풍지통(祛風止痛), 해독소종(解毒消腫)의 효능이 있다. 일본 학자들은 최근에 췌장 항혈당강하와 같은 건강 관련 제품을 연구하고 개발하기 위한 협회를 설립했다[2].

시낭등 匙羹藤 *Gymnema sylvestre* (Retz.) Schult.

함유성분

잎에는 트리테르페노이드 성분으로 gymnemic acids I, II, III, IV, V, VI, VII, VIII, IX, X, XI, XII, XIII, XIV, XV, XVI, XVII, XVIII, A[2-4], gymnemosides a, b, c, d, e, f[5-7], gymnemasins A, B, C, D[8], sitakisogenin, oleanoic acid 28-O-β-D-glucopyranoside, 3-O-β-D-glucopyranosyl oleanoic acid 28-O-β-D-glucopyranoside[9], longispinogenin-3-O-β-D-glucuronopyranoside, 21β-benzoylsitakisogenin-3-O-β-D-glucuronopyranoside, 3-O-β-D-glucopyranosyl(1→6)-β-D-glucopyranosyl oleanolic acid 28-O-β-D-glucopyranosyl ester, oleanolic acid 3-O-β-D-xylopyranosyl(1→6)-β-D- glucopyranosyl(1→6)-β-D-glucopyranoside, 3-O-β-D-xylopyranosyl(1→6)-β-D- glucopyranosyl (1→6)-β-D-glucopyranosyl oleanolic acid 28-O-β-D-glucopyranosyl ester, 3-O-β-D-glucopyranosyl(1→6)-β-D-glucopyranosyl oleanolic acid 28-β-D-glucopyranosyl(1→6)-β-D-glucopyranosyl ester[10], 21β-O-benzoylsitakisogenin3-O-β-D-glucopyranosyl(1→3)-β-D-glucuronopyranoside, longispinogenin-3-O-β-D-glucopyranosyl(1→3)-β-D-glucuronopyranoside의 칼륨염, 29-hydroxylongispinogenin3-O-β-D-glucopyranosyl(1→3)-β-D-glucuronopyranoside의 칼륨염[11]이 함유되어 있고, 플라보노이드 성분으로 kaempferol-3-O-b-D-glucopyranosyl-(1→4)-α-L-rhamnopyranosyl-(1→6)-β-D-galactopyranoside, quercetin-3-O-6"-(3-hydroxyl-3-methylglutaryl)-β-D-glucopyranoside[12], 폴리펩타이드 성분으로 gurmarin[13]이 함유되어 있다.

gymnemagenin $R_1=R_2=R_3=H$
gymnemic acid IV R_1=tigloyl, R_2= H, R_3=glucuropyranosyl
gymnemoside a R_1= tigloyl, R_2=acetyl, R_3= glucuropyranosyl

약리작용

1. 혈당강하 작용

잎의 추출물(주로 짐네마산이 함유되어 있음)은 기니피그와 랫드의 장 내 포도당 섭취를 억제함으로써 혈당치 상승을 억제했다[14]. *In vivo*에서 전초의 에탄올 추출물은 세포막 투과성을 증가시킴으로써 췌장 β 세포 HIT-T_{15}, MIN_6 및 $RINm_5F$로부터 인슐린 방출을 촉진시켰다[15]. 복강 내 주사한 사포닌 분획은 스트렙토조신으로 유발된 고혈당 랫드에서 혈당 수치를 감소시켰다. 짐네마산 IV의 효능은 글리부라이드의 효능과 비슷했으며, 고용량에서는 혈청 인슐린 수치가 증가했지만, 정상 마우스에서는 혈당 수치에 영향을 주지 않았다. 짐네마산 IV는 주요 활성 혈당강하 성분이었다[16]. 잎의 물 추출물은 적출된 랫드의 반가로막에서 헤파틴 수준을 유의하게 감소시켰다[17]. 또한, 잎의 추출물은 마우스에서 코르티코스테로이드에 의해 유발된 고혈당을 감소시켰다[18-19].

2. 항고지혈증 효과

짐네마산은 랫드의 콜레스테롤과 담즙산 분비를 증가시켰다[20]. 잎의 50% 에탄올 추출물을 고지혈증 랫드에 경구 투여하면 체중 증가 및 간 지방 축적을 억제했다. 그 기전으로는 추출물이 산성 및 중성 콜레스테롤의 배설을 증가시키고, 혈청 총 콜레스테롤 및 트리글리세라이드(TG) 수준을 감소시키며, 혈액에서 레시틴 아실트란스테라아제의 활성을 증진시키기 때문이다[21-22].

3. 미각에 미치는 영향
잎의 추출물은 아스파탐, 스테비오사이드, 자당, 포도당 등 8가지 감미료를 비경쟁적으로 억제했다[1]. 잎에서 추출한 구르마린은 구르마린에 민감한 수용체를 가진 마우스에서 단맛의 45–75%를 억제했으며, 억제 효과는 돌이킬 수 없었다[23]. 그러나 염화나트륨, 염산, 퀴닌 하이드로클로라이드 및 다른 아미노산에 대한 미각 억제 효과는 없었다[24].

4. 기타
또한 짐네마산은 충치[1]를 억제하고 올레산의 장 흡수[25]를 억제했다. 잎의 에탄올 추출물은 항균 효과도 있다[26].

용도

1. 만성 류머티스 통증
2. 인후염
3. 연주창, 염증, 부기(浮氣), 종창, 유방염
4. 당뇨병

해설

민간의학에서 일반적으로 사용되는 약초인 시낭등은 중국 남부에 널리 분포되어 있으며 자연에서 풍부하게 존재한다. 최근 연구에 따르면 혈당강하 효과가 있음이 뚜렷하게 나타났다. 인도산의 잎은 설탕가루와 같은 달콤한 물질의 단맛을 억제하는 효능이 있다고 보고되었지만 중국 및 다른 지역의 잎에서는 이러한 효과가 나타나지 않았다[27]. 연구 결과에 따르면 중국의 광서성에서 생산된 잎의 올레아난 사포닌의 구조는 인도에서 생산된 잎과 다르다[1]. 따라서 중국에서 생산된 시낭등속 식물에 대한 더 많은 연구가 필요하다. 시낭등은 또한 충치 예방과 체중 감량에 있어서 매우 적극적으로 작용하며, 이는 껌, 구강 청정제, 다양한 건강관리 및 차 제품으로 개발할 수 있는 것으로 시장 전망이 매우 밝다.

참고문헌

1. Y Wang, WC Ye, X Liu, CL Fan, SX Zhao. Triterpenoid saponins and their pharmacological activities in Gymnema sylvestre (Retz.) Schult. World Phytomedicines. 2003, 18(4): 146–151
2. BW Wei, Q Shi. Study Progress of Gymnema sylvestre. World Phytomedicines. 1996, 11(3): 107–111
3. HM Liu, F Kiuchi, Y Tsuda. Isolation and structure elucidation of gymnemic acids, anti-sweet principles of Gymnema sylvestre. Chemical & Pharmaceutical Bulletin. 1992, 40(6):1366–1375
4. Y Wang, YJ Feng, XL Wang, HC Xu. Isolation and identification of a new component from Gymnema sylvestre. West China Journal of Pharmaceutical Sciences. 2004, 19(5): 336–338
5. N Murakami, T Murakami, M Kadoya, H Matsuda, J Yamahara, M Yoshikawa. New hypoglycemic constituents in "gymnemic acid" from Gymnema sylvestre. Chemical & Pharmaceutical Bulletin. 1996, 44(2): 469–471
6. M Yoshikawa, T Murakami, M Kadoya, Y Li, N Murakami, J Yamahara, H Matsuda. Medicinal foodstuffs. IX. The inhibitors of glucose absorption from the leaves of Gymnema sylvestre R. BR. (Asclepiadaceae): structures of gymnemosides a and b. Chemical & Pharmaceutical Bulletin. 1997, 45(10): 1671–1676
7. M Yoshikawa, T Murakami, H Matsuda. Medicinal foodstuffs. X. Structures of new triterpene glycosides, gymnemosides–c, –d, –e, and –f, from the leaves of Gymnema sylvestre R. Br.: influence of gymnema glycosides on glucose uptake in rat small intestinal fragments. Chemical & Pharmaceutical Bulletin. 1997, 45(12): 2034–2038
8. NP Sahu, SB Mahato, SK Sarkar, G Poddar. Triterpenoid saponins from Gymnema sylvestre. Phytochemistry. 1996, 41(4): 1181–1185

9. X Liu, WC Ye, DR Xu, QW Zhang, ZT Che, SX Zhao. Chemical study on triterpene and saponin from Gymnema sylvestre. Journal of China Pharmaceutical University. 1999, 30(3): 174–176

10. WC Ye, QW Zhang, X Liu, CT Che, SX Zhao. Oleanane saponins from Gymnema sylvestre. Phytochemistry. 2000, 53(8): 893–899

11. WC Ye, X Liu, QW Zhang, CT Che, SX Zhao. Anti–sweet saponins from Gymnema sylvestre. Journal of Natural Products. 2001, 64(2): 232–235

12. X Liu, WC Ye, B Yu, SX Zhao, H Wu, CT Che. Two new flavonol glycosides from Gymnema sylvestre and Euphorbia ebracteolata. Carbohydrate Research. 2004, 339(4): 891–895

13. K Kamei, R Takano, A Miyasaka, T Imoto, S Hara. Amino acid sequence of sweet–taste–suppressing peptide (gurmarin) from the leaves of Gymnema sylvestre. Journal of Biochemistry. 1992, 111(1): 109–112

14. K Shimizu, A Iino, J Nakajima, K Tanaka, S Nakajyo, N Urakawa, M Atsuchi, T Wada, C Yamashita. Suppression of glucose absorption by some fractions extracted from Gymnema sylvestre leaves. The Journal of Veterinary Medical Science.1997, 59(4): 245–251

15. SJ Persaud, H Al–Majed, A Raman, PM Jones. Gymnema sylvestre stimulates insulin release in vitro by increased membrane permeability. The Journal of Endocrinology.1999, 163(2): 207–212

16. Y Sugihara, H Nojima, H Matsuda, T Murakami, M Yoshikawa, I Kimura. Anti–hyperglycemic effects of gymnemic acid IV, a compound derived from Gymnema sylvestre leaves in streptozotocin–diabetic mice. Journal of Asian Natural Products Research. 2000, 2(4): 321–327

17. RR Chattopadhyay. Possible mechanism of anti–hyperglycemic effect of Gymnema sylvestre leaf extract, part I. General Pharmacology.1998, 31(3): 495–496

18. S Gholap, A Kar. Effects of Inula racemosa root and Gymnema sylvestre leaf extracts in the regulation of corticosteroid induced diabetes mellitus: involvement of thyroid hormones. Die Pharmazie. 2003, 58(6): 413–415

19. S Gholap, A Kar. Hypoglycaemic effects of some plant extracts are possibly mediated through inhibition in corticosteroid concentration. Die Pharmazie. 2004, 59(11): 876–878

20. Y Nakamura, Y Tsumura, Y Tonogai, T Shibata. Fecal steroid excretion is increased in rats by oral administration of gymnemic acids contained in Gymnema sylvestre leaves. The Journal of Nutrition. 1999, 129(6):1214–1222

21. N Shigematsu, R Asano, M Shimosaka, M Okazaki. Effect of long term–administration with Gymnema sylvestre R. BR on plasma and liver lipid in rats. Biological & Pharmaceutical Bulletin. 2001, 24(6): 643–649

22. N Shigematsu, R Asano, M Shimosaka, M Okazaki. Effect of administration with the extract of Gymnema sylvestre R. Br leaves on lipid metabolism in rats. Biological & Pharmaceutical Bulletin. 2001, 24(6): 713–717

23. Y Ninomiya, T Imoto. Gurmarin inhibition of sweet taste responses in mice. The American Journal of Physiology. 1995, 268(4 Pt 2): R1019–1025

24. S Harada, Y Kasahara. Inhibitory effect of gurmarin on palatal taste responses to amino acids in the rat. American Journal of Physiology. Regulatory, Integrative and Comparative Physiology. 2000, 278(6): R1513–1517

25. LF Wang, H Luo, M Miyoshi, T Imoto, Y Hiji, T Sasaki. Inhibitory effect of gymnemic acid on intestinal absorption of oleic acid in rats. Canadian Journal of Physiology and Pharmacology. 1998, 76(10–11): 1017–1023

26. RK Satdive, P Abhilash, DP Fulzele. Anti–microbial activity of Gymnema sylvestre leaf extract. Fitoterapia. 2003, 74(7–8): 699–701

27. Y Hiji. Physiological effects of Gymnema sylvestre indigenous to India. Progress in Japanese Medicine. 1992, 13(9): 385

돌외 絞股藍

Cucurbitaceae

Gynostemma pentaphyllum (Thunb.) Makino

Five-leaf Gynostemma

개 요

박과(Cucurbitaceae)

돌외(絞股藍, *Gynostemma pentaphyllum* (Thunb.) Makino)의 전초를 말린 것: 교고람(絞股藍, Gynostemmae Pentaphylli Herba)

중약명: 교고람(絞股藍)

돌외속(*Gynostemma*) 식물은 전 세계에 약 13종이 있으며, 주로 열대 아시아 및 동아시아에 분포하며 히말라야에서 일본, 말레이반도, 뉴기니에 이르기까지 널리 분포한다. 중국에는 11종과 2변종이 발견되며, 이 종은 모두 약재로 사용된다. 이 종은 중국의 양자강 이남의 산서성 남부에서 생산된다. 인도, 네팔, 방글라데시, 스리랑카, 미얀마, 라오스, 베트남, 말레이시아, 인도네시아, 뉴기니, 한반도 및 일본에도 분포한다.

"교고람(絞股藍)"은 ≪구황본초(救荒本草)≫에서 약으로 처음 기술되었다. 약용 종은 고대부터 동일하게 남아 있다. 약재는 주로 중국의 양자강 이남에서 생산된다.

돌외에는 주로 트리테르페노이드 사포닌 성분이 함유되어 있다. 지페노사이드는 주요 활성 성분이다.

약리학적 연구에 따르면 돌외에는 면역증강, 고지질 개선, 항종양 및 항혈전 효과가 있으며, 간 섬유화를 억제하고, 기억력을 향상시키며, 통증 완화 작용이 있음을 확인했다.

한의학에서 교고람은 청열(清熱), 보허(補虛), 해독(解毒)의 효능이 있다.

돌외 絞股藍 *Gynostemma pentaphyllum* (Thunb.) Makino

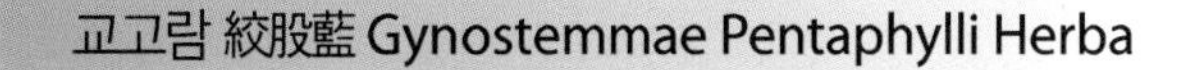

교고람 絞股藍 Gynostemmae Pentaphylli Herba

함유성분

전초에는 주로 트리테르페노이드 사포닌 성분으로 gypenosides I, II, III, IV, V, VI, VII, VIII, IX, X, XI, XII, XIII, XIV, XV, XVI, XVII, XVIII, XIV, XX, XXI, XXII, XXIII, XXIV, XXV, XXVI, XXVIII, XXIX, XXX, XXXI, XXXII, XXXIII, XXXIV, XXXV, XXXVI, XXXVII, XXXVIII, XXXIX, XL, XLI, XLII, XLIII, XLIV, XLV, XLVI, XLVII, XLVIII, XLIX, L, LI, LIII, LIV, LV, LVI, LVII, LVIII, LVIX, LX, LXI, LXII, LXIII, LXIV, LXVII, LXVIII, LXIX, LXX, LXXI, LXVII[1-14] (gypenosides III, IV, VIII과 XII는 각각 ginsenosides Rb_1, Rb_3, Rd과 F_2임), gynosides A, B, C, D, E[15], 6"-malonylgypenosides III, V, VIII[16], gynosaponins TN-1, TN-2[7], TR1[17], phanoside[18], gylongiposide I[4]이 함유되어 있고, 스테로이드 성분으로 24,24-dimethyl-5α-cholest-7-en-3β-ol, (22E)-24,24-dimethyl-5α-cholesta-7,22-dien-3β-ol, 24,24-dimethyl-5α-cholesta-7,25-dien-3β-ol[19], 24,24-dimethyl-5α-cholestan-3β-ol[20], 24,24-dimethyl-5α-cholest-8-en-3β-ol[21], isofucosterol[22], 또한 allantoin과 vitexin[4]이 함유되어 있다.

gypenoside LVI

약리작용

1. 면역증강

*In vivo*에서 지페노사이드는 콘카나발린 A(Con A)로 유도된 T 림프 세포와 리포폴리사카라이드로 유도된 B 림프 세포 증식을 유의하게 촉진시켰다. 또한 비장 세포에 의한 랫드 복막 대식세포와 IL-2에 의한 인터류킨-1(IL-1)의 생성을 촉진시켰다[23]. 생약 추출물을 복강 내 투여하면 시클로포스파미드에 의해 유도된 백혈구 감소증이 있는 마우스에서 백혈구, 혈소판 및 망상 적혈구의 수를 유의하게 증가시켰다[24]. 지페노사이드를 복강 내 투여했을 때 루이스 폐암종 랫드에서 비장 림프구의 총 수를 현저히 증가시켰고, 말초 혈액과 비장 자연살해 활동이 증가하여 면역증강 효과가 현저히 나타났다[25].

2. 항고지혈증 효과

전초의 초미세 가루를 경구 투여하면 실험용 고지혈증 토끼에서 혈중 지질 농도를 현저하게 감소시켰다. 또한 총 콜레스테롤(TC), 중성지방(TG), 또는 저밀도 지단백 콜레스테롤(LDL-C) 및 고밀도 지단백 콜레스테롤(HDL-C)을 감소시켰다. 뿐만 아니라 혈장의 점도 및 적혈구 축적을 감소시켰고 혈류의 형태학적 능력을 증가시켜 혈류 개선 효과를 나타냈다[26].

3. 항종양

*In vivo*에서 지페노사이드는 인체 자궁경부암 HeLa 세포, 인간 폐암 세포, 마우스 복수(腹水)의 종양 세포, 모리스간암 MH1C1 세포, 폐암 3LL 세포, 흑색종 B1 세포, 육종 S180, 직장암종 세포 및 백혈병 세포의 증식을 유의하게 억제했다. 시험관 내 항종양 효과는 빈 블라스틴의 것보다 크며 정상 세포의 증식에 어떠한 부정적인 영향도 미치지 않았다. 지페노사이드를 경구 투여하면 마우스 S180로 이식된 종양과 루이스 동위 원소 폐암의 성장과 이식을 유의하게 억제했다[27]. *In vivo*에서 전초의 탕액은 간암 Huh-7 세포의 세포사멸을 촉진시켰다. 그 기전은 bcl-2 단백질 발현의 하향 조절과 백스 단백질 발현의 상향 조절 및 세포사멸 인자의 파괴와 세포사멸 인자 발현의 저해와 관련이 있다[28].

4. 심장과 뇌에 미치는 영향

(1) 혈압강하

지페노사이드를 정맥 주사하면 혈압, 말초 저항 및 대뇌 혈관 및 개 관상동맥 내성을 유의하게 감소시켰다. 또한 관상동맥의 혈류를 증가시키고 심장 박동을 감소시키며 심장의 긴장 시간 지수를 감소시킨다[29].

(2) 항쇼크

지페노사이드는 엔도톡신 주입으로 유발된 토끼 쇼크를 유의적으로 길항하고, 3P 검사에서 양성률을 감소시키며, 피브리노겐의 파괴, 쇼크 발생을 지연시키고, 정상 범위 내에서 프로트롬빈 변이를 억제하여 파종성혈관내응고(DIC)를 방지하는 특성을 보였다[29].

(3) 심근 손상

지페노사이드는 관상동맥 결찰 후 국소성빈혈 재관류 손상에 의해 유도된 장 허혈 재관류 및 랫드 심근 허혈에 의해 유도된 토끼 심근 손상에 대한 보호 효과를 나타냈다. 심근 손상 동안 지질과산화와 엔도텔린 분비를 억제하고 심근 조직에서 과산화물 불균등화효소(SOD) 활성을 증가시켜 일산화질소(NO)의 합성을 촉진한다[30-31].

(4) 뇌 손상 보호

지페노사이드는 광화학(복강 내 투여) 및 혈관 차단(경구 투여)에 의한 뇌 허혈을 예방하고, 히포카말과 치아이랑 DNA 및 RNA의 손상을 줄이고 허혈 부위를 감소시켰다. 지질과산화물 TBARS 수준을 증가시켜 과산화물 불균등화효소(SOD) 활성을 향상시키고 허혈 영역에서 Na^+, Ca^{2+}, H_2O 수준을 낮추며 K+ 수준을 증가시킨다[32-33]. *In vivo*에서 지페노사이드는 랫드의 태아에서 글루탐산에 의해 유도된 대뇌 피질의 산화적 신경 손상에도 길항 작용을 보였다[34].

(5) 혈소판 응집 및 항혈전증의 억제

*In vivo*에서 지페노사이드는 토끼에서 아라키돈산(AA), 아데노신 2 인산염(ADP) 및 콜라겐에 의해 유도된 혈소판 응집을 억제했다[29]. 지페노사이드를 경구 투여하면 혈전증 형성 시간, 혈액 응고 시간 및 R-배당체에 의해 유도된 프로트롬빈 시간의 감소에 강력한 길항 작용을 나타냈다[35].

(6) 내막 과형성의 억제

지페노사이드(귀 전면 맥을 통한 주사)는 토끼에서 트라피딜에 의한 혈관내막의 동맥 내피 손상 후 내막 과형성을 억제했다[36].

5. 간 섬유화의 억제

지페노사이드를 복강 내 투여한 결과, CCl_4로 유도된 간 섬유화가 랫드에서 억제되었고, 간 조직에서의 섬유화 정도가 개선되었으며, 피브로넥틴 발현이 감소되었다. 또한 간 조직에서 글루탐산 피루브산 아미노기전달효소(GPT), 글루탐산 옥살초산 아미노기전달효소(GOT) 및 말론디알데하이드(MDA)의 수준을 현저하게 감소시키면서 SOD의 수준을 증가시켰다[37].

6. 노화방지

지페노사이드를 경구 투여하면 노화된 랫드에서 적혈구 및 온혈액 글루타티온과산화효소(GSH-Px)의 SOD 활성을 증가시키고 노화된 랫드의 부신 땀샘에서 비타민 C 수치를 감소시켰다. 또한 마우스의 노화로 인한 모노아민산화효소(MAO) 활성의 증가와 Na^+,K^+-ATPase 활성의 감소를 막아 항산화 및 노화방지 효과를 나타냈다[38-39].

7. 기억력 향상
전초 추출물을 경구 투여하면 알비노 랫드에서 스코폴라민과 에탄올에 의해 유발된 학습 및 기억력 획득 및 장애 재발을 유의하게 개선시켰다[40]. 이 기전은 증가된 글루탐산 수준 및 감소된 ⊠-아미노부티르산 수준과 관련이 있을 수 있다[41].

8. 진통 작용
지페노사이드를 경구 투여하면 랫드의 아세트산으로 유발된 뒤틀림 시험과 열판 시험에서 상당한 진통 효과를 보였다. 랫드 뒷다리의 염증 조직에서 통증 역치를 유의하게 증가시키고, 프로스타글란딘 E(PGE)의 수준을 감소시켰다. 연속 7일 복용량은 진통 효과에 대한 내성을 보이지 않았다[42].

9. 기타
지페노사이드를 경구 투여하면 카드뮴 염화물에 의해 유발된 정자 형태의 이상을 억제했다[43]. 지페노사이드는 또한 위궤양에 길항 작용[44]을 하고, 신장 섬유화를 해소하며[45], 항 천식 효과[46] 및 항균 효과[47]가 있다.

용도

1. 피로, 소모성 질환, 백혈구 감소증
2. 고지혈증
3. 지방간, 간염

해설

돌외는 다양한 효능을 가지고 있으며 약리학적 효과와 화학적 성분에서 인삼과 유사하다. "남(南)인삼"으로 널리 알려져 있으며, 다양한 건강기능 제품으로 개발되었다. 돌외는 자원이 풍부하고 가격이 싸며 개발 잠재력이 크다.

참고문헌

1. T Takemoto, S Arihara, T Nakajima, M Okuhira. Studies on the constituents of Gynostemma pentaphyllum Makino. I. Structures of gypenosides I-XIV. Yakugaku Zasshi. 1983, 103(2): 173-185
2. F Yin, LH Hu, FC Lou, RX Pan. Dammarane-type glycosides from Gynostemma pentaphyllum. Journal of Natural Products. 2004, 67(6): 942-952
3. T Takemoto, S Arihara, K Yoshikawa. Studies on the constituents of Cucurbitaceae plants. XIV. On the saponin constituents of Gynostemma pentaphyllum Makino. (9). Yakugaku Zasshi. 1986, 106(8): 664-670
4. F Yin, LH Hu. Studies on chemical constituents of Jiaogulan (Gynostemma pentaphyllum). ACS Symposium Series. 2006, 925(Herbs): 170-184
5. K Yoshikawa, T Takemoto, S Arihara. Studies on the constituents of Cucurbitaceae plants. XV. On the saponin constituents of Gynostemma pentaphyllum Makino. (10). Yakugaku Zasshi. 1986, 106(9): 758-763
6. K Yoshikawa, T Takemoto, S Arihara. Studies on the constituents of Cucurbitaceae plants. XVL. On the saponin constituents of Gynostemma pentaphyllum Makino (II). Yakugaku Zasshi. 1987, 107(4): 262-267
7. T Takemoto, S Arihara, K Yoshikawa, J Kawasaki, T Nakajima, M Okuhira. Studies on the constituents of cucurbitaceae plants. XI. On the saponin constituents of Gynostemma pentaphyllum Makino (7). Yakugaku Zasshi. 1984, 104(10): 1043-1049
8. T Takemoto, S Arihara, K Yoshikawa, K Hino, T Nakajima, M Okuhira. Studies on the constituents of Cucurbitaceae plants. XII. On the saponin constituents of Gynostemma pentaphyllum Makino (8). Yakugaku Zasshi. 1984, 104(11): 1155-1162
9. T Takemoto, S Arihara, K Yoshikawa, T Nakajima, M Okuhira. Studies on the constituents of Cucurbitaceae plants. VIII. On the saponin constituents of Gynostemma pentaphyllum Makino. (4). Yakugaku Zasshi. 1984, 104(4): 332-339
10. T Takemoto, S Arihara, T Nakajima, M Okuhira. Studies on the constituents of Gynostemma pentaphyllum Makino. II. Structures of gypenoside XVXXI. Yakugaku Zasshi. 1983, 103(10): 1015-1023

11. T Takemoto, S Arihara, K Yoshikawa, T Nakajima, M Okuhira. Studies on the constituents of Cucurbitaceae plants. IX. On the saponin constituents of Gynostemma pentaphyllum Makino. (5). Yakugaku Zasshi. 1984, 104(7): 724-730

12. T Takemoto, S Arihara, K Yoshikawa, T Nakajima, M Okuhira. Studies on the constituents of Cucurbitaceae plants. X. On the saponin constituents of Gynostemma pentaphyllum Makino (6). Yakugaku Zasshi. 1984, 104(9): 939-945

13. T Takemoto, S Arihara, K Yoshikawa, T Nakajima, M Okuhira. Studies on the constituents of Cucurbitaceae plants. VII. On the saponin constituents of Gynostemma pentaphyllum Makino. (3). Yakugaku Zasshi. 1984, 104(4): 325-331

14. X Liu, WC Ye, HW Xiao, CT Che, SX Zhao. Studies on chemical constituents of Gynostemma pentaphyllum. Journal of China Pharmaceutical University. 2003, 34(1): 21-24

15. X Liu, WC Ye, ZY Mo, B Yu, SX Zhao, HM Wu, CT Che, RW Jiang, TCW Mak, WLW Hsiao. Five new ocotillone-type saponins from Gynostemma pentaphyllum. Journal of Natural Products. 2004, 67(7): 1147-1151

16. M Kuwahara, F Kawanishi, T Komiya, H Oshio. Dammarane saponins of Gynostemma pentaphyllum Makino and isolation of malonylginsenosides-Rb1, -Rd, and malonylgypenoside V. Chemical & Pharmaceutical Bulletin. 1989, 37(1): 135-139

17. THW Huang, V Razmovski-Naumovski, NK Salam, RK Duke, VH Tran, CC Duke, BD Roufogalis. A novel LXR-α activator identified from the natural product Gynostemma pentaphyllum. Biochemical Pharmacology. 2005, 70(9): 1298-1308

18. A Norberg, NK Hoa, E Liepinsh, PD Van, ND Thuan, H Jornvall, R Sillard, CG Ostenson. A novel insulin-releasing substance, phanoside, from the plant Gynostemma pentaphyllum. The Journal of Biological Chemistry. 2004, 279(40): 41361-41367

19. T Akihisa, N Shimizu, T Tamura, T Matsumoto. Structures of three new 24,24-dimethyl-δ7-sterols from Gynostemma pentaphyllum. Lipids. 1986, 21(8): 515-517

20. T Akihisa, H Mihara, T Fujikawa, T Tamura, T Matsumoto. 24,24-Dimethyl-5α-cholestan-3β-ol, a sterol from Gynostemma pentaphyllum. Phytochemistry. 1988, 27(9): 2931-2933

21. T Akihisa, H Mihara, T Tamura, T Matsumoto. 24,24-Dimethyl-5α-cholest-8-en-3β-ol, a new sterol from Gynostemma pentaphyllum. Yukagaku. 1988, 37(8): 659-662

22. A Marino, MG Elberti, A Cataldo. Sterols from Gynostemma pentaphyllum. Bollettino - Societa Italiana di Biologia Sperimentale. 1989, 65(4): 317-319

23. B Wang, ZD Ge, AW Zhou, MZ Chen. Effect of gypenosides on immunocytes in vitro. Chinese Drug Research & Clinical Pharmacology. 1999, 10(1): 36-37

24. QS Huang, HZ Li, P Zhuang, LS Gao. Study on effects of Gynostemma pentaphyllum on small and white rat's leucocyte reduction induced by cydophosphalmide. The China Journal of Modern Medicine and Drugs Science and Technology. 2003, 3(2): 64-65

25. X Liu, PJ Wang, FX Xu. Study on gypenosides inhibiting neoplasm growth and elevating immunological function in Lewis lung cancer of mice. Journal of Anhui TCM College. 2001, 20(1): 43-44

26. PB Ma, QH Zhu, ZW Huang. Effects of Gynostemma pentaphyllum on the blood-lipid and hemorheology in hyperlipidemia rabbits. The Chinese Journal of Modern Applied Pharmacy. 2005, 22(6): 454-455

27. BH Jiang, WC Yang, YQ Zhao. Research status on the anti-tumor effect of Gynostemma pentaphyllum. Journal of Chinese Medicinal Materials. 2003, 26(9): 683-686

28. H Cao, LJ Wu, CR Ma, XQ Zhou, ZL Zang. Effect of Gynostemma pentaphyllum on the expression of bcl-2 and bax in hepatoma carcinoma cells. Pharmacology and Clinics of Chinese Materia Medica. 2006, 22(5): 36

29. SD Ni, XX Xu, J Gao. Study progress on pharmacological action of gypenosides on cardiovascular system. Chinese Journal of Traditional Medical Science and Technology. 2002, 9(2): 127-128

30. J Ge, YJ Zhu, J Wu, BB Yao. Protective effects of gypenosides on the heart injury after intestinal ischemia-reperfusion in rabbits. Journal of Bengbu Medical College. 2006, 31(4): 347-348

31. QB Zheng, JH Chen, JL Wu. Effects of Gynostemma pentaphyllum on myocardial ischemia-reperfusion injury in rats. Journal of Xianning Medical College. 2002, 16(2): 89-91

32. BY Zhu, XQ Tang, HL Huang, JX Chen, DF Liao, L Yu. Protective effect of gypenosides on brain ischemia induced by photochemical

occlusion of middle cerebral artery in rats. The Chinese Journal of Modern Applied Pharmacy. 2001, 18(1): 13-15

33. G Qi, L Zhang, YY Song, C Wang, XY Chen, JS Li. Protective effect of gypenosides on cerebral ischemia-reperfusion injury of hippocampus and dentate gyrus of rat. Chinese Traditional and Herbal Drugs. 2001, 32(5): 430-431

34. XP Wang, L Zhao, YX Feng, LS Shang, JC Liu, WP Cao, XY Zhu, H Xin. Protection of gypenosides on glutamate-induced oxidation in the cultured cortical neurons of embryonic rats. Journal of Shandong University (Health Science). 2006, 44(6): 564-567

35. XL Zhang, Z Liu, ZP Zhu, FZ Yang, RM Xie. Influence of gypenosides on thrombus and coagulation function in vivo and in vitro. West China Journal of Pharmaceutical Sciences. 1999, 14(5-6): 335-337

36. XP Hou, GL Jia, K Zhao, GX Jia, JP Da. Effects of gypenosides on intimal proliferation and expression of c-sis oncogene in rabbit iliac artery afterballoon deendothelialization. Journal of the Fourth Military Medical University. 1998, 19(5): 501-504

37. DM Wei, J Yu, Q Song, AS Sun, GX Rao. Protective effect of gypenosides on experimental hepatic fibrosis in rats. Lishizhen Medicine and Materia medica Research. 2002, 13(5): 257-259

38. RH Zahng, ZM Zhang, BQ Geng, DG Yong. Anti-oxidation effect of gypenosides on aged rat. The Chinese Journal of Modern Applied Pharmacy. 2000, 17(4): 306-308

39. GQ Gong, ZY Qian, S Zhou. Effects of gypenosides on monoamine oxidase and Na^+/K^+-ATPase activities in brain tissues of aging mice. Chinese Traditional and Herbal Drugs. 2001, 32(5): 426-427

40. FS Wang, XJ Shi, WH Yue, CP Wu, ZY Lu, H Jiang. Effect of Gymostemma on learning and memory of rats. Chinese Journal of Behavioral Medical Science. 1999, 8(1): 30-31

41. BH Feng, WX Li, J Luo, QZ Du. Effect of gynosaponin XLIII on glutamic acid and GABA in mice brain. Chinese Pharmacological Bulletin. 1998, 14(3): 234-236

42. XY Cheng, RS Liu, ZQ Sun. Experimental study on analgesic action of Herba Gynostemmae's total saponin. Chinese Journal of Current Traditional and Western Medicine. 2004, 2(10): 865-866

43. YY Du, SQ Li, TX Shi. The inhibition of gypenosides on sperm shape abnormality in mice induced by cadmium chloride. Modern Preventive Medicine. 2002, 29(1): 7-8

44. QB Zhang, JJ Ma, ZX Cao, ZB Lin. Therapeutic role and its mechanism of gypenosides on delayed healing of experimental gastric ulcer induced by NCTC11637 strain HP in rats. Chinese Pharmacological Bulletin. 1999, 15(3): 225-228

45. Y Zhang, GH Ding, JE Zhang, HQ Xiao, PY Wu, FG Yue. Effect of gypenosides on expression of connective tissue growth factor (CTGF) in UUO rats with renal tubulointerstitial fibrosis. Journal of Integrated Traditional and Western Nephrology. 2005, 6(7): 382-385

46. C Circosta, R De Pasquale, DR Palumbo, F Occhiuto. Bronchodilatory effects of the aqueous extract of Gynostemma pentaphyllum and gypenosides III and VIII in anaesthetized guinea pigs. Journal of Pharmacy and Pharmacology. 2005, 57(8): 1053-1057

47. XL Zeng. Study on the anti-bacterial activities of Gynostemma pentaphyllum in vitro. Chinese Traditional Patent Medicine. 1999, 21(6): 308-310

천년건 千年健 CP, KHP, VP

Araceae

Homalomena occulta (Lour.) Schott

Obscured Homalomena

개 요

천남성과(Araceae)

천년건(千年健, *Homalomena occulta* (Lour.) Schott)의 뿌리줄기를 말린 것: 천년건(千年健)

중약명: 천년건(千年健)

천년건속(*Homalomena*) 식물은 전 세계에 약 140종이 있으며, 열대 아시아 및 미국에 분포한다. 중국에는 약 3종이 발견되며, 중국 남서부와 남부, 대만에 분포하고, 모두 약재로 사용된다. 이 종은 해남성, 광서의 남서부에서 동부, 및 중국 남부의 운남성 남동부에 분포한다.

"천년건(千年健)"은 ≪본초강목시의(本草綱目拾遺)≫에서 약으로 처음 기술되었다. 이 종은 중국약전(2015)에 한약재 천년건(Homalomenae Rhizoma)의 공식적인 기원식물 내원종으로서 등재되어 있다. ≪대한민국약전외한약(생약)규격집≫(제4개정판)에는 "천년건"을 "천년건(千年健) *Homalomena occulta* Schott (천남성과 Araceae)의 뿌리줄기"로 등재하고 있다. 의약 재료는 주로 중국의 광서성과 운남성에서 생산된다.

천년건의 주요 활성 성분은 항균 및 항바이러스에 효과적인 성분 중 하나인 정유 성분이다. 또한 세스퀴테르페노이드 성분이 함유되어 있다. 중국약전은 의약 물질의 품질관리를 위해 관능검사와 현미경 감별법을 사용한다.

약리학적 연구에 따르면 천년건에는 항균, 항바이러스, 항염, 진통, 항히스타민 및 항응고 작용이 있음을 확인했다.

한의학에서 천년건은 거풍습(祛風濕), 건근골(健筋骨)의 효능이 있다. 천년건은 또한 중국의 요족(瑤族)이 낙상과 찰과상, 뼈 골절, 상처와 출혈, 사지 무력감, 근육 경련, 류머티스 관절염, 요통, 류머티스 관절염, 복통, 위장염 및 홍역을 치료하는 데 사용되는 민간 생약이다.

천년건 千年健 *Homalomena occulta* (Lour.) Schott

천년건 千年健 CP, KHP, VP

천년건의 꽃 千年健 *Homalomena occulta* (Lour.) Schott

천년건 千年健 Homalomenae Rhizoma

함유성분

뿌리줄기에는 정유 성분(0.69%)으로 linalool, terpinen−4−ol, geraniol, patchouli alcohol, α−, β−pinenes, limonene, α−, β−terpineols, nerol, eugenol, geranial, isoborneol[1−2]이 함유되어 있고, 세스퀴테르페노이드 성분으로 homalomenol C, oplodiol, oplopanone, bullatantriol, 1β,4β,7α−trihydroxyeudesmane[3], 또한 hederagenin saponin, E−, Z−N−(p−coumaroyl)−serotonins[4]이 함유되어 있다.

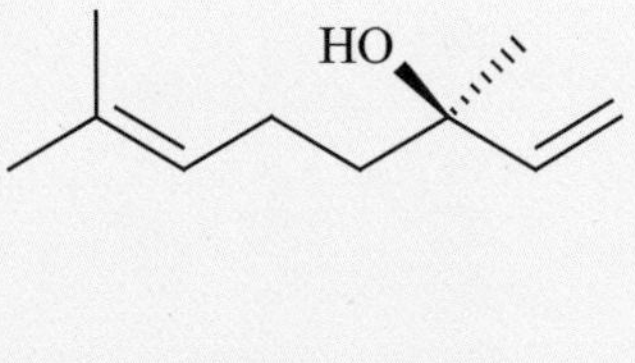

linalool

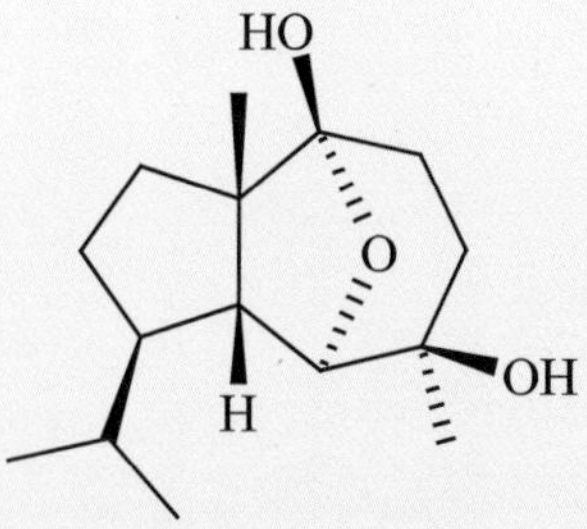

homalomenol C

약리작용

1. 항균 및 항바이러스

   여과지원반법을 사용하여, 정유 성분이 소유산균의 성장을 완전히 억제한다는 것이 밝혀졌다[5]. 또한 *in vivo*에서 뿌리줄기의 물 추출물은 단순헤르페스바이러스 유형1(HSV−1)을 억제했다[6].

2. 항염 및 진통 작용
뿌리줄기의 메탄올 추출물은 카라기닌에 의한 랫드의 뒷다리 부기(浮氣)를 유의하게 억제하고, 마우스에서 아세트산에 의한 뒤틀림 반응 또한 효과적으로 억제했다[5].

3. 항히스타민
적출된 기니피그 기관법을 사용하여, 뿌리줄기의 알코올 추출물이 기니피그 기관 평활근의 히스타민으로 유도된 수축을 길항하는 것으로 나타났다.

4. 항응고
뿌리줄기의 물 추출물은 강력한 항응고 효과를 나타냈다[7].

5. 기타
뿌리줄기는 또한 칼슘 채널 차단제와 안지오텐신 II 수용체의 활성을 억제했다[8].

용도

1. 만성 류머티스 통증
2. 마비
3. 낙상 및 찰과상
4. 위통
5. 염증, 종창, 부기(浮氣)

해설

≪식물명실도고(植物名實圖考)≫에서 "대혈등(大血藤)"을 수록하는데 ≪간이초약(簡易草藥)≫에서 "대혈등(大血藤)은 천년건(千年健)이다"로 잘못 인용했다. 그 결과, 최근까지 천년건을 대혈등[*Sargentodoxa cuneata* (Oliv.) Rehd.et Wils.]으로 오인하고 있었다. 이 둘은 식물학적 기원이 다르므로 응용 시에는 서로 구별해서 사용되어야 한다. 천년건의 비휘발성 성분 및 그 효능적 기전에 관한 연구에 대한 보고서는 거의 없다. 그러므로 물질적 기초에서부터 그 효능과 활성에 대한 더 많은 연구가 필요하다.

참고문헌

1. C Zhou, HH Mai. Analysis of chemical constituents of essential oil from Homalomena occulta indigenous to Vietnam. Journal of Chinese Medicinal Materials. 2002, 25(10): 719–720
2. FM Wang, XH Mao, S Ji. Determination of linalool in Rhizoma Homalomenae by GC. Chinese Traditional Patent Medicine. 2006, 28(7): 1019–1020
3. YM Hu, ZL Yang, WC Ye, QH Cheng. Studies on the constituents in rhizome of Homalomena occulta. China Journal of Chinese Materia Medica. 2003, 28(4): 342–344
4. M Elbandy, H Lerche, H Wagner, MA Lacaille–Dubois. Constituents of the rhizome of Homalomena occulta. Biochemical Systematics and Ecology. 2004, 32(12): 1209–1213
5. JW Yi. Status of Homalomena occulta production and its development future. Journal of Chinese Medicinal Materials. 1993, 16(10): 37–39
6. MS Zheng. Experimental studies on the effect of 472 Chinese herbal drugs on herpes simplex virus. Journal of Integrated Traditional Chinese and Western Medicine. 1990, 10(1): 39–41
7. 7. XC Ou, JX Zhang. Experimental observation on the effect of anti–thrombin of 126 Chinese herbs. Chinese Traditional and Herbal Drugs. 1987, 18(4): 21–22
8. 8. X Wang, GQ Han, RZ Li, JX Pan, YY Chen, YQ He, F Tu, B Wang, LY Huang, C Lee, M Sandrino, MN Chang, TY Shen. The screening of Chinese traditional drugs by biological assay. Journal of Peking University. 1986, 18(1): 31–36

Huperziaceae

뱀톱 蛇足石杉

Huperzia serrata (Thunb. ex Murray) Trev.

Serrate Clubmoss

개요

뱀톱과(Huperziaceae)

사족석삼(蛇足石杉, *Huperzia serrata* (Thunb. ex Murray) Trev.)의 전초를 말린 것: 천층탑(千層塔)

중약명: 사족석삼(蛇足石杉)

사족석삼속(*Huperzia*) 식물은 전 세계에 약 100종이 있으며, 열대와 아열대 지역에 주로 분포한다. 중국에는 약 25종과 1변종이 발견되며, 주로 서남부 지역에 분포한다. 이 속에서 약 3종이 약재로 사용된다. 이 종은 북서부와 동부의 일부 지역을 제외하고 중국 전역에 분포한다. 다른 아시아 국가, 태평양 지역, 러시아, 오세아니아 및 중앙아메리카에도 분포한다.

뱀톱은 ≪식물명실도고(植物名實圖考)≫에서 "천층탑(千層塔)"이라는 이름의 약으로 처음 기술되었다. 의약 재료는 중국의 대부분 지역에서 생산된다.

뱀톱에는 주로 알칼로이드와 트리테르페노이드 성분이 함유되어 있다.

약리학적 연구에 따르면 뱀톱에는 항콜린에스테라아제, 신경보호, 기억력 증진 및 근육 강화 작용이 있음을 확인했다.

민간요법에 따르면 천층탑은 산어지혈(散瘀止血), 소종지통(消腫止痛), 제습(除濕), 청열해독(淸熱解毒)의 효능이 있다.

뱀톱 蛇足石杉 *Huperzia serrata* (Thunb. ex Murray) Trev.

함유성분

전초에는 주로 알칼로이드 성분으로 lycopodine, 6α–hydroxylycopodine, N–demethyl–β–obscurine[1], lycoserrine, clavolonine, serratinidine, serratanine, serratanidine[2], lycoclavine[3], lucidioline[4], N–methylhuperzine B, 8–deoxyserratinine[5], huperzinine C[6], lycodoline, serratin, serratinine[7], huperzines A, B[8], G[9], H[10], I[11], J, K, L[12], O[13], P[14], Q[15], R[16], S, T, U[17], W[18], N–oxyhuperzine Q[15], lycodine[19], 12–epilycodoline N–oxide, 7–hydroxylycopodine, 4,6–dihydroxylycopodine[3], phlegmariurines B[19], M[20], 8β–hydroxyphlegmariurine B[21], 11α–hydroperoxyphlegmariurine B, 7–hydroperoxyphlegmariurine B[22], 2–oxophlegmariurine B, 11–oxophlegmariurine B, 2α–hydroxyphlegmariurine B[23], 7α–hydroxyphlegmariurine B, 11α–hydroxyphlegmariurine B, 7α,11α–dihydroxyphlegmariurine B[24], isofordine[20], huperserratinine[25], lycoposerramines F, G, H, I, J, K, L, M, N, O[26], X, Y, Z[27]이 함유되어 있고, 트리테르페노이드 성분으로 tohogenol, tohogeninol, serratriol[28], serratenediol, serratenediol–3–acetate, 21–epi–serratenediol, 16–oxodiepiserratenediol, serratenediol–21–acetate[29], phlegmanols A[30], C, E, cathayas C, D, F, diepilycocryptol, diepiserratenediol, 16–oxolycoclavanol[31]이 함유되어 있다.

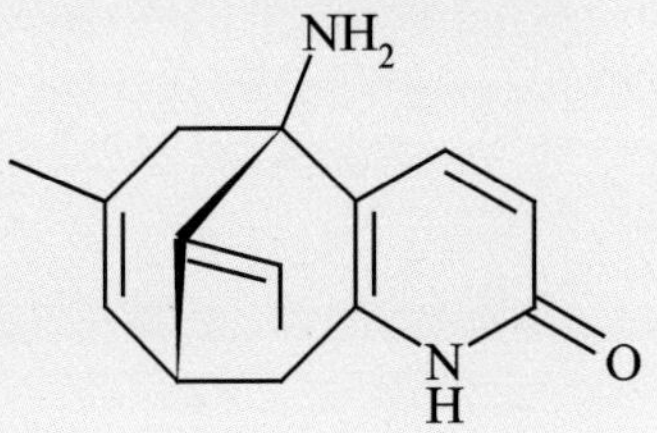

huperzine A

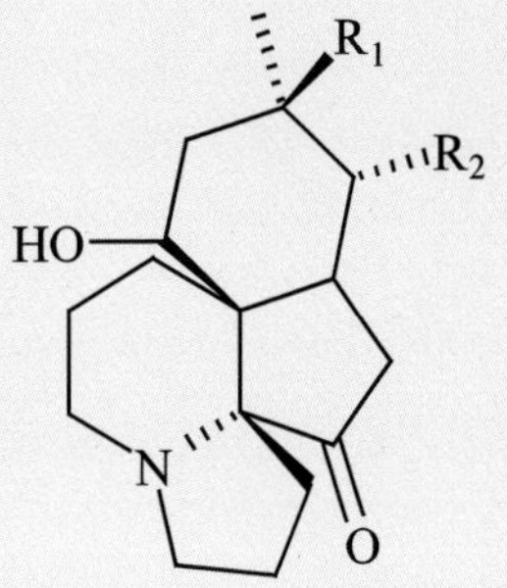

serratin R_1=OH, R_2=H
serratinine R_1=H, R_2=OH

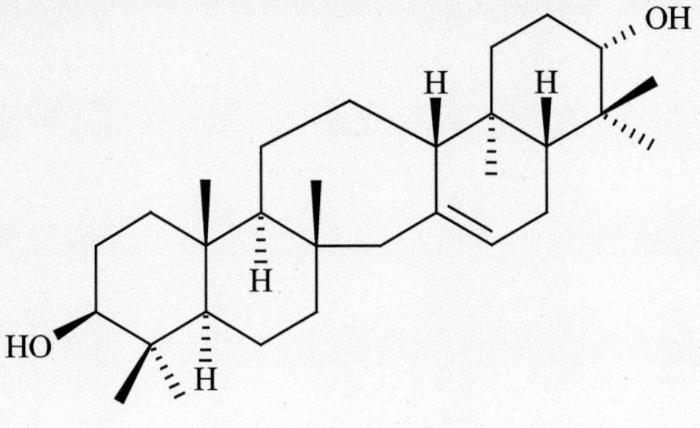

serratenediol

약리작용

1. 항산화 작용
후페리진 A를 경구 투여하면 노화된 랫드의 해마, 피질 및 혈청에서 과산화물 불균등화효소(SOD)의 활성을 유의하게 증가시켰다. 또한 말론디알데하이드(MDA)의 수준을 감소시켰고 유리기 제거 및 유리기 손상을 감소시켰다[32-33].

2. 콜린성계에 미치는 영향
후페리진 A와 B를 경구 투여하면 랫드의 뇌에서 용량 의존적으로 아세틸콜린 에스테라제를 억제했다[34-35]. 적출된 마우스의 상박 신경근을 사용한 연구에서, 후페리진 A는 자연적으로 방출된 미소종판전위(MEPP)의 진폭, 파두장 및 반감 시간을 증가시켜 신경근 접합부에서 콜린성 전달을 증가시켰다[36-37]. 후페리진 A는 실험적 중증 근무력증(EAMG)을 가진 토끼에서 병적인 근육의 잠재력과 수축력을 현저하게 향상시키고 개선시켰으며, d-튜보쿠라린 유도 차단을 길항시켰다[38]. 또한 d-Tc의 최대 근육-이완 효과를 현저하게 감소시켰다[39]. 전초 추출물은 점안약으로 투여되었을 때 토끼에게 지속적인 동공 축소 효과를 나타냈다. 또한 적출된 기니피그의 눈에서 현저한 동공 축소 효과를 보였다[40].

3. 뉴런의 보호
하강 및 수중 미로 연구에서 후페리진 A를 경구 투여하면 혈관성 치매가 있는 마우스에서 해마 콜린 아세틸전이효소(CHAT)와 그 mRNA의 발현[41-42]뿐만 아니라 정면 피질과 해마의 조직에서 cAMP 수준[43]을 회복시켰다. 또한 해마의 신경세포[$Ca2^{+}$] i를 감소시켜 마우스의 학습 및 기억 결과를 향상시켰다[44]. 후페리진 A를 복강 내 투여하면 랫드의 기저부 거대세포(NBM)의 손상에 의해 유발된 공간 학습 기억을 효과적으로 개선시켰으며[45], 저산소성 허혈성 뇌 손상을 입은 신생 랫드의 CA1 영역에서 해마 뉴런에 대한 보호 효과를 나타내는 뇌 조직으로부터의 글루탐산 방출을 억제했다[46]. *In vivo*에서 후페리진 B는 랫드의 갈색 세포종 세포의 옥시당 결핍에 의해 유발된 PC12 신경 손상에 대해 보호 효과를 나타냈다. 그 기전은 산화 및 에너지 대사의 교란을 완화시키는 것과 관련이 있다[46]. 후페리진 A는 베타 아밀로이드 펩타이드에 의해 유도된 산화 손상에 대한 신경보호 효과를 보였다[48]. 또한 랫드에서 베타 아밀로이드 펩타이드로 유도된 인지 기능 이상과 신경세포 변성을 개선했다[49].

4. 기타
후페리진 A는 랫드 C6과 인간 BT325 아교모세포 성상세포종에서 일산화질소의 생산을 억제했다[50]. 또한 대뇌 피질에서 N-메틸-D-아스파르트산(NMDA) 수용체에 길항 작용을 한다[51].

용도

1. 낙상 및 찰과상, 객혈, 혈뇨
2. 부종
3. 비 치유 궤양, (뜨거운 물김에) 데인 상처 및 (불에) 덴 상처, 사교상(蛇咬傷)
4. 알츠하이머, 혈관성 치매, 정신분열증

해설

천층탑(千層塔)은 "금부환"이라고도 하고, 낙상 및 찰과상을 치료하기 위해 중국 영남 지방에서 민간요법으로 사용된다.
후페리진 A는 뇌의 아세틸콜린 에스테라제에 대해 매우 강력한 선택적 억제 효과가 있으며 주변부의 부작용은 경미하다. 1994년에 개발되었고 알츠하이머 및 양성 기억 장애 치료에 사용되었다. 또한 후페리진 A는 어린이들의 정신지체를 치료하는 데 사용된다.
천층탑으로 사용될 수 있는 같은 속의 다른 식물에는 *Huperzia longipetiolata* (Spring) C. Y. 및 *H. serrata* (Thunb.) Trev. f. *intermedia* (Nakai) Ching이 있다. 그들의 화학적 성분과 약리학적 활성에 대한 연구는 없었다.

참고문헌

1. SQ Yuan, R Feng, GM Gu. Study on the alkaloids from Huperzia serrata (Thunb. ex Murray) Trev. (III) Chinese Traditional and Herbal Drugs. 1995, 26(3): 115-117

2. Y Inubushi, H Ishii, B Yasui, T Harayama, M Hosokawa, R Nishino, Y Nakahara. Constituents of domestic Lycopodium plants. VII. Alkaloid constituents of L. serratum var. serratum f. serratum and L. serratum var. serratum f. intermedium. Yakugaku Zasshi. 1967, 87(11):

1394-1404

3. CH Tan, DY Zhu. Lycopodine-type Lycopodium alkaloids from Huperzia serrata. Helvetica Chimica Acta. 2004, 87(8): 1963-1967
4. BN Zhou, DY Zhu, MF Huang, LJ Lin, LZ Lin, XY Han, GA Cordell. NMR assignments of huperzine A, serratinine and lucidioline. Phytochemistry. 1993, 34(5): 1425-1428
5. J Li, YY Han, JS Liu. Alkaloids of qiancengta (Huperzia serrata). Chinese Traditional and Herbal Drugs. 1987, 18(2): 50-51
6. SQ Yuan, YM Zhao, R Feng. Structural identification of huperzinine C. Acta Pharmaceutica Sinica. 2004, 39(2): 116-118
7. XY Zhang, HK Wang, YP Qi. Study on the chemical constituents of Huperzia serrata. Chinese Traditional and Herbal Drugs. 1990, 21(4): 2-3
8. SH Zha, XN Li, HH Sun, T Chen, H Lin, ZG Su. Microwave-assisted extraction of Hup A and Hup B. China Biotechnology. 2004, 24(11): 87-89
9. BD Wang, SH Jiang, WY Gao, DY Zhu, XM Kong, YQ Yang. Structural identification of huperzine G. Acta Botanica Sinica. 1998, 40(9): 842-845
10. WY Gao, YM Li, BD Wang, DY Zhu. Huperzine H, a new Lycopodium alkaloid from Huperzia serrata. Chinese Chemical Letters. 1999, 10(6): 463-466
11. WY Gao, BD Wang, YM Li, SH Jiang, DY Zhu. A new alkaloid and arbutin from the whole plant of Huperzia serrata. Chinese Journal of Chemistry. 2000, 18(4): 614-616
12. WY Gao, YM Li, SH Jiang, DY Zhu. Three Lycopodium alkaloid N-oxides from Huperzia serrata. Planta Medica. 2000, 66(7): 664-667
13. BD Wang, NN Teng, DY Zhu. Structural elucidation of huperzine O. Chinese Journal of Organic Chemistry. 2000, 20(5): 812-814
14. CH Tan, SH Jiang, DY Zhu. Huperzine P, a novel Lycopodium alkaloid from Huperzia serrata. Tetrahedron Letters. 2000, 41(30): 5733-5736
15. CH Tan, XQ Ma, GF Chen, DY Zhu. Two novel Lycopodium alkaloids from Huperzia serrata. Helvetica Chimica Acta. 2002, 85(4): 1058-1061
16. CH Tan, GF Chen, XQ Ma, SH Jiang, DY Zhu. Huperzine R, a novel 15-carbon Lycopodium alkaloid from Huperzia serrata. Journal of Natural Products. 2002, 65(7): 1021-1022
17. CH Tan, XQ Ma,GF Chen, DY Zhu. Huperzines S, T, and U: New Lycopodium alkaloids from Huperzia serrata. Canadian Journal of Chemistry. 2003, 81(4): 315-318
18. CH Tan, XQ Ma, GF Chen, SH Jiang, DY Zhu. Huperzine W, a novel 14 carbons Lycopodium alkaloid from Huperzia serrata. Chinese Chemical Letters. 2002, 13(4): 331-332
19. SQ Yuan, R Feng, GM Gu. Study on the alkaloids from Huperzia serrata (Thunb. ex Murray) Trev. (II) Chinese Traditional and Herbal Drugs. 1994, 25(9): 453-454, 473
20. SQ Yuan, YM Zhao. Study on the alkaloids from Huperzia serrata (Thunb. ex Murray) Trev. (VI). Chinese Traditional and Herbal Drugs. 2003, 34(7): 595-596
21. SQ Yuan, YM Zhao. Novel phlegmariurine type alkaloid from Huperzia serrata Trev. Acta Pharmaceutica Sinica. 2003, 38(8): 596-598
22. CH Tan, XQ Ma, H Zhou, SH Jiang, DY Zhu. Two novel hydroperoxylated Lycopodium alkaloids from Huperzia serrata. Acta Botanica Sinica. 2003, 45(1): 118-121
23. CH Tan, GF Chen, XQ Ma, SH Jiang, DY Zhu. Three new phlegmariurine B-type Lycopodium alkaloids from Huperzia serrata. Journal of Asian Natural Products Research. 2002, 4(3): 227-231
24. CH Tan, BD Wang, SH Jiang, DY Zhu. New Lycopodium alkaloids from Huperzia serrata. Planta Medica. 2002, 68(2): 188-190 25.
25. DY Zhu, SH Jiang, MF Huang, LZ Lin, GA Cordell. Huperserratinine from Huperzia serrata. Phytochemistry. 1994, 36(4): 1069-1072
26. H Takayama, K Katakawa, M Kitajima, K Yamaguchi, N Aimi. Ten new Lycopodium alkaloids having the lycopodane skeleton isolated from Lycopodium serratum Thunb. Chemical & Pharmaceutical Bulletin. 2003, 51(10): 1163-1169
27. K Katakawa, M Kitajima, K Yamaguchi, H Takayama. Three new phlegmarine-type Lycopodium alkaloids, lycoposerramines-X, -Y and –Z, having a nitrone residue, from Lycopodium serratum. Heterocycles. 2006, 69: 223-229

28. JW Rowe, CL Bower. Triterpenes of pine barks. Naturally occurring derivatives of serratenediol. Tetrahedron Letters. 1965, 32: 2745-2750
29. J Li, YY Han, JS Liu. Triterpenoids of Huperzia serrata Thunb. Acta Pharmaceutica Sinica. 1988, 23(7): 549-552
30. H Zhou, CH Tan, SH Jiang, DY Zhu. Serratene-type triterpenoids from Huperzia serrata. Journal of Natural Products. 2003, 66(10): 1328-1332
31. H Zhou, YS Li, XT Tong, HQ Liu, SH Jiang, DY Zhu. Serratane-type triterpenoids from Huperzia serrata. Natural Product Research. 2004, 18(5): 453-459
32. YZ Shang, JW Ye, XC Tang. Ameliorative effects of huperzine A on abnormal lipid peroxidation and superoxide dismutase in aged rats. Acta Pharmacologica Sinica. 1999, 20(9): 824-828
33. YQ Zhou, XP Deng, ZL Gu. The effects of huperzine-A on oxygen-derived free radicals. Chinese Wild Plant Resources. 2004, 23(2): 44-45
34. H Wang, XC Tang. Anti-cholinesterase effects of huperzine A, E2020, and tacrine in rats. Acta Pharmacologica Sinica. 1998, 19(1): 27-30
35. J Liu, HY Zhang, LM Wang, XC Tang. Inhibitory effects of huperzine B on cholinesterase activity in mice. Acta Pharmacologica Sinica. 1999, 20(2): 141-145
36. JH Lin, GY Hu, XC Tang. Comparision between huperzine A, tacrine, and E2020 on cholinergic transmission at mouse neuromuscular junction in vitro. Acta Pharmacologica Sinica. 1997, 18(1): 6-10
37. JH Lin, GY Hu, XC Tang. Facilitatory effect of huperzine-A on mouse neuromuscular transmission in vitro. Acta Pharmacologica Sinica. 1996, 17(4): 299-301
38. DH Hu, HJ Dong. Effect of huperzine A on the function of skeletal muscle and its efficiency in treating experimental autoimmune myasthemia gravis (EAMG) in rabbits. Chinese Journal of Pharmacology and Toxicology. 1989, 3(1): 12-17
39. TJ Dai, ZM Guo, HF Huang, SM Duan. Effects of huperzine A to reverse general anesthesia and antagonize muscular relaxation. The Journal of Clinical Anesthesiology. 1992, 8(5): 247-249
40. YP Qi, JH Cao, S Lin. Preliminary study on the miotic effect of Huperzia serrata. Fujian Medical Journal. 1990, 12(6): 32-33
41. PY Lü, CF Song, JF Fan, CP Liang, WB Wang, Y Yin. The effect of huperzine A on choline acetyltransferase in neuron of hippocampus in mice with vascular dementia by immunohistochemistry and in situ hybridization. Chinese Journal of Behavioral Medical Science. 2005, 14(12): 1068-1070
42. PY Lü, CF Song, JF Fan, Y Yin, WB Wang, CP Liang. The effect of huperzine A on choline acetyltransferase in neurons of hippocampus in mice with vascular dementia in situ hybridization. Journal of Apoplexy and Nervous Diseases. 2006, 23(1): 15-17
43. PY Lü, WB Wang, Y Yin, CP Liang, JF Fan. The effect of huperzine A on level of cAMP in prefrontalcortex and hippocampus in vascular dementia mice. Chinese Journal of Neurology. 2005, 38(5): 325-327
44. PY Lü, Y Yin, WB Wang, CP Liang, WB Li. Effects of huperzine A on [Ca^{2+}]i level and expression of CaM, CaMPK II mRNA in hippocampal neurons of mice with vascular dementia. Chinese Journal of New Drugs and Clinical Remedies. 2004, 23(2): 73-76
45. ZQ Xiong, DH Cheng, XC Tang. Effects of huperzine A on nucleus basalis magnocellularis lesion-induced spatial working memory deficit. Acta Pharmacologica Sinica. 1998, 19(2): 128-132
46. YC Dong, G Gao, XJ Li, SL Zhang. The study on protective effect of huperzine A on hypoxia-ischemia-induced brain injury in neonatal rat. Journal of Applied Clinical Pediatrics. 2003, 18(6): 448-449
47. ZF Wang, J Zhou, XC Tang. Huperzine B protects rat pheochromocytoma cells against oxygen-glucose deprivation-induced injury. Acta Pharmacologica Sinica. 2002, 23(12): 1193-1198
48. QX Xia, RT Wan. Huperzine A and tacrine attenuate β-amyloid peptide-induced oxidative injury. Journal of Neuroscience Research. 2000, 61: 564-569
49. R Wang, HY Zhang, XC Tang. Huperzine A attenuates cognitive dysfunction and neuronal degeneration cause by β–amyloid protein (1-40) in rats. European Journal of Pharmacology. 2001, 421: 149-156
50. HW Zhao, XY Li. Ginkgolide A, B, and huperzine A inhibit nitric oxide production from rat C6 and human BT325 glioma cells. Acta Pharmacologica Sinica. 1999, 20(10): 941-943
51. XD Wang, JM Zhang, HH Yang, GY Hu. Modulation of NMDA receptor by huperzine A in rat cerebral cortex. Acta Pharmacologica Sinica. 1999, 20(1): 31-35

애기고추나물 田基黃

Guttiferae

Hypericum japonicum Thunb.

Japanese St. John's Wort

개 요

물레나물과(Guttiferae)

애기고추나물(田基黃, *Hypericum japonicum* Thunb.)의 전초를 말린 것: 지이초(地耳草)

중약명: 전기황(田基黃)

고추나물속(*Hypericum*) 식물은 약 400종이 있으며, 극지방, 사막 또는 대부분의 열대성 저지대를 제외하고 전 세계적으로 널리 분포한다. 중국에는 약 55종, 8아종이 발견되며, 전 지역에 걸쳐 분포하고, 주로 남서부 지역에 많다. 이 속에서 약 21종과 2변종이 약재로 사용된다. 이 종은 중국의 요녕성, 산동성 및 양자강 이남에 분포한다. 또한 일본, 한반도, 네팔, 뉴질랜드 및 하와이에 분포한다.

애기고추나물은 ≪식물명실도고(植物名實圖考)≫에서 "지이초(地耳草)"란 이름의 약으로 처음 기술되었다. 이 종은 한약재 지이초(Hyperici Japonici Herba)의 공식적인 기원식물 내원종으로서 중국약전(1977) 및 광동성중약재표준에 등재되어 있다. 의약 재료는 주로 중국의 광동성, 강소성, 절강성, 복건성, 호남성 및 강서성에서 생산된다.

애기고추나물에는 주로 폴리페놀, 크산톤, 플라보노이드 및 정유 성분이 함유되어 있다.

약리학적 연구에 따르면 애기고추나물에는 항균, 간 보호, 항종양 및 면역증진 작용이 있음을 확인했다.

한의학에서 지이초는 청열이습(淸熱利濕), 산어해독(散瘀解毒)의 효능이 있다.

애기고추나물 田基黃 *Hypericum japonicum* Thunb.

지이초 地耳草 Hyperici Japonici Herba

1cm

함유성분

전초에는 플로로글루시놀 성분으로 saroaspidins A, B, C[1], sarothralin[2], sarothralen B[3], sarothralin G[4], japonicins A, B, C, D, 2,6-dihydroxy-3,5-dimethyl-1-isobutyrylbenzene-4-O-β-D-glucoside, 2,6-dihydroxy-3,5-dimethyl-1-(2-methylbutyryl)benzene-4-O-β-D-glucoside[5]가 함유되어 있고, 크산톤 성분으로 1,5-dihydroxyxanthone-6-O-β-D-glucoside, 1,5,6-trihydroxyxanthone, bijaponicaxanthone, isojacareubin, 6-deoxyisojacareubin, 1,3,5,6-tetrahydroxy-4-prenylxanthone, 4',5'-dihydro-1,5,6-trihydroxy-4',4',5'-trimethyl furano (2',3',4,5) xanthone[6], 1,3,5,6-tetrahydroxyxanthone, 1,3,6,7-tetrahydroxyxanthone, 1,3,5-trihydroxyxanthone[7], jacarelhyperols A, B[8], bijaponicaxanthone C[9], 플라보노이드 성분으로 (2R,3R)-taxifolin-7-rhamnoside, vincetoxicoside B[10], quercetin, isoquercetin, quercetin-7-O-rhamnoside[11], kaempferol, 5,7,3',4'tetrahydroxy-3-methoxyflavone, 3,5,7,3',5'pentahydroxyflavonol[12], 7,8-(2",2"-dimethylpyrano)-5,3',4'-trihydroxy-3-methoxyflavone, (2R,3R)-dihydroquercetin-3,7-O-α-L-dirhamnoside[13]가 함유되어 있다.

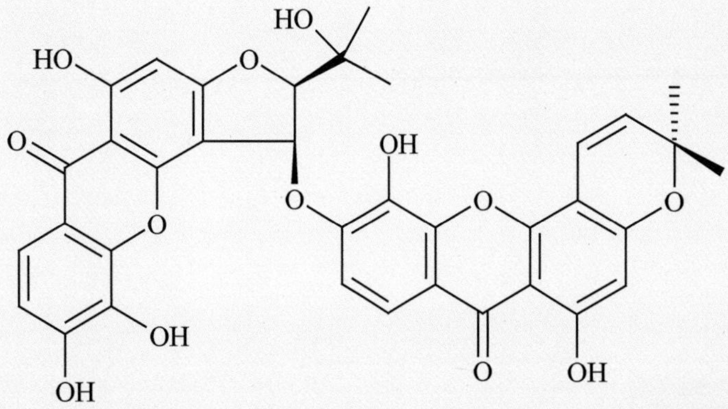

bijaponicaxanthone

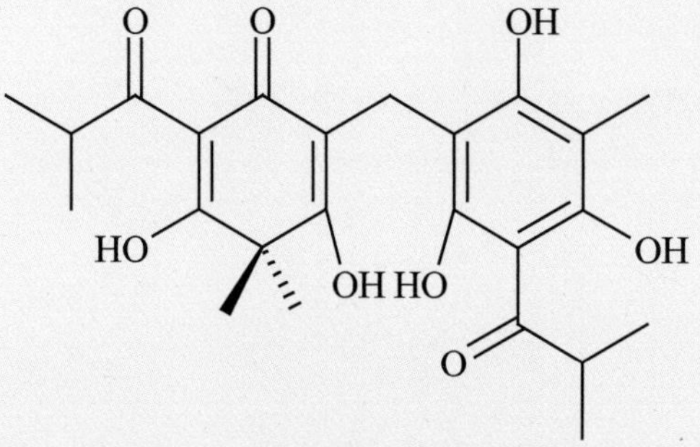

saroaspidin A

약리작용

1. 항균 작용

전초 추출물은 황색포도상구균, 연쇄상구균, 소간균, 폐렴구균 및 돼지 콜레라 간균을 다양한 정도로 억제했다. 전초의 10% 및 100% 탕액은 시험관에서 황색포도상구균, 연쇄상 구균 및 장티푸스 바실러스균을 억제했다. *In vitro*에서 표현식에 의해 얻은 신선한 전초 추출액은 황색포도상구균, 탄저균, 클레프스키로플 바실러스 및 B형 스트렙토코커스를 억제했다. 에테르 추출물로부터 분리된 사로트랄렌 A와 B는 황색포도상구균, 바실루스 세레우스균 및 노카르디아균을 유의하게 억제했다[14].

2. 간 보호

전초 추출물은 랫드의 CCl_4와 D-갈락토사민에 의해 유도된 ALT와 AST의 증가된 활성을 유의하게 억제하여 급성 간 손상에 대한 보호 효과를 나타냈다[15-16]. 전초를 에탄올 침지한 물 추출물은 랫드의 적출된 간에서 지질과산화를 억제했다[17].

3. 항종양

SRB 세포독성 분석과 광학 렌즈를 이용하여 인간 비인두암종 세포에 대하여 전초 액을 다양한 농도로 주사하여 세포독성을 관찰한 결과, 주사액이 암세포의 성장을 유의하게 억제하고 억제율은 용량 의존적이라는 것이 밝혀졌다[18]. MTT 비색 분석을 사용하여 전초의 액을 주사하면 인간 설암 TSCCa 세포의 성장을 유의하게 억제했다. 그 기전은 종양 세포의 미토콘드리아와 조면 소포체의 손상과 관련이 있어 세포사멸을 가져왔다[19]. *In vitro*에서 전초 액의 주입이 인간 후두암 Hep-2 세포와 인간 자궁경부암 HeLa 세포의 성장을 유의하게 억제하여 세포 수축, 비 부착 및 사멸을 유발한다는 것을 보여주었다[20].

4. 면역증강

전초 액을 피하 주사하면 랫드의 말초 혈액 산 알파 나프틸 아세테이트 에스테라아제(ANAE)의 양성 림프절 세포 비율과 특정 로제트 형성 세포 수가 증가하여 전초의 액이 T 림프구의 수를 증가시키고 체액성 면역을 자극할 수 있음을 보여주었다[21].

5. 기타

전초 액 추출물은 두꺼비의 심장을 자극하고 억제했으며 토끼의 적출된 장의 수축성을 증가시켜 경련 수축을 유도했다.

용도

1. 간염, 간암, 황달
2. 이질, 설사
3. 외상성 부상, 부기(浮氣)
4. 염증, 주름살, 사교상(蛇咬傷)

해설

애기고추나물과 자주 혼동하는 식물은 주로 개미탑과(Haloragidaceae)에 속하는 *Haloragis micrantha* R.BR와 현삼과(Scrophulariaceae)에 속하는 *Veronica arvensis* L.이다. *Haloragis micrantha*는 꽃이 개화되지 않았거나 열매가 맺지 않았을 때는 외관상 애기고추나물과 유사하여, 호남성, 호북성 및 안휘성에서는 전기황(田基黃)으로 사용된다. 식이 치료법으로, 애기고추나물은 간염에 대한 민간요법으로 사용된다.

참고문헌

1. K Ishiguro, M Yamaki, M Kashihara, S Takagi. Saroaspidins A, B, and C: additional antibiotic compounds from Hypericum japonicum. Planta Medica. 1987, 53(5): 415-417
2. K Ishiguro, M Yamaki, S Takagi, Y Yamagata, K Tomita. X-ray crystal structure of sarothralin, a novel antibiotic compound from Hypericum japonicum. Journal of the Chemical Society, Chemical Communications. 1985, 1: 26-27
3. LH Hu, CW Khoo, JJ Vittal, KY Sim. Phloroglucinol derivatives from Hypericum japonicum. Phytochemistry. 2000, 53(6): 705-709
4. K Ishiguro, M Yamaki, M Kashihara, S Takagi, K Isoi. Sarothralin G: a new anti-microbial compound from Hypericum japonicum. Planta Medica. 1990, 56(3): 274-276

5. QL Wu, SP Wang, LW Wang, JS Yang, PG Xiao. New phloroglucinol glycosides from Hypericum japonicum. Chinese Chemical Letters. 1998, 9(5): 469–470

6. QL Wu, SP Wang, Du LJ, JS Yang, PG Xiao. Xanthones from Hypericum japonicum and H. henryi. Phytochemistry. 1998, 49(5): 1395–1402

7. P Hu, TZ Li, RH Liu, W Zhang, WD Zhang, HS Chen. Xanthones from the whole plant of Hypericum japonicum. Natural Product Research and Development. 2004, 16(6): 511–513

8. K Ishiguro, S Nagata, H Oku, M Yamaki. Bisxanthones from Hypericum japonicum: inhibitors of PAF–induced hypotension. Planta Medica. 2002, 68(3): 258–261

9. P Fu, WD Zhang, TZ Li, RH Liu, HL Li, W Zhang, HS Chen. A new bisxanthone from Hypericum japonicum Thunb. ex Murray. Chinese Chemical Letters. 2005, 16(6): 771–773

10. K Ishiguro, S Nagata, H Fukumoto, M Yamaki, S Takagi, K Isoi. Sarothralin G: a new anti–microbial compound from Hypericum japonicum. Part 6. A flavanonol rhamnoside from Hypericum japonicum. Phytochemistry. 1991, 30(9): 3152–3153

11. JY Peng, GR Fan, YT Wu. Preparative separation and isolation of three flavonoids and three phloroglucinol derivatives from Hypericum japonicum Thunb. using high–speed countercurrent chromatography by stepwise increasing the flow rate of the mobile phase. Journal of Liquid Chromatography & Related Technologies. 2006, 29(11): 1619–1632

12. P Fu, TZ Li, RH Liu, W Zhang, C Zhang. WD Zhang, HS Chen. Studies on the flavonoids of Hypericum japonicum Thunb. ex Murray. Chinese Journal of Natural Medicines. 2004, 2(5): 283–284

13. Wu Q, Wang SP, Du LJ, Zhang SM, Yang JS, Xiao PG. Chromone glycosides and flavonoids from Hypericum japonicum. Phytochemistry. 1998, 49(5): 1417–1420

14. M Yamaki, M Miwa, K Ishiguro, S Takagi. Anti–microbial activity of naturally occurring and synthetic phloroglucinols against Staphylococcus aureus. Phytotherapy Research. 1994, 8(2): 112–114

15. PB Li, X Tang, LW Yang, WW Su. The preventive effect of Hypericum japonicum on acute hepatic injury in mice. Journal of Chinese Medicinal Materials. 2006, 29(1): 55–56

16. J Su, P Fu, WD Zhang, RH Liu, XK Xu, C Zhang. Experimental study on extracts of Hypericum japonicum in liver–protective effect. Journal of Pharmaceutical Practice. 2005, 23(6): 342–344

17. HD Jiang, XQ Huang, Y Yang, QL Zhang. Studies on the anti–lipid peroxidation of nine sorts of Chinese herbal medicines with the function of protecting liver. Journal of Chinese Medicinal Materials. 1997, 20(12): 624–626

18. DJ Xiao, GC Zhu, XL Wang, YN Zhang, HY Huang. Study on the cytotoxic effect of Hypericum japonicum and oridonin on human nasopharyngeal carcinoma CNE cells. Journal of Qiqihar Medical College. 2005, 26(12): 1396–1397

19. HX Jin, JR Li. A study of the cytotoxic effects of Hypericum japonicum Thunb on human tongue cancer cell line TSCCa in vitro. Journal of Clinical Stomatology. 1997, 13(1): 19–20

20. QX Li, ZY Sun, JH Chen. Inhibitory effect of Hypericum japonicum Thunb (HJT) on the growth of the Hep–2 and HeLa cells. West China Journal of Pharmaceutical Sciences. 1993, 8(2): 93–94

21. ZJ Song, CL Wang. The effect of Herba Houttuyniae, Herba Hyperici Japonici and Caulis Erycibes injections on the immune system in rats. Journal of Chinese Medicinal Materials. 1993, 24(12): 643–644, 438

구수 扣樹

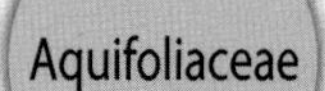

Ilex kaushue S. Y. Hu

Kaushue Holly

개 요

감탕나무속(Aquifoliaceae)
구수(扣樹, *Ilex kaushue* S. Y. Hu)의 잎을 말린 것: 고정차(苦丁茶)
중약명: 고정차(苦丁茶)
감탕나무속(*Ilex*) 식물은 전 세계에 약 400종이 있으며, 남반구와 북반구의 열대, 아열대와 온대 지역 및 주로 중남미 지역에 분포한다. 중국에는 약 200종이 발견되며, 동부, 남부 및 남서부 지역에 분포한다. 이 속에서 약 20종이 약재로 사용된다. 이 종은 중국의 해남성과 운남성에 분포한다.
구수는 ≪본초강목시의(本草綱目施醫)≫에 "고정차"라는 이름의 약으로 처음 기술되었다. 고대부터 약으로 사용된 종은 주로 *Ilex cornuta* Lindl. ex Paxt.의 잎을 가리킨다. 현재 시장에서 약용 고정차로 사용되는 종은 주로 이 종을 말한다. 이 종은 고정차(Ilicis Kaushi Folium)의 공식적인 기원식물 내원종으로서 광동성중약재표준에 등재되어 있다. 약재는 주로 광동성, 광서성, 호남성 및 호북성에서 생산된다.
잎에는 주로 트리테르페노이드 사포닌과 트리테르페노이드 성분이 함유되어 있다. 트리테르페노이드 사포닌은 주요 활성 성분이다.
약리학적 연구에 따르면 잎에는 혈압강하, 고지혈 개선 작용이 있음을 확인했다.
한의학에서 고정차(苦丁茶)는 소풍청열(疏風清熱), 명목생진(明目生津)의 효능이 있다.

구수 扣樹 *Ilex kaushue* S. Y. Hu

고정차 苦丁茶 Ilicis Kaushi Folium

함유성분

잎에는 트리테르페노이드 사포닌 성분으로 kudinosides A, B, C[1], D, E, F, G, I, J[2], K, L, M, N, O, P[3], latifolosides A, C, G, H, ilekudinosides A, B, C, D, E, F, G, H, I, J[4], K, L, M, N, O, P, Q, R, S[5], ilexoside XLVIII, cynarasaponin C[4]가 함유되어 있고, 트리테르페노이드 성분으로 α-, β-kudinlactones[2], ilekudinols A, B, C, ulmoidol, 23-hydroxyursolic acid, 27-trans-p-coumaroyloxyursolic acid, 27-cis-p-coumaroyloxyursolic acid[6], ursolic acid, lupeol[7], kudinchagenin I[8], kudinolic acid[3], 플라보노이드 성분으로 quercetin, kaempferol[9], 그리고 정유 성분으로 linalool, rhodinol, geraniol[10]이 함유되어 있다.

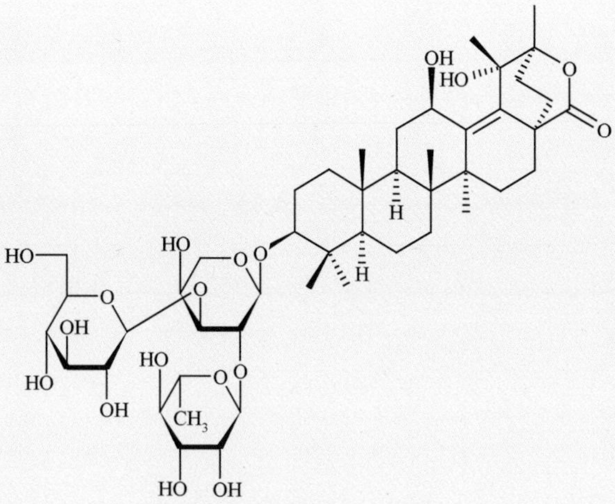

kudinoside A

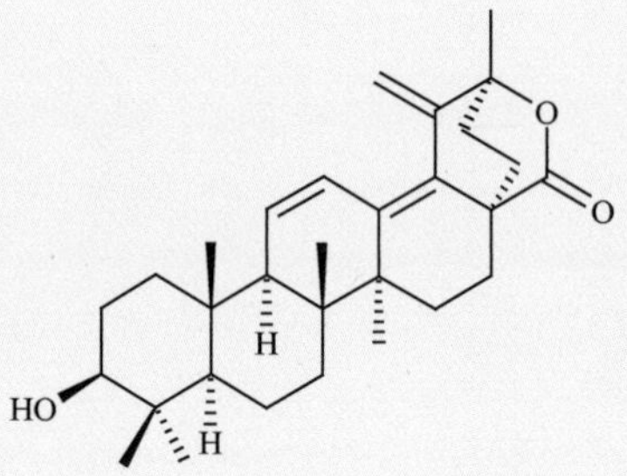

kudinchagenin I

약리작용

1. 심혈관계에 미치는 영향

잎에서 추출된 총 사포닌은 세포외 Ca^{2+}의 유입을 억제하고, $CaCl_2$ 또는 노르에피네프린에 의해 유도된 적출된 토끼의 대동맥 스트립의 수축을 억제했다[11]. 잎의 추출물은 적출된 기니피그 심장의 관상동맥 혈류를 유의하게 증가시켰으며, 복강 내 주입 시 마우스의 항산화능을 유의하게 향상시켰다. 정맥 내 투여 시 피투이트린에 의한 랫드의 급성 심근 허혈에 유의한 보호 효과가 있었다. 또한 마취된 토끼에서 대뇌 혈류를 유의하게 증가시켰고 대뇌 혈관 저항과 혈압을 감소시켰다[12]. 잎의 추출물을 정맥 내 투여하면 마취된 개의 혈압을 현저하게 감소시켰고, 위 내 주입 시 2신장-1클립으로 고혈압을 가진 의식성 랫드와 자연발증한 고혈합 랫드에서 혈압을 유의하게 낮추었다[13].

2. 항고지혈증 효과

잎의 추출물을 경구 투여하면 정상 랫드와 비만 랫드의 복부 피하 지방 지수를 유의하게 감소시켰다[13]. 잎의 열수 추출물을 경구 투여하면 고지혈증을 가진 랫드에서 혈청 총 콜레스테롤(TC), 트리글리세리드(TG) 및 저밀도 지단백질(LDL)의 수준을 감소시켰다. 또한 HDL/LDL의 비율도 증가시켰다[14].

3. 항산화 작용

잎의 물과 알코올 추출물은 랫드의 균질화된 간에서 지질과산화를 억제했으며, 물 추출물이 보다 더 강력했다[15].

용도

1. 열, 두통, 갈증
2. 구내염, 치통, 궤양 통증

3. 결막염
4. 이질, 설사, 식체
5. 데인 상처, 외상성 출혈

해설

고정차(苦丁茶)라는 이름은 다른 식물에도 널리 사용된다. 고정차라고 하는 이름을 사용하는 식물에는 물레나물과(Clusiaceae), 감탕나무과(Aquifoliaceae), 물푸레나무과(Oleaceae), 지치과(Boraginaceae) 및 마편초과(Verbenaceae)의 5개과에 속하는 11종이 있다. 일반 시장에서 판매하는 고정차는 주로 감탕나무과의 *Ilex kaushue*와 *I. latifolia* Thunb이다[16]. 혼동을 피하기 위해 다른 종의 개발과 응용 시에는 구별이 필요하다.

참고문헌

1. MA Ouyang, HQ Wang, ZL Chien, CR Yang. Triterpenoid glycosides from Ilex kudincha. Phytochemistry. 1996, 43(2): 443–445
2. MA Ouyang, CR Yang, ZL Chen, HQ Wang. Triterpenes and triterpenoid glycosides from the leaves of Ilex kudincha. Phytochemistry. 1996, 41(3): 871–877
3. MA Ouyang, CR Yang, ZJ Wu. Triterpenoid saponins from the leaves of Ilex kudincha. Journal of Asian Natural Products Research. 2001, 3(1): 31–42
4. K Nishimura, T Miyase, H Noguchi. Triterpenoid Saponins from Ilex kudincha. Journal of Natural Products. 1999, 62(8): 1128–1133
5. L Tang, Y Jiang, HT Chang, MB Zhao, PF Tu, JR Cui, RQ Wang. Triterpene saponins from the leaves of Ilex kudingcha. Journal of Natural Products. 2005, 68(8): 1169–1174
6. K Nishimura, T Fukuda, T Miyase, H Noguchi, XM Chen. Activity–guided isolation of triterpenoid acyl CoA cholesteryl acyl transferase (ACAT) inhibitors from Ilex kudincha. Journal of Natural Products. 1999, 62(7): 1061–1064
7. S Liu, Y Qin, FL Du. Studies on chemical constituents in leafs of Ilex kaushue. China Journal of Chinese Materia Medica. 2003, 28(9): 834–836
8. YX Wen, XY Liang, GR Cheng, N Wu, WJ Kang, QT Zheng, Y Lu. Structural identification of kudinchagenin I. Acta Botanica Sinica. 1999, 41(2): 206–208
9. DP Meng, XM Huang, YZ Deng. Determination of quertetin and kaempferol in the old leaves of kudingcha. Chinese Journal of Hospital Pharmacy. 2006, 26(2): 135–137
10. FH Wu, FY Song, YH Zeng, DP Chi. Analysis of chemical constituents of the essential oil from the Ilex kaushue by GC–MS. Guangdong Pharmaceutical Journal. 2004, 14(3): 3–5
11. ZQ Wang, YW Tian, FL Du, SH Chen, HD Xu, C Cheng. An experimented study on the effects of kudingcha total saponins (KDC–TS) on the tension of isolated aortic strips from rabbits. Journal of Hunan College of TCM. 2002, 22(2): 29–31
12. LF Zhu, MZ Li, WX Zhong, AH Li, JP Luo, ZJ Fang. Cardiovascular pharmacological action of "kudingcha". Journal of Chinese Medicinal Materials. 1994, 17(3): 37–40
13. Y Chen, KS Li, TG Xie. Study on the hypotensive effect of Ilex kaushue. Chinese Traditional and Herbal Drugs. 1995, 26(5): 250–252
14. HL Xiang, HD Xu, WY Tian, H Tian. Experimental study on hypolipidemic effect of Gaolu (Ilex kaushue). China Journal of Chinese Materia Medica. 1994, 19(8): 497–498
15. B Yang, SJ Long, ZJ Qin, JD Zhou. Research into anti–oxidation of Ilex kaushue extracts. Journal of Guangxi University for Nationalities. 2000, 6(2): 108–110
16. CF Tam, Y Peng, ZT Liang, ZD He, ZZ Zhao. Application of microscopic techniques in authentication of herbal tea–Ku–Ding–Cha. Microscopy Research and Technique. 2006, 69(11): 927–932

팔각회향 八角茴香 CP, KP, VP

Illicium verum Hook. f.

Chinese Star Anise

개 요

목련과(Magnoliaceae)

팔각회향(八角茴香, *Illicium verum* Hook. f.)의 잘 익은 열매를 말린 것: 팔각회향(八角茴香)

중약명: 팔각회향(八角茴香)

붓순나무속(八角茴香, *Illicium*) 식물은 전 세계에 약 50종이 있으며, 주로 아시아의 동부 및 남동부(중국, 일본, 인도 북동부, 인도차이나 반도, 말레이시아, 인도네시아 및 필리핀)에 분포한다. 중국에는 28종과 2변종이 발견되며, 중국 남서부, 남부 및 동부에서 생산된다. 이 속에서 약 11종이 약재로 사용된다. 대부분이 중국의 광서성에 분포하며 복건성, 광동성 및 운남성에서 재배된다.

"팔각회향(八角茴香)"은 ≪본초품휘정요(本草品彙精要)≫에서 약으로 처음 기술되었다. 대부분의 고대 한방의서에 기술되어 있으며, 약용 종은 고대부터 동일하게 남아 있다. 이 종은 팔각회향(Anisi Stellati Fructus)의 공식적인 기원식물 내원종으로서 중국약전(2015)에 등재되어 있다. ≪대한민국약전≫(제11개정판)에는 "팔각회향"을 "팔각회향(八角茴香) *Illicium verum* Hook. fil. (붓순나무과 Illiciaceae)의 열매로서 그대로 또는 끓는 물에 데쳐서 말린 것"으로 등재하고 있다. 의약 재료는 중국의 광서성과 운남성에서 주로 생산된다.

팔각회향에는 주로 정유 성분, 플라보노이드, 페닐프로파노이드 및 그 배당체와 세스퀴테르페노이드 성분이 함유되어 있다. 정유 성분의 아네톨은 주요 생리 활성 성분 중 하나이다. 중국약전에는 의약 물질의 품질관리를 위해 수증기증류법으로 시험할 때 정유 성분의 함량이 4.0%(mL/g) 이상이어야 한다고 규정하고 있다.

약리학적 연구에 따르면 팔각회향에는 항균 및 구충 작용이 있으며, 백혈구 수를 증가시키고, 기관지 경련 억제 작용이 있음을 확인했다.

한의학에서 팔각회향은 온양산한(溫陽散寒), 이기지통(理氣止痛)의 효능이 있다.

팔각회향 八角茴香 *Illicium verum* Hook. f.

팔각회향 열매 八角茴香 *Illicium verum* Hook. f.

팔각회향 八角茴香 Anisi Stellati Fructus

함유성분

열매에는 정유(약 5.0%) 성분으로 trans−anethole(80%−90%), 3,3−dimethylallyl p−propenyl ether, anisaldehyde, anisylacetone, anisic acid, limonene, phellandrene, methylchavicol, safrole[1]이 함유되어 있고, 플라보노이드 성분으로 quercetin−3−O−rhamnoside, quercetin−3−O−glucoside, quercetin−3−O−galactoside, quercetin−3−O−xyloside, quercetin, kaempferol, kaempferol−3−O−glucoside, kaempferol−3−O−galactoside, kaempferol−3−rutinoside[2], 페닐프로파노이드 성분으로 threo−, erythro−anethole glycols, verimols A, B, C, D, E, F, G, H, I, J, K[3], 1−(4'−methoxyphenyl)−1,2,3−trihydroxypropane, (R)−sec−butyl−β−D−glucopyranoside[4], 1−(4'−methoxyphenyl)−(1R,2S와 1S,2R)−propanediol, 1−(4'−methoxyphenyl)−(1R,2R과 1S,2S)−propanediol, 1−(4'−methoxyphenyl)−(1S,2R)−propan−1−ol 2−O−β−D−glucopyranoside, 1−(4'−methoxyphenyl)−(1R,2S)−propan−1−ol 2−O−β−D−glucopyranoside, 1−(4'−methoxyphenyl)−(1S,2S)−propan−1−ol 2−O−β−D−glucopyranoside, 1−(4'−methoxyphenyl)−(1R,2R)−propan−1−ol 2−O−β−D−glucopyranoside[5], 세스퀴테르페노이드 성분으로 veranisatins A, B, C[6], 유기산 성분으로 shikimic acid[7], 3−, 4−, 5−caffeoylquinic acids, 3−, 4−, 5−feruloylquinic acids[8]가 함유되어 있다.

잎에는 세코시클로아르테인 트리테르페노이드 성분으로 nigranoic acid 26−methyl ester[9]가 함유되어 있다.

약리작용

1. 항균 및 구충 작용

   열매의 탕액은 사람의 결핵균과 고초균을 억제했다. *In vivo*에서 열매의 알코올 추출물은 고초균, 대장균, 시겔라 디센테이아, 콜레라균, 장티푸스 및 파라티푸스 바실러스와 같은 그람 음성 박테리아를 억제했다. 황색포도상구균, 폐렴구균, 클렙스로에플 바실루스와 같은 그람 양성균에 대해서도 효과적이었다. *In vivo*에서 아네톨은 박테리아, 곰팡이 및 효모의 성장을 억제했다[10]. *In vivo*에서 열매의 메탄올 추출물은 에이케넬라 코로덴스에 대하여 상당한 항균 활성을 보였다[11]. *In vivo*에서 열매의 정유 성분은 *Candida albicans*, *Candida glabrata* 및 *Candida parapsilosis*와 같은 일반적인 칸디다 병원균을 억제하고 플루코나졸과 함께 시너지 효과를 보였다[12]. 또한 모기에 대한 살상 효과도 있었다[13].

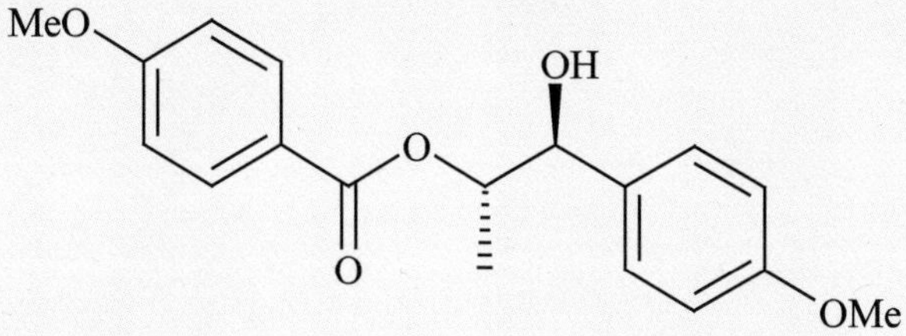

MeO
OH
O
O
OMe

verimol A

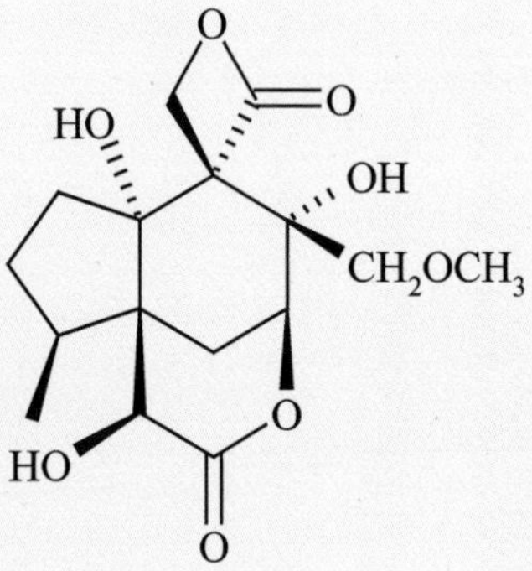

O
O
HO
OH
CH₂OCH₃
O
HO
O

veranisatin A

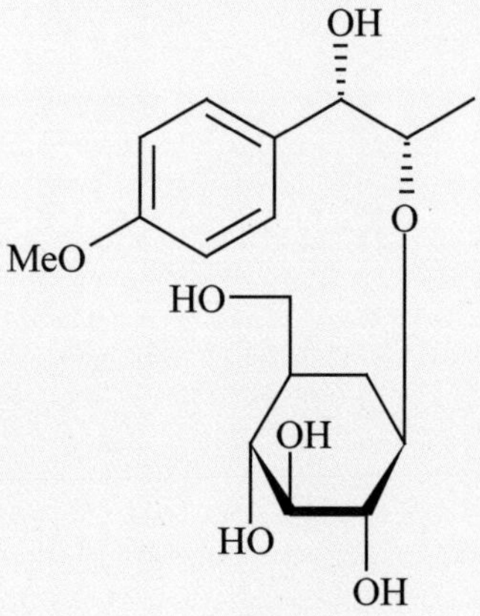

OH
O
MeO
HO
OH
HO
OH

1-(4′-methoxyphenyl)-(1S,2S)-propan-1-ol 2-O-β-D-glucopyranoside

2. 백혈구 수의 증가

열매 추출물을 경구 투여하면 정상 개에서 백혈구의 수를 증가시키는 데 유의하고 지속적인 영향을 보였다[14]. 아네톨을 근육 내 주사하면 정상적인 개, 토끼, 원숭이에서 골수 핵형을 활성 상태로 유지하게 하여 백혈구의 수를 증가시켰다.

3. 거담 작용

아네톨은 호흡기 분비 세포에서 분비를 촉진하여 거담 효과를 나타냈다.

4. 간에서 발암물질의 대사 개선

열매를 경구 투여하면 마우스에서 벤조[α]피렌-3-페놀의 간 중량과 대사를 유의하게 증가시켰으며, 또한 에폭시드 가수분해효소의 활성을 자극했다[15]. 열매의 에탄올 추출물을 경구 투여하면 7-에톡시쿠마린 O-디에틸라아제(ECD)와 마이크로솜의 에폭사이드 가수분해효소(EH)의 활성을 유의하게 증가시켜 간에서 벤조피렌과 아플라톡신의 대사에 도움을 주었다[16].

5. 기타

열매는 또한 패혈증[5]을 예방하고 진통[6], 항산화[17] 및 저체온[18] 효과를 보였다.

용도

1. 탈장, 복통, 요통
2. 구토, 각기
3. 파상풍

해설

팔각회향은 중국 남부의 귀중한 경제 수종이다. 중국 위생부에서 지정한 식용 및 의약품 수종으로 그 열매는 약용뿐만 아니라 향신료로도 사용된다. 열매껍질, 씨 및 잎에는 정유 성분이 함유되어 있는데, 이것을 스타아니스 오일이라고도 하며, 화장품, 주정, 맥주 및 식품 제조에 중요한 원료이다. 최근에 조류 독감에 사용된 약재인 타미플루의 원료는 주로 중국의 팔각회향에 들어 있는 시킴산에서 비롯된다[19]. 스타아니스 오일과 그 추출물도 중국의 중요한 수출품이다.
같은 속에 있는 여러 식물의 열매는 외관상 팔각회향과 매우 비슷하지만 독성이 강하고 사망에 이를 수도 있다. 가끔 오용되는 식물 종에는 *I. lanceolatum* A. C. Smith, *I. henryi* Diels, *I. majus* Hook. f. et Thoms 및 *I. anisatum* L. 등이 있다. *I. anisatum*의 열매가 미국 및 유럽 시장에서 *I. verum*의 열매와 혼동되어 중독 사고를 일으킨다고 보고되어 있다[17, 20-23]. 그러므로 사용할 때에는 특별한 주의가 필요하다.

참고문헌

1. XC Wang, JP Ma, LX Chen, F Tan, YF Guan. Separation of volatile constituents in Illicilum verum fruit by micro-column liquid chromatography. Journal of Instrumental Analysis. 2004, 23(4): 54–57
2. J Knackstedt, K Herrmann. Flavonol glycosides of bay leaves (Laurus nobilis L.) and star anise fruits (Illicium verum Hook. fil.). 7. Phenolics of spices. Zeitschrift fuer Lebensmittel–Untersuchung und –Forschung. 1981, 173(4): 288–290
3. LK Sy, GD Brown. Novel phenylpropanoids and lignans from Illicium verum. Journal of Natural Product. 1998, 61: 987–992
4. SW Lee, G Li, KS Lee, DK Song, JK Son. A new phenylpropanoid glucoside from the fruits of Illicium verum. Archives of Pharmacal Research. 2003, 26(8): 591–593
5. SW Lee, G Li, KS Lee, JS Jung, ML Xu, CS Seo, HW Chang, SK Kim, DK Song, JK Son. Preventive agents against sepsis and new phenylpropanoid glucosides from the fruits of Illicium verum. Planta Medica. 2003, 69: 861–864
6. T Nakamura, E Okuyama, M Yamazaki. Neurotropic components from star anise (Illicium verum Hook. f.). Chemical & Pharmaceutical Bulletin. 1996, 44(10): 1908–1914
7. DL Nguyen, TH Le, TH Phan. Isolation of shikimic acid from Illicium verum. Tap Chi Duoc Hoc. 2006, 46(2): 8–9
8. U Dirks, K Herrmann. High performance liquid chromatography of hydroxycinnamoyl–quinic acids and 4–(β–D–glucopyranosyloxy)–benzoic acid in spices. 10. Phenolics of spices. Zeitschrift fuer Lebensmittel–Untersuchung und –Forschung. 1984, 179(1): 12–16
9. LK Sy, GD Brown. A seco–cycloartane from Illicium verum. Phytochemistry. 1998, 48(7): 1169–1171
10. M De, AK De, P Sen, AB Banerjee. Anti–microbial properties of star anise (Illicium verum Hook f). Phytotherapy Research. 2002, 16(1): 94–95
11. L Iauk, AM Lo Bue, I Milazzo, A Rapisarda, G Blandino. Anti–bacterial activity of medicinal plant extracts against periodontopathic bacteria. Phytotherapy Research. 2003, 17(6): 599–604
12. JL Zhao, ZC Luo, SM Wu, XL Zhou, XY Xue, L Shi, WZ Li. In vitro anti–candidal activity of the essential oil of Illicium verum. Chinese Journal of Dermatology. 2004, 37(8): 475–477
13. D Chaiyasit, W Choochote, E Rattanachanpichai, U Chaithong, P Chaiwong, A Jitpakdi, P Tippawangkosol, D Riyong, B Pitasawat. Essential oils as potential adulticides against two populations of Aedes aegypti, the laboratory and natural field strains, in Chiang Mai province, northern Thailand. Parasitology Research. 2006, 99(6): 715–721
14. XY Liu, XR Zhang, GJ Luo, WL Che. Preliminary study on the active constituents of Chinese herbs in increasing white blood cells.

Journal of Pharmaceutical Practice. 1996, 14(5): 266–269

15. S Hendrich, LF Bjeldanes. Effects of dietary cabbage, Brussels sprouts, Illicium verum, Schizandra chinensis and alfalfa on the benzo[a]pyrene metabolic system in mouse liver. Food and Chemical Toxicology. 1983, 21(4): 479–486
16. S Hendrich, LF Bjeldanes. Effects of dietary Schizandra chinensis, brussels sprouts and Illicium verum extracts on carcinogen metabolism systems in mouse liver. Food and Chemical Toxicology. 1986, 24(9): 903–912
17. G Singh, S Maurya, MP de Lampasona, C Catalan. Chemical constituents, anti–microbial investigations and anti–oxidative potential of volatile oil and acetone extract of star anise fruits. Journal of the Science of Food and Agriculture. 2005, 86(1): 111–121
18. E Okuyama, T Nakamura, M Yamazaki. Convulsants from star anise (Illicium verum Hook. f.). Chemical & Pharmaceutical Bulletin. 1993, 41(9): 1670–1671
19. ZP Zhang. Produce and market survey of Illicium verum and shikimic acid. Modern Chinese Medicine. 2006, 8(4): 41–42
20. ES Johanns, LE van der Kolk, HM van Gemert, AE Sijben, PW Peters, I de Vries. An epidemic of epileptic seizures after consumption of herbal tea. Nederlands Tijdschrift voor Geneeskunde. 2002, 146(17): 813–816
21. C Garzo Fernandez, P Gomez Pintado, A Barrasa Blanco, R Martinez Arrieta, R Ramirez Fernandez, F Ramon Rosa, Grupo de Trabajo del Anis Estrellado. Cases of neurological symptoms associated with star anise consumption used as a carminative. Anales Españoles de Pediatría. 2002, 57(4): 290–294
22. D Ize–Ludlow, S Ragone, IS Bruck, JN Bernstein, M Duchowny, BM Pena. Neurotoxicities in infants seen with the consumption of star anise tea. Pediatrics. 2004, 114(5): 653–656
23. Y Xi. American Botanical Council clarifies the safety of Illicium verum. World Phytomedicines. 2005, 20(1): 44

소형화 素馨花

Oleaceae

Jasminum grandiflorum L.

Largeflower Jasmine

개 요

물푸레나무과(Oleaceae)

소형화(素馨花, *Jasminum grandiflorum* L.)의 꽃봉오리 또는 꽃을 말린 것: 소형화(素馨花)

중약명: 소형화(素馨花)

영춘화속(*Jasminum*) 식물은 전 세계에 약 200종이 있으며, 아프리카, 아시아, 호주 및 남태평양의 섬에 주로 분포하며, 남아메리카에서는 오직 1종만 발견된다. 중국에는 약 47종, 1아종, 4변종 및 4품종이 발견되며, 주로 진령(秦嶺) 산맥의 남쪽에 분포한다. 이 속에서 약 22종과 5변종이 약재로 사용된다. 이 종은 전 세계적으로 널리 재배되며 중국의 운남성, 사천성, 티베트 및 히말라야 지역에 분포한다.

소형화는 ≪남방초목상(南方草木狀)≫에서 "사실명화(耶悉茗花)"라는 이름의 약으로 처음 기술되었다. 대부분의 고대 한방의서에 기술되어 있으며, 약용 종은 고대부터 동일하게 남아 있다. 이 종은 광동성중약재표준에서 소형화(Jasmini Flos)의 공식적인 기원식물 내원종으로서 등재되어 있다. 의약 재료는 주로 중국의 운남성, 사천성 및 티베트에서 생산되며 전 세계적으로 널리 재배되고 있고, 광동성과 복건성의 관상용 식물로 재배되고 있다.

소형화에는 주로 정유 성분과 세코이리도이드 성분이 함유되어 있다.

약리학적 연구에 따르면 소형화에는 진경 및 항종양 작용이 있음을 확인했다.

한의학에서 소형화는 서간해울(舒肝解鬱), 행기지통(行氣止痛)의 효능이 있다.

소형화 素馨花 *Jasminum grandiflorum* L.

소형화 素馨花

소형화 素馨花 Jasmini Flos

1cm

함유성분

꽃에는 정유 성분으로 linalool, α−terpineol, geraniol, estragole, jasmine, nerolidol[1], methyl jasmonate, epi−methyl jasmonate[2], eugenol, cis−jasmone, farnesene[3], farnesol[4], nerol[5], vanillin, geranyl linalool, myrcene이 함유되어 있다.
잎에는 세코이리도이드 성분으로 (2"R)−2"methoxyoleuropein, (2"S)−2"−methoxyoleuropein, oleuropein, ligstroside, demethyloleuropein, oleoside dimethyl ester[6]가 함유되어 있다.
또한, 지상부에는 isoquercitrin과 ursolic acid[7]가 함유되어 있다.

jasmone

(2"R)-2"methoxyoleuropein

약리작용

1. 진경 작용
   자스민 단독(꽃의 휘발성 및 다른 친유성 성분)은 아데닐 시클라아제에 직접 작용하여 세포 내 cAMP를 증가시키고 외인성 아세틸콜린과 히스타민에 의해 유발된 기니피그 평활근 수축을 억제했다. 진경 효과는 펜토라민 및 프로프라놀놀과 같은 아드레날린수용체의 길항제에 의해 영향을 받지 않았다. 가용성 구아닐산고리화효소 선택적 억제제인 퀴녹사린-1-원은 니트로프루시드나트륨으로 유도된 평활근 이완을 억제했으나 자스민 단독에 의한 진경 효과는 없어서 cGMP에 의한 효과가 없음을 알 수 있었다. 자스민 단독의 효과는 베라파밀의 효과와 유사하여, 칼슘 채널을 차단할 수는 있었지만, 칼륨 채널을 여는 데는 그다지 효과적이지 않았다. 자스민 단독의 진정 작용과 이완 효과는 알코올, 알데하이드, 에스테르, 케톤 및 세스퀴테르페노이드와 같은 진경 성분과 관련이 있을 수 있다[8].
2. 항종양
   꽃의 에탄올 추출물을 경구 투여하면 랫드에서 7,12-디메틸벤즈[a]안트라센(DMBA)으로 유도한 유방암 형성을 예방했다. 또한 지질과산화를 억제하여 DMBA를 처리한 랫드에서 항산화 효과를 나타냈다[9].

용도

1. 우울증, 심기증(心氣症: 건강염려증), 갱년기증후군
2. 위 십이지장 궤양
3. 암성 통증
4. 설사, 복통

해설

자스민의 화학 성분에 대한 연구는 거의 없었으며 약리학적 활성에 대한 보고 또한 거의 없었다. 생리 활성에 대한 물질적 기초 연구가 여전히 뚜렷하지 않기 때문에, 이 속의 식물에 대한 임상적 적용은 한계가 있다. 한편, 자스민은 중국에 넓게 분포되어 있고 주로 관상용으로 재배된다. 그러므로 임상 응용을 위한 이론적 근거를 마련하기 위해 그 화학적 조성 및 약리 활성에 대한 추가 연구가 수행되어야 한다.

참고문헌

1. G Cum, A Spadaro, T Citraro, R Gallo. Process for the supercritical phase extraction of components of flowers of Jasminum grandiflorum L. Essenze, Derivati Agrumari. 1998, 68(4): 384–400
2. WA Koenig, B Gehrcke, D Icheln, P Evers, J Doennecke, WC Wang. New, selectively substituted cyclodextrins as stationary phases for the analysis of chiral constituents of essential oils. Journal of High Resolution Chromatography. 1992, 15(6): 367–372
3. BA Atawia, SA Hallabo, MK Morsi. Effect of freezing of jasmine flowers on their jasmine concrete and absolute qualities. Egyptian Journal of Food Science. 1989, 16(1–2): 237–247
4. O Anac, AC Aydogan, T Mazlumoglu. Studies on the cold-pressed oils from jasmine concretes produced from Jasminum grandiflorum L. II. Bulletin of the Technical University of Istanbul. 1988, 41(3): 483–486
5. O Anac. Gas chromatographic analysis of absolutes and volatile oil isolated from Turkish and foreign jasmine concretes. Flavour and Fragrance Journal. 1986, 1(3): 115–119
6. T Tanahashi, T Sakai, Y Takenaka, N Nagakura, CC Chen. Structure elucidation of two secoiridoid glucosides from Jasminum officinale L. var. grandiflorum (L.) Kobuski. Chemical & Pharmaceutical Bulletin. 1999, 47(11): 1582–1586
7. B Somanadhan, U Wagner Smitt, V George, P Pushpangadan, S Rajasekharan, JO Duus, U Nyman, CE Olsen, JW Jaroszewski. Angiotensin converting enzyme (ACE) inhibitors from Jasminum azoricum and Jasminum grandiflorum. Planta Medica. 1998, 64(3):

246–250

8. M Lis–Balchin, S Hart, LB Wan Hang. Jasmine absolute (Jasminum grandiflora L.) and its mode of action on guinea pig ileum in vitro. Phytotherapy Research. 2002, 16(5): 437–439
9. K Kolanjiappan, S Manoharan. Chemopreventive efficacy and anti–lipid peroxidative potential of Jasminum grandiflorum Linn. on 7,12–dimethylbenz(a) anthracene induced rat mammary carcinogenesis. Fundamental & Clinical Pharmacology. 2005, 19(6): 687–693

골풀 燈心草 CP, KP, VP

Juncaceae

Juncus effusus L.

Common Rush

개 요

골풀과(Juncaceae)

골풀(燈心草, *Juncus effusus* L.)의 줄기를 말린 것: 등심초(燈心草)

중약명: 등심초(燈心草)

골풀속(*Juncus*) 식물은 전 세계에 약 240종이 있으며, 온난한 지역부터 한랭한 지역까지 폭넓게 분포한다. 중국에는 약 77종, 2아종 및 10변종이 발견되며, 특히 서남부 지역에 분포한다. 이 속에서 약 7종이 약재로 사용된다. 이 종은 중국 전역과 온대 전역에 널리 분포한다.

"등심초(燈心草)"는 ≪개보본초(開寶本草)≫에서 약으로 처음 기술되었다. 대부분의 고대 한방의서에 기술되어 있으며, 약용 종은 고대부터 동일하게 남아 있다. 이 종은 중국약전(2015)에 등심초(Junci Medulla)의 공식적인 기원식물 내원종으로서 등재되어 있다. ≪대한민국약전≫(제11개정판)에는 "등심초"를 "골풀 *Juncus effusus* Linné (골풀과 Juncaceae)의 줄기의 수(髓)"로 등재하고 있다. 의약 재료는 주로 중국의 강소성, 사천성, 복건성 및 귀주성에서 생산된다.

줄기의 수(髓)에는 9,10-디하이드로페난트렌, 트리테르페노이드, 플라보노이드가 함유되어 있다. 9,10-디하이드로페난트렌은 독특한 구조를 가지며 중요한 항균 및 항종양 성분이다. 중국약전은 의약 물질의 품질관리를 위해 고온추출법에 따라 시험할 때 묽은 에탄올 추출물의 함량이 5.0% 이상이어야 한다고 규정하고 있다.

약리학적 연구에 따르면 골풀에는 진정 작용, 항종양 효과 및 이뇨 작용이 있음을 확인했다.

한의학에서 등심초는 청심화(淸心火), 이소변(利小便), 소종(消腫)의 효능이 있다.

골풀 燈心草 *Juncus effusus* L.

골풀 燈心草 CP, KP, VP

등심초 燈心草 Junci Medulla

1cm

함유성분

줄기의 수(髓)에는 9,10-dihydrophenanthrene 성분으로 effusol, juncusol, juncunol[1], juncunone, micrandrol B[2], effusides I, II, III, IV, V[3], 2-hydroxy-7- hydroxymethyl-1-methyl-5-vinyl-9,10-dihydrophenanthrene[4]이 함유되어 있고, 페난드렌 유도체 성분으로 dehydroeffusol, dehydroeffusal, dehydrojuncusol[5], 파라쿠마로일 글리세라이드 성분으로 juncusyl esters A, B[6], 사이클로아르테인 트리테르페노이드 성분으로 juncosides I, II, III, IV, V[7], lagerenol, sterculin A[8], 플라보노이드 성분으로 luteolin[5], quercetin, 6-demethoxy tangeritin, nobiletin[6], luteolin-5,3'-dimethyl ether[9]가 함유되어 있다.

effusol

juncusyl ester A

약리작용

1. 진정 작용
   줄기의 수(髓)의 95% 에탄올 추출물을 경구 투여하면 마우스의 자발적 운동이 현저하게 줄어들었고, 펜토바르비탈에 의한 수면 시간이 길어졌다[10].
2. 항종양
   *In vitro*에서 줄기의 수(髓)의 물 추출물은 인간 자궁경부암 JTC-26 세포를 억제하고 동시에 정상적인 인간 배아 HE-1 세포를 억제했다[11]. 활성 성분은 9,10-디하이드로페난트렌 화합물이었다[1-2].
3. 항산화 및 항균 작용
   줄기의 수(髓)의 에틸아세테이트, 아세톤 및 에탄올 추출물은 일정 수준의 항산화 및 항미생물 효과를 나타냈으며 에틸아세테이트 추출물이 가장 강력했다[12].
4. 기타
   줄기에는 이뇨 작용과 지혈 작용이 있었다.

용도

1. 초조, 불면증
2. 구강 궤양
3. 코출혈, 치질 출혈, 호흡기 및 소화계 출혈
4. 신장염

해설

등심초는 일반적인 중국 의약품이다. 등심초는 흔히 초원, 습지 및 물기가 많은 곳에서 자란다. 최근의 연구에 따르면 골풀과 같은 습지식물은 납, 아연, 구리 및 카드뮴과 같은 중금속을 흡착하여 폐수 오염을 제거할 수 있다고 한다. 광산 및 공장에서 배출된 폐수 중 중금속 오염 물질을 정화하기 위해 심하게 오염된 지역에 골풀 습지를 인위적으로 조성하는 것이 매우 중요하다.
골풀과 같은 습지식물이 중금속을 흡착할 수 있기 때문에 성장하고 있는 등심초 환경에 특별한 주의를 기울여야 한다. 중금속이 허용 수준을 초과하는 것을 막기 위해 중금속으로 오염된 지역의 등심초는 수집되어서는 안 된다.

참고문헌

1. M Della Greca, A Fiorentino, L Mangoni, A Molinaro, P Monaco, L Previtera. 9,10-Dihydrophenanthrene metabolites from Juncus effusus L. Tetrahedron Letters. 1992, 33(36): 5257-5260
2. M Della Greca, A Fiorentino, L Mangoni, A Molinaro, P Monaco, L Previtera. Cytotoxic 9,10-dihydrophenanthrenes from Juncus effusus L. Tetrahedron. 1993, 49(16): 3425-3432
3. M Della Greca, A Fiorentino, P Monaco, L Previtera, A Zarrelli. Effusides I-V: 9,10-Dihydrophenanthrene glucosides from Juncus effusus. Phytochemistry. 1995, 40(2): 533-535
4. M DellaGreca, P Monaco, L Previtera, A Zarrelli, A Pollio, G Pinto, A Fiorentino. Minor bioactive dihydrophenanthrenes from Juncus effuses. Journal of Natural Products. 1997, 60(12): 1265-1268
5. K Shima, M Toyota, Y Asakawa. Phenanthrene derivatives from the medullae of Juncus effusus. Phytochemistry. 1991, 30(9): 3149-3151
6. DZ Jin, ZD Min, GCY Chiou, M Iinuma, T Tanaka. Two p-coumaroyl glycerides from Juncus effusus. Phytochemistry. 1996, 41(2): 545-547

7. MM Corsaro, M Della Greca, A Fiorentino, P Monaco, L Previtera. Cycloartane glucosides form Juncus effusus. Phytochemistry. 1994, 37(2): 515–519
8. M Della Greca, A Fiorentino, P Monaco, L Previtera. Cycloartane triterpenes from Juncus effusus. Phytochemistry. 1994, 35(4): 1017–1022
9. HX Li, TZ Deng, Y Chen, HJ Feng, GZ Yang. Isolation and identification of phenolic constituents from Juncus effusus. Acta Pharmaceutica Sinica. 2007, 42(2): 174–178
10. YL Wang, JM Huang, SF Zhang, JN Sun. Sedative fraction from Juncus effusus L. Journal of Beijing University of Traditional Chinese Medicine. 2006, 29(3): 181–183
11. A Sato. Studies on anti–tumor activity of crude drugs. I. The effects of aqueous extracts of some crude drugs in shortterm screening test. (1). Yakugaku Zasshi. 1989, 109(6): 407–423
12. M Oyaizu, H Ogihara, U Naruse. Anti–oxidative and anti–microbial activities of igusa (Juncus effusus L. var. decipiens Buch.). Yukagaku. 1991, 40(6): 511–515
13. H Deng, ZH Ye, MH Wong. Accumulation of lead, zinc, copper and cadmium by 12 wetland plant species thriving in metal–contaminated sites in China. Environmental Pollution. 2004, 132(1): 29–40

산내 山柰 CP, VP

Zingibcraceae

Kaempferia galanga L.

Galanga Resurrection Lily

개 요

생강과(Zingibcraceae)
산내(山柰, *Kaempferia galanga* L.)의 뿌리줄기를 말린 것: 산내(山柰)
중약명: 산내(山柰)
산내속(*Kaempferia*) 식물은 전 세계에 약 70종이 있으며, 아시아와 아프리카의 열대 지역에 분포한다. 중국에는 약 4종과 1변종이 발견되며, 서남부와 남부 지역에 분포하고, 이 속에서 약 3종의 약재로 사용된다. 이 종은 중국의 광동성, 광서성, 운남성 및 대만에서 재배된다. 또한 남부 및 동남아시아에 분포한다.
산내는 ≪본초품휘정요(本草品彙精要)≫의 "산내(山柰)"라는 이름의 약으로 처음 기술된 이후, ≪본초강목(本草綱目)≫에서 자세하게 기술되었다. 이 종은 중국약전(2015)에 한약재 산내(Kaempferiae Rhizoma)의 공식적인 기원식물 내원종으로서 등재되어 있다. ≪대한민국약전외한약(생약)규격집≫(제4개정판)에는 "산내"를 "산내(山柰) *Kaempferia galanga* Linné (생강과 Zingiberaceae)의 뿌리줄기"로 등재하고 있다. 의약 재료는 현재 주로 재배되어 중국 광서성, 광동성, 운남성, 복건성 및 대만에서 생산된다.
산내에는 주로 정유 성분과 플라보노이드 성분이 함유되어 있다. 정유 성분은 지표 성분이다. 중국약전은 의약 물질의 품질을 관리하기 위해 정유 성분의 함량이 4.5%(mL/g) 이상이어야 한다고 규정하고 있다.
약리학적 연구에 따르면 산내자에는 항종양, 구충, 항균, 항바이러스 및 혈관 확장 작용이 있음을 확인했다.
한의학에서 산내(山柰)는 온중제습(溫中除濕), 행기소식(行氣消食), 지통(止痛)의 효능이 있다.

산내 山柰 *Kaempferia galanga* L.

산내 山柰 CP, KHP, VP

산내 山柰 Kaempferiae Rhizoma

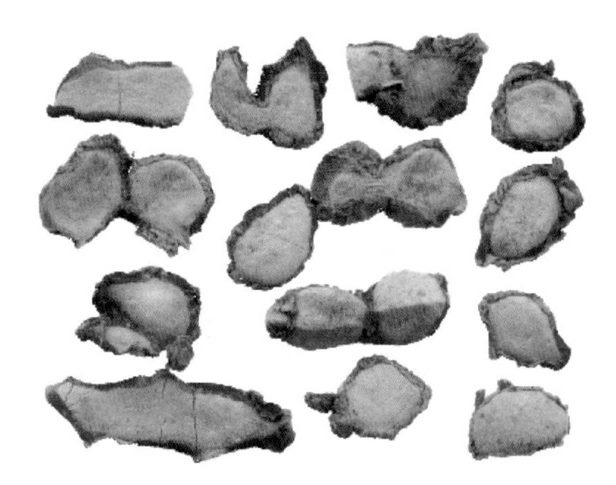

함유성분

뿌리줄기에는 정유 성분으로 ethyl trans-p-methoxycinnamate[1], p-methoxycinnamate[2], 1,8-cineole, borneol, piperitenone, carvacrol, eucarvone[1], camphene, α-pinene[3], Δ^3-carene, cinnamic acid, p-cymene, α-thujene, sabinene[4], cinnamaldehyde[5]가 함유되어 있고, 플라보노이드 성분으로 kaempferol, kaempferide가 함유되어 있다.
광동성 지역에서 생산되는 뿌리줄기에는 2-furancarboxaldehyde, 2-heptanol, β-myrcene, 페닐 아세트 알데하이드와 thujopsene[3]이 함유되어 있음이 보고되었다.

약리작용

1. 항종양
   *In vitro*에서 에틸 트란스-p-메톡시계피산염은 인간 자궁경부암 HeLa 세포에 강력한 억제 효과를 보였다[6]. *In vitro*에서 캠페롤이 MEK-MAPK 경로를 활성화시키고, 인간 폐암 A549 세포의 생존과 DNA 합성을 감소시켜 세포사멸을 일으킨다는 것을 보여주었다[7]. 또한 에스트로겐 수용체의 발현과 기능을 조절함으로써 에스트로겐 수용체에서 양성 반응을 보인 유방암 세포의 증식 활성을 억제했다[8]. 또한 당단백질의 활성을 억제하여 인간 자궁경부암인 KB-V1 세포에서 빈블라스틴과 파클리탁셀에 의한 다제내성을 억제했다[9]. 뿌리줄기의 정유 성분과 켐페라이드를 복강 내 투여하면 세포의 증식을 억제하고 세포사멸을 유도했으며, 다중 위장 기전을 억제하여 인간 위암 세포 이식 누드 마우스에서 위암의 전이를 억제했다[10-11]. 뿌리줄기 추출물은 발암성 12-O-테트라데카노일 포르볼-13아세트산염(TPA)에 의해 유도된 엡스타인 바 바이러스의 활성화를 억제했다[12].

2. 구충 작용
   뿌리줄기에서 추출한 계피산, p-메톡시계피산 및 p-메톡시계피산은 개의 회충 유충에 대한 살충 효과를 나타냈다[2].

3. 항균 작용
   뿌리줄기의 메탄올 추출물은 헬리코박터 파일로리를 억제했다. 활성 성분은 에틸 트란스-p-메톡시계피산염과와 p-메톡시계피산이다[13-14]. 뿌리줄기의 정유 성분은 아스페르질루스 후미게이트에 대해 선택적 독성을 보였다[15].

4. 심혈관계에 미치는 영향
   뿌리줄기의 메틸렌 클로라이드 추출물을 정맥 내 투여하면 마취된 랫드에서 기저 평균 동맥압(MAP)을 감소시켰다. 활성 성분은 계피산이다[16]. 또한 계피산은 랫드의 대동맥 혈관 확장의 효과가 있고, K^+ 및 노르에피네프린의 고농도에 의해 유도된 혈관 긴장성 수축을 억제했다. 기전은 세포외 Ca^{2+}의 유입 억제, 혈관 내피 세포로부터의 산화질소 및 사이클린의 방출과 관련될 수 있다[17]. U46619에 의해 유도된 적출된 돼지 관상동맥 고리의 수축 효과를 관찰하는 연구가 수행되었다. 그 결과, 고용량의 캠페롤이 혈관 평활근에 상당한 혈관 확장 효과를 보였고, 저용량은 내피 의존성 및 비 내피 세포 의존성 혈관 확장 효과를 향상시켰다[18]. 캠페롤은 또한 혈관 평활근의 세포 증식을 억제하여 심혈관 계통에 보호 효과를 나타냈다[19].

5. 골격계에 미치는 영향

캠페롤은 *In vitro*에서 배양된 인간 골아 세포 MG63에서 알칼리 인산분해효소(ALP)의 활성을 유의하게 증가시켜 골 형성을 일으켰다[20]. 또한 종양 괴사 인자 수용체 기능을 길항하여 골아 세포로부터 파골 세포성 사이토카인 생성을 방해하고 파골 세포 전구 세포 분화를 약화시킴으로써 상당한 파골 세포 형성 억제 효과를 나타냈다[21]. 또한, 랫드의 조기 골아 세포 MC3T3-E1 세포의 분화와 석회화를 자극했다[22].

6. 뉴런에 미치는 영향

캠페롤은 소뇌 과립 세포(CGC)의 세포사멸을 차단하고, CGC에 의한 세포외 지향성 반응성 산소 종(ROS) 생성을 현저하게 차단했으며, 아스코르빈산 의존성 NADH 산화효소 및 신경 원형질막 산화 환원 체인의 과산화 음이온 생산 활성을 억제했다[23]. 캠페롤은 정상 및 허혈성 랫드에서 해마 CA1 전압 의존성 K^+채널을 억제했다. 이는 급격히 일시적인 저산소증에서의 랫드의 해마 뉴런에 대한 보호 효과와 관련이 있을 수 있다[24].

7. 간 시토크롬 P_{450}의 활성에 미치는 영향

캠페롤은 랫드의 사이토크롬 P_{450} 이소엔자임-에리트로마이신 N-데메틸라아제(ENRD)의 활성을 유의적으로 억제함과 동시에 아미노피린 N-데메틸라아제(ADM)의 활성을 약간 억제했다. 또한 임신 X 수용체를 활성화시킴으로써 간 시토크롬 P_{450} 3A4의 전사체 발현을 유도했다[25-26].

8. 기타

에틸 트란스-p-메톡시계피산염은 모노아민산화효소 활성을 경쟁적으로 억제했다[27]. 뿌리줄기 추출물은 적출된 기니피그의 기관에 항히스타민 효과를 나타냈다[28]. 또한 캠페롤은 항염 및 면역 조절 작용을 나타냈다[29]. 캄페라이드는 멜라닌 세포의 증식을 촉진시켰다[30].

용도

1. 복부 팽만과 통증, 구토, 설사, 식체
2. 치통
3. 만성 류머티스 통증

해설

많은 종이 종종 산내 약재와 혼동된다. 주요한 것은 *Kaempferia marginata* Carey의 뿌리줄기로, 중국의 운남성의 경마(耿馬), 하구(河口), 정동(晶洞) 및 경곡(景谷)에 분포하며 태국과 미얀마에서도 발견된다. 관련 중독 사건은 1960년대 운남성에서 발생했다[31]. 연구 결과에 의하면 그 화학 성분으로는 마르기나톨, 8(14),15-이소피마라디엔-6α-ol, 8(14),15-산데라코피마라디엔-1α,9α-디올,8(14),15-산데라코피마라디엔-1α,6β,9α-트리올, 게르마크론 및 p-메톡시계피산이 함유되어 있었다[32]. 산내와 *K. marginata*는 함유성분이 다르므로 서로 혼동되어서는 안 된다.
약용 가치 외에도 산내는 또한 향신료의 원료이다. 현대의 약리학적 연구에 따르면 산내에는 살충 작용이 있어서, 생물 농약으로 개발 잠재력이 있음을 나타낸다.

참고문헌

1. KC Wong, KS Ong, CL Lim. Composition of the essential oil of rhizomes of Kaempferia galanga L. Flavour and Fragrance Journal. 1992, 7(5): 263–266
2. F Kiuchi, N Nakamura, Y Tsuda, K Kondo, H Yoshimura. Studies on crude drugs effective on visceral larva migrans. II. Larvicidal principles in Kaempferiae Rhizoma. Chemical & Pharmaceutical Bulletin. 1988, 36(1): 412–415
3. Q Qiu, TL Liu, Y Zhao, WL Zhao. GC–MS determination of various constituents in Kaempferia galanga L. Physical Testing and Chemical Analysis Part B: Chemical Analysis. 2000, 36(7): 294–295, 298
4. L Jirovetz, G Buchbauer, PM Shafi, GT Abraham. Analysis of the essential oil of the roots of the medicinal plant Kaempferia galanga L. (Zingiberaceae) from South–India. Acta Pharmaceutica Turcica. 2001, 43(2): 107–110
5. L Arambewela, A Perera, RTRLC Wijesundera, J Gunatileke. Investigations on Kaempferia galanga. Journal of the National Science

Foundation of SriLanka. 2000, 28(3): 225–230

6. T Kosuge, M Yokota, K Sugiyama, M Saito, Y Iwata, M Nakura, T Yamamoto. Studies on anti–cancer principles in Chinese medicines. II. Cytotoxic principles in Biota orientalis (L.) Endl. and Kaempferia galanga L. Chemical & Pharmaceutical Bulletin. 1985, 33(12): 5565–5567
7. TT Nguyen, E Tran, CK Ong, SK Lee, PT Do, TT Huynh, TH Nguyen, JJ Lee, Y Tan, CS Ong, H Huynh. Kaempferol–induced growth inhibition and apoptosis in A549 lung cancer cells is mediated by activation of MEK–MAPK. Journal of Cellular Physiology. 2003, 197(1): 110–121
8. H Hung. Inhibition of estrogen receptor α expression and function in MCF–7 cells by kaempferol. Journal of Cellular Physiology. 2004, 198(2): 197–208
9. P Limtrakul, O Khantamat, K Pintha. Inhibition of P–glycoprotein function and expression by kaempferol and quercetin. Journal of Chemotherapy. 2005, 17(1): 86–95
10. YF Liu, PK Wei. Effects of extract of Kaempferia galanga volatile oil on proliferation and apoptosis of human gastric cancer cells orthotopically transplanted in nude mice. Journal of Liaoning College of TCM. 2005, 7(4): 339–340
11. YF Liu, PK Wei. The experimental study on kaempferide inducing the apoptosis and inhibiting metastasis of human gastric carcinoma in orthotopic implantational nude mice model. Chinese Journal of the Practical Chinese with Modern Medicine. 2005, 18(15): 591–593
12. S Vimala, AW Norhanom, M Yadav. Anti–tumour promoter activity in Malaysian ginger rhizobia used in traditional medicine. British Journal of Cancer. 1999, 80(1–2): 110–116
13. S Bhamarapravati, SL Pendland, GB Mahady. Extracts of spice and food plants from Thai traditional medicine inhibit the growth of the human carcinogen Helicobacter pylori. In Vivo. 2003, 17(6): 541–544
14. A Inada, T Nakanishi, L Imamura, M Tsuchiya, K Kobashi. Studies on crude drugs effective on growth of Helicobacter pylori. Growth inhibitors in Kaempferiae Rhizoma. International Congress Series. 1998, 1157: 319–326
15. I bin Jantan, MSM Yassin, CB Chin, LL Chen, NL Sim. Anti–fungal activity of the essential oils of nine Zingiberaceae species. Pharmaceutical Biology. 2003, 41(5): 392–397
16. R Othman, H Ibrahim, MA Mohd, MR Mustafa, K Awang. Bioassay–guided isolation of a vasorelaxant active compound from Kaempferia galanga L. Phytomedicine. 2006, 13(1–2): 61–66
17. R Othman, H Ibrahim, MA Mohd, K Awang, AU Gilani, MR Mustafa. Vasorelaxant effects of ethyl cinnamate isolated from Kaempferia galanga on smooth muscles of the rat aorta. Planta Medica. 2002, 68(7): 655–657
18. YC Xu, DK Yeung, RY Man, SW Leung. Kaempferol enhances endothelium–independent and dependent relaxation in the porcine coronary artery. Molecular and Cellular Biochemistry. 2006, 287(1–2): 61–67
19. SY Kim, YR Jin, Y Lim, JH Kim, MR Cho, JT Hong, HS Yoo, YP Yun. Inhibition of PDGF β–receptor tyrosine phosphorylation and its downstream intracellular signal transduction in rat aortic vascular smooth muscle cells by kaempferol. Planta Medica. 2005, 71(7): 599–603
20. C Prouillet, JC Maziere, C Maziere, A Wattel, M Brazier, S Kamel. Stimulatory effect of naturally occurring flavonols quercetin and kaempferol on alkaline phosphatase activity in MG–63 human osteoblasts through ERK and estrogen receptor pathway. Biochemical Pharmacology. 2004, 67(7): 1307–1313
21. JL Pang, DA Ricupero, S Huang, N Fatma, DP Singh, JR Romero, N Chattopadhyay. Differential activity of kaempferol and quercetin in attenuating tumor necrosis factor receptor family signaling in bone cells. Biochemical Pharmacology. 2006, 71(6): 818–826
22. M Miyake, N Arai, S Ushio, K Iwaki, M Ikeda, M Kurimoto. Promoting effect of kaempferol on the differentiation and mineralization of murine pre–osteoblastic cell line MC3T3–E1. Bioscience, Biotechnology, and Biochemistry. 2003, 67(6): 1199–1205
23. AK Samhan–Arias, FJ Martin–Romero, C Gutierez–Merino. Kaempferol blocks oxidative stress in cerebellar granule cells and reveals a key role for reactive oxygen species production at the plasma membrane in the commitment to apoptosis. Free Radical Biology & Medicine. 2004, 37(1): 48–61

24. M Dong, L Xiao, MK Song. Effects of kaempferol on voltage–gated potassium currents in CA_1 pyramidal neurons of rat hippocampus in acutely transient hypoxia. Central South Pharmacy. 2004, 2(3): 135–138

25. FF Zhang, YF Zheng, HJ Zhu, XY Shen, XQ Zhu. Effects of kaempferol and quercetin on cytochrome 450 activities in primarily cultured rat hepatocytes. Journal of Zhejiang University (Medical Science). 2006, 35(1): 18–22

26. DY Liu, HJ Zhu, YF Zheng, XQ Zhu. Kaempferol activates human steroid and xenobiotic receptor–mediated cytochrome P_{450} 3A4 transcription. Journal of Zhejiang University (Medical Science). 2006, 35(1): 14–17

27. T Noro, T Miyase, M Kuroyanagi, A Ueno, S Fukushima. Monoamine oxidase inhibitor from the rhizomes of Kaempferia galanga L. Chemical & Pharmaceutical Bulletin. 1983, 31(8): 2708–2711

28. V Garcia–Mediavilla, I Crespo, PS Collado, A Esteller, S Sanchez–Campos, MJ Tunon, J Gonzalez–Gallego. The anti–inflammatory flavones quercetin and kaempferol cause inhibition of inducible nitric oxide synthase, cyclooxygenase–2 and reactive C–protein, and down–regulation of the nuclear factor κB pathway in Chang Liver cells. European Journal of Pharmacology. 2007, 557(2–3): 221–229

29. I Okamoto, K Iwaki, S Koya–Miyata, T Tanimoto, K Kohno, M Ikeda, M Kurimoto. The flavonoid Kaempferol suppresses the graft–versus–host reaction by inhibiting type 1 cytokine production and CD_8^+ T cell engraftment. Clinical Immunology. 2002, 103(2): 132–144

30. C Tan, WY Zhu, Y Lu. Effect of kaempferol on the melanogenesis of melan–a. China Journal of Leprosy and Skin Diseases. 2006, 22(9): 732–734

31. R Wu, JS Wu, HJ Fang, S Zhang, YH Chen. Studies on the constituents of essential oil from Kaempferia galangal and K. marginata. Journal of Chinese Medicinal Materials. 1994, 17(10): 27–29, 56

32. JG Yu, DL Yu, S Zhang, XZ Luo, L Sun, CC Zheng, YH Chen. Studies on the chemical constituents of Kaempferia marginata. Acta Pharmaceutica Sinica. 2000, 35(10): 760–763

산내의 재배 모습

홍대극 紅大戟 CP

Knoxia valerianoides Thorel et Pitard

Knoxia

개 요

꼭두서니과(Rubiaceae)

홍대극(紅大戟, *Knoxia valerianoides* Thorel et Pitard)의 덩이뿌리를 말린 것: 홍대극(紅大戟)

중약명: 홍대극(紅大戟)

홍대극속(*Knoxia*) 식물은 전 세계에 약 9종이 있으며, 열대 아시아와 오세아니아에 분포한다. 중국에는 약 3종이 발견되며, 남부 지역에 분포하고, 약 2종이 약재로 사용된다. 이 종은 주로 캄보디아와 중국의 복건성, 광동성, 해남성, 광서성 및 운남성에 분포한다.

홍대극는 ≪약물출산변(藥物出産辨)≫에서 "홍대극(紅大戟)"이라는 이름의 약으로 처음 기술되었다. 이 종은 중국약전(2015)에 한약재 홍대극(Knoxiae Radix)의 공식적인 기원식물 내원종으로서 등재되어 있다. 의약 재료는 주로 중국의 광서성, 운남성 및 광동성에서 생산된다.

홍대극에는 주로 안트라퀴논 성분이 함유되어 있다. 중국약전은 의약 물질의 품질관리를 위해 박층크로마토그래피법을 사용한다.

약리학적 연구에 따르면 홍대극에는 항박테리아 및 이뇨 작용이 있음을 확인했다.

한의학에서 홍대극은 사수축음(瀉水逐飮), 해독산결(解毒散結)의 효능이 있다.

홍대극 紅大戟 *Knoxia valerianoides* Thorel et Pitard

홍대극 紅大戟 Knoxiae Radix

함유성분

뿌리에는 안트라퀴논 성분으로 knoxiadin, damnacanthal, rubiadin, 3-hydroxymorindone[1], 2-ethoxymethylknoxiavaledin, 2-formylknoxiavaledin, 2-hydroxymethylknoxiavaledin, damnacanthol, 3-methylalizarin, nordamnacanthal, lbericin[2], 1,3,5-trihydroxy-2-ethoxymethyl-6-methoxyl-anthraquinone, 1,3-dihydroxy-2-ethoxymethyl-anthraquinone[3], 1,3,6-trihydroxy-5-ethoxylmethyl-anthraquinone[4]이 함유되어 있다.

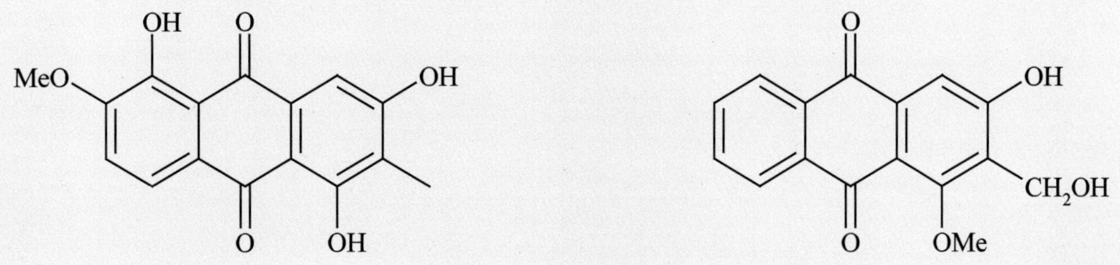

knoxiadin

damnacanthol

약리작용

1. 항균 작용
   *In vitro*에서 뿌리의 50% 에탄올 추출물은 황색포도상구균과 녹농균을 억제했다.
2. 이뇨 작용
   뿌리의 농축 추출물을 랫드에 경구 투여하면 소변량을 유의하게 증가시켰다.

용도

1. 부종
2. 천식
3. 낙상 및 찰과상
4. 염증, 종창, 부기(浮氣)

해설

연구에 따르면 고대 한방의서에 기술되어 있고 의서에서 적용된 약재는 대극과(Euphorbiaceae)의 대극(大戟, *Euphorbia pekinensis* Rupr)이었다. 홍대극과 대극은 기원식물과 그 효능이 다르므로 사용 시에는 각별히 주의하여야 한다. 또한 민간요법에서는 *Knoxia corymbosa* Willd.도 품질이 훨씬 떨어지지만 홍대극으로 사용하기도 한다. 최근 연구에 따르면 *K. corymbosa*에는 주로 플라보노이드 배당체가 함유되어 있는 것으로 나타났다[5-7]. 따라서 이 두 종은 사용 시 신중하게 구별되어야 한다.

홍대극 紅大戟 CP

최근 중국의 광동성, 광서성, 운남성에서 경제 수종으로서 과수용으로 집중적인 개발이 이뤄지면서 야생 자원이 심각하게 손상되고 있다. 또한 재배 기술이 아직까지 개발 중이다 보니 결과적으로 홍대극의 생산량이 감소하여 시장 공급이 부족한 실정이다. 따라서 재배 기술에 대한 더 많은 연구가 필요하다. 홍대극에 대한 체계적인 연구가 미흡하기 때문에, 임상 응용을 위한 성분학적이고 생리 활성 중심적인 추가 연구가 필요하다.

참고문헌

1. XF Wang, JY Chen, WJ Lu. Studies on the chemical constituents of Knoxia valerianoides Thorel ex Pitard. Acta Pharmaceutica Sinica. 1985, 20(8): 615-618
2. Z Zhou, SH Jiang, DY Zhu, LZ Lin, GA Cordell. Anthraquinones from Knoxia valerianoides. Phytochemistry. 1994, 36(3): 765-768
3. SQ Yuan, YM Zhao. The chemical constituents of Knoxia valerianoides. Acta Pharmaceutica Sinica. 2005, 40(5): 432-434
4. SQ Yuan, YM Zhao. Chemical constituents of Knoxia valerianoides. Acta Pharmaceutica Sinica. 2006, 41(8): 735-737
5. YB Wang, SX Mei, YH Wang, JF Zhao, HY Ren, J Guo, HB Zhang, L Li. Two new flavonol glycosides from Knoxia corymbosa. Chinese Chemical Letters. 2003, 14(9): 923-925
6. YB Wang, JF Zhao, GP Li, JH Yang, L Li. Studies on the chemical constituents of Knoxia corymbosa. Acta Pharmaceutica Sinica. 2004, 39(6): 439-441
7. YB Wang, R Huang, F Lin, JF Zhao, L Li. Studies on the chemical constituents of Knoxia corymbosa. Journal of Yunnan University. 2004, 26(3): 254-255

마영단 馬纓丹

Verbenaceae

Lantana camara L.

Common Lantana

개 요

마편초과(Verbenaceae)

마영단(馬纓丹, *Lantana camara* L.)의 뿌리를 말린 것: 오색매근(五色梅根)

마영단(馬纓丹, *Lantana camara* L.)의 잎을 말린 것: 오색매엽(五色梅葉)

마영단(馬纓丹, *Lantana camara* L.)의 꽃을 말린 것: 오색매(五色梅)

마영단속(*Lantana*) 식물은 전 세계에 약 150종이 있으며, 열대 아메리카에 분포한다. 중국에는 2종이 발견되며, 이 종만이 약재로 사용된다. 이 종은 중국의 복건성, 광동성, 광서성, 홍콩 및 대만에 분포한다. 열대 아메리카가 원산이며, 현재 전 세계의 열대 지역에 널리 분포되어 있다.

오색매는 중국 영남 지방의 ≪생초약성비요(生草藥性備要)≫에서 "용선화(龍船花)"라는 이름의 약으로 처음 기술되었다. 의약 재료는 중국의 복건성, 광동성, 광서성 및 대만에서 주로 생산된다.

마영단에는 주로 트리테르페노이드, 이리도이드 및 나프토퀴논 성분이 함유되어 있다.

약리학적 연구에 따르면 마영단에는 소염, 진통, 항종양, 면역억제, 항균, 항응고 및 진정 작용이 있음을 확인했다.

한의학에서 오색매근(五色梅根)은 청열사화(清熱瀉火), 해독산결(解毒散結), 오색매엽(五色梅葉)은 청열해독(清熱解毒), 거풍지양(祛風止痒), 오색매(五色梅)는 청열(清熱), 지혈(止血)의 효능이 있다.

마영단 馬纓丹 *Lantana camara* L.

마영단 馬纓丹

오색매엽 五色梅葉 Lantanae Camarae Folium

함유성분

뿌리에는 이리도이드 성분으로 theveside, theviridoside, geniposide, 8-epiloganin, lamiridoside, shanzhside methyl ester[1]가 함유되어 있고, 트리테르페노이드 성분으로 oleanolic acid[2], lantanolic acid, 22β-O-angeloyl-lantanoiic acid, 22β-O-angeloyl-oleanolic acid, 22β-O-senecioyl-oleanolic acid, 22β-hydroxyoleanolic acid, 19α-hydroxyursolic acid, lantaiursolic acid[3], 나프토퀴논 성분

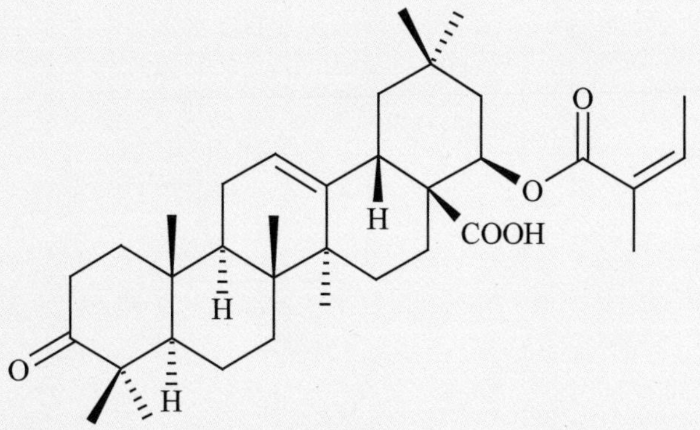

lantadene A

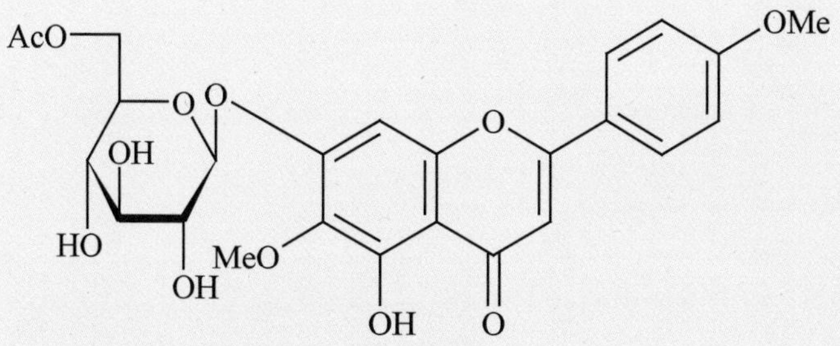

lantanoside

으로 diodantunezone, isodiodantunezone, 6-methoxydiodantunezone, 7-methoxydiodantunezone, 6-methoxyisodiodantunezone, 7-methoxyisodiodantunezone[4]이 함유되어 있으며, 또한 lantanoses A, B[1]가 함유되어 있다.
줄기와 잎에는 트리테르페노이드 성분으로 lantadenes A, B, C, D[5], lantic acid, camaric acid, camarinic acid[6], camaryolic acid, methylcamaralate, camangeloyl acid, lantanolic acid[7], lantabetulic acid, oleanolic acid, oleanonic acid, betulonic acid, betulic acid[8], lantalonic acid, 3-ketourosolic acid[9], lantoic acid[10], lantanone, 플라보노이드 성분으로 lantanoside, linaroside[11], 페닐에타노이드 배당체 성분으로 acteoside[12]가 함유되어 있다.

약리작용

1. 항염 작용
   뿌리의 탕액을 경구 투여하면 랫드에서 디메틸벤젠에 의해 유발된 귀의 부기(浮氣) 및 난알부민에 의해 유발된 뒷다리 부종을 유의하게 억제했다. 또한 H^+ 자극에 의한 모세혈관 투과성 증가를 크게 상쇄시켰다. 트리테르페노이드는 활성 항염 성분 중 하나이다[13-14]. 뿌리의 거친 가루의 에탄올 추출물을 복강 내 투여하면 류머티스 관절염 흰랫드에서 프로인트 보조제에 의해 유발된 류머티스 인자(RF)와 면역 글로불린G(IgG)의 농도가 감소되었다. 트리테르페노이드는 활성 성분 중 하나였다[15].
2. 진통 작용
   뿌리의 탕액을 경구 투여하면 마우스에서 아세트산에 의한 뒤틀림 반응을 상당히 감소시켰다. 또한 마우스의 열판 시험에서 통증 역치를 증가시켰다. 진통 효과는 코리달리스 B와 유사했다. 트리테르페노이드는 활성 진통 성분 중 하나였다[13-14].
3. 항종양
   란타덴스 A, B, C는 종양촉진제(TPA)로 유도된 EB 바이러스의 활성화를 억제했다. 란타덴스 A, B는 마우스 피부 유두종의 형성을 억제했다. 란타덴스 B는 종양 보유율과 종양 세포 수를 감소시켰고[5], 또한 마우스에서 N-니트로소디에틸아민과 페노바르비탈에 의해 촉진된 간암에 길항했다[16]. 잎에 함유된 악테오사이드는 마우스의 림프계 백혈병 P388 세포를 억제하고, *in vitro*에서 마우스 백혈병 L-1210 세포의 증식을 억제했다[5].
4. 면역 억제
   잎 가루를 경구 투여하면 양에서 세포 면역 및 체액 면역 기능을 유의하게 억제했으며, 또한 비장 세망 내피 세포의 비 특이적 식세포 활성을 감소시켰다[17].
5. 항균 작용
   *In vitro*에서 잎의 정유 성분은 그람 양성균과 음성균 및 칸디다 알비칸스를 유의하게 억제했다[18]. *In vitro*에서 뿌리껍질의 클로로포름과 메탄올 추출물은 그람 양성균을 유의하게 억제했다[19]. 란트산은 대장균과 바실루스 세레우스균에 대하여 상당한 항균 활성을 보였다[6].
6. 항응고
   잎에서 추출한 란타덴스는 양에서 혈액 응고 시간과 프로트롬빈 시간을 지연시켰고, 혈액 침강 속도, 총 혈장 단백질 및 피브리노겐을 감소시켰다[5]. 뿌리의 탕액을 경구 투여하면 신염 증후군 환자에서 혈액 점도의 상태, 피브리노겐 함량의 감소 및 전혈의 고 전단력 및 저 전단 점도와 같은 적정한 지표뿐만 아니라 적혈구 전기영동 시간 및 적혈구 용적을 개선시켰다[20].
7. 기타
   약재는 또한 진정 효과[21]와 항돌연변이[5] 효과를 나타냈다.

용도

1. 만성 류머티스 통증, 류머티스 관절염
2. 감기와 발열, 두통, 후두염
3. 결핵, 연주창, 피하 결절
4. 복통, 구토, 설사
5. 염증, 부스럼, 습진, 피부염, 옴, 티눈, 외음소양증

해설

마영단은 세계에서 가장 유독한 잡초 중 하나이다. 소나 양과 같은 가축이 잎을 먹게 되면 중독되거나 죽을 수 있다. 마영단의 독성은 의학적 사용에 매우 제한적이다. 그러나 실크, 면 및 양모를 염색하는 천연 염료의 원료로 사용될 수 있다[22]. 또한, 마영단은 배추좀나방, 담배거세미나방뿐만 아니라 America leaf miner의 유충을 방지할 수 있기 때문에 식물성 살충제로 개발될 수 있다[23-24].

참고문헌

1. WD Pan, YJ Li, LT Mai, K Ohtani, R Kasai, O Tanaka. Studies on chemical constituents of the roots of Lantana camara. Acta Pharmaceutica Sinica. 1992, 27(7): 515-521
2. L Misra, H Laatsch. Triterpenoids, essential oil and photo-oxidative 28,13-lactonization of oleanolic acid from Lantana camara. Phytochemistry. 2000, 54(8): 969-974
3. WD Pan, YJ Li, LT Mai, KH Ohtani, RT Kasai, O Tanaka, DQ Yu. Studies on triterpenoid constituents of the roots of Lantana camara. Acta Pharmaceutica Sinica. 1993, 28(1): 40-44
4. C Abeygunawardena, V Kumar, DS Marshall, RH Thomson, DBM Wickramaratne. Furanonaphthoquinones from two Lantana species. Phytochemistry. 1991, 30(3): 941-945
5. XW Zhu, HZ Li. Chemical constituents and biological activities of Lantana camara. World Phytomedicines. 2002, 17(3): 93-96
6. M Saleh, A Kamel, XY Li, J Swaray. Anti-bacterial triterpenoids isolated from Lantana camara. Pharmaceutical Biology. 1999, 37(1): 63-66
7. S Begum, A Wahab, BS Siddiqui. Pentacyclic triterpenoids from the aerial parts of Lantana camara. Chemical & Pharmaceutical Bulletin. 2003, 51(2): 134-137
8. NK Hart, JA Lamberton, AA Sioumis, H Suares, AA Seawright. Triterpenes of toxic and non-toxic taxa of Lantana camara. Experientia .1976, 32(4): 412-413
9. T Sundararamaiah, VV Bai. Chemical examination of Lantana camara. Journal of the Indian Chemical Society. 1973, 50(9): 620
10. S Roy, AK Barua. The structure and stereochemistry of a triterpene acid from Lantana camara. Phytochemistry. 1985, 24(7): 1607-1608
11. S Begum, A Wahab, BS Siddiqui, F Qamar. Nematicidal constituents of the aerial parts of Lantana camara. Journal of Natural Products. 2000, 63(6): 765-767
12. JM Herbert, JP Maffrand, K Taoubi, JM Augereau, I Fouraste, J Gleye. Verbascoside isolated from Lantana camara, an inhibitor of protein kinase C. Journal of Natural Products. 1991, 54(6): 1595-1600
13. YY Mo, A Li, ZL Huang. To study on the effects of analgesic and anti-inflammatory of triterpenes isolated from root of Lantana camara L. Lishizhen Medicine and Materia Medica Research. 2004, 15(8): 477-478
14. Y Cai, AY Li, PS Xie. Experimental observation on the effect of Lantana camara against rheumatoid arthritis. Guangxi Journal of Traditional Chinese Medicine. 1991, 14(5): 236-239
15. ZL Huang, QH Wei. Effects of different extracts from Lantana camara L. roots on rheumatoid arthritis. Guangxi Journal of Traditional Chinese Medicine. 2002, 25(2): 53-55
16. A Inada, T Nakanishi, H Tokuda, H Nishino, OP Sharma. Anti-tumor promoting activities of lantadenes on mouse skin tumors and mouse hepatic tumors. Planta Medica. 1997, 63(3): 272-274
17. GN Ganai, GJ Jha. Immunosuppression due to chronic Lantana camara L. toxicity in sheep. Indian Journal of Experimental Biology. 1991, 29(8): 762-766
18. AA Kasali, O Ekundayo, AO Oyedeji, BA Adeniyi, EO Adeolu. Anti-microbial activity of the essential oil of Lantana camara L. leaves. Journal of Essential Oil-Bearing Plants. 2002, 5(2): 108-110
19. S Basu, A Ghosh, B Hazra. Evaluation of the anti-bacterial activity of Ventilago madraspatana Gaertn., Rubia cordifolia Linn. and Lantana camara Linn: isolation of emodin and physcion as active anti-bacterial agents. Phytotherapy Research. 2005, 19(10): 888-894

20. XY Liu, WW Tan, DS Wang, W Yang. The effect of wusemei root on hemorheology in nephritic syndrome. Practical New Medicine. 2000, 2(5): 389-391

21. P Wu, ZZ Li, A Li. To study on the effects of analgesic and sedation of Lantana camara L. by water-alcohol extracted location. Primary Journal of Chinese Materia Medica. 2002, 16(2): 20-21

22. R Dayal, PC Dobhal, R Kumar, P Onial, RD Rawat. Natural dye from Lantana camara leaves. Colourage. 2006, 53(12): 53-56

23. YZ Dong, MX Zhang, B Ling. Anti-feeding effects of crude lantadene from Lantana camara on Plutella xylostella and Spodoptera litura larvae. Chinese Journal of Applied Ecology. 2005, 16(12): 2361-2364

24. LY Ren, L Zeng, YY Lu, SS Huang, MX Zhang. Deterrence effect of Lantana camara L. essential oil on adult of Liriomyza sativae Blanchard. Journal of Guangxi Agricultural and Biological Science. 2006, 25(1): 43-47

야생 마영단

Hamamelidaceae

풍향수 楓香樹 CP, KHP

Liquidambar formosana Hance

Beautiful Sweetgum

개 요

조록나무과(Hamamelidaceae)

풍향수(楓香樹, *Liquidambar formosana* Hance)의 익은 열매차례를 말린 것: 노로통(路路通)

풍향수(楓香樹, *Liquidambar formosana* Hance)의 수지: 풍향지(楓香脂)

중약명: 풍향수(楓香樹)

풍향수속(*Liquidambar*) 식물은 전 세계에 약 6종이 있으며, 그 가운데 2종은 북아메리카와 중앙아메리카에서 각각 발견되고, 중국에는 2종과 1변종이 발견된다. 약 3종이 약재로 사용된다. 이 종은 중국의 진령(秦岭) 산맥과 회화(淮河) 강 남쪽에 분포한다. 베트남 북부, 라오스, 한반도 남부에도 분포한다.

"노로통(路路通)"은 ≪본초강목시의(本草綱目施醫)≫에서 약으로 처음 기술되었다. "풍향지(楓香脂)"는 ≪신수본초(新修本草)≫에서 약으로 처음 기술되었다. 대부분의 고대 한방의서에 기술되어 있으며, 약용 종은 고대부터 동일하게 남아 있다. 이 종은 중국 의약품 노로통(Liquidambaris Fructus)과 풍향지(Liquidambaris Resina)의 공식적인 기원식물 내원종으로서 중국약전(2015)에 등재되어 있다. ≪대한민국약전외한약(생약)규격집≫(제4개정판)에는 "노로통"을 "풍향수(楓香樹) *Liquidambar formosana* Hance (조록나무과 Hamamelidaceae)의 잘 익은 열매"로 등재하고 있다. 의약 재료는 주로 중국의 절강성, 강서성, 복건성 및 운남성에서 생산된다.

열매차례 및 수지에는 주로 트리테르페노이드 및 정유 성분이 함유되어 있다. 열매차례의 주요 활성 성분은 올레아난형 트리테르페노이드이며, 수지의 주요 활성 성분은 정유 성분이다. 중국약전은 노로통의 의약 물질의 품질관리를 위해 고속액체크로마토그래피법에 따라 시험할 때 리퀴담바르산의 함량이 0.15% 이상이어야 한다고 규정하고 있다.

약리학적 연구에 따르면 열매차례에는 면역 조절 및 간 보호 효능이 있다. 수지는 항혈전성, 혈소판 응집 억제 및 부정맥 효과가 있으며, 관상동맥 확장 작용이 있음을 확인했다.

한의학에서 노로통은 거풍통락(祛風通絡), 이수통경(利水通經), 풍향지는 활혈지통(활혈지통), 해독직혈(解毒止血), 생기(生肌)의 효능이 있다.

풍향수 楓香樹 *Liquidambar formosana* Hance

풍향수 열매 楓香樹 *L. formosana* Hance

노로통 路路通 Liquidambaris Fructus

함유성분

열매차례에는 올레아난형 트리테르페노이드 성분으로 liquidambaric acid (betulonic acid), oleanolic acid, lantanolic acid[1], ursolic acid, liquidambaric lactone, hydroxyoleanolic lactone[2], arjunolic acid[3]가 함유되어 있고, 정유 성분으로 β-, γ-terpinenes, β-pinene,

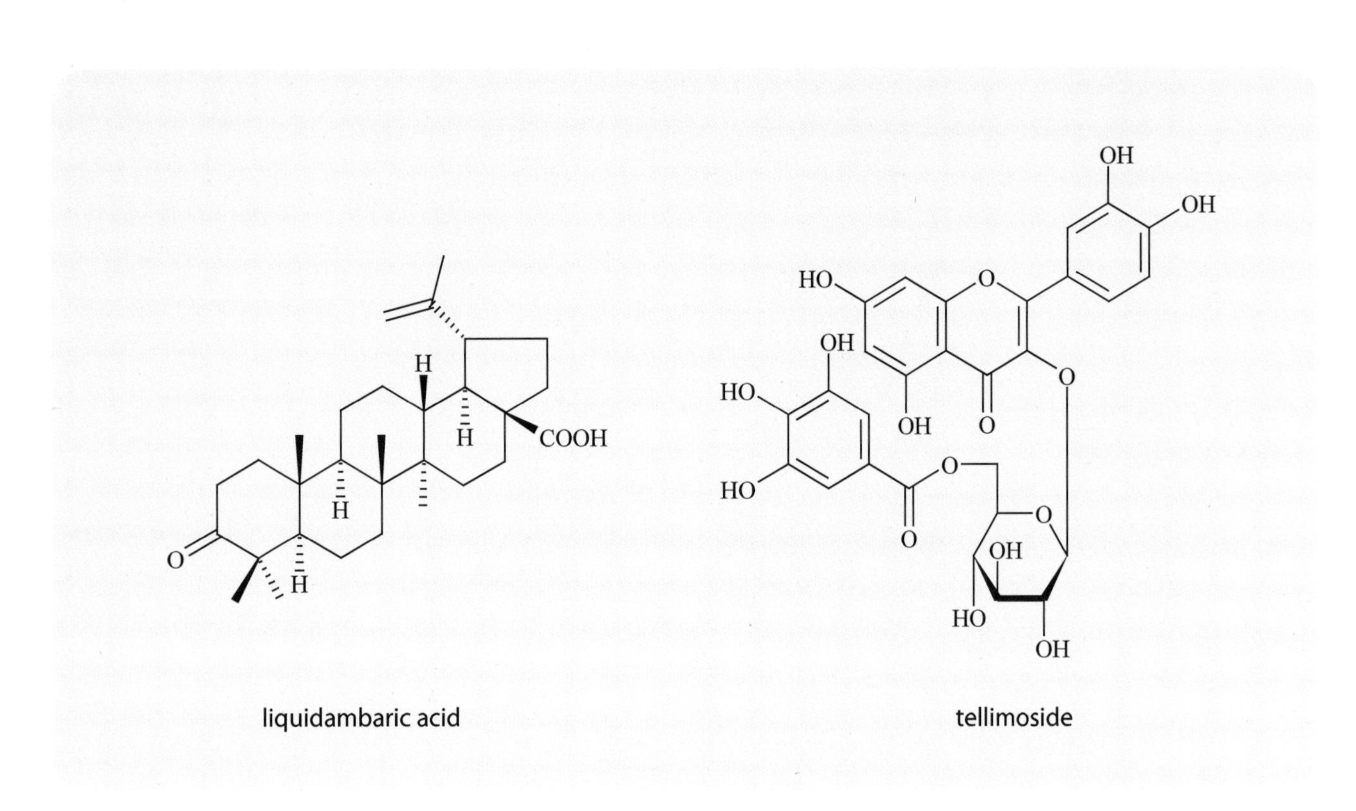

limonene, myrtenal[4], 또한 (-)-bornyl cinnamate, styracin epoxide, isostyracin epoxide[5]가 함유되어 있다.
수지에는 올레아난형 트리테르페노이드 성분으로 liquidambronal, ambronal[6], liquidambronic acid, oleanolic acid, 28-hydroxy-β-amyrone[7], forucosolic acid[8], ambronic acid, ambrolic acid, ambradiolic acid[9], 정유 성분으로 camphene, terpinolene, caryophyllene, bornyl acetate, 또한 styracin[7], (-)-bornyl cinnamate[6]가 함유되어 있다.
잎에는 플라보노이드 성분으로 myricetin-3-O-(6"-galloyl)-glucoside, tellimoside, astragalin, trifolin, hyperin, isoquercitrin, rutin, myricetin-3-O-glucoside[10], 탄닌 성분으로 liquidambin[11], isorugosins A, B, D[12], pedunculagin, casuariin, casuarinin, casuarictin, tellimagrandins I, II[13], 이리도이드 배당체 성분으로 monotropein[10]이 함유되어 있다.
나무껍질에는 이리도이드 성분으로 monotropein, monotropein methyl ester, 6α-hydroxygeniposide, 6β-hydroxygeniposide[14]가 함유되어 있다.

약리작용

1. 항혈전증
   *In vitro*에서 수지와 그 정유 성분은 토끼 혈전의 길이와 습윤 및 건조 중량을 감소시켰다. 위 내에 투여하면 랫드에서 혈전 형성을 유의하게 억제했다. 시험관 검사에서 섬유소분해효소의 활성이 크게 증가하고 혈소판의 cAMP 수준이 증가하여 항혈전증 기전이 섬유소분해효소의 활성 증진 및 혈소판 cAMP 증가와 관련이 있음을 나타냈다. 정유 성분은 항혈전 효과의 주요 활성 성분이었다[15].
2. 관상동맥 확장
   수지와 그 정유 성분은 적출된 돼지 관상동맥을 현저히 팽창시키고 기니피그의 좌하행식 관상동맥에서 혈류를 증가시켰다[16].
3. 항부정맥
   수지와 그 정유 성분을 경구 투여하면 마우스에서 클로로포름에 의한 심방세동 발생을 유의하게 감소시켰다[16].
4. 항산화 작용
   수지와 그 정유 성분을 경구 투여하면 랫드의 정상적인 압력에서 항산화능을 증가시켰고, 무산소 조건 하에서 생존 시간을 연장시켰다[16].
5. 간 보호
   열매차례의 메탄올 추출물은 1차 배양된 랫드의 간세포에서 유의한 항세포독성 효과를 나타냈으며 *in vitro*에서 화학 시약에 의해 유발된 간세포의 세포독성에 대하여 유의한 보호 효과를 나타냈다[5].
6. 면역 조절
   열매차례의 메탄올 추출물은 활성화된 T 세포(NFAT) 전사 인자의 핵 인자 활성을 억제했다. 활성 성분은 올레아난형의 트리테르페노이드였다[1].
7. 항염 작용
   열매차례는 포름알데히드 및 난알부민으로 유발된 랫드의 관절염을 억제했다.
8. 기타
   수지의 정유 성분은 다이클로페낙 나트륨, 아릴린, 메토클로프라미드 및 테트라메틸피라진의 경피 흡수를 촉진시켰다[17].

용도

1. 관절통, 무감각, 골관절염
2. 부종, 무월경, 수유 부족
3. 투석, 객혈, 외상성 출혈

해설

버즘나무과(Platanaceae)의 *Platanus acerifolia* (Ait.) Willd의 잘 익은 열매차례를 말린 것은 외관상 풍향지와 유사하다. 보고서는 종종 노로통과 혼동된다는 것을 보여준다. 일반적으로 프랑스 버즘나무로 알려진 *P. acerifolia*는 중국의 가로수로 심어지지만 의약적으로 사용되지는 않다[18].

현대 연구에 따르면 노로통은 간을 보호하는 데 매우 효과적이며 간염 예방 및 치료용 약으로 대만에서 일반적으로 사용된다.

소합향나무 *Liquidambar orientalis* Mill의 수지를 소합향(蘇合香)이라고 하여 약재로 사용한다. 풍향수와 마찬가지로 소합향은 계피산이 풍부하며 항혈전증, 관상동맥 순환 촉진 및 항부정맥 약과 유사한 약리학적 효과를 나타낸다. 정제한 풍향지는 소합향보다 독성이 적으므로 소합향의 대체 물질로 사용되거나 심혈관 질환 치료에 새로운 응용 분야로 개발될 가능성이 매우 크다.

개에서 비장 및 대퇴 동맥의 출혈을 멈추기 위해 잎의 에탄올 추출물을 실험적으로 사용하면 에탄올 추출물이 지혈 효과에 효율적이라는 것을 알 수 있다. 구강 수술 예시 51에서의 임상적 적용은 만족스러운 지혈 및 진통 효과가 있음을 나타낸다[19]. 잎은 지혈제와 진통제로 발전할 수 있는 큰 잠재력이 있다.

참고문헌

1. NT Dat, IS Lee, XF Cai, GH Shen, YH Kim. Oleanane triterpenoids with inhibitory activity against NFAT transcription factor from Liquidambar formosana. Biological & Pharmaceutical Bulletin. 2004, 27(3): 426–428
2. C Li, YR Sun, YF Sun. Chemical composition of Fructus Liquidambaris–lulutong. Acta Pharmaceutica Sinica. 2002, 37(4): 263–266
3. ZQ Lai, Y Dong. Studies on the chemical constituents of the lulutong (1) – structure determination of a novel pentacyclic triterpene. Acta Scientiarum Naturalium Universitatis Sunyatseni. 1996, 35(4): 64–69
4. ZW Wang, LN Zhang, WB Cheng, JX Cuo. Identification of the chemical constituents of the volatile oil from Chinese drug "lulutong", fruit of Liquidambar formosana Hance. Journal of Shanghai Medical University. 1984, 11(2): 147–150
5. C Konno, Y Oshima, H Hikino, LL Yang, KY Yen. Anti–hepatotoxic principles of Liquidambar formosana fruits. Planta Medica. 1988, 54(5): 417–419
6. C Liu, JF Xu, QM He, QS Yu. Chemical components of the Liquidambar formosana H. resin. Chinese Journal of Organic Chemistry. 1991, 11(5): 508–510
7. H Liu, MY Shen, ZH He. Study on the chemical constituents in Liquidambar balsam. Chemistry and Industry of Forest Products. 1995, 15(3): 61–66
8. LK Yankov, KP Ivanov, TTT Pham Truong. Triterpenic acids with lupane and ursane skeletons from the resin of Liquidambar formosana H. Doklady Bolgarskoi Akademii Nauk. 1980, 33(1): 75–78
9. L Yankov, C Ivanov, TTT Pham. Triterpene acids with oleane skeleton from the resin of Liquidambar formosana H. Doklady Bolgarskoi Akademii Nauk. 1980, 33(3): 357–360
10. M Arisawa, M Hamabe, M Sawai, T Hayashi, H Kiuzu, T Tomimori, M Yoshizaki, N Morita. Constituents of Liquidamber formosana (Hamamelidaceae). Shoyakugaku Zasshi. 1984, 38(3): 216–220
11. T Okuda, T Hatano, T Kaneda, M Yoshizaki, T Shingu. Liquidambin, an ellagitannin from Liquidambar formosana. Phytochemistry. 1987, 26(7): 2053–2055
12. T Hatano, R Kira, T Yasuhara, T Okuda. Tannins of hamamelidaceous plants. III. Isorugosins A, B and D, new ellagitannins from Liquidambar formosana. Chemical & Pharmaceutical Bulletin. 1988, 36(10): 3920–3927
13. T Hatano, R Kira, M Yoshizaki, T Okuda. Seasonal changes in the tannins of Liquidambar formosana reflecting their biogenesis. Phytochemistry. 1986, 25(12): 2787–2789
14. ZH Jiang, RH Zhou, I Kouno. Iridoids in bark of Liquidambar formosana. Chinese Traditional and Herbal Drugs. 1995, 26(8): 443–444
15. L Zhu, HW Leng, LW Tan, JX Guo. Anti–thrombotic effect of Resina Liquidamberis and its essential oils. Chinese Traditional and Herbal Drugs. 1991, 22(9): 404–405
16. B Li, YD Shao, JX Guo, YY Zhang, J Lu, BL Chen. Pharmacological effects of Resina Liquidambaris and styrax on cardiovascular system. Natural Product Research and Development. 1999, 11(5): 72–79
17. B Li, HN Xu, WY Weng, J Shen, F Zhang. Enhancement of skin penetration by volatile oil of Resina Liquidambaris. Journal of Shanghai Medical University. 1998, 25(5): 365–367

18. SY Zhu. Identification of Fructus Liquidambaris and its adulterant–Platanus acerifolia. Journal of Chinese Medicinal Materials. 2000, 23(4): 198–199

19. MD Duan. Clinical observation of preparation of Liquidambar formosana leaf applying to oral surgery. Journal of Oral and Maxillofacial Surgery. 1996, 6(1): 68–69

여지 荔枝 CP, KHP

Sapindaceae

Litchi chinensis Sonn.

Lichee

개 요

무환자나무과(Sapindaceae)
여지(荔枝, *Litchi chinensis* Sonn.)의 익은 씨를 말린 것: 여지(荔枝)
중약명: 여지(荔枝)
여지속(*Litchi*) 식물은 전 세계에 2종이 있으며, 중국에 1종, 필리핀에 1종이 있다. 이 종은 중국의 남부와 서남부 지역에 분포하며 광동성과 복건성에서 많은 양이 분포되어 있다. 동남아시아, 아프리카, 아메리카 및 오세아니아에서 재배된다.
"여지(荔枝)"는 ≪본초연의(本草衍義)≫에서 약으로 처음 기술되었다. 대부분의 고대 한방의서에 기술되어 있으며, 약용 종은 고대부터 동일하게 남아 있다. 이 종은 여지핵(Litchhi Semen)의 공식적인 기원식물 내원종으로서 중국약전(2015)에 등재되어 있다. ≪대한민국약전외한약(생약)규격집≫(제4개정판)에는 "여지핵"을 "여지 *Litchi chinensis* Sonnerat (무환자나무과 Sapindaceae)의 씨"로 등재하고 있다. 의약 재료는 주로 중국의 광동성, 광서성 및 복건성에서 생산된다.
씨에는 주로 지방산이 함유되어 있다. 중국약전은 의약 물질의 품질관리를 위해 관능검사와 현미경 감별법을 사용한다.
약리학적 연구에 따르면 씨에는 혈당강하, 고지질 개선, 항바이러스 및 간 보호 작용이 있음을 확인했다.
한의학에서 여지는 행기산결(行氣散結), 거한지통(祛寒止痛)의 효능이 있다.

여지 荔枝 *Litchi chinensis* Sonn.

여지 荔枝 CP, KHP

여지의 꽃 荔枝 *Litchi chinensis* Sonn.

여지 荔枝 Litchi Semen

함유성분

씨에는 지방산 성분으로 palmitic acid, oleic acid, linoleic acid, dinyrosterculic acid, cis−7, 8−methylenehexadecanoic acid, cis−5, 6−methylenetetradecanoic acid, cis−3, 4−methylenedodecanoic acid[1]가 함유되어 있고, 정유 성분으로 1, 3−butanediol, 2, 3−butanediol, δ−cadinene, epoxycaryophyllene, β−selinene[2], 또한 (24R)−5α−stigmast−3,6−dione, stigmast−22−ene−3, 6−dione, 3−oxotirucalla−7,24−dien−21oci acid, stigmasterol−β−D−glycosides, lH−imidazole−4−carboxylic acid, 2, 3−dihydro−2−oxo, methyl ester, pinocembrin−7−neohesperidoside, D−l−O−methylmyo−inositol, galactitol, myo−inositol[3], protocatechuic acid[4], α−methylenecyclopropylglycine[5]이 함유되어 있다.
열매껍질에는 카테킨 성분으로 catechin, epicatechin, 안토시아니딘 성분으로 procyanidin A_2[6], B_2, B_4[7], cyanidin−3−glucoside, cyanidin−3−rutinoside, 플라보노이드 성분으로 rutin, quercetin−3−glucoside[8]가 함유되어 있다.
가종피에는 정유 성분으로 linalool, citronellol, geranial, farnesol[9]이 함유되어 있다.

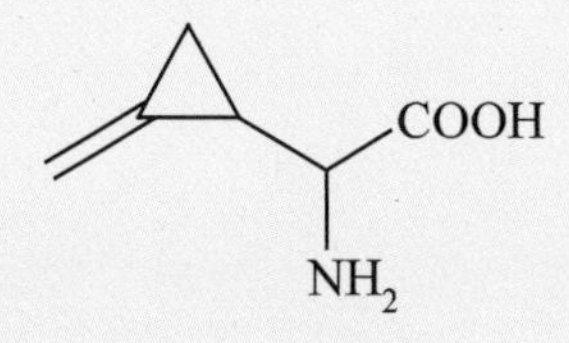

α-methylenecyclopropylglycin

약리작용

1. 혈당강하 작용
   씨의 물 추출물을 랫드에 경구 투여하면 공복 시 혈당치와 인슐린 저항성을 동반한 제2형 당뇨병 경구 포도당 내성 검사 2시간 후의 혈당치를 유의하게 감소시켰다. 당뇨 랫드에서 내당능 장애를 개선하고, 고인슐린 혈증을 감소시키며, 인슐린감수성지수(ISI)를 증가시키고 항산화능을 향상시키며 간과 신장의 기능을 향상시켰다[10-11]. 씨의 물 및 알코올 추출물을 경구 투여하면 랫드 및 마우스에서 아드레날린, 글루코스 및 알록산에 의해 유발된 공복 혈당의 증가를 억제했다. 과다 복용은 당뇨 고지혈증 랫드의 혈당과 지질 상태를 개선시켰지만 동물의 사망을 가속화시켰다. 초기 연구에서 씨가 비구아니드 혈당강하제와 유사한 효과를 나타냈다[12].

2. 항고지혈증 효과
   씨의 물 추출물을 경구 투여하면 총 콜레스테롤 및 트리글리세라이드를 유의하게 감소시켰으며, 인슐린 저항성을 동반한 제2형 당뇨병 랫드, 고지혈증 마우스 및 아드레날린, 포도당 및 알록산으로 유도된 당뇨병 마우스, 고지혈증 랫드의 고밀도 지단백 콜레스테롤(HDL-C) 수준 및 혈청 총 콜레스테롤 비율을 증가시켰다[10-12]. 핵유는 50%의 불포화지방산과 31%의 시클로프로필 장쇄 지방산을 함유하고 있으며 이는 주요 항고지혈증 성분이다[13].

3. 항바이러스
   초본의 물 추출물에 의한 B형 간염 표면 항원(HBsAg)과 e 항원(HBeAg)의 길항작용을 ELISA로 시험한 결과, 씨의 물과 알코올 추출물은 HBsAg과 HBeAg에 대해 강력한 억제 효과를 나타냈다[14-15]. *In vitro*에서 씨의 플라보노이드는 인간 후두암 Hep-2 세포에서 호흡기 세포 융합 바이러스를 억제했다[16].

4. 간 손상으로부터 보호
   씨의 추출물을 경구 투여하면 간독성 모델에서 CCl_4와 티오아세트아미드(TAA)에 의한 혈청 아스파르테이트아미노전달효소(AST), 알라닌아미노전달효소(ALT) 활성이 유의하게 감소되었다. 또한 혈청 과산화물 불균등화효소(SOD)의 활성도를 증가시켰고 말론디알데하이드(MDA)의 수준을 현저히 감소시켰다[17].

5. 항종양
   씨의 물 추출물을 경구 투여하면 마우스에서 이식된 간암과 S180 육종에 대하여 유의한 항종양 활성을 보였다[18]. 에피카테킨과 프로시아니딘 B2는 사람 유방암 MCF-7 세포와 인간 폐 섬유아세포에 대하여 세포독성을 나타냈다[7].

6. 기타
   씨에 함유된 아미노산인 α-메틸렌시클로프로필글리신은 랫드의 살모넬라균에 대해 항돌연변이 효과를 나타냈다[5]. 씨의 에탄올 침지한 물 추출물을 경구 투여하면 마우스에서 산소 유리기의 제거를 촉진시켰고, 유기체의 항산화능을 강화시켰다[19]. 열매껍질로부터의 에틸아세테이트 추출물은 면역 조절 효과를 나타냈다[7].

용도

1. 탈장, 복부 통증, 고환의 부기(浮氣)
2. 당뇨병
3. 설사

해설

여지의 헛씨껍질, 열매껍질, 잎 및 뿌리도 약재로 사용된다. 헛씨껍질은 양혈건비(養血健脾), 행기소종(行氣消腫)의 효능이 있고, 열매껍질은 제습지리(除濕止痢), 지혈(止血)의 효능이 있으며, 잎은 거습해독(祛濕解毒), 뿌리는 이기지통(理氣止痛), 해독소종(解毒消腫)의 효능이 있다.
여지핵은 인체 건강에 대한 두 가지 주요한 위험 요소인 당뇨병과 심혈관 질환에 확실한 영향을 미친다. 쉽게 구입할 수 있고 값이 저렴한 것은 물론 자연 의학의 발전에 높은 가치를 가지고 있다. 연구 결과에 따르면, 핵유에서 불포화지방산 50%와 시클로프로필 장쇄 지방산 31%이 항고지혈증의 주성분이다. 그러므로 핵유는 건강에 좋은 식용유로 개발될 수 있으며 이는 큰 시장 잠재력을 가지고 있다. 또한 여지핵은 지질이 풍부하고, 디하이드로스테르쿨린산과 그 동종 화합물을 다량 함유하고 있으며, 시클로프로필 지방산을 추출하기 위한 원료로 사용할 수 있다. 이 모든 것을 고려할 때 화학 산업에 가치가 있다.
여지는 중국의 일반적인 과일이다. 헛씨껍질은 비타민과 단백질이 풍부하고 강장 효과가 있으며 영양 식품으로 개발될 수 있다. 다량의 안토시아니딘을 함유하고 있으며 열매껍질은 적색 색소를 추출하는 데 사용된다. 그러므로 천연 색소의 이상적인 원료이다[20].

참고문헌

1. LY Zheng, C Han, JQ Pan. Chemical, pharmacological and clinical studies on Semen Litchi. Acta Chinese Medicine and Pharmacology. 1998, 5: 51-53
2. L Chen, ZP Liu, WB Shi, L Liu, QY Deng. GC/MS identification of essential oils from the seed and the membrane of Litchi chinensis Sonn. Acta Scientiarum Naturalium Universitatis Sunyatseni. 2005, 44(2): 53-56
3. PF Tu, Q Luo, JH Zheng. Studies on chemical constituents in seed of Litchi chinensis. Chinese Traditional and Herbal Drugs. 2002, 33(4): 300-303
4. XQ Liu, B Liu, XQ Nie. Separation and identification of two chemical constituents in Chinese herb Semen Litchi. Journal of Chengdu University of TCM. 2001, 24(1): 55
5. H Minakata, H Komura, SY Tamura, Y Ohfune, K Nakanishi, T Kada. Anti-mutagenic unusual amino acids from plants. Experientia. 1985, 41(12): 1622-1623
6. E Le Roux, T Doco, P Sarni-Manchado, Y Lozano, V Cheynier. A-type proanthocyanidins from pericarp of Litchi chinensis. Phytochemistry. 1998, 48(7): 1251-1258
7. MM Zhao, B Yang, JS Wang, Y Liu, LM Yu, YM Jiang. Immunomodulatory and anti-cancer activities of flavonoids extracted from litchi (Litchi chinensis Sonn.) pericarp. International Immunopharmacology. 2006, 7(2): 162-166
8. P Sarni-Manchado, E Le Roux, C Le Guerneve, Y Lozano, V Cheynier. Phenolic composition of litchi fruit pericarp. Journal of Agricultural and Food Chemistry. 2000, 48(12): 5995-6002
9. CC Chyau, PT Ko, CH Chang, JL Mau. Free and glycosidically bound aroma compounds in lychee (Litchi chinensis Sonn.). Food Chemistry. 2002, 80(3): 387-392
10. JW Guo, JQ Pan, GQ Qiu, AH Li, LY Xiao, C Han. Effects of litchi seed on enhancing insulin sensitivity in type 2 diabetic-insulin resistant rats. Chinese Journal of New Drugs. 2003, 12(7): 526-529
11. JW Guo, LM Li, JQ Pan, GQ Qiu, AH Li, GH Huang, LH Xu. Pharmacological mechanism of semen litchi on antagonizing insulin resistance in rats with type 2 diabetes. Journal of Chinese Medicinal Materials. 2004, 27(6): 435-438
12. JQ Pan, HC Liu, GN Liu, YL Hu, XQ Yang, LX Chen, ZQ Qiu. Experimental study on hypoglycemic, hypolipidemic and anti-oxidative effects of Semen Litchi. Guangdong Pharmaceutical Journal. 1999, 9(1): 47-50
13. ZX Ning, KW Peng, Y Qin, JX Wang, XH Tan. Effects of the kernel oil from Litchi chinensis Sonn. seed on the level of serum lipids in rats. Acta Nutrimenta Sinica. 1996, 18(2): 159-162
14. MS Zheng, YZ Zhang, YK Chen, W Li. Applying ELISA technique in testing anti-HBsAg ability of Chinese herbs. Journal of Integrated Traditional Chinese and Western Medicine. 1990, 10(9): 560-562
15. Y Yang, YH Yi, QB Chen, MX Tan. Inhibition of Semen Litchi on HBsAg and HBeAg. Advances Science & Technology. 2001, 7: 24-26
16. RG Liang, WB Liu, ZN Tang, Q Xu. Inhibition on respiratory syncytial virus in vitro by flavonoids extracted from the core of Litchi chinensis. Journal of the Fourth Military Medical University. 2006, 27(20): 1881-1883
17. LY Xiao, JQ Pan, WN Rao, C Han, HR Tan, LS Xiao, LG Liang, YM Jiang. The research of protective effect of litchi seed of experimental liver injury in mice. China Journal of Traditional Chinese Medicine and Pharmacy. 2005, 20(1): 42-43
18. LY Xiao, D Zhang, ZM Feng, QW Chen, H Zhang, PY Lin. Study on anti-tumor effect of Semen Litchi. Journal of Chinese Medicinal Materials. 2004, 27(7): 517-518
19. HG Chen, HJ Guo, Y Qin, SQ Zhang, WJ Liang, CG Li. Interventional effect of litchi nucleus extract fluid on blood glucose, blood lipid and other correlated indexes of diabetic model mice. Chinese Journal of Clinical Rehabilitation. 2006, 10(7): 79-81
20. JM Liu. Extraction, characterization and analytical application of litchi Chinese red pigment. Natural Product Research and Development. 1999, 10(3): 69-72

산계초 山雞椒 CP, KHP

Lauraceae

Litsea cubeba (Lour.) Pers.

Fragrant Litsea

개 요

녹나무과(Lauraceae)

산계초(山雞椒, *Litsea cubeba* (Lour.) Pers.)의 익은 열매를 말린 것: 필징가(蓽澄茄)

중약명: 필징가(蓽澄茄)

산계초속(*Litsea*) 식물은 전 세계에 약 200종이 있으며, 아시아의 열대 및 아열대 지역, 남미 및 북아메리카의 아열대 지역에 분포한다. 중국에서 약 72종, 18변종과 3품종이 발견되며, 주로 남부와 남서부의 온난한 지역에 분포한다. 이 속에 속하는 약 17종이 약재로 사용된다[1]. 이 종은 남부, 동부, 남서부 및 중부 남부 중국에 분포한다. 또한 동남아시아에도 분포한다.

산계초는 ≪전남본초(滇南本草)≫에서 "산호초(山胡椒)"라는 이름의 약으로 처음 기술되었다. 이 종은 한약재 필징가(Litseae Fructus)의 공식적인 기원식물 내원종으로서 중국약전(2015)에 등재되어 있다. ≪대한민국약전외한약(생약)규격집≫(제4개정판)에는 "필징가"를 "필징가(蓽澄茄) *Piper cubeba* Linné (후추과 Piperaceae) 또는 산계초(山雞椒) *Litsea cubeba* Persoon c. (녹나무과 Lauraceae)의 덜 익은 열매"로 등재하고 있다. 의약 재료는 주로 중국의 강소성, 안휘성, 절강성, 강서성, 복건성, 광동성, 광서성 및 사천성에서 생산된다.

산계초에는 주로 정유, 지방산 및 알칼로이드 성분이 함유되어 있다. 중국약전은 의약 물질의 품질관리를 위해 열수 추출법에 따라 시험할 때 에탄올 추출물의 함량이 28% 이상이어야 한다고 규정하고 있다.

약리학적 연구에 따르면 필징가에는 항균, 항산화 및 항천식 작용이 있음을 확인했다.

한의학에서 필징가(蓽澄茄)는 온중산한(溫中散寒), 행기지통(行氣止痛)의 효능이 있다.

산계초 山雞椒 *Litsea cubeba* (Lour.) Pers.

산계초 山雞椒 CP, KHP

필징가 華澄茄 Litseae Fructus

함유성분

뿌리에는 정유 성분으로 citronellal, citral, citronellol[2]이 함유되어 있고, 알칼로이드 성분으로 (−)−litcubine, (−)−litcubinine[3]이 함유되어 있다.
줄기에는 정유 성분으로 citronellol, citronellal[4], 알칼로이드 성분으로 litebamine[5], (−)−oblongine, 8−O−methyloblongine, xanthoplanine, magnocurarine[6], d−laurotetanine, isocorydine[7]이 함유되어 있다.
잎과 꽃에는 정유 성분으로 1,8−cineole, linalool, sabinene[8], citronellal, phellandrene, pinene[4]이 함유되어 있다.
열매에는 정유 성분으로 α, β−citrals, d−limonene, methylheptenone, linalool, α−pinene, sabinene, citronellal, eucalyptol[9], myrcene, α−terpineol, β−caryophyllene[10]이 함유되어 있다.
또한, 알칼로이드 성분으로 boldine, laurolitsine, isoboldine, norisocorydine, N−methyllindcarpine, isodomesticine, glaziovine[11]이 분리되었다.

OH
MeO
N
MeO
HO

litebamine

약리작용

1. 항균 작용

   열매의 정유 성분은 표피사상균, 백선균, 백색 종창, 개소포자균과 같은 피부병을 억제했다. 미량 희석 시험에서 열매의 정유 성분이 칸디다 알비칸스, 칸디다 트로피칼리, 칸디다 글라브라타, 칸디다 파라프실로시스 및 칸디다 크루세이를 억제함을 보였다. 열매의 정유 성분은 푸사리움 모닐리포르메, 푸사리움 솔라니, 알터나리아 및 흑색국균에 대해서도 유사한 억제 효과를 보였다[14]. 열매의 정유 성분의 주요 구성 성분인 시트랄은 아스페르질루스 플라부스의 원형질막을 손상시켜, 비가역적으로 DNA 손상을 일으켜 아스페르질루스 플라부스 포자의 발아 능력을 상실시켰다[15].

2. 항산화 작용

   오븐 보관을 이용하여, 열매의 정유 성분의 라드에 대한 항산화 효과를 시험했다. 펜톤 반응과 피로갈롤 자동 산화는 *in vitro*에서 유리기의 소거 효과를 시험하기 위해 사용되었다. 그 결과는 열매의 정유 성분이 더 나은 항산화 효과를 보였고, 효과적으로 히드록실 및 슈퍼옥사이드 유리기를 제거한다는 것을 나타냈다[16]. 1,1-디페닐-2-피크릴하이드라질(DPPH)을 포함한 3가지 분석법을 사용하여 열매의 메탄올 추출물이 비타민 E 및 C와 비교하면 보다 더 강력한 항산화 효과를 나타내는 것으로 나타났다[17].

3. 항천식 작용

   시트랄의 흡입은 기니피그에서 아세틸콜린 클로라이드와 히스타민 포스페이트 스프레이로 유발된 잠복 천식을 유의하게 지연시켰고, 또한 마우스에서의 집중 암모니아 스프레이로 유발된 기침의 지연을 유발하고, 기침 빈도를 현저하게 감소시켰으며, 일정한 정도의 항천식, 해열, 거담, 만족할 만한 기관지 진경 효과를 나타냈다[18].

4. 보중익기(補中益氣)

   마우스에게 대황 탕액을 복강 내 투여해서 불완전한 비장 모델을 만들었다. 그런 다음, 열매의 탕액을 각기 다른 투여량으로 동물에게 투여했다. 동물의 체중, 털, 외관, 비장 지수 및 혈액유변학에 대한 영향을 관찰했으며, 그 결과 열매의 탕액은 비장을 강화시키고 보기(補氣)했다[19].

5. 혈관 확장

   라우로테타닌은 Ca^{2+}채널을 억제함으로써 적출된 흉부 대동맥에서 혈관 이완 효과를 나타냈다[20].

6. 항트리코모나스

   열매의 정유 성분과 젖산을 주성분으로 하는 혼합물은 질트리코모나스를 직접적으로 그리고 빠르게 사멸시켰고, 저용량에서도 효과적이었다[21].

7. 기타

   열매의 물 추출물은 ADP와 콜라겐에 의해 유도된 토끼의 혈소판 응집을 억제했다[22].

용도

1. 위통, 위궤양, 구토, 역류
2. 탈장
3. 류머티스성 관절염
4. 요추 근육 긴장, 산후 요통
5. 외상 출혈

해설

열매 이외에, 필징가의 뿌리를 말린 것은 한약재 "두시장(豆豉醬)"으로 사용된다. 두시장은 거풍제습(祛風除濕), 온중산한(溫中散寒), 행기활혈(行氣活血)의 효능으로, 감기, 부종, 각기, 류머티스 관절염, 산후 복부 통증, 월경불순, 기의 정체로 인한 복부 팽만감 등을 개선시킨다. 더욱이, 잎을 말린 것은 한약재 "산창자엽(山蒼子葉)"으로 사용된다. 산창자엽은 이기산결(理氣散結), 해독소종(解毒消腫), 지혈(止血)의 효능으로, 만성 기관지염, 유방염, 사교상(蛇咬傷) 및 벌레 물림, 상처와 출혈, 발의 부기(浮氣) 등을 개선한다.

"필징가(蓽澄茄)"는 의약 문헌에 기술된 바와 같이, 후추과(Piperaceae)의 *Piper cubeba* L.의 열매이다. ≪해약본초(海藥本草)≫에서 처음 기술되었으며, ≪개보본초(開寶本草)에서 필징가로 기록되었다. 이종은 중국에서 수입하는 한약재이다. 그러나 산계초의 열매는 거의 백 년 동안 중국 남부에서 "필징가"로 사용되어 왔다. *L. cubeba*와 *P. cubeba*는 서로 다른 과에 속하는 식물로서 주의 깊게 구별되어야 한다.

참고문헌

1. XH Yan, FX Zhang, HH Xie, XY Wei. A review of the studies on chemical constituents from Litsea Lam. Journal of Tropical and Subtropical Botany. 2000, 8(2): 171-176
2. JL Jin, GC Chen, YX Wen, GR Cheng. Studies on the chemical constituents of the root of Litsea cubeba. Guihaia. 1991, 11(3): 254-256
3. SS Lee, CC Chen, FM Huang, CH Chen. Two dibenzopyrrocoline alkaloids from Litsea cubeba. Journal of Natural Products. 1996, 59(1): 80-82
4. S Choudhury, R Ahmed, A Barthel, PA Leclercq. Composition of the stem, flower and fruit oils of Litsea cubeba Pers. from two locations of Assam, India. Journal of Essential Oil Research. 1998, 10(4): 381-386
5. YC Wu, JY Liou, CY Duh, SS Lee, ST Lu. Studies on the alkaloids of Formosan Lauraceae plants. 32. Litebamine, a novel phenanthrene alkaloid from Litsea cubeba. Tetrahedron Letters. 1991, 32(33): 4169-4170
6. SS Lee, YJ Lin, CK Chen, KCS Liu, CH Chen. Quaternary alkaloids from Litsea cubeba and Cryptocarya konishii. Journal of Natural Products. 1993, 56(11): 1971-1976
7. M Tomita, ST Lu, PK Lan. Alkaloids of Formosan Lauraceous plants. V. Alkaloids of Litsea cubeba. Yakugaku Zasshi. 1965, 85(7): 593-596
8. A Bighelli, A Muselli, J Casanova, NT Tam, VA Vu, JM Bessiere. Chemical variability of Litsea cubeba leaf oil from Vietnam. The Journal of Essential Oil Research. 2005, 17(1): 86-88
9. X Zhou, BB Mo. The study on chemical components of volatile oil which from Litsea cubeba (Lour.) Pers. growing in Guizhou. Journal of Guizhou University (Natural Science). 2001, 18(1): 45-47
10. YH Zhou, LS Wang, XM Liu. GC-MS analysis of Litsea cubeba oil obtained in Guangxi. Journal of Chemical Industry of Forest Products. 2003, 37(1): 19-21
11. SS Lee, CK Chen, IS Chen, KCS Liu. Additional isoquinoline alkaloids from Litsea cubeba. Journal Chinese Chemistry Society. 1992, 39(5): 453-455
12. ZL Rong, CB Wei, GS Wang, HQ Liu. Drug allergy and clinical trial on skin fungi of Litsea cubeba oil. China Journal of Leprosy and Skin Diseases. 2006, 22(3): 247-248
13. F Fang, ZP Lü, ZW Wang, YL Huang, HB Li. Anti-fungal susceptibility of Candida spp. to Litsea cubeba oil: a broth microdilution tests and electron microscopy. Dermatologica Sinica. 2002, 35(5): 349-351
14. P Gogoi, P Baruah, SC Nath. Anti-fungal activity of the essential oil of Litsea cubeba Pers. Journal of Essential Oil Research. 1997, 9(2): 213-215
15. M Luo, LK Jiang, GL Zou, The mechanism of loss of germination ability. Chinese Journal of Biochemistry and Molecular Biology. 2002, 18(2): 227-233
16. C Cheng. Study on the anti-oxidation of Litsea cubeba oil. Food Research and Development. 2005, 26(4): 155-158
17. JK Hwang, EM Choi, JH Lee. Anti-oxidant activity of Litsea cubeba. Fitoterapia. 2005, 76(7-8): 684-686
18. ZY Yin, QJ Wang, Y Jia. Empirical study on anti-asthmatic effect of citral from aqueous extract of fruit of cubeb litsea tree. Chinese Journal of Clinical Pharmacology and Therapeutics. 2005, 11(2): 197-201
19. HW Hong, SP Qiu, BP Wang, JY Lin. A study of pharmacological effects of douchijiang in spleen-deficiency mice. Strait Pharmaceutical Journal. 2000, 12(2): 25-26
20. WY Chen, FN Ko, YC Wu, ST Lu, CM Teng. Vasorelaxing effect in rat thoracic aorta caused by laurotetanine isolated from Litsea cubeba Persoon. Journal of Pharmacy and Pharmacology. 1994, 46(5): 380-382
21. CX Nie, SX Zhao. Killing Trichomonas vaginalis with a new drug Fulean. Journal of Jinan University (Medicine Edition). 1999, 20(4): 80-82
22. MF Zhang, QY Xu, YQ Shen. Pharmacological studies on warming and activating meridians and rescuing from collapse by restoring yang of internal warming drugs. Chinese Journal of Information on Traditional Chinese Medicine. 1999, 6(8): 28-30

과로황 過路黃 CP, KHP

Primulaceae

Lysimachia christinae Hance

Christina Loosestrife

개 요

앵초과(Primulaceae)

과로황(過路黃, *Lysimachia christinae* Hance)의 전초를 말린 것: 금전초(金钱草)

중약명: 과로황(過路黃)

까치수염속(*Lysimachia*) 식물은 전 세계에 약 180종이 있으며, 북반구의 온대 및 아열대 지역에 주로 분포하고, 아프리카, 라틴 아메리카 및 오세아니아에는 그 수가 적다. 중국에는 132종, 1아종과 17변종이 발견되며, 이 속에서 약 34종과 2변종이 약재로 사용된다. 이 종은 중국의 중남부, 남서부, 남부 및 동부에 분포한다.

과로황은 ≪백초경(百草鏡)≫에서 "신선대좌초(神仙對坐草)"라는 이름의 약용으로 처음 기술되었다. 대부분의 고대 한방의서에 기술되어 있으며, 약용 종은 고대부터 동일하게 남아 있다. 이 종은 중국약전(2015)에 한약재 금전초(Lysimachiae Herba)의 공식적인 기원식물 내원종으로서 등재되어 있다. ≪대한민국약전외한약(생약)규격집≫(제4개정판)에는 "금전초"를 "과로황(過路黃) *Lysimachia christinae* Hance (앵초과 Primulaceae)의 전초"로 등재하고 있다. 의약 재료는 주로 중국 사천성 및 양자강 이남에서 생산된다.

과로황에는 주로 플라보노이드 성분이 함유되어 있다. 중국약전에는 의약 물질의 품질관리를 위해 고속액체크로마토그래피법에 따라 시험할 때 퀘르세틴과 캠페롤의 총 함량이 0.10% 이상이어야 한다고 규정하고 있다.

약리학적 연구에 따르면 과로황에는 배뇨를 촉진하고, 요로결석을 제거하며, 담즙 배설을 촉진하여 담석을 배출하며, 항염, 면역억제 및 항산화 작용이 있음을 확인했다.

한의학에서 금전초는 이수통림(利水通淋), 청열해독(淸熱解毒), 산어소종(散瘀消腫)의 효능이 있다.

과로황 過路黃 *Lysimachia christinae* Hance

과로황 過路黃 CP, KHP

금전초 金钱草 Lysimachiae Herba

함유성분

전초에는 플라보노이드 성분으로 quercetin, isoquercitrin, kaempferol, trifolin, 3,2',4',6'–tetrahydroxy–4,3'–dimethoxy chalcone, kaempferol–3–O–lysimachia trioside[1], astragalin, complanatuside, kaempferol–3–O–rutoside, kaempferol–3–Orhamnoside–7–O–rhamnosyl–(1→3)–rhamnoside[2], lysimachiin[3], kaempferol–3–neohesperidoside[4], 정유 성분으로 α–pinene, camphor, bornyl acetate, caryophyllene oxide, spathulenol[5], 또한 rhamnonic acid–γ–lactone[3]이 함유되어 있다.

lysimachiin

약리작용

1. 이뇨 및 요로결석 제거 효과
전초의 탕액은 올챙이에서 실험용 신장 결석의 형성을 효과적으로 예방하고 치유했다[6-7]. 전초는 또한 마취된 개의 뇨관에서 상부 관상동맥압의 증가를 유도하고, 뇨관과 뇨량에서 연동 운동의 증가를 유도했다. 또한, 뇨관에서 결석을 압출하고 진동시켜, 결석의 배출을 촉진시켰다[8]. 전초의 활성 다당류는 요로결석의 주성분 중 하나인 옥산칼슘 일수화물의 형성을 억제했다[9].

2. 이담 및 담석 제거 효과
전초의 탕액 또는 주사제(경구, 정맥 주사 또는 십이지장 경유 투여)는 랫드, 개 및 인간에서 담즙 분비 촉진, 결석의 배출 및 결석 형성 예방 효과를 나타냈다. 전초의 탕액을 경구 투여하면 담관 전도를 통해 담즙 분비와 배설을 촉진시켰다.

3. 항염 작용
전초, 전초의 총 플라보노이드 및 페놀산을 복강 내 투여하면 히스타민에 의해 유도된 마우스 혈관의 투과성 증가, 피마자유로 유도된 마우스 귀의 부기 및 난알부민으로 유발된 관절염, 랫드에서 목화송이로 유도된 육아종을 억제했다[10].

4. 면역계에 미치는 영향
전초의 추출물을 복강 내 투여하면 마우스의 흉선 세포 수를 감소시켰고, 펜토헤마글루티닌(PHA)과 지질다당류(LPS)에 의해 유도된 비장 세포와 임파 세포의 감염을 유의하게 억제했다. 전초의 탕액을 경구 투여하면 토끼의 갑상선 이식으로 인한 면역 거부 반응을 약화시켰다[11]. 그 기전은 T 세포 성장 억제와 관련이 있었고, 수용체 면역 거부 능력의 감소로 인한 것이었다[12]. 전초의 탕액을 경구 투여하면 랫드의 세포 면역과 체액 면역을 억제했고, 랫드에서 대식세포와 호중구 백혈구의 식세포 능력을 향상시켰다[13].

5. 항산화 작용
*In vitro*에서 전초의 물 추출물은 마우스의 균질화된 간에서 지질과산화를 억제했고, 과산화 음이온과 히드록실 유리기를 제거했다[14]. 또한 전초의 메탄올 및 클로로포름 (2:1) 추출물의 에틸아세테이트 용해성 분획은 퀘르세틴 및 이소퀘르시트린의 주요 활성 성분으로 유리기 소거 효과를 나타냈다[15].

6. 혈당강하 작용
전초의 물 추출물을 경구 투여하면 화학 유도제인 칼륨 옥손산염의 복강 내 주사로 유도된 고뇨산혈증을 가진 마우스에서 혈청 뇨산 수치를 유의하게 감소시켰다[16-17].

7. 기타
또한 전초는 B형 간염 표면 항원을 억제[18]했고, 혈관 평활근을 이완시켰으며, 혈소판 응집을 억제[2]했다.

용도

1. 담석증, 요로결석
2. 발열성 배뇨 곤란, 신장염
3. 황달
4. 염증, 종창, 사교상(蛇咬傷)

해설

홍콩의 금전초는 광금전초(廣金錢草)로 알려진 콩과(Fabaceae)의 *Desmodium styracifolium*(Osbeck) Merr의 지상부를 말한다. 중국약전은 두 개의 별도 품목으로 금전초와 광금전초를 등재하고 있다.
과로황은 연구 개발 잠재력이 큰 식물이다. 현재 화학 성분에 대한 연구는 주로 플라보노이드에 맞춰져 있다. 추후 연구를 통하여 약리학적 연구에 임상적 연구를 결합하여 효능에 대한 성분 조성과 그 기전을 찾는 데 초점을 맞추어야 할 것으로 보인다.

참고문헌

1. LD Shen, FR Yao. Studies on the chemical constituents of the herb Lysimachia christinae Hance. China Journal of Chinese Materia Medica. 1988, 13(11): 31–34

2. SP Zhao, P Lin, Z Xue. Chemical constituents of Christina loosestrife (Lysimachia christinae). Chinese Traditional and Herbal Drugs. 1988, 19(6): 245–248
3. DB Cui, SQ Wang, MM Yan. Isolation and structure identification of flavonol glycoside from Lysimachia christinae Hance. Acta Pharmaceutica Sinica. 2003, 38(3): 196–198
4. YJ Wang, QS Sun. Chemical constituents of Lysimachia christinae Hance. Chinese Journal of Medicinal Chemistry. 2005, 15(6): 357–359
5. DY Hou, RH Hui, TC Li, M Yang, YQ Zhu, XY Liu. Analysis of chemistry constituents of Glechoma longituba (Nakai) Kupr. (I). Journal of Anshan Normal University. 2004, 6(2): 36–38
6. DM Jin, QH Shen. Experimental study on the prevention of the forming of stone from the kidney in tadpole by magnetized water and "jinqiancao". Journal of Traditional Chinese Medicine. 1980, 6: 473–474
7. DM Jin, QH Shen. Study on the formation of experimental urolithiasis and the use of Lysimachia christinae in prevention and cure. Shanghai Journal of Traditional Chinese Medicine. 1982, 4: 47–48
8. LJ Mo, JT Deng, JM Zhang, BR Hu. Study on the mechanism of expelling ureteral stones of several Chinese medicines (Abstract). New Journal of Traditional Chinese Medicine. 1985, 17(6): 51–52
9. HZ Li, ZH Yuan, YY Wei. Studies of the effective constituents of Desmodium styracifolium (Osb.) Merr. and Lysimachia christinae Hance which inhibit the crystallization of calcium oxalate monohydrate. Journal of Shenyang Pharmaceutical University. 1988, 5(3): 208–212
10. LZ Gu, BS Zhang, JH Nan, RQ Wang. Studies on the anti–inflammatory effects of two species of Lysimachia christinae Hance and Desmodium styracifolium (Osbeck) Merr. China Journal of Chinese Materia Medica. 1988, 13(7): 40–42, 63
11. JL Fan. Study of Lysimachia christinae Hance (I) – effect on immune responses. Foreign Medical Sciences (Traditional Chinese Medicine Volume). 1989, 11(1): 25–27
12. X Wang, WL Shen, XL Huang, CY Du, KZ Li, JS Tan. Experimental study on resisting transplant rejection of Lysimachia christinae (Abstract). Journal of West China University of Medical Sciences. 1996, 27(2): 224
13. CZ Yao, F Li, YL Liu, ZD Zhang, JW Wang, BJ Cai, YY Liu, JH Cheng, SL Zhao. Influence of Chinese herb Lysimachia christinae Hance on immune responses in mice I. immunosuppressive effect. Acta Academiae Medicinae Sinicae. 1981, 3(2): 123–126
14. GL Yang, YJ Wen, YF Meng, XY Hu. Study on anti–aging effect of several Chinese herbs in vitro. Journal of Gansu Sciences. 1992, 4(4): 17–20
15. HL Huang, B Xu, CS Duan. Free radical scavenging activities and principals of Lysimachia christinae Hance. Food Science. 2006, 27(10): 183–188
16. HD Wang, F Ge, YS Guo, LD Kong. Effects of aqueous extract in herba of Lysimachia christinae on hyperuricemia in mice. China Journal of Chinese Materia Medica. 2002, 27(12): 939–941,944
17. SH Wei. Effects of herba of Lysimachia christinae and its folk variety on hyperuricemia in mice. China Pharmaceuticals. 2006, 15(10): 10–11
18. SY Zhou, DF Yao, CF Xu, LQ Huang, SP Zhang. Suppressive effect of Phyllanthus urinaria L. and Lysimachia christinae Hance on hepatitis B surface antigen. Practical Journal of Integrated Traditional and Western Medicine. 1995, 8(12): 760–761

망고 杧果 IP

Anacardiaceae

Mangifera indica L.

Mango

개 요

옻나무과(Anacardiaceae)

망고(杧果, *Mangifera indica* L.)의 잎을 말린 것: 망과엽(杧果葉)

중약명: 망과(杧果)

망고속(*Mangifera*) 식물은 세계에 약 50종이 있으며, 열대 아시아에 주로 분포하며, 서쪽의 인도와 스리랑카에서부터 동쪽의 필리핀에 이르기까지, 그리고 북쪽으로는 인도와 중국의 서남부와 동남부에서 남쪽의 인도네시아까지 분포한다. 중국에는 5종이 발견되며, 남동부에서 남서부에 분포한다. 이 속에서 약 2종이 약재로 사용된다. 이 종은 중국의 운남성, 광서성, 광동성, 복건성 및 대만에 분포한다. 인도, 방글라데시, 인도차이나반도, 말레이시아에도 분포하며 현재 전 세계적으로 널리 재배되고 있다.

망고는 ≪식성본초(食性本草)≫에서 "암라과(庵羅果)"란 이름의 약으로 처음 기술되었으며, 망과엽(杧果葉)은 중국 영남 지방의 ≪영남채약록(嶺南采藥錄)≫에 처음 기술되었다. 대부분의 고대 한방의서에 기술되어 있으며, 약용 종은 고대부터 동일하게 남아 있다. 이 종은 광동성중약재표준에 한약재 망과엽(Mangiferae Indicae Folium)의 공식적인 기원식물 내원종으로서 등재되어 있다. 의약 재료는 중국의 복건성, 광동성, 광서성, 운남성, 해남성 및 대만에서 주로 생산된다.

잎에는 주로 크산톤, 트리테르페노이드 및 정유 성분이 함유되어 있다.

약리학적 연구에 따르면 망고에는 진해, 거담, 항산화, 항종양, 해열, 항염, 항스트레스, 혈당강하 및 간 보호 작용이 있음을 확인했다.

한의학에서 망고 잎은 선폐지해(宣肺止咳), 거담소체(祛痰疏滯), 지양(止痒)의 효능이 있다.

망고 杧果 *Mangifera indica* L.

망고 杧果 BIP

망고의 꽃 杧果 *Mangifera indica* L.

망과엽 杧果葉 Mangiferae Indicae Folium

망과핵 杧果核 Mangiferae Indicae Nux

함유성분

잎에는 크산톤 성분으로 mangiferin[1], gentisein, mangiferitin, homomangiferin[2]이 함유되어 있고, 트리테르페노이드 성분으로 taraxerone, teraxerol, friedelin, lupeol[3], 정유 성분으로 α, β-pinenes, myrcene, limonene, β-ocimene, α-terpinolene, linalool, estragole, δ, β-elemenes, methyleugenol, humulene, alloaromadendrene[4]이 함유되어 있다.

mangiferin

약리작용

1. 진해 및 거담 효과

   잎의 물과 알코올 추출물을 경구 투여하면 마우스에서 진한 암모니아에 의해 유발된 기침 에피소드의 수를 감소시켰고, 기관에서 페놀레드 배설을 유의하게 촉진시켰다[5]. 망기페린은 진해제와 거담작용 효과의 주요 활성 성분이었다[6].

2. 항산화 작용
   망가페린을 노화된 랫드에게 연속적으로 위 내에 투여한 결과, 혈청 및 뇌 조직의 지질과산화물(LPO) 수준 및 뇌 조직의 리포푸신 수준을 감소시키고 랫드에서 증가된 과산화물 불균등화효소(SOD)의 활성을 감소시키는 것으로 밝혀졌다. 경구 투여하면, 초파리의 평균 수명이 연장되었다[7]. 망기페린을 경구 투여하면 랫드의 뇌 조직에서 알록산에 의해 유도된 지질과산화를 억제하고, 지질과산화물을 상당히 소거하며, 지질과산화에 의해 유발된 신경 손상을 감소시켜 뉴런 정상 기능을 보호했다[8]. *In vitro*에서도 망기페린이 지질과산화를 억제하고 SOD 활성을 현저히 증가시키며 랫드의 뇌 조직에 보호 효과가 있음이 밝혀졌다[9].

3. 항종양
   *In vitro*에서 망기페린은 백혈병 K562 세포의 증식을 억제했다. 그 기전은 bcr/abl 융합 유전자 발현의 하향 조절과 세포사멸의 유도와 관련이 있다[10-11]. *In vitro*에서 망기페린은 간암 BEL-7404 세포에 유의한 세포독성 효과를 보였다. 세포사멸을 유도하고 G_2/M 단계에서 세포주기를 정지시켰다[12]. 이것은 세포 부착 및 신호 전달 경로를 중재하는 것을 목표로 하는 잠재적인 항종양 제제이다[13].

4. 해열 및 항염 작용
   망기페린을 경구 투여하면 대장균 내 독소에 의해 유도된 토끼 발열 모델에서 공정한 해열 효과를 보였다. 아세트산에 의한 마우스 복막 모세혈관 투과성 증가를 유의하게 억제했다[6]. 망고 잎의 총 글리코시드는 마우스에서 디메틸벤젠과 피마자유에 의한 귀의 부기(浮氣)를 유의하게 억제했다[6, 15].

5. 스트레스 예방
   망기페린을 경구 투여하면 마우스의 부하 수영 능력을 향상시키고, 무산소 및 저체온 상태에서의 생존 시간을 증가시키며, 혈청 SOD 활성을 증가시키고, 말론디알데히드(MDA) 수준을 감소시켰다[16].

6. 혈당강하 작용
   잎의 물 추출물을 경구 투여하면 정상 마우스와 포도당 유발 당뇨병 마우스에서 혈당 수치를 유의하게 감소시켰다[17]. 망기페린을 경구 투여하면 제2형 당뇨병 마우스에서 혈중 콜레스테롤과 중성지방 수치를 감소시켰다[18].

7. 간 보호
   망기페린은 랫드의 아세트아미노펜, CCl_4, D-갈락토사민에 의해 유발된 복강 내 혈청 글루탐산 피루브산 아미노기전달효소(GPT)와 글루탐산 옥살초산 아미노기전달효소(GOT)의 수치를 감소시켰고, 랫드의 간 손상을 유의하게 감소시켜 어느 정도의 간 보호 효과를 나타냈다[19].

8. 항균 작용
   잎의 추출물은 *in vitro*에서 대장균, 파스튜렐라 멀토시다균, 살모넬라 풀로룸균, 바실루스 에리시펠라토스수스균, 황색포도상구균, 리메렐라 아나티페스티퍼균, 연쇄상구균과 같은 병원성 박테리아에 대한 억제 효과를 보였다[20].

9. 항바이러스
   *In vitro*에서 잎의 물 추출물과 망기페린은 뉴캐슬병 바이러스[20]와 B형 간염 바이러스[20]를 각각 억제했다.

용도

1. 기침, 기관지염, 독감
2. 복부 팽만
3. 습진, 가려움증

해설

잎 이외에, 망고의 열매는 한약재 망고(芒果)로 사용된다. 망고는 익위(益胃), 생진(生津), 지구(止嘔), 지해(止咳)의 효능이 있어서 갈증, 구토, 식욕 상실 및 기침 증상을 개선한다. 씨는 한약재로 사용된다. 망고엽은 건위소식(健胃消食), 화담행기(化痰行氣)의 효능이 있어서, 위 소화불량, 식욕 상실, 기침, 탈장 및 고환염 등의 증상을 개선한다. 망고의 나무껍질도 한약재로 사용된다. 나무껍질은 청서열(淸暑熱), 지혈(止血), 해창독(解瘡毒)의 효능이 있어서 여름철 온열질환, 말라리아, 코피, 옹 및 절종(節腫)으로 인한 발열 증상을 개선한다.
망고의 이름은 인도 남부의 타밀에서 기원한다. 야생 망고나무의 열매는 먹을 수 없다. 이 수종의 나무를 처음으로 발견한 인디언들은 그것을 식용 망고로 재배하고 4000년 이상 열대성 햇볕을 피할 곳으로 사용했다. "열대 과일의 왕"으로 유명한 망고는 고상한 펄프와 독특한 풍미를 가진 유명한 열대 과일이다.
망기페린은 여러 가지 약리학적 활성이 다양해서 추가 연구 및 개발에 적합하다.

참고문헌

1. JG Deng, X Feng, Q Wang, JP Qin, Y Ye. Comparison research on content of mangiferin among Folium Mangiferae Indicae from different habitats and different species. Chinese Traditional Patent Medicine. 2006, 28(12): 1755-1756
2. LP Smirnova, VI Sheichenko, GM Tokhtabaeva. Study of the chemical composition of alpizarin from mango leaves. Pharmaceutical Chemistry Journal. 2000, 34(2): 65-68
3. V Anjaneyulu, KH Prasad, GS Rao. Triterpenoids of the leaves of Mangifera indica. Indian Journal of Pharmaceutical Sciences. 1982, 44(3): 58-59
4. AA Craveiro, CHS Andrade, FJA Matos, JW Alencar, MIL Machado. Volatile constituents of Mangifera indica Linn. Revista Latinoamericana de Quimica. 1980, 11(3-4): 129
5. GF Wei, ZL Huang, YC He. The anti-tussive and expectorant effects of mangifera leaf extract. Lishizhen Medicine and Materia Medica Research. 2006, 17(10): 1954-1955
6. JG Deng, ZW Zheng, CH Zeng. Pharmacodynamic studies on mangiferin. Chinese Archives of Traditional Chinese Medicine. 2002, 20(6): 802-803
7. P Zhao, L He, JF Yang, B Li, RZ Liu, J Liang, FW Li, CP Huang. Experimental study on effect of mangiferin delaying caducity. Guangxi Journal of Preventive Medicine. 2004, 10(2): 71-73
8. HY Huang, M Zhong, CZ Nong, SY Zhao, G Meng. The ultramicro-structure change of lipid superoxided rat brain tissue and protect of mangiferin on the tissues. Guangxi Sciences. 2000, 7(2): 128-130
9. HY Huang, M Zhong, G Meng, CZ Nong, SY Zhao, SM Yu, LY Huang. Protective effect of mangiferin on lipid peroxidation damage of rat brain tissue. Chinese Journal of Traditional Medical Science and Technology. 1999, 6(4): 220
10. ZG Peng, J Luo, LH Xia, SJ Song, Y Chen. Inhibitory effect of mangiferin on the proliferation of K562 leukemia cells. Journal of Guangxi Medical University. 2004, 21(2): 168-170
11. ZG Peng, J Luo, LH Xia, Y Chen, SJ Song. CML cell line K562 cell apoptosis induced by mangiferin. Journal of Experimental Hematology. 2004, 12(5): 590-594
12. HY Huang, CZ Nong, LX Guo, G Meng, XL Zha. The proliferation inhibition effect and apoptosis induction of mangiferin on human hepatocellular carcinoma BEL-7404 cells. Chinese Journal of Digestion. 2002, 22(6): 341-343
13. C Z Nong, LX Guo, HY Huang. Effect of mangiferin on the expression of β-cateninand p120ctn in hepatic tissues of rats with liver cancer. Journal of Youjiang Medical College for Nationalities. 2003, 25(2): 143-146
14. JG Deng, ZW Zheng, K Yang. Effect of mangiferin on body temperature of rabbit fever model induced by endotoxin. Chinese Journal of Experimental Traditional Medical Formulae. 2006, 12(2): 72-73
15. NP Wang, JG Deng, HB Huang, XJ Li. Major pharmacodynamic study of Folium Mangiferae Indicae total glycoside tablet. China Journal of Chinese Materia Medica. 2004, 29(10): 1013-1014
16. JQ Wei, ZM Zheng, Y Pan, XL Xu, Q Xue, BX Huang, S Lai, ZQ Huang. An experimental study of anti-stress effects of mangiferin in mice. Journal of Youjiang Medical College for Nationalities. 2003, 25(5): 610-612
17. AO Aderibigbe, TS Emudianughe, BA Lawal. Evaluation of the anti-diabetic action of Mangifera indica in mice. Phytotherapy Research. 2001, 15(5): 456-458
18. T Miura, N Iwamoto, M Kato, H Ichiki, M Kubo, Y Komatsu, T Ishida, M Okada, K Tanigawa. The suppressive effect of mangiferin with exercise on blood lipids in type 2 diabetes. Biological & Pharmaceutical Bulletin. 2001, 24(9): 1091-1092
19. HL Cheng, YH Li, QY Bian. Effects of enzyme and morphological change of mangiferin on experimental liver damage in rats. Chinese Journal of Laboratory Animal Science. 1999, 9(1): 24-27
20. ZS Xia, CH Han, GY He, TC Tang, LP Wei. Inhibiting effect in vitro of extract of Mangifera indica L. leaf on some pathogenic bacteria and NDV replication. Journal of Guangxi Agricultural and Biological Science. 2004, 23(4): 274-277
21. ZW Zheng, JG Deng, K Yang. Effect on hepatitis B viruses HBsAg and HBeAg secretions by mangiferin in cultured 2215 cells. Chinese Archives of Traditional Chinese Medicine. 2004, 22(9): 1645-1646

분꽃 紫茉莉

Nyctaginaceae

Mirabilis jalapa L.

Common Four-O'clock

개 요

분꽃과(Nyctaginaceae)

분꽃(紫茉莉, *Mirabilis jalapa* L.)의 뿌리를 말린 것: 자말리근(紫茉莉根)

중약명: 자말리(紫茉莉)

분꽃속(*Mirabilis*) 식물은 전 세계에 약 50종이 있으며, 열대 아메리카에 분포한다. 중국에는 1종이 재배되며, 때때로 야생에서 발견되어 약재로 사용된다. 이 종은 중국 전역에서 재배되며 열대 아메리카가 원산이다.

분꽃은 ≪전남본초(滇南本草)≫에서 "백화삼(白花參)"이라는 이름의 약으로 처음 기술되었으며, 고정향(苦丁香)의 항목 아래에 등재되었다. 중국의 영남 지방에는 지노서(地老鼠)로 알려져 있다. 대부분의 고대 한방의서에 기술되어 있으며, 약용 종은 고대부터 동일하게 남아 있다. 의약 재료는 중국 전역에서 생산된다.

분꽃에는 주로 로티노이드, 알카로이드 및 테르페노이드 성분이 함유되어 있다.

약리학적 연구에 따르면 분꽃에는 혈당강하, 전립선 비대 증상 개선, 항바이러스 및 항균 작용이 있음을 확인했다.

한의학에서 자말리근은 청열이습(清熱利濕), 해독활혈(解毒活血)의 효능이 있다.

분꽃 紫茉莉 *Mirabilis jalapa* L.

분꽃 紫茉莉

자말리근 紫茉莉根 Mirabilis Jalapae Radix

함유성분

뿌리에는 로테노이드 성분으로 mirabijalones A, B, C, D, 9−O−methyl−4−hydroxyboeravinone B, boeravinones C, F[1]가 함유되어 있고, 알칼로이드 성분으로 trigonelline[2], 1,2,3,4−tetrahydro−1−methylisoquinoline−7,8−diol[1], 트리테르페노이드 성분으로 α−amyrin[3], 또한 N−trans−feruloyl−4'−O−methyldopamine[4], allantoin[5]이 함유되어 있다.
지상부에는 테르페노이드 성분으로 mirabalisol[6], trans−phytol, oleanolic acid, ursolic acid[7], 지방산 성분으로 mirabalisoic acid[6], 베타크산틴 성분으로 miraxanthins I, II, III, V[8]가 함유되어 있다.

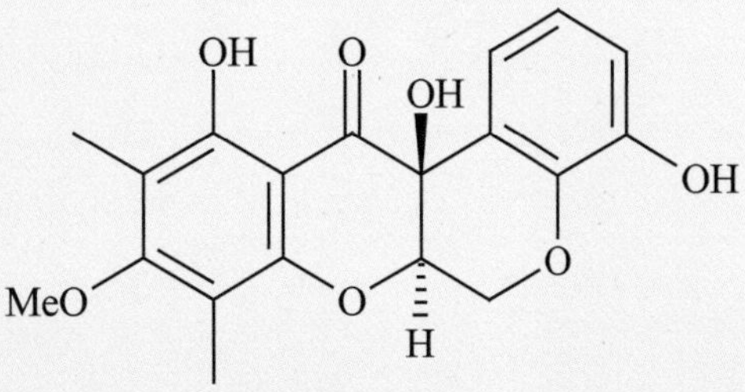

mirabijalone A

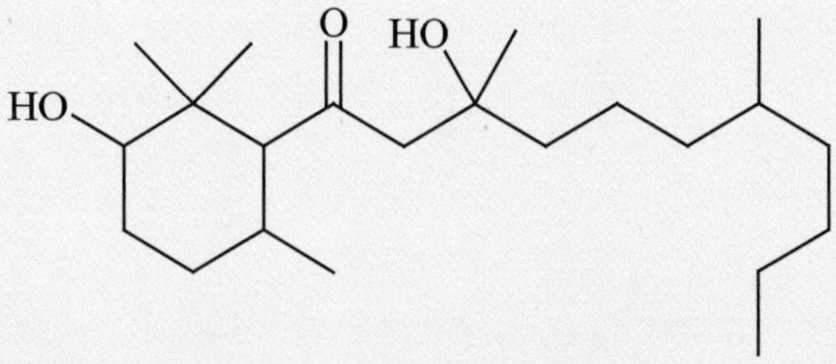

mirabalisol

약리작용

1. 항균 작용
   N-트란스-페룰로일-4'-O-메틸도파민은 박테리아의 유출 펌프를 유의하게 억제했고 황색포도상구균의 다약제내성(MDR)을 효과적으로 반전시켰다[4]. 씨의 조단백질과 펩타이드(예: Mj-AMP_1과 Mj-AMP_2)는 고초균과 효모와 같은 그람 양성균을 유의하게 억제했다[9-11].

2. 항바이러스
1,2,3,4-테트라하이드로-1-메틸이소퀴놀린-7,8-디올은 인간 인체 면역결핍 바이러스-1(HIV-1)의 역전사 효소를 저해했다[1].

3. 항종양
조단백질은 종양 세포의 증식 활성을 억제하고 마우스 L929 섬유아세포의 성장을 유의하게 억제했다[9, 12].

4. 혈당강하 작용
뿌리의 물 추출물을 경구 투여하면 알록산에 의해 유도된 고혈당 랫드에서 혈당 수치를 유의하게 감소시켰다[13].

5. 항전립선 비대증
뿌리의 물 추출물을 경구 투여하면 전립선의 무게를 줄이고 마우스의 혈청 테스토스테론과 디하이드로 테스토스테론 수치를 감소시켰다. 전립선 비대증의 억제는 아마도 테스토스테론이 디하이드로 테스토스테론으로 전환되는 것을 억제하는 것과 관련이 있다[14].

6. 기타
자말리의 항바이러스 단백질(MAP)은 임신한 마우스에서 유산 효소 활성을 보였다[12].

용도

1. 유통성 배뇨 곤란, 부종
2. 관절통, 부기(浮氣)
3. 유방염, 월경불순, 백대하 과잉
4. 낙상 및 찰과상

해설

뿌리 이외에, 분꽃의 지상부(잎, 열매 및 꽃 포함)도 의약적으로 사용되며 효능은 뿌리와 유사하다. 자말리의 뿌리는 난초과의 천마(*Gastrodia elata* Bl.의 뿌리줄기)와 매우 유사하며 후자와 쉽게 혼동된다. 그러므로 천마와 일반적으로 섞이기 쉬운 식물이다. 그러나 둘은 효과와 효능이 완전히 다르다. 천마와 자말리 뿌리를 혼용하여 우연히 중독되는 사례가 한때 발생했기 때문에 특별한 주의가 필요하다[15].

자말리는 장식용 꽃과 전통 한약재로 중국에서 널리 재배되고 있다. 최근에는 혈당강하 및 항전립선 비대증과 같은 새로운 효능이 발견되었다. 씨는 또한 천연 전분과 화장품의 원료로 사용되는 것으로 보고되었다. 따라서 개발 및 응용과 관련하여 선진 기술을 적용하고 각기 다른 부분의 화학적 성분과 약리학적 효능을 연구하여 이 식물의 여러 부분을 종합적으로 사용하기 위한 추가 연구가 요구된다.

참고문헌

1. YF Wang, JJ Chen, Y Yang, YT Zheng, SZ Tang, SD Luo. New rotenoids from roots of Mirabilis jalapa. Helvetica Chimica Acta. 2002, 85(8): 2342–2348
2. FY Song, DZ Zhang, YX Zhong, W Wang, SH Zeng. Content determination of trigonelline in Radix Mirabilis by RP–HPLC. Chinese Drug Research & Clinical Pharmacology. 2005, 16(3): 189–191
3. S Begum, Q Adil, BS Siddiqui, S Siddiqui. Triterpenes from Mirabilis jalapa. Fitoterapia. 1994, 65(2): 177
4. S Michalet, G Chartier, B David, AM Mariotte, MG Dijoux–Franca, GW Kaatz, M Stavri, S Gibons. N–Caffeoylphenalkylamide derivatives as bacterial efflux pump inhibitors. Bioorganic & Medicinal Chemistry Letters. 2007, 17(6): 1755–1758
5. Y Wei, XS Yang, XJ Hao. Studies on chemical constituents form the root of Mirabilis jalapa. China Journal of Chinese Materia Medica. 2003, 28(12): 1151–1152
6. M Ali, SH Ansari, E Porchezhian. Constituents of the flowers of Mirabilis jalapa. Journal of Medicinal and Aromatic Plant Sciences. 2001, 23(4): 662–665
7. BS Siddiqui, Q Adil, S Begum, S Siddiqui. Terpenoids and steroids of the aerial parts of Mirabilis jalapa Linn. Pakistan Journal of

Scientific and Industrial Research. 1994, 37(3): 108–110

8. M Piattelli, L Minale, RA Nicolaus. Pigments of centrospermae. V. Betaxanthins from Mirabilis jalapa. Phytochemistry. 1965, 4(6): 817–823

9. W Leelamanit, P Lertkunakorn, S Prapaitrkul, R Watthanachaiyingcharoen, O Luanrat, N Ruangwises, P Suppakpatana. Biochemical properties of proteins isolated from Mirabilis jalapa. Warasan Phesatchasat. 2002, 29(1–2): 17–22

10. BPA Cammue, MFC De Bolle, FRG Terras, P Proost, J Van Damme, B Sarah, J Vanderleyden, WF Broekaert. Isolation and characterization of a novel class of plant anti–microbial peptides from Mirabilis jalapa L. seeds. Journal of Biological Chemistry. 1992, 267(4): 2228–2233

11. MFC De Bolle, FRG Terras, BPA Cammue, SB Rees, WF Broekaert. Mirabilis jalapa anti–bacterial peptides and Raphanus sativus anti–fungal proteins: a comparative study of their structure and biological activities. Developments in Plant Pathology. 1993, 2: 433–436

12. RNS Wong, TB Ng, SH Chan, TX Dong, HW Yeung. Characterization of Mirabilis anti–viral protein, a ribosome inactivating protein from Mirabilis jalapa L. Biochemistry International. 1992, 28(4): 585–593

13. JH Li, MY Li, DZ Zhang, XZ Huang. Study on hypoglycemic effect of Radix Mirabilis water extract. Journal of Guangdong College of Pharmacy. 2006, 22(3): 299–305

14. J Wang, XJ Cui, YS Ke, Q Huang, M Chen, JX Xie, JW Yao. Effects of Radix Mirabilis Jalapae on experimental prostatic hyperplasia in mice. Journal of Guangzhou University of Traditional Chinese Medicine. 2005, 22(5): 393–395

15. W Li. Identification of Gastrodia elata and its counterfeit Mirabilis jalapa. Lishizhen Medicine and Materia Medica Research. 2004, 15(11): 769–770

16. XA Li, PG Li, QS Cao, GA Wang. Chemical studies on the seed of Mirabilis jalapa L. in the north of Shaanxi province. Journal of Yanan University (Natural Science). 2003, 22(2): 42–43

분꽃의 재배 모습

여주 苦瓜 IP

Cucurbitaceae

Momordica charantia L.

Bitter Gourd

 개 요

박과(Cucurbitaceae)

여주(苦瓜, *Momordica charantia* L.)의 덜 익은 열매를 말린 것: 고과(苦瓜)

중약명: 고과(苦瓜)

여주속(*Momordica*) 식물은 약 80종이 있으며, 아프리카의 열대 지역에 주로 분포하고 일부 종은 온대 지역에서 재배된다. 중국에는 4종이 발견되며, 주로 남부와 남서부 지역에 분포한다. 이 속에서 약 2종이 약재로 사용된다. 일반적으로 중국 전역에서 재배되며 전 세계적으로 열대 및 온대 지역에서 널리 재배되고 있다.

고과(苦瓜)는 ≪구황본초(救荒本草)≫에서 "금려지(錦荔枝)"의 이름으로 약으로 처음 기술되었다. 대부분의 고대 한방의서에 기술되어 있으며, 약용 종은 고대부터 동일하게 남아 있다. 이 종은 한약재 고과(Momordicae Charantiae Fructus)의 공식적인 기원식물 내원종으로서 광동성중약재표준에 등재되어 있다. 의약 재료는 중국 전역에서 생산된다.

열매와 씨에는 주로 트리테르페노이드 사포닌 성분이 함유되어 있다.

약리학적 연구에 따르면 고과에는 혈당강하, 항바이러스, 항종양, 동맥경화 억제, 항불안, 면역조절, 노화방지 및 항균 작용이 있음을 확인했다.

한의학에서 고과는 청서제열(清暑除熱), 명목해독(明目解毒)의 효능이 있다.

여주 苦瓜 *Momordica charantia* L.

고과 苦瓜 Momordicae Charantiae Fructus

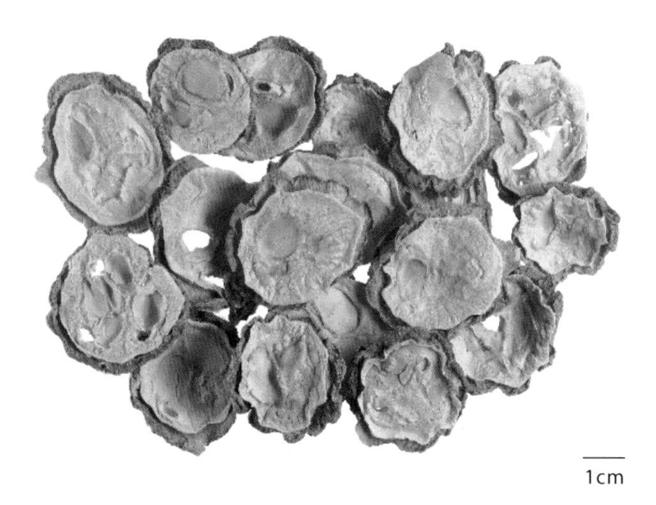

함유성분

열매에는 트리테르페노이드와 트리테르페노이드 사포닌 성분으로 momordicosides A, B[1], F_1, F_2, G, I[2], K, L[3], momordicoside I의 아글리콘[4], goyaglycosides a, b, c, d, e, f, g, h, goyasaponins I, II, III[5], momordicin, momordicinin, momordicilin, momordenol[6],

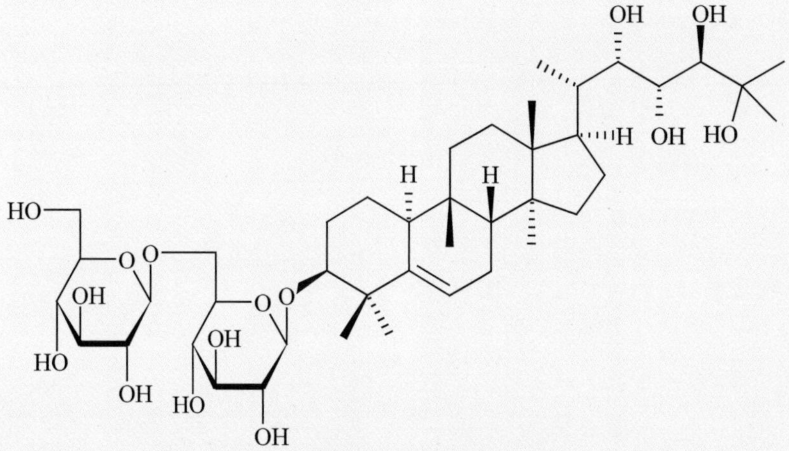

OH OH
H OH HO
H H
HO
O O
OH
O O
OH
HO
OH HO
OH

momordicoside A

OH
O
OH
OH OH

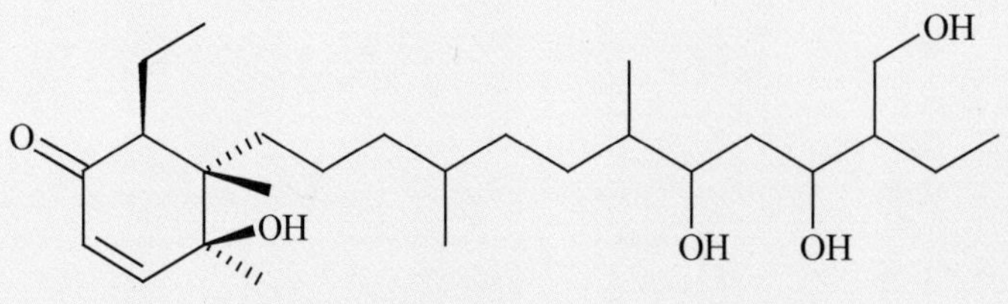

momordol

karavilagenins D, E , karavilosides VI, VII, VIII, IX, X, XI[7]이 함유되어 있고, 페놀성 화합물 성분으로 gallic acid, gentisic acid, catechin, chlorogenic acid, epicatechin[8]이 함유되어 있고, 또한 momordol[6], charine[9], momor-cerebroside, soyacerebroside, charantin[10]이 함유되어 있다.

씨에는 사포닌 성분으로 momordicosides A, B, C, D, E[11-12], momorcharasides A, B[13], 또한 α-, β-momorcharins[14], momordica charantia lectin[15]이 함유되어 있다.

약리작용

1. 과식증 방지 효과

   신선한 열매, 말린 과일, 모모르디카 사포닌, 씨와 잎은 선천성 당뇨병과 정상 동물뿐만 아니라 알록산, 포도당, 스트렙토조신에 의해 유도된 여러 당뇨병 동물 모델에서 혈당 수치를 유의미하게 감소시켰다. 동물 혈장 인슐린 증가 및 저혈당 효과는 글리벤클라마이드 효과와 비교할 수 있다. 여주는 또한 당뇨병 동물의 항산화 능력을 회복해 당뇨 합병증을 완화했다. 그 작용기전을 보면, 저혈당 효과는 포도당 흡수 감소, 포도당 저장량을 늘리기 위한 헤파틴 합성 촉진, 조직의 포도당 사용 증가, 산화 스트레스 손상 길항, β 세포에 의한 인슐린 분비의 개선과 관련이 있는 것으로 밝혀졌다[16-20].

2. 항바이러스

   씨 속의 MAP30 단백질과 사포닌은 인체 면역결핍 바이러스-1(HIV-1), 헤르페스바이러스, B형 간염, 일본 B뇌염 바이러스를 상당히 억제했다. *In vitro*에서 모모르카린은 콕사키 바이러스를 상당히 억제했다[13, 21-24].

3. 항종양

   열매의 물 추출물과 정제된 부분(단백질 MAP30 포함)은 유방암, 피부 종양, 위암에 대한 항혈청 활동을 했다. 종양 방지 기전은 종양 세포 단백질 합성의 억제와 관련이 있었다[25-28].

4. 항동맥경화

   열매로 구성된 식단을 고콜레스톨 식단과 함께 토끼에게 주면 혈청 총 콜레스테롤(TC), 저밀도 리포 단백질-콜레스테롤(LDL-C), 혈관벽 TC 수준를 감소시킨 것으로 밝혀졌다. 또한 아테롬성 동맥 병리 부위와 내강 두께를 줄였고, I/M 비율과 지방간의 정도를 줄였다[29].

5. 불임

   α-, β-모모르카린은 임신한 마우스의 초기와 중기에서 유산을 유발했고, 체내 노른자낭에 독성 영향을 미쳤으며, 장기 발달 초기에는 기형 유발 효과가 있었다. 또한 α-모모르카린은 착상 방지 효과가 있었고, 상실배의 성장에 영향을 미쳤으며, 임신 초기 단계에서 임신을 중단시켰다[30]. 열매에서 추출한 단백질의 한 유형은 수컷 랫드의 정자 성장을 억제하여 유의한 피임 활성을 나타냈다[31].

6. 면역증강

   열매 주스와 추출물을 경구 투여하면 정상적인 마우스에서 혈액 세포의 조혈성 항체 역가, 혈청 리소자임 수준 및 세포의 세포질 기능을 크게 향상시켰다[32]. 모모르디카 사포닌을 경구 투여하면 오래된 종양을 가진 마우스의 면역 기능을 향상시켰고, 혈청 인터류킨-2(IL-2)와 종양 괴사 인자 α(TNF-α)의 수준을 증가시켜 유기체의 항혈증 능력을 강화시켰다[33].

7. 항노화 작용

   모모르디카 사포닌을 경구 투여하면 고령 암컷 마우스에서 에스트로겐 수용체 단백질 발현을 유의미하게 촉진했으며, 혈청 IL-2 수준, 흉선 지수 및 세포질 능력을 향상시켜 노년 유기체의 내분비 및 면역 기능을 개선시켰다[34-35].

8. 항균 작용

   *In vitro*에서 열매와 씨의 추출물은 황색포도상구균, 고초균, 대장균, 바실루스 프로테우스, 스타필로코커스 알버스, 보트로디플리아 테오브로메아를 다양한 정도로 억제했다[36].

9. 기타

   열매도 항돌연변이 효과가 있었다[37].

용도

1. 열병, 갈증, 열사병
2. 설사, 이질

3. 결막염
4. 등창, 궤, 단독(丹毒)
5. 당뇨

해설

여주는 사포닌이 널리 사용되는 흔한 채소로, 사포닌은 당뇨 치료에 매우 효과적이며, 약물과 식이요법의 가치가 상당하다. 열매와 씨에는 모두 살균 효과가 있기 때문에 식품과 약으로서 안전에 각별히 주의해야 한다.

참고문헌

1. HY Xie, SX Huang, HN Deng, Z Wu, AM Li. Study on chemical components of Momordica charantia. Journal of Chinese Medicinal Materials. 1998, 21(9): 458-459
2. H Okabe, Y Miyahara, T Yamauchi. Studies on the constituents of Momordica charantia L. III. Characterization of new cucurbitacin glycosides of the immature fruits. (1). Structures of momordicosides G, F_1, F_2 and I. Chemical & Pharmaceutical Bulletin. 1982, 30(11): 3977-3986
3. H Okabe, Y Miyahara, T Yamauchi. Studies on the constituents of Momordica charantia L. IV. Characterization of the new cucurbitacin glycosides of the immature fruits. (2). Structures of the bitter glycosides, momordicosides K and L. Chemical & Pharmaceutical Bulletin. 1982, 30(12): 4334-4340
4. L Harinantenaina, M Tanaka, S Takaoka, M Oda, O Mogami, M Uchida, Y Asakawa. Momordica charantia constituents and antidiabetic screening of the isolated major compounds. Chemical & Pharmaceutical Bulletin. 2006, 54(7): 1017-1021
5. T Murakami, A Emoto, H Matsuda, M Yoshikawa. Medicinal foodstuffs. XXI. Structures of new cucurbitane-type triterpene glycosides, goyaglycosides-a, -b, -c, -d, -e, -f, -g, and -h, and new oleanane-type triterpene saponins, goyasaponins I, II, and III, from the fresh fruit of Japanese Momordica charantia L. Chemical & Pharmaceutical Bulletin. 2001, 49(1): 54-63
6. S Begum, M Ahmed, BS Siddiqui, A Khan, ZS Saify, M Arif. Triterpenes, a sterol and a monocyclic alcohol from Momordica charantia. Phytochemistry. 1997, 44(7): 1313-1320
7. H Matsuda, S Nakamura, T Murakami, M Yoshikawa. Structures of new cucurbitane-type triterpenes and glycosides, karavilagenins D and E, and karavilosides VI, VII, VIII, IX, X, and XI, from the fruit of Momordica charantia. Heterocycles. 2007, 71(2): 331-341
8. R Horax, N Hettiarachchy, S Islam. Total phenolic contents and phenolic acid constituents in 4 varieties of bitter melons (Momordica charantia) and anti-oxidant activities of their extracts. Journal of Food Science. 2005, 70(4): C275-C280
9. S El-Gengaihi, MS Karawya, MA Selim, HM Motawe, N Ibrahim, LM Faddah. A novel pyrimidine glycoside from Momordica charantia L. Pharmazie. 1995, 50(5): 361-362
10. ZY Xiao, DH Chen, JY Si. Study on chemical constituents of Momordica charantia. Chinese Traditional and Herbal Drugs. 2000, 31(8): 571-573
11. H Okabe, Y Miyahara, T Yamauchi, K Miyahara, T Kawasaki. Studies on the constituents of Momordica charantia L. I. Isolation and characterization of momordicosides A and B, glycosides of a pentahydroxy-cucurbitane triterpene. Chemical & Pharmaceutical Bulletin. 1980, 28(9): 2753-2762
12. Y Miyahara, H Okabe, T Yamauchi. Studies on the constituents of Momordica charantia L. II. Isolation and characterization of minor seed glycosides, momordicosides C, D and E. Chemical & Pharmaceutical Bulletin. 1981, 29(6): 1561-1566
13. LY Cheng, L Tang, F Yan, S Wang, F Chen. Effect of the total saponin extract from the shoots of Momordica charantia L. on anti-virus HSV-II activity. Journal of Sichuan University (Natural Science). 2004, 41(3): 641-643
14. PMF Tse, TB Ng, WP Fong, RNS Wong, CC Wan, NK Mak, HW Yeung. New ribosome-inactivating proteins from seeds and fruits of the bitter gourd Momordica charantia. International Journal of Biochemistry & Cell Biology. 1999, 31(9): 895-901
15. NAM Sultan, MJ Swamy. Energetics of carbohydrate binding to Momordica charantia (bitter gourd) lectin: an isothermal titration calorimetric study. Archives of Biochemistry and Biophysics. 2005, 437(1): 115-125

16. YL Fan, FD Cui. Comparative studies on the hypoglycemic activity of different sections of Momordica charantia L. Journal of Shenyang Pharmaceutical University. 2001, 18(1): 50-52

17. PP Zhang, F Wang, AQ Xue. Study on the hypoglycemic effect of saponins from Momordica charantia. Jiangsu Journal of Traditional Chinese Medicine. 1992, 7: 30-31

18. S Sarkar, M Pranava, R Marita. Demonstration of the hypoglycemic action of Momordica charantia in a validated animal model of diabetes. Pharmacological Research. 1996, 33(1): 1-4

19. XY Liu. Study progress on the mechanism of hypoglycemic effect of Momordica charantia. Foreign Medical Sciences (Hygiene). 2006, 33(4): 224-227

20. J Virdi, S Sivakami, S Shahani, AC Suthar, MM Banavalikar, MK Biyani. Anti-hyperglycemic effects of three extracts from Momordica charantia. Journal of Ethnopharmacology. 2003, 88(1): 107-111

21. SJ Li, Z Wang, ZC Zhang, RZ Chen, YZ Yang, HZ Chen, JB Ge. Therapeutic effect of momordicin on Coxsackie virus B_3 viral myocarditis in rats. Chinese Traditional and Herbal Drugs. 2004, 35(10): 1155-1157

22. LX Wang, YT Sun, WS Yang, XF Bai, CX Huang, FX Wang, JP Wang, W Yi. In vitro evaluation on the effects of plant protein MAP30 and other three drugs against hepatitis B virus. Journal of the Fourth Military Medical University. 2003, 24(9): 840-843

23. TM Huang, ZX Xu, YP Wang, FZ Qu, LL Tong. Studies on anti-viral activity of the extract of Momordica charantia and its active principle. Virologica Sinica. 1990, 4: 367-373

24. PL Huang, YT Sun, HC Chen, HF Kung, PL Huang, S Lee-Huang. Proteolytic fragments of anti-HIV and anti-tumor proteins MAP30 and GAP31 are biologically active. Biochemical and Biophysical Research Communications. 1999, 262(3): 615-623

25. E Basch, S Gabardi, C Ulbricht. Bitter melon (Momordica charantia): a review of efficacy and safety. American Journal of Health-System Pharmacy. 2003, 60(4): 356-359

26. A Singh, SP Singh, R Bamezai. Momordica charantia (bitter gourd) peel, pulp, seed and whole fruit extract inhibits mouse skin papillomagenesis. Toxicology Letters. 1998, 94(1): 37-46

27. CY Li, WX Jia, XM Zhang, JH Ma, ZR Zhang, L Liu. Study of apoptosis of SGC7901 cell induced by momordin. Sichuan Journal of Cancer Control. 2001, 14(1): 1-4

28. A Terenzi, A Bolognesi, L Pasqualucci, L Flenghi, S Pileri, H Stein, M Kadin, B Bigerna, L Polito, PL Tazzari, MF Martelli, F Stirpe, B Falini. Anti-CD30 (BER=H2) immunotoxins containing the type-1 ribosome-inactivating proteins momordin and PAP-S (pokeweed anti-viral protein from seeds) display powerful anti-tumor activity against CD_{30}^{+} tumor cells in vitro and in SCID mice. British Journal of Hematology. 1996, 92(4): 872-879

29. Z Wang, YC Lü, CK Tang, F Yao, ZB Wang, LS Liu, GH Yi, YZ Yang. Experimental studies on anti-atherosclerosis effects of Momordica charantia L. Chinese Journal of Pathophysiology. 2005, 21(3): 514-518

30. QH Wang, CC Yu, YT Xu, HR Wang. Study progress of α-momorcharin and β-momorcharin. Chinese Traditional and Herbal Drugs. 1995, 26(5): 266-267, 271

31. FG Chang, JM Li. Chemical study on the active components of anti-fertility effect from Momordica charantia (I). Chinese Traditional and Herbal Drugs. 1995, 26(6): 281-284

32. GW Cheng, YH Tang, QS Chen, ZZ Zhang. Effect of Momordica charantia on immune function in mice. Chinese Traditional and Herbal Drugs. 1995, 26(10): 535-536

33. XY Wang, H Jin, ZQ Xu, LX Gao. Effects of momordica saponins on immune function in senile mice bearing sarcoma 180. Journal of Preventive Medicine of Chinese People's Liberation Army. 2002, 20(3): 160-163

34. XY Wang, H Jin, ZQ Xu, WK Nan, LX Gao. Effects of momordica saponins on endocrine function in senile mice. Chinese Journal of Applied Physiology. 2002, 18(3): 291-293

35. XY Wang, H Jin, ZQ Xu, WK Nan, LX Gao. Study on anti-aging effect of momordica saponins. Chinese Medical Research & Clinical. 2004, 2(3): 10-11

36. MH Fu, JH Chen, DH Zhuang. Study on anti-oxidation, antibiosis and blood sugar lowering of the Momordica charantia extracts. Food Science. 2001, 22(4): 88-90

37. CY Xiao, QY Lai. Effect of Momordica charantia on mutation induced by cyclophosphamide. Chinese Journal of Preventive Medicine. 1992, 26(1): 11-12

나한과 羅漢果 CP

Momordica grosvenori Swingle

Grosvener Siraitia

개 요

박과(Cucurbitaceae)

나한과[羅漢果, *Momordica grosvenori* Swingle 〈*Siraitia grosvenorii* (Swingle) C. Jeffery〉]의 익은 열매를 말린 것: 나한과(羅漢果)

중약명: 나한과(羅漢果)

나한과속(*Siraitia*) 식물은 전 세계에 약 7종이 있으며, 중국 남부, 인도차이나반도, 인도네시아에 분포한다. 중국에는 약 4종이 발견되며, 이 속에서 약 2종이 약재로 사용된다. 이 종은 중국 광서성, 귀주성, 호남성, 광동성 및 강서성에 분포한다.

나한과(羅漢果)는 ≪영남채약록(嶺南采藥錄)≫에서 약으로 처음 기술되었다. 중국 남부의 천연차 원료 중 하나이다. 이 종은 중국약전(2015)에 한약재 나한과(羅漢果)의 공식적인 기원식물 내원종으로서 등재되어 있다. 약재는 주로 중국 광서성 지역에서 생산된다.

나한과의 주요 유효 성분은 트리테르페노이드 사포닌과 플라보노이드 배당체이다. 주요 감미 성분은 모그로사이드 V이다. 중국약전에는 의약 물질의 품질관리를 위해 열침투법에 따라 시험할 때 물 추출물의 함량이 30% 이상이어야 한다고 규정하고 있다.

약리학적 연구에 따르면 나한과에는 혈당강하, 고지혈개선, 항산화, 항돌연변이, 혈관투과성 억제, 진해 및 거담 작용이 있음을 확인했다.

한의학에서 나한과(羅漢果)는 청폐이인(清肺利咽), 화담지해(化痰止咳), 윤장통변(潤腸通便)의 효능이 있다.

나한과 羅漢果 *Momordica grosvenori* Swingle

나한과 羅漢果 Momordicae Fructus

함유성분

열매에는 트리테르페노이드 성분으로 mogrol[1]이 함유되어 있고, 트리테르페노이드 사포닌 성분으로 mogrosides II, II_E[2], II_F, III, IV, V[3], VI, siamenoside I, 11-oxo-mogroside V[4], grosmomoside I[2], neomogroside[3]가 함유되어 있고, 플라보노이드 배당체 성분으로 grosvenorine, kaempferitrin[5]이 함유되어 있다.
덜 익은 열매에는 트리테르페노이드 사포닌 성분으로 11-oxomogrosides IA_1, II_E, 20-hydroxy-11-oxomogroside IA_1, mogrosides IVA, 플라보노이드 성분으로 α-rhamnoisorobin[6]이 함유되어 있다.
뿌리에는 siraitic acids A, B, C, E, F[7-8]가 함유되어 있다.

약리작용

1. 진해 및 거담 작용
   열매의 수성 추출물과 배당체를 경구 투여하면 강 암모니아수로 유발된 기침의 수를 현저하게 감소시켰고, SO_2로 유도된 잠복 기침을 지연시켰으며, 마우스의 기관 내 페놀 레드의 분비가 증가했다[9-10].

2. 혈당강하 작용
   열매의 조 추출물을 경구 투여하면 랫드의 말타아제 활성을 억제하여 당뇨병 예방 효과를 나타냈다. 활성 성분은 모그로사이드 V와 같은 감미 사포닌이었다[11]. 모그로사이드를 경구 투여하면 알록산으로 유도된 당뇨 랫드의 혈당 수치를 크게 감소시켰다. 이 기전은 당뇨 마우스의 항산화물 용량 증가 및 혈액 지질 수준 개선과 관련이 있을 수 있다[12].

3. 고지혈 개선
   모그로사이드를 경구 투여하면 알록산으로 유도된 당뇨 마우스에서 혈청 트리글리세리드(TG)와 총 콜레스테롤(TC)을 유의미하게 감소시켰고, 고밀도 지단백 콜레스테롤(HDL-C)을 증가시켰으며, 혈액 지질 수치를 정상으로 되돌렸다[12].

4. 항산화 작용
   모그로사이드 V와 11-옥소-모그로사이드 V와 같은 사포닌은 저밀도 리포단백질 산화를 억제했고, 11-옥소-모그로사이드 V가 가장 강력했다. 그 효과는 모그로사이드의 항염 효과와 관련이 있었다[13]. *In vitro*에서 30%의 에탄올 추출물은 과산화물 및 수산화물 유리기를 소거하는 데 유의한 효과를 보였다[14]. 모그로사이드를 경구 투여하면 철 이온 주입에 의해 유도된 랫드의 대뇌겉질에서 티오바르비투리산 활성물질(TBARS)과 말론디알데하이드(MDA)의 형성을 억제했다[15]. 모그로사이드를 경구 투여하면 알록산으로 유도된 당뇨 마우스의 간 MDA 수치가 감소했고, 과산화물 불균등화효소(SOD)과 글루타티온과산화효소(GSH-Px)가 증가했으며, 당뇨병 마우스의 산화 스트레스 수준이 개선되었다[12].

5. 면역증강
   모그로사이드를 경구 투여하면 알록산으로 유도된 당뇨 마우스의 비장 CD_4^+ 림프 세포 수를 증가시켰고, CD_4^+/CD_8^+ 비율을 정상으로 되돌렸으며, 정상 마우스와 모델 마우스의 비장 림프 세포 IL-4의 발현 수준을 크게 증가시켰다[16-17]. *In vitro*에서 열매의 추

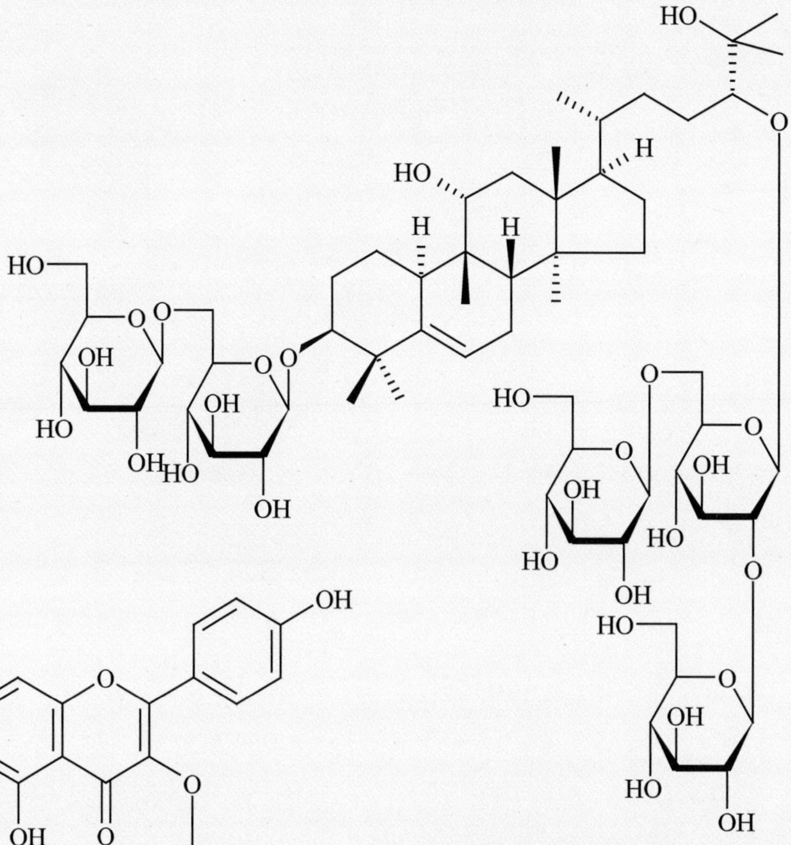

mogroside V

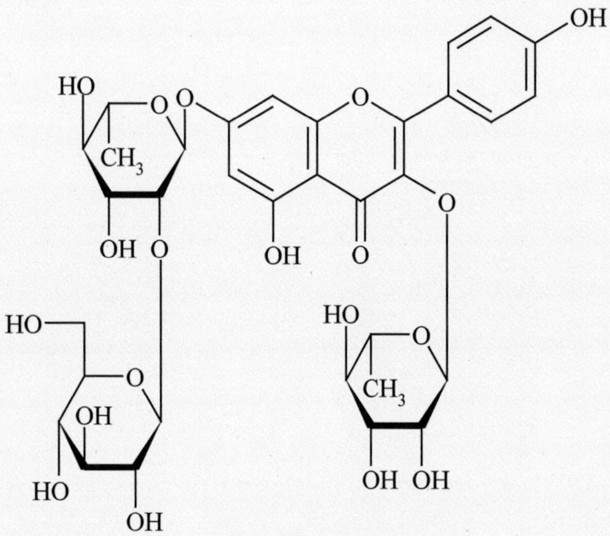

grosvenorine

출물은 유기체의 림프 세포와 세포 면역 기능의 산-나프틸 아세테이트 에스테라아제의 양성 비율을 유의미하게 증가시켰고, 비장 특정 로제트 형성 세포의 비율을 증가시켰다[18].

6. 평활근에 미치는 영향

열매의 에탄올 추출물은 적출된 토끼와 랫드의 자발적인 활동을 상당히 억제했고, 아드레날린의 효과를 길항하여, 휴식 후 적출된 토끼의 자발적인 수축을 유도했다. 또한 아세틸콜린과 염화바륨에 의해 유발된 장 내 태반 수축에 대한 길항 작용 효과를 나타냈다[19].

7. 간 보호

열매의 에탄올 추출물을 경구 투여하면 CCl_4와 티오아세타미드(TAA)에 의해 유발된 간 손상 마우스의 혈청 글루탐산 피루브산 아미노기전달효소(GPT)의 증가를 감소시켰다[19].

8. 항혈전 및 항응고 효과

열매의 플라보노이드 성분을 경구 투여하면 꼬리 정맥과 아드레날린으로 콜라겐 주입된 랫드의 뇌 혈전증에 대한 보호 효과가 있었다. 고용량의 ADP 투여로 유도된 랫드의 혈소판 응집을 억제했으며, 마우스에서의 혈액 응고 시간을 크게 연장시켰다[20].

9. 기타
열매는 또한 항종양[21], 항알레르기[22], 완하[19] 효과가 있었다.

용도

1. 기침, 기관지염, 인후두염, 편도염, 인후염, 목이 쉰 목소리
2. 위염, 변비

해설

나한과는 중국 위생부가 지정한 식약공용 품목이다.
또한, 나한과의 잎과 뿌리도 의약용으로서 가치가 있다. 나한과의 잎에는 해독(解毒)과 지양(止癢) 작용이 있다. 민간요법에 따르면, 잎은 건선(乾癬)에 따뜻하게 하거나 비벼서 사용하면 치료 효과가 있으며, 으깬 잎을 상처나 부기(浮氣)에 바르면 치료 효과가 있다. 뿌리는 시라이트산 A, B, C, E 및 F가 함유되어 있으며, 이것은 신규 물질인 노르 쿠쿠르비탄 트리테르페노이드산이다. 중국의 장족(壯族), 동족(侗族), 요족(瑤族), 묘족(苗族)은 설사, 기침 및 결핵의 치료를 위해 나한과의 뿌리를 사용했다.
모그로사이드는 감미가 있고, 열량이 낮으며, 독성이 없다. 따라서 저칼로리 감미 식품에 대한 현재의 시장 수요를 충족시킨다. 연구에 따르면 열매의 감미 성분은 나무의 생장 연수에 따라 증가하며 일정 시점이 되면 안정적이다. 한편 플라보노이드의 함량은 점차 감소한다[23]. 따라서 열매를 수확하는 시간은 요구 조건에 따라 결정되어야 한다.

참고문헌

1. T Takemoto, S Arihara, T Nakajima, M Okuhira. Studies on the constituents of Fructus Momordicae. II. Structure of sapogenin. Yakugaku Zasshi. 1983, 103(11): 1155–1166
2. XW Yang, JY Zhang, ZM Qian. Grosmomoside I, a new cucrubitane triterpenoid glycoside from fruits of Momordica grosvenorii. Chinese Traditional and Herbal Drugs. 2005, 36(9): 1285–1290
3. JY Si, DH Chen. Isolation and determination of cucurbitane–glycosides from fresh fruits of Siraitia grosvenorii. Acta Botanica Sinica. 1996, 38(6): 489–494
4. XY Qi, LQ Zhang, XF Shan, WJ Chen, YF Song. Study on analysis of mogrosides by HPLC/ESI/MS. Scientia Agricultura Sinica. 2005, 38(10): 2096–2101
5. JY Si, DH Chen, Q Chang, LG Shen. Isolation and structure determination of flavonol glycosides from the fresh fruits of Siraitia grosvenorii. Acta Pharmaceutica Sinica. 1994, 29(2): 158–160
6. DP Li, T Ikeda, N Matsuoka, T Nohara, HR Zhang, T Sakamoto, GI Nonaka. Cucurbitane glycosides from unripe fruits of Lo Han Kuo (Siraitia grosvenorii). Chemical & Pharmaceutical Bulletin. 2006, 54(10): 1425–1428
7. JY Si, DH Chen, LG Shen, GZ Tu. Studies on the chemical constituents from the root of Siraitia grosvenorii. Acta Pharmaceutica Sinica. 1999, 34(12): 918–920
8. JY Si, DH Chen, GZ Tu. Siraitic Acid F, a new nor–cucurbitacin with novel skeleton, from the roots of Siraitia grosvenorii. Journal of Asian Natural Products Research. 2005, 7(1): 37–41
9. XX Zhou, JS Song. Studies on pharmacological effects of Siraitia grosvenorii and its extract. 2004, 22(9): 1723–1724
10. T Wang, ZJ Huang, YM Jiang, S Zhou, L Su, SY Jiang, GQ Liu. Studies on the pharmacological profile of mogrosides. Chinese Traditional and Herbal Drugs. 1999, 30(12): 914–916
11. YA Suzuki, Y Murata, H Inui, M Sugiura, Y Nakano. Triterpene glycosides of Siraitia grosvenorii inhibit rat intestinal maltase and suppress the rise in blood glucose level after a single oral administration of maltose in rats. Journal of Agricultural and Food Chemistry. 2005, 53(8): 2941–2946
12. LQ Zhang, XY Qi, WJ Chen, YF Song. Effect of mogroside extracts on blood glucose, blood lipid and anti–oxidation of

hyperglycemic mice induced by alloxan. Chinese Pharmacological Bulletin. 2006, 22(2): 237–240

13. E Takeo, H Yoshida, N Tada, T Shingu, H Matsuura, Y Murata, S Yoshikawa, T Ishikawa, H Nakamura, F Ohsuzu, H Kohda. Sweet elements of Siraitia grosvenorii inhibit oxidative modification of low–density lipoprotein. Journal of Atherosclerosis and Thrombosis. 2002, 9(2): 114–120
14. GX Hao, The scavenging effect of Siraitia grosvenorii extracts on free radical. Jiangxi Chemical Industry. 2005, 12(4): 89–90
15. HL Shi, M Hiramatsu, M Komatsu, T Kayama. Anti–oxidant property of Fructus Momordicae extract. Biochemistry and Molecular Biology International. 1996, 40(6): 1111–1121
16. WJ Chen, FF Song, LG Liu, XY Qi, BJ Xie, YF Song. Effect of mogroside extract on cellular immune functions in alloxan–induced diabetic rats. Acta Nutrimenta Sinica. 2006, 28(3): 221–225
17. FF Song, WJ Chen, WB Jia, P Yao, AK Nussler, XF Sun, LG Liu. A natural sweetener, Momordica grosvenorii, attenuates the imbalance of cellular immune functions in alloxan–induced diabetic mice. Phytotherapy Research. 2006, 20(7): 552–560
18. M Wang, ZJ Song, MZ Ke, FL Nong, Q Wang. Effects of different doses of Momordica grosvenorii Swingle on the immune function of rats. Acta Academiae Medicinae Guangxi. 1994, 11(4): 408–410
19. Q Wang, AY Li, XP Li, J Zhang, DB Liang, FL Qiu, RQ Huang, L Lin. Studies on pharmacological effects of Momordica grosvenorii. China Journal of Chinese Materia Medica. 1999, 24(7): 425–428
20. QB Chen, ZS Shen, ZN Wei, ZX Zhong. Study on the pharmacological function of stimulating circulation to end stasis of flavone from Momordica grosvenorii. Guangxi Sciences. 2005, 12(4): 316–319
21. T Konoshima. Inhibitory effects of sweet glycosides from fruits of Siraitia grosvenorii on two stage carcinogenesis. Food Style 21. 2004, 8(2): 77–81
22. MA Hossen, Y Shinmei, SS Jiang, M Takubo, T Tsumuro, Y Murata, M Sugiura, C Kamei. Effect of Lo Han Kuo (Siraitia grosvenorii Swingle) on nasal rubbing and scratching behavior in ICR mice. Biological & Pharmaceutical Bulletin. 2005, 28(2): 238–241
23. QB Chen, XH Yi, LJ Yu, RY Yang, JX Yang. Study on the variation of mogroside V and flavone glycoside in Siraitia grosvenorii fresh–fruits in different growth periods. Guihaia. 2005, 25(3): 274–277

나한과의 표준 재배 모습

파극천 巴戟天 CP, KP, VP

Rubiaceae

Morinda officinalis How

Medicinal Indian Mulberry

개 요

꼭두서니과(Rubiaceae)

파극천(巴戟天, *Morinda officinalis* How)의 뿌리를 말린 것: 파극천(巴戟天)

중약명: 파극천(巴戟天)

파극천속(*Morinda*) 식물은 전 세계에 약 102종이 있으며, 열대, 아열대 및 온대 지역에 분포한다. 중국에는 26종, 1아종과 6변종이 발견되며, 중국의 서남부, 남부, 남동부, 중앙을 포함한 양자강 이남에 분포한다. 이 속에서 약 5종이 약재로 사용된다. 이 종은 중국 복건성, 광동성, 해남성, 광서성의 열대 및 아열대 지역에 분포되어 있다.

"파극천"은 ≪신농본초경(神農本草經)≫에 상품 약으로 처음 기술되었으며, 대부분의 고대 한방의서에 기술되어 있다. 파극천의 주류 종은 역사적 시기에 따라서 다양하다. 후기 청 왕조에서 개발된 이 종은 보양(補陽)에 효과적이어서 현재 시장에서 주류가 되고 있다[1]. 이 종은 한약재 파극천(Morindae Officinalis Radix)의 공식적인 기원식물 내원종으로서 중국약전(2015)에 등재되어 있다. ≪대한민국약전≫(제11개정판)에는 "파극천"을 "파극천 (巴戟天) *Morinda officinalis* How (꼭두서니과 Rubiaceae)의 뿌리로서 수염 뿌리를 제거하고 납작하게 눌러서 말린 것"으로 등재하고 있다. 약재는 주로 중국 복건성의 남부 지역뿐만 아니라 광동성의 덕경(德慶)시와 고요(高要)현, 광서성의 창오(蒼梧)현과 백색(百色)자치구에서 생산된다.

뿌리에는 안트라퀴논, 이리도이드 및 올리고당 성분이 함유되어 있다. 중국약전은 의약 물질의 품질관리를 위해 박층크로마토그래피법을 사용한다.

약리학적 연구에 따르면 뿌리에는 항우울, 기관의 유기적 기능 개선 및 면역증강 효과가 있으며, 뼈의 성장을 촉진하는 작용이 있음을 확인했다.

한의학에서 파극천은 보신양(補腎陽), 강근골(强筋骨), 거풍습(祛風濕) 등의 효능이 있다.

파극천 巴戟天 *Morinda officinalis* How

파극천 巴戟天 CP, KP, VP

파극천의 꽃 巴戟天 *Morinda officinalis* How

파극천 巴戟天 Morindae Officinalis Radix

함유성분

뿌리에는 안트라퀴논 성분으로 1,6-dihydroxy-2,4-dimethoxy-anthraquinone, 1,6-dihydroxy-2-methoxy-anthraquinone, rubiadin, rubiadin-1-methylether, 1-hydroxy-2-methylanthraquinone, 1-hydroxy-2-methoxyanthraquinone, physcion, 1-hydroxy anthraquinone[2], 2-methyl anthraquinone[3], 2-hydroxy-3-hydroxymethyl anthraquinone[4]이 함유되어 있고, 이리도이드와 그 배당체 성분으로 asperuloside tetraacetate, monotropein[5], morindolide, morofficinaloside[6], deacetylasperulosidic acid[7], 항우울증 성분의 올리고당으로 nystose, 1F-fructofuranosylnystose, inulin-type hexasaccharide, heptasaccharide[8], 시클로 프로파논 유도체 성분으로 officinalisin[9]이 함유되어 있다.

rubiadin

morofficinaloside

약리작용

1. 항우울

뿌리의 알코올 추출물을 경구 투여하면 강제 수영 테스트에서 마우스의 고정 주기를 크게 감소시켰다. 복강 내 투여하면, 랫드의 저율 72초 일정의 차별 강화에서 강화 데이터를 유의하게 개선했고, 학습된 무력감 랫드 모델에서 실패한 탈출 횟수가 감소되었다. 주요 항우울 활성 성분은 이눌린형 육당류 및 7당류인 것으로 보인다[10-12]. 이 기전은 파극천의 올리고당(MOs)이 코르티코스테론으로 유도된 PC12 세포사멸에 길항능이 있어서[13], 세포 내 Ca^{2+}의 과부하를 감소시키고, 신경 성장 인자의 mRNA 발현을 상향 조정하여, 세포보호 효과에 기인하는 것으로 보인다[14-15]. 또는 5-하이드록시 트립타민성(5-HT) 신경계의 활성화 때문일 수도 있다[16]. 동시에 N-메틸-D-아스파르트산(NMDA)으로 손상된 1차 배양 랫드 피질 뉴런의 보호와도 관련이 있는 것으로 보인다[17].

2. 조직 기능 및 면역력 강화

뿌리의 탕액을 경구 투여하면 랫드의 체중을 유의하게 증가시키며, 수영 시간을 연장시키고, 메틸티오우라실로 유도된 갑상선 기능저하 마우스의 항피로능과 산소 소비량을 증가시켰으며, 뇌 내 무스카린 수용체의 B_{max}를 정상으로 회복시켰다[18]. 또한 마우스에서 시클로포스파미드로 유도된 면역 억제에 길항했으며, 말초 백혈구 수를 유의하게 증가시켰고, 단핵 포식세포계에 의한 콩고레드의 반응을 촉진시켰으며, 병아리 적혈구 세포에 대한 복막 대식세포의 식균 작용을 강화했다[19]. 또한, 파극천의 수성 추출물은 면역 마우스 모델에서 콘카나발린 A(Con A)로 유도된 비장 림프 세포의 변형 확산을 촉진시켰고, 마우스의 비장 림프 세포에 의해 인터류킨-2(IL-2)와 인터페론 γ(IFN-γ)의 합성을 증가시켰다[20]. 뿌리의 다당류를 경구 투여하면 어린 마우스의 흉선 무게를 증가시켰고, 비장 내성 특질 로세트 형성 세포와 대식세포의 식균 작용을 증가시켰다[21]. *In vitro*에서 MOs는 림프구 증식을 유의하게 증가시켰고, 마우스 비장 세포의 항체 생성 반응을 증가시켰다[22]. 또한 뿌리의 탕액을 경구 투여하면 육종 S180 세포가 있는 마우스의 면역능을 강화했고[23], 노화된 마우스 비장 세포의 번식과 IL-2의 활성을 증가시켰으며, 유기체와 적혈구 세포의 면역능을 조절하고 개선시켰다[24].

3. 생식계에 미치는 영향

뿌리의 탕액을 경구 투여하면 암컷 랫드의 난소, 자궁, 뇌하수체의 무게를 증가시켰고 난소에서 인간 융모막 성선자극호르몬과 황체 형성 호르몬(HCG/LH) 수용체의 기능을 향상시켰으며, LH에 대한 난소 반응을 증가시켰고, 배란 동안 황체 형성을 촉진시켜 황체 형성능을 유지시켰다. 랫드에서 황체 형성 방출 호르몬(LRH)을 주사 후 뇌하수체 루테오트로핀 분비를 유의하게 증가시켰다[25]. 뿌리의 탕액을 수컷 마우스에게 연속해서 위 내에 투여하면, 비정상의 정자 형태학의 빈도를 현저하게 줄임으로써 정원세포와 제일 정모세포에 영향을 미쳤다[26]. 뿌리의 수성 추출물은 인간 정자막의 지질과산화물 손상에 유의하게 간섭했으며, 정자막의 구조와 기능을 크게 보호했다[27].

4. 골격계에 미치는 영향

뿌리의 물과 알코올 추출물을 경구 투여하면 핵심 결합 인자 α1(Cbfα1)의 발현(골격 분화와 관련이 있음)을 강화시켰고, 골수 기질 세포를 골아세포로의 분화를 촉진시켜, 뼈가 형성되는 결과를 가져왔다. 이와 관련하여 알코올 추출물은 더 나은 효과를 나타냈다[28-29].

5. 심근세포에 미치는 영향

뿌리의 알코올 추출물의 노르말 부틸알코올 용해성 분획은 산소결핍 재산화 손상으로부터 심장근육 세포를 보호하는 상당한 능력을 나타냈고, *in vitro*에서 다른 보호 효과도 있었다[30]. 또한 뿌리의 물 추출물을 경구 투여하면 랫드 심장근육의 허혈성 재관류 손상에 대한 보호 효과가 있었다[31]. 또한, 항산화 효과를 통해 과다한 훈련을 받은 랫드에서 과도한 심근 세포사멸을 억제하여, 심근 보호 효과를 나타냈다[32].

6. 간 보호

뿌리의 탕액을 경구 투여하면 CCl_4로 유도된 급성 간 손상 마우스 모델에서 간세포 손상 정도를 감소시켰다[33]. 또한 마우스에서 이식된 간암의 성장을 상당히 억제했다[34].

7. 기타

뿌리는 또한 항스트레스[35], 고혈당 저해 및 항산화 효과가 있었다[36]. 또한 혈액 발생을 촉진하고[37], 염증을 억제했으며[38], 수정체 알도스 환원 효소[39]를 억제했고, 노랑초파리의 성 활동과 발생 비율을 강화했다[40].

용도

1. 발기부전, 정액루(精液瘻), 조기사정(早期射精), 야뇨증, 불임
2. 류머티즘, 각기병
3. 수종(水腫)의 신염(腎炎)

파극천 巴戟天 CP, KP, VP

해설

파극천은 보신장양(補腎壯陽)을 위한 중요한 한약재 중 하나이며, 중국의 4대 남부 한약재 중 하나이다. 식약공용 품목의 하나로서, "고기와 함께 파천극을 요리"하는 식습관이 토착민들에 의해 장기간 사용되어 왔다.

파극천이 수확기까지 충분히 자라는 데는 일반적으로 4년 이상의 오랜 시간이 걸린다. 중국 광동성의 덕청(德淸)현에 파극천의 GAP 농장 재배지가 설립되었다. 파극천과 다른 재배종이 유전적 성분뿐만 아니라 화학적 성분도 모두 다르다는 보고가 있기 때문에, 재배 시 종자 선정에 특별히 주의하여야 한다.

파극천의 전통적인 효능 기전에 더하여, 항우울증에 현저한 효과가 있다고 하는 새로운 보고들이 발표되었다. 이러한 관점에서 파극천은 천연 항우울제로 개발될 가능성이 크다.

참고문헌

1. ZS Qiao, ZW Su, CH Li. Studies on the original plants of the traditional Chinese drug bajitian recorded in the herbals. Guihaia. 1993, 13(3): 252-256
2. YJ Yang, HY Shu, ZD Min. Anthraquinones isolated from Morinda officinalis and Damnacanthus indicus. Acta Pharmaceutica Sinica. 1992, 27(5): 358-364
3. S Li, Q Ouyang, XZ Tan, SS Shi, ZQ Yao, HB Xiao, ZY Zhang, BT Wang, ZX Zhou, ZY Mei. Chemical constituents of Morinda officinallis How. China Journal of Chinese Materia Medica. 1991, 16(11): 675-676
4. FX Zhou, J Wen, Y Ma. Studies on the chemical constituents of Morinda officinalis. Bulletin of Chinese Materia Medica. 1986, 11(9): 42-43
5. YW Chen, Z Xue. Chemical constituents of Morinda officinalis. Bulletin of Chinese Materia Medica. 1987, 12(10): 613-614
6. M Yoshikawa, S Yamaguchi, H Nishisaka, J Yamahara, N Murakami. Chemical constituents of Chinese natural medicine, Morindae Radix, the dried root of Morinda officinalis How: structures of morindolide and morofficinaloside. Chemical & Pharmaceutical Bulletin. 1995, 43(9): 1462-1465
7. J Choi, KT Lee, MY Choi, JH Nam, HJ Jung, SK Park, HJ Park. Anti-nociceptive anti-inflammatory effect of monotropein isolated from the root of Morinda officinalis. Biological & Pharmaceutical Bulletin. 2005, 28(10): 1915-1918
8. CB Cui, M Yang, ZW Yao, B Cai, ZP Luo, YK Xu, YH Chen. Study on the anti-depressant components of the Chinese herb Morinda officinalis. China Journal of Chinese Materia Medica. 1995, 20(1): 36-39
9. ZQ Yao, Q Guo, YH Huang. Officinalisin, a new compound isolated from root-bark of medicinal Indian mulberry (Morinda officinalis). Chinese Traditional and Herbal Drugs. 1998, 29(4): 217-218
10. ZQ Zhang, L Yuan, N Zhao, YK Xu, M Yang, ZP Luo. Anti-depressant effect of the ethanolic extracts of the roots of Morinda officinalis in rats and mice. Chinese Pharmaceutical Journal. 2000, 35(11): 739-741
11. ZQ Zhang, SJ Huang, L Yuan, N Zhao, YK Xu, M Yang, ZP Luo, YM Zhao, YX Zhang. Effects of Morinda officinalis oligosaccharides on performance of the swimming tests in mice and rats and the learned helplessness paradigm in rats. Chinese Journal of Pharmacology and Toxicology. 2001, 15(4): 262-265
12. ZQ Zhang, L Yuan, M Yang, ZP Luo, YM Zhao. The effect of Morinda officinalis How, a Chinese traditional medicinal plant, on the DRL 72-s schedule in rats and the forced swimming test in mice. Pharmacology, Biochemistry, and Behavior. 2002, 72(1-2): 39-43
13. YF Li, ZH Gong, M Yang, YM Zhao, ZP Luo. Inhibition of the oligosaccharides extracted from Morinda officinalis, a Chinese traditional herbal medicine, on the corticosterone induced apoptosis in PC12 cells. Life Science. 2003, 72(8): 933-942
14. YF Li, YQ Liu, M Yang, HL Wang, WC Huang, YM Zhao, ZP Luo. The cytoprotective effect of inulin-type hexasaccharide extracted from Morinda officinalis on PC12 cells against the lesion induced by corticosterone. Life Science. 2004, 75(13): 1531-1538
15. YF Li, M Yang, YM Zhao, ZP Luo. Protective effect of bajitian oligosaccharide on PC12 cells lesioned by corticosterone. China Journal of Chinese Materia Medica. 2000, 25(9): 551-554
16. B Cai, CB Cui, YH Chen, YK Xu, ZP Luo, M Yang, ZW Yao. Anti-depressant effect of insulin-type oligosaccharides from Morinda officinalis in mice. Chinese Journal of Pharmacology and Toxicology. 1996, 10(2): 109-112
17. YQ Liu, YA Wang, YW Wang, HL Wang, YJ Yue, YF Li. Protective effect of insulin-type hexasaccharide extracted from Morinda officinalis on primarily cultured rat cortical neurons from the lesion induced by N-methyl-D-aspartate. China New Medicine. 2004, 3(5): 19-21
18. ZS Qiao, H Wu, ZW Su, CH Li, LH Wang, NY Yi, ZQ Xia, YJ Bian. Comparison of Pharmacological activities of roots of Morinda officinalis, Damnacanthus officinarum and Schisandra propinqua. Journal of Integrated Traditional Chinese and Western Medicine. 1991, 11(7): 415-417
19. Z Chen, DN Fang, MH Ji. Effect of Morinda officinalis How decoction on immune function in mice. Bulletin of Science and Technology. 2003, 19(3): 244-246
20. SJ Lü, HL Huang. Regulative effect of Morinda officinalis on lymphocyte proliferation and cell factor production. Research of Traditional Chinese Medicine. 1997, 13(5): 46-48
21. XJ Chen, AH Li, ZZ Chen. Immunopharmacology study on polysaccharides of Morinda officinalis. The Journal of Practical Medicine. 1995, 11(5): 348-349

22. CD Xu, YX Zhang, M Yang, ZG Dou. Immunopotentiating effect of Morinda officinalis oligosaccharides. Pharmaceutical Journal of Chinese People's Liberation Army. 2003, 19(6): 466-468

23. J Fu, B Xiong. Study on anti-tumor application of bajitian in tumor mice. Chinese Journal of the Practical Chinese with Modern Medicine. 2005, 18(16): 729-730

24. J Fu, B Xiong, F Chen, JJ Wang, T Zhang, WZ Luo. Effect of Morinda officinalis on immune function of senile rats. Chinese Journal of Gerontology. 2005, 25(3): 312-313

25. BR Li, YC She. Effect of invigorating kidney herbs on the functions of hypothalamus-pituitary-adrenal axis. Journal of Traditional Chinese Medicine. 1984, 7: 63

26. J Lin, RC Jiang, GM Chen, RX Chen, M Li, DX Chen. Effect of Morinda officinalis on sperm deformity in mice. Strait Pharmaceutical Journal. 1995, 7(1): 83-84

27. X Yang, YH Zhang, CF Ding, ZZ Yan, J Du. Extract from Morindae officinalis against oxidative injury of function to human sperm membrane. China Journal of Chinese Materia Medica. 2006, 31(19): 1614-1617

28. HM Wang, L Wang, N Li. Effect of Morinda officinalis on the expression of Cbfα1 during the differentiation from BMSCs to the osteoblast. Chinese Journal of Traditional Medical Traumatology & Orthopedics. 2004, 12(6): 22-29

29. HM Wang, L Wang, N Li. Study the influence of Morinda officinalis How on the differentiation from marrow stroma cell to osteoblast. Journal of Fujian College of Traditional Chinese Medicine. 2004, 14(3): 16-20

30. HM Zhang, LH Han, GQ Feng, XQ Ma. The protecting effect of bajitian on cultural baby rats with hypoxia of cardiac muscle cell. Journal of Henan University of Chinese Medicine. 2005, 20(3): 20-21

31. S Zhao, GQ Feng, RF Fu, WL Yang, HM Zhang, T Guo, SA Weng. Protective effects of Radix Morindae Officinalis aqueous extract on myocardial ischemia-reperfusion injury in rats. Zhejiang Journal of Traditional Chinese Medicine. 2005, 3: 124-126

32. XY Pan, L Niu. Effects of medicinal Indianmulberry root on apoptosis of myocardial cells in overtraining rats. Chinese Journal of Clinical Rehabilitation. 2006, 10(3): 102-103

33. Z Chen, HZ Deng, QL Mo, ZW Li. Determination of the contents of valuable compositions of Morinda officinalis How in different regions and analysis of its protection for the liver. Journal of Hainan Normal University (Natural Science). 2003, 16(4): 64-67

34. ZM Feng, LY Xiao, D Zhang, QW Chen, HL Li, H Zhang, PY Lin. Effects of decoction of Radix Morindae Officinalis on HepA carcinoma in mice. Guangzhou Medical Journal. 1999, 30(5): 65-67

35. YF Li, L Yuan, YK Xu, M Yang, YM Zhao, ZP Luo. Anti-stress effect of oligosaccharides extracted from Morinda officinalis in mice and rats. Acta Pharmacologica Sinica. 2001, 22(12): 1084-1088

36. YY Soon, BK Tan. Evaluation of the hypoglycemic and anti-oxidant activities of Morinda officinalis in streptozotocin-induced diabetic rats. Singapore Medical Journal. 2002, 43(2): 77-85

37. Z Chen, T Tu, DN Fang. A preliminary report on the influence of Morinda officinalis decoction on hemopoietic function in mice. Chinese Journal of Tropical Agriculture. 2002, 22(5): 21-22, 52

38. IT Kim, HJ Park, JH Nam, YM Park, JH Won, J Choi, BK Choe, KT Lee. In-vitro and in-vivo anti-inflammatory and antinociceptive effects of the methanol extract of the roots of Morinda officinalis. The Journal of Pharmacy and Pharmacology. 2005, 57(5): 607-615

39. SQ Hu, DS Pei, XY Hou, GY Zhang. Inhibitory effect of Radix Morindae Officinalis on lens aldose reductase. Acta Academiae Medicine Xuzhou. 2005, 25(6): 490-492

40. FX Xiao, L Lin. A preliminary study on the effect of Morinda officinalis How on invigorating the kidney and strengthening yang. Food and Drug. 2006, 8(5A): 45-46

41. P Ding, JY Xu, TL Chu, HH Xu. Quality control of different landing races of Morinda officinalis by DNA and HPLC fingerprintings. Chinese Pharmaceutical Journal. 2006, 41(13): 974-976, 1038

파극천의 재배 모습

구리향 九里香 CP

Murraya exotica L.

Murraya Jasminorage

개 요

운향과(Rutaceae)

구리향(九里香, *Murraya exotica* L.)의 잎과 잎이 달린 어린 가지: 구리향(九里香)

중약명: 구리향(九里香)

구리향속(*Murraya*) 식물은 전 세계에 약 12종이 있으며, 아시아의 열대 및 아열대 지역과 호주의 북동부에 분포한다. 중국에는 약 9종과 1변종이 발견되며, 중국의 남부에 분포하고, 이 속에서 약 5종이 약재로 사용된다. 이 종은 중국의 광동성, 광서성, 복건성, 해남성 및 대만에 분포한다.

"구리향"은 중국 영남 지방의 ≪영남채약록(嶺南采藥錄)≫에서 약으로 처음 기술되었다. 이 속에 속하는 여러 종이 고대부터 약용 구리향으로 사용되어 왔다. 이 종은 중국약전(2015)에서 한약재 구리향(九里香)(Murrayae Folium et Cacumen)의 공식적인 기원식물 내원종으로서 등재되어 있다. 의약 재료는 주로 중국의 광동성, 광서성 및 복건성에서 생산된다.

잎에는 알칼로이드, 쿠마린, 정유 및 플라보노이드 성분이 함유되어 있다. 비스인돌알칼로이드는 불임치료에 효능이 있는 중요 활성 성분 중의 하나이다. 중국약전에서는 의약 물질의 품질관리를 위해 현미경 감별법 및 정색반응법을 사용한다.

약리학적 연구에 따르면 구리향에는 에스트로겐 활성 및 항균 작용이 있음을 확인했다.

한의학에서 구리향(九里香)은 행기활혈(行氣活血), 산어지통(散瘀止痛), 해독소종(解毒消腫)의 효능이 있다.

구리향 九里香 *Murraya exotica* L.

구리향 九里香 Murrayae Folium et Cacumen

함유성분

잎에는 알칼로이드 성분으로 murrayacarine, koeinoline, koenimbine[1], yuehchukene[2], exozoline[3]이 함유되어 있고, 쿠마린 성분으로 murrangatin, auraptenol[4], peroxyauraptenol, cis-dehydroosthol, murraol[5], murraxocin[6], murrayatin[7], mexolide[8], bismurrangatin, murramarin A[9], murranganon, isomurranganon senecioate, chloticol, umbelliferone, scopoletin, osthol, osthenon[10], 정유 성분으로 β-cyclocitral, methyl salicylate, trans-nerolidol, α-,β-cubebenes, (-)-cubenol, isogermacrene[11], β-caryophyllene[12], 플라보노이드 성분으로 exoticin, 3,5,6,7,3',4',5'-heptamethoxyflavone[13], 식물 스테로이드 성분으로 (23S)-23-ethyl-24-methyl-cycloart-24(241)-en-3β-ol, (23ζ)-23-isopropyl-24-ethyl-cycloart-25-en-3β-yl acetate[14], 디펩타이드 성분으로 aurantiamide acetate[15], 또한 colensenone, colensanone[16]이 함유되어 있다.

또한 줄기껍질에서는 girinimbine, koenimbine[17]와 같은 알칼로이드 성분이 함유되어 있다.

HN H N H H MeO HO O O O O

yuehchukene

murrayatin

약리작용

1. 불임
비스인돌알칼로이드는 유의한 에스트로겐 활성을 나타냈다. 에스트로겐 수용체와 결합한다. 경구 또는 피하 투여하면, 암컷 마우스에서 유의한 착상 억제 효과를 나타냈다. 또한 미성숙 마우스에서 자궁의 무게를 증가시켰다[18]. 또한 랫드에서 착상 억제 효과가 있었다[19].

2. 항균 작용
*In vitro*에서 꽃, 잎 및 열매에서 추출한 정유 성분은 칸디다 알비칸스를 유의하게 억제했다. 정유 성분은 또한 대장균, 녹농균, 황색포도상구균 및 귤빛부전나비 팔연구균을 저해했다[20].

3. 항종양
*In vitro*에서 소량의 비스인돌알칼로이드가 유방암 MCF-7 세포에 대한 시클로포스파미드의 세포독성을 증가시킨다는 연구 결과가 나왔다[21].

4. 기타
잎에는 또한 국소 마취 효과가 있었다.

용도

1. 위경련
2. 만성 류머티스 통증
3. 낙상 및 찰과상, 부기(浮氣)
4. (빨갛게 된)상처, 옹, 사교상(蛇咬傷) 및 벌레 물림

해설

구리향은 천리향(千里香) 및 칠리향(七里香)이라고도 한다. 꽃과 열매는 모두 고품질의 장식용이다. 또한, 구리향은 상록수로서 흔히 정원과 공원에 재배되고 있다. 단단하고 키가 작기 때문에 훌륭한 예술작품으로 만들 수 있다. 정유 성분은 화장품과 식료품의 에센스로 사용되고, 잎은 향신료로 사용된다.

Murraya paniculata (L.) Jack.은 한약재 구리향의 또 다른 공식적인 기원식물 내원종으로서 중국약전에 등재되어 있다.

참고문헌

1. EK Desoky, MS Kamel, DW Bishay. Alkaloids of Murraya exotica L. (Rutaceae) cultivated in Egypt. Bulletin of the Faculty of Pharmacy. 1992, 30(3): 235-238
2. YC Kong, KH Ng, PPH But, Q Li, SX Yu, HT Zhang, KF Cheng, DD Soejarto, WS Kan, PG Waterman. Sources of the anti-implantation alkaloid yuehchukene in the genus Murraya. Journal of Ethnopharmacology. 1986, 15(2): 195-200
3. SN Ganguly, A Sarkar. Exozoline, a new carbazole alkaloid from the leaves of Murraya exotica. Phytochemistry. 1978, 17(10): 1816-1817
4. BR Barik, AK Dey, PC Das, A Chatterjee, JN Shoolery. Coumarins of Murraya exotica. Absolute configuration of auraptenol. Phytochemistry. 1983, 22(3): 792-794
5. C Ito, H Furukawa. Three new coumarins from Murraya exotica. Heterocycles. 1987, 26(7): 1731-1734
6. BR Barik, AB Kundu. A cinnamic acid derivative and a coumarin from Murraya exotica. Phytochemistry. 1987, 26(12): 3319-3321
7. BR Barik, AK Dey, A Chatterjee. Murrayatin, a coumarin from Murraya exotica. Phytochemistry. 1983, 22(10): 2273-2275
8. DP Chakraborty, S Roy, A Chakraborty, AK Mandal. BK Chowdhury. Structure and synthesis of mexolide, a new antibiotic dicoumarin from Murraya exotica Linn. [Syn. M. paniculata (L) Jack.]. Tetrahedron. 1980, 36(24): 3563-3564
9. N Negi, A Ochi, M Kurosawa, K Ushijima, Y Kitaguchi, E Kusakabe, F Okasho, T Kimachi, N Teshima, M Ju-Ichi, AM Abou-Douh, C

Ito, H Furukawa. Two new dimeric coumarins isolated from Murraya exotica. Chemical & Pharmaceutical Bulletin. 2005, 53(9): 1180-1182

10. C Ito, H Furukawa. Constituents of Murraya exotica L. Structure elucidation of new coumarins. Chemical & Pharmaceutical Bulletin. 1987, 35(10): 4277-4285

11. NO Olawore, IA Ogunwander, O Ekundayo, KA Adeleke. Chemical composition of the leaf and fruit essential oils of Murraya paniculata (L.) Jack. (Syn. Murraya exotica Linn.). Flavor and Fragrance Journal. 2005, 20(1): 54-56

12. JA Pino, R Marbot, V Fuentes. Aromatic plants from western Cuba. VI. Composition of the leaf oils of Murraya exotica L., Amyris balsamifera L., Severinia buxifolia (Poir.) Ten. and Triphasia trifolia (Burm. f.) P. Wilson. Journal of Essential Oil Research. 2006, 18(1): 24-28

13. DW Bishay, SM El-Sayyad, MA Abd El-Hafiz, H Achenbach, EK Desoky. Phytochemical study of Murraya exotica L. (Rutaceae). I-Methoxylated flavonoids of the leaves. Bulletin of Pharmaceutical Sciences. 1987, 10(2): 55-70

14. EK Desoky. Phytosterols from Murraya exotica. Phytochemistry. 1995, 40(6): 1769-1772

15. PC Das, S Mandal, A Das, A Patra. Aurantiamide acetate from Murraya exotica L. Application of two-dimensional NMR spectroscopy. Indian Journal of Chemistry. 1990, 29B(5): 495-497

16. ZA Ahmad, S Begum. Colensenone and colensanone (non-diterpene oxide) from Murraya exotica Linn. Indian Drugs. 1987, 24(6): 322

17. S Roy, L Bhattacharya. Girinimbine and koenimbine from Murraya exotica Linn. Journal of the Indian Chemical Society. 1981, 58(12): 1212

18. NG Wang, MZ Guan, HP Lei. Anti-implantation and hormone activity of yuehchukene, an alkaloid isolated from the root of Murraya paniculata. Acta Pharmaceutica Sinica. 1990, 25(2): 85-89

19. YC Kong, KF Cheng, RC Cambie, PG. Waterman. Yuehchukene: a novel indole alkaloid with anti-implantation activity. Journal of the Chemical Society. 1985, 2: 47-48

20. FS El-Sakhawy, ME El-Tantawy, SA Ross, MA El-Sohly. Composition and anti-microbial activity of the essential oil of Murraya exotica L. Flavor and Fragrance Journal. 1998, 13(1): 59-62

21. TWT Leung, G Cheng, CH Chui, SKW Ho, FY Lau, JKJ Tjong, TCC Poon, JCO Tang, WCP Tse, KF Cheng, YC Kong. Yuehchukene, a bis-indole alkaloid, and cyclophosphamide are active in breast cancer in vitro. Chemotherapy. 2000, 46(1): 62-68

육두구 肉豆蔻 CP, KP, VP, IP, EP, BP

Myristicaceae

Myristica fragrans Houtt.

Nutmeg

개 요

육두구과(Myristicaceae)

육두구(肉豆蔻, *Myristica fragrans* Houtt.)의 씨를 말린 것: 육두구(肉豆蔻)

중약명: 육두구(肉豆蔻)

육두구속(*Myristica*) 식물은 전 세계에 약 120종이 있으며, 남부 아시아, 서부 폴리네시아, 오세아니아 및 인도 동부에서 필리핀까지 분포한다. 중국에는 약 4종이 발견되며, 운남성과 대만에 분포한다. 이 종은 모두 약재로 사용된다. 이 종은 중국의 광동성, 운남성 및 대만에 도입되어 재배되고 있다. 인도네시아의 말루쿠섬이 원산이며, 현재 열대 지역에서 널리 재배되고 있다.

"육두구"는 ≪개보본초(開寶本草)≫에서 처음 약으로 기술되었고, 대부분의 고대 한방의서에 기술되어 있으며, 약용 종은 고대부터 동일하게 남아 있다. 이 종은 중국약전(2015)에 한약재 육두구(Myristicae Semen)에 대한 공식적인 기원식물 내원종으로서 등재되어 있다. 의약 재료는 주로 말레이시아와 인도네시아에서 생산된다. 또한 서인도 제도와 스리랑카에서 생산된다. ≪대한민국약전≫(제11개정판)에는 "육두구"를 육두구(肉豆蔻) *Myristica fragrans* Houttuyn (육두구과 Myristicaceae)의 잘 익은 씨로서 씨껍질을 제거한 것"으로 등재하고 있다.

육두구에는 주로 정유 성분이 함유되어 있으며, 총 정유 성분은 품질관리 성분이다. 또한 리그난 성분이 함유되어 있다. 중국약전에는 의약 물질의 품질관리를 위해 정유 성분의 함량을 6.0% 이상으로 규정하고 있다.

약리학적 연구에 따르면 육두구에는 지사, 진정, 항염, 항진균, 항종양 및 간 보호 작용이 있음을 확인했다.

한의학에서 육두구(肉豆蔻)는 온중삽장(溫中澁腸), 행기소식(行氣消食)의 효능이 있다.

육두구 肉豆蔻 *Myristica fragrans* Houtt.

육두구 肉豆蔻 Myristicae Semen

함유성분

열매 꼬투리에는 주로 정유 성분으로 myristicin, safrole, eugenol, methyleugenol, α−, β−pinenes, sabinene, γ−terpinene, terpinen−4−ol, elemicin, limonene, α−, β−phellandrenes, α−terpineol, α−terpinolene, δ−cubebene[1], p, o−cymenes[2], 2−, 3−, 4−carenes, β−myrcene, α−thujene, myristic acid[3], isoeugenol[4]이 함유되어 있고, 리그난 성분으로 macelignan[5], (+)−myrisfragransin[6], dehydrodiisoeugenol (licarin A), licarin B[7], erythro−(3,4−methylenedioxy−7−hydroxy−1'−allyl−3',5'−dimethoxy)−8.O.4'−neolignan, erythro−(3,4−methylenedioxy−7−hydroxy−1'−allyl−3',5'−dimethoxy)−8.O.4'−neolignan acetate[8], 3,4:3',4'bis(methylenedioxy)lignan[9], meso−dihydroguaiaretic acid와 otobaphenol[10], 또한 malabaricones B, C[11]가 함유되어 있다.

OMe O O

myristicin

OMe OMe OH O

licarin A

약리작용

1. 위장관에 미치는 영향
육두구를 경구 투여하면 동물의 장 내 조직에서 전해질 수준을 향상시키고 안정화시켜, 설사 방지 효과를 나타냈다[12].

2. 진정 작용
리카린 A와 B를 마우스의 복강 내 투입하면 헥소바르비탈에 의해 유도된 수면 시간을 연장시켰고, 아미노피린 N-디메틸라아제와 헥소바르비탈 수산화효소의 활성을 억제했으며, 중추신경계 억제 효과를 보였다[13]. 육두구와 트리미리스틴의 n-헥산 추출물의 아세톤 불용성 분획을 마우스의 복강 내 투여하면 행동분석시험에서 뒷걸음질과 보행활동의 빈도를 감소시켰으며, 함정판 테스트에서 head pock의 빈도를 감소시켰다[14]. 육두구유의 테르페노이드를 어린 병아리의 복강 내 투여하면 에탄올에 의한 수면 시간을 연장시켰다[15].

3. 항균 작용
마세리그난은 우식원성 스트렙토코쿠스 뮤탄스를 유의하게 억제했다[16]. 말라바리콘 C는 포르피로모나스 긴기발리스의 성장을 억제하고 급성 및 재발성 치은염의 발병을 감소시켰다[17]. 육두구는 대장균 O_{157}과 O_{111}을 선택적으로 억제했다[18]. 미리스트산, 미리스트산 모노갈락토실 디아실글리세롤과 같은 지방산은 상부 호흡 기관, 헤모필루스 인플루엔자, 모락셀라 카타랄리스에서 화농성 연쇄상구균에 대한 강력한 억제 효과를 보였다[19].

4. 항염 및 진통 작용
육두구유는 랫드에서 급성 염증을 억제하고, 아세트산에 의한 자극 반응 및 포르말린으로 유발된 랫드의 후기 발생을 감소시켰다. 약리작용은 NSAIDs와 유사했다[20]. 육두구의 가루를 경구 투여하면 랫드에서 신장 프로스타글란딘의 수치를 감소시켰다. 육두구의 추출물은 적출된 신장에서 프로스타글란딘의 생합성을 억제했다[21]. 원재료 또는 가공된 육두구는 모두 강력한 항염 효과를 나타냈고, 그 효과는 난알부민에 의해 유발된 염증에서 더 분명했다. 원료 제품은 가장 강력한 항염 효과를 나타냈다[22].

5. 항종양
메소디하이드로구아이아레트산은 간 성상세포(HSCs)의 활동을 감소시키고, 종양 세포에 대한 세포독성 효과를 나타내는 형질전환 생장인자 β_1(TGF-β_1)의 유전자 발현을 감소시켰다[23]. 미리스티신은 성체 마우스, 임신한 마우스 및 태아 마우스에게 구강 투여했으며, 간 DNA 에피돔이 검출되어 암 예방 특성을 나타냈다[24]. 육두구는 마우스의 자궁 경부에서 3-메틸에호란트렌(MCA)에 의한 발암 유발에 대하여 어느 정도의 억제를 나타내었고, 마우스의 피부에서 디벤질메틸아민(DBMA)에 의한 유두종 형성을 유도하였다[25-26]. 미리스티신은 세포사멸 기전에 의해 인간 신경 모세포종 SK-N-SH 세포에서 세포독성을 유발했다[27].

6. 간 보호
육두구의 에탄올 추출물을 주사하면 마우스에서 혈청 알라닌아미노기전이효소 및 아스파르트산염 아미노전이효소의 활성을 증가시켰고, 말론디알데하이드(MDA)의 수준을 증가시켰으며, 혈청 및 간 과산화물 불균등화효소의 수준을 감소시켰고, D-갈락토사민으로 유도된 간 손상에 유의한 보호 효과를 나타냈다[28]. 미리스티신은 주요 활성 간 보호 성분이었고, 랫드의 지질다당류와 CCl_4에 의한 간 손상에 대한 보호 효과를 나타냈다[29]. 그 기전은 대식세포에서 종양 괴사 인자 α(TNF-α)의 방출을 저해하는 것과 관련이 있다[30].

7. 항산화 작용
육두구유와 아세톤 추출물은 강력한 유리기 소거 효과를 나타냈다. 그 효과는 하이드록시아니솔 부틸산염 및 하이드록시톨루엔 부틸산염의 효과보다 좋았다[31]. 유게놀을 복강 내 투여하면 랫드에서 CCl_4에 의한 적혈구 손상을 보호했고, 항산화 효소 활성을 정상 수준으로 유지하였으며, CCl_4로 부과된 산화 스트레스를 제거했다[32].

8. 혈소판 응집 억제
*In vitro*에서 육두구유는 아라키돈산에 의해 유발된 토끼 혈소판 응집을 유의하게 길항했다. 주 활성 성분은 유게놀과 이소유게놀이었다[33-34].

9. 환각 유발
육두구를 저용량으로 경구 투여하면 항콜린성 독성 물질과 유사한 증상을 나타내어, 환각과 심계항진을 일으켰다[35].

10. 기타
메소디하이드로구아이아레트산과 오토바페놀은 단백질 티로신 인산가수분해효소 1B(PTP1B)의 저해제로서 제2형 당뇨병과 비만의 잠재적 약물이었다[10]. 메소디하이드로구아이아레트산은 또한 신경보호 효과를 나타냈다[23].

용도

1. 설사, 복부 팽만, 식욕 부진, 구토
2. 식체
3. 발기 부전

해설

육두구의(肉豆蔻衣)로 알려진 육두구의 헛씨껍질도 의약적으로 사용된다. 육두구의는 방향건위화중(芳香健胃化中)의 효능으로 복부 팽만, 식욕 부진, 구토 및 설사를 개선한다.
육두구는 중국 위생부가 지정한 식약공용 품목이다. 그러나 사프롤과 미리스티신 모두 효과적이고 독성이 있는 성분이기 때문에 급성 중독을 일으킬 수 있다. 따라서 앞으로 독성 및 약리학적 효과에 대한 추가적인 연구가 이루어져야 하며, 식품첨가물로서의 응용에 특별한 주의를 기울여야 한다.
육두구는 향기가 강하며, 톡 쏘는 맛이 있고, 쓰다. 또한 의약적 용도 이외에 훌륭한 향신료이며 조미료이다. 추출한 정유 성분은 일일 화학 섭취물질의 중요한 원료이기 때문에 경제적 가치가 높다. 항산화 및 항균 효과가 있는 육두구는 독특한 맛을 가진 천연 식품보존제로서 안전하고 효과적이며 저렴한 항균제로 개발될 큰 잠재력을 가지고 있다.

참고문헌

1. TL Li, J Zhou, ZL Xu, JG Pan, SJ Mao. The effect of processing on the essential oil content of Myristica fragrans and study on chemical constituents of the essential oil. China Journal of Chinese Materia Medica. 1990, 15(7): 21–23
2. WL Lai, Z Zeng, YX Chen, HP Zeng. Studies on chemical constituents of drugs to be added later during decoction of compound medicine (II) essential oil from seed of Myristica fragrans. Chinese Traditional and Herbal Drugs. 2002, 33(7):596–598
3. Q Qiu, GY Zhang, XM Sun, XX Liu. Study on chemical constituents of the essential oil from Myristica fragrans Houtt. by supercritical fluid extraction and steam distillation. Journal of Chinese Medicinal Materials. 2004, 27(11): 823–826
4. Y Wang, XW Yang, HY Tao, HX Liu. GC–MS analysis of essential oils from seeds of Myristica fragrans in Chinese market. China Journal of Chinese Materia Medica. 2004, 29(4): 339–342
5. WS Woo, KH Shin, H Wagner, H Lotter. Studies on crude drugs acting on drug–metabolizing enzymes. Part 9. The structure of macelignan from Myristica fragrans. Phytochemistry. 1987, 26(5): 1542–1543
6. M Miyazawa, H Kasahara, H Kameoka. A new lignan, (+)–myrisfragransin, from Myristica fragrans. Natural Product Letters. 1996, 8(1): 25–26
7. S Nishat, N Nahar, MIR Mamun, M Mosihuzzaman, N Sultana. Neolignans isolated from seeds of Myristica Fragrans Houtt. Dhaka University Journal of Science. 2006, 54(2): 229–231
8. SA Zacchino, H Badano. Enantioselective synthesis and absolute configuration assignment of erythro–(3,4–methylenedioxy–7–hydroxy–1'–allyl–3',5'–dimethoxy)–8.0.4'–neolignan and its acetate, isolated from nutmeg (Myristica fragrans). Journal of Natural Products. 1991, 54(1): 155–160
9. KJ Kim, YN Han. Lignans from Myristica fragrans. Yakhak Hoechi. 2002, 46(2): 98–101
10. S Yang, MK Na, JP Jang, KA Kim, BY Kim, NJ Sung, WK Oh, JS Ahn. Inhibition of protein tyrosine phosphatase 1B by lignans from Myristica fragrans. Phytotherapy Research. 2006, 20(8): 680–682
11. KY Orabi, JS Mossa, FS el–Feraly. Isolation and characterization of two anti–microbial agents from mace (Myristica fragrans). Journal of Natural Products. 1991, 54(3): 856–859
12. J Weissinger. Effect of nutmeg, aspirin, chlorpromazine and lithium on normal intestinal transport. Proceedings of the Western Pharmacology Society. 1985, 28: 287–293
13. KH Shin, ON Kim, WS Woo. Studies on crude drugs acting on drug–metabolizing enzymes. Part 12. Isolation of hepatic drug metabolism inhibitors from the seeds of Myristica fragrans. Archives of Pharmacal Research. 1988, 11(3): 240–243

14. GS Sonavane, VP Sarveiya, VS Kasture, SB Kasture. Anxiogenic activity of Myristica fragrans seeds. Pharmacology, Biochemistry and Behavior. 2002, 71(1–2): 239–244
15. CJ Sherry, RS Mannel, AE Hauck. The effect of the terpene fraction of the oil of nutmeg on the behavior of young chicks. Planta Medica. 1979, 36(1): 49–53
16. JY Chung, JH Choo, MH Lee, JK Hwang. Anti–cariogenic activity of macelignan isolated from Myristica fragrans (nutmeg) against Streptococcus mutans. Phytomedicine. 2006, 13(4): 261–266
17. C Shinohara, S Mori, T Ando, T Tsuji. Arg–gingipain inhibition and anti–bacterial activity selective for Porphyromonas gingivalis by malabaricone C. Bioscience, Biotechnology, and Biochemistry. 1999,63(8): 1475–1477
18. A Takikawa, K Abe, M Yamamoto, S Ishimaru, M Yasui, Y Okubo, K Yokoigawa. Anti–microbial activity of nutmeg against Escherichia coli O157. Journal of Bioscience and Bioengineering. 2002, 94(4): 315–320
19. Y Tanaka, S Fukuda, H Kikuzaki, N Nakatani. Anti–bacterial compounds from nutmeg against upper airway respiratory tract bacteria. ITE Letters on Batteries, New Technologies & Medicine. 2000, 1(3): 412–417
20. OA Olajide, JM Makinde, SO Awe. Evaluation of the pharmacological properties of nutmeg oil in rats and mice. Pharmaceutical Biology. 2000, 38(5): 385–390
21. V Misra, RN Misra, WG Unger. Role of nutmeg in inhibiting prostaglandin biosynthesis. Indian Journal of Medical Research. 1978, 67(3): 482–484
22. TZ Jia, T Jiang, HQ Guan, C Niu, J Li, SQ Xie. Comparison of different processed productions of Myristica fragrans on anti–inflammatory, anagelsic and anti–bacterial effects. Liaoning Journal of Traditional Chinese Medicine. 1996, 23(10): 474
23. EY Park, SM Shin, CJ Ma, YC Kim, SG Kim. Meso–dihydroguaiaretic acid from Machilus thunbergii down–regulates TGF–β_1 gene expression in activated hepatic stellate cells via inhibition of AP–1 activity. Planta Medica. 2005, 71(5): 393–398
24. K Randerath, KL Putman, E Randerath. Flavor constituents in cola drinks induce hepatic DNA adducts in adult and fetal mice. Biochemical and Biophysical Research Communications. 1993, 192(1): 61–68
25. SP Hussain, AR Rao. Chemopreventive action of mace (Myristica fragrans Houtt.) on methylcholanthrene–induced carcinogenesis in the uterine cervix in mice. Cancer Letters. 1991, 56(3): 231–234
26. LN Jannu, SP Hussain, AR Rao. Chemopreventive action of mace (Myristica fragrans Houtt.) on DMBA–induced papillomagenesis in the skin of mice. Cancer Letters. 1991, 56(1): 59–63
27. BK Lee, JH Kim, JW Jung, JW Choi, ES Han, SH Lee, KH Ko, JH Ryu. Myristicin–induced neurotoxicity in human neuroblastoma SK–N–SH cells. Toxicology Letters. 2005, 157(1): 49–56
28. YQ Chang, SJ Yang, H Li, LH Zheng, XT Chang, JR Ma. Protective effects of nutmeg ethanol extract on acute liver lesion in rats induced by D–galactosamine. Chinese Pharmacological Bulletin. 2004, 20(1): 118–119
29. T Morita, K Sugiyama. A newly found physiological effect of myristicin, an essential oil from nutmeg: with reference to a hepatoprotective effect. Aroma Research. 2004, 5(1): 23–27
30. T Morita, K Jinno, H Kawagishi, Y Arimoto, H Suganuma, T Inakuma, K Sugiyama. Hepatoprotective effect of myristicin from nutmeg (Myristica fragrans) on lipopolysaccharide / D–galactosamine–induced liver injury. Journal of Agricultural and Food Chemistry. 2003, 51(6): 1560–1565
31. G Singh, P Marimuthu, CS De Heluani, C Catalan. Anti–microbial and anti–oxidant potentials of essential oil and acetone extract of Myristica fragrans Houtt. (Aril part). Journal of Food Science. 2005, 70(2): M141–M148
32. P Kumaravelu, S Subramaniyam, DP Dakshinamoorthy, NS Devaraj. The anti–oxidant effect of eugenol on CCl_4–induced erythrocyte damage in rats. Journal of Nutritional Biochemistry. 1996, 7(1): 23–28
33. A Rasheed, GM Laekeman, AJ Vlietinck, J Janssens, G Hatfield, J Totte, AG Herman. Pharmacological influence of nutmeg and nutmeg constituents on rabbit platelet function. Planta Medica. 1984, 50(3): 222–226
34. J Janssens, GM Laekeman, LAC Pieters, J Totte, AG Herman, AJ Vlietinck. Nutmeg oil: identification and quantitation of its most active constituents as inhibitors of platelet aggregation. Journal of Ethnopharmacology. 1990, 29(2): 179–188
35. MK Abernethy, LB Becker. Acute nutmeg intoxication. The American Journal of Emergency Medicine. 1992, 10(5): 429–430

협죽도 夾竹桃 IP

Apocynaceae

Nerium indicum Mill.

Common Oleander

개 요

협죽도과(Apocynaceae)

협죽도(夾竹桃, *Nerium indicum* Mill.)의 잎과 줄기껍질을 말린 것: 협죽도(夾竹桃)

중약명: 협죽도(夾竹桃)

협죽도속(*Nerium*) 식물은 전 세계에 약 4종이 있으며, 지중해 연안과 아시아의 열대 및 아열대 지역에 분포한다. 중국에는 약 2종과 1변종이 발견되며, 모두 도입되어 재배되고 있다. 이 속에서 약 2종이 약재로 사용된다. 이 종은 중국 전역에서 재배되며, 남쪽에서 더 많은 양이 재배된다. 야생에서는 인도, 네팔에서 자라며, 현재 전 세계적으로 열대 지역에서 재배되고 있다.

"협죽도"는 ≪식물명실도고(植物名實圖考)≫에서 약으로 처음 기술되었으며, 현재 중국 전역에서 생산된다.

협죽도에는 주로 강심 배당체 성분이 함유되어 있다. 오도로사이드는 주요 강심 및 항종양의 활성 성분이다.

약리학적 연구에 따르면 협죽도에는 강심 작용, 항종양, 신경보호, 항바이러스 및 항균 작용이 있음을 확인했다.

민간요법에 따르면 협죽도는 강심이뇨(强心利尿), 거담정천(祛痰定喘), 진통(鎭痛), 거어(祛瘀)의 효능이 있다.

협죽도 夾竹桃 *Nerium indicum* Mill.

협죽도 夾竹桃 IP

흰꽃협죽도 白花夾竹桃 *Nerium indicum* Mill. cv. Paihua

협죽도 夾竹桃 Nerii Indici Folium et Cortex

함유성분

뿌리껍질에는 강심 배당체와 그 아글리콘 성분으로 odorosides A, B, D, E, F, H, K, L, M[1-3], neriumogenins A, B[4], pregnenolone-β-D-glucoside[5], odorobioside K, odorotriose, odorogenin B, uzarigenin, sarverogenin[6], neridienones A, B[7-8]가 함유되어 있고, 또한 scopolin[3], 2,4-dihydroxy-acetophenone, 4-hydroxyacetophenone[9]이 함유되어 있다.

잎에는 강심 배당체와 그 아글리콘 성분으로 odoroside G, gentiobiosyl nerigoside, D16-dehydroadynerin, oleandrin gentiobioside[10],

odoroside

neridienone A

oleandrigenin, adynerin, 16-deacetylanhydrooleandrin[11], neriums D, E, F[12], oleasides A, E, gentiobiosyl adynerin, D16-adynerin[13], D16-dehydroadynerigenin-β-D-digitaloside[14], adynerigenin, neriagenin[15], 3-O-β-gentiobiosyl-3β,14-dihydroxy-5α,14β-pregnan-20-one, 21-O-β-D-glucosyl-14,21-dihydroxy-14β-pregn-4-ene-3,20-dione[16]이 함유되어 있다.
꽃에는 다당류 성분으로 rhamnogalacturonan, xyloglucan[17], polysaccharides J2, J3, J4[18]가 함유되어 있다.

약리작용

1. 강심 작용
   잎의 물 추출물은 개구리 심장에서 더 강한 활동을 한다[19]. 오도린은 심장근육에 직접 작용하여, 개구리로부터 심장근육을 분리하여 클로랄수화물과 요힘빈에 의해 낮아졌던 심장근육을 정상으로 되돌려 놓았다[20]. 올레안드린과 16-디아세틸안하이드로올레안드린은 개구리 심장에서 디곡신과 같은 작용을 하고, 심장의 수축률을 증가시켰다. 그러나 복용량을 늘리면 심장이 멈추었다[21]. 그 기전은 세포막 Na^+,K^+-ATPase 활성의 억제와 관련되어 있어서, 심장근육에서 세포 내 Ca^{2+}이 증가되었다. 이것은 또한 심장근육 수축력의 향상과 관련이 있다[22].

2. 항종양
   *In vivo*에서 약재의 강심 배당체는 인간 골수종 세포 성장을 억제했으며 유방암 MCF7 세포에 대하여 우수한 세포독성 효과를 나타냈다[23]. *In vitro*에서 람노갈락투로난과 크실로글루칸은 크롬 친화성 세포종 PC12 세포의 증식과 분화를 억제했다[17].

3. 신경보호
   *In vivo*에서 약재의 다당류 J_2, J_3, J_4는 단백질 키나제 B(Art)의 생존 신호 전달 경로를 활성화시킴으로써 신경 퇴행성 질환으로 인한 신경보호 효과를 나타냈다[18].

4. 항바이러스
   *In vivo*에서 약재의 메탄올 및 메탄올성 수성 추출물은 인플루엔자 바이러스 및 단순헤르페스바이러스를 유의하게 억제했다[24].

5. 항균 작용
   *In vivo*에서 약재의 물 추출물은 슈도모나스 퓨티다균, 바실루스 메가리움균, 대장균, 브라디리조비움 자포니쿰 균주의 활성을 억제했다[25].

6. 기타
   약재의 에탄올 추출물을 경구 투여하면 성체 암컷 랫드의 주기적 발정 단계를 연장시켰다[26]. 약재에는 또한 진정 작용과 이뇨 작용이 있었다.

용도

1. 심장 마비
2. 기침, 천식
3. 통증, 부기(浮氣), 낙상 및 찰과상
4. 무월경

해설

협죽도는 민간요법에서 사용되는 약초이다. 광서성의 한약서와 운남성의 한약서에서 "유독성이 강하다"고 기술되어 있으며, 중국 영남 지방의 ≪영남채약록(嶺南采藥錄)≫에서는 "낙태를 유도하고 생리를 촉진한다"고 그 효능이 기술되어 있다. 그러므로 임산부가 복용해서는 안 된다. 항종양 치료제로서 더 많은 약리학적 및 독성학적 연구가 필요하다.
Nerium oleander L.에 대해 화학적 및 약리학적 연구가 많이 수행되었는데, 이는 주로 강심 배당체의 추출 원료로 사용된다.
또한 *N. indicum* Mill. cv. Paihua는 중국 남부에서 광범위하게 재배되고 있다. 이 재배종에 관한 연구는 보고된 바가 거의 없다. 따라서 더 많은 연구 개발이 필요하다.
화려한 꽃과 개화기가 긴 상록관목인 협죽도는 일반적으로 조경 및 관상용 식물이다. 독성에 특별한 주의를 기울여야 한다. 사용 전에 의사 또는 약사와 상담하여야 한다.

참고문헌

1. W Rittel, T Reichstein. Glycosides and aglycons. CVIII. Odoroside D and odoroside F. The glycosides of Nerium odorium Sol. 5. Helvetica Chimica Acta. 1953, 36: 554-562
2. T Yamauchi, M Takahashi, F Abe. Nerium. Part 6. Cardiac glycosides of the root bark of Nerium odorum. Phytochemistry. 1976, 15(8): 1275-1278
3. W Rittel, A Hunger, T Reichstein. Glycosides and aglycones. CVII. The glycosides of Nerium odorum. 4. "Odoroside E," odoroside H, odoroside K acetate, and "crystallizate J". Helvetica Chimica Acta. 1953, 36: 434-462
4. R Hanada, F Abe, T Yamauchi. Nerium. Part 14. Steroid glycosides from the roots of Nerium odorum. Phytochemistry. 1992, 31(9): 3183-3187
5. T Yamauchi, M Hara, K Mihashi. Nerium. II. Pregnenolone glucosides of Nerium odorum. Phytochemistry. 1972, 11(11): 3345-3347
6. W Rittel, T Reichstein. Glycosides and aglycons. CXXXV. The glycosides of Nerium odorum. 6. Odoroside K and odorobioside K. Helvetica Chimica Acta. 1954, 37: 1361-1373
7. T Yamauchi, F Abe, Y Ogata, M Takahashi. Nerium. IV. Neridienone A, a C_{21}-steroid in Nerium odorum. Chemical & Pharmaceutical Bulletin. 1974, 22(7): 1680-1681
8. F Abe, T Yamauchi. Nerium. Part 7. Pregnanes in the root bark of Nerium odorum. Phytochemistry. 1976, 15(11): 1745-1748
9. T Yamauchi, M Hara, Y Ehara. Acetophenones of the roots of Nerium odorum. Phytochemistry. 1972, 11(5): 1852-1853
10. T Yamauchi, N Takata, T Mimura. Nerium. 5. Cardiac glycosides of the leaves of Nerium odorum. Phytochemistry. 1975, 14(5-6): 1379-1382
11. T Yamauchi, Y Ehara. Nerium. I. Drying condition of the leaves of Nerium odorum. Yakugaku Zasshi. 1972, 92(2): 155-157
12. M Okada. Components of Nerium odorum leaves. III. Yakugaku Zasshi. 1953, 73: 86-89
13. T Yamauchi, F Abe, Y Tachibana, CK Atal, BM Sharma, Z Imre. Nerium. Part 11. Quantitative variations in the cardiac glycosides of oleander. Phytochemistry. 1983, 22(10): 2211-2214
14. T Yamauchi, Y Mori, Y Ogata. Nerium. III. Δ^{16}-Dehydroadynerigenin glycosides of Nerium odorium. Phytochemistry. 1973, 12(11): 2737-2739
15. F Abe, T Yamauchi. Nerium. Part 11. Cardenolide triosides of oleander leaves. Phytochemistry. 1992, 31(7): 2459-2463
16. F Abe, T Yamauchi. Nerium. Part 13. Two pregnanes from oleander leaves. Phytochemistry. 1992, 31(8): 2819-2820
17. K Ding, JN Fang, TX Dong, KWK Tsim, HM Wu. Characterization of a rhamnogalacturonan and a xyloglucan from Nerium indicum and their activities on PC12 pheochromocytoma cells. Journal of Natural Products. 2003, 66(1): 7-10
18. MS Yu, SW Lai, KF Lin, JN Fang, WH Yuen, RCC Chang. Characterization of polysaccharides from the flowers of Nerium indicum and their neuroprotective effects. International Journal of Molecular Medicine. 2004, 14(5): 917-924
19. T Takahashi. Pharmacological studies of the sweet oleander (Nerium indicum Mill) from Manchuria. Folia Pharmacology Japan. 1948, 44(1): 83-84
20. I Niimoto. Pharmacological investigation of the glucoside of Nerium odorum (odorin). II. The effect of odorin upon the heart, and its cumulative effect. Okayama Igakkai Zasshi. 1939, 51: 1549-1550
21. B Nuki, T Furukawa, T Matsuguma. Cardiac effects of deacetyloleandrin and 16-deacetylanhydrooleandrin. Nippon Yakurigaku Zasshi. 1964, 60: 218-225
22. B Pan, RQ Chen, DJ Pan, TJ Gu. Kinetic studies on oleandrin inhibition of Na^+, K^+-ATPase. Acta Academiae Medicinae Shanghai. 1990, 17(6): 413-417
23. MSH Wahyuningsih, S Mubarika, RLH Bolhuis, K Nooter, IG Gandjar, S Wahyuono. Cytotoxicity of oleandrin isolated from the leaves of Nerium indicum Mill. on several human cancer cell lines. Majalah Farmasi Indonesia. 2004, 15(2): 96-103

24. M Rajbhandari, U Wegner, M Julich, T Schopke, R Mentel. Screening of Nepalese medicinal plants for anti-viral activity. Journal of Ethnopharmacology. 2001, 74(3): 251-255

25. KM Chavan, VS Tare, PP Mahulikar. Studies on stability and anti–bacterial activity of aqueous extracts of some Indian medicinal plants. Oriental Journal of Chemistry. 2003, 19(2): 387–392

26. M Dixit, AO Prakash. Effect of Nerium odorum soland on the periodicity of estrous cycle in female albino rats. Indian Journal of Environment and Ecoplanning. 2006, 12(1): 253–257

백화사설초 白花蛇舌草

Oldenlandia diffusa (Willd.) Roxb.

Spreading Hedyotis

개 요

꼭두서니과(Rubiaceae)

백화사설초(白花蛇舌草, *Oldenlandia diffusa* (Willd.) Roxb.)의 전초를 말린 것: 백화사설초(白花蛇舌草)

중약명: 백화사설초(白花蛇舌草)

백운풀속(*Oldenlandia*) 식물은 전 세계에 약 699종이 있으며, 열대 및 아열대 지역에 주로 분포한다. 중국에는 약 62종과 7변종이 발견되며, 양자강 이남에 분포한다. 광동성, 해남성 및 운남성은 이 속의 식물 분포의 중심지이다[1]. 이 속에서 약 17종이 약재로 사용된다. 이 종은 중국의 광동성, 광서성, 해남성, 안휘성, 운남성 및 홍콩에 분포한다. 열대 아시아와 네팔에도 분포하며 동쪽으로 일본까지 이어진다.

"백화사설초"는 중국 광동성의 조주시(潮州市)에서 발간되는 조주연보(潮州年報–약물편)에서 약으로 처음 기술되었다. 이 종은 청나라 말 중국의 하문(厦門)과 산두(汕頭) 주변에서 민간약으로 처음 사용되었으며, 동남아시아로 대량 수출되었다. 주로 민속약으로 사용되어 맹장염, 이질, 담석, 뾰루지 및 사교상(蛇咬傷)을 치료한다. 이 종은 중국약전(2015)에 특허 의약품의 성분으로 등재되어 있다. ≪대한민국약전외한약(생약)규격집≫(제4개정판)에는 "백화사설초"를 "두잎갈퀴 *Hedyotis diffusa* Willdenow (꼭두서니과 Rubiaceae)의 전초"로 등재하고 있다. 의약 재료는 주로 중국의 광동성, 광서성 및 해남성에서 생산된다.

백화사설초에는 이리도이드, 트리테르페노이드, 플라보노이드 및 안트라퀴논 성분이 함유되어 있다. 우르솔산과 올레아놀산은 가끔 의약 재료의 품질관리를 위한 지표 성분으로 사용된다[2].

약리학적 연구에 따르면 백화사설초에는 항종양, 면역증강, 항돌연변이, 항산화, 항염 및 위 점막 보호 작용이 있음을 확인했다.

한의학에서 백화사설초는 청열해독(清熱解毒), 이습통림(利濕通淋)의 효능이 있다.

백화사설초 白花蛇舌草 *Oldenlandia diffusa* (Willd.) Roxb.

산방백운풀 繖花龍吐珠 *O. corymbosa* (L.) Lam

백화사설초 白花蛇舌草 Oldenlandiae Herba

함유성분

전초에는 이리도이드 성분으로 6−O−p−coumaroyl scandoside methyl ester, 6−O−p−methoxycinnamoyl scandoside methyl ester, 6−O−p−feruloyl scandoside methyl ester[3], asperuloside, asperulosidic acid, scandoside, scandoside methyl ester, geniposidic acid, deacetyl asperulosidic acid[4], oldenlandoside III, 10−O−benzoylscandoside methyl ester[5], deacetyl asperulosidic acid methyl ester, daphylloside[6], E−6−O−p−coumaroyl scandoside methyl ester−10−methyl ether[7]가 함유되어 있고, 트리테르페노이드 성분으로 ursolic acid, oleanolic acid[8], 플라보노이드 성분으로 quercetin−3−O−sambubioside, quercetin−3−O−sophoroside[9], kaempferol−3−O−[2−O−(6−O−E−feruloyl)−β−D−glucopyranosyl]−β−D−galactopyranoside, quercetin−3−O−[2−O−(6−O−E−feruloyl)−β−D−glucopyranosyl]−β−D−galactopyranoside[10], amentoflavone[11], kaempferol, kaempferol−3−O−glucopyranoside, quercetin−3−O−glucopyranoside, quercetin−3−O−(2"−O−β−D−glucopyranosyl)−β−D−glucopyranoside[12], quercetin−3−O−[2−O−(6−O−E−sinapoyl)−β−D−glucopymosyl]−β−D−glucopyranoside[13], quercetin−3−O−glucoside[14], 안트라퀴논 성분으로 2−methyl−3−hydroxyanthraquinone, 2−methyl−3−methoxyanthraquinone, 2−methyl−3−hydroxy−4−methoxyanthraquinone[15], 2,3−dimethoxy−6−methylanthraquinone[16], 2−hydroxy−1−methoxyanthraquinone, 1,3−dimethoxy−2−hydroxyanthraquinone[11], 3−hydroxy−2−formyl−1−methoxyanthraquinone, 3−hydroxy−2−methyl−1−methoxyanthraquinone[17]이 함유되어 있다.

E-6-O-p-coumaroyl scandoside methyl ester-10-methyl ether

약리작용

1. 항종양

약재의 탕액은 종양 세포에서 마우스 및 인간 자연 살해 세포의 특정한 치사활동을 증강시켰다. 또한 B 세포 항체와 단핵구의 사이토카인 생성을 증가시키고, 종양 세포의 단핵 세포에 의한 식균 작용을 촉진시켰다. 활성 성분은 90달톤 당 단백질이었다[18]. 약재의 물 추출물을 경구 투여하면 마우스의 신장 암 세포 성장을 억제했다[19]. 약재의 물 용해 추출물과 물 추출물을 S180이 이식된 랫드에 경구 투여하면 종양 세포의 성장을 유의하게 억제하는 것으로 나타났다[20-21]. 또한, 약재의 물 추출물은 마우스 흑색종 B16-F10 세포의 폐 전이를 유의하게 억제했으며[22], 인간 폐종양 SPC-A-1[23], 랫드의 교아 세포종 C_6[24], 인간 암종 Bel-7402 세포[25]의 증식을 억제했다. *In vivo*에서 약재의 에탄올 추출물은 인간 구강암 KB, 위암 선암, 간암 SMMC-7221, 자궁경부암 HeLa, 폐암 A549 및 마우스 흑색종 B16 세포를 유의하게 억제했다[26]. 또한 인간 말초 단핵구의 증식을 향상시켰다. 또한 백혈병 HL-60 세포에 의한 과산화물의 생산을 효과적으로 자극하고, 종양 세포의 사멸을 유도했다[27]. *In vivo*에서 조단백다당류는 위암 BGC-823 세포의 성장을 유의하게 억제했다[28]. *In vivo*에서 우르솔산은 폐암 A549, 난소암 SK-OV-3, 피부암 SK-MEL-2, 뇌암 XF498, 결장암 HCT-15, 위암 SNU-1, 백혈병 L1210 및 흑색종 B16-F0 세포의 증식을 유의하게 억제했다[29].

2. 면역증강

약재의 물 추출물을 복강 내 투여하면 콘카나발린 A(Con A) 및 마우스 비장 세포의 리포다당류로 활성화된 증식을 유의하게 촉진시켰고, 적혈구에 대한 항체 분비 세포 수를 증가시켰으며, 이형 마우스 비장 세포에 의해 유도된 지연형 과민성과 독성 T 임파 세포의 살해 효과를 증가시켰다[30]. 재조합 인터페론과 결합하면, 랫드의 복막 세포에서 NO 및 종양 괴사 인자 α(TNF-α)의 생산을 촉진하고[31], 마우스 비장 세포의 증식 활성을 촉진하고, 대식세포 IL-6와 TNF-α의 합성을 자극했다[32]. 신선한 약재의 물 추출물을 경구 투여하면 마우스 비장 세포의 면역능을 약간 향상시켰다[33]. *In vivo*에서 약재의 추출물은 마우스 대식세포 J774 세포의 식세포 기능을 향상시켰다[34]. 약재의 탕액을 경구 투여하면 마우스 골수 세포 및 IL-2 분비의 증식을 촉진시켰다[35]. 또한 마우스 항체의 합성 능력, 림프 세포 증식 및 IL-2의 합성을 강화시켰다[36]. 활성 성분은 총 플라보노이드였다[37]. 약재의 물 용해성 추출물은 또한 면역 기관의 위축과 시클로포스파미드에 의한 조혈 시스템의 손상을 현저히 개선시켰다[20].

3. 항돌연변이 유발

약재의 물 추출물은 아플라톡신 B_1(AFB_1)과 벤조[α]피렌, 그리고 AFB_1과 DNA의 조합에 의해 유도된 화학 형질을 유의하게 억제했다. 또한 시토크롬 P_{450}, 1A, 3A 군에 의해 유도된 AFB_1과 BaP의 생체 변화를 억제하여 화학 형태 형성을 차단했다[38-41].

4. 항산화 작용

약재의 물, 에탄올, 아세톤, 클로로포름, 에테르 및 석유 에테르 추출물은 모두 항산화 효과가 있으며, 아세톤 추출물이 가장 효과적이었다[42]. 플라보노이드 배당체의 함량은 크산틴 산화효소, 크산틴-크산틴 산화효소 시토크롬 C 및 TBA-MDA 시스템에 대한 항산화 활성을 보였다[9]. 쿠엘세틴-3-O-루티노사이드와 쿠엘세틴-3-O-글루코사이드가 주요 활성 항산화 성분이다[14]. 또한, 스칸도사이드, 게니포시드산 및 디아세틸 아스페룰로시드산은 지질과산화를 억제했다[5]. 이 약재는 랫드의 균질화된 간에서 염화제일철 아스코르빈산염에 의해 유도된 지질과산화를 유의하게 억제했으며, 또한 수산 유리기를 제거했다[43].

5. 항염 작용

약재의 추출물은 카라기닌으로 유발된 랫드의 뒷다리 부종을 유의하게 억제했다[44]. 약재의 총 플라보노이드를 경구 투여하면 마우스에서 디메틸벤젠에 의해 유발된 귀의 부기(浮氣) 및 아세트산에 의해 유발된 모세혈관 투과성의 증가를 유의하게 억제했다. 또한 랫드에서 테레빈유 풍선 육아종의 증식과 신선한 난알부민으로 유도된 뒷다리 부종을 유의하게 억제했다[45].

6. 위 점막 보호

약재의 에탄올 침지한 물 추출물을 경구 투여하면 인도메타신에 의해 유도된 위궤양을 가진 랫드에서 혈청과 위 조직 과산화물 불균등화효소(SOD)의 활성을 유의하게 증가시켰다. 또한 말론디알데하이드의 농도와 위 점막 손상도 감소시켰다[46].

7. 기타

또한 약재에는 항균 효과[45], 신경보호 효과[10] 및 간 보호 효과[44]가 있었다.

용도

1. 기침, 천식, 인후통
2. 발열성 배뇨 곤란, 이뇨
3. 간염, 황달.
4. 위염, 맹장염, 신장염
5. 암

해설

백화사설초는 1960년대 이래 중국의 민속약에서 전통 한방제품의 생약 원료로 점차 발전해 왔다. 이 종은 중국의 상업용 의약품 백화사설초의 주류 품종이다. 자연에 풍부하고 개발 자원이 광범위하게 분포되어 있다. 판매용 약재와 신선한 재료로 유통되고 있는 *Oldenlandia corymbosa* (L.) Lam.도 중국 남부에서 널리 사용된다. 이 두 종은 이리도이드 성분이 완전히 다르다는 보고가 있으며[9], 따라서 두 종의 구성 성분과 효능이 동일한지 여부와 교환 가능 여부에 대한 추가 연구가 수행되어야 한다.

벌크 상태로 판매되는 의약 원료의 주요 기원식물인 백화사설초는 아직 중국약전에 등재되지 않았으며, 품질평가의 기준이 없다. 대부분의 의학 문헌이나 보고서에서 우르솔산과 올레아놀산 성분이 평가의 기준으로 사용되나, 이는 의약 재료의 품질관리에 완전히 반영하지 못한다. 또한 이 종은 주로 야생의 것으로 강소성에서는 주로 논 근처에서 소량으로 재배되기 때문에 살충제에 노출되어 있어서 약재의 투여에 대한 심각한 영향을 미친다. 따라서 품질 표준과 GAP 농장을 확립하는 것이 필수적이다.

참고문헌

1. RJ Wang, NX Zhao. The origin and distribution on genus Hedyotis L. Journal of Tropical and Subtropical Botany. 2001, 9(3): 219–228
2. C Zhou, L Wang, XY Feng. Comparing the content of oleanolic acid and ursolic acid in Oldenlandia diffusa and Hedyotis corymbosa. Journal of Chinese Medicinal Materials. 2002, 25(5): 313–314
3. Y Nishihama, K Masuda, M Yamaki, S Takagi, K Sakina. Three new iridoid glucosides from Hedyotis diffusa. Planta Medica. 1981, 43: 28–33
4. S Takagi, M Yamaki, Y Nishihama, K Ishiguro. Iridoid glucosides of the Chinese drug Bai Hua She She Cao (Hedyotis diffusa Willd.). Shoyakugaku Zasshi. 1982, 36(4): 366–369
5. DH Kim, HJ Lee, YJ Oh, MJ Kim, SH Kim, TS Jeong, NI Baek. Iridoid glycosides isolated from Oldenlandia diffusa inhibit LDL-oxidation. Archives of Pharmacal Research. 2005, 28(10): 1156–1160
6. KS Wu, GY Zeng, GS Tan, KP Xu, FS Li, JB Tan, YJ Zhou. Studies on the constituents of Oldenlandia diffusa. Natural Product Research and Development. 2006, 18(Suppl.): 52–54
7. ZT Liang, ZH Jiang, KSY Leung, ZZ Zhao. Determination of iridoid glucosides for quality assessment of Herba Oldenlandiae by high-performance liquid chromatography. Chemical & Pharmaceutical Bulletin. 2006, 54(8): 1131–1137
8. HC Lü, J He. A study on chemical constituents of Oldenlandia diffusa (Willd.) Roxb. Natural Product Research and Development. 1996, 8(1): 34–37
9. CM Lu, JJ Yang, PY Wang, CC Lin. A new acylated flavonol glycoside and anti-oxidant effects of Hedyotis diffusa. Planta Medica. 2000, 66(4): 374–377
10. Y Kim, EJ Park, J Kim, Y Kim, SR Kim, YY Kim. Neuroprotective constituents from Hedyotis diffusa. Journal of Natural Product. 2001, 64(1): 75–78
11. KS Wu, K Zhang, GS Tan, GY Zeng, YJ Zhou. Studies on constituents of Oldenladia diffusa. Chinese Pharmaceutical Journal. 2005, 40(11): 817–819
12. HJ Zhang, YG Chen, R Huang. Study on flavonoids from Hedyotis diffusa Willd. Journal of Chinese Medicinal Materials. 2005, 28(5): 385–387
13. FZ Ren, GS Liu, L Zhang, GY Niu. Studies on chemical constituents of Hedyotis diffusa Willd. Chinese Pharmaceutical Journal. 2005, 40(7): 502–504
14. D Permana, NH Lajis, F Abas, AG Othman, R Ahmad, M Kitajima, H Takayama, N Aimi. Anti-oxidative constituents of Hedyotis diffusa Willd. Natural Product Sciences. 2003, 9(1): 7–9
15. DF Tai, YM Lin, FC Chen. Components of Hedyotis diffusa Willd. Chemistry. 1979, 3: 60–61
16. TI Ho, GP Chen, YC Lin, YM Lin, FC Chen. An anthraquinone from Hedyotis diffusa. Phytochemistry. 1986, 25(8): 1988–1989

17. Lai KD, Tran VS, Pham GD. Two anthraquinones from Hedyotis corymbosa and Hedyotis diffusa. Tap Chi Hoa Hoc. 2002, 40(3): 66–68, 87

18. BE Shan, JY Zhang, XN Du, QX Li, U Yamashita, Y Yoshida, T Sugiura. Immunomodulatory activity and anti–tumor activity of Oldenlandia diffusa in vitro. Chinese Journal of Integrated Traditional and Western Medicine. 2001, 21(5): 370–374

19. BY Wong, BH Lau, TY Jia, CP Wan. Oldenlandia diffusa and Scutellaria barbata augment macrophage oxidative burst and inhibit tumor growth. Cancer Biotherapy & Radiopharmaceuticals. 1996, 11(1): 51–56

20. R Li, HR Zhao, YN Lin. Anti–tumor effect and protective effect on chemotherapeutic damage of water soluble extracts from Hedyotis diffusa. Journal of Chinese Pharmaceutical Sciences. 2002, 11(2): 54–58

21. JJ Yang, CC Lin. The possible use of Peh–Hue–Juwa–Chi–Cao as an anti–tumour agent and radioprotector after therapeutic irradiation. Phytotherapy Research. 1997, 11: 6–10

22. S Gupta, D Zhang, J Yi, J Shao. Anti–cancer activities of Oldenlandia diffusa. Journal of Herbal Pharmacotherapy. 2004, 4(1): 21–33

23. LP Chen, XS Yang, X Wei, FS Wan. Experimental study on apoptosis of human lung cancer cell line SPC–A–1 induced by oldenlandia extract. Journal of Jiangxi University of Traditional Chinese Medicine. 2005, 17(6): 53–55

24. DH Wang, W Yue, HZ Shi, JS Li, C Wang. Increasing anti–tumor effect of PDT combining with Hedyotis diffusa on C6 cells line. Chinese Journal of Laser Medicine & Surgery. 2005, 14(5): 279–284

25. CY Yu, W Li, YH Liu, XD Gai. Anti–tumor activity and mechanism of the extracts of Oldenlandia diffusa on Bel–7402 cell in vitro. Journal of Beihua University (Natural Science). 2004, 5(5): 412–416

26. 26. YX Qian, HR Zhao, Z Gao. The anti–tumor activity in vitro of ethanol extract from Oldenlandia diffusa. Jiangsu Pharmaceutical and Clinical Research. 2004, 12(4): 36–38

27. SK Yadav, SC Lee. Evidence for Oldenlandia diffusa–evoked cancer cell apoptosis through superoxide burst and caspase activation. Journal of Chinese Integrative Medicine. 2006, 4(5): 485–489

28. ZT Wang, YL Huang, WJ Wang. Quantitative expression of telomerase treated with in human gastric cancer BGC–823 cells. Journal of Clinical Transfusion and Laboratory Medicine. 2006, 8(2): 116–117

29. SH Kim, BZ Ahn, SY Ryu. Anti–tumor effects of ursolilc acid isolated from Oldenlandia diffusa. Phytotherapy Research. 1998, 12(8): 553–556

30. FH Qin, SS Xie, WR Zhang, ZZ Long, FJ Liu. The enhancing effect of Hydyotis diffusa Willd (HDW) on immunological function of mice. Shanghai Journal of Immunology. 1990, 10(6): 321–323

31. HS Chung, HJ Jeong, SH Hong, MS Kim, SJ Kim, BK Song, IS Jeong, EJ Lee, JW Ahn, SH Baek, HM Kim. Induction of nitric oxide synthase by Oldenlandia diffusa in mouse peritoneal macrophages. Biological & Pharmaceutical Bulletin. 2002, 25(9): 1142–1146

32. Y Yoshida, MQ Wang, JN Liu, BE Shan, U Yamashita. Immunomodulating activity of Chinese medicinal herbs and Oldenlandia diffusa in particular. International Journal of Immunopharmacology. 1997, 19(7): 359–370

33. JJ Yang, HY Hsu, YH Ho, CC Lin. Comparative study on the immunocompetent activity of three different kinds of Peh–Hue–Juwa–Chi–Cao, Hedyotis diffusa, H. corymbosa and Mollugo pentaphylla after sublethal whole body x–irradiation. Phytotherapy Research. 1997, 11(6): 428–432

34. BY Wong, BH Lau, TY Jia, CP Wan. Oldenlandia diffusa and Scutellaria barbata augment macrophage oxidative burst and inhibit tumor growth. Cancer Biotherapy & Radiopharmaceuticals. 1996, 11(1): 51–56

35. W Meng, SC Qiu, ZQ Liu, ZD Han, HX Zhang. Effect of Oldenlandia diffusa Roxb (ODR) on proliferation of bone marrow cells and IL–2 production. Journal of Binzhou Medical College. 2004, 27(4): 256–257

36. W Meng, ZQ Liu, SC Qiu, ZD Han, HX Zhang. Initial research for the effect of Hedyotic diffusa on mouse's immune function. Modern Journal of Integrated Traditional Chinese and Western Medicine. 2005, 14(2): 163–164

37. YL Wang, Y Zhang, M Fang, QJ Li, Q Jiang, L Ming. Immunomodulatory effects of total flavones of Oldenlandia diffusa Willd. Chinese Pharmacological Bulletin. 2005, 21(4): 444–447

38. BY Wong, BH Lau, RW Teel. Chinese medicinal herbs modulate mutagenesis, DNA binding and metabolism of benzo[a]pyrene 7,8–dihydrodiol and benzo[a]pyrene 7,8–dihydrodiol–9,10–epoxide. Cancer Letters. 1992, 62(2): 123–131

39. BY Wong, BH Lau, PP Tadi, RW Teel. Chinese medicinal herbs modulate mutagenesis, DNA binding and metabolism of aflatoxin B1. Mutation Research. 1992, 279(3): 209–216

40. BY Wong, BH Lau, T Yamasaki, RW Teel. Modulation of cytochrome P_{450}IA1–mediated mutagenicity, DNA binding and metabolism of benzo[a] pyrene by Chinese medicinal herbs. Cancer Letters. 1993, 68(1): 75–82

41. BY Wong, BH Lau, T Yamasaki, RW Teel. Inhibition of dexamethasone–induced cytochrome P_{450}–mediated mutagenicity and metabolism of aflatoxin B1 by Chinese medicinal herbs. European Journal of Cancer Prevention. 1993, 2(4): 351–356

42. X Yu, ZJ Du, YJ Chen, TQ Huang. Study on anti–oxidation effect from Oldenlandia diffusa Willd. Food and Fermentation Industries. 2002, 28(3): 10–13

43. CC Lin, LT Ng, JJ Yang. Anti–oxidant activity of extracts of peh–hue–juwa–chi–cao in a cell free system. The American Journal of Chinese Medicine. 2004, 32(3): 339–349

44. CC Lin, LT Ng, JJ Yang, YF Hsu. Anti–inflammatory and hepatoprotective activity of peh–hue–juwa–chi–cao in male rats. American Journal of Chinese Medicine. 2002, 30(2–3): 225–234

45. YL Wang, Y Zhang, M Fang, QJ Li, Q Jiang, L Ming. Anti–inflammatory and anti–bacterial effects of total flavones of Oldenlandia diffusa Willd. Chinese Pharmacological Bulletin. 2005, 21(3): 348–350

46. GY Wang, ZB Li, JX Shi, H Wang, QF Gao, LF Geng, JJ Zhu, QS Zhao. Protective effect of Oldenlandia

야생 백화사설초

오레가노 牛至 EP

Origanum vulgare L.

Oregano

개 요

꿀풀과(Lamiaceae)
오레가노(牛至, *Origanum vulgare* L.)의 전초를 말린 것: 우지(牛至)
중약명: 우지(牛至)
오레가노속(*Origanum*) 식물은 전 세계에서 약 15–20종이 있으며, 지중해 지역에서 중앙아시아에 분포한다. 중국에는 단 1종이 발견되어, 약재로 사용된다. 이 종은 중국 전역뿐만 아니라 유럽, 아시아 및 북부 아프리카에 널리 분포되어 있다.
우지는 ≪본초도경(本草圖經)≫에서 "강녕부인진(江寧府茵陳)"이라는 이름의 약으로 처음 기술되었다. 대부분의 고대 한방의서에 기술되어 있으며, 약용 종은 고대부터 동일하게 남아 있다. 이 종은 중국약전(1977)은 우지(Origani Vulgaris Herba)의 공식적인 기원식물 내원종으로서 등재되어 있다. 의약 재료는 주로 중국의 운남성, 사천성 및 귀주성에서 생산된다.
오레가노에는 주로 플라보노이드와 유기산 성분이 함유되어 있다.
약리학적 연구에 따르면 오레가노에는 항균, 면역조절, 항산화, 항종양, 항염 및 혈당강하 작용이 있음을 확인했다.
한의학에서 우지(牛至)는 해표(解表), 이기(理氣), 청서(清暑)의 효능이 있다.

오레가노 牛至 *Origanum vulgare* L.

우지 牛至 Origani Vulgaris Herba

함유성분

전초에는 플라보노이드 성분으로 tilianin, sagittatoside A[1], apigenin-7-O-glucuronide, apigenin-7-O-methylglucuronide, luteolin, cynaroside, luteolin-7-O-glucuronide[2], leptosidin, 5-hydroxy-3,3',4',7-tetramethoxyflavone, peonidin, naringin, catechol[3], cosmosiin[4], mosloflavone, negletein, poncerin[5]이 함유되어 있고, 트리테르페노이드 성분으로 ursolic acid, oleanolic acid[1], 유기산 성분으로 salvianolic acids A, C, lithospermic acid[2], isovanillic acid, vanillic acid, rosmarinic acid, caffeic acid, protocatechuic acid[6], aristolochic acids I, II[7], 정유 성분으로 thymol, carvacrol, p-cymene, γ-terpinene[8], 또한 origalignanol[2]이 함유되어 있다.

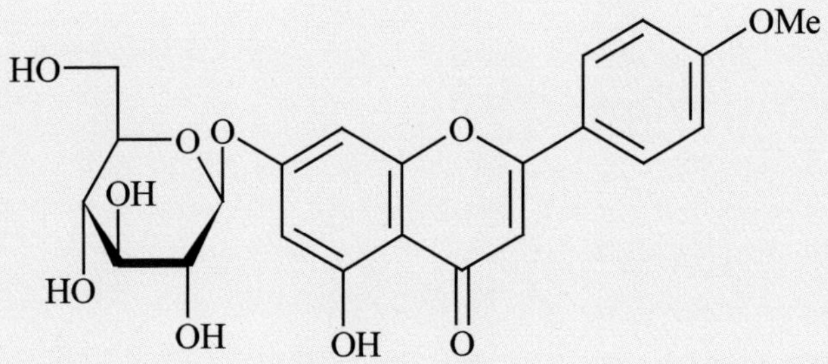

tilianin

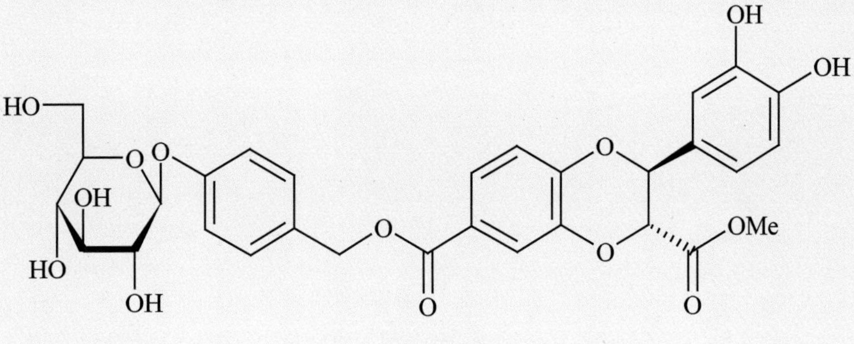

origalignanol

약리작용

1. 항균 작용

*In vitro*에서 약재의 정유 성분은 황색포도상구균, 장티푸스균, 파라티푸스균, 대장균, 녹농균[9], 헬리코박터 파일로리[10]에 대하여 다양한 정도의 살균 작용과 세균 발육 억제 효과를 보였다. *In vitro*에서 약재의 정유 성분은 또한 효모와 효모 유사 균종의 성장을 억제했다[11].

2. 면역 조절

복강 내 투여한 약재의 정유 성분은 마우스의 특정 세포 면역 기능을 유의하게 억제했다. 저용량은 특정 체액성 면역 기능을 유의적으로 촉진시켰고, 마우스에서 복막 대식세포의 식균 작용을 증가시켰으며, 고용량은 체액 면역 기능과 흉선과 비장과 같은 면역 기관의 기능을 유의하게 억제했다[12-13].

3. 항산화 작용
약재의 정유 성분은 1,1-디페닐-2-피크릴하이드라질(DPPH) 유리기에 대해 상당한 소거 효과를 나타냈고, 지질과산화를 억제했다[14]. 치몰과 카르바크롤이 주요 활성 성분이었다[15]. 페놀산이 풍부한 약재의 추출물은 돼지의 근육 조직에서 항산화 효소 반응을 매개함으로써 산화 스트레스의 H_2O_2 유발성 부작용을 완화시켰다[16].

4. 항종양
카르바크롤은 *in vitro*에서 3,4-벤조피렌의 발암 확률을 랫드에서 유의하게 감소시켰고, 평활근 육종 세포의 증식을 억제했다[17]. 이 약재는 사람의 림프아구성 라지 세포에 대해 세포독성 효과를 나타냈다[18]. 아리스톨로크산 I-II는 트롬빈의 활성을 감소시키고, 백혈병에 대한 항종양 활성을 보였다[7].

5. 항염 작용
약재의 조 추출물을 경구 투여하면 마우스에서 내한성 스트레스로 유도된 위염을 유의하게 예방했다. 약재의 추출물을 경피 투여하면 마우스에서 옥세드린에 의해 유도된 접촉 과민 반응을 예방했다[19].

6. 혈당강하 작용
약재의 추출물은 *in vitro*에서 돼지의 췌장 아밀라아제 활성을 억제했다[20]. 전초의 물 추출물을 경구 투여하면 스트렙토조신으로 유발된 당뇨병 마우스에서 혈당 수준을 유의하게 감소시켰다[21].

7. 평활근에 미치는 영향
약재의 정유 성분은 적출된 장 평활근에서 경련 효과를 나타내지만, 랫드에서 적출된 장 내 자연 수축과 염화바륨으로 유도된 수축에는 영향을 미치지 않았다. 그러나 아세틸콜린에 의한 수축에 약간의 길항 작용을 보였다[22].

8. 기타
약재도 약간의 혈소판 응집 억제[17]와 진정 작용[18]을 나타냈다.

용도

1. 감기 및 발열, 열사병
2. 복통, 구토, 설사, 식체
3. 황달, 부종
4. 자궁출혈과 자궁누혈, 백대하 과잉
5. 홍역, 원두, 궤양, 옹

해설

우지는 종종 한방문헌에서 향유 및 인진과 혼동된다. 중국의 귀주성과 사천성에서는 도상예(图像鋭)라고 한다. 꽃이 달린 가지 및 잎은 강서성에서는 "백화인진(白花茵陣)"이라 하고, 호남성과 광서성에서는 토인진(土茵陣)이라 한다. 따라서 약재의 안전성을 담보하기 위해서는 임상 시에 구분해서 사용해야 한다.
오레가노는 또한 유럽에서 인기가 있으며, "산의 매력" 또는 "산의 즐거움"[24]을 의미하는 그리스어 "oros"와 "ganos"의 합성어인 라틴어 속명을 사용하고 있다. 중동 사람들은 신경통을 치료하기 위해 오레가노를 사용한다. 또한, 잎은 칼로 베인 데 특효가 있으며, 전초는 증류로 에센스를 추출하여 사용하고, 증류기 효모의 성분을 사용한다.
오레가노에서 추출한 정유의 복합 페놀성 화합물은 우수한 항균 효과를 나타내며, 이는 연구 개발 분야에서 널리 사용되는 주제이다. 높은 약용 가치 외에도 오레가노는 안전한 동물 사료에 첨가제로 사용되며, 이는 응용 분야에서 큰 잠재력이 있다. 위에 언급한 것 외에도 오레가노는 좋은 밀원 식물[1]이다.

참고문헌

1. R Wu, Y Qi, NY Chen, GL Zhang. Study on the chemical constituents of Origanum vulgare L. Natural Product Research and Development. 2000, 12(6): 13–16
2. YL Lin, CN Wang, YJ Shiao, TY Liu, WY Wang. Benzolignanoid and polyphenols from Origanum vulgare. Journal of the Chinese Chemical Society. 2003, 50(5): 1079–1083

3. V Antonescu, L Sommer, I Predescu, P Barza. Physicochemical study of flavonoids from Origanum vulgare. Farmacia. 1982, 30(4): 201–208

4. VA Peshkova, VM Mirovich. Origanum vulgare flavonoids. Khimiya Prirodnykh Soedinenii. 1984, 4: 522

5. SZ Zheng, XX Wang, LM Gao, XW Shen, ZL Liu. Studies on the flavonoid compounds of Origanum vulgare L. Indian Journal of Chemistry. 1997, 36B(1): 104–106

6. ZX Tang, YK Zeng, Y Zhou, PG He, YZ Fang, SL Zang. Determination of active ingredients of Origanum vulgare L. and its medicinal preparations by capillary electrophoresis with electrochemical detection. Analytical Letters. 2006, 39(15): 2861–2875

7. E Goun, G Cunningham, S Solodnikov, O Krasnykch, H Miles. Anti–thrombin activity of some constituents from Origanum vulgare. Fitoterapia. 2002, 73(7–8): 692–694

8. H Tian, P Li, DM Lai. Analysis on the volatile oil in Origanum vulgare. Journal of Chinese Medicinal Materials. 2006, 29(9): 920–921

9. QH Lin, B Liu, YW Xu, YW Liu. Antibiotic effect in vitro of volatile oil of Origanum vulgare L. on enteritis–causing bacteria. Chinese Journal of Applied & Environmental Biology. 1997, 3(1): 76–78

10. G Stamatis P Kyriazopoulos, S Golegou, A Basayiannis, S Skaltsas, H Skaltsa. In vitro anti–Helicobacter pylori activity of Greek herbal medicines. Journal of Ethnopharmacology. 2003, 88(2–3): 175–179

11. J Radusiene, A Judzintiene, D Peciulyte, V Janulis. Chemical composition of essential oil and anti–microbial activity of Origanum vulgare. Biologija. 2005, 4: 53–58

12. QH Lin, CF Zhang, YW Liu. Effects of volatile oil of Origanum vulgare L. on specific immunological functions in mice. Chinese Journal of Applied & Environmental Biology. 1997, 3(4): 389–391

13. QH Lin, HW Tang, LD Wang. Effects of volatile oil of Origanum vulgare L. on activity of peritoneal macrophages and weight of immune organs in mice. Basic & Clinical Medicine. 1990, 10(1): 49–51

14. B Bozin, N Mimica–Dukic, N Simin, G Anackov. Characterization of the volatile composition of essential oils of some Lamiaceae species and the anti–microbial and anti–oxidant activities of the entire oils. Journal of Agricultural and Food Chemistry. 2006, 54(5): 1822–1828

15. M Puertas–Mejia, S Hillebrand, E Stashenko, P Winterhalter. In vitro radical scavenging activity of essential oils from Columbian plants and fractions from oregano (Origanum vulgare L.) essential oil. Flavor and Fragrance Journal. 2002, 17(5): 380–384

16. R Randhir, D Vattem, K Shetty. Anti–oxidant enzyme response studies in H_2O_2–stressed porcine muscle tissue following treatment with oregano phenolic extracts. Process Biochemistry. 2005, 40(6): 2123–2134

17. S Karkabounas, OK Kostoula, T Daskalou, P Veltsistas, M Karamouzis, I Zelovitis, A Metsios, P Lekkas, AM Evangelou, N Kotsis, I Skoufos. Anticarcinogenic and anti–platelet effects of carvacrol. Experimental Oncology. 2006, 28(2): 121–125

18. NA Spiridonov, DA Konovalov, VV Arkhipov. Cytotoxicity of some Russian ethnomedicinal plants and plant compounds. Phytotherapy Research. 2005, 19(5): 428–432

19. K Yoshino, N Higashi, K Koga. Anti–oxidant and anti–inflammatory activities of oregano extract. Journal of Health Science. 2006, 52(2): 169–173

20. P McCue, D Vattem, K Shetty. Inhibitory effect of clonal oregano extracts against porcine pancreatic amylase in vitro. Asia Pacific Journal of Clinical Nutrition. 2004,13(4): 401–408

21. A Lemhadri, N–A Zeggwagh, M Maghrani, H Jouad, M Eddouks. Anti–hyperglycaemic activity of the aqueous extract of Origanum vulgare growing wild in Tafilalet region. Journal of Ethnopharmacology. 2004, 92(2–3): 251–256

22. TK Wu, YL Zhou, SQ Zhou, XD Wang. Comparative study on pharmacological effect of essential oils from four types of Xiangru. Journal of Chinese Medicinal Materials. 1992, 15(8): 36–38

23. PM Yang, YW Liu, SH Wang, ZL Chen, XY Zheng, SW Xie, MF Dai, XF Xu, YH Zhan, YL Yao, HZ Wang, AD Chen, JJ Mei. Clinical therapeutic observation of Origanum vulgare L. infusion in treating acute bacillary dysentery. Hubei Journal of Traditional Chinese Medicine. 1990, 3: 15–16

24. KZ Wang. Origanum vulgare L.—one of fragrant–acrid drugs. Plants. 2002, 5: 13

목호접 木蝴蝶 CP, IP

Oroxylum indicum (L.) Vent.

Indian Trumpet Flower

개 요

능소화과(Bignoniaceae)

목호접(木蝴蝶, *Oroxylum indicum* (L.) Vent.)의 익은 씨를 말린 것: 목호접(木蝴蝶)

중약명: 목호접(木蝴蝶)

목호접속(*Oroxylum*) 식물은 전 세계에 약 2종이 있으며, 베트남, 라오스, 태국, 미얀마, 인도, 말레이시아, 스리랑카 등지에 분포한다. 중국에는 1종이 발견되며, 약재로 사용된다. 이 종은 중국의 복건성, 광동성, 광서성, 사천성, 운남성, 귀주성, 홍콩 및 대만뿐만 아니라 베트남, 라오스, 태국, 캄보디아, 미얀마, 인도, 말레이시아, 필리핀 및 인도네시아에 분포한다.

목호접은 중국 운남성의 ≪전남본초(滇南本草)≫에서 "천장지(千張紙)" 이름의 약으로 처음 기술되었다. 대부분의 고대 한방의서에 기술되어 있으며, 약용 종은 고대부터 동일하게 남아 있다. 이 종은 한약재 목호접(Oroxyli Semen)의 공식적인 기원식물 내원종으로서 중국약전(2015)에 등재되어 있다. 의약 재료는 주로 중국의 운남성, 광서성 및 귀주성에서 생산된다.

목호접은 주로 플라보노이드와 이소플라보노이드 성분이 함유되어 있다. 중국약전은 의약 물질의 품질관리를 위해 박층크로마토그래피법을 사용한다.

약리학적 연구에 따르면 목호접에는 항염, 항균, 백내장 개선, 항궤양 및 항돌연변이 작용이 있음을 확인했다.

한의학에서 목호접(木蝴蝶)은 청폐이인(清肺利咽), 소간화위(疏肝化胃)의 효능이 있다.

목호접 木蝴蝶 *Oroxylum indicum* (L.) Vent.

목호접 木蝴蝶 Oroxyli Semen

함유성분

씨에는 플라보노이드 성분으로 chrysin, baicalein oroxylins A[1], B, baicalin, apigenin, scutellarein, mosloflavone, hispidulin, scutellarin, pinocembroside[2], tetuin[3], oroxindin[4]이 함유되어 있다.
열매에는 페닐에타노이드 성분으로 rhodosin, cornoside, 시클로헥실에타노이드 성분으로 rengyol, cleroindicin B, 벤조퓨란 성분으로 (+)−rengyolone[5]이 함유되어 있다.
잎에는 플라보노이드 성분으로 baicalein, scutellarein, scutellarin, baicalein−6−glucuronide[6], 안트라퀴논 성분으로 aloe−emodin[7]이 함유되어 있다.
줄기껍질에는 플라보노이드 성분으로 oroxylins A, chrysin, baicalein, baicalin, scutellarein, scutellarein−7−rutinoside[8], 이소플라보노이드 성분으로 methyl oroxylopterocarpan, dodecanyl oroxylopterocarpan, hexyl oroxylopterocarpan, heptyl oroxylopterocarpan[9]이 함유되어 있다.

oroxylin A

methyl oroxylopterocarpan

약리작용

1. 항염 작용
*In vivo*에서 약재의 플라보노이드는 마우스에서 덱스트란에 의해 유발된 뒷다리 부종을 억제하고 α-키모트립신과 시너지 효과를 보였다[10]. *In vivo*에서 뿌리의 추출물은 백혈구 리폭시게나제의 활성을 억제하여 항염 특성을 나타냈다. 그 효과는 라파콜 함량과 관련이 있을 수 있다[11].

2. 항균 작용
줄기껍질과 뿌리의 디클로로메탄 추출물은 그람 양성균(고초균 및 황색포도상구균), 그람 음성 박테리아(대장균 및 녹농균) 및 칸디다 알비칸스에 대한 항균 활성을 보였다. 플라보노이드와 라파솔은 활성 성분이었다[11].

3. 항백내장
씨의 배유를 경구 투여하면 랫드의 갈락토오스로 유발된 백내장의 렌즈에서 알도스 환원효소 활성, 코엔자임 II(NADP), 갈락토오스 및 갈락티톨의 수준이 감소되었다. 또한 폴리 알코올 탈수소효소, 헥소키나아제 및 포도당-6-인산탈수소효소의 활성과 효소 및 비정상 효소의 생체 활성 변화를 교정하는 가역성 보조효소 II(NADPH) 및 비단백질 설피드릴 화합물의 활성도를 증가시켰다[12-13]. 또한, 렌즈의 지질과산화를 억제했다[14].

4. 항궤양
뿌리껍질의 50% 에탄올 추출물을 경구 투여하면 랫드에서 에탄올로 유발된 위궤양에 대한 위 점막 세포 보호 효과가 나타났다. 그 기전은 위산 분비와 항산화에 대한 억제와 관련이 있다[15].

5. 기타
약재에는 면역증강[16], 항돌연변이[17] 및 항종양[18] 효과도 있었다.

용도

1. 상부 호흡기 감염, 기침, 후두염, 천명음(喘鳴音)
2. 위통
3. 비 치유 궤양, 습진
4. 망막염, 백내장

해설

목호접의 씨 외에도 잎, 줄기껍질 및 뿌리도 다양한 플라보노이드 성분을 함유하고 있고, 다양한 약리 활성이 있어서 모두 의약용으로 사용된다.

참고문헌

1. LJ Chen, DE Games, J Jones. Isolation and identification of four flavonoid constituents from the seeds of Oroxylum indicum by high-speed countercurrent chromatography. Journal of Chromatography, A. 2003, 988(1): 95-105
2. T Tomimori, Y Imoto, M Ishida, H Kizu, T Namba. Studies on the Nepalese crude drugs (VIII). On the flavonoid constituents of the seed of Oroxylum indicum Vent. Shoyakugaku Zasshi. 1988, 42(1): 98-101
3. CR Mehta, TP Mehta. Tetuin, a glucoside from the seeds of Oroxylum indicum. Current Science. 1953, 22: 114
4. AGR Nair, BS Joshi. Oroxindin-a new flavone glucuronide from Oroxylum indicum Vent. Indian Academy of Sciences, Section A. 1979, 88A(1): 323-327
5. KI Teshima, T Kaneko, K Ohtani, R Kasai, S Lhieochaiphant, K Yamasaki. Phenylethanoids and cyclohexylethanoids from Oroxylum indicum. Natural Medicines. 1996, 50(4): 307
6. SS Subramanian, AGR Nair. Flavonoids of the leaves of Oroxylum indicum and Pajanelia longifolia. Phytochemistry. 1972, 11(1): 439-440

7. AK Dey, A Mukherjee, PC Das, A Chatterjee. Occurrence of aloe-emodin in the leaves of Oroxylum indicum Vent. Indian Journal of Chemistry. 1978, 16B(11): 1042

8. SS Subramanian, AGR Nair. Flavonoids of the stem bark of Oroxylon indicum. Current Science. 1972, 41(2): 62-63

9. M Ali, A Chaudhary, R Ramachandram. New pterocarpans from Oroxylum indicum stem bark. Indian Journal of Chemistry. 1999, 38B(8): 950-952

10. TDH Le, XT Nguyen. Influence of flavonoids from Oroxylum indicum Vent. towards α-chymotrypsin in relation to inflammation. Tap Chi Duoc Hoc. 2005, 45(8): 23-26, 36

11. RM Ali, PJ Houghton, A Raman, JRS Hoult. Anti-microbial and anti-inflammatory activities of extracts and constituents of Oroxylum indicum. Phytomedicine. 1998, 5(5): 375-381

12. T Yang, K Liang, WM Hou, CY Chang. Effect of four Chinese medicinal herbs on enzyme activities of rat lens of galactose induced cataract. Chinese Biochemical Journal. 1991, 7(6): 731-736

13. T Yang, K Liang, WM Hou, CY Chang. Effect of four Chinese medicinal herbs on oxido-reductive substances and sugars level in rat lens of galactose induced cataract. Chinese Biochemical Journal. 1992, 8(1): 21-25

14. T Yang, K Liang, WM Hou, CY Chang. The changes of lipid contents and levels of lipid peroxidation during the prevention and treatment of galactose induced cataract by four Chinese medicinal herbs in rats. Chinese Biochemical Journal. 1992, 8(2): 164-168

15. M Khandhar, M Shah, D Santani, S Jain. Anti-ulcer activity of the root bark of Oroxylum indicum against experimental gastric ulcers. Pharmaceutical Biology. 2006, 44(5): 363-370

16. M Zaveri, P Gohil, S Jain. Immunostimulant activity of n-butanol fraction of root bark of Oroxylum indicum Vent. Journal of Immunotoxicology. 2006, 3(2): 83-99

17. K Nakahara, M Onishi-Kameyama, H Ono, M Yoshida, G Trakoontivakorn. Anti-mutagenic activity against Trp-P-1 of the edible Thai plant, Oroxylum indicum Vent. Bioscience, Biotechnology, and Biochemistry. 2001, 65(10): 2358-2360

18. MK Roy, K Nakahara, VN Thalang, G Trakoontivakorn, M Takenaka, S Isobe, T Tsushida. Baicalein, a flavonoid extracted from a methanolic extract of Oroxylum indicum inhibits proliferation of a cancer cell line in vitro via induction of apoptosis. Pharmazie. 2007, 62(2): 149-153

고비 紫萁

Osmunda japonica Thunb.

Japanese Flowering Fern

개 요

고비과(Osmundaceae)

고비(紫萁, *Osmunda japonica* Thunb.)의 잎자루뿌리가 있는 뿌리줄기를 말린 것: 자기관중(紫箕貫眾)

중약명: 자기(紫萁)

고비속(*Osmunda*) 식물은 전 세계에 약 15종이 있으며, 북반구의 온대와 열대 지역에 분포한다. 중국에는 8종이 발견되며, 4종이 약재로 사용된다. 이 종은 중국 전역에 분포한다. 한반도와 인도 북부에도 널리 분포한다.

"관중"은 ≪신농본초경(神農本草經)≫에서 약으로 처음 기술되었다. 대부분의 고대 한방의서에 기술되어 있지만, 기원식물이 어느 것인지는 확정하기 어렵다. 이 종은 한약재 자기관중(紫箕貫眾, Osmundae Japonicae Rhizoma)의 공식적인 기원식물 내원종으로서 중국약전(1977)에 등재되어 있다. 의약 재료는 주로 중국의 하남성, 감숙성, 산동성, 안휘성, 강소성, 절강성, 호북성, 호남성, 사천성, 운남성 및 귀주성에서 생산된다.

고비에는 주로 락톤, 스테로이드 및 플라보노이드 성분이 함유되어 있다.

약리학적 연구에 따르면 고비에는 항바이러스, 항균 및 항구충 작용이 있음을 확인했다.

한의학에서 자기관중(紫箕貫眾)은 청열해독(清熱解毒), 거어지혈(祛瘀止血), 살충(殺蟲)의 효능이 있다.

고비 紫萁 *Osmunda japonica* Thunb.

자기관중 紫箕貫眾 Osmundae Japonicae Rhizoma

함유성분

뿌리줄기에는 락톤 성분으로 osmundalin[1], dihydroisoosmundalin[2], (4R,5S)−osmundalactone, (4R,5S)−5−hydroxy−2−hexen−4−olide, (4R,5S)−5−hydroxyhexan−4−olide, (3S,5S)−3−hydroxyhexan−5−olide[3]가 함유되어 있고, 스테로이드 성분으로 ponasterone A, ecdysone, ecdysterone[4], 또한 polypeptides[5], proteoglycan[6], parasorboside[2], succinic acid[3]가 함유되어 있다.
잎에는 플라보노이드 성분으로 isoginkgetin, tris−O−methylamentoflavone, sciadopitysin, 4',4",7',7"−tetramethyl amentoflavone, astragalin[7]이 함유되어 있다.

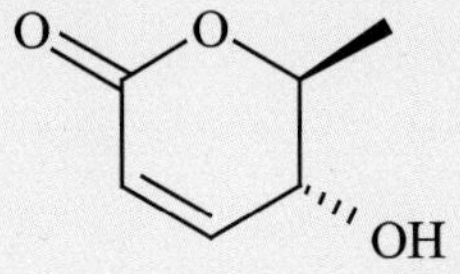

(4R,5S)-osmundalactone

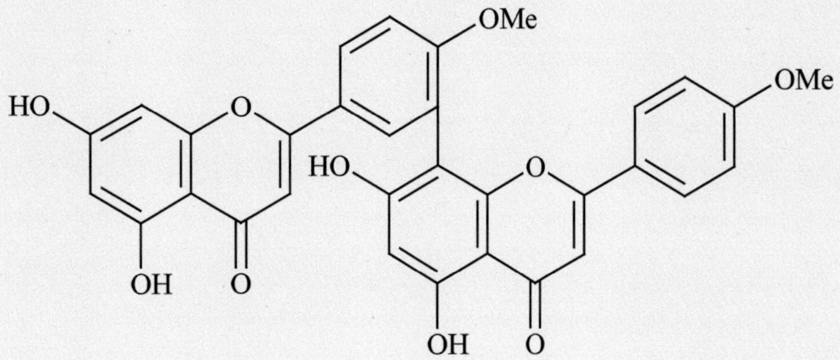

isoginkgetin

약리작용

1. 항바이러스
   *In vitro*에서 뿌리줄기의 물과 에탄올 추출물은 헤르페스 단순 바이러스−I, II(HSV−1, II), 아데노바이러스 3형(Ad_3) 및 인플루엔자 바이러스를 길항한다[8].
2. 항균 작용
   *In vitro*에서 뿌리줄기의 다당류는 황색포도상구균, 마이크로코커스 루테우스, 시겔라 디센테이아, 녹농균 및 대장균을 억제했다[9−10].
3. 구충 작용
   뿌리줄기는 돼지 회충을 어느 정도 억제했지만 영향은 미미했다. 뿌리줄기는 또한 십이지장충 및 편충과 같은 사람의 장 내 기생충을 살충했다[11].
4. 적혈구 응집 억제
   뿌리줄기에서 추출한 프로테오글리칸은 혈구 응집을 억제했다[6].

고비 紫萁

용도

1. 독감, 수막염, 유행성 이하선염
2. 혈액구토, 코피, 혈변, 자궁출혈 및 자궁누혈
3. 장 내 기생충
4. 상처, 홍역, 홍역, (뜨거운 물김에) 데인 상처 및 (불에) 덴 상처
5. 이질

해설

고비는 중국의 강소성, 절강성, 하남성 및 사천성에서 사용되는 상업용 약용 고비의 기원식물 중 하나이다. 관중 약재의 기원들의 외관과 생태 환경이 매우 비슷해서, 다양한 관중 상품이 서로 대체되어 함께 혼용된다. 이 점을 고려하여 특별한 주의를 기울여 구분해서 사용해야 한다.

고비와 그 유사종인 *O. cinnamomea* L.의 어린잎을 말린 것은 일반 시장에서 "미채(微菜)"라고 하여 식용으로 팔리고 있다. 목이(木耳), 표고버섯(香菇), 죽순(竹笋)과 같은 다양한 고가의 향신료와 마찬가지로 인체에 필수적인 단백질과 아미노산 성분을 함유하고 있다[12].

참고문헌

1. T Shimizu, K Asaoka, A Numata. Osmundalin (lactone glucoside) stimulates receptor cells, associated with deterrency, of Bombyx mori. Zeitschrift fuer Naturforschung, C: Biosciences. 1995, 50(5-6): 463-465
2. A Numata, C Takahashi, R Fujiki, E Kitano, A Kitajima, T Takemura. Plant constituents biologically active to insects. VI. Anti-feedants for larvae of the yellow butterfly, Eurema hecabe mandarina, in Osmunda japonica. (2). Chemical & Pharmaceutical Bulletin. 1990, 38(10): 2862-2865
3. A Numata, K Hokimoto, T Takemura, T Katsuno, K Yamamoto. Plant constituents biologically active to insects. V. Anti-feedants for the larvae of the yellow butterfly, Eurema hecabe mandarina, in Osmunda japonica. (1). Chemical & Pharmaceutical Bulletin. 1984, 32(7): 2815-2820
4. T Takemoto, Y Hikino, H Jin, T Arai, H Hikino. Isolation of insect-molting substances from Osmunda japonica and Osmunda asiatica. Chemical & Pharmaceutical Bulletin. 1968, 16(8): 1636
5. H Inoue, A Takano, Y Asano, Y Katoh. Purification and characterization of a 22-kDa protein in chloroplasts from green spores of the fern Osmunda japonica. Physiologia Plantarum. 1995, 95(3): 465-471
6. T Akiyama, K Tanaka, SYamamoto, S Iseki. Blood-group active proteoglycan containing 3-O-methylrhamnose (acofriose) from young plants of Osmunda japonica. Carbohydrate Research. 1988, 178: 320-326
7. T Okuyama, Y Ohta, S Shibata. The constituents of Osmunda spp. III. Studies on the sporophyll of Osmunda japonica. Shoyakugaku Zasshi. 1979, 33(3): 185-186
8. ER Woo, HJ Kim, JH Kwak, YK Lim, SK Park, HS Kim, CK Lee, H Park. Anti-herpetic activity of various medicinal plant extracts. Archives of Pharmacal Research. 1997, 20(1): 58-67
9. HN Tao, H Liu, XW Xue, XH Chen, QJ Liu, QH Wu. The primary studies on the polysaccharide from Osmunda japonica Thunb. Journal of Nanchang University (Natural Science). 1996, 20(4): 306-308
10. RC Zhou, SB Li. Primary study on the anti-bacterial effect of Pteridophyta plants. Hunan Guiding Journal of Traditional Chinese Medicine and Pharmacology. 1999, 5(1): 13-14
11. XG Zhao, HX Liu. Observation report of applying Chinese medicine Rhizome Osmundae Japonicae in treating intestinal helminthic infection. Jiangsu Journal of Traditional Chinese Medicine. 1962, 10: 16-17
12. MQ Wang, QT Li. Analysis on the nutrient quality of dried young frond of Osmunda japonica Thunb. Journal of Plant Resources and Environment. 1995, 4(2): 63-64

괭이밥 酢醬草 IP

Oxalidaceae

Oxalis corniculata L.
Creeping Woodsorrel

개 요

괭이밥과(Oxalidaceae)

괭이밥(酢醬草, *Oxalis corniculata* L.)의 신선한 전초 또는 전초를 말린 것: 초장초(酢醬草)

중약명: 초장초(酢醬草)

괭이밥속(*Oxalis*) 식물은 전 세계에 약 800종이 있으며, 주로 남아메리카와 남아프리카, 특히 희망봉 주변에 분포한다. 중국에는 5종, 3아종과 1변종이 발견되며, 이 속에서 2종이 도입되었고, 6종이 약재로 사용된다. 이 종은 중국 전역뿐만 아니라 아시아, 유럽, 지중해 및 북아메리카의 온대 및 아열대 지역에 널리 분포한다.

"초장초"는 ≪신수본초(新修本草)≫에서 약으로 처음 기술되었다. 대부분의 고대 한방의서에 기술되어 있으며, 약용 종은 고대부터 동일하게 남아 있다. 한약재 초장초(Oxalis Corniculatae Herba)는 주로 중국의 남부, 남서부, 북부, 북동부 및 북서부에서 생산된다.

초장초에는 주로 플라보노이드, 유기산 및 지방질 성분이 함유되어 있다.

약리학적 연구에 따르면 괭이밥에는 혈당강하 및 항균 작용이 있음을 확인했다.

한의학에서 초장초(酢醬草)는 청열이습(清熱利濕), 양혈산어(涼血散瘀), 해독소종(解毒消腫)의 효능이 있다.

괭이밥 酢醬草 *Oxalis corniculata* L.

괭이밥 酢醬草 IP

괭이밥의 꽃과 열매 酢醬草 *O. corniculata* L.

초장초 酢醬草 Oxalis Corniculatae Herba

함유성분

전초에는 플라보노이드 성분으로 isovitexin[1], vitexin, vitexin-2"-O-β-D-glucopyranoside[2], 유기산 성분으로 ascorbic acid, dehydroascorbic acid, pyruvic acid, glyoxalic acid[3], oxalic acid[4], 지질 성분으로 neutral lipids, glycolipids, phospholipids[5], 또한 2-heptenal, 2-pentylfuran[6], trans-phytol[6-7], 1-octacosanol, higher fatty acid esters[1], α-, β-tocopherols[5], ferritin[8]이 함유되어 있다.

isovitexin

약리작용

1. 지사 작용

전초의 물과 메탄올 추출물을 경구 투여하면 피마자유로 유발된 설사를 억제하고, 대변의 묽음이 감소되며, 랫드의 소장을 통한 숯

밀 테스트에서 추진을 시켰다. 물 추출물은 더 강력했다[9].

2. 항균 작용
*In vitro*에서 전초의 추출물은 황색포도상구균의 성장을 억제했으며 에틸아세테이트 추출물이 가장 강력했다[10-11].

용도

1. 설사, 이질
2. 배뇨 곤란, 백대하 과잉
3. 천식, 출혈, 혈뇨, 낙상 및 찰과상
4. 인후통, 기침, 인두염
5. 습진, 옴, 백선, 홍역, (뜨거운 물김에) 데인 상처 및 (불에) 덴 상처, 사교상(蛇咬傷)

해설

괭이밥은 *O. corymbosa* DC와 동속이며 매우 유사하다. 이 두 종은 화학 성분과 의약적 효능이 비슷하기 때문에 초장초의 추가 의약품 공급원으로 사용된다[13-14].
괭이밥은 번식력이 좋아서 종종 잔디밭이나 길가에서 볼 수 있다.

참고문헌

1. MU Ahmad, MA Hai, M Sayeduzzaman, TW Sam. Chemical constituents of Oxalis corniculata Linn. Journal of the Bangladesh Chemical Society. 1996, 9(1): 13–17
2. R Gunasegaran. Flavonoids and anthocyanins of three Oxalidaceae. Fitoterapia. 1992, 63(1): 89–90
3. KK Patnaik,. N Samal. Identification of keto acids in three different species of Oxalis. Pharmazie. 1975, 30(3): 194
4. H Bando, F Ikeda, M Ihjima, Y Gotohda. The measurement and evaluation of oxalic acid in vegetables and a weed. Tokushima Bunri Daigaku Kenkyu Kiyo. 1988, 36: 189–192
5. R Sridhar, G Lakshminarayana. Lipid classes, fatty acids, and tocopherols of leaves of six edible plant species. Journal of Agricultural and Food Chemistry. 1993, 41(1): 61–63
6. BB Lin, KJ Chen, YS Lin, FC Chen. Constituents of Oxalis corniculata L. The Chinese Pharmaceutical Journal. 1992, 44(3): 265–267
7. BB Lin, YS Lin. Selective inhibition activity on 15–lipoxygenase of trans–phytol isolated from Oxalis corniculata L. Chemistry Express. 1993, 8(1): 21–24
8. P Gori. Ferritin in the integumentary cells of Oxalis corniculata. Journal of Ultrastructure Research. 1977, 60(1): 95–98
9. P Watcho, E Nkouathio, TB Nguelefack, SL Wansi, A Kamanyi. Anti–diarrhoeal activity of aqueous and methanolic extracts of Oxalis corniculata Klotzsch in rats. Cameroon Journal of Experimental Biology. 2005, 1(1): 46–49
10. NA Awadh Ali, WD Jülich, C Kusnick, U Lindequist. Screening of Yemeni medicinal plants for anti–bacterial and cytotoxic activities. Journal of Ethnopharmacology. 2001, 74(2): 173–179
11. CG Hansel, VB Lagare. Anti–microbial screening of Maranao medicinal plants. Mindanao Journal. 2005, 28: 1–17
12. W Xia. Clinical application of single drug of fresh Oxalis corniculata L. Zhejiang Journal of Traditional Chinese Medicine. 1999, 34(5): 204
13. ZX Zhuang, NH Li. Chinese medicinal herbs of Hong Kong. Hong Kong: The Commercial Press. 1994, 2: 56–57
14. HY Yang, GL Zhao, JX Wang. Study on the chemical constituents of Oxalis corymbosa DC. Northwest Pharmaceutical Journal. 2006, 21(4): 156–158

적소두 赤小豆 CP, KHP

Phaseolus calcaratus Roxb.

Rice Bean

개 요

콩과(Fabaceae)

덩굴팥(赤小豆, *Phaseolus calcaratus* Roxb.)의 씨를 말린 것: 적소두(赤小豆)

중약명: 적소두(赤小豆)

팥속(*Phaseolus*) 식물은 전 세계에 약 200종이 있으며 따뜻한 지역, 특히 열대 아메리카에 분포한다. 중국에는 약 19종, 3아종과 3변종이 있다. 이 속에서 약 6종, 3변종이 약재로 사용된다. 이 종은 야생에서 자라고 중국 남부에서 재배된다. 아시아의 열대 지역이 원산이며, 한반도, 일본, 필리핀 및 다른 동남아시아 국가에서도 재배되고 있다.

"적소두(赤小豆)"는 ≪신농본초경(神農本草經)≫에서 중품 약으로 처음 기술되었다. 대부분의 고대 한방의서에 기술되어 있으며, 약용 종은 고대부터 동일하게 남아 있다. 이 종은 중국약전(2015)에 한약재 적소두(Phaseoli Semen)의 공식적인 기원식물 내원종으로서 등재되어 있다. ≪대한민국약전외한약(생약)규격집≫(제4개정판)에는 "적소두"를 "팥 *Vigna angularis* Ohwi & H. Ohashi 또는 덩굴팥 *Vigna umbellata* Ohwi & H. Ohashi (콩과 Leguminosae)의 씨"로 등재하고 있다. 의약 재료는 주로 중국의 길림성, 하북성, 산서성, 산동성, 안휘성, 강소성, 강서성, 광동성 및 운남성에서 생산된다.

적소두에는 주로 탄수화물, 트리테르페노이드 사포닌 및 단백질 성분이 함유되어 있다. 중국약전은 의약 물질의 품질관리를 위해 현미경 감별법을 사용한다.

약리학적 연구에 따르면 적소두에는 항균, 면역증강, 고지혈증 개선 및 피임 작용이 있음을 확인했다.

한의학에서 적소두(赤小豆)는 이수소종(利水消腫), 해독배농(解毒排膿)의 효능이 있다.

적소두 赤小豆 *Phaseolus calcaratus* Roxb.

적소두 赤小豆 Phaseoli Semen

팥 赤豆 Phaseoli Angularis Semen

팥 赤豆 *P. angularis* (Willd.) W. F. Wight

함유성분

씨에는 탄수화물, 트리테르페노이드 사포닌 성분이 함유되어 있다. 씨에는 100g마다 단백질 20.7g, 지방 0.5g, 탄수화물 58g, 조섬유 4.9g, 칼슘 67mg, 인 305mg, 철 5.2mg, 치아민 0.31 mg, 리보플라빈 0.11mg과 니코틴산 2.7mg이 함유되어 있다.

약리작용

1. 항균 작용
   *In vitro*에서 씨의 수성 추출물은 황색포도상구균, 플렉스네리이질균 및 장티푸스균을 억제했다.
2. 면역증강
   *In vitro*에서 씨는 E 로제트 형성을 촉진시켰고 림프 세포 증식에 자극 효과가 있지만 혈구 응집에는 영향을 미치지 않았다.
3. 항고지혈증
   씨의 단백질 성분은 혈청 및 간 트리글리세라이드(TG) 및 저밀도 지단백 콜레스테롤(LDL-C)의 수준을 유의하게 감소시켰지만, 고밀도 지단백 콜레스테롤(HDL-C)의 수준은 증가시켰다[1].
4. 생식기계에 미치는 영향
   (1) 피임
   씨에는 트립신 저해제가 들어 있는데, 이는 비가역적이고 특이적으로 트립신을 저해한다[2]. *In vitro*에서 씨로부터 정제된 트립신 억제제는 인간 정자 아크로신의 활성을 유의하게 억제하고 정자와 난자의 융합을 방지하여 피임 효과를 일으켰다[3].
   (2) 유도분만
   씨의 탕액을 농축한 것을 경구 투여하면 토끼에서 임신과 분만 과정을 상당히 감소시켰다[4].
5. 기타
   씨에는 항산화 효능이 있다[5].

용도

1. 부종, 각기
2. 황달
3. 임질
4. 절종(癤腫), 부기(浮氣), 옴, 백선
5. 염좌, 혈종(血腫)

해설

팥은 한약재 적소두의 다른 공식적인 기원식물 내원종으로서 중국약전에 등재되어 있다. 팥의 씨는 효능 면에서 덩굴팥의 씨와 유사하다. 팥의 씨껍질에서 추출한 천연 색소는 항염, 항균, 퇴행성 및 항 고혈압 효능이 있는 루틴 성분을 함유한 훌륭한 착색제이다[6].
적소두는 중국 위생부에서 지정한 식약공용 품목 중 하나이다.
상사자(相思子)로 알려진 같은 과의 상사나무 *Abrus precatorius* L.의 씨는 중국의 일부 지역에서 적소두로 오인된다. 상사자는 ≪본초강목(本草綱目)≫에서 처음 기술되었으며 유독하다. 상사자와 적소두는 함께 사용해서는 안 된다.

참고문헌

1. CF Chau, PCK Cheung, YS Wong. Hypocholesterolemic effects of protein concentrates from three Chinese indigenous legume seeds. Journal of Agricultural and Food Chemistry. 1998, 46(9): 3698-3701
2. TC Yang. Kinetics study of irreversible inhibitory effects of Chi-siao-dou (Phaseolus calcaratus Roxb.) inhibitor on trypsin. Chinese Biochemical Journal. 1991, 7(2): 221-224
3. TC Yang, TT Li, YN Hu. Preliminary explore of the inhibiting effect and mechanism of Phaseolus calcaratus trypsin inhibitor on human spermatozoa in vitro. Journal of Fujian Teachers University (Natural Science). 1989, 5(3): 76-79
4. XJ Wang, LX Di, JH Zhao. Experimental study and prospective application of premature birth induced by Phaseolus calcaratus. Journal of Practical Medical Techniques. 2000, 7(9): 671
5. CC Lin, SJ Wu, JS Wang, JJ Yang, CH Chang. Evaluation of the anti-oxidant activity of legumes. Pharmaceutical Biology. 2001, 39(4): 300-304
6. HT Wang, WP Yin, YQ Zhang, XD Ma. Separation and identification of rutin from Phaseolus angularis Wight pigment. Journal of Luoyang Institute of Technology. 2000, 21(1): 77-79
7. BA Li. Character differentiation of several commonly used Chinese crude drugs with their counterfeit products. Hubei Journal of Traditional Chinese Medicine. 2001, 23(1): 48

석선도 石仙桃

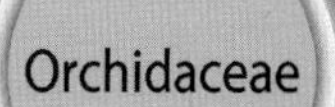

Pholidota chinensis Lindl.

Chinese Pholidota

개 요

난초과(Orchidaceae)

석선도(石仙桃, *Pholidota chinensis* Lindl.)의 전초 또는 덩이줄기를 말린 것: 석선도(石仙桃, Pholidotae Chinensis Herba)

중약명: 석선도(石仙桃)

석선도속(*Pholidota*) 식물은 전 세계에 약 30종이 있으며, 아시아의 열대 및 아열대 지역의 남쪽 가장자리에 분포하며 호주와 태평양 제도까지 분포한다. 중국에는 약 14종이 발견되며, 중국의 남서부와 남부에서 대만까지 분포한다. 이 속에서 약 4종이 약재로 사용된다. 이 종은 중국의 절강성, 복건성, 광동성, 해남성, 광서성, 귀주성, 운남성, 홍콩 및 티베트에 분포한다. 베트남과 미얀마에도 분포한다.

"석선도"는 중국 영남 지방의 ≪생초약성비요(生草藥性備要)≫에서 약으로 처음 기술되었다. 중국 남부와 남서부 지역에서 일반적으로 사용되는 약재이다. 의약 재료는 주로 중국의 광동성, 광서성, 절강성, 강서성, 복건성, 해남성, 운남성 및 대만에서 생산된다.

석선도에는 주로 트리테르페노이드와 스틸벤 성분이 함유되어 있다.

약리학적 연구에 따르면 석선도에는 마취, 진통, 항염, 항피로 및 항허혈 작용이 있음을 확인했다.

민간요법에 따르면 석선도(石仙桃)는 양음윤폐(養陰潤肺), 청열해독(淸熱解毒), 이습(利濕), 소어(消瘀)의 효능이 있다.

석선도 石仙桃 *Pholidota chinensis* Lindl.

석선도 石仙桃

석선도의 덩이줄기 石仙桃 *Pholidota chinensis* Lindl.

함유성분

전초에는 트리테르페노이드 성분으로 cyclopholidonol, cyclopholidone[1]이 함유되어 있고, 스틸벤 성분으로 pholidotols A, B, 3,4'-dihydroxy-5-methoxydihydrostilbene, 3,4'-dihydroxy-4-methoxydihydrostilbene, thunalbene, trans-3-hydroxy-2',3',5-trimethoxystilbene, resveratrol, trans-3,3'-dihydroxy-2',5-dimethoxystilbene[2]이 함유되어 있다.

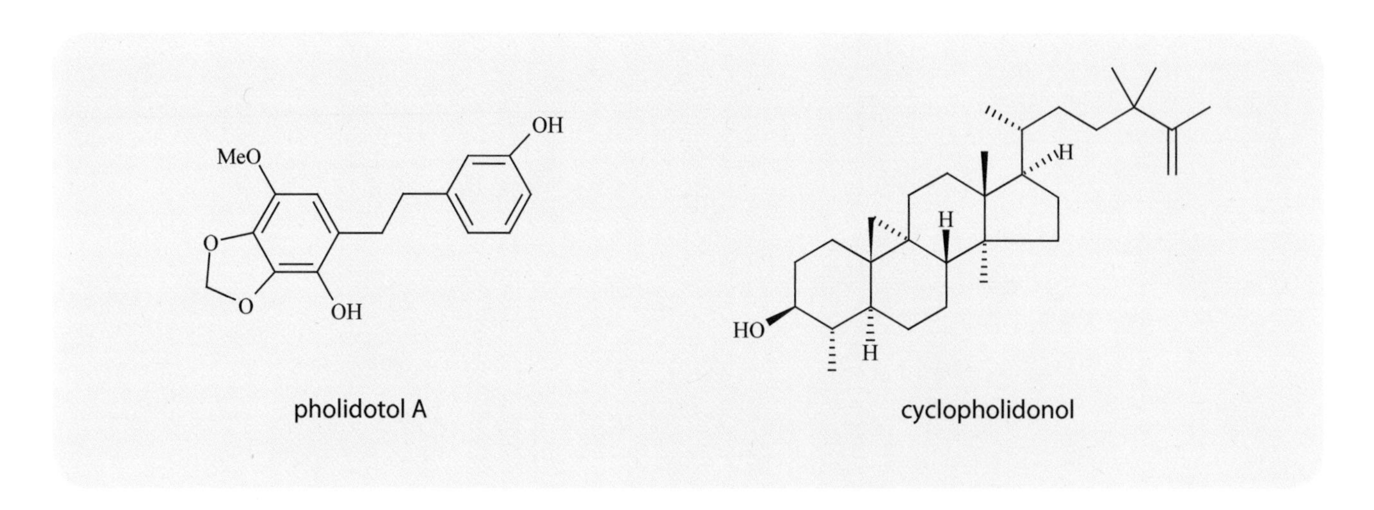

약리작용

1. 마취 작용
   전초의 물 추출물은 두꺼비의 신경 줄기의 활동 가능성을 차단하고, 토끼의 각막 표면에 마취 효과를 나타냈다. 기니피그에서 피하 투여하면, 마취제 침투 효과가 있었다[3].
2. 진통 작용
   전초의 추출물과 에틸아세테이트 가용성 분획물을 경구 투여하면 마우스에서 빙초산으로 유발된 뒤틀림 반응을 유의하게 감소시켰고, 열판 시험과 전기 자극 시험에서 마우스의 통증 역치를 유의하게 증가시켰다[4-5].
3. 항염 작용
   전초의 에틸아세테이트 추출물은 마우스에서 박테리아 내 독소 및 인터페론 γ에 의해 유발된 염증에 대하여 억제 효과를 보였다[2].

4. 중추신경계에 미치는 영향
   전초의 에탄올 침지한 물 추출물을 경구 투여하면 마우스에서 펜토바르비톤 나트륨으로 유도된 잠재의식 마취로 인한 자발적 활동, 수면 시간을 연장시켰으며, 중추신경계(CNS) 억제를 유의하게 감소시켰다. 고용량은 또한 전기 자극에 의해 유발된 경련을 억제했다[6-7].

5. 항산소결핍과 항피로
   저산소 저항성 검사와 특정 무산소 심근, 아질산염 나트륨 저산소증, 대뇌 허혈 및 저산소증에 대한 실험에서, 전초의 추출물은 마우스의 항저산소 효과를 유의하게 증가시켰다[8].

용도

1. 토혈(吐血), 기관염, 결핵, 두통, 인후염
2. 만성 류머티스 통증
3. 부종, 이질, 백대하 과잉
4. 낙상 및 찰과상

해설

최근 몇 년 동안 석선도는 약재 시장에서 한약재 석곡(Dendrobii Herba)으로 오인되기도 했다[9-10]. 두 종의 약재는 화학적 구성 성분, 효능 및 적응증이 다르므로 안전하고 효과적인 약물 치료를 위해 엄격하게 구별되어야 한다[11].
또한 석선도 이외에 *P. yunnanensis* Rolfe., *P. articulata* Lindl., *P. imbricata* Hook 및 *P. cantonensis* Rolfe.의 전초도 약재 석선도로 사용된다.
석선도속 식물은 장식용으로의 가치가 높으며 약용 및 장식용으로서의 개발 잠재력이 크다.

참고문헌

1. W Lin, WM Chen, Z Xue, XT Liang. New triterpenoids of Pholidota chinensis. Planta Medica. 1986, 1: 4–6
2. J Wang, K Matsuzaki, S Kitanaka. Stilbene derivatives from Pholidota chinensis and their anti–inflammatory activity. Chemical & Pharmaceutical Bulletin. 2006, 54(8): 1216–1218
3. WH Shu. Study on the local anesthesia effect of Pholidota chinensis. Chinese Pharmaceutical Journal. 1989, 24(5): 304
4. JX Liu, Q Zhou, QS Lian. The study on the analgesic effect of Pholidota chinensis Lindl. Journal of Gannan Medical College. 2002, 22(2): 105–107
5. HX Liu, CM Wu, LC Lin, M Li. Study on the analgesic components of Pholidota chinensis. Journal of Fujian College of Traditional Chinese Medicine. 2004, 14(4): 34–36
6. JX Liu, Q Zhou, QS Lian. The inhibitory effects of Pholidota chinensis Lindl on central nervous system. Journal of Gannan Medical College. 2004, 24(2): 119–121
7. JX Liu, SX Xie, QS Lian. The study on the sedative hypnotic and anti–convulsant effects of Pholidota chinensis Lindl. Theory and Practice of Chinese Medicine. 2002, 22(7): 926–927
8. JX Liu, L Zhou, Q Zhou, QS Lian. Animal experiment of the fatigue–resisting and anoxia–resisting actions of Pholidota chinensis Lindl. Chinese Journal of Clinical Rehabilitation. 2006, 10(7): 157–159
9. BH Fan, GZ Cao. Identification of Dendrobium loddigesii Rolfe. and its counterfeit product Pholidota chinensis Lindl. Lishizhen Medicine and Materia Medica Research. 2002, 13(4): 224
10. FX Bi, R Zhang. Microscopic identification of Pholidota chinensis Lindl. Journal of Chinese Medicinal Materials. 1997, 20(9): 454–455
11. HY Cao, BL Wang. Identification between Dendrobium loddigesii with Pholidota chinensis. Shanxi Journal of Traditional Chinese Medicine. 2004, 20(5): 18

갈대 蘆葦 CP, KHP

Phragmites communis Trin.

Reed

개 요

벼과(Gramineae)

갈대(蘆葦, *Phragmites communis* Trin.)의 신선한 뿌리줄기 또는 뿌리줄기를 말린 것: 노근(蘆根)

중약명: 노근(蘆根)

갈대속(*Phragmites*) 식물은 약 10종이 있으며, 오세아니아, 아프리카 및 아시아의 열대 지역에 분포한다. 중국에는 3종이 발견되며, 2종이 약재로 사용된다. 이 종은 전 세계에 널리 분포하는 유일한 종이다.

노위는 ≪명의별록(名醫別錄)≫"노위"라는 이름의 하품 약으로 처음 기술되었다. 대부분의 고대 한방의서에 기술되어 있으며, 약용 종은 고대부터 동일하게 남아 있다. 갈대는 서양 민간요법에서 배뇨를 촉진하고 발한을 유도하며 소화관의 기능 장애를 치료하는 데 사용되며, 신선한 뿌리줄기를 찧은 액은 벌레 물린 데 종종 사용된다. 이 종은 중국약전(2015)에 한약재 노근(Phragmitis Rhizoma)의 공식적인 기원식물 내원종으로서 등재되어 있다. ≪대한민국약전외한약(생약)규격집≫(제4개정판)에는 "노근"을 "갈대 *Phragmites communis* Trinius (벼과 Gramineae)의 뿌리줄기"로 등재하고 있다.

갈대에는 주로 다당류, 알칼로이드, 유기산, 플라보노이드 및 트리테르페노이드 성분이 함유되어 있다. 다당류는 주요 활성 성분이다. 중국약전은 의약 물질의 품질관리를 위해 관능검사법과 박층크로마토그래피법을 사용한다.

약리학적 연구에 따르면 뿌리줄기에는 항균, 면역 조절, 항산화 및 간 보호 작용이 있음을 확인했다.

한의학에서 노근(蘆根)은 청열생진(清熱生津), 제번지구(除煩止嘔), 이뇨(利尿), 투진(透疹)의 효능이 있다.

갈대 蘆葦 *Phragmites communis* Trin.

노근 蘆葦 Phragmitis Rhizoma

함유성분

뿌리줄기에는 다당류 성분으로 arabinoxyloglucan[1], hemicellulose[2], xylan[3]이 함유되어 있고, 플라보노이드 성분으로 tricin[4], 알칼로이드 성분으로 gramine, N,N–dimethyltryptamine, 아민 성분으로 bufotenine, 5–methoxy–N–methyltryptamine[5] 트리테르페노이드 성분으로 β–amyrin, taraxerol, taraxerenone[6-7] 유기산 성분으로 vanillic acid, ferulic acid, p–coumaric acid[8], caffeic acid, gentisic acid[9], humic acid[10]가 함유되어 있고, 또한 2,5–dimethoxy–p–benzoquinone, p–hydroxybenzaldehyde, syringaldehyde, coniferaldehyde[8], lignin[11]이 함유되어 있다.

tricin

gramine

약리작용

1. 항균 작용
*In vivo*에서 뿌리줄기의 추출물은 녹농균과 황색포도상구균의 생장을 억제했다[7, 9].

2. 면역 조절
뿌리줄기로부터 분리된 다당류는 마우스 비장의 플라그 형성 세포 및 림프 세포의 형질 전환에 면역증강 효과를 나타냈다.

3. 항산화 작용
뿌리줄기의 메탄올 추출물의 항산화능을 시험하기 위하며 데펜톤 시약을 사용한 결과, 1,1-디페닐-2-피크릴하이드라질(DPPH) 유리기에 대한 더 좋은 소거능을 나타냈다[12].

4. 간 보호
복강 내 투여된 다당류는 CCl_4에 의한 간세포 손상에 있어서 마우스의 보호능을 향상시켰고, 손상된 간에서의 독소 수치를 감소시켰으며, 혈청 및 간 글루타티온과산화효소(GSH-Px)의 활성을 증가시켰을 뿐만 아니라, 간에서 말론디알데하이드(MDA)와 글루탐산 피루브산 아미노기전달효소(GPT)의 수치를 감소시켰다[13]. 또한 CCl_4를 흡입한 마우스의 펜토바르비톤 나트륨으로 유도된 수면 시간을 단축시키고, 간 보호 효과를 나타냈으며, 간 해독능을 향상시켰다[14]. 다당류를 CCl_4에 의한 간 섬유화를 가진 랫드에 위 내 관적으로 투여하면 혈청 아스파테이트아미노기전이효소(AST)의 수준을 감소시키고, 알부민/글로불린(A/G)의 비율을 증가시켜 간 섬유증 및 지방간의 상태를 유의적으로 개선시켰다[15].

5. 기타
뿌리줄기는 또한 해열, 진통, 진정, 근이완, 장관이완, 항고혈압, 혈당강하, 심장 억제, 티록신 유사제 및 항암 효과가 있다.

용도

1. 열, 갈증, 구토, 기침, 폐 농양
2. 발열성 배뇨 곤란
3. 홍역
4. 변비

해설

뿌리줄기 이외에, 갈대 *Phragmites communis*의 잎과 꽃은 또한 각각 노엽(蘆葉)과 노화(蘆花)로 약재로서 사용된다. 노엽은 청열벽예(清熱辟穢), 지혈(止血), 해독(解毒)의 효능이 있어서 토사곽란, 토혈, 코피, 폐농양의 증상을 개선하며 노화는 지사(止瀉), 지구(止嘔), 해독(解毒)의 효능으로, 토사(吐瀉), 비출혈, 붕루(崩漏), 외상, 물고기 중독 증상을 개선한다.
신선한 갈대의 뿌리줄기는 중국 위생부가 지정한 식약공용 품목이다. 갈대 *P. communis*의 어린 묘는 청열생진(清熱生津), 이수통림(利水通淋)의 효능이 있다. 백합과(Liliaceae)의 멸대 *Asparagus officinalis* L.는 석조백(石刁柏)으로 사용된다. 멸대 *A. officinalis*의 어린 줄기가 봄에 싹과 함께 땅 밖으로 빠져나올 때, 그것을 노순(蘆笋)이라고 하며, 시장에서 노순이라고 부르는 제품은 주로 석조백을 말하는 것이다. 이 두 가지는 동일한 이름을 가진 다른 식물이며 신중하게 구별되어야 한다.
갈대는 경공업용 원료(고급 종이 또는 섬유판 제조 시에 질 좋은 목재 대신 사용) 및 건축 자재로 사용할 수 있다. 또한 깨끗한 물에서 생태환경을 보호하고 생물 다양성을 유지하며 해로운 해조류[16]를 제어하며 관광 목적으로도 사용된다. 따라서 생태학적 가치뿐만 아니라 경제적인 측면도 높다.

참고문헌

1. JN Fang, YN Wei, BN Liu, ZH Zhang. Immunologically active polysaccharide from Phragmites communis. Phytochemistry. 1990, 29(9): 3019–3021
2. CV Uglea. Hemicelluloses fractionation. Makromolekulare Chemie. 1974, 175(5): 1535–1542
3. M Driss, G Rozmarin, M Chene. Physicochemical properties of two xylans from reed (Phragmites communis and Arundo donax) in solution. Cellulose Chemistry and Technology. 1973, 7(6): 703–713
4. M Kaneta, N Sugiyama. Constituents of Arthraxon hispidus, Miscanthus tinctorius, Miscanthus sinensis, and Phragmites communis. Bulletin of the Chemical Society of Japan. 1972, 45(2): 528–531
5. GM Wassel, SM El–Difrawy, AA Saeed. Alkaloids from the rhizomes of Phragmites australis (Cav.) Trin. ex Steud. Scientia Pharmaceutica. 1985, 53(3): 169–170
6. T Ohmoto, M Ikuse, S Natori. Triterpenoids of the Gramineae. Phytochemistry. 1970, 9(10): 2137–2148
7. TL Zaitseva, VK Zhukov, AA Krivorot, VS Golubeva. Composition and properties of water alcoholic extracts from some peat–forming plants. Vestsi Natsyyanal'nai Akademii Navuk Belarusi, Seryya Khimichnykh Navuk. 2006, 1: 78–80
8. T Nikaido, Y Sung, T Ohmoto, U Sankawa. Inhibitors of cyclic AMP phosphodiesterase in medicinal plants. VI. Inhibitors of cyclic adenosine 3',5'–monophosphate phosphodiesterase in Phyllostachys nigra Munro var. henonis Stapf. and Phragmites communis Trin., and inhibition by related compounds. Chemical & Pharmaceutical Bulletin. 1984, 32(2): 578–584
9. E Tsitsa–Tzardi, H Skaltsa–Diamantidis, S Philianos, A Delitheos. Chemical and pharmacological study of Phragmites communis Trin. Annales Pharmaceutiques Francaises. 1990, 48(4): 185–191
10. AS Savon, LA Prikhod'ko, AD Sumina. Characteristics of several high–ash types of peat from the steppe zone of the Ukraine. Guminovye Udobreniya. 1973, 4: 198–203
11. NN Shorygina, TS Sdykov. Lignin isolated from Phragmites communis by mechanical milling. Khiicheskikh Prirodnykh Soedineni⊠, Akadeii Nauk Uzbekistan SSR. 1966, 2(3): 210–212
12. BJ Kim, JH Kim, HP Kim, MY Heo. Biological screening of 100 plant extracts for cosmetic use (II): anti–oxidative activity and free radical scavenging activity. International Journal of Cosmetic Science. 1997, 19(6): 299–307
13. GS Zhang, MY Fan, DY Pong, F Fang. Protective effect of P–Poly on carbon tetrachloride induced liver damage in mice. Chinese Pharmacological Bulletin. 2002, 18(3): 354–355
14. GS Zhang, MY Fan, DY Pong, F Fang. Study on the liver–protective effect of P–Poly. China Journal of Traditional Chinese Medicine and Pharmacy. 2002, 17(7): 416–417
15. LH Li, GS Zhang, M Dai, XY Liu, S Wang. Liver–protective effect of P–Poly on carbon tetrachloride induced liver fibrosis in rats. Journal of Anhui Traditional Chinese Medicine College. 2005, 24(2): 24–26
16. FM Li, HY Hu. Isolation and effects on green alga Chlorella pyrenoidosa of algal–inhibiting allelochemicals in the macrophyte, Phragmites communis Tris. Environmental Science. 2004, 25(5): 89–92

여감자 余甘子 CP, IP

Phyllanthus emblica L.

Emblic Leafflower

개 요

대극과(Euphorbiaceae)

여감자(余甘子, *Phyllanthus emblica* L.)의 익은 열매를 말린 것: 여감자(余甘子)

중약명: 여감자(余甘子)

여우구슬속(*Phyllanthus*) 식물은 전 세계에 약 600종이 있으며, 주로 열대 및 아열대 지역에 분포하고, 북부 온대 지역에는 소수만 분포한다. 중국에는 33종과 4변종이 발견되며, 주로 양자강 이남에 분포한다. 이 속에서 약 10종이 약재로 사용된다. 이 종은 중국의 강서성, 복건성, 광동성, 해남성, 광서성, 사천성, 귀주성, 운남성, 홍콩 및 대만에 분포한다. 인도, 스리랑카, 인도차이나 반도, 인도네시아, 말레이시아 및 필리핀에도 분포하며 남미에서 재배되고 있다.

여감자는 ≪남방초목상(南方草木狀)≫에서 "암마륵(庵摩勒)"이라는 이름의 약으로 처음 기술되었다. "여감자"는 ≪신수본초(新修本草)≫에서 약으로 처음 기술되었다. 티베트의 상용 약재이다. 대부분의 고대 한방의서에 기술되어 있으며, 약용 종은 고대부터 동일하게 남아 있다. 이 종은 중국약전(2015)에 한약재 여감자(Phyllanthi Fructus)의 공식적인 기원식물 내원종으로서 등재되어 있다. 의약 재료는 중국의 사천성, 광동성, 광서성, 복건성, 귀주성뿐만 아니라 운남성에서도 주로 생산된다.

여감자에는 주로 가수분해성 탄닌과 플라보노이드 성분이 함유되어 있으며 그 뿌리에는 세스퀴테르노이드 성분이 함유되어 있다. 중국약전은 의약 물질의 품질관리를 위해 냉침법에 따라 시험할 때 물 추출물의 함량이 30% 이상이어야 한다고 규정하고 있다.

약리학적 연구에 따르면 여감자에는 항균, 항바이러스, 소염, 항종양, 면역증강, 항산화, 혈압강하, 항고지혈증 및 간 보호 작용이 있음을 확인했다.

전통적인 티베트 약에서 여감자는 청열이인(清熱利咽), 윤폐화담(潤肺化痰), 생진지갈(生津止渴)의 효능이 있다.

여감자 余甘子 *Phyllanthus emblica* L.

여감자 余甘子 Phyllanthi Fructus

여감자의 꽃 余甘子 *P. emblica* L.

함유성분

열매에는 가수분해성 탄닌 성분으로 chebulinic acid, corilagin, chebulagic acid, isostrictiniin, 1−O−galloylglucose, 3,6−di−O−galloylglucose, 1,6−di−O−galloylglucose[1], geraniin, furosin[2], 1,2,3,6−tetra−O−galloylglucose, chebulanin, elaeocarpusin, punicafolin, tercatain, mallonin, putranjivain A, phyllanemblinin A[3], phyllemblic acid, emblicol[4], terchebin, chebulic acid[5], L−malic acid 2−O−gallate, mucic acid−2−O−gallate, mucic acid−1,4−lactone 2−O−gallate[6]가 함유되어 있고, 또한 pyrogallol[7]이 함유되어 있다.
줄기와 잎에는 탄닌 성분으로 phyllanemblinins B, C, D, E, F, corilagin, 1−O−galloylglucose, 3,6−di−O−galloylglucose, 1,6−di−O−galloylglucose, furosin, chebulanin, chebulagic acid, mallonin, putranjivains A, B, neochebulagic acid, chebulic acid, carpinusnin, geraniin, (−)−epiafzelechin, prodelphinidins B_1, B_2, flavogallonic acid bislactone[3], 플라보노이드 성분으로 naringenin, eriodictyol, kaempferol, dihydrokaempferol, quercetin, prunin, rutin, tuberonic acid glucoside[8]가 함유되어 있다.
뿌리에는 비스아볼레인형 세스퀴테르페노이드 성분으로 phyllaemblicins A, B, C[9], D[10], phyllaemblic acid[9], phyllaemblic acids B, C[10], 또한 glochidacuminoside A[10]가 함유되어 있다.

chebulic acid

phyllaemblicin A

약리작용

1. 항균 및 항바이러스 작용
*In vitro*에서 열매의 에탄올 추출물은 황색포도상구균, 바실루스 파이로코카네우스 및 표피포도알균을 억제했다[11]. *In vitro*에서 열매의 메탄올 추출물은 인간 면역결핍 바이러스-1(HIV-1) 역탄성체에 대한 잠재적 억제 효과를 보였으며, 푸트라니빈 A는 활성 성분이었다[12].

2. 항염 작용
열매를 경구 투여하면 랫드에서 아가로 유도된 뒷발 부종, 마우스에서 디메틸벤젠으로 유도된 귀의 부기(浮氣), 그리고 히스타민으로 유도된 모세관 투과성 증가 및 백혈구 이동을 유의하게 억제했다. 또한 급성 염증의 발달을 현저하게 억제했고, 염증 증상을 개선시키고 완화시켰다. 그러나 만성 확산성 염증에는 큰 영향을 미치지 않았다[13].

3. 항종양
열매 주스를 경구 투여하면 인간과 랫드의 니트로소 화합물의 합성을 차단했고, 그 효과는 비타민 C 용액의 동일한 농도에 비해 훨씬 더 강력했다. 이는 열매 주스에 아스코르브산 외에도 전구체의 질화를 차단하는 다른 성분들도 있음을 나타낸다[14-15]. *In vitro*에서 혈청을 함유한 열매 주스의 가온화 가루는 마우스 S180 복수 암세포[16]를 억제했으며, 파이로갈롤은 활성 항진제 중 하나였다[7].

4. 면역증강
*In vitro*에서 열매 주스는 인간의 백혈구 인터페론의 합성 촉진 효과를 나타냈다[17]. 위 내에 주입하면 마우스 비장 림프 세포의 확산과 심근 대식세포의 활성화를 촉진했다[16].

5. 항산화 작용
열매에는 비타민 C와 E와 같은 여러 가지 산화 방지제 성분이 함유되어 있다[18]. 신선한 열매 1그램당 482.14U의 과산화물 불균등화효소(SOD) 활성이 함유되어 있다[19]. 열매를 경구 투여하면 성체 랫드와 마우스의 SOD 활성을 효과적으로 증가시켰고, 지질과산화물(LPO)의 수치를 감소시켰다[20-21]. *In vitro*에서 열매껍질을 말린 것에서 추출한 에틸아세테이트 추출물은 일산화질소 유리기를 유의하게 제거하는 효과를 나타냈다[2].

6. 항고지혈 효과
열매를 경구 투여하면 토끼의 실험적 아테롬성 동맥류 상태를 상당히 개선시켰고, 대동맥 무드로스클레르성 플라크의 면적을 크게 감소시켰다. 또한 혈청 총 콜레스테롤과 트리글리세리드 수치를 크게 감소시켰으며, 고밀도 리포 단백질-콜레스테롤(HDL-C)의 수치를 크게 증가시켰다. 또한 혈액 점도를 감소시켰다[22]. 고지혈증 기전은 토끼의 지질 신진대사의 조절, 산화방지 개선, 내복부 기능의 보호, 동맥 내피질 내시경-1의 유전자 발현 억제에 기인할 수 있다[23].

7. 항궤양
열매의 메탄올 추출물을 경구 투여하면 랫드에서 아스피린, 에탄올, 냉침 자극제, 유문 결찰과 아세트산으로 유발된 만성 위궤양에 상당한 보호 및 치료 효과를 보였다. 이 기전은 위산과 펩신의 수치를 낮추고, 점액 분비를 촉진하며, 점액 세포의 생존을 증가시키는 열매의 작용과 관련이 있다[24]. 열매 부탄올 추출물을 경구 투여하면 랫드에서 위 점액과 헥소사민의 분비를 촉진하고 인도메타신으로 유도된 위궤양에 대한 보호 효과를 나타냈다. 그 보호 기전은 열매의 항산화 효과와 관련이 있다[25].

8. 간 보호
열매는 랫드의 CCl_4, D-갈락토사민, 파라세타몰, 티아세타미드로 유도된 급성 간 손상에 대한 보호 효과를 나타냈다. 혈청 글루탐산 피루브산 아미노기전달효소(GPT), 글루탐산 옥살초산 아미노기전달효소(GOT), 알칼리 인산분해효소(ALP)의 활성 및 간 계수를 감소시켰다. 또한 간 혈망생성 수치를 증가시켰고, 간 조직의 병리학적 손상을 개선시켰다[26-28].

9. 기타
열매의 플라보노이드는 과식증에 효과가 있었다[29]. 또한 열매는 항돌연변이[30]와 중추신경계(CNS) 억제 효과도 있었다.

용도

1. 열, 기침, 갈증, 인후염
2. 후두염
3. 고혈압, 고혈당증, 고지혈증

해설

인도와 중국과 같은 나라에서 널리 재배되고 있는 여감자는 중국 위생부가 지정한 식약공용 품목이다. 그 열매는 비타민 C, 아미노산, 미네랄 성분이 풍부해서 건강식품으로 가공될 수 있고 노화방지와 주근깨 제거를 위한 피부관리 제품에도 널리 사용된다. 과산화물 불균등화효소(SOD)가 풍부하고 노화방지, 항암, 항혈관질환, 항고지혈증에 널리 사용되는 SOD 파우더나 주스를 추출할 수 있으며, 미용 및 건강관리 제품뿐만 아니라 건강식품 첨가제로도 사용할 수 있다. 소와 돼지의 혈액에서 추출한 SOD와 비교하면 품질도 좋고 가격도 저렴하며 환경오염 물질도 없어 시장 잠재력이 크다.

가지, 잎 및 열매에 함유되어 있는 페놀 화합물, 그리고 뿌리 속의 세스퀴테르페노이드와 프로안토시아니딘 중합체는 MK-1, HELa, B16F10 세포를 억제하는 효과가 있다. 특히 뿌리의 세스퀴테르페노이드는 종양 세포를 억제하는 효과가 가장 강하다.

관련 자료에 따르면, 열매 외에도, 여감자의 다른 부분들도 약으로 사용될 수 있으며, 그 조성 성분과 약리학적 효능에 대해서 연구될 가치가 있다.

여감자는 아시아의 남부에서 흔히 사용되는 약초이다. 인도에서는 여감자에 대한 약리학적인 연구가 수행되고 있으며, 그 효과로서 항종양과 항고지혈증에 대하여 추가적으로 연구할 가치가 있다.

참고문헌

1. LZ Zhang, WH Zhao, YJ Guo, GZ Tu, S Lin, LG Xin. Studies on chemical constituents in fruits of Tibetan medicine. China Journal of Chinese Materia Medica. 2003, 28(10): 940–943
2. A Kumaran, RJ Karunakaran. Nitric oxide radical scavenging active components from Phyllanthus emblica L. Plant Foods for Human Nutrition. 2006, 61(1): 1–5
3. YJ Zhang, T Abe, T Tanaka, CR Yang, I Kouno. Phyllanemblinins A–F, new ellagitannins from Phyllanthus emblica. Journal of Natural Products. 2001, 64(12): 1527–1532
4. PP Pillay, KM Iyer. A chemical examination of Emblica officinalis. Current Science. 1958, 27: 266–267
5. YM Theresa, KNS Sastry, Y Nayudamma. Biosynthesis of tannins in indigenous (Indian) plants. XII. Occurrence of different polyphenolics in amla (Phyllanthus emblica). Leather Science. 1965, 12(9): 327–328
6. Y J Zhang, T Tanaka, CR Yang, I Kouno. New phenolic constituents from the fruit juice of Phyllanthus emblica. Chemical & Pharmaceutical Bulletin. 2001, 49(5): 537–540
7. MTH Khan, I Lampronti, D Martello, N Bianchi, S Jabbar, MSK Choudhuri, BK Datta, R Gambari. Identification of pyrogallol as an antiproliferative compound present in extracts from the medicinal plant Emblica officinalis: effects on in vitro cell growth of human tumor cell lines. International Journal of Oncology. 2002, 21(1): 187–192
8. YJ Zhang, T Abe, T Tanaka, CR Yang, I Kouno. Two new acylated flavanone glycosides from the leaves and branches of Phyllanthus emblica. Chemical & Pharmaceutical Bulletin. 2002, 50(6): 841–843
9. YJ Zhang, T Tanaka, Y Iwamoto, CR Yang, I Kouno. Novel norsesquiterpenoids from the roots of Phyllanthus emblica. Journal of Natural Products. 2000, 63(11): 1507–1510
10. YJ Zhang, T Tanaka, Y Iwamoto, CR Yang, I Kouno. Novel sesquiterpenoids from the roots of Phyllanthus emblica. Journal of Natural Products. 2001, 64(7): 870–873
11. I Ahmad, Z Mehmood, F Mohammad, S Ahmad. Anti–microbial potency and synergistic activity of five traditionally used Indian medicinal plants. Journal of Medicinal and Aromatic Plant Sciences. 2001, 22/4A–23/1A: 173–176
12. XF Sun, W Wang, GY Du, WB Lü. Study of anti–HIV drugs in Egyptian medicinal herbs. China Journal of Chinese Materia Medica. 2002, 27(9): 649–653
13. Y Gao, CR Li. Experimental study on toxicity and anti–inflammation of yuganzi. Yunnan Journal of Traditional Chinese Medicine and Materia Medica. 1996, 17(2): 47–50
14. KW Hou, FS Liu, CW Yang, PJ Song, XJ Liang, L Cheng. The blocking effect of Phyllanthus emblica L. on the formation of strong carcinogen N–nitroso–compound in human body. Forest Research. 1989, 2(1): 55–58
15. KW Hou, FS Liu, CW Yang, L Cheng. Blocking effect of Phyllanthus emblica on the formation of strong cancerogenic substance

N–nitrous chemical comopound (II). Chinese Journal of Tropical Crops. 1989, 10(1): 63–66

16. CL Luo, YP Zhang, DW Qiu, WF Zheng. Study on the immunoregulatory effect of Phyllanthus emblica in mice. Lishizhen Medicine and Materia Medica Research. 2006, 17(2): 188–190
17. TL Hu, CF Wen, JC Wen. Study on the provocation of human white blood cell interferon by Phyllanthus emblica. Journal of Chengdu University of Traditional Chinese Medicine. 1996, 19(2): 36–37
18. SX Wu, LX Zhou. A edible value research of Phyllanthus embica L. Academic Journal of Kunming Medical College. 1996, 17(3): 22–23
19. FS Liu, KW Hou, SJ Li, CW Yang, P Zhao. Study on the anti–aging effect of Phyllanthus emblica I. SOD activity determination from Phyllanthus emblica. Food Science. 1991, 3: 1–3
20. FS Liu, KW Hou, SJ Li, CW Yang, P Zhao. Superoxide anion radical scavenging effect of Phyllanthus emblica fruit juice and preliminary observation on its human experiment. Progress in Biochemistry and Biophysics. 1992, 19(3): 235–237
21. MT Liu, WX Guo, JL Wang. The effects of Phyllanthus emblica L. on serum SOD, LPO and Zn, Cu in rats and mice. Journal of Fujian Medical University. 1992, 26(4): 297–300
22. L Dong, LY Wang, DQ Wang, LP Du, XD Pan, CH Yao. The effect of fruit powder of Emblica officinalis on experimental atherosclerosis in cholesterol–fed rabbits. Journal of Chinese Clinical Medicine. 2002, 3(9): 7–9
23. LY Wang, DQ Wang, YW Qin, T Jing, XD Pan, LP Du, FR Shi, LZ Zhang. Effect of emblic leafflower fruit on total anti–oxidation and levels of malondialdehyde as well as endothelin in plasma in rabbits with atherosclerosis. Chinese Journal of Clinical Rehabilitation. 2005, 9(7): 253–256
24. K Sairam, CV Rao, MD Babu, KV Kumar, VK Agrawal, RK Goel. Anti–ulcerogenic effect of methanolic extract of Emblica officinalis: an experimental study. Journal of Ethnopharmacology. 2002 , 82(1): 1–9
25. SK Bandyopadhyay, SC Pakrashi, A Pakrashi. The role of anti–oxidant activity of Phyllanthus emblica fruits on prevention from indomethacin induced gastric ulcer. Journal of Ethnopharmacology. 2000, 70(2): 171–176
26. JJ Wang, RG Wang, JM Lin, LP Zheng. Protective effect of Phyllanthus emblica on acute hepatic injury. Journal of Fujian College of Traditional Chinese Medicine. 2006, 16(1): 42–43
27. P Li, JX Xie, QY Lin. Effect of Phyllanthus emblica on acute hepatic injury induced by D–Gal–N in mice. Yunnan Journal of Traditional Chinese Medicine and Materia Medica. 2003, 24(1): 31–33
28. P Li, QY Lin, JX Xie, AY Li, B Xie. Experimental study on liver protective effect of Phyllanthus emblica. Chinese Archives of Chinese Medicine. 2003, 21(9): 1589–1593
29. L Anila, NR Vijayalakshmi. Beneficial effects of flavonoids from Sesamum indicum, Emblica officinalis, and Momordica charantia. Phytotherapy Research. 2000, 14(8): 592–595
30. G Rani, S Bala, IS Grover. Anti–mutagenic studies of diethyl ether extract and tannin fractions of Emblica myroblan (Emblica officinalis Gaertn.) in Ames assay. Journal of Plant Science Research. 1995, 10(1–4): 1–4
31. YJ Zhang, T Nagao, T Tanaka, CR Yang, H Okabe, I Kouno. Anti–proliferative activity of the main constituents from Phyllanthus emblica. Biological & Pharmaceutical Bulletin. 2004, 27(2): 251–255

여우구슬 葉下珠 VP

Euphorbiaceae

Phyllanthus urinaria L.

Common Leafflower

개 요

대극과(Euphorbiaceae)
여우구슬(葉下珠, *Phyllanthus urinaria* L.)의 신선한 전초 또는 전초를 말린 것: 엽하주(葉下珠)
중약명: 엽하주(葉下珠)

여우구슬속(*Phyllanthus*) 식물은 전 세계에 약 600종이 있으며, 주로 열대와 아열대 지역에 분포하고, 북부 온대 지역에는 소수만 분포한다. 중국에는 약 33종과 4변종이 발견되며, 주로 양자강 이남에 분포한다. 이 속에서 약 10종이 약재로 사용된다. 이 종은 하북성, 산서성, 섬서성 및 중국의 동부, 중부, 남부와 남서부에 분포한다. 인도, 스리랑카, 인도차이나 반도, 일본, 말레이시아, 인도네시아 및 남미에도 분포한다.

여우구슬은 ≪본초강목습유(本草綱目拾遺)≫에서 "진주초(珍珠草)"란 이름의 약으로 처음 기술되었다. 또한 인도의 민간요법에서 설사, 요로 감염 및 간염을 치료하기 위해 일반적으로 사용되며, 아메리카에서는 암을 치료하기 위해 한 번 사용된 적이 있다[1]. 약재는 주로 양자강 이남에서 생산된다.

여우구슬에는 주로 엘라기탄닌, 리그난 및 플라보노이드 성분이 함유되어 있다.

약리학적 연구에 따르면 엽하주에는 항바이러스, 간보호, 항혈전 및 항종양 작용이 있음을 확인했다.

한의학에서 엽하주는 청열해독(淸熱解毒), 이수소종(利水消腫), 명목(明目), 소적(消積)의 효능이 있다.

여우구슬 葉下珠 *Phyllanthus urinaria* L.

엽하주 葉下珠 Phyllanthi Urinariae Herba

함유성분

전초에는 탄닌 성분으로 phyllanthusiins E, F[2], G[3], U[4], corilagin[5], dehydrochebulic acid[6], brevifolin carboxylic acid[7]가 함유되어 있고, 리그난 성분으로 phyllanthin, hypophyllanthin, niranthin, nirtetralin, phyltetralin[8], 5-demethoxyniranthin, urinatetralin, dextrobursehernin, urinaligran[9], 플라보노이드 성분으로 quercetin, rutin, astragalin, isoquercitrin[10], 유기산 성분으로 gallic acid, brevifolincarboxylic acid, ellagic acid[5], butanedioic acid, 2,3,4,5,6-pentahydroxybenzoic acid[11], 또한 정유 성분[12]이 함유되어 있다.

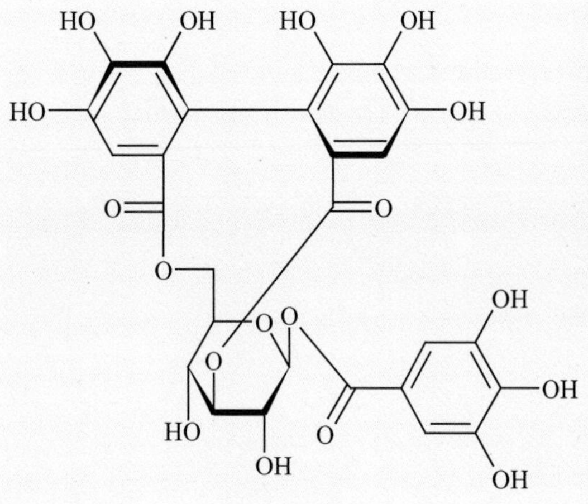

corilagin

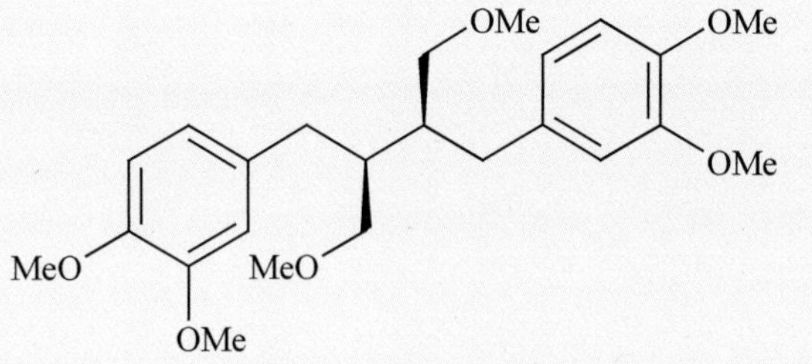

phyllanthin

약리작용

1. 항바이러스

전초의 엘라그산은 B형 간염 바이러스 e 항원(HBeAg) 분비를 억제함으로써 B형 간염 바이러스(HBV)를 유의미하게 억제했다[13]. 코릴라긴은 C형 간염 바이러스(HCV) NS3 세린 프로테아제 억제제의 전구물질이다[14]. *In vitro*에서 유효한 전초 분획은 인간 단순헤르페스바이러스-1, 2(HSV-1, 2)에 대해 상당한 억제 효과를 보였다[6]. 전초의 탄닌 성분은 또한 엡스타인-바 바이러스의 DNA 중합효소를 억제했다[15].

2. 간 보호

전초의 에탄올 추출물을 경구 투여하면 마우스와 랫드에서 CCl_4, 티오아세타미드(TAA), D-갈락토사민(D-GN)에 의해 유발된 알라닌아미노기전이효소 증가에 상당히 길항했다. 또한 마우스에서 펜토바르비톤 나트륨으로 유도된 수면 시간을 현저하게 감소시켰다[16]. 전초는 랫드의 CCl_4로 유도된 급성 간 손상에 상당히 길항하며, 간 보호 및 효소 경감 작용을 나타냈다[6].

3. 항혈전

유효 전초 분획(60% 이상의 코릴라긴 포함)을 정맥혈에 투여하면 마우스의 아라키돈산으로 유도된 사망률을 유의미하게 감소시켰으며, 전기 자극 랫드에서 경동맥의 폐색 시간을 연장시켰고, 폐색된 경동맥의 재관류 비율을 유의미하게 증가시켰으며, 동시에 재관류된 경동맥의 재혈전 용해율을 감소시켰다. 또한 하대 정맥의 혈전 습중량과 건중량을 감소시키고, 랫드의 혈소판과 호중구 사이의 흡착율을 크게 줄였으며, 랫드의 꼬리 혈관의 출혈 시간을 연장시켰다. 또한, 토끼의 유글로불린 용해 시간을 크게 단축시켰고, 카올린 부분 트롬보블라스틴 시간(PTT)을 연장시켰다[17-18]. 혈전 용해 효과는 플라스미노겐 활성제 억제제-1의 비활성화(PAI-1)와 코릴라긴에 의한 조직형 플라스미노겐 활성제(tPA)의 활성화 증가와 관련이 있을 수 있다[19].

4. 항종양

전초 추출물이 함유된 혈청은 인간 간 발암물질인 Bel-7402 세포와 클론 형성의 성장을 억제했으며 α-페토단백질(AFP)과 γ-글루타밀트랜스펩티다아제(γ-GT)의 합성과 분비를 감소시켰고, 알부민의 합성 및 분비를 촉진했다. 또한 종양 세포의 정상적인 분화를 유발했고, 1차 간암의 발생을 방지했다[20]. *In vitro*에서 전초 추출물은 인간 간 발암물질 SMMC 7721 세포들의 활성화와 ^{3}H-티미딘(^{3}H-TdR)의 통합률을 유의하게 감소시켰고, DNA 합성을 억제했으며, 인간 간 발암물질 SMMC 7721 세포의 증식을 억제했다

[21]. 전초 추출물을 경구 투여하면 종양 세포의 혈관신생을 억제했고, 막관통 연구에서 인간 제대정맥혈관내피세포(HUVECs)의 전좌를 억제하여, 전초가 항종양 효과가 있으며, 종양 세포에서 혈관신생을 억제한다는 것을 나타냈다[22]. 전초는 또한 세라마이드에 의해 매개된 인간 전골수구백혈병 HL-60 세포의 사멸을 유도했다[23].

5. 항산화 작용
산화 방지제 용량을 평가하는 데 있어 유리기 제거와 같은 실험에서, 전초는 강력한 산화방지 활동을 보인 것으로 밝혀졌다[24]. 전초의 항산화와 심장 보호 효과는 독소루비신에 의해 유발된 심장독성을 길항했다[25].

6. 기타
전초는 또한 적출된 기니피그 기관지에 대한 혈관 확장과 혈관 수축의 효과가 있었다[26-27]. 또한, 통각 억제[28]와 저혈당[29] 효과가 있었다.

용도

1. 이질, 설사
2. 간염, 황달, 부종
3. 발열성 배뇨 곤란, 요로결석
4. 결막염, 야맹증
5. 옹, 사교상(蛇咬傷)

해설

인도 학자인 티아가라얀이 같은 속에 있는 식물인 여우구슬이 B형 간염 바이러스에 효과적이라고 보고한 이래로, 사람들은 여우구슬속에 속하는 식물에 주목하기 시작했다[30]. 연구 결과에 따르면 *P. niruri*와 여우구슬은 항바이러스, 항종양, 간 보호, 지질과산화 및 무통증에 효과적인 성분 조성과 약리학적 효과가 유사하다.

참고문헌

1. QQ Yao, CX Zuo. Chemical studies on the constituents of Phyllanthus urinaria L. Acta Pharmaceutica Sinica. 1993, 28(11): 829–835
2. LZ Zhang, YJ Guo, GZ Tu, F Miao, WB Guo. Isolation and identification of a novel polyphenolic compound from Phyllanthus urinaria L. Chinese Journal of Chinese Materia Medica. 2000, 25(12): 724–725
3. LZ Zhang, YJ Guo, GZ Tu, WB Guo, F Miao. Isolation and identification of a novel ellagitannin from Phyllanthus urinaria L. Acta Pharmaceutica Sinica. 2004, 39(2): 119–122
4. YW Chen, LJ Ren, KM Li, YW Zhang. Isolation and identification of a novel polyphenolic compound from Phyllanthus urinaria. Acta Pharmaceutica Sinica. 1999, 34(7): 526–529
5. LZ Zhang, YJ Guo, GZ Tu, WB Guo, F Miao. Studies on chemical constituents of Phyllanthus urinaria L. China Journal of Chinese Materia Medica. 2000, 25(10): 615–617
6. Y Zhong, CX Zuo, FQ Li, XB Ding, QQ Yao, KX Wu, QG Zhang, ZY Wang, L Zhou, J Wang, J Lan, XJ Wang. Study on the chemical constituents and its anti–hepatitis B virus effect of Phyllanthus urinaria. China Journal of Chinese Materia Medica. 1998, 23(6): 363–364
7. DX Sha, YH Liu, LS Wang, SX Xu. Studies on the chemical constituents of common leafflower (Phyllanthus urinaria). Journal of Shenyang Pharmaceutical University. 2000, 17(3): 176–178
8. CY Wang, SS Lee. Analysis and identification of lignans in Phyllanthus urinaria by HPLC–SPE–NMR. Phytochemical Analysis. 2005, 16(2): 120–126
9. CC Chang, YC Lien, KCSC Liu, SS Lee. Lignans from Phyllanthus urinaria. Phytochemistry. 2003, 63(7): 825–833
10. TK Nara, J Gleye, E Lavergne de Cerval, E Stanislas. Flavonoids of Phyllanthus niruri L., Phyllanthus urinaria L., and Phyllanthus

orbiculatus L. C. Rich. Plantes Medicinales et Phytotherapie. 1977, 11(2): 82–86

11. WX Wei, YJ Pan, YZ Chen, CW Lin, TY Wei, SK Zhao. Carboxylic acids from Phyllanthus urinaria. Chemistry of Natural Compounds. 2005, 41(1): 17–21
12. XM Xie, HN Lu. Analysis of volatile components of the fresh Phyllanthus urinaria L. by gas chromatography – mass spectrometry. Acta Scientiarum Naturalium Universitatis Sunyatseni. 2006, 45(5): 142–144
13. MS Shin, EH Kang, YI Lee. A flavonoid from medicinal plants blocks hepatitis B virus–e antigen secretion in HBV–infected hepatocytes. Antiviral Research. 2005, 67(3): 163–168
14. Y Wang, XS Yang, ZQ Li, W Zhang, LR Chen, XJ Xu. Searching for more effective HCV NS3 protease inhibitors via modification of corilagin. Progress in Natural Science. 2005, 15(10): 896–901
15. KCSC Liu, MT Lin, SS Lee, JF Chiou, SJ Ren, EJ Lien. Anti–viral tannins from two Phyllanthus species. Planta Medica. 1999, 65(1): 43–46
16. J Zhou, M Li, YJ Fan. Protection of ethanol extract of Phyllanthus urinaria L. for liver against experimental lesion in mice and rats. Journal of Guangxi Traditional Chinese Medical University. 2004, 7(1): 5–7
17. ZQ Shen, P Chen, L Duan, ZJ Dong, ZH Chen, JK Liu. Effects of fraction from Phyllanthus urinaria on thrombosis and coagulation system in animals. Journal of Chinese Integrative Medicine. 2004, 2(2): 106–110, 122
18. ZQ Shen, P Chen, JQ Shen, ZJ Dong, JK Liu. Effects of the fraction from Phyllanthus urinaria on thrombolysis and the activity of PAI–1 and tPA. Natural Product Research and Development. 2003, 15(5): 441–445
19. ZQ Shen, ZJ Dong, H Peng, JK Liu. Modulation of PAI–1 and tPA activity and thrombolytic effects of corilagin. Planta Medica. 2003, 69(12): 1109–1112
20. JJ Zhang, YH Huang, XS Yan, CZ Zhang, GG Sheng, BX Wang. Experimental study on the differentiation–inducing effect on human hepatoma carcinoma cell line of Phyllanthus urinaria–contained serum. Chinese Journal of Traditional Medical Science and Technology. 2002, 9(5): 289–291
21. CJ Wang, DP Yuan, W Chen, DJ Mao. Effects of Phyllanthus urinaria L. on human hepatoma cells. Shizhen Journal of Traditional Chinese Medicine Research. 1997, 8(6): 499–500
22. ST Huang, RC Yang, PN Lee, SH Yang, SK Liao, TY Chen, JHS Pang. Anti–tumor and anti–angiogenic effects of Phyllanthus urinaria in mice bearing Lewis lung carcinoma. International Immunopharmacology. 2006, 6(6): 870–879
23. ST Huang, RC Yang, MY Chen, JHS Pang. Phyllanthus urinaria induces the Fas receptor/ligand expression and ceramide–mediated apoptosis in HL–60 cells. Life Sciences. 2004, 75(3): 339–351
24. A Kumaran, RJ Karunakaran. In vitro anti–oxidant activities of methanol extracts of five Phyllanthus species from India. LWT—Food Science and Technology. 2006, 40(2): 344–352
25. L Chularojmontri, SK Wattanapitayakul, A Herunsalee, S Charuchongkolwongse, S Niumsakul, S Srichairat. Anti–oxidative and cardioprotective effects of Phyllanthus urinaria L. on doxorubicin–induced cardiotoxicity. Biological & Pharmaceutical Bulletin. 2005, 28(7): 1165–1171
26. N Paulino, V Cechinel–Filho, RA Yunes, JB Calixto. The relaxant effect of extract of Phyllanthus urinaria in the guinea pig isolated trachea. Evidence for involvement of ATP–sensitive potassium channels. Journal of Pharmacy and Pharmacology. 1996, 48(11): 1158–1163
27. N Paulino, V Cechinel Filho, MG Pizzolatti, RA Yunes, JB Balixto. Mechanisms involved in the contractile responses induced by the hydroalcoholic extract of Phyllanthus urinaria on the guinea pig isolated trachea: evidence for participation of tachykinins and influx of extracellular Ca^{2+} sensitive to ruthenium red. General Pharmacology. 1996, 27(5): 795–802
28. ARS Santos, ROP De Campos, OG Miguel, V Cechinel–Filho, RA Yunes, JB Calixto. The involvement of K^+ channels and Gi/o protein in the antinociceptive action of the gallic acid ethyl ester. European Journal of Pharmacology. 1999, 379(1): 7–17
29. H Higashino, A Suzuki, Y Tanaka, Pootakham K. Hypoglycemic effects of Siamese Momordica charantia and Phyllanthus urinaria extracts in streptozotocin–induced diabetic rats (the 1st report). Folia pharmacologica Japonica. 1992, 100(5): 415–421
30. SP Thyagarajan, K Thiruneelakantan, S Subramanian, T Sundaravelu. In vitro inactivation of HBsAg by Eclipta alba Hassk and Phyllanthus niruri Linn. The Indian Journal of Medical Research. 1982, 76: 124–130

필발 蓽 CP, KHP, VP, IP

Piperaceae

Piper longum L.

Long Pepper

개 요

후추과(Piperaceae)

필발(蓽, *Piper longum* L.)의 익은 열매를 말린 것: 필발(畢撥)

중약명: 필발(畢撥)

바람등칡속(*Piper*) 식물은 전 세계에 약 2000종이 있으며, 열대 지역에 분포한다. 중국에는 약 60종과 4변종이 발견되며, 대만과, 중국의 남동부에서 남서부에 분포한다. 이 속에서 약 20종과 1변종이 약재로 사용된다. 이 종은 중국의 운남성에 분포하며 복건성, 광동성, 광서성 및 해남성에서 재배된다. 네팔, 인도, 스리랑카, 베트남 및 말레이시아에도 분포한다.

"필발"은 ≪뇌공포자론(雷公炮炙論)≫에서 약으로 처음 기술되었다. 대부분의 고대 한방의서에 기술되어 있으며, 약용 종은 고대부터 동일하게 남아 있다. 이 종은 한약재 필발(Piperis Longi Fructus)의 공식적인 기원식물 내원종으로서 중국약전(2015)에 등재되어 있다. ≪대한민국약전외한약(생약)규격집≫(제4개정판)에는 "필발"을 "필발(畢撥) *Piper longum* Linné (후추과 Piperaceae)의 덜 익은 열매"로 등재하고 있다. 의약 재료는 주로 중국의 운남성, 광동성 및 해남성에서 생산된다. 인도네시아의 수마트라, 필리핀, 베트남이 원산이다.

열매에는 아미드 알칼로이드와 리그난 성분이 함유되어 있다. 피페린은 주요 활성 성분이다. 중국약전은 의약 물질의 품질관리를 위해 고속액체크로마토그래피법에 따라 시험할 때 피페린의 함량이 2.5% 이상이어야 한다고 규정하고 있다.

약리학적 연구에 따르면 필발에는 진통, 항궤양, 항고지혈, 항종양, 구충 작용 및 간 보호 작용이 있음을 확인했다.

한의학에서 필발은 온중산한(溫中散寒), 하기지통(下氣止痛)의 효능이 있다.

필발 蓽 *Piper longum* L.

필발 蓽 CP, KHP, VP, IP

필발 畢撥 Piperis Longi Fructus

함유성분

열매에는 아마이드 알칼로이드 성분으로 piperine, pipataline, pellitorine, brachystamide B, guineensine, dihydropiperlonguminine[1], piperlonguminine, piperanine, pipernonaline[2], pergumidiene, piperderdine[3], pipercide, piperundecalidine[4], tetrahydropiperine[5], dehydropipernonaline[6], piperoctadecalidine[7], sylvatine[8]이 함유되어 있고, 리그난 성분으로 sesamin, diaeudesmin[1], 플라보노이드 성분으로 7,3',4'-trimethylluteolin, 7,4'-dimethylapigenin, 7-methylapigenin[1], 정유 성분으로 viridiflorol, myristicin, cyclosativene[9]이 함유되어 있다.

뿌리에는 아마이드 알칼로이드 성분으로 cepharadiones A, B, cepharanone B, aristolactam A II, norcepharadione B, piperolactams A, B, piperadione, 또한 noraristolodione[10]이 함유되어 있다.

piperine

diaeudesmin

약리작용

1. 진통 작용
   열매 스파이크의 정유 성분은 진통 효과가 있으며, 또한 아코나이트의 총 알카리에 대한 진통 효과를 높였다. 동시에 부자의 총 알칼리의 독성을 감소시켰다[11].

2. 항우울
   경구 투여된 과즙의 휘발성 유제 및 에탄올 추출물은 랫드에서 인도메타신, 레세르핀, 에틸알코올, 아스피린 및 아세트산에 의해 유발된 위궤양 형성을 크게 억제했다. 유문 결찰과 한냉 침지 스트레스로 유발된 위궤양에 효과적이었다. 또한 위 점막을 보호했고, 위액의 부피와 총 산도를 줄였다[12–14].

3. 고지혈증 개선
   필발유 불검화물은 혈청 총 콜레스테롤(TC)과 TC/고밀도 리포단백질 콜레스테롤(TC/HDL-C)의 증가 수준을 유의미하게 억제했으며, 고콜레스테롤 식이를 섭취한 랫드와 마우스에서 혈청 HDL-C의 수준을 증가시켰다[15–16]. 또한 트리톤-WR-1339로 유도된 마우스의 혈청 TC 증가를 억제했다[16]. 주요 활성 성분은 메틸 피페르산이었으며, 그 기전은 콜레스테롤의 분비와 배출 촉진 및 콜레스테롤 합성의 억제와 관련이 있었다[17]. 피페린을 경구 투여하면 토끼의 실험적 아테롬성 동맥경화증을 현저하게 억제했다[18].

4. 항종양
   *In vitro*에서 과즙의 에탄올 추출물은 달톤 복수종양 DLA 세포와 에를리히 복수종양 EAC 세포에 대하여 독성 효과를 나타냈다. *In vitro*에서 과즙의 에탄올 추출물은 마우스에서 고형 종양의 성장을 억제했으며, 에를리히 복수 종양이 있는 마우스의 수명을 증가시켰다[19].

5. 구충 작용
   필발의 메탄올 추출물을 경구 투여하면 마우스 복막의 아메바 원생동물 감염에 대한 강력한 억제 효과를 가졌다[20]. *In vitro*에서 과즙의 물과 에탄올 추출물은 편모충을 현저히 억제했으며, 노르말부틸 알코올 추출물의 효과는 상대적으로 약했다[21].

6. 간 보호
   과즙의 에탄올 추출물은 CCl_4를 흡입한 랫드의 간 히드록시프롤린과 혈청 효소 수준을 감소시켰고, 마취 후 콜라겐 침적으로 인한 간 중량의 증가를 감소시켰으며, 간 섬유화 방지 효과가 있었다[22]. 피페린은 마우스에서 TBH와 CCl_4에 의해 유발된 간 손상에 대한 보호 효과가 있었다[23].

7. 담석 억제
   필발유 불검화물은 마우스에서 간 콜레스테롤 운반 단백질 2(Scp2) 및 담즙 콜레스테롤 포화 지수를 유의미하게 감소시켰고 담석 형성을 억제했다[24].

8. 기타
   열매의 정유 성분은 랫드의 골수 중피질 줄기세포의 확산을 촉진시켰다[25]. 또한 열매는 항산화[26], 항우울[27], 면역조절[19], 혈관 확장[6], 항균[7], 진정, 해열, 항부정맥[11], 불임[28] 및 α-글루코시다아제-I의 억제 효과[1]가 있었다.

용도

1. 복통, 구토, 설사
2. 두통, 치통
3. 코막힘
4. 관상동맥 심장 질환, 협심증

해설

과즙의 추출물은 숲모기, 아메바 원생동물 및 장편모충을 억제하는 현저한 효과가 있어서 천연 살충제로 사용할 수 있다. 또한 열대 지역에 널리 분포되어 있는 필발은 쉽게 구할 수 있고 저렴하기 때문에 열대 지역에서 기생충을 예방하고 관리하는 데 있어서 개발 가치가 높다.
필발은 또한 몽골의 상용 약재이다. 몽골 전통의학에서 필발은 위화(胃火)와 체질을 조정하며, 자양강장, 평천(平喘), 거담(祛痰), 지통(止痛)의 효능으로, 위장염 증상, 식욕 상실, 메스꺼움, 호흡 곤란, 기관염, 결핵, 신장이 허한 증상, 탁뇨, 발기 부전 등의 증상을 개선한다. 현대 약리 연구에서도 다양한 효능을 가지고 있음을 보여준다.

참고문헌

1. V P Srinivas, KT Ashok, SV UmaMaheswara, V Anuradha, BT Hari, RD Krishna, AK Ikhlas, RJ Madhusudana. HPLC assisted chemobiological standardization of α-glucosidase-I enzyme inhibitory constituents from Piper longum Linn.-An Indian medicinal plant. Journal of Ethnopharmacology. 2006, 108(3): 445-449
2. SH Wu, CR Sun, SF Pei, YB Lu, YJ Pan. Preparative isolation and purification of amides from the fruits of Piper longum L. by upright countercurrent chromatography and reversed-phase liquid chromatography. Journal of Chromatography, A. 2004, 1040(2): 193-204
3. B Das, A Kashinatham, P Madhusudhan. Studies on phytochemicals. XXI. One new and two rare alkamides from two samples of the fruits of Piper longum. Natural Product Sciences. 1998, 4(1): 23-25
4. W Tabuneng, H Bando, T Amiya. Studies on the constituents of the crude drug "Piperis Longi Fructus." On the alkaloids of fruits of Piper longum L. Chemical & Pharmaceutical Bulletin. 1983, 31(10): 3562-3565
5. P Madhusudhan, KL Vandana. Tetrahydropiperine, the first natural aryl pentanamide from Piper longum. Biochemical Systematics and Ecology. 2001, 29(5): 537-538
6. N Shoji, A Umeyama, N Saito, T Takemoto, A Kajiwara, Y Ohizumi. Dehydropipernonaline, an amide possessing coronary vasodilating activity, isolated from Piper longum L. Journal of Pharmaceutical Sciences. 1986, 75(12): 1188-1189
7. BS Park, WS Choi, SE Lee. Anti-fungal activity of piperoctadecalidine, a piperidine alkaloid derived from long pepper, Piper longum L., against phytopathogenic fungi. Agricultural Chemistry and Biotechnology. 2003, 46(2): 73-75
8. CP Dutta, N Banerjee, DN Roy. Genus Piper. III. Lignans in the seeds of Piper longum. Phytochemistry. 1975, 14(9): 2090-2091
9. L Trinnaman, NC Da Costa, ML Dewis, TV John. The volatile components of Indian long pepper, Piper longum Linn. Special Publication-Royal Society of Chemistry. 2005, 300: 93-103
10. SJ Desai, BR Prabhu, NB Mulchandani. Aristolactams and 4,5-dioxoaporphines from Piper longum. Phytochemistry. 1988, 27(5): 1511-1515
11. YF Bai, RF Li. Anti-experimental arrhythmia effect of Piper longum volatile oil. Nei Mongol Journal of Traditional Chinese Medicine. 1987, 6(3): C3
12. YF Bai, HX Yang. Protective effect of Piper longum volatile oil on experimental animial model of gastric ulcer. Chinese Traditional and Herbal Drugs. 2000, 31(1): 40-41
13. YF Bai, YY Bao, S Ha. Protective effect of Piper longum on experimental animial model of gastric ulcer. Chinese Traditional and Herbal Drugs. 1993, 24(12): 639-640
14. XY Zhao, Qiqige, YF Bai. Protective effect of Piper longum on cold-restrainted stress-induced gastric mucosal injury in rats and observation on its pathological alternation. Journal of Medicine & Pharmacy of Chinese Minorities. 2004, 3: 28
15. XH Chen, HM Wang, YT Li, ZZ Li. Effect of unsaponifiable matter from Piper longum oil on high density lipoprotein in rat serum. Journal of Medicine & Pharmacy of Chinese Minorities. 1997, 3(2): 45
16. Baozhaorigetu, E Wu. Effect of unsaponifiable matter from Piper longum oil in mice with hyperlipidemia. Chinese Traditional and Herbal Drugs. 1992, 23(4): 197-199
17. YT Li, HM Wang, E Wu, WA Su. Regulative effect of methyl piperate on serum cholesterol level in rats and its mechanism. Chinese Traditional and Herbal Drugs. 1993, 24(1): 27-29
18. YZ Bai. Preventive effects of piperine on experimental atherosclerosis in hypercholesterolemia rabbits. Journal of Medicine & Pharmacy of Chinese Minorities. 2002, 8(3): 35-36
19. ES Sunila, G Kuttan. Immunomodulatory and anti-tumor activity of Piper longum Linn. and piperine. Journal of Ethnopharmacology. 2004, 90(2-3): 339-346
20. N Sawangjaroen, K Sawangjaroen, P Poonpanang. Effects of Piper longum fruit, Piper sarmentosum root and Quercus infectoria nut gall on caecal amoebiasis in mice. Journal of Ethnopharmacology. 2004, 91(2-3): 357-360
21. DM Tripathi, N Gupta, V Lakshmi, KC Saxena, AK Agrawal. Anti-giardial and immunostimulatory effect of Piper longum on giardiasis

due to Giardia lamblia. Phytotherapy Research. 1999, 13(7): 561-565

22. AJM Christina, GR Saraswathy, SJH Robert, R Kothai, N Chidambaranathan, G Nalini, RL Therasal. Inhibition of CCl_4-induced liver fibrosis by Piper longum Linn. Phytomedicine. 2006, 13(3): 196-198

23. IB Koul, A Kapil,. Evaluation of the hepatoprotective potential of piperine, an active principle of black and long peppers. Planta Medica. 1993, 59(5): 413-417

24. HM Wang, Batuwula, JF Wang, JT Wu, SH Liu, YT Li. Inhibition on gallbladder stone formation in C57BL/6 mice by unsaponifiable matter from Piper longum oil. Beijing Journal of Traditional Chinese Medicine. 2006, 25(10): 630-632

25. XC Li, JH Zhou, H Li, SH Du, YW Li, L Huang, DF Chen. Study on proliferation effect of extracts of Piper longum on mesenchymal stem cells of rat bone marrow and the relationship to chemical functional groups. Journal of Chinese Medicinal Materials. 2005, 28(7): 570-573

26. XC Li, XJ Zhao, XM Xie, YS Zhong, CH Huang, DF Chen. Free radical scavenging action of volatile oil from Piper longum L. and its relationship with molecular structure. Traditional Chinese Drug Research & Clinical Pharmacology. 2006, 17(3): 218-221

27. SA Lee, SS Hong, XH Han, JS Hwang, GJ Oh, KS Lee, MK Lee, BY Hwang, JS Ro. Piperine from the fruits of Piper longum with inhibitory effect on monoamine oxidase and anti-depressant-like activity. Chemical & Pharmaceutical Bulletin. 2005, 53(7): 832-835

28. V Lakshmi, R Kumar, SK Agarwal, JD Dhar. Anti-fertility activity of Piper longum Linn. in female rats. Natural Product Research. 2006, 20(3): 235-239

후추 胡椒 CP, KHP, VP

Piper nigrum L.

Pepper

개 요

후추과(Piperaceae)

후추(胡椒, *Piper nigrum* L.)의 덜 익은 또는 익은 열매를 말린 것: 후추(胡椒)

중약명: 호초(胡椒)

바람등칡속(*Piper*) 식물은 전 세계에 약 2000종이 있으며, 열대 지역에 분포한다. 중국에는 약 60종과 4변종이 발견되며, 대만부터 중국의 남동부에서 남서쪽으로 분포되어 있다. 이 속에서 약 21종과 1변종이 약재로 사용된다. 이 종은 중국의 복건성, 광동성, 해남성, 광서성, 운남성 및 대만에 분포되어 있으며, 동남아시아가 원산이며 현재 열대 지역에서 재배되고 있다.

"후추(胡椒)"는 ≪신수본초(新修本草)≫에서 약으로 처음 기술되었다. 대부분의 고대 한방의서에 기술되어 있으며, 약용 종은 고대부터 동일하게 남아 있다. 이 종은 한약재 후추(Piperis Folutus)의 공식적인 기원식물 내원종으로서 중국약전(2015)에 등재되어 있다. ≪대한민국약전외한약(생약)규격집≫(제4개정판)에는 "후추"를 "후추(胡椒) *Piper nigrum* Linné (후추과 Piperaceae)의 채 익기 전의 열매"로 등재하고 있다. 약재는 중국의 운남성, 광동성, 해남성 및 광서성 등에서 주로 생산된다.

열매에는 아마이드 알칼로이드 성분이 주로 함유되어 있다. 피페린은 주요 활성 성분이다. 중국약전에는 의약 물질의 품질관리를 위해 고속액체크로마토그래피법에 따라 시험할 때 피페린의 함량이 3.0% 이상이어야 한다고 규정한다.

약리학적 연구에 따르면 후추에는 소염, 항전간, 고지혈 개선 작용이 있음을 확인했다.

한의학에서 후추(胡椒)는 온중산한(溫中散寒), 하기지통(下氣止痛), 지사(止瀉), 개위(開胃), 해독(解毒)의 효능이 있다.

후추 胡椒 *Piper nigrum* L.

후추 胡椒 Piperis Fructus

후추 胡椒 *P. nigrum* L.

함유성분

열매에는 아마이드 알칼로이드 성분으로 piperine, piperoleines A, B, piperyline, piperanine, pipercide, feruperine, pipernonaline, dehydropipernonaline, pipercyclobutanamide A, nigramide R[1], piperamide[2], pellitorine, trachyone, pergumidiene, isopiperoleine B[3], guineensine[4], dipiperamides A, B, C, D, E, retrofractamide A, brachyamide A, neopellitorine B, richolein, ilepcimide[5], pipsaeedine, pipbinine, piptaline[6], N−trans−feruloyltyramine, coumaperine[7], kalecide, sarmentine, chingchengenamide, pipnoohine, pipyahyine[8]이 함유되어 있고, 플라보노이드 성분으로 kaempferol, rhamnetin, quercetin, isorhamnetin[9], 리그난 성분으로 hinokinin[5], 정유 성분으로 limonene, α−, β−pinenes, carene[10], (E)−β−ocimene, δ−guaiene, (Z), (E)−farnesols[11]이 함유되어 있다.
뿌리에는 아마이드 알칼로이드 성분으로 piperine, isopiperine, fagaramide, piperettine, pellitorin, piperanine, kalecide, piperyline, piperoleine B, isochavicine, neopellitorine B, cinnamonpyrrolidide, piperettyline, tricholein, sarmentineilepcimide, pipernonaline, sarmentosine, brachyamide B, pipercycliamide[12]가 함유되어 있다.
잎에는 리그난 성분으로 (−)−cubebin, (−)−3,4−dimethoxy−3,4−desmethylenedioxycubebin, (−)−3−desmethoxycubebinin[13]이 함유되어 있다.

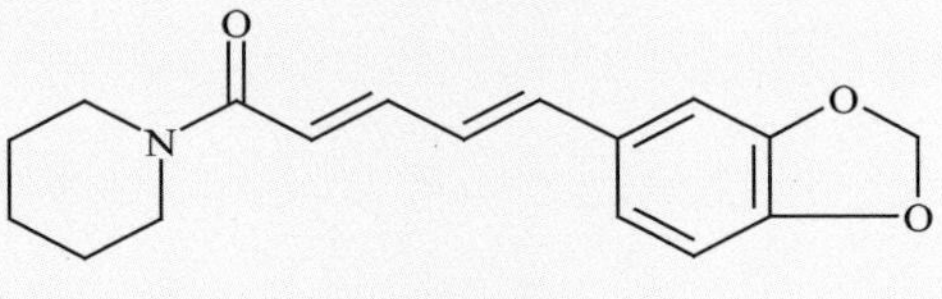

piperine

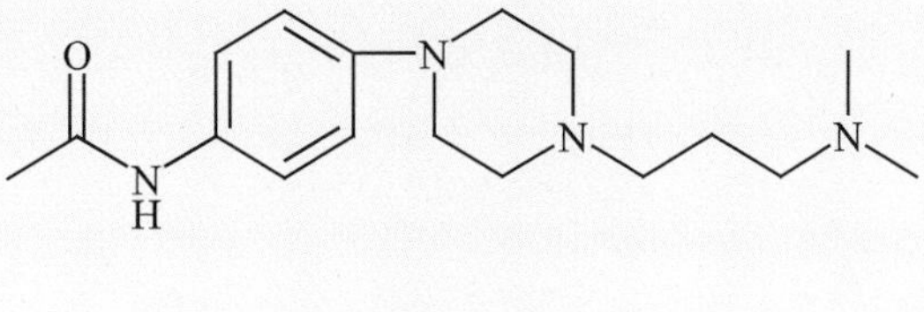

piperamide

약리작용

1. 중추신경계에 미치는 영향

   피페린을 복강 내 투여하면 마우스에서 자발적인 활동을 유의하게 감소시키고, 펜토바르비톤 나트륨으로 유도된 수면 시간을 연장시켰으며, 토끼에서 숙면을 촉진했다[14]. 또한 여러 가지 실험적인 간질 동물 모델들에 길항했다. 한편, 심각한 간질 동물에서 최대 전기충격(MES) 발작, 경미한 간질 동물에서 메트라졸 최소임계 발작(Met), 마우스에서 카인산을 뇌실 내 주입에 의한 측두엽 간질에 대한 잠재적 반충격 효과를 나타냈다[15]. 이 기전은 모노아민 신경전달물질인 5-HT의 유의미한 증가, 글루타민산 및 아스파르트산 수준의 감소, KA 수용체의 차단과 관련이 있었다[14-15]. 또한 마우스의 강제 수영과 꼬리 매달기 테스트에서, 피페린을 경구 투여하면 항우울 효과가 나타났으며, 그 기전은 중추신경계에서 5-HT 또는 도파민의 상향 조절과 관련이 있는 것으로 밝혀졌다[16].

2. 담즙 분비에 대한 효과

   후추를 경구 투여하면 랫드의 담즙 농도가 증가했고, 연속해서 구강 투여 시 담즙 흐름의 증가를 촉진하고 담즙 농도를 감소시켰다[17]. 피페린을 경구 투여하면 간 아미노펩티다아제 N(APN)의 발현과 담즙 APN의 활성을 감소시켰고, APN의 결석 역할을 억제하여 콜레스테롤의 결석 형성을 방지했다[18].

3. 간 보호

   후추가 간 해독 체계에 미치는 영향을 연구한 결과, 후추를 경구 투여하면 랫드의 글루타티온 S-전이효소(GST), 마우스에서 시토크롬 b5 및 시토크롬 P_{450}의 수치가 증가하여 간 해독 기능을 조절하는 것으로 나타났다[19]. 백후추는 인간의 간 미토콘드리아 시토크롬 P_{450} 2D6에 억제 효과가 있었다[1].

4. 구충 작용

   *In vitro*에서 백후추의 물 추출물은 돼지 낭충에 치명적인 영향을 미쳤다[20].

5. 뇌혈관 경련 완화

   피페린은 토끼(귀 주변부 정맥에 주입)에서 실험적으로 지주막하출혈을 한 뒤 지연된 뇌혈관 경련을 완화시켰다. 이 기전은 혈관 벽에 대한 핵 인자 κB(NF-κB)의 활성 억제 및 종양 괴사 인자 α(TNF-α), 인터류킨 1β(IL-1β) 및 IL-6[21]의 하향 조절과 관련이 있었다[21].

6. 항종양

   후추의 에탄, 에틸아세테이트 및 메탄올 추출물과 피페린을 국소 또는 구강으로 투여하면, 마우스에서 12O-테트라데카노일프로볼-13-아세테이트(TPA)에 의해 유발된 피부 종양의 수를 감소시켰다. 또한 피페린의 국소적인 적용도 종양 형성의 시작을 지연시켰다[22].

7. 기타

   후추는 또한 멜라닌 세포의 확산을 자극했고[23], 항산화[24], 항균[25], 진통 및 평활근 이완 효과를 나타냈다.

용도

1. 위통, 구토, 설사, 식욕 상실
2. 식중독

해설

한약재 후추에는 검은색과 흰색이 있다. 열매가 짙은 녹색을 띠고 말린 채로 수집되면 흑후추가 된다. 적색으로 변한 후 열매를 모아 수일간 물에 담갔다가 과육을 제거하고 말리면 백후추가 된다. 후추는 중국 위생부가 지정한 식약공용 품목 중 하나이다.

후추의 뿌리는 중국의 광동성, 광서성 및 해남성에서 조미료와 약재로 사용된다. 소화불량, 좌골 신경통 및 류머티스성 관절염 치료에 사용할 수 있다. 실험적 연구들에 따르면, 뿌리에 약용 가치가 있으며, 구성 성분과 약리학적 및 독성학적 효과는 더 연구할 가치가 있다.[26].

후추에는 피페린이 풍부하여 피페린 추출을 위한 주요 원료이다. 피페린은 향신료, 조미료 및 살충제로 사용할 수 있다. 후추는 트롬빈의 활성화를 촉진시키는 효과가 있어 발암물질에 대항하는 화학적 암 예방제로 사용될 수 있다.

참고문헌

1. Subehan, T Usia, S Kadota, Y Tezuka. Alkamides from Piper nigrum L. and their inhibitory activity against human liver microsomal cytochrome P_{450} 2D6 (CYP2D6). Natural Product Communications. 2006, 1(1): 1–7
2. G Singh, P Marimuthu, C Catalan, MP de Lampasona. Chemical, anti–oxidant and anti–fungal activities of volatile oil of black pepper and its acetone extract. Journal of the Science of Food and Agriculture. 2004, 84(14): 1878–1884
3. SV Reddy, PV Srinivas, B Praveen, KH Kishore, BC Raju, US Murthy, JM Rao. Anti–bacterial constituents from the berries of Piper nigrum. Phytomedicine. 2004, 11(7–8): 697–700
4. N Nakatani, R Inatani. Constituents of pepper. Part III. Isobutyl amides from pepper (Piper nigrum L.). Agricultural and Biological Chemistry. 1981, 45(6): 1473–1476
5. S Tsukamoto, K Tomise, K Miyakawa, BC Cha, T Abe, T Hamada, H Hirota, T Ohta. CYP3A4 inhibitory activity of new bisalkaloids, dipiperamides D and E, and cognates from white pepper. Bioorganic & Medicinal Chemistry. 2002, 10(9): 2981–2985
6. BS Siddiqui, T Gulzar, S Begum, F Afshan, FA Sattar. Two new insecticidal amide dimers from fruits of Piper nigrum LINN. Helvetica Chimica Acta. 2004, 87(3): 660–666
7. N Nakatani, R Inatani, H Fuwa. Constituents of pepper. Part I. Structures and syntheses of two phenolic amides from Piper nigrum L. Agricultural and Biological Chemistry. 1980, 44(12): 2831–2836
8. BS Siddiqui, T Gulzar, A Mahmood, S Begum, B Khan, F Afshan. New insecticidal amides from petroleum ether extract of dried Piper nigrum L. whole fruits. Chemical & Pharmaceutical Bulletin. 2004, 52(11): 1349–1352
9. B Voesgen, K Herrmann. Flavonol glycosides of pepper (Piper nigrum L.), clove (Syzygium aromaticum (L.) Merr. et Perry), and allspice (Pimenta dioica (L.) Merr.). 3. Spice phenols. Zeitschrift fuer Lebensmittel–Untersuchung und –Forschung. 1980, 170(3): 204–207
10. VL Hoang. Chemical components of essential oil of Piper nigrum L. and the essential oil of Piper betle L. Tap Chi Duoc Hoc. 2003, 11: 15–17
11. J Pino, G Rodriguez–Feo, P Borges, A Rosado. Chemical and sensory properties of black pepper oil (Piper nigrum L.). Nahrung. 1990, 34(6): 555–560
12. K Wei, W Li, K Koike, YP Pei, YJ Chen, T Nikaido. New amide alkaloids from the roots of Piper nigrum. Journal of Natural Products. 2004, 67(6): 1005–1009
13. H Matsuda, Y Kawaguchi, M Yamazaki, N Hirata, S Naruto, Y Asanuma, T Kaihatsu, M Kubo. Melanogenesis stimulation in murine B16 melanoma cells by Piper nigrum leaf extract and its lignan constituents. Biological & Pharmaceutical Bulletin. 2004, 27(10): 1611–1616
14. GZ Cui, J Li, ZY Zhang, YQ Pei. Influence of piperine on CNS. Chinese Pharmaceutical Journal. 2003, 38(4): 268–270
15. GZ Cui, YQ Pei. Analysis on the anti–experimental epilepsy action of piperine and its mechanism. Chinese Pharmacological Bulletin. 2002, 18(5): 675–680
16. S Li, C Wang, W Li, K Kazuo, N Tamatsu, MW Wang. Anti–depressant–like effects of piperine and its derivate, 3,4–methylene dioxy cinnamoyl piperidine. Journal of Shenyang Pharmaceutical University. 2006, 23(6): 392–396
17. B Ganesh Bhat, N Chandrasekhara. Effect of black pepper and piperine on bile secretion and composition in rats. Die Nahrung. 1987, 31(9): 913–916
18. YT Li, XG Zhu. Inhibitory effects of piperine on gallstone formation and its mechanism in rabbits. Chinese Journal of Hepatobiliary Surgery. 2003, 9(7): 426–428
19. A Singh, AR Rao. Evaluation of the modulatory influence of black pepper (Piper nigrum L.) on the hepatic detoxication system. Cancer letters. 1993, 72(1–2): 5–9
20. WA Zhao, ZM Li, BX Wang. Morphological observation of semen areca and white pepper against Cysticercus cellulosae in vitro. Modern Journal of Integrated Traditional Chinese and Western Medicine. 2003, 12(3): 237–238
21. GS Zhang, C Lin, QJ Zhang. Study of mechanism and effect of piperine on delayed cerebral vasospasm following experimental

subarachnoid hemorrhage in rabbits. Chinese Journal of Neurosurgery. 2006, 22(6): 373–376

22. AH Liang. Chemoprevention of traditional ethnomedicine on cancer (15): anti–carcinogenic effect of white piper and piperine in carcinogenesis test in vivo and in vitro. Foreign Medical Sciences. 1998, 20(6): 32–33
23. F Zuo. Stimulatory effect of piperine from Piper nigrum seed on proliferation of melanocytes in mice. Foreign Medical Sciences (Traditional Chinese Medicine Volume). 2001, 23(2): 127
24. ZR Mo, Q Zhang. Study on the anti–oxidant effect and stability of piperine. Journal of Hainan Normal University (Natural Science). 2006, 19(1): 52–54
25. HJD Dorman, SG Deans. Anti–microbial agents from plants: anti–bacterial activity of plant volatile oils. Journal of Applied Microbiology. 2000, 88(2): 308–316
26. P Ao, B Li, FL Liao, SL Hu. Study on the pharmacological activities of ethanol extract of Piper nigrum. Acta Chinese Medicine and Pharmacology. 1998, 3: 61–62

계단화 雞蛋花 VP

Apocynaceae

Plumeria rubra L. cv. *acutifolia* B.

Mexican Frangipani

개 요

협죽도과(Apocynaceae)

계단화(雞蛋花, *Plumeria rubra* L. cv. *acutifolia* B.)의 꽃을 말린 것: 계단화(雞蛋花, Plumeriae Flos)

중약명: 계단화(雞蛋花)

계단화속(*Plumeria*) 식물은 전 세계에 약 7종이 있으며, 이 종은 아메리카의 열대 지역이 원산으로, 현재는 아시아의 열대 및 아열대 지역에서 널리 재배되고 있다. 중국에는 단지 1종과 1재배종만 발견되며, 모두 약재로 사용된다. 이 종은 중국의 광동성, 광서성, 운남성, 복건성 및 홍콩에 분포한다. 멕시코가 원산으로, 현재는 아시아에 있는 열대 및 아열대 지역에 분포한다.

"계단화"는 ≪식물명실도고(植物名實圖考)≫에서 약으로 처음 기술되었다. 의약 재료는 주로 중국의 광동성, 광서성, 운남성, 복건성 및 대만에서 생산된다.

계단화에는 주로 이리도이드 및 정유 성분이 함유되어 있다. 플루미에라이드는 지표 성분이다.

약리학적 연구에 따르면 계단화에는 항균, 소염, 항종양 및 항돌연변이 작용이 있음을 확인했다.

한의학에서 계단화는 청열(清熱), 해서(解暑), 지해(止咳)의 효능이 있다.

계단화 雞蛋花 *Plumeria rubra* L. cv. *acutifolia* B.

계단화 雞蛋花VP

계단화 雞蛋花 *Plumeria rubra* L. cv. *acutifolia* B.

계단화 雞蛋花 Plumeriae Flos

홍화면치 紅花緬梔 *Plumeria rubra* L.

함유성분

식물체 전체에는 이리도이드 성분으로 plumieride[1]가 함유되어 있다.
나무껍질에는 이리도이드 성분으로 fulvoplumierin[2]이 함유되어 있다.
뿌리에는 이리도이드 성분으로 13−O−caffeoylplumieride, 13−deoxyplumieride, β−dihydroplumericinic acid glucosyl ester plumenoside, 1α−plumieride, 8−isoplumieride, 1α−protoplumericin A[3]가 함유되어 있다.
잎에는 L−(+)−bornesitol[4]이 함유되어 있고, 트리테르페노이드 성분으로 ursolic acid, lupeol acetate[5]가 함유되어 있다.
꽃에는 정유 성분으로 β−linalool, cis−geraniol, trans−nerolidol[6], β−citronellol[7]이 함유되어 있다.

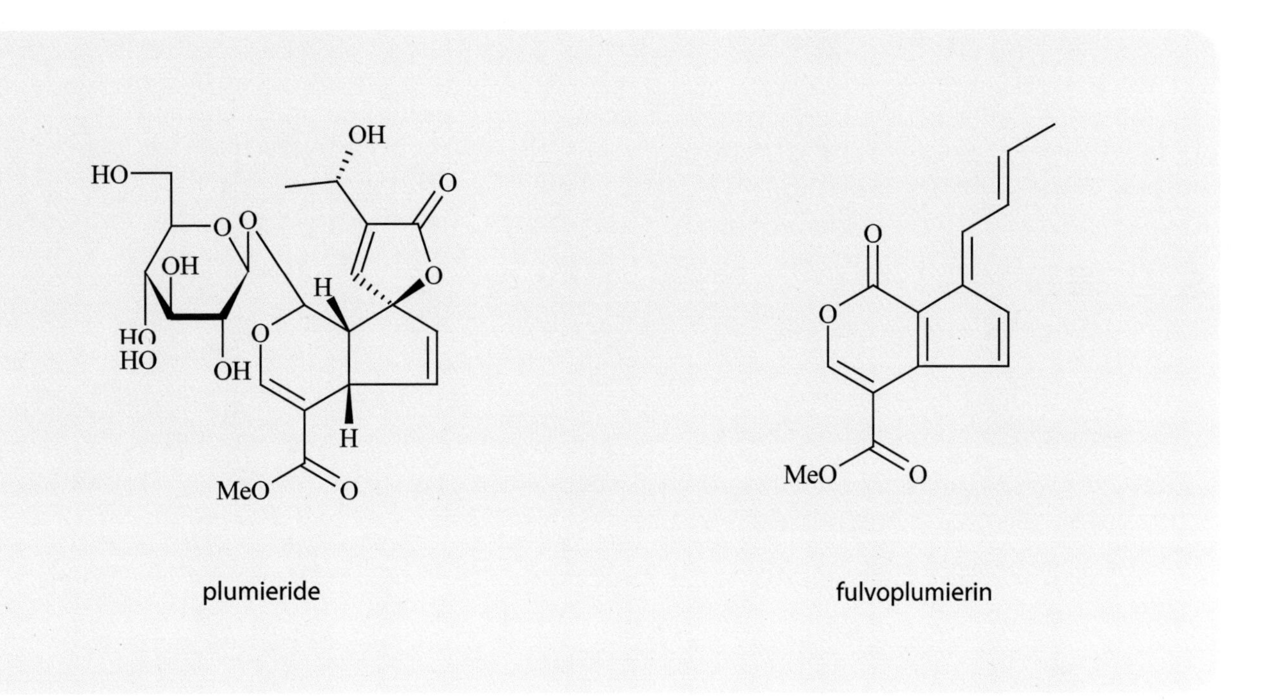

plumieride

fulvoplumierin

약리작용

1. 항균 작용

   *In vivo*에서 뿌리 및 줄기의 메탄올 추출물은 캔디다 리폴리티카[8]에 유의한 억제 효과를 보였다. *In vivo*에서 풀보플루미에린은 결핵균의 성장을 억제했다[9].

2. 항염 작용

   잎의 메탄올 추출물은 랫드에서 카라기닌, 글루칸, 히스타민, 5-HT에 의해 유도된 뒷다리 부종뿐만 아니라 목화송이에 의해 유도된 육아종을 유의적으로 억제했다.

3. 항종양

   뿌리의 메탄올 추출물은 T 림프성 CEM-SS 세포와 대장암 HT-29 세포에 대하여 세포독성을 보였다[8].

4. 항돌연변이 유발

   잎의 알코올 추출물은 미토마이신 C에 의해 유도된 다염적혈구증가증 적혈구 소핵의 수를 현저히 감소시켰다[7].

5. 진경 작용

   신선한 잎의 알코올 추출물은 적출된 토끼의 십이지장 및 기니피그 회장(回腸)에 대해 유의한 지연 효과를 나타냈다. 또한 랫드의 적출된 자궁을 이완시키고, 옥시토신 및 아세틸콜린으로 유도한 자궁 수축을 효과적으로 길항했다[11].

6. 심혈관계에 미치는 영향

   신선한 잎의 알코올 추출물은 적출된 토끼의 심방 및 심근의 수축을 유의하게 억제했으며, 개의 혈압도 급격히 감소시켰다. 그 효과는 아세틸콜린의 효과와 비슷했다. 또한 랫드의 횡격막의 수축 진폭을 감소시켰다[11].

용도

1. 열, 기침, 기관지염
2. 간염, 황달
3. 이질, 설사, 장염, 소화불량, 영양실조
4. 요로결석

해설

계단화의 꽃은 중국 영남 지방의 민간요법에서 청열해독(清熱解毒)에 사용하는 사용 약재이다. "오화다(五花茶)"(문자적으로 "5가지의 꽃차")의 성분 중 하나이다. 꽃 이외에도 줄기, 나무껍질, 뿌리 및 잎에는 특정 활성 성분이 함유되어 있다. 현대의 약리학적 연구에서 항균 작용과 항종양의 약리학적 활성을 가지고 있음을 나타냈다. 그 약리학적 효과와 기전에 대한 추가 연구가 필요하다.
또한 계단화의 원종인 *P. rubra* L.는 홍화면치(红花緬梔)로 알려져 있다. 이 종에는 붉은색에서 분홍색까지 여러 가지 색의 꽃이 있다. 뛰어난 관상용 식물로서 남아메리카가 원산지이며, 현재 전 세계 열대 및 아열대 지역에서 널리 재배되고 있다.

참고문헌

1. H Wanner, V Zorn-Ahrens. Distribution of plumieride in Plumeria acutifolia and Plumeria bracteata. Berichte der Schweizerischen Botanischen Gesellschaft. 1972, 81: 27-39
2. S Rangaswami, EV Rao, M Suryanarayana. Chemical examination of Plumenia acutifolia. Indian Journal of Pharmacy. 1961, 23: 122-124
3. F Abe, RF Chen, T Yamauchi. Studies on the constituents of Plumeria. Part I. Minor iridoids from the roots of Plumeria acutifolia. Chemical & Pharmaceutical Bulletin.1988, 36(8): 2784-2789
4. S Nishibe, S Hisada, I Inagaki. Cyclitols of Ochrosia nakaiana, Plumeria acutifolia and Strophanthus gratus. Phytochemistry. 1971, 10(10): 2543
5. AP Guevara, E Amor, G Russell. Anti-mutagens from Plumeria acuminata. Mutation Research. 1996, 361(2-3): 67-72
6. MY Huang, GX Zhou, QX Jin, ZX Xu. The constituents of volatile oil from Plumeria rubra L. cv. Acutifolia Bailey. Journal of Anhui TCM College. 2005, 24(4): 50-51
7. JM Lin, YC Xu, FY Feng, PG Xia, Z Wu. GC-MS analysis of supercritical extraction of Plumeria rubra. Journal of Chinese Medicinal Materials. 2001, 24(4): 276-277
8. MSM Jasril, MM Mackeen, NH Lajis, AA Rahman, AM Ali. Anti-microbial and cytotoxic activities of some Malaysian flowering plants. Natural Product Sciences. 1999, 5(4): 172-176
9. A Grumbach, H Schmid, W Bencze. An antibiotic from Plumeria acutifolia. Experientia. 1952, 8: 224-225
10. M Gupta, UK Mazumder, P Gomathi, VT Selvan. Anti-inflammatory evaluation of leaves of Plumeria acuminata. BMC Complementary and Alternative Medicine. 2006, 6: 36
11. S Siddiqi, MI Khan. Pharmacological studies of Plumeria acutifolia. Pakistan Journal of Scientific and Industrial Research. 1970, 12(4): 383-386

광곽향 廣藿香 CP, KP, VP

Lamiaceae

Pogostemon cablin (Blanco) Benth.

Cablin Patchouli

개 요

꿀풀과(Lamiaceae)

광곽향(廣藿香, *Pogostemon cablin* (Blanco) Benth.)의 지상부를 말린 것: 광곽향(廣藿香)

중약명: 광곽향(廣藿香)

광곽향속(*Pogostemon*) 식물은 전 세계에 약 60종이 있으며, 주로 아시아의 열대 및 아열대 지역에 분포하고, 열대 아프리카에는 2종만 있다. 중국에는 약 16종과 1변종이 발견되며, 이 속에서 약 4종이 약재로 사용된다. 이 종은 중국의 광서성, 복건성 및 대만에서 널리 재배되며, 인도, 스리랑카, 말레이시아, 인도네시아 및 필리핀에도 분포한다.

"곽향"은 중국 한대 이물지(异物志)에 처음 기술되었다. 대부분의 고대 한방의서에 기술되어 있으며 ≪본초도경(本草圖經)≫과 ≪본초강목(本草綱目)≫에 언급되어 있다. 이 종은 중국약전(2015)에 광곽향(Pogostemonis Herba)의 공식적인 기원식물 내원종으로서 등재되어 있다. ≪대한민국약전≫(제11개정판)에는 "광곽향"을 "광곽향(廣藿香) *Pogostemon cablin* Bentham (꿀풀과 Labiatae)의 지상부"로 등재하고 있다. 의약 재료는 주로 중국의 해남성과 광동성에서 생산되며, 광주(廣州)근교의 석패(石牌)에서 생산되는 것이 품질이 더 좋다.

광곽향의 주요 활성 성분은 정유 성분과 플라보노이드 성분이다. 중국약전에는 의약 물질의 품질관리를 위해 가스크로마토그래피법으로 시험할 때 광곽향의 정유 함량이 0.10% 이상이어야 한다고 규정하고 있다.

약리학적 연구에 따르면 광곽향에는 위와 장을 조절하고 항박테리아 및 항말라리아 효과가 있음을 확인했다.

한의학에서 광곽향은 방향화탁(芳香化濁), 개위지구(開胃止嘔), 발표해서(發表解暑)의 효능이 있다.

광곽향 廣藿香 *Pogostemon cablin* (Blanco) Benth.

광곽향 廣藿香 Pogostemonis Herba

광곽향 廣藿香 CP, KP, VP

함유성분

지상부에는 활성 성분으로 파튜리유라고 알려진 정유 성분이 주로 함유되어 있다. 파튜리유에는 세스퀴테르페노이드 성분으로 patchouli alcohol (patchoulol), pogostone, α-,δ-guaienes, α-, β-patchoulenes[1], eremophilene[2], cycloseychellene[3], pagostol, seychellene[4], 10α-hydroperoxy-guaia-1,11-diene, 1α-hydroperoxy-guaia-10(15),11-diene, 15α-hydroperoxy-guaia-1(10),11-diene[5]이 함유되어 있다. 지상부에는 또한 플라보노이드 성분으로 5-hydroxy-3',7,4'-trimethoxyflavanone, 3,5-dihydroxy-7,4'-dimethoxyflavone, 3,5,7,3',4-pentahydroxyflavone[6], licochalcone A, ombuin[7], retusin[8], 7,4'-di-O-methyleriodictyol, pachypodol, kumatakenin[9]이 함유되어 있다.

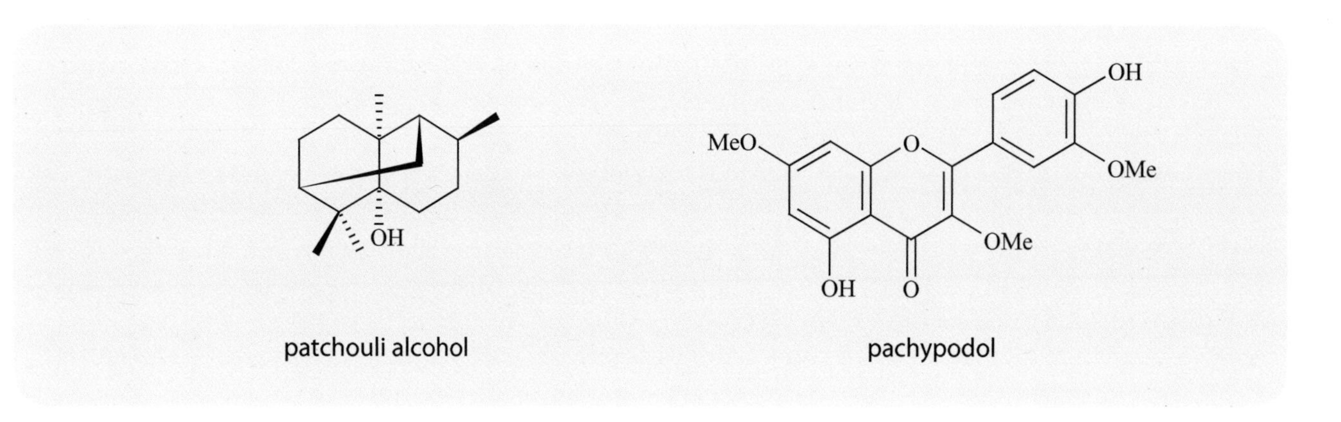

patchouli alcohol　　pachypodol

약리작용

1. 위 및 장 조절

   전초의 물 추출물은 적출된 토끼 장관의 자발적인 수축과 아세틸콜린과 염화바륨에 의한 경련 수축을 억제했다. 전초의 물 추출물을 경구 투여하면 위 배출을 느리게 하고, 정상 및 네오스티그민으로 처리한 마우스의 장 운동성을 억제하고, 위산 분비를 증가시키며, 췌장 아밀라아제 분비를 촉진시키고, 혈청아밀라아제의 활성을 증가시킨다[10]. 광곽향유를 흡입하면 소화관 운동성을 촉진시키고 랫드의 배변을 증가시켰다[11]. 전초의 n-헥산 추출물, 광곽향 알코올, 파고스톨, 레투신, 파치포돌도 구토 억제 효과가 있었다[8].

2. 항균 작용

   *In vitro*에서 광곽향유는 크립토콕쿠스 네오포르만스, 케토미윰 글로보숨, 스코풀라리옵시스 브레비카울리스, 방사선상간균, 방추형균, 카프노사이토파가, 에이케넬라 및 균유사체를 유의하게 억제했다[12-14]. 또한 모락셀라, 마이크로코커스 루테우스 및 코리네박테륨 시카와 같은 인간의 피부 박테리아를 다양한 정도로 억제했다[15]. *In vitro*에서 전초 추출물은 황색포도상구균, 바실러스 서브틸리스, 녹농균을 억제했다[16].

3. 항종양

   *In vitro*에서 리코칼콘 A는 전골수구백혈병 HL-60 세포에 대하여 세포독성 효과를 나타냈다[7].

4. 기타

   또한 전초에는 항말라리아[17], 항돌연변이[9], 항트리파노소마[5], 칼슘 길항 작용[18]도 있었다. δ-구아이엔은 또한 혈소판 응집을 억제했다[19].

용도

1. 상복부 팽창, 구토, 설사, 열사병
2. 비염, 두통
3. 발 및 손의 백선

해설

중국 광주(廣州)의 석패(石牌)에서 생산된 광곽향은 전통적으로 최고의 품질로 간주된다. 최근 몇 년 동안 광동성에 GAP 재배지가 설립되었다.

광곽향은 특허받은 한약인 "곽향정기수(藿香正氣水)"와 "곽향정기환(藿香正氣丸)"의 주요 약재이며, 광곽향유는 향수와 치약의 중요한 향료이다. 광곽향은 시장 수요가 크다.

배초향은 일반적으로 "토곽향(土藿香)"으로 알려져 있다. 배초향과 광곽향이 효능면에서 유사하고 동등하게 사용될 수 있는지 여부를 결정하기 위해서는 더 많은 연구가 필요하다.

참고문헌

1. L Guan, LH Quan, PZ Cong. Study on chemical constituents of volatile oil from Progostemon cablin (Blanco) Benth. Natural Product Research and Development. 1992, 4(2): 34–37
2. Q Zhang, ZW Li, JY Zhu. Studies on chemical constituents of the essential oil of Pogostemon cablin Benth. West China Journal of Pharmaceutical Sciences. 1996, 11(4): 249–250
3. SJ Terhune, JW Hogg, BM Lawrence. Cycloseychellene, a new tetracyclic sesquiterpene from Pogostemon cablin. Tetrahedron Letters. 1973, 47: 4705–4706
4. F Deguerry, L Pastore, SQ Wu, A Clark, J Chappell, M Schalk. The diverse sesquiterpene profile of patchouli, Pogostemon cablin, is correlated with a limited number of sesquiterpene synthases. Archives of Biochemistry and Biophysics. 2006, 454(2): 123–136
5. F Kiuchi, K Matsuo, M Ito, TK Qui, G Honda. New sesquiterpene hydroperoxides with trypanocidal activity from Pogostemon cablin. Chemical & Pharmaceutical Bulletin. 2004, 52(12): 1495–1496
6. GW Zhang, XQ Ma, JY Su, LM Zeng, FS Wang, DP Yang. Flavonoids in Pogostemon cablin. Chinese Traditional and Herbal Drugs. 2001, 32(10): 871–874
7. EJ Park, HR Park, JS Lee, JW Kim. Licochalcone A. An inducer of cell differentiation and cytotoxic agent from Pogostemon cablin. Planta Medica. 1998, 64(5): 464–466
8. Y Yang, K Kinoshita, K Koyama, K Takahashi, T Tai, Y Nunoura, K Watanabe. Anti–emetic principles of Pogostemon cablin. Phytomedicine. 1999, 6(2): 89–93
9. M Miyazawa, Y Okuno, SI Nakamura, H Kosaka. Anti–mutagenic activity of flavonoids from Pogostemon cablin. Journal of Agricultural and Food Chemistry. 2000, 48(3): 642–647
10. XX Chen, B He, XQ Li, JP Luo. Effects of Herba Pogostemonis on gastrointestinal tract. Journal of Chinese Medicinal Materials. 1998, 21(9): 462–466
11. N Mikuriya. Effect of fragrant smell of patchouli oil on defecation. Foreign Medical Sciences. 2005, 27(4): 243–244
12. JY Su, GW Zhang, H Li, LM Zeng, DP Yang, FS Wang. Chemical constituents and their anti–fungal and anti–bacterial activities of essential oil of Pogostemon cablin (I). Chinese Traditional and Herbal Drugs. 2001, 32(3): 204–206
13. GW Zhang, WJ Lan, JY Su, LM Zeng, DP Yang, FS Wang. Chemical constituents and their anti–fungal and anti–bacterial activities of essential oil of Pogostemon cablin II. Chinese Traditional and Herbal Drugs. 2002, 33(3): 210–212
14. K Osawa, T Matsumoto, T Maruyama, T Takiguchi, K Okuda, I Takazoe. Studies of the anti–bacterial activity of plant extracts and their constituents against periodontopathic bacteria. The Bulletin of Tokyo Dental College. 1990, 31(1): 17–21
15. DP Yang, JP Chaumont, J Millet. Anti–bacterial activity on skin and chemical composition of the volatile oils from Agastache rugosa and Pogostemon cablin. Journal of Microbiology. 1998, 18(4): 1–4, 16
16. CK Luo. Experimental study on the anti–bacterial effect of water extract of Pogostemon cablin. Journal of Chinese Medicinal Materials. 2005, 28(8): 700–701
17. AR Liu, ZY Yu, LL Lu, ZY Sui. The synergistic action of guanghuoxiang volatile oil and sodium artesunate against Plasmodium berghei and reversal of SA–resistant Plasmodium berghei. Chinese Journal of Parasitology and Parasitic Diseases. 2000, 18(2): 76–78
18. K Ichikawa, T Kinoshita, U Sankawa. The screening of Chinese crude drugs for Ca^{2+} antagonist activity: identification of active principles from the aerial part of Pogostemon cablin and the fruits of Prunus mume. Chemical & Pharmaceutical Bulletin.1989, 37(2): 345–348
19. YC Tsai, HC Hsu, WC Yang, WJ Tsai, CC Chen, T Watanabe. α–Bulnesene, a PAF inhibitor isolated from the essential oil of Pogostemon cablin. Fitoterapia. 2007, 78(1): 7–11

구아바 番石榴

Psidium guajava L.

Guava

개 요

도금양과(Myrtaceae)

구아바(番石榴, *Psidium guajava* L.)의 부드러운 잎을 말린 것: 번석류엽(番石榴葉)

구아바(番石榴, *Psidium guajava* L.)의 잘 익은 어린 열매: 번석류과(番石榴果)

중약명: 번석류(番石榴)

구아바속(*Psidium*) 식물은 전 세계에 약 150종이 있으며, 아메리카의 열대 지역에 분포한다. 중국에는 2종이 도입되었으며, 1종은 야생으로 산재해 있다. 이 속에서 1종만 약재로 사용된다. 이 종은 중국의 남부와 사천성에서 재배되며 야생에도 산재되어 있다. 아메리카가 원산이다.

번석류〔일명 파락(芭樂)〕는 청대에 광동성의 ≪남월필기(南越筆記)≫에서 처음 기술되었다. 남아메리카가 원산이며, 중국의 온대와 아열대 지역에서 200년 이상 재배되어 오고 있다. 이 종은 광동성 약재인 번석류엽(Psidii Guajavae Folium)과 번석류과(Psidii Guajavae Fructus)의 공식적인 기원식물 내원종으로서 광동성중약재표준에 등재되어 있다. 의약 재료는 주로 중국 남부와 사천성에서 생산된다.

잎에는 플라보노이드 성분이 함유되어 있고, 열매에는 정유 성분이 함유되어 있다.

약리학적 연구에 따르면 잎과 열매에는 항균, 항바이러스, 혈당강하, 항산화 작용이 있음을 확인했다.

민간요법에 따르면 번석유엽은 삽장지사(澁腸止瀉), 수렴지혈(收斂止血)의 효능이 있다.

구아바 番石榴 *Psidium guajava* L.

구아바 열매 番石榴 *P. guajava* L.

번석류엽 番石榴葉 Psidii Guajavae Folium

함유성분

잎에는 플라보노이드 성분으로 guaijaverin, quercetin, morin−3−O−α−L−lyxopyranoside, morin−3−O−α−L−arabopyranoside[1], isoquercetin, hyperin, quercitrin, quercetin−3−O−gentiobioside[2], kaempferide, rutin[3]이 함유되어 있고, 트리테르페노이드 성분으로 guajavolide, guavenoic acid, oleanolic acid[4], guajavanoic acid, obtusinin, goreishic acid I[5], guavanoic acid, guavacoumaric acid, jacoumaric acid, isoneriucoumaric acid, ilelatifol D, asiatic acid, 2α−hydroxyursolic acid[6], ursolic acid, uvaol, guajanoic acid[7], 유기산 성분으로 chlorogenic acid, gallic acid, protocatechuic acid, ferulic acid, caffeic acid[6], 세스퀴테르페노이드 성분으로 sesquiguavaene[8], 정유 성분으로 β−caryophyllene, limonene[9], nerolidol, selin−11−en−4α−ol[10], copaene, cineole[11]이 함유되어 있다.

열매에는 정유 성분으로 β−caryophyllene, nerolidol [12], α−pinene, aromadendrene, limonene, β−bisabolene, α−copaene, α−humulene,

guaijaverin

guavenoic acid

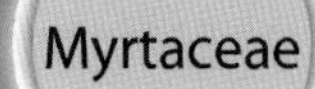

δ-cadinene, ar-curcumene, cineole, γ-muurolene, calamenene, camphene, β-pinene, myrcene, p-cymene, α-terpineol, cis-β-ocimene[14]이 함유되어 있다.
씨에는 페닐에탄올 배당체 성분으로 1-O-3,4-dimethoxy-phenylethyl-4-O-3,4-dimethoxy cinnamoyl-6-O-cinnamoyl-β d-glucopyranose, 1-O-3,4-dimethoxyphenylethyl-4-O-3,4-dimethoxy cinnamoyl-β-d-glucopyranose[15]가 함유되어 있다.
나무껍질에는 탄닌 성분으로 guajavins A, B, psidinins A, B, C, psiguavin[16]이 함유되어 있다.

약리작용

1. 항균 및 항바이러스 작용

   *In vitro*에서 어린잎의 물, 메탄올, 클로로포름, 에틸아세테이트 추출물은 황색포도상구균, 대장균, 뇌척수막염균, 칸디다 알비칸스, 녹농균을 유의미하게 억제했다. 또한 고초균, 시겔라 이질균, 티푸스균류, 파라티푸스균 B형, 바실루스 프로테우스 및 연쇄상구균 B형을 억제했다[17]. *In vitro*에서 어린잎을 경구 투여하면 로타 바이러스의 복제를 억제했고, 로타바이러스의 독성을 감소시켰으며, 랫드의 감염능을 약화시켰다. 주요 활성 성분은 정유 성분, 우르솔산 및 퀘르세틴이었다[18-19].

2. 지사 작용

   덜 익은 열매의 메탄올 추출물은 설사를 유발하는 B군 이질균과 콜레라균의 성장을 크게 억제했다. 또한 랫드의 위장 운동성을 감소시켰고, 기니피그의 회장(回腸)에서 아세틸콜린이 방출되는 것을 억제했다[20]. 어린잎의 물 추출물은 로타 바이러스에 감염된 마우스에서 Na^+의 소장 흡수와 포도당 흡수를 촉진하고, SIgA의 소장 분비를 촉진하며, 소장 점막의 보호 효과를 내타냈다[18]. 또한, 어린잎의 지사 작용은 장 내 박테리아 성장의 억제와 십이지장, 공장(空腸), 회장(回腸)의 수축력 긴장의 감소와 관련이 있었다[21].

3. 항염 작용

   열매의 추출물을 복강 내 투여하면 랫드에서 카라기닌, 카올린, 투르펜틴으로 유발된 뒷발 부종과 관절 부기(浮氣)를 억제했다. 또한 마우스에서 복강 내 주입된 아세트산이 유발한 복강 내 단백질 유출을 억제했다[22]. 어린잎의 물 추출물을 경구 투여하면 랫드에서 면역력 조절과 항지질과산화 작용을 통해 트리니트로벤젠설폰산으로 유발된 결장암 손상에 대한 회복 효과를 나타내어, 염증 반응의 발생을 억제하는 것으로 나타났다[23].

4. 진통 작용

   어린잎의 정유 성분을 복강 내 투여하면 마우스에서 아세트산으로 유도한 뒤틀림 반응을 유의미하게 억제했고, 포름알데히드에 의해 유발된 통증으로 인한 발바닥 핥기 반응을 감소시켰다. 예방제 카페인은 어린잎 에센셜 오일의 통각 억제 효과에 대한 길항 효과를 나타냈지만, 예방제 날록손은 유의미한 길항 효과를 나타내지 않았다. 이는 그 효과가 아편 수용체와는 관련이 없고, 내생적으로 방출된 아데노신으로 매개된다는 것을 나타낸다[24].

5. 혈당강하

   어린잎의 물 추출물은 스트렙토조신으로 유도된 당뇨병 랫드에서 혈당을 감소시키는 강력한 활성을 나타냈다. 주요 활성 성분들은 50000에서 100000 사이의 분자량을 가진 당단백질이었다. 그러나 인슐린과 결합했을 때, 작용의 부위가 췌장 그 자체는 아니며 단지 말초 조직임을 나타냈으며, 부가적인 효과는 없었다[25].

6. 항종양

   *In vitro*에서 어린잎의 정유 성분은 인간 구강편평상피암 KB 세포의 확산을 크게 억제했다[26]. 또한 *in vitro*에서 어린잎이 마우스에서 이식된 흑색종 B16 세포의 성장을 억제하는 것으로 나타났다[27].

7. 지혈 작용

   어린잎의 물 추출물은 페닐에프린으로 유도한 적출된 토끼의 대동맥 수축을 현저하게 증가시켰다. 또한 *in vitro*에서 ADP로 유도된 인간 혈소판 응집을 증가시켰다[28].

8. 기타

   열매는 또한 항산화[29]와 항돌연변이[30] 효과도 있었다. 나무껍질에는 항말라리아 특성도 있었다[31]. 또한 어린잎은 진정제 및 항경련 효과가 있었다[32].

용도

1. 설사, 이질, 소화불량
2. 낙상 및 찰과상, 발진, 외상성 출혈
3. 난치성 궤양

해설

구아바는 열대 아메리카가 원산으로 콩고, 브라질, 에콰도르와 같은 많은 열대 국가에서 약으로 사용되고 있으며, 다양한 약리학적 활성을 갖고 있다. 약학적 가치와 함께, 어린잎에서는 아로마 오일을 추출할 수 있다. 잎과 나무껍질은 염색이나 선탠의 재료로 사용될 수 있어서, 화학 산업에서의 중요한 원료이다. 열매에는 영양 성분이 풍부하기 때문에 천연 비타민 C의 원료로 사용될 수 있고, 건강관리 제품과 식품첨가물로 다양하게 가공될 수 있어서 개발 가능성이 크다.

참고문헌

1. H Arima, GI Danno. Isolation of anti–microbial compounds from guava (Psidium guajava L.) and their structural elucidation. Bioscience, Biotechnology, and Biochemistry. 2002, 66(8): 1727–1730
2. X Lozoya, M Meckes, M Abou–Zaid, J Tortoriello, C Nozzolillo, JT Arnason. Quercetin glycosides in Psidium guajava L. leaves and determination of a spasmolytic principle. Archives of Medical Research. 1994, 25(1): 11–15
3. T Zhang, QR Liang, H Qian, W Yuan, WR Yao. Extraction and identification of phenolic compounds in acetone extract from guava leaf. Journal of Food Science and Biotechnology. 2006, 25(3): 104–108
4. S Begum, SI Hassan, BS Siddiqui. Two new triterpenoids from the fresh leaves of Psidium guajava. Planta Medica. 2002, 68(12): 1149–1152
5. S Begum, BS Siddiqui, SI Hassan. Triterpenoids from Psidium guajava leaves. Natural Product Letters. 2002, 16(3): 173–177
6. S Begum, SI Hassan, BS Siddiqui, F Shaheen, GM Nabeel, AH Gilani. Triterpenoids from the leaves of Psidium guajava. Phytochemistry. 2002, 61(4): 399–403
7. S Begum, SI Hassan, SN Ali, N Syed, BS Siddiqui. Chemical constituents from the leaves of Psidium guajava. Natural Product Research. 2004, 18(2): 135–140
8. A Bhati. Terpene chemistry. Preliminary study of the new sesquiterpene isolated from the leaves of guava, Psidium guajava. Perfumery and Essential Oil Record. 1967, 58(10): 707–709
9. IA Ogunwande, NO Olawore, KA Adeleke, O Ekundayo, WA Koenig. Chemical composition of the leaf volatile oil of Psidium guajava L. growing in Nigeria. Flavour and Fragrance Journal. 2003, 18(2): 136–138
10. JA Pino, J Aguero, R Marbot, V Fuentes. Leaf oil of Psidium guajava L. from Cuba. Journal of Essential Oil Research. 2001, 13(1): 61–62
11. JL Li, FL Chen, JB Luo. GC–MS analysis of essential oil from the leaves of Psidium guajava. Journal of Chinese Medicinal Materials. 1999, 22(2): 78–80
12. JC Paniandy, J Chane–Ming, JC Pieribattesti. Chemical composition of the essential oil and headspace solid–phase microextraction of the guava fruit (Psidium guajava L.). Journal of Essential Oil Research. 2000, 12(2): 153–158
13. O Ekundayo, F Ajani, T Seppanen–Laakso, I Laakso. Volatile constituents of Psidium guajava L. (guava) fruits. Flavor and Fragrance Journal. 1991, 6(3): 233–236
14. L Oliveros–Belardo, RM Smith, JM Robinson, V Albano. A chemical study of the essential oil from the fruit peeling of Psidium guajava L. Philippine Journal of Science. 1986, 115(1): 1–21
15. JY Salib, HN Michael. Cytotoxic phenylethanol glycosides from Psidium guaijava seeds. Phytochemistry. 2004, 65(14): 2091–2093
16. T Tanaka, N Ishida, M Ishimatsu, G Nonaka, I Nishioka. Tannins and related compounds. CXVI. Six new complex tannins, guajavins, psidinins and psiguavin from the bark of Psidium guajava L. Chemical & Pharmaceutical Bulletin. 1992, 40(8): 2092–2098
17. LF Cai, Y Xu. In vitro anti–bacterial activity of the extract from Psidium Guaijava L. Herald of Medicine. 2005, 24(12): 1095–1097
18. GB Chen, BT Chen, SG Wang, WJ Zhang. An experimental study in vivo anti–rotavirus action of guava leaf. New Journal of Traditional Chinese Medicine. 2003, 35(12): 65–67
19. GB Chen, BT Chen. Experimental study on anti–rotavirus effect of extract of Psidiium guajava leaves in vitro. China Journal of

Traditional Chinese Medicine and Pharmacy. 2002, 17(8): 502–504

20. TK Ghosh, T Sen, A Das, AS Dutta, AK Nag Chaudhuri. Anti–diarrhoeal activity of the methanolic fraction of the extract of unripe fruits of Psidiun guajava Linn. Phytotherapy Research. 1993, 7(6): 431–433

21. TY Cheng, SH Zhu, XK Wei, J Chen. Preliminary studies on anti–diarrheic mechanism of Psidium guajava L. leaves. Animal Husbandry & Veterinary Medicine. 2005, 37(2): 13–15

22. TS Hussam, SH Nasralla, AKN Chaudhuri. Studies on the anti–inflammatory and related pharmacological activities of Psidium guajava: a preliminary report. Phytotherapy Research. 1995, 9(2): 118–122

23. ZY Liao, YS Li, JL Jiang. Protective effect of guava leaf extract on colonic tissues with ulcerative colonitis induced by trinitrobenzene sulfonic acid in rats. World Chinese Journal of Digestology. 2007, 15(1): 69–71

24. FA Santos, VSN Rao, ER Silveira. Investigations on the anti–nociceptive effect of Psidium guajava leaf essential oil and its major constituents. Phytotherapy Research. 1998, 12(1): 24–27

25. P Basnet, S Kadota, RR Pandey, T Takahashi, Y Kojima, M Shimizu,Y Takata, M Kobayashi, T Namba. Screening of traditional medicines for their hypoglycemic activity in streptozotocin (STZ)–induced diabetic rats and a detailed study on Psidium guajava. Wakan Iyakugaku Zasshi. 1995, 12(2): 109–117

26. J Manosroi, P Dhumtanom, A Manosroi. Anti–proliferative activity of essential oil extracted from Thai medicinal plants on KB and P388 cell lines. Cancer Letters. 2006, 235(1): 114–120

27. N Seo, T Ito, NL Wang, XS Yao, Y Tokura, F Furukawa, M Takigawa, S Kitanaka. Anti–allergic Psidium guajava extracts exert an anti–tumor effect by inhibition of T regulatory cells and resultant augmentation of Th1 cells. Anticancer Research. 2005, 25(6A): 3763–3770

28. P Jaiarj, Y Wongkrajang, S Thongpraditchote, P Peungvicha, N Bunyapraphatsara, N Opartkiattikul. Guava leaf extract and topical haemostasis. Phytotherapy Research. 2000, 14(5): 388–391

29. A Jimenez–Escrig, M Rincon, R Pulido, F Saura–Calixto. Guava fruit (Psidium guajava L.) as a new source of anti–oxidant dietary fiber. Journal of Agricultural and Food Chemistry. 2001, 49(11): 5489–5493

30. IS Grover, S Bala. Studies on anti–mutagenic effects of guava (Psidium guajava) in Salmonella typhimurium. Mutation Research. 1993, 300(1): 1–3

31. N Nundkumar, JAO Ojewole. Studies on the anti–plasmodial properties of some South African medicinal plants used as anti–malarial remedies in Zulu folk medicine. Methods and Findings in Experimental and Clinical Pharmacology 2002, 24(7): 397–401

32. HM Shaheen, BH Ali, AA Alqarawi, AK Bashir. Effect of Psidium guajava leaves on some aspects of the central nervous system in mice. Phytotherapy Research. 2000, 14(2): 107–111

사군자 使君子 CP, KHP

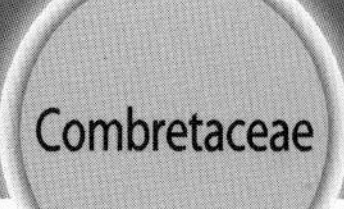

Quisqualis indica L.

Rangooncreeper

개 요

사군자과(Combretaceae)

사군자(使君子, *Quisqualis indica* L.)의 잘 익은 열매를 말린 것: 사군자(使君子)

중약명: 사군자(使君子)

사군자속(*Quisqualis*) 식물은 전 세계에 약 17종이 있으며, 남아시아와 아프리카의 열대 지역에 분포되어 있다. 중국에는 2종이 발견되고, 이 종만 약재로 사용된다. 이 종은 중국 서남부의 강서성, 복건성, 호남성, 광동성, 광서성, 홍콩 및 대만 등에 분포되어 있으며, 인도와 미얀마에서 필리핀까지 분포되어 있다.

사군자는 ≪개보본초(開寶本草)≫에서 약으로 처음 기술되었다. 대부분의 고대 한방의서에 기술되어 있으며, 약용 종은 고대부터 동일하게 남아 있다. 이 종은 중국약전(2015)에 한약재 사군자(Quisqualis Fructus)의 공식적인 기원식물 내원종으로서 등재되어 있다. ≪대한민국약전외한약(생약)규격집≫(제4개정판)에는 "사군자"를 "사군자(使君子) Quisqualis indica Linné (사군자과 Combretaceae)의 열매"로 등재하고 있다. 이 약재는 중국의 복건성, 강서성, 호남성, 광동성, 광서성, 사천성, 운남성, 귀주성 및 대만에서 주로 생산된다.

사군자에는 주로 아미노산과 지방산 성분이 함유되어 있다. 퀴스쿠알르산과 퀴스쿠알레이트 칼륨염은 살연충제(殺蠕蟲劑) 성분이다. 중국약전에는 의약 물질의 품질관리를 위해 관능검사법을 사용한다.

약리학적 연구에 따르면 사군자에는 구충 작용과 피부진균 억제 작용이 있음을 확인했다.

한의학에서 사군자는 살충소적(殺蟲消積), 건비(健脾)의 효능이 있다.

사군자 使君子 *Quisqualis indica* L.

사군자 使君子 CP, KHP

사군자 使君子 Quisqualis Fructus

함유성분

씨에는 아미노산과 그 염 성분으로 quisqualic acid, potassium quisqualate[1], arginine, γaminobutyric acid[2]가 함유되어 있고, 지방산 성분으로 myristic acid, palmitic acid[3], 트리테르페노이드 성분으로 betulinic acid, 스테로이드 성분으로 clerosterol, 3−O−[6'−O−(8Z−octadecenoyl)−β−D−glucopyranosyl]−clerosterol[4]이 함유되어 있다.
열매에는 지방산 성분으로 linoleic acid, palmitic acid, oleic acid, stearic acid, arachidic acid[5], 가수분해성 탄닌 성분으로 quisqualins A, BV, pedunculagin[6], 알칼로이드 성분으로 trigonelline[7]이 함유되어 있다.
꽃과 잎에는 플라보노이드 성분으로 pelargonidin−3−glucoside, rutin[8]이 함유되어 있다.

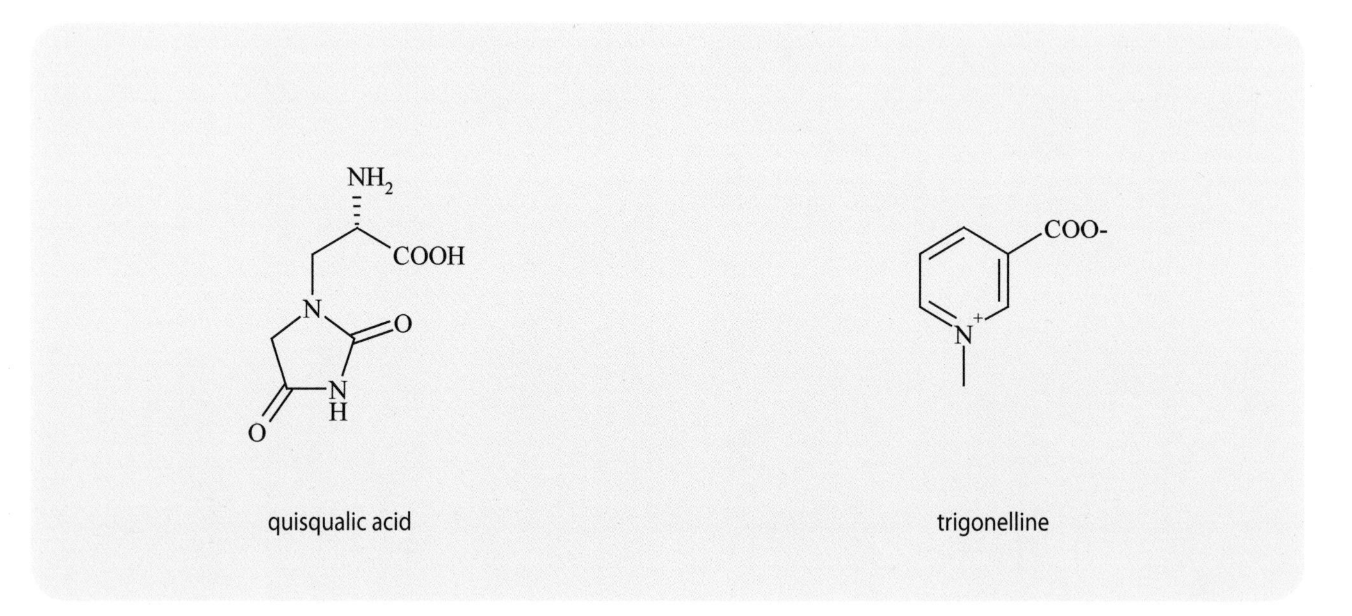

약리작용

1. 살충 작용
   핵을 경구 투여하면 사람에서 살충 효과를 나타냈다[9]. 퀴스쿠알레이트 칼륨염[10]과 퀴스쿠알르산[11]은 주요 활성 성분이었다. 퀴스쿠알레이트 칼륨염의 구충 활성은 산토닌의 효과와 동일했다[10]. *In vitro*에서 열매의 에탄올 추출물은 또한 단방조충 원두절에 치명적인 영향을 나타냈다[12].

2. 항균 작용
   *In vitro*에서 열매의 물 추출물은 황선균, 와상백선균, 아코리온 숀레이니, 미크로스포룸 오두앵, 미크로스포럼 페루기눔, 표피사상균, 노카르디아 아스테로이디즈 등과 같은 피부사상균을 다양한 정도로 억제했다. 잎의 에탄올, 석유 에테르 및 물 추출물에는 항균 활동이 있었다[13].
3. 중추신경계에 미치는 영향
   스텝다운 시험과 플랫폼 스프링 테스트에서, 퀴스쿠알르산을 마우스의 대뇌에 주사하면 학습과 기억이 부진했다. 또한 광전관 시험에서 마우스의 자발적 활동을 유의미하게 증가시켰다. 동일한 경로로 마취된 랫드에게 주면, 고혈압 랫드의 경우 동맥 혈압을 정상으로 되돌렸다[14]. 흥분성 아미노산으로서, 퀴즈쿠알르산은 경련을 유발했고 중추신경계에 신경독성 효과를 나타냈다[15].
4. 기타
   *In vitro*에서 열매의 석유 에테르 추출물은 인간 뇌종양 U251 세포에 세포독성 효과를 나타냈다[13].

용도

1. 기생충 감염, 복통
2. 피로감, 설사, 이질
3. 곰팡이 감염, 트리코모나스질염

해설

사군자의 잎과 뿌리 또한 약재로 사용된다. 이기건비(理氣健脾), 살충해독(殺蟲解毒), 강역지해(降逆止咳)의 효능이 있어서, 복부 비대, 유아 영양실조, 기생충 감염, 궤양 등에 효과가 있다. 잎과 뿌리의 효능은 열매의 효능과 비슷하다.
사군자는 고대부터 세계적으로 유명한 구충제로, 적어도 1600년 동안 유아의 질병을 치료하는 데 사용되었다[16]. 퀴즈쿠알르산과 퀴스쿠알레이트 칼륨염은 주요 유효 성분이다. 1970년대부터, 흥분성 아미노산과 글루탐산 수용체로서, 퀴즈쿠알르산은 중추신경계에 미치는 영향과 함께 약리학과 신경학 연구자들 사이에서 집중적인 관심을 불러일으켰다.
열매의 핵에는 지방유가 풍부하며, 지방산의 주요 성분은 올레산, 리놀레산, 팰미트산이다. 지방산은 대부분 불포화지방산[17]이고, 주요 불포화지방산은 팔미트산이다. 핵에 들어 있는 지방유는 양질의 식물성 기름으로, 이 약용 식물 자원은 추가적인 개발과 활용 가치가 있다.

참고문헌

1. RW Zhang, BQ Guan. Chemical constituents of Quisqualis indica L. Chinese Traditional and Herbal Drugs. 1981, 12(7): 40
2. T Takemoto, N Takagi, T Nakajima, K Koike. Constituents of Quisqualis Fructus. I. Amino acids. Yakugaku Zasshi. 1975, 95(2): 176–179
3. LJ Wang, ZD Chen. Studies on chemical compositions of fatty oil in Fructus Quisqualis by supercritical fluid extraction and gravimetric and GCMS analysis. China Pharmacy. 2004, 15(4) : 212–213
4. HC Kwon, YD Min, KR Kim, EJ Bang, CS Lee, KR Lee. A new acylglycosyl sterol from Quisqualis fructus. Archives of Pharmacal Research. 2003, 26(4): 275–278
5. CF Hsu, PH King. Chemical study of the seed of Quisqualis indica (shiu–chun–tzu). I. Composition of the crude oil. Journal of Chinese Pharmacology Association. 1940, 2: 132–156
6. TC Lin, YT Ma, J Wu, FL Hsu. Tannins and related compounds from Quisqualis indica. Journal of the Chinese Chemical Society. 1997, 44(2): 151–155
7. SY Iang, SJ Tian. IE–HPLC analysis of trigonelline in Fructus Quisqualis. China Journal of Chinese Materia Medica. 2004, 29(2): 135–137, 187
8. GA Nair, CP Joshua, AG Nair. Flavonoids of the leaves and flowers of Quisqualis indica Linn. Indian Journal of Chemistry. 1979,

18B(3): 291–292

9. JZ Hu, MF Jiang. Observation on therapeutic effect of Fructus Quisqualis and Semen Torreyae treating intestinal ascariasis. Journal of Pathogen Biology. 2006, 1(4): 268
10. YC Tuan, CH Li, TC Chen. Preliminary study of anthelmintic action of potassium quisqualate. Acta Pharmaceutica Sinica. 1957, 5(2): 87–91
11. PC Pan, SD Fang, CC Tsai. The chemical constituents of Shihchuntze, Quisqualis indica L. II. Structure of quisqualic acid. Scientia Sinica. 1976, 19(5): 691–701
12. JF Kang, HX Xue, WG Yang, XM Ma, ZD Yao, PF Zou. In vitro cidal effect of 10 Chinese traditional herbs against Echinococcus granulosus protoscolices. Endemic Diseases Bulletin. 1994, 9(3): 22–24
13. SH Tadros, HH Eid, CG Michel, AA Sleem. Phytochemical and biological study of Quisqualis indica L. grown in Egypt. Egyptian Journal of Biomedical Sciences. 2004, 15: 414–434
14. CC Sun, SS Zhang. Comparison of central effects produced by intracerebral injection of glutamic acid, quisqualic acid, and kainic acid. Acta Pharmacologica Sinica. 1991, 12(3): 239–241
15. LH Zhang, SS Zhang. Study progress on quisqualic acid and its receptor. Chinese Pharmacological Bulletin. 1994, 10(1): 16–18
16. ZJ Zhou. Quisqualils indica, the flower as well as the medicine. Plant Journal. 2000, 2: 28
17. X Xiao, CX Xia, DW Yan, MH Qiu, ZR Li. Analysis of the chemical constituents of Fructus Quisqualis kernel oil from Yunnan by GC–MS. Natural Product Research and Development. 2006, 18: 72–74

사군자의 재배 모습

자주방아풀 溪黃草

Lamiaceae

Rabdosia serra (Maxim.) Hara

Linearstripe Isodon

개 요

꿀풀과(Lamiaceae)

자주방아풀(溪黃草, *Rabdosia serra* (Maxim.) Hara)의 전초를 말린 것: 계황초(溪黃草)

중약명: 계황초(溪黃草)

산박하속(*Rabdosia*) 식물은 전 세계에 약 150종이 있으며, 남부 아프리카 원산으로, 아시아의 열대 및 아열대 지역에 분포한다. 중국에는 90종과 21변종이 발견되며, 약 24종이 약재로 사용된다. 자주방아풀속의 대부분의 종들은 중국 서남부에서 발견된다. 이 종은 중국 동북부, 서남부 및 동부와 중국 북부와 북서부 일부 지방에 분포한다.

자주방아풀은 민속약으로 주로 길림성, 요녕성, 산서성, 하남성, 섬서성, 감숙성, 사천성 및 귀주성에서 생산된다.

자주방아풀에는 주로 디테르페노이드 성분이 함유되어 있다.

약리학적 연구에 따르면 자주방아풀에는 항종양, 항염, 간 보호, 면역억제 및 항균 작용이 있음을 확인했다.

민간 의학에 따르면 계황초는 청열해독(淸熱解毒), 이습퇴황(利濕退黃), 산혈소종(散血消腫)의 효능이 있다.

자주방아풀 溪黃草 *Rabdosia serra* (Maxim.) Hara

계황초 溪黃草 Rabdosiae Serrae Herba

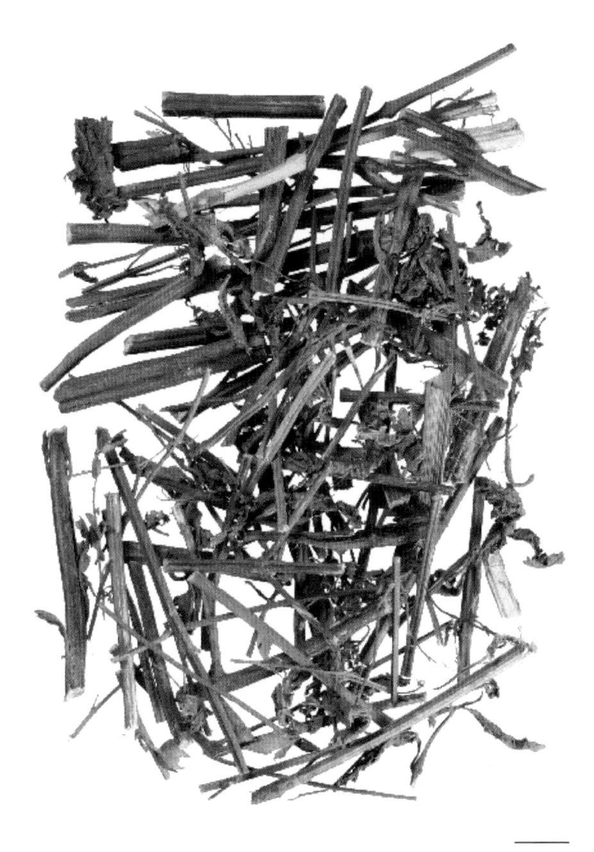

함유성분

잎과 줄기에는 항암 디테르페노이드 성분으로 rabdoserrins A, B, D[2], excisanin A, kamebakaurin[3], 16-hydroxyhorminone, 16-acetoxyhorminone, 16-acetoxy-7-O-acetylhorminone[4], horminone, ferruginol[5], 16-acetoxy-7α- ethoxyroyleanone[6], isodocarpin, nodosin, lasiodin, oridonin[7], lasiokaurinol, lasiokaurinin[8], enmein[9]이 함유되어 있고, 트리테르페노이드 성분으로 2α-hydroxyl-ursolic acid[10], 스테로이드 성분으로 stigmasterol, 24-methylcholesterol, 3-sitosterol[11], 정유 성분으로 iso-sylvestrene, 1,8-cineole, α-terpinene, cumin aldehyde, α-humulene, 2E,6E-farnesol[12]이 함유되어 있다.

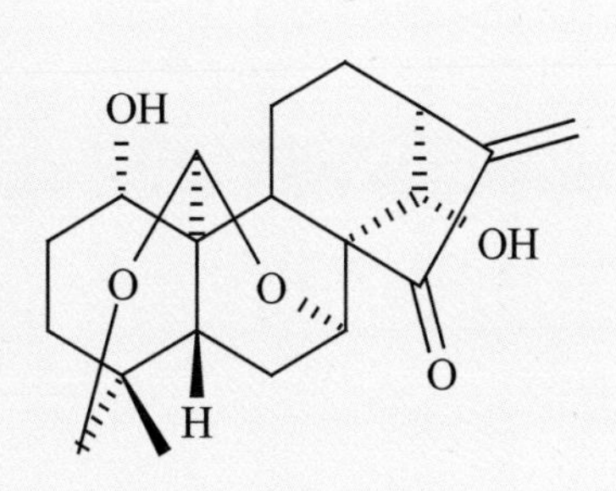

rabdoserrin A

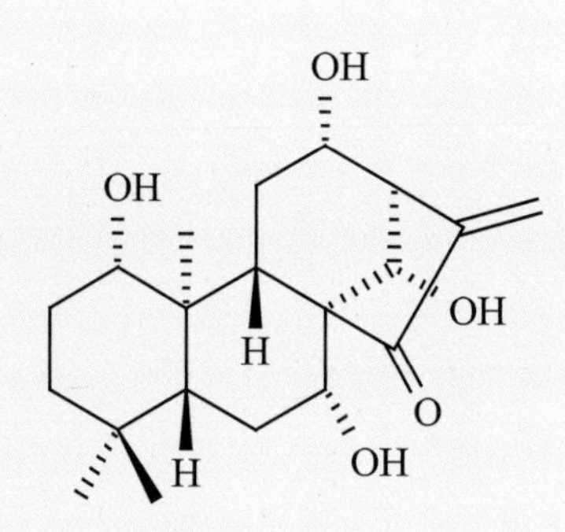

excisanin A

약리작용

1. 항종양
   라브도세린 A, B, D, 엑시사닌 A 및 카메바카우린은 항경련 활성이 있으며, 인간 자궁암 HLa 세포에 대하여 상당한 억제 및 세포독성 효과를 나타냈다[2-3]. 전초를 복강 내 투여하면 마우스에 이식된 간암 H22 세포를 유의하게 억제했다[13].
2. 항염 작용
   전초의 물 추출물을 경구 투여하면 랫드에서 디메틸벤젠으로 유도된 귀의 부기(浮氣)가 억제되었고, 마우스에서 아세트산으로 유도된 경피 모세관 투과성이 증가하여 항염 효과를 나타냈다[14].
3. 간 보호
   전초의 물 추출물을 경구 투여하면 CCl_4에 의해 유발된 급성 간 손상 마우스에서 혈청 글루탐산 피루브산 아미노기전달효소(GPT)의 증가 수준을 크게 감소시켰다[14]. 전초의 추출물을 경구 투여하면 마우스의 CCl_4로 유도된 급성 간 손상과 랫드의 α-나프틸리소티오시아네이트(ANIT)로 유도된 황달을 억제했다. 간세포 부기(浮氣), 지방 변성, 괴사, 염증 침투를 현저하게 감소시켰다[15].
4. 면역억제
   전초의 디테르페노이드, 특히 엔메인은 마우스 T-림프계의 확산을 효과적으로 억제했다[9, 16].
5. 항균 작용
   노도신, 라시오딘 및 오리도닌 같은 디테르페노이드 성분은 *in vitro*에서 황색포도상구균을 현저하게 억제했다[17].

용도

1. 간염, 황달, 척수염
2. 설사, 이질
3. 상처, 부기(浮氣), 낙상 및 찰과상

해설

자주방아풀 외에도, *Rabdosia lophanthoides* (Buch. −Ham. ex D. Don) Hara와 *R. inflexus* (Thunb.) Kudo와 같은 종도 계황초로 사용된다[17]. 계황초는 간 보호를 위한 좋은 약재일 뿐만 아니라 청열해독(清熱解毒), 거습(祛濕)의 효능이 있어서 더위를 해소하는 데 다른 어떤 차보다 뛰어난 허브차여서, 개발과 활용가치가 있다.

참고문헌

1. SX Xiao, YY Zhang, LS Ma. A Study on quality standard of Rabdosia lophanthoides (Buch.−Ham. ex D. Don Hara). China Journal of Chinese Materia Medica. 2000, 25(2): 77−79
2. XH Ju, YF Zhai, JK Zhai, WT Yu. Electronic structures of three anti−cancerous activities compounds in rabdoserin. Journal of Zhengzhou University. 1997, 29(3): 80−86
3. RL Jin, PY Cheng, GY Xu. The structure of rabdoserrin A, isolated from Rabdosia serra (Maxim) Hara. Acta Pharmaceutica Sinica. 1985, 20(5): 366−371
4. X Chen, RN Liao, QL Xie. Abietane diterpenes from Rabdosia serra (maxim) hara. Journal of Chemical Research. 2001, 4: 148−149
5. X Chen, RA Liao, QL Xie, FJ Deng. Study on the chemical constituents of Rabdosia serra. Chinese Traditional and Herbal Drugs. 2000, 31(3): 171−172
6. X Chen, FJ Deng, A Ren, QL Xie, XH Xu. Abietane quinones from Rabdosia serra. Chinese Chemical Letters. 2000, 11(3): 229−230
7. GY Li, WZ Song, QY Ji. Studies on the diterpenoids of Rabdosia lasiocarpa. Bulletin of Chinese Materia Medica. 1984, 9(5): 29−30
8. E Fujita, M Taoka, T Fujita. Terpenoids. XXVI. Structures of lasiokaurinol and lasiokaurinin, two novel diterpenoids of Isodon lasiocarpus. Chemical & Pharmaceutical Bulletin. 1974, 22(2): 280−285
9. Y Zhang, JW Liu, W Jia, AH Zhao, T Li. Distinct immunosuppressive effect by Isodon serra extracts. International Immunopharmacology. 2005, 5(13−14): 1957−1965
10. JF Wu, B Liu, CC Zhu, XP Lai. Determination of 2α−hydroxy−ursolic acid from Herba Rabdosiae Serrae in various collecting periods. Chinese Traditional and Herbal Drugs. 2004, 35(1): 81−83
11. YH Meng, QY Deng, G Xu. Chemical constituents of Chinese herb Rabdosia serra (maxim.) Hara (II). Natural Product Research and Development. 2000, 12(3): 27−29
12. H Huang, J Hou, CL He, GL Zou. Study on chemical components of essential oil from Rabdosia serra (Maxim.) Hara by GC−MS. Chinese Journal of Pharmaceutical Analysis. 2006, 26(12): 1888−1890
13. WF Zhang. Experimental study on inhibitory effect of Chinese herb Rabdosia serra to H22 hepatocellular carcinoma−bearing mice. Acta Chinese Medicine and Pharmacology. 2000, 28(6): 58
14. XZ Liao, HF Liao, MR Ye, GY Huang, LL Zhou, XP Lai. Effects of the water soluble extracts of Isodon lophanthoides, I. lophanthoides var. gerardianus and I. serra on anti−inflammation and liver−protection in mice. Journal of Chinese Medicinal Materials. 1996, 19(7): 363−365
15. J Han, ZY Zhong, HQ Lin, Q Han, QH Wu. Protective effects of extract of xihuangcao tea on chemical hepatic injury model. Chinese Drug Research & Clinical Pharmacology. 2005, 16(6): 414−417
16. AH Zhao, Y Zhang, ZH Xu, JW Liu, W Jia. Immunosuppressive ent−kaurene diterpenoids from Isodon serra. Helvetica Chimica Acta. 2004, 87(12): 3160−3166
17. SX Xiao, QC Yang, H Lü. Botanical origins of xihuangcao and identification of its adulterants. Journal of Chinese Medicinal Materials. 1993, 16(6): 24−26

Ranunculaceae

모간 毛茛

Ranunculus japonicus Thunb.

Japanese Buttercup

개 요

미나리아재비과(Ranunculaceae)

미나리아재비(毛茛, *Ranunculus japonicus* Thunb.)의 뿌리가 달린 전초의 신선한 것 또는 말린 것: 모간(毛茛)

중약명: 모간(毛茛)

미나리아재비속(*Ranunculus*) 식물은 전 세계에 약 400종이 있으며, 온대와 한대 지역에 분포하고, 아시아와 유럽에 그 양이 많다. 중국에는 약 78종과 9변종이 발견되며, 이 속에서 약 9종이 약재로 사용된다. 이 종은 티베트를 제외한 중국 전역에 분포한다. 일본, 한반도와 러시아의 극동 지역에도 분포한다.

"모간"은 ≪본초습유(本草拾遺)≫에서 약으로 처음 기술되었다. 대부분의 고대 한방의서에 기술되어 있으며, 약용 종은 고대부터 동일하게 남아 있다. 의약 재료는 티베트를 제외하고 중국 전역에서 생산된다.

모간의 주요 활성 성분은 프로토아네모닌과 아네모닌이다. 또한 쿠마린과 플라보노이드 성분도 함유되어 있다.

약리학적 연구에 따르면 미나리아재비에는 평활근을 이완시키고, 항병원성 및 항종양 작용이 있음을 확인했다.

한의학에서 모간(毛茛)은 퇴황(退黃), 정천(定喘), 절학(截瘧), 진통(鎭痛), 치예(治翳) 등의 효능이 있다.

모간 毛茛 *Ranunculus japonicus* Thunb.

함유성분

전초에는 프로토아네모닌과 그 이량체인 아네모닌이 함유되어 있다. 비자극성 물질인 아네모닌은 건조 과정 중에서 프로토아네모닌으로부터 이량체와 반응을 거쳐서 생기는 것으로 보인다[1]. 또한 쿠마린 성분으로 scoparone, scopoletin, 플라보노이드 성분으로 tricin, luteolin, 5−hydroxy−6,7−dimethoxyflavone, 5−hydroxy−7,8−dimethoxyflavone, 또한 protocatechuic acid, ternatolide[2]가 함유되어 있다.

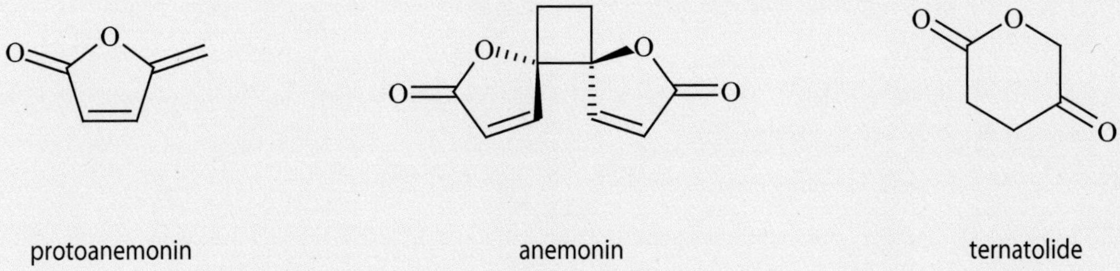

protoanemonin　　anemonin　　ternatolide

약리작용

1. 무통증
   약재의 추출물을 주사하면 마우스에서 아세트산으로 유도된 뒤틀림 반응을 억제했고, 열판 시험에서 통증 한계치를 높였다[3].
2. 항염 작용
   약재의 추출물을 주사하면 랫드에서 카라기닌으로 유도된 뒷발 부종이 억제되었고, 마우스에서 디메틸벤젠으로 유도된 귀의 부기(浮氣)를 억제했다. 또한 아세트산으로 유도한 랫드의 육아종과 마우스의 모세혈관 투과성 증가를 억제했다[3].
3. 근육 이완
   약재의 추출물은 적출된 자궁의 평활근에서 옥시토신의 배설 효과를 억제했고, 수축성 진폭과 빈도를 줄였다. 프로파놀은 이러한 완화 효과를 완전히 차단하는 데 실패했으며, 이는 그 효과가 β2 수용체와 유의한 관련이 없음을 나타낸다[4]. 또한 약재의 알코올 추출물은 기관지, 회장(回腸), 자궁의 평활근, 방광의 배뇨근 및 혈관 평활근의 수축에 길항했다. 약재의 알코올 추출물이 함유된 혈청은 노르에피네프린에 의해 유도된 토끼의 대동맥 평활근 세포에서 자유 Ca^{2+}의 농도를 감소시켰다[5].
4. 기타
   *In vitro*에서 프로토아네모닌과 아네모닌은 상당한 항균, 항바이러스 디프테리아 독성 불활화 효과를 나타냈다. 또한 정상 세포와 종양 세포에서 세포변성 효과를 나타냈다[6].

용도

1. 간염, 황달, 간암
2. 천식, 기관지염, 폐암
3. 말라리아
4. 류머티즘
5. 각막백탁(角膜白濁)

해설

미나리아재비는 항염, 진통 및 항암 작용을 한다. 그러나 활성 성분인 프로토아네모닌은 독성이 강하기 때문에 일반적으로 외과적으로만 사용되고 내복용으로는 사용하지 않는다.
프로토아네모닌은 귀뚜라미, 메뚜기, 거염벌레 등에 살충 효과가 있고, *Curvularia lunate*, *Xanthomonas oryzae* 및 *Gibberella zeae*의 균사 확장을 억제하므로 천연 살충제로 개발 될 수 있다[7-8].

참고문헌

1. Y Zhou, SX Hu, SQ Hu, GY Liang. Study on preparation of anemonin from Ranunculus japonicus Thunb. Journal of Chinese Medicinal Materials. 2004, 27(10): 762-764
2. W Zheng, CX Zhou, SL Zhang, LJ Weng, Y Zhao. Studies on the chemical constituents in herb of Ranunculus japonicus. China Journal of Chinese Materia Medica. 2006, 31(11): 892-894
3. BJ Cao, QY Meng, N Ji. Analgesic and anti-inflammatory effects of Ranunculus japonicus extract. Planta Medica. 1992, 58(6): 496-498
4. S Cai, YZ Tan, SF Li, XK Li. Effects of Ranunculus japonicus Thunb extractant on uterine smooth muscle and its mechanism. Academic Journal of Guangdong College of Pharmacy. 2004, 20(1): 37-39
5. S Cai, XK Li. The effect of the extract from Ranunculus japonicus on $[Ca^{2+}]_i$ inside rabbit VSMC by serologic pharmacological test. Journal of Chinese Medicinal Materials. 2004, 27(10): 741-744
6. A Toshkov, V Ivanov, V Sobeva, T Gancheva, S Rangelova, V Toneva. Anti-bacterial, anti-viral, anti-toxic, and cytopathogenic properties of protoanemonin and anemonin. Antibiotiki. 1961, 6: 918-924
7. PH Wen, ZX Li, LF Zhao, XL Zhang. Research for insecticidal plants from Qinling Mountain in China. Journal of Baoji University of Arts and Sciences (Natural Science). 2001, 21(2): 115-117
8. GQ Wu, C Zhang, YH Wu. Studies on the extracts of three Ranunculaceae species and protoanemonin for bioassays. Journal of Anhui Agricultural College. 1989, 16(1): 21-31

개구리갓 小毛茛 CP

Ranunculaceae

Ranunculus ternatus Thunb.

Catclaw Buttercup

개 요

미나리아재비과(Ranunculaceae)

개구리갓(小毛茛, *Ranunculus ternatus* Thunb.)의 덩이뿌리를 말린 것: 묘조초(猫爪草)

중약명: 소모간(小毛茛)

미나리아재비속(*Ranunculus*) 식물은 전 세계에 약 400종이 있으며, 온대와 한대 지역에 걸쳐 널리 분포하고, 아시아와 유럽에 그 양이 많다. 중국에는 약 78종과 9변종이 발견되며, 이 속에서 약 9종이 약재로 사용된다. 이 종은 중국의 광서성, 강소성, 절강성, 강서성, 호남성, 안휘성, 호북성, 하남성 및 대만에 분포한다. 일본에도 분포한다.

개구리갓은 전통적으로 중국 중부의 묘조초(猫爪草)로 알려져 있다. 민간요법에서 결핵성 림프절염 치료에 오랫동안 사용되어 왔다. 이 종은 한약재 묘조초(Ranunculi Ternati Radix)의 공식적인 기원식물 내원종으로서 중국약전(2015)에 등재되어 있다. 약재는 주로 중국의 하남성 신양(新陽)과 주마점(駐馬店)에서 생산된다.

개구리갓의 주요 활성 성분은 락톤이다. 중국 약전은 의약 물질의 품질관리를 위해 관능검사와 현미경 감별법을 사용한다.

약리학적 연구에 따르면 개구리갓에는 결핵균을 억제하고, 항종양 작용이 있음을 확인했다.

한의학에서 묘조초는 청열해독(清熱解毒), 소종산결(消腫散結)의 효능이 있다.

개구리갓 小毛茛 *Ranunculus ternatus* Thunb.

묘조초 猫爪草 Ranunculi Ternati Radix

함유성분

덩이뿌리에는 주로 락톤 성분으로 γ−keto−δ−valerolactone[1], ternatolide A[2]가 함유되어 있고, 배당체 성분으로 ternatoside A, ternatoside B[3], 4−O−D−glucopyranosyl−p−coumaric acid, linocaffein[4], 플라보노이드 성분으로 sternbin[4], 스테로이드 성분으로 vittadinoside[5], campesterol[6], 또한 uridine, 3,4−dihydroxybenzaldehyde[1], 5−hydroxymethyl furaldehyde, 5−hydroxymethyl furoic acid[5], methylparaben[3]이 함유되어 있다.
전초에는 protoanemonin이 함유되어 있다.

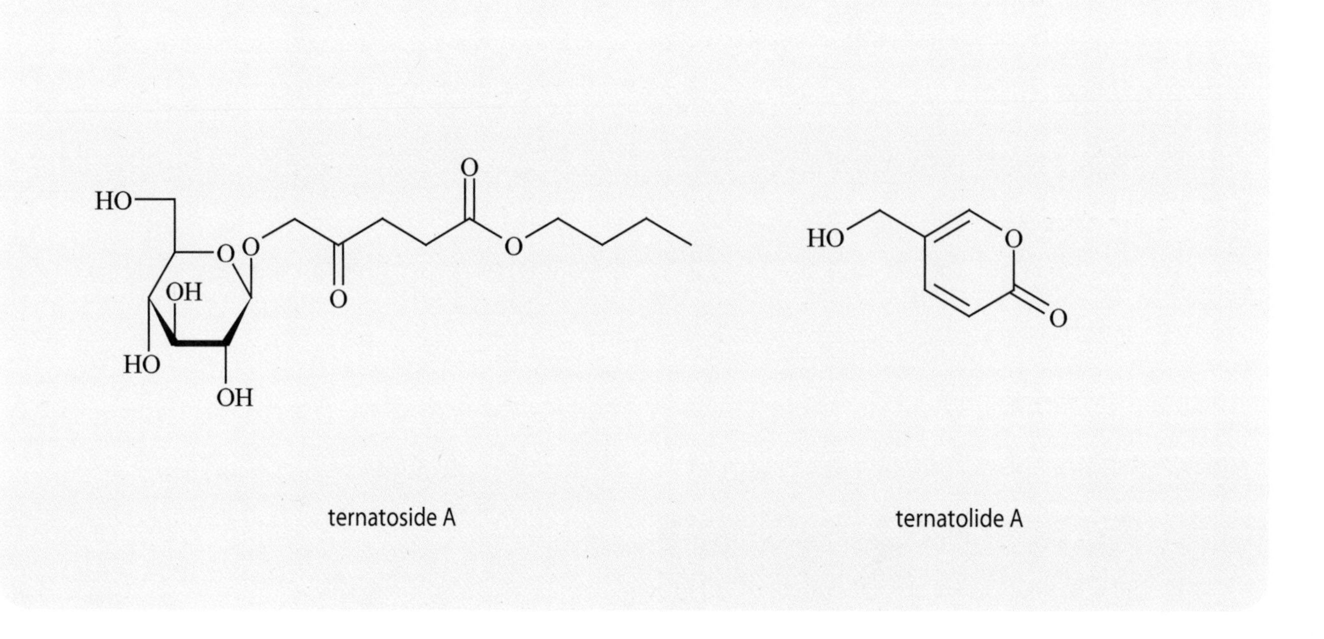

ternatoside A   ternatolide A

약리작용

1. 항균 작용
   덩이뿌리는 결핵균에 우수한 억제 효과를 보였다. 활성 성분인 γ-케토-δ-발레로락톤은 휴면 간균을 활성화시켰고, 세포독성 림프구 세포의 살상력을 증가시켜 휴면 결핵균의 작은 열충격 단백질 16kDa SHSP의 발현을 감소시킴으로써 항약물 내성 효과를 나타냈다[7].
2. 항종양
   *In vitro*에서 덩이뿌리의 사포닌과 다당류는 배양된 육종 S180 세포, 에를리히 복수 종양 EAC 세포, 인간 유방암 MCF-7 세포의 성장과 콜로니 형성을 다양한 정도로 억제했다[8]. 덩이뿌리의 클로로포름, 에틸아세테이트 및 n-부틸 알코올 추출물을 경구 투여하면 마우스에서 이식된 간암 H22세포의 성장에 대해 일정한 억제 효과를 나타냈다[9]. *In vitro*에서 다당류는 인간 전골수구백혈병 HL-60 세포에 대한 면역 세포의 억제 효과를 증진시켰다[10].
3. 기타
   덩이뿌리는 동물의 중추신경계, 심장, 호흡기 계통 및 장벽을 다양한 정도로 억제했다. 또한 혈압을 낮추는 데 일시적인 효과가 있었다. 덩이뿌리의 물 추출물은 종양 보유 마우스에서 비장과 흉선 지수를 증가시켰으며 어느 정도의 면역증강 효과를 나타냈다[9].

용도

1. 간염, 황달, 간암
2. 천식, 기관지염, 폐암
3. 말라리아
4. 류마티즘
5. 각막백탁(角膜白濁)

해설

상업용 약재인 묘조초는 개구리갓의 덩이뿌리이다. 중국 안휘성의 일부 지역에서 *R. polii* Franch의 뿌리를 수집하여 묘조초로 사용한다. 약리학적 실험에서 *R. polii*와 *R. ternatus*가 유사한 항균 효과가 있음을 나타냈다.

개구리갓이 자라는 지역에서는 *R. ternatus* var. *duplex* Makino et Nemoto가 소량 분포되어 있으며, 그 다핵 덩이뿌리 또한 *R. ternatus*와 함께 수확된다. 각각의 기능에 대한 비교 연구가 필요하다.

참고문헌

1. XY Hu, DQ Dou, YP Pei, WW Fu. Chemical constituents of roots of Ranunculus ternatus Thunb. Journal of Chinese Pharmaceutical Sciences. 2006, 15(2): 127–129
2. BL Chen, YY Hang, BE Chen. Research progress on the root tuber of medicinal plant Ranunculus ternatus. Chinese Wild Plant Resources. 2002, 21(4): 7–9
3. JK Tian, F Sun, YY Cheng. Chemical constituents from the roots of Ranunculus ternatus. Journal of Asian Natural Products Research. 2005, 8(1–2): 35–39
4. XG Zhang, JK Tian. Studies on chemical constituents of Ranunculus ternatus (III). Chinese Pharmaceutical Journal. 2006, 41(19): 1460–1461
5. Y Chen, JK Tian, YY Cheng. Studies on chemical constituents of Ranunculus ternatus (II). Chinese Pharmaceutical Journal. 2005, 40(18): 1373–1375
6. JK Tian, LM Wu, AW Wang, HM Liu, H Geng, M Wang, LQ Deng. Studies on chemical constituents of Ranunculus ternatus. Chinese Pharmaceutical Journal. 2004, 39(9): 661–662
7. L Zhan, HC Dai, ZP Yang, ZW Yi, SM Cheng. Study on the effect of ternatolide on expression of peripheral blood lymphocytes SHSP and GLS in tuberculosis drug resistance patients. China Journal of Chinese Materia Medica. 2002, 27(9): 677–679
8. AW Wang, M Wang, JR Yuan, JK Tian, LM Wu, H Geng. The study on anti–tumor effects in vitro of different extracts in Radix Ranunculus Ternati. Natural Product Research and Development. 2004, 16(6): 529–531
9. AW Wang, H Yuan, PY Sun, JR Yuan, H Geng. Anti–tumor effect of different extracts from Radix Ranunculus Ternati in H22 hepatoma mice. Chinese Journal of New Drugs. 2006, 15(12): 971–974
10. Y Chen, L Dai, YS Shen. Purification and properties of a polysaccharide RTG–III from Ranunculus ternatus. Chinese Pharmaceutical Journal. 2004, 39(5): 339–342
11. SC Quan, HC Zheng, JH Hu, ZZ Wang. Identification of commercial products and investigation on resources of Chinese medicinal maozhaocao. China Journal of Chinese Materia Medica. 1997, 22(7): 390–392

양척촉 羊躑躅 CP

Rhododendron molle G. Don

Chinese Azalea

개 요

진달래과(Ericaceae)

양척촉(羊躑躅, *Rhododendron molle* G. Don)의 꽃을 말린 것: 요양화(鬧羊花)

중약명: 요양화(鬧羊花)

진달래속(*Rhododendron*) 식물은 전 세계에 약 960종이 있으며, 유럽, 아시아 및 북아메리카에 걸쳐 널리 분포하고, 이 속의 두 주요 분포 중심을 이루는 아시아의 동부와 동남부에서 주로 생산된다. 북극과 오세아니아에는 소수의 종들이 분포한다. 중국에는 약 542종이 발견되며, 이 속에서 약 18종이 약재로 사용된다. 이 종은 주로 중국의 남부, 동부, 중부 및 남서부에 분포한다.

"양척촉"은 ≪신농본초경(神農本草經)≫에서 하품 약으로 처음 기술되었다. 대부분의 고대 한방의서에 기술되어 있으며, 약용 종은 고대부터 동일하게 남아 있다. 이 종은 중국약전(2015)에 한약재 요양화(Rhododendri Mollis Flos)의 공식적인 기원식물 내원종으로서 등재되어 있다. 의약 재료는 주로 중국의 강소성, 절강성, 하남성, 호남성 및 호북성에서 생산된다.

꽃에는 주로 디테르페노이드와 디하이드로칼콘 성분이 함유되어 있다. 중국약전은 의약 물질의 품질관리를 위해 박층크로마토그래피법을 사용한다.

약리학적 연구에 따르면 양척촉 꽃에는 진통, 항부정맥, 혈압강하 및 항균 작용이 있음을 확인했다.

한의학에서 양척촉은 거풍제습(祛風除濕), 정통(定痛), 살충(殺蟲) 등의 효능이 있다.

양척촉 羊躑躅 *Rhododendron molle* G. Don

요양화 鬧羊花 Rhododendri Mollis Flos

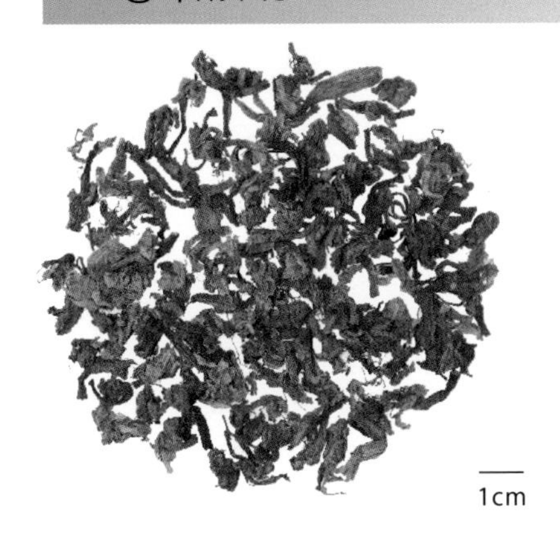

함유성분

꽃에는 디테르페노이드 성분으로 grayanotoxins I, II, III, rhodomolleins I, III[1], IX, X, XI, XII, XIII, XIV[2], XVI, XVIII[1], XIX[2], rhodomolins A, B, C[1], rhodojaponins II, III, VI, kalmanol[2], azadirachtin[3]이 함유되어 있다.
꽃봉오리에는 이수화찰콘 성분으로 4'-methoxyphlorhizin, phloretin, 4'-methoxyphloretin, phloretin-4'-O-glucoside[4]가 함유되어 있다.
열매에는 디테르페노이드 성분으로 rhodomolleins XV, XVI, XVII, XVIII[5], XIX, XX[6], rhodojaponins III, VI, kalmanol[5]이 함유되어 있다.
뿌리에는 디테르페노이드 성분으로 rhodomosides A, B[7]가 함유되어 있다.

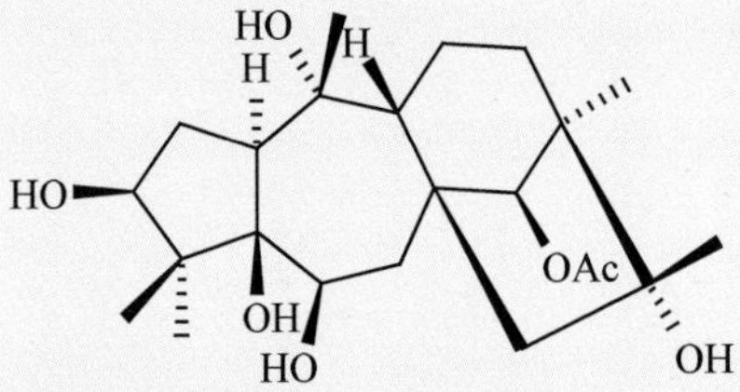

grayanotoxin I

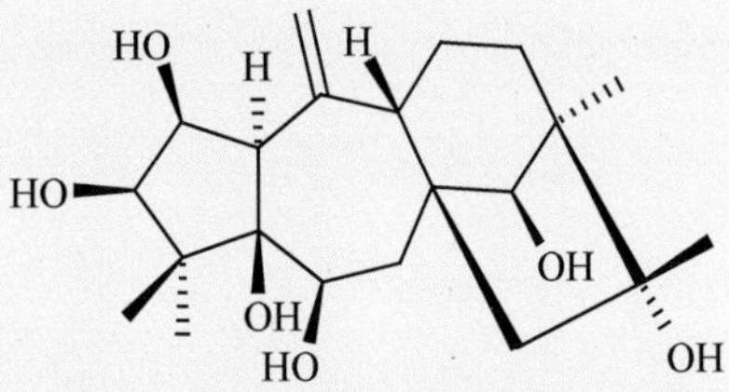

rhodomollein I

약리작용

1. 진통 작용
   뿌리의 에틸아세테이트 추출물을 경구 투여하면 마우스의 열판 시험에서 유도된 통증에 대한 강력한 억제 효과를 나타냈다[8].
2. 항부정맥
   꽃의 알코올 추출물을 정맥 내 투여하면 랫드에서 $BaCl_2$로 유발된 부정맥에 길항했다[9]. 로도자포닌 III는 적출된 기니피그 심장근육의 세포 내 Na^+ 흐름을 유의하게 길항했다[6].
3. 항사구체 신염
   만성 사구체 신염을 가진 랫드에서 뿌리의 탕액을 경구 투여하면 핵 인자 κB(NF-κB)의 활성화 및 발현을 억제함으로써 신장 기능을 개선시키고 병변 발생을 지연시켰다[10]. 또한 토끼에서 순환 면역 복합체에 의해 유도된 인간과 유사한 만성 경화성 사구체 신염의 반복적 침수를 효과적으로 조절했다[11].
4. 저혈압
   꽃은 혈관의 운동 중추를 억제하거나 말초 혈관에 영향을 줌으로써 저혈압 효과를 나타냈다[12]. 로도자포닌 III는 활성 성분 중 하나이다[13].
5. 기타
   또한 뿌리에는 항균과 면역 조절 작용이 있다[7].

용도

1. 만성 류머티스 통증, 두통
2. 낙상 및 찰과상, 부기(浮氣)
3. 궤양, 백내장

해설

가지과의 흰독말풀 *Datura metel* L.은 약재명이 양금화(洋金花)인데, 이것을 중국 광동성에서는 "광동요양화(廣東鬧羊花)"로 알려져 있어서, 약재 시장에서는 종종 향유화와 혼동된다. 두 종 모두 독성이 강한 약재이기 때문에 기원과 임상 적용에 특별한 주의를 기울여야 한다.
양척촉은 강한 살충 효능이 있다. 최근 몇 년 동안 식물성 살충제 또는 생물 농약으로 개발되었다[14].

참고문헌

1. GH Zhong, MY Hu, JT Lin, HM Liu, JJ Xie, JX Liu. Insecticidal activities of grayane diterpenoids from the flowers of Rhododendron molle to turnip aphid and their structure-activity relationship. Journal of Huazhong Agricultural University. 2004, 23(6): 620-625
2. SN Chen, HP Zhang, LQ Wang, GH Bao, GW Qin. Diterpenoids from the flowers of Rhododendron molle. Journal of Natural Products. 2004, 67(11): 1903-1906
3. GH Zhong, JX Liu, S Guan, JJ Xie, MY Hu. Effects of rhodojaponins from Rhododendron molle on cuticle components of Spodoptera litura larvae and their structure-activity relationships. Acta Entomologica Sinica. 2004, 47(6): 705-714
4. SJ Wang, YC Yang, JG Shi. Dihydrochalcone from buds of Rhododendron molle. Chinese Traditional and Herbal Drugs. 2005, 36(1): 21-23
5. CJ Li, LQ Wang, SN Chen, GW Qin. Diterpenoids from the fruits of Rhododendron molle. Journal of Natural Products. 2000, 63(9):1214-1217
6. CJ Li, H Liu, LQ Wang, MW Jin, SN Chen, GH Bao, GW Qin. Diterpenoids from the fruits of Rhododendron molle. Acta Chimica Sinica. 2003, 61(7): 1153-1156
7. GH Bao, LQ Wang, KF Cheng, YH Feng, XY Li, GW Qin. Diterpenoid and phenolic glycosides from the roots of Rhododendron molle. Planta Medica. 2003, 69(5): 434-439
8. CG Zhang, YN Xiang, DQ Deng, FB Zen, YY Luo. Pharmacological actions of the ethyl acetate extract from the root of Rhododendron molle G. Don. Herald of Medicine. 2004, 23(12): 893-895
9. HY Fan, XJ Chen, FL Yu, WL Yu. Effect of alcoholic extract of Rhododendron molle on heart. Journal of First Military Medical University. 1989, 9(4): 326-328
10. JS Liu, J Xiong, ZH Zhu, ZQ Li, HY Zhu, AG Deng. Influence of the roots of rhododendron on expression of NF-κB in chronic glomerulonephritis rats. Chinese Journal of Nephrology. 2005, 21(11): 696-697
11. M Xiong, JQ Peng, CW Chen, YY Luo, YQ Li. Experimental and clinical studies on chronic glomerulonephritis treated with roots of Rhododendron molle G. Don. Journal of Tongji Medical University. 1990, 19(3): 198-201
12. DM Cheng, MY Hu. Research progress of Rhododendron molle G. Don. Natural Product Research and Development. 1999, 11(2): 109-113
13. JL Zhao, L Qu, DC Fang. Effects of rhomotoxin on papillary muscle of the feline heart. Acta Academiae Medicinae Wuhan. 1983, 12(1): 80-83
14. JZ Wang, SL Sun, HT Su. Current situation and prospect on research and application of botanical insecticide. Journal of Beijing Agricultural College. 2000, 15(2): 72-75

도금양 桃金娘

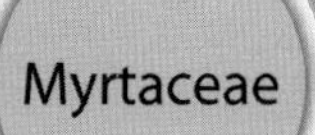

Rhodomyrtus tomentosa (Ait.) Hassk.

Downy Rose Myrtle

개 요

도금양과(Myrtaceae)

도금양(桃金娘, *Rhodomyrtus tomentosa* (Ait.) Hassk)의 뿌리를 말린 것: 강임(崗稔)

도금양(桃金娘, *Rhodomyrtus tomentosa* (Ait.) Hassk)의 익은 열매를 말린 것: 강임자(崗稔子)

도금양속(*Rhodomyrtus*) 식물은 전 세계에 약 18종이 있으며, 열대 아시아와 오세아니아에 분포한다. 중국에는 오직 1종만 발견되며, 약재로 사용된다. 이 종은 중국의 복건성, 광동성, 광서성, 운남성, 귀주성, 호남성 및 대만에 분포한다. 인도차이나 반도, 필리핀, 일본, 인도, 스리랑카, 말레이시아 및 인도네시아에도 분포한다.

"도금양(桃金娘)"은 ≪본초강목시의(本草綱目施醫)≫에서 약으로 처음 기술되었다. 대부분의 고대 한방의서에 기술되어 있으며, 약용 종은 고대부터 동일하게 남아 있다. 이 종은 한때 중국약전(1977)에 강임(Rhodomyrti Radical)의 공식적인 기원식물 내원종으로서 등재되었었다. 현재는 한약재 강임(Rhodomyrti Radix)과 강임자(Rhodomyrti Fructus)의 공식적인 기원식물 내원종으로서 광동성중약재표준에 등재되어 있다. 의약 재료는 주로 중국의 광동성, 광서성, 복건성 및 대만에서 생산된다.

뿌리에는 주로 탄닌 성분이 함유되어 있다. 열매에는 주로 플라보노이드 배당체 성분이 함유되어 있다. 광동성중약재표준 규격은 의약 물질의 품질관리를 위해 박층크로마토그래피법을 사용한다.

약리학적 연구에 따르면 뿌리와 열매에는 지혈 및 항균 작용이 있음을 확인했다.

민간요법에 따르면 강임(崗稔)은 이기지통(理氣止痛), 이습지사(利濕止瀉), 거어지혈(祛瘀止血), 익신양혈(益腎養血)의 효능이 있으며, 강임자(崗稔子)는 양혈지혈(養血止血), 삽장고정(澁腸固精)의 효능이 있다.

도금양 桃金娘 *Rhodomyrtus tomentosa* (Ait.) Hassk.

강임 崗稔 Rhodomyrti Radix

함유성분

뿌리에는 탄닌 성분으로 castalagin[1]이 함유되어 있다.
열매에는 주로 플라보노이드 배당체 성분으로 pelargonidin-3,5-biglucoside, cyanidin-3-galactoside, delphinidin-3-galactoside[2]가 함유되어 있다.
잎에는 탄닌 성분으로 pedunculagin, casuariin, tomentosin[1]이 함유되어 있고, 플라보노이드 배당체 성분으로 myricitrin, isomyricitrin, betmidin[3], 또한 rhodomyrtone[4], 2,3-hexahydroxydiphenyl-D-glucose[3]가 함유되어 있다.
또한 hopenediol III, oleananolides IV, V[5], lupeol, β-amyrin, β-amyrenonol, taraxerol[6]을 함유하는 트리테르페노이드와 성분과 combretol[7]을 함유하는 플라보노이드 성분이 분리되어 있다.

rhodomyrtone

combretol

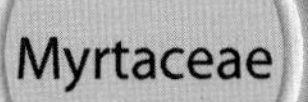

약리작용

1. 지혈 작용
열매는 상부 소화기관과 자궁출혈에 지혈 작용을 보였다. 그 기전은 위장관과 혈관 평활근의 수축과 압축에 따른 지혈이 출혈, 혈액 응고 및 프로트롬빈 시간 단축으로 이어진 것이다. 또한 혈소판 수가 증가하여 혈액 응고 과정이 촉진되었다. 뿌리는 혈소판 수와 피브리노겐 수준을 증가시키고 혈관 평활근을 수축시켰다.

2. 강장 효과
열매는 혈색소 수치와 적혈구 수를 증가시켰다. 또한 무산소, 냉증 및 피로 저항능을 증가시켰다.

3. 항균 작용
*In vitro*에서 열매와 뿌리의 탕액은 황색포도상구균을 억제했다. 로도미르톤은 대장균과 황색포도상구균도 억제했다[4].

용도

1. 복부 통증, 소화불량, 구토, 설사
2. 심기증(心氣症: 건강염려증), 황달
3. 피로, 폐병 기침, 정액루(精液漏), 탈항
4. 토혈(吐血), 코피, 혈변, 과다 출혈 및 자궁누혈, 외상성 출혈
5. 만성 류머티스 통증, 요통

해설

상업용 도금양 오일은 도금양과(Myrtaceae)의 *Myrtus communis* L.의 잎에서 추출한 것이다. 추출을 통해 얻은 성분은 주로 α−피넨, 리모넨 및 1,8−시네올로 구성되어 있다. 이 오일은 도금양과 아무 관련이 없으므로 혼동을 피하기 위해 특별한 주의를 기울여야 한다[8].
도금양은 중국 영남 지방에서 다양한 용도로 사용하는 일반 민간약이다. 그 열매는 종종 빈혈 및 무력증, 혈액 투석, 코피 및 폐결핵의 객혈을 치료하는 데 사용된다. 민간요법에서, 강임(崗稔)과 야애근(野艾根)을 함께 사용하여 자궁 출혈을 치료한다. 초기 약리학적 연구는 두 가지 모두 우수한 지혈 효과를 가지고 있음을 보여준다[9]. 도금양이 의약적 가치가 높고 다양한 효능을 가지고 있지만 이와 관련한 현대 연구 보고는 거의 없다. 따라서 더 많은 연구가 필요하다.
시험 결과에 따르면, 도금양에 함유된 색소가 빛과 열에 안정성을 가지므로 우수한 천연 색소가 될 것으로 기대된다[10]. 또한 그 뿌리는 비타민이 풍부하여 천연 비타민 보충제의 원료로 사용할 수 있다.

참고문헌

1. YZ Liu, AJ Hou, CR Ji, YJ Wu. Isolation and structure of hydrolysable tannins from Rhodomyrtus tomentosa. Natural Product Research and Development. 1998, 10(1): 14−19
2. LM He, LH Zhang, JB Tang, HY Qiu, YJ Su. Study on the properties and extraction of pigment from Rhodomyrtus tomentosa (Ait.) Hassk. Fine Chemicals. 1998, 15(6): 26−29
3. AJ Hou, YZ Liu, YJ Wu. Flavonoid glycosides and an ellagotannin from Rhodomyrtus tomentosa. Chinese Traditional and Herbal Drugs. 1999, 30(9): 645−648
4. D Salni, MV Sargent, BW Skelton, I Soediro, M Sutisna, AH White, E Yulinah. Rhodomyrtone, an antibiotic from Rhodomyrtus tomentosa. Australian Journal of Chemistry. 2002, 55(3): 229−232
5. WH Hui, MM Li. Two new triterpenoids from Rhodomyrtus tomentosa. Phytochemistry. 1976, 15(11): 1741−1743
6. WH Hui, MM Li, K Luk. Triterpenoids and steroids from Rhodomyrtus tomentosa. Phytochemistry. 1975, 14(3): 833−834
7. Dachriyanus, R Fahmi, MV Sargent, BW Skelton, AH White. 5−Hydroxy−3,3',4',5',7−pentamethoxyflavone (combretol). Acta Crystallographica. 2004, E60(1): 86−88

8. WW Fu, CJ Zhao, DQ Dou, YP Pei, RJ Wang, YJ Chen. Pharmacological and clinical research progress on standardized myrtol. Chinese Traditional Patent Medicine. 2003, 25(12): 1009–1012

9. YZ Luo. Report of 100 cases of uterine bleeding treated by the drug pair Ye'aigen and Gangnianguo. Guangzhou Medical Journal. 1993, 1: 41–42

10. HY Zhong, YF Deng. Development and utilization of natural food colorants from Rhodomyrtus tomentosa fruits. China Forestry Science and Technology. 1994, 4: 25–26

멍석딸기 茅莓

Rosaceae

Rubus parvifolius L.

Japanese Raspberry

개 요

장미과(Rosaceae)

멍석딸기(茅莓, *Rubus parvifolius* L.)의 잎을 말린 것: 호전표(薅田藨, Rubi Parvifolii Folium)

중약명: 호전표(薅田藨)

산딸기속(*Rubus*) 식물은 전 세계에 약 700종이 있으며, 북반구의 온대 지역에 주로 분포하고, 열대 지역과 남반구에는 소수이다. 중국에는 약 194종과 89변종이 발견되며, 이 속에서 약 46종이 약재로 사용된다. 이 종은 중국의 대부분 지역에 분포한다. 일본과 한반도에도 분포한다.

멍석딸기는 ≪본초강목(本草綱目)≫에서 호전표(薅田藨)란 이름의 약으로 처음 기술되었고, 중국 영남 지방의 ≪영남채약록(嶺南采藥錄)≫에도 기술되어 있다. 대부분의 고대 한방의서에 기술되어 있으며, 약용 종은 고대부터 동일하게 남아 있다. 의약 재료는 주로 중국의 강소성, 절강성, 광서성, 복건성, 강서성, 사천성과 광동성에서 생산된다.

멍석딸기에는 주로 트리테르페노이드와 트리테르페노이드 사포닌 성분이 함유되어 있다.

약리학적 연구에 따르면 멍석딸기에는 지혈, 항심근 허혈 및 항산화 작용이 있음을 확인했다.

한의학에서 모매는 청열해독(淸熱解毒), 산어지혈(散瘀止血), 살충요창(殺蟲療瘡)의 효능이 있다.

멍석딸기 茅莓 *Rubus parvifolius* L.

호전표 薅田藨 Rubi Parvifolii Folium

함유성분

뿌리에는 트리테르페노이드와 트리테르페노이드 사포닌 성분으로 suavissimoside R_1, niga−ichigoside F_1, camelliagenins A, C[1], euscaphic acid, 2α3α19α23−tetrahydroxy urs−12−en−28−oic acid[2]가 함유되어 있다.

잎에는 정유 성분으로 palmitic acid, oleic acid, decylaldehyde, nonylaldehyde, Z−9−en−palmitic acid, Z−3−en−decyl alchol, stearic acid, lauric acid, 6,10,14−trimethyl−2−pentadecanone, heptadecanol, capric acid[3]가 함유되어 있다.

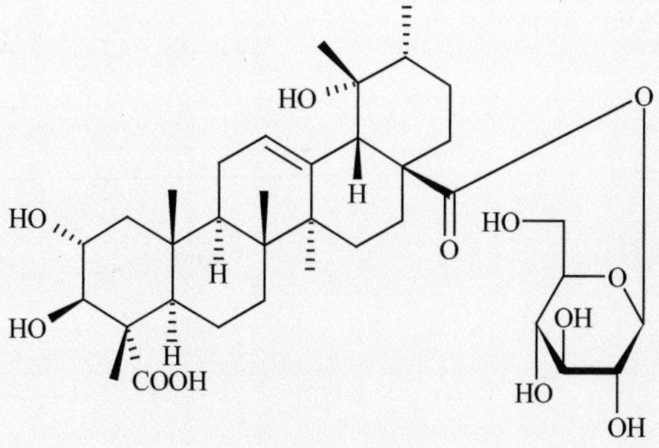

suavissimoside R_1

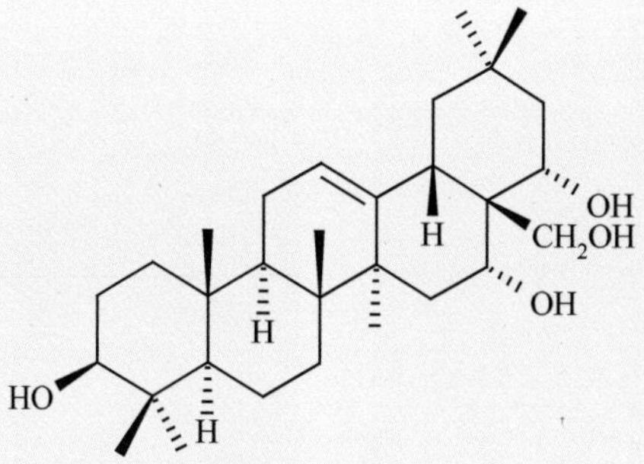

camelliagenin A

약리작용

1. 지혈 및 항혈전 작용

 뿌리, 줄기 및 잎의 물 추출물을 경구 투여하면 마우스에서 꼬리 절단에 의해 유발된 출혈 시간 및 혈액 응고 시간을 감소시켰다. 또한 토끼에서 유글로불린 용해 시간을 감소시키고, 플라스미노겐의 활성을 증가시키며, 혈소판 형성을 억제했다[4].

2. 항허혈

 뿌리, 줄기 및 잎의 물 추출물은 적출된 랫드의 심장에서 관상동맥 혈류를 증가시켰고, 허혈성 랫드에서 피투트린으로 유도된 심전도 변화에 길항했다[4]. 줄기 및 잎의 물 추출물을 경구 투여하면 랫드에서 신경세포의 형태학적 변화를 현저히 감소시켰고, 허혈성 재관류 중심의 비정상 신경계를 개선시켰으며, 허혈성 뇌 조직에서 과산화물 불균등화효소(SOD)와 글루타티온과산화효소(GSH-Px)의 활성을 증가시켰다. 또한 말론디알데하이드(MDA) 수치를 낮추었으며[5], 트롬빈 시간(TT)과 활성화 부분 트롬보플라스틴 시간(APTT)을 연장시켰고, 피브리노겐 농도도 증가시켜[6], 뇌경색 예방 효과를 보였다. 전초의 총 사포닌은 활성 성분이었고, 그 기전은 라디칼 소거 활성과 세포사멸 억제 특성과 관련이 있었다[7−8].

3. 항산화 작용

 뿌리의 알코올 추출물을 경구 투여하면 납에 노출된 랫드에서 SOD 활성의 감소와 간 MDA의 증가를 길항했다[9].

4. 항균 작용
*In vitro*에서 잎은 대장균 및 파스퇴렐라 물토시다에 대해 유의한 저해 활성을 나타냈고, 그 효과는 스트렙토마이신 및 술폰아마이드의 효과보다 우수했다[10]. 또한 포도상구균과 연쇄상구균을 억제했다[3].

5. 기타
뿌리, 줄기 및 잎의 물 추출물을 경구 투여하면 정상 및 저비중의 압력 하에서 마우스의 항산화능을 향상시켰다[4].

용도

1. 열, 기침
2. 산후 복부 통증, 낙상 및 찰과상, 외상성 출혈
3. 피부염, 습진, 옴, 염증, 절종(癤腫)

해설

멍석딸기의 뿌리도 의약적으로 사용된다. 호전표근(薅田藨根)으로 알려져 있으며, 줄기와 잎의 효능과 비슷하다.
멍석딸기의 열매는 청량하고 달콤하며 육즙이 많아서 식품과 알코올 음료 및 건강관리 제품의 원료로 사용될 수 있다. 뿌리와 잎은 탄닌을 함유하고 있으며 탄닌 추출물을 얻을 수 있다. 결론적으로, 전초는 다양한 용도로 사용될 수 있다.

참고문헌

1. SH Du, F Feng, WY Liu, JH Rao, J Bai. Isolation and identification of chemical constituents from Rubus parvifolius L. Chinese Journal of Natural Medicines. 2005, 3(1): 17–20
2. MX Tan, HS Wang, S Li, W Chen. Studies on the chemical constituents from the Chinese traditional medicine Rubus parvifolius. Guihaia. 2003, 23(3): 282–284
3. MX Tan, HS Wang, S Li, Y Yang. Studies on the chemical constituents of the essential oil from the leaves of Rubus parvifolius. Natural Product Research and Development. 2003, 15(1): 32–33
4. ZH Zhu, HQ Zhang, MJ Yuan. Pharmacological study on maomei. Journal of Guilin Medical College. 1991, 4(1–2): 19–22
5. JS Wang, HZ Li, ZY Qiu, YP Xia, LY Ren, CL Zhou. Protective effects of aqueous extract of Rubus parvifolius on middle cerebral artery occlusion and reperfusion injury in rats. Chinese Journal of New Drugs and Clinical Remedies. 2006, 25(12): 920–923
6. YL Zheng, CL Hu. The experimental study of focal cerebral ischemia treated by Rubus parvifolius. Research of Traditional Chinese Medicine. 2002, 18(2): 37–39
7. JS Wang, ZY Qiu, YP Xia, HZ Li, LY Ren, L Zhang. The protective effects of total glycosides Rubus parvifolius on cerebral ischemia in rats. China Journal of Chinese Materia Medica. 2006, 31(2): 138–141
8. JS Wang, ZY Qiu, YP Xia, HZ Li, LY Ren. Effects of total glucosides of Rubus parvifolius L. (TGRP) on neuronal apoptosis and expression of apoptosis related protein in Bcl–2 and Bax in rat after local cerebral ischemic–reperfusion. Chinese Pharmacological Bulletin. 2006, 22(2): 224–228
9. RG Liang, QY Hou, ZF Li, MZ Rong, L Wei. Effects of the Rubus parvifolius extract on serum SOD activity and liver MDA level in lead–exposed rats. Acta Medicine Sinica. 2006, 19(1): 15–16
10. MX Tan, HS Wang, S Li. Study on the anti–bacterial activity of the essential oil from the roots and the leaves of Rubus parvifolius. Chemical Industry Times. 2002, 9: 21–22

운향 芸香

Ruta graveolens L.

Common Rue

개 요

운향과(Rutaceae)

운향(芸香, *Ruta graveolens* L.)의 전초를 밀린 것: 취초(臭草, Rutae Herba)

중약명: 취초(臭草)

운향속(*Ruta*) 식물은 전 세계에서 약 10종이 있으며, 카나리아 제도, 지중해 및 아시아의 서남부에 분포한다. 중국에는 2종이 도입되어 재배되며, 1종은 널리 재배되고 있고, 다른 한 종은 식물원에서만 발견된다. 두 종은 모두 약재로 사용된다. 이 종은 중국 전역에서 재배되고 있다. 지중해 지역이 원산이다.

운향은 중국 영남 지방의 ≪생초약성비요(生草藥性備要)≫에서 "취초(臭草)"란 이름의 약으로 처음 기술되었다. 의약 재료는 주로 중국의 광동성, 광서성, 복건성 및 사천성에서 생산된다.

운향에는 주로 정유 성분, 알칼로이드, 쿠마린, 플라보노이드 성분이 함유되어 있다.

약리학적 연구에 따르면 운향에는 진경, 항균, 구충, 소염, 진통, 기억력 향상 및 피임 작용이 있음을 확인했다.

한의학에서 취초(臭草)는 거풍청열(祛風淸熱), 활혈산어(活血散瘀), 소종해독(消腫解毒)의 효능이 있다.

운향 芸香 *Ruta graveolens* L.

취초 臭草 Rutae Herba

함유성분

잎에는 정유 성분으로 camphor, β−caryophyllene, pulegone, p−cymene, myrcene, limonene, α−, β−eudesmols, δ−cadinene[1]이 함유되어 있고, 쿠마린 성분으로 5−methoxypsoralen, 8−methoxypsoralen[2], 7−hydroxycoumarin, 4−hydroxycoumarin, 7−methoxycoumarin[3], 알칼로이드 성분으로 2−[4'−(3'4'−methylenedioxyphenyl)butyl]−4−quinolone, 2−n−nonyl−4−quinolone[3]이 함유되어 있다.
뿌리에는 알칼로이드 성분으로 graveoline[2], rutacridone, gravacridondiol과 그 배당체 성분으로 gravacridontriol glucoside[4]가 함유되어 있다.
전초에는 쿠마린 성분으로 xanthotoxin, isopimpinellin, bergaptene, xanthyletin[5], psoralen, bergapten, isoimperatorin, 알칼로이드 성분으로 N−methylplatydesmin, ribalinidin[6], graveolinine, γ−fagarine, skimmianine, kokusaginine, dictamnine, pteleine, arborinine, 6−methoxydictamnine, edulinine[5], 플라보노이드 성분으로 kaempferol−3−glucoside, isorhamnetin, vicenin[7]이 함유되어 있다.

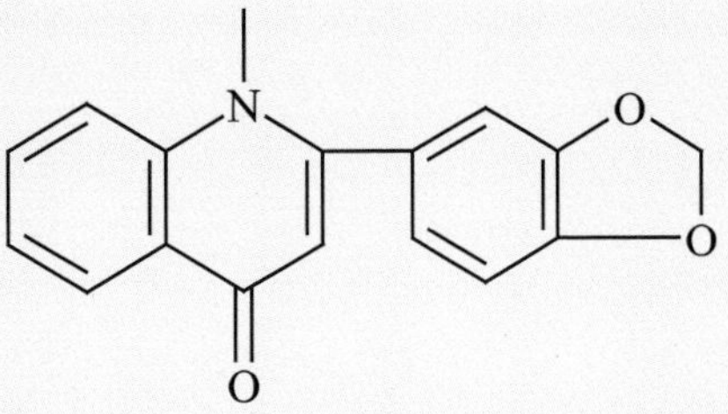

graveoline

약리작용

1. 진경 작용
   전초의 총 알칼로이드는 평활근에 진경 효과가 있었고, 그 효과는 파파베린의 효과와 유사했다. 소랄렌, 이소펌피넬린, 이소임페라토린, 쿠마린 및 아로마틱 히드록시카르복실산 유도체도 토끼 회장(回腸)에 진경 효과를 나타냈다.

2. 항종양
   In vivo 및 *in vivo*에서 전초 추출물은 인간 뇌암 세포의 유사 분열을 선택적으로 억제하고 신경교종에 대한 공정한 치료 효과를 나타냈다[8]. *In vivo*에서 전초의 석유 에테르 추출물은 요시다 복수 육종에 대해 유의한 세포독성 효과를 나타냈다[9].

3. 피부 광 과민 반응
   전초의 쿠마린 성분은 감광성을 유발했다. 잎 추출물의 감광 활성은 쿠마린의 함량과 관련이 있었다[10]. 주사 또는 경구 투여해서 장파장인 자외선이나 햇빛에 노출시키면, 노출된 피부에서 피부가 붉게 부어오르고, 피부색소가 증가하며, 표피 자극이 나타날 수 있다.

4. 항균 작용
   전초의 메탄올과 아세톤 추출물은 바실루스 세레우스균과 리족토니아 솔라니를 강력히 억제했다[11-12].

5. 항산화 작용
   전초 추출물은 기니피그에서 간 알데하이드 산화효소 활성을 유의하게 억제했다. 전초의 추출물은 또한 벤즈알데하이드, 아세트알돌, 페난트리딘의 산화를 효과적으로 억제했다[13].

6. 불임
   전초의 물 추출물을 경구 투여하면 수컷 랫드에서 정자의 운동성과 밀도를 현저히 감소시킴과 동시에 테스토스테론 수치를 감소시켰으며, 성체 수컷 랫드의 성 행위를 억제시켰고 수컷이 임신시킨 암컷 랫드의 수를 현저히 감소시켰다[14]. 전초의 물 추출물을 경구 투여하면 이식 전 발달 및 배아 이동을 방해하여[15], 태아 사망을 초래했다[16].

7. 항염 작용
   전초 추출물은 마우스에서 지질 다당류에 의해 유도된 대식세포 염증 매개체 생성을 유의하게 억제했다. 그 억제 효과는 iNOS와 COX-2의 유전자 발현의 감소에 의한 것으로, 대식세포에서 일산화질소와 프로스타글란딘의 생산을 억제하는 결과를 낳았다[17].

8. 기억력 향상
   전초의 물과 메탄올 추출물은 아세틸콜린에스테라아제에 대한 억제 효과를 나타내어, 전초가 기억력을 향상시키는 능력을 가지고 있음을 나타냈다[18].

9. 기타
   전초의 에탄올 추출물은 진통 효과가 있었다. 아세트산으로 유발된 뒤틀림 반응과 열판 시험으로 유발된 마우스에서의 통증을 억제시켰다[19]. 전초에는 구충 작용[20]과 두개(頭蓋) 내의 낭충증(囊蟲症)의 구충 효과[21]도 있었다.

용도

1. 열, 유아 발작
2. 월경통, 무월경
3. 낙상 및 찰과상
4. 상처, 옹, 습진

해설

취초라는 이름은 여러 식물에 명명되어 민간요법에서 사용된다. 벼과(Poaceae) 식물의 *Melica scabrosa* Trin의 중국명도 "취초"이다. 따라서 서로 기원이 다른 식물을 동일한 이름으로 사용함으로써 발생하는 혼동을 피하기 위해 임상 적용에서는 신중하게 구분해야 한다.
운향의 전초에는 다양한 알칼로이드 성분뿐만 아니라 정유 성분이 함유되어 있다. 소량을 내복할 경우 여름철 더위를 줄이고, 독을 풀어주며, 대장을 정화하는 기능이 있다. 그러나 다량 섭취할 경우 중독을 유발할 수 있다.
녹두, 콩, 흑설탕과 신선한 운향을 함께 요리하면 여름철 더위를 줄이고, 종기와 열독을 해소할 수 있다. 운향은 여름철에 중국의 광동성과 광서성 사람들 사이에서 에너지 음료로 사용된다.

참고문헌

1. JA Pino, A Rosado, V Fuentes. Leaf oil of Ruta graveolens L. grown in Cuba. Journal of Essential Oil Research. 1997, 9(3): 365–366
2. AL Hale, KM Meepagala, A Oliva, G Aliotta, SO Duke. Phytotoxins from the leaves of Ruta graveolens. Journal of Agricultural and Food Chemistry. 2004, 52(11): 3345–3349
3. A Oliva, KM Meepagala, DE Wedge, D Harries, AL Hale, G Aliotta, SO Duke. Natural fungicides from Ruta graveolens L. leaves, including a new quinolone alkaloid. Journal of Agricultural and Food Chemistry. 2003, 51(4): 890–896
4. I Kuzovkina, I Al'terman, B Schneider. Specific accumulation and revised structures of acridone alkaloid glucosides in the tips of transformed roots of Ruta graveolens. Phytochemistry. 2004, 65(8): 1095–1100
5. EE Stashenko, R Acosta, JR Martinez. High–resolution gas–chromatographic analysis of the secondary metabolites obtained by subcritical–fluid extraction from Colombian rue (Ruta graveolens L.). Journal of Biochemical and Biophysical Methods. 2000, 43(1–3): 379–390
6. J Reisch, K Szendrei, E Minker, I Novak. Quinoline–alkaloids from Ruta graveolens L. 24. N–methylplatydesminium and ribalinidin. Die Pharmazie. 1969, 24(11): 699–700
7. NH El–Sayed, NM Ammar, SY Alokbi, LT Abou El Kassemb, TJ Mabry. Bioactive chemical constituents from Ruta graveolens. Revista Latinoamericana de Quimica. 2000, 28(2): 61–64
8. S Pathak, AS Multani, P Banerji, P Banerji. Ruta 6 selectively induces cell death in brain cancer cells but proliferation in normal peripheral blood lymphocytes: A novel treatment for human brain cancer. International Journal of Oncology. 2003, 23(4): 975–982
9. A Trovato, MT Monforte, A Rossitto, AM Forestieri. In vitro cytotoxic effect of some medicinal plants containing flavonoids. Bollettino Chimico Farmaceutico. 1996, 135(4): 263–266
10. T Ojala, P Vuorela, J Kiviranta, H Vuorela, R Hiltunen. A bioassay using Artemia salina for detecting phototoxicity of plant coumarins. Planta Medica. 1999, 65(8): 715–718
11. NS Alzoreky, K Nakahara. Anti–bacterial activity of extracts from some edible plants commonly consumed in Asia. International Journal of Food Microbiology. 2003, 80(3): 223–230
12. T Ojala, S Remes, P Haansuu, H Vuorela, R Hiltunen, K Haahtela, P Vuorela. Anti–microbial activity of some coumarin containing herbal plants growing in Finland. Journal of Ethnopharmacology. 2000, 73(1–2): 299–305
13. P Saieed, RM Reza, D Abbas, R Seyyedvali, H Aliasghar. Inhibitory effects of Ruta graveolens L. extract on guinea pig liver aldehyde oxidase. Chemical & Pharmaceutical Bulletin. 2006, 54(1): 9–13
14. NA Khouri, Z EI–Akawi. Anti–androgenic activity of Ruta graveolens L in male albino rats with emphasis on sexual and aggressive behavior. Neuro Endocrinology Letters. 2005, 26(6): 823–829
15. JL Gutierrez–Pajares, L Zuniga, J Pino. Ruta graveolens aqueous extract retards mouse preimplantation embryo development. Reproductive Toxicology. 2003, 17(6): 667–672
16. TG de Freitas, PM Augusto, T Montanari. Effect of Ruta graveolens L. on pregnant mice. Contraception. 2005, 71(1): 74–77
17. SK Raghav, B Gupta, C Agrawal, K Goswami, HR Das. Anti–inflammatory effect of Ruta graveolens L. in murine macrophage cells. Journal of Ethnopharmacology. 2006, 104(1–2): 234–239
18. A Adsersen, B Gauguin, L Gudiksen, AK Jager. Screening of plants used in Danish folk medicine to treat memory dysfunction for acetylcholinesterase inhibitory activity. Journal of Ethnopharmacology. 2006, 104(3): 418–422
19. AH Atta, A Alkofahi. Anti–nociceptive and anti–inflammatory effects of some Jordanian medicinal plant extracts. Journal of Ethnopharmacology. 1998, 60(2): 117–124
20. PM Guarrera. Traditional anti–helmintic, anti–parasitic and repellent uses of plants in Central Italy. Journal of Ethnopharmacology. 1999, 68(1–3): 183–192
21. P Banerji, P Banerji. Intracranial cysticercosis: an effective treatment with alternative medicines. In Vivo. 2001, 15(2): 181–184

단향 檀香 CP, KHP, IP

Santalum album L.

Sandalwood

개 요

단향과(Santalaceae)

단향(檀香, *Santalum album* L.)의 심재를 말린 것: 단향(檀香)

중약명: 단향(檀香)

단향속(*Santalum*) 식물은 전 세계에 약 20종이 있으며, 인도 반도의 동부 지역, 인도차이나 반도 및 태평양 제도에 주로 분포한다. 중국에는 2종이 도입되어 재배되고 있으며, 이 종만이 약재로 사용된다. 이 종은 중국의 광동성, 해남성, 운남성 및 대만에 도입되어 재배되고 있다.

단향은 ≪본초습유(本草拾遺)≫에서 "백단(白檀)"이라는 이름의 약으로 처음 기술되었다. 대부분의 고대 한방의서에 기술되어 있으며, 약용 종은 고대부터 동일하게 남아 있다. 이 종은 한약재 단향(Santali Albi Lignum)의 공식적인 기원식물 내원종으로서 중국약전(2015)에 등재되어 있다. ≪대한민국약전외한약(생약)규격집≫(제4개정판)에는 "백단향"을 "단향(檀香) *Santalum album* Linné (단향과 Santalaceae)의 나무줄기의 심재"로 등재하고 있다. 의약 재료는 인도네시아와 호주에서 주로 생산된다.

심재에는 주로 정유 성분이 함유되어 있다. 중국 약전은 의약 물질의 품질관리를 위해 정유 성분의 함량이 3.0%(mL/g) 이상이어야 한다고 규정하고 있다.

약리학적 연구에 따르면 단향에는 항균 및 이뇨 작용이 있음을 확인했다.

한의학에서 단향은 행기온중(行氣溫中), 개위지통(開胃止痛)의 효능이 있다.

단향 檀香 *Santalum album* L.

단향 檀香 Santali Albi Lignum

함유성분

심재에는 3.0–5.0%의 휘발성 정유 성분이 함유되어 있는데, 그 휘발성 정유 성분의 90%는 α–santalol과 β–santalol로 조성되어 있다. 또한 α–santalene, β–santalene, trans–limonene, bisabolene A, C, D, E[1], 9(10)Z, α–trans–bergamotenol[2], trans–α–bengamotol, E–cis–epi–β–santalol, nuciferol, cis–lanceol[3], α–santalan, β/epi–β–santalan, bergamotan[4], ketosantalic acid[5], α–bergamotene, ledol[6]이 함유되어 있다.
목부에는 santalin, deoxysantalin, sinapyl aldehyde, coniferyl aldehyde, ferulaldehyde, syringic aldehyde 및 vanillin이 함유되어 있다.

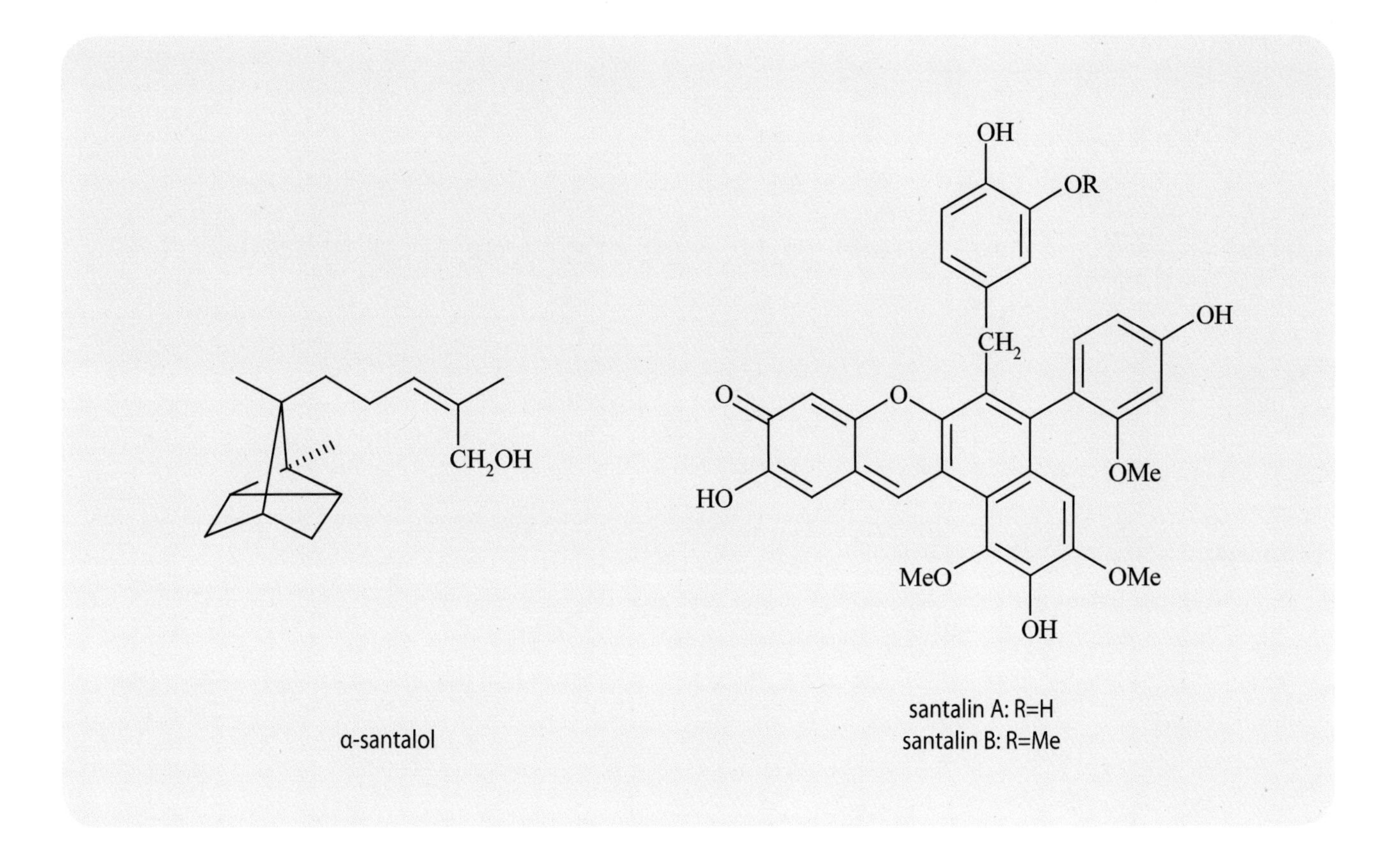

α-santalol

santalin A: R=H
santalin B: R=Me

약리작용

1. 항균 작용
단향의 정유 성분은 시겔라 디센테이아, 조류결핵균 및 황색포도상구균을 억제했다.
2. 이뇨 작용
단향의 정유 성분에는 이뇨 작용이 있었다. 배뇨 장애의 증상이 크게 개선되었다.
3. 진정 작용
α-산탈롤과 β-산탈롤은 클로로프로마진과 비슷한 신경생리학적 활성을 보였으며, 마우스의 중추신경계에 진정 작용을 나타냈다[1].
4. 항바이러스
*In vitro*에서 단향의 정유 성분이 단순헤르페스바이러스를 억제한다는 것이 밝혀졌다[7].
5. 기타
심재는 적출된 적출된 토끼의 소장에 마취 효과가 있었다. 또한 단향의 정유 성분은 피부암을 예방했다[8].

용도

1. 관상동맥 심장 질환, 협심증
2. 위통, 위염, 식욕 부진
3. 월경통, 유선의 과형성
4. 발기 부전

해설

단향은 특별한 용도와 경제적 가치가 크다. 심재가 조밀하고 나뭇결이 균등하여, 흰개미에 의한 손상을 방지할 수 있으며 아이보리 다음으로 품질이 우수한 고품질의 도예품으로 가공할 수 있다. 독특하고 오래 지속되는 향기가 있는 심재에서 추출한 단향의 정유 성분은 향매제 및 고급 향수와 에센스에서 필수 원료로 사용될 수 있다. 인도는 단향의 재배 및 생산 중심지뿐만 아니라 주요 수출국이기도 하다. 현재, 단향은 전세계에서 널리 소개되어 재배되고 있다[9].

단향의 화학적 성분에 대한 대부분의 연구는 정유 성분에만 국한되어 왔다. 그러나 정유 성분 대부분의 성분 구조는 아직 규명되지 않았다. 더 많은 화학 및 약리학 연구가 필요하다.

참고문헌

1. RL Yan, L Lin. Study progress of Santalum album L. Traditional Chinese Drug Research & Clinical Pharmacology. 2003, 14(3): 218-220
2. JG Yu, PZ Cong, JT Lin, YJ Zhang, SL Hong, GZ Tu. Studies on the structure of α-trans-bergamotenol from Chinese sandalwood oil. Acta Pharmaceutica Sinica. 1993, 28(11): 840-844
3. ZX Chen, L Lin. Influence of various extraction methods on content and chemical components of volatile oil from Lignum Santali. Journal of Guangzhou University of Traditional Chinese Medicine. 2001, 18(2): 174-177
4. EJ Brunke, KG Fahlbusch, G Schmaus, J Volhardt. The chemistry of sandalwood fragrance—a review of the last 10 years. Journees Internationales Huiles Essentielles. 1996: 48-83
5. P Ranibai, BB Ghatge, BB Patil, SC Bhattacharyya. Ketosantalic acid, a new sesquiterpenic acid from Indian sandalwood oil. Indian Journal of Chemistry. 1986, 25B(10): 1006-1013
6. ZG Liu, RL Yan, JB Luo, L Lin. Analysis of volatile oil from Santalum album by GC-MS. Journal of Chinese Medicinal Materials. 2003, 26(8): 561-562
7. F Benencia, MC Courreges. Anti-viral activity of sandalwood oil against herpes simplex viruses-1 and -2. Phytomedicine. 1999, 6(2): 119-123
8. C Dwivedi, A Abu-Ghazaleh. Chemopreventive effects of sandalwood oil on skin papillomas in mice. European Journal of Cancer Prevention. 1997, 6(4): 399-401
9. XY Yang. The rare but precious sandalwood trees. Yunnan Forestry. 2005, 26(1): 21-22

대혈등 大血藤 CP

Sargentodoxaceae

Sargentodoxa cuneata (Oliv.) Rehd. et Wils.

Sargentgloryvine

개 요

으름덩굴과(Sargentodoxaceae)

대혈등(大血藤, *Sargentodoxa cuneata* (Oliv.) Rehd. et Wils.)의 덩굴줄기를 말린 것: 대혈등(大血藤)

중약명: 대혈등(大血藤)

대혈등속(*Sargentodoxa*) 식물은 세계에서 1종만 존재하며, 중국의 동부, 중부, 남부 및 남서부뿐만 아니라 인도차이나 반도의 북부 지역에 분포한다.

대혈등은 ≪본초도경(本草圖經)≫에서 "혈등(血藤)"의 이름으로 약으로 처음 기술되었다. 대부분의 고대 한방의서에 기술되어 있으며, 약용 종은 고대부터 동일하게 남아 있다. 이 종은 한약재 대혈등(Sargentodoxae Caulis)의 공식적인 기원식물 내원종으로서 중국약전(2015)에 등재되어 있다. 의약 재료는 주로 중국의 안휘성, 절강성, 강서성, 호남성, 호북성 및 광서성에서 생산된다.

대혈등에는 안트라퀴논, 트리테르페노이드, 리그난 및 페놀산 성분이 함유되어 있다. 중국약전은 의약 물질의 품질관리를 위해 고온추출법에 따라 시험할 때 알코올 용해 추출물의 함량이 5.0% 이상이어야 한다고 규정하고 있다.

약리학적 연구에 따르면 대혈등에는 항박테리아, 항산화 및 혈소판 응집 억제 작용이 있음을 확인했다.

한의학에서 대혈등은 해독소옹(解毒消癰), 활혈지통(活血止痛), 거풍제습(祛風除濕), 살충(殺蟲)의 효능이 있다.

대혈등 大血藤 *Sargentodoxa cuneata* (Oliv.) Rehd. et Wils.

대혈등 大血藤 Sargentodoxae Caulis

함유성분

덩굴줄기에는 안트라퀴논 성분으로 emodin, physcion[1], chrysophanol[2]이 함유되어 있고, 트리테르페노이드와 트리테르페노이드 사포닌 성분으로 madasiatic acid[3], rosamultin, kajiichigoside F_1[4], 리그난 성분으로 liriodendrin[5], (+)−dihydroguaiaretic acid[6], eleutheroside E_1[7], acanthoside D[3], 페놀산 성분으로 cuneatasides A, B, C, D, E, osmanthuside H, chlorogenic acid[7], protocatechuic acid, epicatechin, apocynin, vanillic acid, methyl chlorogenate[8], syringic acid, feruloyl tyramine, procyanidin B_2, 페닐에타노이드와 그 배당체 성분으로 p−hydroxyphenylethanol[9], 3,4−dihydroxy−phenethanol, tyrosol[8], salidroside[5], sargentol[10], 정유 성분으로 δ−cadinene, α−, δ−cadinols[11], 또한 sargencuneside[3]가 함유되어 있다.

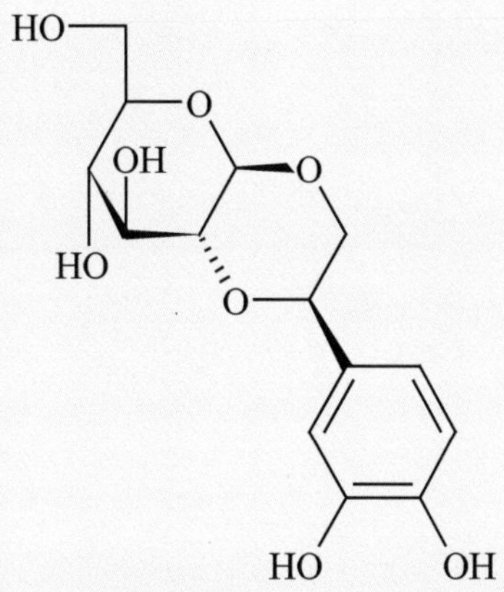

HO O OH O HO O HO OH

cuneataside A

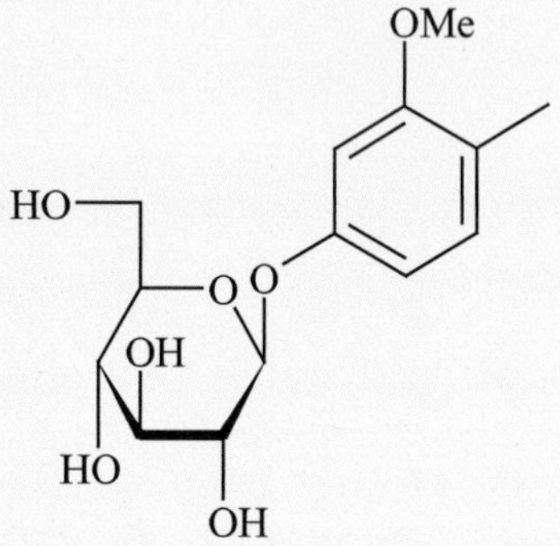

OMe HO O O OH HO OH

sargencuneside

약리작용

1. 항균 및 항바이러스 작용

*In vitro*에서 잎의 70% 에탄올 추출물은 고초균, 황색포도상구균, 대장균, 투린지엔시스균 및 녹농균을 다양한 정도로 억제했다[12]. *In vitro*에서 덩굴줄기의 물 추출물은 장 내 바이러스, 소아마비 바이러스, 콕사키 바이러스 및 장 내 세포변이성 인간 고아 바이러스를 억제했다[13]. *In vitro*에서 쿠네아타사이드 A, B는 또한 포도상구균과 마이크로코쿠스 에피더미스를 유의하게 억제했다[7].

2. 심혈관계에 미치는 영향

In vitro 및 *in vitro*에서 덩굴줄기의 물 추출물은 랫드에서 혈소판 응집을 억제하고, 혈소판 산란을 촉진하며, 혈전증을 억제했다. 또한 토끼에서 혈장 cAMP 수준을 증가시켰지만 혈소판의 수준에는 영향을 미치지 않았다. 또한 적출된 기니피그 심장에서 관상동맥 혈류를 증가시켰지만, 심장 박동에는 영향을 미치지 않았다[14]. 덩굴줄기의 물 추출물을 정맥 내 투여하면 심근경색 모델 토끼에서 증가된 ST 분절을 유의하게 감소시켰다. 좌전 하행 관상동맥의 결찰에 의해 유도된 심장근육에서 젖산의 대사 장애와 심근경색 부위도 유의하게 감소시켰다[15]. 덩굴줄기의 다당류는 또한 이소프레날린에 의해 유도된 심장근육 괴사를 길항하여, 허혈성 심장근육에 대한 보호 효과를 나타냈다[16].

3. 위 장관 평활근에 미치는 영향

덩굴줄기의 물 추출물을 소량 투여하면 마우스와 기니피그의 적출된 창자 분절을 크게 억제했다. 고용량에서는 마우스의 아세틸콜린의 효과를 감소시키고, 장 연동 운동의 속도를 유의하게 억제했다[17].

4. 산소결핍증 억제

대혈등을 주사하면 정상 대기압 하에서 마우스의 항산화능을 증가시켰고 마우스의 자발적인 활동을 유의하게 감소시켰으며, 펜토바르비톤 나트륨에 의한 수면 시간을 연장시켰다.

5. 항종양

*In vitro*에서 클로로겐산과 페룰로일 티라민은 인간 만성 골수성 백혈병 K562 세포의 증식을 억제했다. 프로시아니딘 B_2는 마우스 유방암 tsFT210 세포와 K562 세포의 G_2/M 단계를 억제하여 세포주기 조절제임을 나타냈다[9].

6. 기타

덩굴줄기의 추출물은 개에서 개복 수술 후 장의 끈끈한 접착을 예방했다[18]. 덩굴줄기의 페놀계 배당체는 프로스타글란딘 합성에 대한 억제 효과를 나타냈다[17].

용도

1. 맹장염, 유방염, 골반 염증성 질환
2. 월경통, 무월경
3. 낙상 및 찰과상
4. 만성 류머티스 통증
5. 기생충 감염

해설

콩과(Fabaceae)의 밀화두나무 *Spatholobus suberectus* Dunn의 덩굴줄기를 말린 것은 대혈등의 대체 이름인 한약재 계혈등(鷄血藤)으로 사용된다. 계혈등은 보혈(補血), 활혈(活血), 통락(通絡)의 효능이 있다. 대혈등과 계혈등은 종종 일부 지역에서는 혼용되거나 오용되기도 하지만 이 두 종은 식물학적 기원이 달라서 그 효능과 적응증이 완전히 다르다. 그러므로 임상 적용 시에는 주의 깊게 감별해서 사용해야 한다[19].

참고문헌

1. ZQ Wang, XR Wang, ZH Yang. Studies on the chemical constituents of Hong Teng (Sargentodoxa cuneata). Chinese Traditional and Herbal Drugs. 1982, 13(3): 7–9
2. ZL Li, ZM Chao, K Chen. Isolation and identification of the ethereal constituents of Sargentodoxa cuneata. Journal of Fudan University (Medical Sciences). 1988, 15(1): 68–69
3. KL Miao, JZ Zhang, FY Wang, YJ Qin. Studies on the chemical constituents of Hong Teng (Sargentodoxa cuneata). Chinese Traditional and Herbal Drugs. 1995, 26(4): 171–173
4. G Ruecher, R Mayer, JS Shin–Kim. Triterpene saponins from the Chinese drug "daxueteng" (Caulis Sargentodoxae). Planta Medica. 1991, 57(5): 468–470
5. ZL Li, GJ Liang, GY Xu. Studies on the chemical constituents of Sargent glory vine (Sargentodoxa cuneata). Chinese Traditional and Herbal Drugs. 1984, 15(7): 297–299
6. GQ Han, MN Chang, SB Hwang. The investigation of lignans from Sargentodoxa cuneata (Oliv.) Rehd. et Wils. Acta Pharmaceutica Sinica. 1986, 21(1): 68–70
7. J Chang, R Case. Phenolic glycosides and ionone glycoside from the stem of Sargentodoxa cuneata. Phytochemistry. 2005, 66(23): 2752–2758
8. Y Tian, HJ Zhang, AP Tu, JX Dong. Phenolics from traditional Chinese medicine Sargentodoxa cuneata. Acta Pharmaceutica Sinica. 2005, 40(7): 628–631
9. SC Mao, QQ Gu, CB Cui, B Han, B Cai, HB Liu. Phenolic compounds from Sargentodoxa cuneata (Oliv.) Rehd.et Wils. and their anti–tumor activities. Chinese Journal of Medicinal Chemistry. 2004, 14(6): 326–330
10. AG Damu, PC Kuo, LS Shi, CQ Hu, TS Wu. Chemical constituents of the stem of Sargentodoxa cuneata. Heterocycles. 2003, 60(7): 1645–1652

11. YQ Gao, DG Zhao, JH Liu, X Huo. Studies on the chemical constituents of the volatile oil from Caulis Sargentodoxae. Chinese Traditional Patent Medicine. 2004, 26(10): 843–845

12. JM Li, ZX Jin. Path analysis of anti–bacterial activity and secondary metabolite contents of Sargentodoxa cuneata leaves. Chinese Pharmaceutical Journal. 2006, 41(1): 13–18

13. JP Guo, J Pang, XW Wang, ZQ Shen, M Jin, JW Li. In vitro screening of traditionally used medicinal plants in China against enteroviruses. World Journal of Gastroenterology. 2006, 12(25): 4078–4081

14. L Zhu, DL Lin, CL Gu, YH Li, JG Gu, YD Shao, JY Wang, ZL Li. Effects of an aqueous extract of Sargentodoxa cuneata on platelet aggregation, coronary flow, thrombus formation, and plasma and platelet cAMP levels. Journal of Fudan University (Medical Sciences). 1986, 13(5): 346–350

15. HX Chen, BL Chen, YD Shao, ZL Li. Effects of Sargentodoxa cuneata water soluble extract on the coronary occluded rabbits. Journal of Fudan University (Medical Sciences). 1984, 11(03): 201–204

16. P Zhang, SQ Yan, YD Shao, ZL Li. Effect of some water soluble substances of Sargentodoxa cuneata on myocardial ischemia. Journal of Fudan University (Medical Sciences). 1988, 15(3): 191–194

17. SC Mao, CB Cui, QQ Gu. Research advances in the chemical and biological studies on Caulis Sargentodoxae. Natural Product Research and Development. 2003, 15(6): 559–562

18. YG Hu, XQ Chu, DH Dui, YP Tang. Experiment in abdominal adhesion after operation of prevention with Sargentodoxa cuneata refined fluids poured into abdominal cavity in dogs. Acta Academiae Medicinae Zunyi. 1993, 16(2): 17–20

19. YJ Li. Herbalogical study of jixueteng and daxueteng. Journal of Chinese Medicinal Materials. 2002, 25(9): 669–67

바위취 虎耳草 KHP

Saxifragaceae

Saxifraga stolonifera Curt.

Creeping Rockfoil

개 요

범의귀과(Saxifragaceae)

바위취(虎耳草, *Saxifraga stolonifera* Curt.)의 전초를 말린 것: 호이초(虎耳草)

중약명: 호이초(虎耳草)

범의귀속(*Saxifraga*) 식물은 전 세계에 약 400종이 있으며, 북극 지역, 북부 온대 지역 및 아메리카 남부에 분포한다. 중국에서 203종이 발견되고, 전국에서 생산되며 주로 중국 남서부, 청해성 및 감숙성의 고산 지대에 분포한다. 이 속에서 13종과 1변종이 약재로 사용된다. 이 종은 중국 동부, 중남부 및 남서부뿐만 아니라 일본과 한반도에도 분포한다.

"호이초"는 ≪이참암본초(履巉巖本草)≫에서 약으로 처음 기술되었다. 대부분의 고대 한방의서에 기술되어 있으며, 약용 종은 고대부터 동일하게 남아 있다. ≪대한민국약전외한약(생약)규격집≫(제4개정판)에는 "호이초"를 "바위취 *Saxifraga stolonifera* Linné (범의귀과 Saxifragaceae)의 전초"로 등재하고 있다. 의약 재료는 주로 중국의 동부 및 남서부뿐만 아니라 하북성, 산서성, 하남상, 호남성, 광서성, 광동성 및 대만에서 생산된다.

바위취에는 주로 쿠마린과 플라보노이드 성분이 함유되어 있다.

약리학적 연구에 따르면 바위취에는 강심, 이뇨 및 항종양 작용이 있음을 확인했다.

한의학에서 호이초는 소풍(疏風), 청열(淸熱), 양혈(凉血), 해독(解毒)의 효능이 있다.

바위취 虎耳草 *Saxifraga stolonifera* Curt.

바위취 虎耳草 KHP

호이초 虎耳草 Saxifragae Stoloniferae Herba

함유성분

잎에는 쿠마린 성분으로 bergenin[1], norbergenin[2]이 함유되어 있고, 플라보노이드 성분과 플라보노이드 배당체 성분으로 quercetin, quercitrin[1], saxifragin[3], 유기산 성분으로 chlorogenic acid[4], gallic acid, protocatechuic acid, succinic acid, mesaconic acid[1], 또한 arbutin[5]이 함유되어 있다.

줄기에는 폴리페놀 성분으로 catechol, 유기산과 그 염으로 γ-aminobutyric acid, K (-)-quinate[6]가 함유되어 있다.

뿌리에는 카테킨 성분으로 afzelechin[7], 정유 성분으로 α-pinene, cumene, terpinolene, p-cymene, linalool, α-terpineol, citronellol, geraniol, geranyl acetate, isovaleric acid[8]가 함유되어 있다.

saxifragin

bergenin

약리작용

1. 항종양
*In vitro*에서 전초의 에탄올 침지한 물 추출물은 전립선 암 세포와 랫드의 섬유 아세포의 증식을 억제하고 세포사멸을 유도했다[9-10].

2. 강심 작용
신선한 전초 액 또는 전초의 에탄올 추출물을 적출된 개구리 심장에 떨어뜨리면, 강심 효과가 있는 것으로 나타났다. 염화칼슘 효과에 비해 잠복기는 더디게 시작되었지만 효과의 지속 시간은 더 길었다.

3. 이뇨 작용
정맥 내 투여된 전초의 에탄올 추출물은 마취된 개와 의식이 있는 토끼에서 유의한 이뇨 효과를 나타냈다.

4. 항균 작용
*In vitro*에서 전초의 에탄올 추출물은 대장균의 성장을 유의하게 억제했다. 저용량은 또한 황색포도상구균의 성장을 억제했다[11].

5. 기타
베르게닌을 주사하면 랫드의 D-갈락토사민에 의한 간 손상에 대한 보호 효과가 있었다. 아르부틴은 멜라닌 형성을 억제하고 세포독성 작용을 나타냈다[13-14].

용도

1. 기침, 폐 농양, 투석
2. 중이염, 치통
3. 두드러기, 습진
4. 치질, 자궁출혈

해설

최근 몇 년 동안 바위취의 약리학적 효과에 대한 연구는 거의 없다. 그러나 전초에 함유되어 있는 베르게닌과 알부틴은 좋은 약리작용이 있으므로 전초에 대한 더 많은 연구가 필요하다.
바위취는 줄기가 길고, 기며 아래로 처지는 특성이 있다. 암석원에서 조경용으로 기르거나, 실내에 심거나 매다는 화분용으로 기르기에 좋은 장식용 식물이다.
바위취에는 멜라닌 형성을 억제 할 수 있는 아르부틴 성분이 함유되어 있다. 전초의 알코올 추출물은 프로테아제 억제 효능이 있어서, 주름을 방지하고 피부를 보다 탄력 있게 만들 수 있으므로, 항노화 및 미백 스킨케어 제품 개발에 사용될 수 있다[13, 15].

참고문헌

1. HW Luo, BJ Wu, JA Chen, ZR Liu. Constituents of the leaves of Saxifraga stolonifera. Journal of China Pharmaceutical University. 1988, 19(1): 1–3
2. M Taneyama, S Yoshida, M Kobayashi, H Masao. Studies on C–glycosides in higher plants. Part 3. Isolation of norbergenin from Saxifraga stolonifera. Phytochemistry. 1983, 22(4): 1053–1054
3. N Morita, M Shimizu, M Arisawa, M Koshi. Medicinal resources. XXXVI. Constituents of the leaves of Saxifraga stolonifera (Saxifragaceae). Chemical & Pharmaceutical Bulletin. 1974, 22(7): 1487–1489
4. Y Aoyagi, A Kasuga, S Fujihara, T Sugahara. Isolation of anti–oxidative compounds from Saxifraga stolonifera. Nippon Shokuhin Kagaku Kogaku Kaishi. 1995, 42(12): 1027–1030
5. M Taneyama, S Yoshida. Studies on C–glycosides in higher plants. II. Incorporation of glucose–^{14}C into bergenin and arbutin in Saxifraga stolonifera. Botanical Magazine. 1979, 92(1025): 69–73
6. T Aoki, T Hirata, T Harada, K Tominaga, T Suga. Biologically active chemical constituents of the stolons of Saxifraga stolonifera.

Physics and Chemistry. 1984 48(2): 81–85

7. AP Tucci, F Delle Monache, GB Marini–Bettolo. Occurrence of (+)–afzelechin in Saxifraga ligulata. Annali dell'Istituto Superiore di Sanita. 1969, 5(5–6): 555–556

8. H Kameoka, C Kitagawa. Constitution of Saxifraga stolonifera Meerb. II. Steam volatile oil obtained from the root. Yukagaku. 1976, 25(8): 490–493

9. JX Ding, LS Zhang, L Zhang, QH Zhang, YM Li, H Liu. The effect of Saxifraga stolonifera extract on prostate cancer cells apoptosis. Chinese Journal of Basic Medicine in Traditional Chinese Medicine. 2005, 11(12): 905–907

10. LS Zhang, JX Ding, QH Zhang, L Zhang, YM Li, H Liu. The inhibitory effect of Saxifraga stolonifera extract on the growth of fibroblasts in rats. Chinese Journal of Basic Medicine in Traditional Chinese Medicine. 2005, 11(12): 920, 922

11. SW Liu, YX Xu, HW Shi. Effect of ethanol extract of Saxifraga stolonifera Meerb on growth curve of bacterium. Journal of Anhui Agriculture Science. 2007, 35(4): 943–944, 946

12. HK Lim, HS Kim, HS Choi, J Choi, SH Kim, MJ Chang. Effects of bergenin, the major constituent of Mallotus japonicus against D–galactosamineinduced hepatotoxicity in rats. Pharmacology. 2001, 63(2): 71–75

13. SL Cheng, RH Liu, JN Sheu, ST Chen, S Sinchaikul, GJ Tsay. Toxicogenomics of A375 human malignant melanoma cells treated with arbutin. Journal of Biomedical Science. 2007, 14(1): 87–105

14. CX Zhang, YQ Sheng. Inhibition effect of arbutin and vitamin C–Na on the formation of melanin. Jiangsu Pharmacertical and Clinical Research. 2006, 14(4): 220–222

15. S Inomata, M Ota. Elastase inhibitors containing Saxifraga stolonifera extracts. Japan Kokai Tokkyo Koho. 1999: 8

야감초 野甘草

Scoparia dulcis L.

Sweet Broomwort

Scrophulariaceae

개 요

현삼과(Scrophulariaceae)

야감초(野甘草, *Scoparia dulcis* L.)의 전초를 말린 것: 야감초(野甘草, Scopariae Herba)

중약명: 야감초(野甘草)

야감초속(*Scoparia*) 식물은 약 10종이 있으며, 멕시코와 남아메리카에 분포하며, 이 종만 전 세계의 열대 지역에 분포한다. 중국에는 1종만 발견되며, 약재로 사용된다. 이 종은 주로 중국의 광동성, 광서성, 운남성, 복건성 및 홍콩에 분포한다. 열대 아메리카가 원산이며, 현재 전 세계의 열대 지역에 분포한다.

야감초는 전통 민간약이며 복건성의 민간 약초, 복건성 남부의 민간 약초, 광서성의 한약재, 광동성의 한약재로 기록되어 있다. 다른 이름은 빙당초(冰糖草)이다. 또한 브라질의 민간요법에서 기관지염, 위장병, 치질, 벌레에 물린 상처나 외상 치료에 사용된다[1].

의약 재료는 주로 중국의 광동성, 광서성, 운남성, 복건성에서 생산되며, 뿐만 아니라 전 세계의 열대 지역에서도 생산된다.

야감초에는 주로 디테르페노이드, 플라보노이드 및 리그난 성분이 함유되어 있다. 디테르페노이드는 활성 성분이다.

약리학적 연구에 따르면 야감초에는 항바이러스, 항균, 항종양 및 혈당강하 작용이 있음을 확인했다.

민간요법에 따르면 야감초는 소풍지해(疏風止咳), 청열이습(清熱利濕)의 효능이 있다.

야감초 野甘草 *Scoparia dulcis* L.

야감초 野甘草

야감초 野甘草 Scopariae Herba

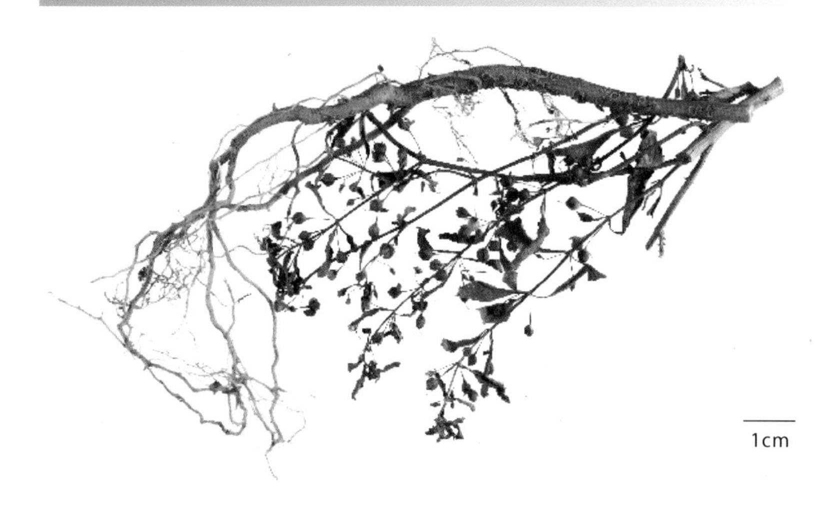

함유성분

신선한 잎에는 플라보노이드 성분으로 7−O−methylscutellarein, scutellarein, scutellarein−7−O−βD−glucuronide[2]가 함유되어 있다.
지상부에는 디테르페노이드 성분으로 iso−dulcinol, 4−epi−scopadulcic acid B, dulcidiol, scopanolal, dulcinol, scopadulciol, scopadiol[3], scopadulcic acids A, B, C[4], scopadulin[5], scoparic acids A, B, C[6], 리그난 성분으로 nirtetralin, niranthin[4], 트리테르페노이드 성분으로 betulinic acid, lupeol[4], 플라보노이드 성분으로 acacetin, kumatakenin[4], eugenyl−β−D−glucopyranoside[7], hymenoxin[8], linarin, luteolin, versulin, scutellarein, vitexin, luteolin−7−glucoside, vicenin−2, scutellarin[9]이 함유되어 있다.
뿌리에는 benzoxazolinone 성분으로 coixol과 트리테르페노이드 성분으로 ifflaionic acid[10]가 함유되어 있다.
또한 friedelin[11], glutinol[12], α−amyrin, betulinic acid[13]와 같은 트리테르페노이드 성분이 분리되었다.

OH H O O H O

scopadulciol

HO HO OH O O OH

scutellarein

약리작용

1. 항바이러스

*In vitro*에서 스코파둘스산 B는 단순헤르페스바이러스-1(HSV-1) 감염의 초기 단계에 영향을 줌으로써 바이러스 복제를 억제했다. 바이러스가 햄스터에 이식되었을 때, 스코파둘스산 B를 정맥 내 또는 복강 내로 투여하면 헤르페스 병변의 출현을 연장시키고 생존 기간을 연장시켰다[14]. HSV-1 복제 후 스코파둘시올은 감염된 세포에서 바이러스성 단백질 합성을 억제하여 바이러스 사멸 효과를 나타냈다[15]. *In vitro*에서 아카세틴은 감염된 세포에서의 바이러스성 단백질 합성과 HSV-1의 복제를 억제했다. 고용량으로도 바이러스 사멸 효과가 있었다[16].

2. 항균 작용

전초의 메탄올 추출물의 클로로포름 분획은 장티푸스균, 황색포도상구균, 대장균, 녹농균과 같은 균뿐만 아니라 알터나리아 마크로스포라, 칸디다 알비칸스, 흑색국균과 같은 균을 *in vitro*에서 유의하게 억제했다[17]. 메틸렌 클로라이드, n-부틸 알코올 및 메탄올 추출물의 수용성 분획은 클렙시엘라 폐렴, 프로테우스 미라빌리스 및 스트렙토코커스 파이오네스를 유의하게 억제했다. 메틸렌 클로라이드와 수용성 분획은 또한 녹농균과 황색포도상구균을 억제했다[18]. 4-에피스코파둘스산 B는 황색포도상구균과 메티실린 내성 황색포도상구균 B26 및 K1을 *in vitro*에서 선택적으로 억제했다[4].

3. 항종양

MTT 연구에서 4-에피스코파둘스산 B, 둘시디올, 이소둘시놀 및 스코파둘스산 C와 같은 디테르페노이드 성분은 구강의 상피세포 암종 헤테로플로이드 KB 세포에 대한 세포독성 효과를 나타냈다[4]. *In vitro*에서 이소-둘시놀 및 4-에피-스코파둘스산 B와 같은 디테르노이드는 인간 위암 SCL, SCL-6, SCL-37'6, SCL-9, Kato-3 및 NUGC-4 세포에 다양한 정도로 세포독성 효과를 나타냈다[3]. *In vitro* 및 *in vitro*에서 스코파둘스산 B는 배양된 세포에서 12-O-테트라데카노일포르볼-13-아세테이트(TPA)에 의해 유도된 종양 세포 성장과 TPA로 촉진된 인지질 합성을 억제했다. 또한 마우스에서 7,12-디메틸벤즈안트라센에 의해 유도된 TPA로 촉진된 피부 종양 형성을 억제했다[19]. 스코파둘스산 B를 경구 또는 복강 내 투여하면 에를리히 복수 종양 세포를 이식한 마우스의 평균 생존 시간을 체중에 영향을 주지 않으면서 연장시켰다[20]. 하이메녹신은 사람의 정상 세포보다 종양 세포에서 더 좋은 세포독성 감수성을 보였다[8].

4. 혈당강하 작용

전초의 물 추출물을 경구 투여하면 스트렙토조신으로 유도된 당뇨병을 가진 랫드의 혈당 수준을 유의하게 감소시켰으며, 혈장 인슐린을 증가시켰고, 치오바르비투르산 반응성 물질 및 하이드로퍼옥시드를 감소시켰으며, 과산화물 불균등화효소, 카탈라아제 및 글루타치온 과산화효소의 활성을 증가시켰다. 또한 감소된 글루타티온 및 글루타티온 S-트랜스퍼라제를 증가시켜 혈당강하 효과를 나타냈다[21]. 전초의 물 추출물은 또한 적혈구 세포막에서 인슐린의 결합 부위 수를 증가시키고, 인슐린의 선택적 결합을 증가시키며, 인슐린 친화성을 회복시키고, 혈장 인슐린 수치를 유의하게 증가시켰다[22]. 또한 혈당과 혈장 당단백질을 유의하게 감소시켰으며, 혈장 인슐린과 조직 시알산을 유의하게 증가시켰고, 조직 내 헥소오스, 헥소사민 및 푸코오스의 수준을 회복시켰다[23]. 또한 랑게르한스섬 세포 RINm5F에서 지질과산화물과 일산화질소의 생성을 현저히 감소시켰으며, 스트렙토조신에 의한 세포독성 효과를 감소시켰다[24-25].

5. 항고지혈증 효과

전초의 물 추출물을 경구 투여하면 스트렙토조신에 의한 당뇨병 및 정상 랫드의 혈장과 조직에서 콜레스테롤, 트리글리세라이드, 유리 지방산 및 저밀도 지단백질의 수준을 유의하게 감소시켜 항고지혈증 효과를 나타냈다[26].

6. 항염 및 진통 작용

전초의 에탄올 추출물을 경구 투여하면 마우스에서 아세트산에 의한 뒤틀림 반응을 감소시켰다. 전초의 에탄올 추출물과 글루티놀을 경구 투여하면 랫드의 카라기닌, 글루칸 및 히스타민에 의해 유발된 뒷다리 부종과 흉막염을 감소시켰다. 항염 효과는 글루티놀과 플라보노이드 함량과 관련이 있다[27].

7. 교감신경 흥분 효과

정맥 내 투여된 전초의 에탄올 추출물은 마취된 랫드에서 혈압을 증가시켰다. 그 효과는 혈압강하제 프라조신에 의해 차단될 수 있다. 전초의 에탄올 추출물의 수용성 분획은 랫드에서 좌심방 심장근육의 수축성을 향상시켰고, 그 효과는 프로프라놀롤에 의해 차단될 수 있었다. 또한 기니피그에서 히스타민에 의해 유발된 기관 수축을 억제했는데, 이것은 프로프라놀롤에 의해 차단될 수 있었다. 고혈압 및 수축 작용은 카테콜아민의 함량과 관련이 있다[1].

8. 위장에서 프로톤 펌프의 억제

스코파둘스산 B는 돼지 위의 프로톤 펌프의 수소이온/칼륨-ATPase 활성을 유의하게 억제하여, 보호 효과를 나타냈다[28].

9. 기타

전초에는 또한 진정 효과가 있다[27]. 스코파둘스산 A는 *in vitro*에서 악성 말라리아원충을 억제했다[29]. 동물 연구에 의하면 스코파디올은 진통, 항염, 진정 및 이뇨 효과가 있는 것으로 나타났다[28].

야감초 野甘草

용도

1. 열, 기침, 인후통
2. 장염, 이질
3. 배뇨 곤란, 각기병
4. 습진, 열 발진

해설

야감초의 화학 성분에 대한 최근의 연구에 따르면, 디테르페노이드, 특히 스코파르산 A와 B, 스코파둘시올 및 스코파둘린이 세계적으로 주목을 받고 있다. 약리학적 연구에서, 이들 모든 디테르페노이드 성분은 다양한 정도의 항바이러스성, 혈당강하 및 항종양 효과를 나타냈다. 위의 연구는 간 질환과 당뇨병의 치료 및 종양에 대한 활성에서 야감초의 임상적 적용에 대한 이론적 기초를 뒷받침하고 있다. 한편 또 다른 연구 결과에 따르면 디테르페노이드는 다양한 질병 치료를 위한 주요 활성 성분임이 밝혀졌다. 그러므로 그 약리학적 활성에 대한 추가적인 연구가 필요하다.

참고문헌

1. SM De Farias Friere, LM Brandao Torres, C Souccar, AJ Lapa. Sympathomimetic effects of Scoparia dulcis L. and catecholamines isolated from plant extracts. Journal of Pharmacy and Pharmacology. 1996, 48(6): 624-628
2. P Ramesh, AG Nair, SS Subramanian. Flavonoids of Scoparia dulcis and Stemodia viscosa. Current Science. 1979, 48(2): 67
3. M Ahsan, SN Islam, AI Gray, WH Stimson. Cytotoxic diterpenes from Scoparia dulcis. Journal of Natural Products. 2003, 66(7): 958-961
4. MG Phan, TS Phan, K Matsunami, H Otsuka. Chemical and biological evaluation on scopadulane-type diterpenoids from Scoparia dulcis of Vietnamese origin. Chemical & Pharmaceutical Bulletin. 2006, 54(4): 546-549
5. T Hayashi, M Kawasaki, Y Miwa, T Taga, N Morita. Anti-viral agents of plant origin. III. Scopadulin, a novel tetracyclic diterpene from Scoparia dulcis L. Chemical & Pharmaceutical Bulletin. 1990, 38(4): 945-947
6. T Hayashi, M Kawasaki, K Okamura, Y Tamada, N Morita, Y Tezuka, T Kikuchi, Y Miwa, T Taga. Scoparic acid A, a β-glucuronidase inhibitor from Scoparia dulcis. Journal of Natural Products. 1992, 55(12): 1748-1755
7. YS Li, XG Chen, M Satake, Y Oshima, Y Ohizumi. Acetylated flavonoid glycosides potentiating NGF action from Scoparia dulcis. Journal of Natural Products. 2004, 67(4): 725-727
8. T Hayashi, K Uchida, K Hayashi, S Niwayama, N Morita. A cytotoxic flavone from Scoparia dulcis L. Chemical & Pharmaceutical Bulletin. 1988, 36(12): 4849-4851
9. M Kawasaki, T Hayashi, M Arisawa, N Morita, LH Berganza. 8-Hydroxytricetin 7-glucuronide, a β-glucuronidase inhibitor from Scoparia dulcis. Phytochemistry. 1988, 27(11): 3709-3711
10. CM Chen, MT Chen. 6-Methoxybenzoxazolinone and triterpenoids from roots of Scoparia dulcis. Phytochemistry. 1976, 15(12): 1997-1999
11. C Kamperdick, TP Lien, TV Sung, G Adam. 2-Hydroxy-2 H-1,4-benzoxazin-3-one from Scoparia dulcis. Pharmazie. 1997, 52(12): 965-966
12. T Hayashi, S Asano, M Mizutani, N Takeguchi, T Kojima, K Okamura, N Morita. Scopadulciol, an inhibitor of gastric hydrogen ion/potassium-ATPase from Scoparia dulcis, and its structure-activity relationships. Journal of Natural Products. 1991, 54(3): 802-809
13. SB Mahato, MC Das, NP Sahu. Triterpenoids of Scoparia dulcis. Phytochemistry. 1981, 20(1): 171-173
14. K Hayashi, S Niwayama, T Hayashi, R Nago, H Ochiai, N Morita. In vitro and in vivo anti-viral activity of scopadulcic acid B from Scoparia dulcis, Scrophulariaceae, against herpes simplex virus type 1. Antiviral Research. 1988, 9(6): 345-354
15. K Hayashi, T Hayashi. Scopadulciol is an inhibitor of herpes simplex virus type 1 and a potentiator of aciclovir. Antiviral Chemistry &

Chemotherapy. 1996, 7(2): 79-85

16. K Hayashi, T Hayashi, M Arisawa, N Morita. Anti-viral agents of plant origin. Anti-herpetic activity of acacetin. Antiviral Chemistry & Chemotherapy. 1993, 4(1): 49-53

17. M Latha, KM Ramkumar, L Pari, PN Damodaran, V Rajeshkannan, T Suresh. Phytochemical and anti-microbial study of an anti-diabetic plant: Scoparia dulcis L. Journal of Medicinal Food. 2006, 9(3): 391-394

18. SA Begum, N Nahar, M Mosihuzzaman. Chemical and biological studies of Scoparia dulcis L. plant extracts. Journal of Bangladesh Academy of Sciences. 2000, 24(2): 141-148

19. H Nishino, T Hayashi, M Arisawa, Y Satomi, A Iwashima. Anti-tumor-promoting activity of scopadulcic acid B, isolated from the medicinal plant Scoparia dulcis L. Oncology. 1993, 50(2): 100-103

20. K Hayashi, T Hayashi, N Morita. Cytotoxic and anti-tumor activity of scopadulcic acid from Scoparia dulcis L. Phytotherapy Research. 1992, 6(1): 6-9

21. L Pari, M Latha. Anti-diabetic effect of Scoparia dulcis: effect on lipid peroxidation in streptozotocin diabetes. General Physiology and Biophysics. 2005, 24(1): 13-26

22. L Pari, M Latha, CA Rao. Effect of Scoparia dulcis extract on insulin receptors in streptozotocin induced diabetic rats: Studies on insulin binding to erythrocytes. Journal of Basic and Clinical Physiology and Pharmacology. 2004, 15(3-4): 223-240

23. M Latha, L Pari. Effect of an aqueous extract of Scoparia dulcis on plasma and tissue glycoproteins in streptozotocin induced diabetic rats. Pharmazie. 2005, 60(2): 151-154

24. M Latha, L Pari, S Sitasawad, R Bhonde. Scoparia dulcis, a traditional anti-diabetic plant, protects against streptozotocin induced oxidative stress and apoptosis in vitro and in vivo. Journal of Biochemical and Molecular Toxicology. 2004, 18(5): 261-272

25. M Latha, L Pari, S Sitasawad, R Bhonde. Insulin-secretagogue activity and cytoprotective role of the traditional anti-diabetic plant Scoparia dulcis (Sweet Broomweed). Life Sciences. 2004, 75(16): 2003-2014

26. L Pari, M Latha. Anti-hyperlipidemic effect of Scoparia dulcis (sweet broomweed) in streptozotocin diabetic rats. Journal of Medicinal Food. 2006, 9(1): 102-107

27. SM de Farias Freire, JA da Silva Emim, AJ Lapa, C Souccar, SM Freire. Analgesic and anti-inflammatory properties of Scoparia dulcis L. extracts and glutinol in rodents. Phytotherapy Research. 1993, 7(6): 408-414

28. T Hayashi, K Okamura, M Kakemi, S Asano, M Mizutani, N Takeguchi, M Kawasaki, Y Tezuka, T Kikuchi, N Morita. Scopadulcic acid B, a new tetracyclic diterpenoid from Scoparia dulcis L. Its structure, hydrogen ion-potassium adenosine triphosphatase inhibitory activity and pharmacokinetic behavior in rats. Chemical & Pharmaceutical Bulletin. 1990, 38(10): 2740-2745

29. MA Riel, DE Kyle, WK Milhous. Efficacy of scopadulcic acid A against Plasmodium falciparum in vitro. Journal of Natural Products. 2002, 65(4): 614-615

30. M Ahmed, HA Shikha, SK Sadhu, MT Rahman, BK Datta. Analgesic, diuretic, and anti-inflammatory principle from Scoparia dulcis. Pharmazie. 2001, 56(8), 657-660

개구리발톱 天葵 [CP]

Semiaquilegia adoxoides (DC.) Makino
Muskroot-like Semiaquilegia

개 요

미나리아재비과(Ranunculaceae)

개구리발톱(天葵, *Semiaquilegia adoxoides* (DC.) Makino)의 덩이뿌리를 말린 것: 천규자(天葵子)

중약명: 천규자(天葵子)

개구리발톱속(*Semiaquilegia*) 식물은 세계에 오직 1종만 있으며, 약재로 사용된다. 양자강 유역의 아열대 지역뿐만 아니라 일본에도 분포한다.

"개구리발톱"은 ≪본초도경(本草圖經)≫에서 약으로 처음 기술되었다. 대부분의 고대 한방의서에 기술되어 있으며, 약용 종은 고대부터 동일하게 남아 있다. 이 종은 중국약전(2015)에 한약재 천규자(Semiaquilegiae Radix)의 공식적인 기원식물 내원종으로서 등재되어 있다. 의약 재료는 주로 중국의 호북성, 호남성 및 강소성에서 생산된다.

개구리발톱에는 주로 알칼로이드, 디테르페노이드, 시안 배당체, 벤조푸란 성분이 함유되어 있다. 중국약전은 의약 물질의 품질관리를 위해 관능검사감별법, 형광검사법 및 화학적 정성 분석법을 사용한다.

약리학적 연구에 따르면 개구리발톱에는 항균 작용이 있음을 확인했다.

한의학에서 천규자는 청열해독(清熱解毒), 소종산결(消腫散結)의 효능이 있다.

개구리발톱 天葵 *Semiaquilegia adoxoides* (DC.) Makino

천규자 天葵子 Semiaquilegiae Radix

함유성분

덩이뿌리에는 주로 알칼로이드 성분으로 magnoflorine[1], thalifendine[2], semiaquilegine A[3], 디테르페노이드 성분으로 E−semiaquilegin, Z−semiaquilegin[4], semiaquilegoside A[5], 플라보노이드 성분으로 semiaquilinoside[6], 시안화수소생성 배당체 성분으로 lithospermoside, menisdaurin, ehretioside B[7], (1E,4a,5b,6a)−4,5,6−trihydroxy−2−cyclohexen−1−ylideneacetonitrile[8], 벤조퓨란 성분으로 griffonilide, menisdaurilide, aquilegiolide[7], 아미드 성분으로 lyciumamide[9], 니트로에칠페놀성 배당체 성분으로 thalictricoside[7], 또한 cirsiumaldehyde[9], p−hydroxyphenylethanol[2]이 함유되어 있다.

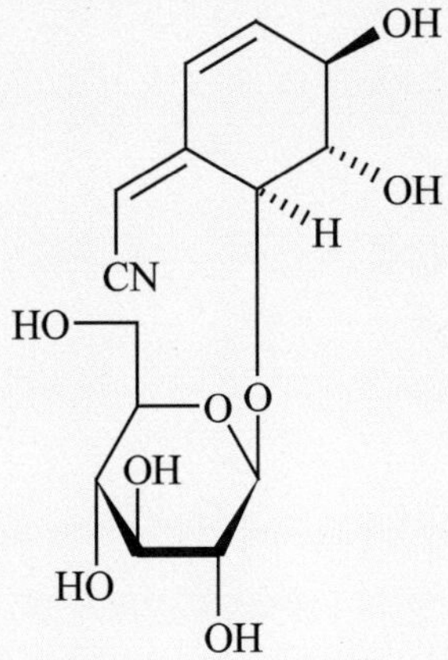

lithospermoside

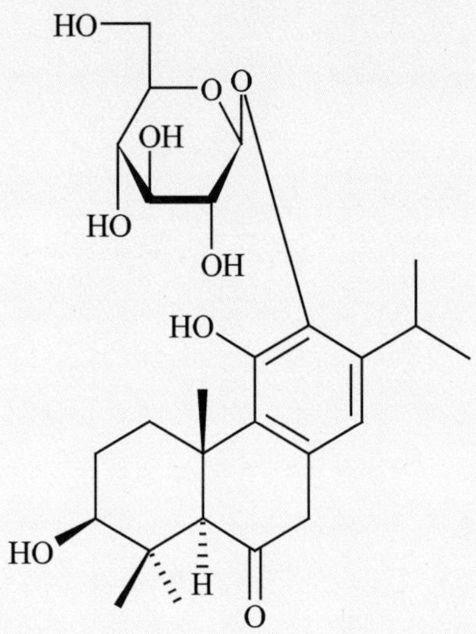

semiaquilegoside A

약리작용

1. 항균 작용
판지 디스크 방법은 덩이뿌리의 100% 탕액이 황색포도상구균을 억제한다는 것을 나타냈다.

용도

1. 유아 경련, 간질
2. 옹, 유방염, 연주창, 가려움
3. 인후통, 비인두 암종
4. 발열성 배뇨 곤란, 요로결석

해설

전초를 약으로 사용하면, 천규초(天葵草)라고 하며 해독소종(解毒消腫), 이수통림(利水通淋)의 효능이 있어서 연주창, 옹, 사교상(蛇咬傷) 및 벌레 물림, 탈장 및 요실금 및 배뇨통 증상을 개선한다.
씨를 약으로 사용하면 천년노서시종자(千年老鼠屎種子)라고 한다. 그 해독(解毒), 산결(散結)의 효능이 있어서 유방 농양, 연주창, 아픈 독성, 기능 장애 자궁 출혈, 백대하 과잉, 그리고 소아 경련의 증상을 개선한다.
덩이뿌리의 에탄올 추출물은 다이아몬드백나방에 대한 우수한 섭식 저해 활동이 있다. 배추좀나방의 유충, 애벌레 및 부화에 영향을 미치므로 천연 살충제로 연구 개발될 수 있다[10].
개구리발톱은 민간요법에서 이하선염의 치료에 현저한 효능이 있다. 체계적인 약리학적 연구가 없었기 때문에, 향후 연구가 필요하다.

참고문헌

1. QB Han, B Jiang, SX Mei, G Ding, HD Sun, JX Xie, YZ Liu. Constituents from the roots of Semiaquilegia adoxoides. Fitoterapia. 2001, 72(1): 86-88
2. YF Su, HY Lan, ZX Zhang, CY Guo, DA Guo. Chemical constituents of Semiaquilegia adoxoides. Chinese Traditional and Herbal Drugs. 2006, 37(1): 27-29
3. F Niu, Z Cui, HT Chang, Y Jiang, FK Chen, PF Tu. Constituents from the roots of Semiaquilegia adoxoides. Chinese Journal of Chemistry. 2006, 24(12): 1788-1791
4. F Niu, HT Chang, Y Jiang, Z Cui, FK Chen, JZ Yuan, PF Tu. New diterpenoids from Semiaquilegia adoxoides. Journal of Asian Natural Products Research. 2005, 8(1-2): 87-91
5. F Niu, Z Cui, Q Li, HT Chang, Y Jiang, L Qiao, PF Tu. Complete assignments of ^{1}H and ^{13}C NMR spectral data for a novel diterpenoid from Semiaquilegia adoxoides. Magnetic Resonance in Chemistry. 2006, 44(7): 724-726
6. YZ Liu, JQ Wang, L Xie, CH He, JX Xie. Studies on the chemical constituents of muskroot-like semiaquilegia (Semiaquilegia adoxoides) I. the structure of semiaquilinoside. Chinese Traditional and Herbal Drugs. 1999, 30(1): 5-7
7. F Niu, ZQ Niu, GB Xie, F Meng, GE Zhang, Z Cui, PF Tu. Development of an HPLC fingerprint for quality control of Radix Semiaquilegiae. Chromatographia. 2006, 64(9-10): 593-597
8. H Zhang, ZX Liao, JM Yue. Cyano- and nitro-containing compounds from the roots of Semiaquilegia adoxoides. Chinese Journal of Chemistry. 2004, 22(10): 1200-1203
9. JH Zou, JS Yang. Study on chemical constituents isolated from Semiaquilegia adoxoides. Chinese Pharmaceutical Journal. 2004, 39(4): 256-257
10. M Li, QB Ji, X Zeng, JW Xiong, JC Kang. Study on biological activity of extract from Semiaquilegia adoxoides (DC.) Makino to insect I. Anti-feeding of the extract to Plutella xylostella (Linne). Journal of Guizhou Agricultural College. 1997, 16(3): 27-30

천리광 千里光

Asteraceae

Senecio scandens Buch. -Ham. ex D. Don
Climbing Groundsel

개 요

국화과(Asteraceae)
천리광(千里光, *Senecio scandens* Buch. –Ham. ex D. Don)의 지상부를 말린 것: 천리광(千里光)
중약명: 천리광(千里光)
솜방망이속(*Senecio*) 식물은 약 1000종이 있으며, 남극 대륙을 제외하고 전 세계에 걸쳐 분포한다. 중국에는 63종이 발견되며, 약 18종이 약재로 사용된다. 이 종은 중국 산서성, 호북성, 사천성, 귀주성, 운남성, 안휘성, 절강성, 강서성, 복건성, 호남성, 광동성, 광서성, 티베트, 홍콩 및 대만에 분포한다. 인도, 네팔, 부탄, 미얀마, 태국, 필리핀 및 일본에도 분포한다.
천리광은 ≪본초습유(本草拾遺)≫에서 "천리급(千里及)"이란 이름의 약으로 처음 기술되었다. 대부분의 고대 한방의서에 기술되어 있다. 이 종은 한약재 천리광(Senecionis Scandentis Herba)의 공식적인 기원식물 내원종으로서 광동성중약재표준에 등재되어 있다. 의약 재료는 주로 중국의 강소성, 절강성, 광서성 및 사천성에서 생산된다.
천리광에는 주로 알칼로이드, 플라보노이드, 트리테르페노이드, 자카라논 배당체 및 정유 성분이 함유되어 있다. 한약재에 대한 광동성중약재표준은 의약 물질의 품질관리를 위해 관능검사법을 사용한다.
약리학적 연구에 따르면 천리광에는 항균, 항산화 및 항바이러스 작용이 있음을 확인했다.
한의학에서 천리광은 청열해독(清熱解毒), 청간명목(清肝明目), 살충지양(殺蟲止痒)의 효능이 있다.

천리광 千里光 *Senecio scandens* Buch. -Ham. ex D. Don

천리광 千里光

천리광 千里光 Senecionis Scandentis Herba

함유성분

전초에는 알칼로이드 성분으로 senecionine, seneciphylline[1], adonifoline[2]이 함유되어 있고, 플라보노이드 성분으로 hyperoside, linarin[2], 트리테르페노이드 성분으로 lupenone, oleanane[2], 스테로이드 성분으로 β−sitosterol, daucosterol[2], jacaranone 배당체 성분으로 2,6−bis(1−hydroxy−4−oxo−2,5−cyclohexadiene−1−acetate)−D−glucose, 1,6−bis(1−hydroxy−4−oxo−2,5−cyclohexadiene−1−acetate)−D−glucopyranose[3], 락톤 성분으로 senecio lactone[4], 정유 성분으로 linalool, eugenol, p−cymene, borneol, elemene, caryophyllene[5], 페놀산 성분으로 vanillic acid, pyromucic acid[6]가 함유되어 있다.
또한, 꽃에는 카로티노이드 성분으로 flavoxanthin, chrysanthemaxanthin, β−carotene[7]이 함유되어 있다.

HO O O O O N

senecionine

약리작용

1. 항균 작용
   전초의 탕액은 *in vitro*에서 황색포도상구균, 폐렴연쇄상구균, β-용혈성 연쇄상구균, 헤모필루스 인플루엔자[8], 장염균, 대장균, 탄저균[9], 고초균[10], 클렙스로에플 바실루스, 장티푸스균, 바실루스 프로테우스, 시겔라 디센테이아[11]의 성장에 대한 강력하고 광범위한 항균 효과를 보였다. *In vitro*에서 또한 알코올 침지한 수성 추출물을 복강 내 투여하면 마우스에서 장염균, 대장균, 용혈성 연쇄 구균 및 포도상 구균에 의한 감염을 유의하게 억제하는 것으로 나타났다[12].

2. 항산화 작용
   *In vitro*에서 전초의 물 추출물은 랫드의 적혈구 용혈을 효과적으로 억제하고 균질화된 뇌와 신장에서 지질과산화를 억제하여, 과산화물 음이온과 히드록시 라디칼의 상당한 소거 작용을 나타내지만, 제한된 산화 효과만을 나타냈다[13-14].

3. 항바이러스
   전초의 물 추출물은 인체 면역결핍 바이러스(HIV)를 억제했다[15,16].

4. 간 보호
   전초의 물 추출물을 경구 투여하면 마우스에서 CCl_4로 유도된 혈청 알라닌아미노기전이효소(ALT)와 아스파테이트아미노기전이효소(AST)의 증가를 유의하게 억제했고, 간 조직의 병리학적 변화를 억제하여, 간 손상에 대한 보호 효과를 나타냈다[17].

5. 기타
   *In vitro*에서 전초의 탕액은 렙토스피라의 성장을 억제했다. 위 내약으로 투여하면, 렙토스피라에 의한 감염으로부터 토끼, 기니피그, 랫드 및 마우스를 보호했다. *In vitro*에서 전초의 탕액은 인간 질트리코모나스 또한 억제했다.

용도

1. 열, 패혈증
2. 결막염, 중이염
3. 습진, 염증, 절종(癤腫), (뜨거운 물김에) 데인 상처 및 (불에) 덴 상처
4. 설사, 이질

해설

천리광은 국화과(Asteraceae)의 *Blumea megacephala* (Rand.) Chang et Tseng[18] 및 *Aster turbinatus* S. Moore[19]와 종종 혼동되는 약용 종이다.

참고문헌

1. V Batra, TR Rajagopalan. Alkaloidal constituents of Senecio scandens. Current Science. 1977, 46(5): 141
2. LX Chen, HY Ma, M Zhang, CF Zhang, ZT Wang. Studies on constituents in herb of Senecio scandens. China Journal of Chinese Materia Medica. 2006, 31(22): 1872–1875
3. XY Tian, YH Wang, QY Yang, X Liu, WS Fang, SS Yu. Jacaranone glycosides from Senecio scandens. Journal of Asian Natural Products Research. 2005, 8(1–2): 125–132
4. XY Tian, YS Wu, NB Gong, Y Lu, WS Fang. (3aRS,7aRS)–3a–Hydroxy– 3,3a,7,7a–tetrahydrobenzofuran–2,6–dione. Acta Crystallographica. 2006, E62(2): o458–o459
5. X Zhou, C Zhao, XS Yang. Analysis of chemical constituents of volatiel oil of Senecio scandens by GC–MS. Chinese Traditional and Herbal Drugs. 2001, 32(10): 880–881
6. SF Wang, DJ Tu. Studies on the chemical constituents of Senecio scandens Buch.–Ham. Acta Pharmaceutica Sinica. 1980, 15(8): 503–505

7. LRG Valadon, RS Mummery. Carotenoids of certain compositae flowers. Phytochemistry. 1967, 6(7): 983–988
8. MR Chen, HT Ding, H Wang, JX Liang. Study on the bacteriostatic activity of different extract from groundsel. Journal of Jiangxi University of Traditional Chinese Medicine. 2002, 14(4): 15
9. JJ Chen, JH Wang, GX Geng, JM Zhou, JF Li, ZQ Xue. The chemical compositions and anti–bacterial effects of Senecio scandens Buch.–Ham. Progress in Veterinary Medicine. 1999, 20(4): 35–37
10. JS Wang, JC Pan. The determination of extracting optimum time for groundsel pountet ingredient. Journal of Hubei Normal University (Natural Science). 2000, 20(3): 48–53
11. JZ Xia. Bacteriostatic test in vitro of five Chinese medicinal herbs including Senecio scandens. Chinese Journal of Microecology. 1997, 9(4): 50
12. JJ Chen, JH Wang, JM Zhou. Anti–bacterial effects and safety assessment of modified injection from Senecio scandens Buch.–Ham. Chinese Journal of Veterinary Science. 2001, 21(6): 608–609
13. F Liu, ZB Wu, SM Niu, JS He, LJ Xing. Studies on anti–oxidative and free radical scavenging activities of Chinese herbs. Chinese Pharmaceutical Journal. 2001, 36(7): 442–445
14. F Liu, TB Ng. Anti–oxidative and free radical scavenging activities of selected medicinal herbs. Life Sciences. 2000, 66(8): 725–735
15. LH Wang, LY Qi. Open–up research on Chinese drugs for anti–AIDS. Jilin Journal of Traditional Chinese Medicine. 2002, 22(3): 59–60
16. RA Collins, TB Ng, WP Fong, CC Wan, HW Yeung. A comparison of human immunodeficiency virus type 1 inhibition by partially purified aqueous extracts of Chinese medicinal herbs. Life Sciences. 1997, 60(23): PL345–PL351
17. ZJ Tan, HW Tian, ZY Peng. Study of protective effect of Senecio scandens Buch.–Ham. on chemical liver injury. Sichuan Journal of Physiological Sciences. 2000, 22(1): 20–23
18. B He. Microscopic identification and comparison of stem of Senecio scandens and its spurious breed Blumea megaophala. Guangxi Journal of Traditional Chinese Medicine. 2000, 23(4): 53–54
19. XR He, HJ Wang. Macroscopic identification of Senecio scandens and Aster turbinatus. Chinese Journal of Experimental Traditional Medical Formulae. 2006, 12(7): 15, 23

광엽발계 光葉菝葜 CP, KHP, JP, VP

Liliaceae

Smilax glabra Roxb.

Glabrous Greenbrier

개 요

백합과(Liliaceae)

광엽발계(光葉菝葜, *Smilax glabra* Roxb.)의 뿌리줄기를 말린 것: 토복령(土茯苓)

중약명: 광엽발계(光葉菝葜)

밀나물속(*Smilax*) 식물은 전 세계에 약 300종이 있으며, 동부 아시아와 북아메리카의 온대 지역뿐만 아니라 전 세계의 열대 지역에 분포하고, 지중해 지역에서 소량 생산된다. 중국에는 약 60종과 일부 변종이 발견되며, 주로 양자강 이남에 분포한다. 약 17종이 약재로 사용된다. 이 종은 중국의 감숙성, 산서성, 강소성, 안휘성, 절강성, 강서성, 복건성, 호북성, 호남성, 광동성, 광서성, 사천성, 귀주성, 운남성, 홍콩 및 대만에 분포한다. 베트남, 태국, 인도에도 분포한다.

광엽발계는 ≪본초경집주(本草經集注)≫에 "우여량(禹余粮)"의 이름으로 약으로 처음 기술되었다. 대부분의 고대 한방의서에 기술되어 있다. 이 종은 토복령(Smilacis Glabrae Rhizoma)의 공식적인 기원식물 내원종으로서 중국약전(2015)에 등재되어 있다. ≪대한민국약전외한약(생약)규격집≫(제4개정판)에는 "토복령"을 "청미래덩굴 *Smilax china* Linné 또는 광엽발계(光葉菝葜) *Smilax glabra* Roxburgh (백합과 Liliaceae)의 뿌리줄기"로 등재하고 있다. 의약 재료는 주로 중국의 광동성, 호남성, 호북성, 절강성, 사천성, 안휘성, 복건성, 강서성, 광서성 및 강소성에서 생산된다.

광엽발계에는 주로 사포닌, 플라보노이드 및 스틸벤 성분이 함유되어 있다. 중국약전은 의약 물질의 품질관리를 위해 알코올 추출법에 따라 시험할 때 알코올 용해 추출물의 함량이 15% 이상이어야 한다고 규정하고 있다.

약리학적 연구에 따르면 광엽발계에는 심혈관계를 보호하고, 항염, 항균, 간 보호 및 혈당강하 작용이 있음을 확인했다.

한의학에서 토복령은 제습(除濕), 해독(解毒), 통리관절(通利關節)의 효능이 있다.

광엽발계 光葉菝葜 *Smilax glabra* Roxb.

광엽발계 光葉菝葜 CP, KHP, JP, VP

토복령 土茯苓 Smilacis Glabrae Rhizoma

함유성분

뿌리줄기에는 플라보노이드 배당체 성분으로 astilbin, isoastilbin[1-2], neoastilbin, neoisoastilbin[3], smiglabrin[4], neosmitilbin[5], engeletin[6], isoengeletin[7], tufulingoside[8], 7,6'-dihydroxy-3'-methoxyisoflavone[9], smitilbin, taxifolin, eucryphin[10]이 함유되어 있고, 페닐프로파노이드 배당체 성분으로 smiglasides A, B, C, D, E[11], 스테로이드성 사포닌 성분으로 smilagenin 3-O-β-D-glucoside[12], 스틸벤 성분으로 resveratrol[10], 3,4',5-trihydroxystilbene[13]이 함유되어 있다.

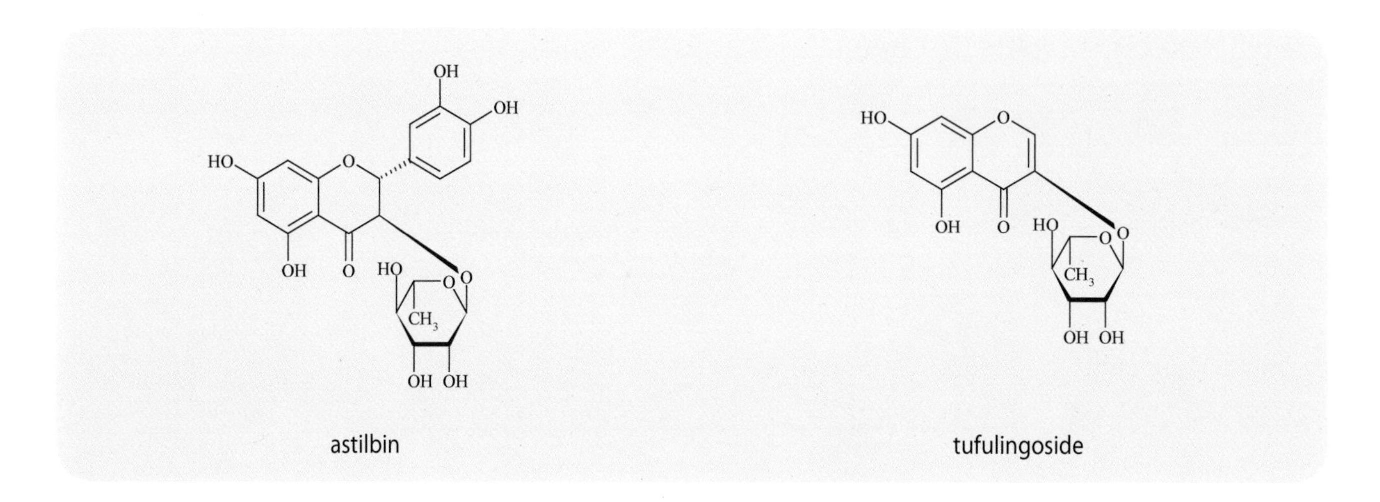

astilbin　　tufulingoside

약리작용

1. 심혈관 시스템에 미치는 영향

(1) 항혈전증

뿌리줄기를 (꼬리 정맥을 통해) 주사하면 랫드의 하부 대정맥 및 체외 혈전증을 유의하게 억제하고 랫드 하대 정맥의 내피 세포를 유의하게 보호하여 내피의 손상을 보호했다[14].

(2) 심근 보호

*In vitro*에서 뿌리줄기의 알코올 추출물에서 추출한 3,4',5-트리히드록시스틸벤(THS)이 랫드에서 외인성 산소 프리 라디칼 생성 시스템(OFRGS)에 의해 유도된 심근 내 지질과산화물의 증가를 유의하게 억제한다는 것을 보여주었다. 또한 OFRGS가 유발한 랫드

심근의 부기(浮氣) 정도의 증가를 유의하게 억제했다. THS는 또한 아드리아마이신으로 인한 상해로부터 심근을 유의하게 보호했다[13].

(3) 대뇌 허혈에 대한 보호

스미글라브린을 복강 내 투여한 결과 마우스의 결장 유도 불완전 뇌 허혈을 억제하고 뇌 허혈성 마우스의 불완전 생존 기간을 연장시켰으며 SOD 활성을 증가시켰고 뇌 조직에서 지질과산화물 말론디알데하이드의 수준을 감소시켰으며, 뇌경색 영역이 감소했다[15].

2. 항염 작용

뿌리줄기의 물 추출물을 알레르기 및 항원 공격 후에 위 내에 투여한 결과, 추출물이 마우스에서 염화 피크릴에 의한 접촉성 피부염과 양의 적혈구로 유발된 뒷다리 부종을 유의하게 억제한다는 것을 발견했다. 그 효과는 항원을 투여했을 때 가장 강력했다. 추출물은 또한 마우스에서 디메틸벤젠에 의해 유발된 귀의 부기(浮氣)와 난알부민에 의해 유발된 뒷다리 염증 반응을 유의하게 억제했다[16].

3. 항균 작용

*In vitro*에서 K-B 디스크 확산 검사에서 뿌리줄기의 탕액은 황색포도상구균, 표피포도구균, 녹농균, 대장균, 장티푸스균 및 연쇄상구균 A와 B에 대한 억제 효과를 나타냈다[17].

4. 간 보호

뿌리줄기의 탕액을 경구 투여하면 티오아세트아미드(TAA)로 마취된 랫드의 간에서 알라닌아미노기전이효소(ALT)와 아스파테이트아미노기전이효소(AST)의 활성뿐만 아니라 혈청 내의 간 효소 5가지 유형의 활성을 유의하게 감소시켰다. 그러나 알칼리 인산분해효소(ALP)와 γ-글루타밀전이효소(GGT)의 활성에는 영향을 미치지 않았고, 뿌리줄기의 탕액은 랫드의 실험적 간 손상에 대한 보호 효과를 나타냈다[18].

5. 혈당강하 작용

뿌리줄기의 메탄올 추출물을 정상 마우스의 복강 내 투여하면 혈당을 감소시켰고, 비인슐린 의존성 당뇨병 마우스에서는 혈당을 유의하게 감소시켰으나, 인슐린 의존성 당뇨병 마우스에서는 혈당에 영향을 주지 않았다. 메탄올 추출물은 또한 아드레날린에 의해 유발된 고혈당증을 억제했으며, 추출물로 예방적 처리를 한 랫드에서는 인슐린 내성 분석에서 혈당치가 현저하게 낮았다[19].

6. 항궤양

투푸링고사이드를 경구 투여하면 마우스의 물 잠김 억제 스트레스, 레세르핀 및 유문 결찰에 의해 유도된 실험적 위궤양에 대한 보호 효과를 나타냈다. 또한 위 점막에서 지질과산화를 감소시키고, 유리기 손상을 방지하며, 위액 분비를 촉진시키고, 위 점막의 pH를 증가시키며, 위 점막을 다른 측면으로부터 보호하고, 궤양 형성의 위험을 감소시켰다[20].

7. 진통 효과

아스틸빈을 정맥 내 투여하면 뒤틀림 반응 테스트에서 빙초산에 의한 통증에 대해 진통 효과가 있었고, 열판 시험에서 통증 역치를 유의하게 증가시키는 등, 아스틸빈의 통각 억제 효과가 유의하게 나타났다[21].

용도

1. 매독, 임균성 요도염
2. 설사, 이질, 궤양성 대장염
3. 백혈병, 질염
4. 관절통
5. 옴, 백선, 건선

해설

토복령은 원래 우여량(禹余粮)으로 알려져 있었는데, 도홍경에 따르면, (하나라의) 우(禹)씨가 산을 오르는 중에 토복령을 취해서 음식으로 먹고 남은 부분을 버려서 붙여진 이름이었다고 한다. 이시진은 그 모양이 복령과 닮아서 토복령이라고 불렀다.

많은 종이 토복령과 혼동되곤 하는데, 총 4과 5속 32종에 달한다. 이렇게 혼동될 수 있는 종들은 효능 및 적응증에 있어서 토복령과는 다르므로, 약재 토복령으로 부르거나 사용되어서는 안 된다[22].

토복령으로 사용되는 식물은 *Smilax glabra*, *Smilax china* L., *S. glauco-china* Warb., *Heterosmilax japonica* Kunth, *H. chinensis* Wang 및 *H. yunnanensis* Gagnep으로 모두 약재로 사용된다. 따라서 사용 시에는 주의 깊게 확인해야 한다. 동시에, 의약 자원의 개발을 확대하기 위

해서는 위에서 언급한 식물들의 화학적 성분 조성 및 약리학적 활성에 대한 추가 비교 연구가 필요하다.

참고문헌

1. X Chen, B Li, WS Li, Y Wu. Determination of astilbin in Rhizoma Smilacis Glabrae by HPLC. Chinese Journal of Pharmaceutical Analysis. 2004, 24(4): 437-439
2. QZ Du, L Li, G Jerz. Purification of astilbin and isoastilbin in the extract of Smilax glabra rhizome by high-speed counter-current chromatography. Journal of Chromatography, A. 2005, 1077(1): 98-101
3. JZ Yuan, DQ Dou, YJ Chen, W Li, K Kazuo, N Tamotsu, XS Yao. Studies on dihydroflavonol glycosides from rhizome of Smilax glabra. Chinese Journal of Materia Medica. 2004, 29(9): 867-870
4. YL Li, YQ Li, P Zeng, JL Mai, FF Fan, Y Li. Determination of smiglabrin in Smilax glabra by high performance capillary electrophoresis (HPCE). Chinese Journal of New Drugs. 2003, 12(9): 747-749
5. T Chen, JX Li, Y Cai, Q Xu. A flavonol glycoside from Smilax glabra. Chinese Chemical Letters. 2002, 13(6): 537-538
6. NQ Chien, G Adam. Constituents of Smilax glabra (Roxb.). Part 4: Natural substances of plants of the Vietnamese flora. Pharmazie. 1979, 34(12): 841-843
7. GY Chen, LS Shen, PF Jiang. Studies on flavanonol glycosides from Smilax glabra. Chinese Journal of Materia Medica. 1996, 21(6): 355-357
8. YQ Li, YH Yi, HF Tang, K Xiao. Studies on the chemical constituents of glabrous greenbrier (Smilax glabra). Chinese Traditional and Herbal Drugs. 1996, 27(12): 712-714
9. YJ Yi, ZZ Cao, DL Yang, Y Cao, YP Wu, SX Zhao. Studies on chemical constituents of Smilax glabra Roxb. (IV). Acta Pharmaceutica Sinica. 1998, 33(11): 873-875
10. T Chen, JX Li, JS Cao, Q Xu, K Komatsu, T Namba. A new flavanone isolated from Rhizoma Smilacis Glabrae and the structural requirements of its derivatives for preventing immunological hepatocyte damage. Planta Medica. 1999, 65(1): 56-59
11. T Chen, JX Li, Q Xu. Phenylpropanoid glycosides from Smilax glabra. Phytochemistry. 2000, 53(8): 1051-1055
12. M Sautour, T Miyamoto, MA Lacaille-Dubois. Bioactive steroidal saponins from Smilax medica. Planta Medica. 2006, 72(7): 667-670
13. YH Feng, SB Xu, M Zhang. 3,4',5-Trihydroxystilbene protect myocardium from injury of free radical generation system. Natural Product Research and Development. 1999, 11(5): 80-84
14. XL Sun, KY Wang, DQ Zhang. Experimental study on effect of Smilax glabra rhizoma injection on rats' thrombosis. Chinese Journal of Traditional Medical Science and Technology. 2004, 11(4): 229-230
15. Y Ding, NB Xinhua, Parahart, CM Zhou, KJ Zhang. Protective effect of smiglabrin on incomplete cerebral ischemia of mice. Chinese Journal of New Drugs. 2000, 9(4): 238-239
16. Q Xu, R Wang, LH Xu, JY Jiang. Effect of Rhizoma Smilacis Glabrae on cellular and humoral immune responses. Chinese Journal of Immunology. 1993, 9(1): 39-42
17. ZQ Wang, SC Qiu, HY Song, W Mi, ZZ Du. The in vitro growth inhibition effect of Smilax glabra Roxb. (SGR) on bacteria. Lishizhen Medicine and Materia Medica Research. 2006, 17(11): 2203-2204
18. HS Xin, HZ Fu, XY Qi, ZJ Fu, GH Xia, CH Liu, TS Zheng, XH Niu, K Teng. The effects of Smilax glabra Roxb. on liver enzymeo of rat poisoned by TAA. Journal of Zhenjiang Medical College. 1998, 8(2): 165-166
19. T Fukunaga, T Miura, K Furuta, A Kato. Hypoglycemic effect of the rhizomes of Smilax glabra in normal and diabetic mice. Biological & Pharmaceutical Bulletin. 1997, 20(1): 44-46
20. P Du, J Xue, CM Zhou, XM Mao. Protective effects of smiglabran on experimental animal models of gastric ulcer. Chinese Traditional and Herbal Drugs. 2000, 31(4): 277-280
21. BJ Zhang, YO Liu, L Liu, B Li. Anti-inflammatory, analgesic and diuretic effects of Smilax glabra and astilbin. Pharmacology and Clinics of Chinese Materia Medica. 2004, 20(1): 11-12
22. HS Cao, LZ Yang, PB He. The origin of the confusion species of Rhizoma Smilacis Glabrae. Chinese Journal of Hospital Pharmacy. 2005, 25(11): 1069-1070

까마중 龍葵 KHP, IP

Solanaceae

Solanum nigrum L.

Black Nightshade

개 요

가지과(Solanaceae)

까마중(龍葵, *Solanum nigrum* L.)의 전초를 말린 것: 용규(龍葵, Solani Nigri Herba)

중약명: 용규(龍葵)

까마중속(*Solanum*) 식물은 전 세계에 약 2000종이 있으며, 열대 및 아열대 지역에 주로 분포하고, 온대 지역에는 그 수가 적다. 중국에는 약 39종과 14변종이 발견되며, 약 21종과 1변종이 약재로 사용된다. 이 종은 중국뿐만 아니라 유럽, 아시아와 아메리카의 온대와 열대 지역에 널리 분포되어 있다.

"용규"는 ≪약성론(藥性論)≫에서 약으로 처음 기술되었다. 대부분의 고대 한방의서에 기술되어 있으며, 약용 종은 고대부터 동일하게 남아 있다. ≪대한민국약전외한약(생약)규격집≫(제4개정판)에는 "용규"를 "까마중 *Solanum nigrum* Linné (가지과 Solanaceae)의 지상부"로 등재하고 있다. 의약 재료는 중국 전역에서 생산된다.

까마중에는 주로 스테로이드 알칼로이드, 스테로이드 사포닌 및 플라보노이드 성분이 함유되어 있다.

약리학적 연구에 따르면 까마중에는 항종양, 항산화, 항궤양 및 항흡혈충 작용이 있음을 확인했다.

한의학에서 용규(龍葵)는 청열해독(清熱解毒), 활혈소종(活血消腫)의 효능이 있다.

까마중 龍葵 *Solanum nigrum* L.

까마중 龍葵 KHP, IP

용규 龍葵 Solani Nigri Herba

함유성분

뿌리줄기에는 스테로이드성 사포게닌 성분으로 tigogenin[1]이 함유되어 있고, 스테로이드성 사포닌 성분으로 uttronin B[2]이 함유되어 있다.
열매에는 스테로이드성 사포게닌 성분으로 tigogenin, diosgenin[3], 스테로이드성 알칼로이드 성분으로 solasodiene[3], α−solasonine, solamargine[4], solanidine, solasodine[5]이 함유되어 있다.
전초에는 스테로이드성 사포닌 성분으로 solanigrosides C, D, E, F, G, H, degalactotigonin[6], macrostemonoside A, nigrumnins I, II[7], 스테로이드성 알칼로이드 성분으로 β_2−solamargine, solamargine[8]이 함유되어 있다.
잎에는 플라보노이드 성분으로 quercetin−3−glucoside, quercetin−3−galactoside, quercetin−3−gentiobioside, isobioquercetin[9]이 함유되어 있다.
또한 분자량이 약 150kDa인 저혈당 당단백질을 함유하고 있다[10].

solanidine

tigogenin

약리작용

1. 항종양

지상부의 알칼로이드는 세포막의 구조와 기능을 바꾸고, DNA와 RNA의 합성에 영향을 미치며, 세포 주기의 분포를 변화시킴으로써 종양을 억제했다. 전초의 글리코펩틴은 NF-κB의 항 세포사멸 경로를 차단하고, 카스파아제 연속 반응을 활성화하며, 일산화질소 방출을 촉진함으로써 종양 세포사멸을 유도했다[11-14]. 열매의 에탄올 추출물은 인간의 유방암 MCF-7 세포에서 DNA 분열을 촉진하고, 암세포의 확산을 억제하며, 세포사멸 효과를 가져왔다[15]. 열매 주스의 농축액을 경구 투여하면 S180 암세포가 있는 마우스의 종양 성장을 억제하고, 비장의 무게를 증가시키며, 유기체의 면역 기능을 조절함으로써 항경련 효과를 생성했다[16]. 전초의 총 알칼로이드제는 S180 및 H22 결합 마우스의 종양 세포막에서 Na^+, K^+-ATPase 및 Ca^{2+}, Mg^{2+}-ATPase의 활성화를 유의미하게 억제했으며, 이는 총 알칼로이드의 항종양 기전 중 하나가 될 수 있다[17]. *In vitro*에서 β2-솔라마긴, 솔라마긴, 디갈락토티고닌은 HT-29 및 HCT-15 세포, 전립선 LNCaP 및 PC-3 세포, 그리고 유방 암종 T47D 및 MDAMB-231 세포를 억제했다[8].

2. 항산화 작용

전초의 에탄올 추출물을 경구 투여하면 마우스 내 간, 심장근육 및 뇌 조직의 지질과산화물 수치가 크게 감소했고, 조직의 과산화물 불균등화효소(SOD)의 활성이 증가했다[18]. 잎의 총 플라보노이드와 알칼로이드는 Fe^{2+}/비타민 C에 의해 유도된 지질과산화를 상당히 억제했다[19]. 1, 1-디페닐-2-피크릴하이드라질(DPPH)을 이용한 연구에서 전초의 당단백질이 과산화물 음이온과 수산화물 활성산소를 상당히 제거하는 것으로 나타났다[20].

3. 항궤양

열매의 메탄올 추출물을 경구 투여하면 에탄올로 유도된 위궤양을 억제하고 랫드의 H^+, K^+-ATPase, 위 분비물 및 궤양 영역의 활동을 감소시켰다. 또한 랫드의 아세트산으로 유도된 위궤양 치료를 가속화했다[21].

4. 항주혈흡충

전초의 물 추출물은 랫드에서 만손주혈흡충의 감염 능력을 감소시켰고, 감염된 간질 조직의 분지염란 수를 감소시켰다[22]. 또한 주혈흡충으로 매개된 연체동물 호스트에 대하여 연체동물살충이 활성화되었다[23].

5. 고지혈증 개선

전초의 당단백질을 경구 투여하면 마우스에서 계면활성제 트리톤 WR-1339와 혈장 지질단백질 증가를 억제했다[10].

6. 신장 세포 보호

*In vitro*에서 50%의 전초 에탄올 추출물이 겐타마이신에 의해 유발된 원숭이 신장 세포(베로 세포)의 독성 손상을 유의미하게 억제하는 것으로 나타났다. 그 기전은 전초의 활성산소 제거활성화와 관련이 있었다[24].

7. 간 보호

열매의 에탄올 추출물을 경구 투여하면 랫드에서 CCl_4로 유도된 간 손상에 대해 상당한 보호 효과를 보였다[25].

8. 진정 작용

열매의 에탄올 추출물을 랫드의 복강 내 투여하면 펜토바르비탈로 유도된 수면 시간을 상당히 연장시켰고, 공격적인 행동과 자발적 활동을 감소시켜 중추신경계 억제 효과를 나타냈다[26].

9. 기타

잎의 클로로포름 추출물을 마우스의 경피에 투여하면 열판 시험에서 통증 반응, 랫드에서 포르말린으로 유도된 급성 내장염증 통증, 카라기닌으로 유도된 후두부종 및 효모로 유도된 열을 유의미하게 억제했다[27].

용도

1. 염증, 옹, 부기(浮氣), 단독(丹毒)
2. 낙상 및 찰과상
3. 기관지염
4. 신장염, 비뇨기 감염
5. 종양

해설

전초 이외에도 까마중의 씨는 한약재 "용규자(龍葵子)"로 사용된다. 용규자는 청열해독(淸熱解毒), 화담지해(化痰止咳)의 효능으로 인후염, 과도한 가래와 기침에 사용한다. 뿌리는 한약재 "용규근(龍葵根)"으로 사용된다. 용규근은 청열이습(淸熱利濕), 활혈해독(活血解毒)의 효능으로 이질, 혼탁뇨, 우울증, 요도 결석, 백혈병 및 풍치에 사용한다.
까마중은 또한 식용 및 의약용으로 사용된다. 싹은 채소로 요리할 수 있으며, 익은 열매는 식용으로 잼, 와인 및 음료로 만들 수 있다.

참고문헌

1. SC Sharma, R Chand. Steroidal sapogenins from different parts of Solanum nigrum L. Pharmazie. 1979, 34(12): 850-851
2. SC Sharma, R Chand, OP Sati. Uttronin B—a new spirostanoside from Solanum nigrum L. Pharmazie. 1982, 37(12): 870
3. IP Varshney, NK Dube. Chemical investigation of Solanum nigrum berries. Journal of the Indian Chemical Society. 1970, 47(7): 717-718
4. CL Ridout, KR Price, DT Coxon, GR Fenwick. Glycoalkaloids from Solanum nigrum L., α-solamargine and α-solasonine. Pharmazie. 1989, 44(10): 732-733
5. MB Bose, C Ghosh. Studies on the variation of chemical constituents of Solanum nigrum, ripe and unripe berries. Journal of the Institution of Chemists. 1980, 52(2): 83-84
6. XL Zhou, XJ He, GH Wang, H Gao, GX Zhou, WC Ye, XS Yao. Steroidal saponins from Solanum nigrum. Journal of Natural Products. 2006, 69(8): 1158-1163
7. T Ikeda, H Tsumagari, T Nohara. Steroidal oligoglycosides from Solanum nigrum. Chemical & Pharmaceutical Bulletin. 2000, 48(7): 1062-1064
8. K Hu, H Kobayashi, AJ Dong, YK Jing, S Iwasaki, XS Yao. Anti-neoplastic agents. Part 3. Steroidal glycosides from Solanum nigrum. Planta Medica. 1999, 65(1): 35-38
9. MAM Nawwar, AMD El-Mousallamy, HH Barakat. Quercetin 3-glycosides from the leaves of Solanum nigrum. Phytochemistry. 1989, 28(6): 1755-1757
10. SJ Lee, JH Ko, K Lim, KT Lim. 150 kDa glycoprotein isolated from Solanum nigrum Linne enhances activities of detoxicant enzymes and lowers plasmic cholesterol in mouse. Pharmacological Research. 2005, 51(5): 399-408
11. L An, JT Tang, XM Liu, NN Gao. Review about mechanisms of anti-cancer of Solanum nigrum. China Journal of Chinese Materia Medica. 2006, 31(15): 1225-1226, 1260
12. SJ Lee, KT Lim. 150kDa glycoprotein isolated from Solanum nigrum Linne stimulates caspase-3 activation and reduces inducible nitric oxide production in HCT-116 cells. Toxicology in Vitro. 2006, 20(7): 1088-1097
13. SJ Lee, JH Ko, KT Lim. Glycine- and proline-rich glycoprotein isolated from Solanum nigrum Linne activates caspase-3 through cytochrome C in HT-29 cells. Oncology Reports. 2005, 14(3): 789-796
14. SY Gao, QJ Wang, YB Ji. Effect of solanine on the contents of caspase-3 and bcl-2 in HepG2. Chinese Journal of Natural Medicines. 2006, 4(3): 224-229
15. YO Son, J Kim, JC Lim, Y Chung, GH Chung, JC Lee. Ripe fruits of Solanum nigrum L. inhibit cell growth and induce apoptosis in MCF-7 cells. Food and Chemical Toxicology. 2003, 41(10): 1421-1428
16. YH Lai, L Liu, LP Dong. Inhibitory effects of Solanum nigrum juice on S180 ascites cancer. China Preventive Medicine. 2005, 6(1): 28-29
17. YB Ji, SY Gao, HL Wang, X Zou. The effect of total alkaloids from Solanum nigrum on activities of Na^+,K^+-ATPase and Ca^{++},Mg^{++}-ATPase in tumor cell membrance. World Science and Technology-Modernization of Traditional Chinese Medicine. 2006, 8(4): 40-43
18. XX Li, LZ Xu, XM Guo, YJ Li, YH Sun, GY Wang. The effect of solanum on rat tissue's lipid peroxidation. Journal of Mudanjiang Medical College. 1995, 16(3): 8-9
19. N Mimica-Dukic, L Krstic, P Boza. Effect of Solanum species (Solanum nigrum L. and Solanum dulcamara L.) on lipid peroxidation in

lecithin liposome. Oxidation Communications. 2005, 28(3): 536-546

20. KS Heo, KT Lim. Anti-oxidative effects of glycoprotein isolated from Solanum nigrum L. Journal of Medicinal Food. 2004, 7(3): 349-357

21. M Jainu, CS Devi. Anti-ulcerogenic and ulcer healing effects of Solanum nigrum (L.) on experimental ulcer models: possible mechanism for the inhibition of acid formation. Journal of Ethnopharmacology. 2006, 104(1-2): 156-163

22. AH Ahmed, MMA Rifaat. Effects of Solanum nigrum leaves water extract on the penetration and infectivity of Schistosoma mansoni cercariae. Journal of the Egyptian Society of Parasitology. 2005, 35(1): 33-40

23. AH Ahmed, RM Ramzy. Laboratory assessment of the molluscicidal and cercaricidal activities of the Egyptian weed, Solanum nigrum L. Annals of Tropical Medicine and Parasitology. 1997, 91(8): 931-937

24. KV Prashanth, S Shashidhara, MM Kumar, BY Sridhara. Cytoprotective role of Solanum nigrum against gentamicin-induced kidney cell (Vero cells) damage in vitro. Fitoterapia. 2001, 72(5): 481-486

25. K Raju, G Anbuganapathi, V Gokulakrishnan, B Rajkapoor, B Jayakar, S Manian. Effect of dried fruits of Solanum nigrum Linn against CCl_4-induced hepatic damage in rats. Biological & Pharmaceutical Bulletin. 2003, 26(11): 1618-1619

26. RM Perez, JA Perez, LM Garcia, H Sossa. Neuropharmacological activity of Solanum nigrum fruit. Journal of Ethnopharmacology. 1998, 62(1): 43-48

27. ZA Zakaria, HK Gopalan, H Zainal, PN Mohd, N Morsid, A Aris, MR Sulaiman. Anti-nociceptive, anti-inflammatory and anti-pyretic effects of Solanum nigrum chloroform extract in animal models. Yakugaku Zasshi. 2006, 126(11): 1171-1178

까마중의 재배 모습

금유구 水茄

Solanum torvum Sw.

Tetrongan

개 요

가지과(Solanaceae)

수가(水茄, *Solanum torvum* Sw.)의 줄기와 뿌리를 말린 것: 금유구(金紐扣)

중약명: 수가(水茄)

까마중속(*Solanum*) 식물은 전 세계에 약 2000종이 있으며, 열대 및 아열대 지역에 주로 분포하고 온대에는 그 수가 적다. 중국에서 약 39종 14변종이 발견되며, 약 21종과 1변종이 약재로 사용된다. 이 종은 중국의 운남성, 광동성, 광서성, 홍콩 및 대만에 분포한다. 또한 인도, 미얀마, 태국, 필리핀, 말레이시아 및 열대 아메리카에 널리 분포되어 있다.

"금유구"는 ≪전국중초약휘편(全国中草藥汇编)≫에서 약으로 처음 기술되었다. 이 종은 한약재 금유구(Solani Torvi Ramulus)의 공식적인 기원식물 내원종으로서 광동성중약재표준에 등재되어 있다. 의약 재료는 중국 복건성, 광서성, 광동성, 운남성, 운남성, 귀주성 및 대만에서 주로 생산된다.

수가는 주로 스테롤, 스테로이드 사포닌 및 스테로이드 알칼로이드 성분이 함유되어 있다. 약리학적 연구에 따르면 줄기와 뿌리에는 항종양, 항균, 항바이러스 및 항염 작용이 있음을 확인했다.

한의학에서 금유구는 소염해독(消炎解毒), 소종산결(消腫散結), 산어지통(散瘀止痛)의 효능이 있다.

금유구 水茄 *Solanum torvum* Sw.

금유구 金紐扣 Solani Torvi Ramulus

함유성분

뿌리에는 스테로이드성 사포게닌 성분으로 neochlorogenin[1]이 함유되어 있고, 스테로이드성 알칼로이드 성분으로 jurubine[2]이 함유되어 있다.
줄기에는 스테로이드성 알칼로이드 성분으로 solasodine, solasodiene[1]이 함유되어 있다.
잎에는 스테로이드성 알칼로이드 성분으로 torvonins A, B[3-4], 스테로이드성 사포게닌 성분으로 neochlorogenin, solaspigenin, neosolaspigenin[5], chlorogenin[1]이 함유되어 있다.
열매에는 이소플라보노이드 황산염 성분으로 torvanol A[6], 스테로이드성 사포닌 성분으로 torvosides A, H, J, K, L[6-7], 스테로이드성 사포게닌 성분으로 chlorogenone, neochlorogenone[8], torvogenin, chlorogenin[1], 스테로이드성 알칼로이드 성분으로 solasonine[9]이 함유되어 있다.
또한, 지상부에는 스테로이드성 알칼로이드 성분으로 torvosides A, B, C, D, E, F, G[10]가 함유되어 있다.

torvogenin

solasodiene

약리작용

1. 항종양
솔라소다인 배당체의 표준 혼합물은 *in vitro*에서 마우스 육종 S180을 유의하게 억제했다. 같은 용량의 솔라소다인 아글리콘은 효과가 없었다[11]. 미소 배양 테트라졸륨(MTT) 분석은 솔라소닌이 인간 대장 암종 HT29 및 간암 HepG2 세포의 성장을 억제한다는 것을 보여주었다[12].

2. 항균 작용
열매의 메탄올 추출물은 사람과 동물의 임상적 격리균에 대해 광범위한 항균 활성을 보였다[13].

3. 항바이러스
*In vitro*에서 토르바놀 A, 토르보사이드 H, 솔라소닌이 단순헤르페스바이러스-1(HSV-1)을 저해했다. 그 활성은 바이러스막에 글리콘이 들어가는 것과 관련이 있다[6, 14].

4. 항산화 작용
과산화 제거 연구는 열매의 물 추출물에 항산화 활성이 있음을 보여주었다[15].

5. 항염 작용
솔라소닌은 랫드에서 목화송이로 유도된 육아종과 카라기닌에 의한 뒷다리 부종을 억제했다[16].

6. 평활근에 미치는 영향
솔라소닌은 아세틸콜린에 의한 적출된 고양이의 심장 수축과 적출된 기니피그의 회장(回腸) 응축, 고양이의 기도(氣道) 수축을 억제했다. 또한 적출된 토끼의 청각 혈관에 수축 촉진 효과가 있었고 적출된 랫드의 자궁에서 수축과 자발적 활동을 유도했다[16].

7. 기타
열매 추출물은 또한 혈소판 응집을 억제했다[17].

용도

1. 감기와 발열, 기침
2. 유방염, 무월경
3. 낙상 및 찰과상, 요추 변형
4. 염증, 옹

해설

수가(水茄)에 대한 화학적 및 약리학적 활성 연구는 거의 없으며, 따라서 이 식물의 임상 응용에는 한계가 있다. 이 식물의 활성 성분을 연구하고 민간요법과 식물의 약리학적 및 의약적 효능과의 관계를 규명할 필요가 있다. 이 열매는 중국 운남성의 전통적인 열매인데, 더 많은 연구와 개발이 필요하다.

참고문헌

1. W Doepke, C Nogueiras, U Hess. Steroid alkaloid and saponin contents of Solanum torvum. Pharmazie. 1975, 30(11): 755

2. K Schreiber, H Ripperger. Solanum alkaloids. LXXXIV. Isolation of jurubine, neochlorogenin, and paniculogenin from Solanum torvum. Kulturpflanze. 1968, 15: 199-204

3. U Mahmood, PK Agrawal, RS Thakur. Torvonin-A, a spirostane saponin from Solanum torvum leaves. Phytochemistry. 1985, 24(10): 2456-2457

4. PK Agrawal, U Mahmood, RS Thakur. Studies on medicinal plants. 29. Torvonin-B. A spirostane saponin from Solanum torvum. Heterocycles. 1989, 29(10): 1895-1899

5. U Mahmood, RS Thakur, G Blunden. Neochlorogenin, neosolaspigenin, and solaspigenin from Solanum torvum leaves. Journal of Natural Products. 1983, 46(3): 427-428

6. D Arthan, J Svasti, P Kittakoop, D Pittayakhachonwut, M Tanticharoen, Y Thebtaranonth. Anti-viral isoflavonoid sulfate and steroidal glycosides from the fruits of Solanum torvum. Phytochemistry. 2002, 59(4): 459-463

7. Y Iida, Y Yanai, M Ono, T Ikeda, T Nohara. Three unusual 22-β-O-23-hydroxy-(5α)-spirostanol glycosides from the fruits of Solanum torvum. Chemical & Pharmaceutical Bulletin. 2005, 53(9): 1122-1125

8. AC Cuervo, G Blunden, AV Patel. Chlorogenone and neochlorogenone from the unripe fruits of Solanum torvum. Phytochemistry. 1991, 30(4): 1339-1341

9. MB Fayez, AA Saleh. Constituents of local plants. XIII. Steroidal constituents of Solanum torvum. Planta Medica. 1967, 15(4): 430-433

10. S Yahara, T Yamashita, N Nozawa, T Nohara. Steroidal glycosides from Solanum torvum. Phytochemistry. 1996, 43(5): 1069-1074

11. BE Cham, B Daunter. Solasodine glycosides. Selective cytotoxicity for cancer cells and inhibition of cytotoxicity by rhamnose in mice with sarcoma 180. Cancer Letters. 1990, 55(3): 221-225

12. KR Lee, N Kozukue, JS Han, JH Park, EY Chang, EJ Baek, JS Chang, M Friedman. Glycoalkaloids and metabolites inhibit the growth of human colon (HT29) and liver (HepG2) cancer cells. Journal of Agricultural and Food Chemistry. 2004, 52(10): 2832-2839

13. KF Chah, KN Muko, SI Oboegbulem. Anti-microbial activity of methanolic extract of Solanum torvum fruit. Fitoterapia. 2000, 71(2): 187-189

14. HV Thorne, GF Clarke, R Skuce. The inactivation of herpes simplex virus by some Solanaceae glycoalkaloids. Antiviral Research. 1985, 5(6): 335-343

15. RY Yang, SC Tsou, TC Lee, WJ Wu, PM Hanson, G Kuo, LM Engle, PY Lai. Distribution of 127 edible plant species for anti-oxidant activities by two assays. Journal of the Science of Food and Agriculture. 2006, 86(14): 2395-2403

16. A Basu, SC Lahiri. Some pharmacological actions of solasonine. Indian Journal of Experimental Biology. 1977, 15(4): 285-289

17. H Moriyama, T Iizuka, M Nagai, K Hoshi, Y Murata, A Taniguchi. Platelet aggregatory effects of Nasturtium officinale and Solanum torvum extracts. Natural Medicines. 2003, 57(4): 133-138

18. YK Xu, HM Liu, GD Tao. Wild vegetable resources characteristic and developing proposition in Xishuangbanna. Guihaia. 2002, 22(3): 220-224

월남괴 越南槐 CP, KHP, VP

Sophora tonkinensis Gagnep.

Vietnamese Sophora

개 요

콩과(Fabaceae)
월남괴(越南槐, *Sophora tonkinensis* Gagnep.)의 뿌리와 뿌리줄기를 말린 것: 산두근(山豆根)
중약명: 월남괴(山豆根)
도둑놈의지팡이속(*Sophora*) 식물은 전 세계에 약 70종이 있으며, 북반구와 남반구의 열대 및 온대 지역에 분포한다. 중국에는 약 21종, 14변종 및 2품종이 발견되며, 주로 남서부, 남부 및 동부에 분포하며, 북부, 북서부 및 중국 동북부 지역에는 소수의 종만 분포한다. 이 속에서 약 8종이 약재로 사용된다. 이 종은 베트남뿐만 아니라 중국의 광서성, 귀주성 및 운남성에 분포한다.
"산두근"은 ≪개보본초(開寶本草)≫에서 약으로 처음 기술되었다. 대부분의 고대 한방의서에 기술되어 있으며, 약용 종은 고대부터 동일하게 남아 있다. 이 종은 중국약전(2015)에 한약재 산두근(Sophorae Tonkinensis Radix et Rhizoma)의 공식적인 기원식물 내원종으로서 등재되어 있다. ≪대한민국약전외한약(생약)규격집≫(제4개정판)에는 "산두근"을 "월남괴(越南槐) *Sophora tonkinensis* Gapnep. (콩과 Leguminosae)의 뿌리 및 뿌리줄기"로 등재하고 있다. 의약 재료는 주로 중국의 광서성에서 생산된다.
뿌리와 뿌리줄기에는 주로 알칼로이드와 플라보노이드 성분이 함유되어 있다. 옥시마트린은 활성 성분이며 또한 지표 성분이다. 중국약전은 의약 물질의 품질관리를 위해 박층크로마토그래피법에 따라 시험할 때 옥시마트린의 함량이 0.40% 이상이어야 한다고 규정한다.
약리학적 연구에 따르면 뿌리와 뿌리줄기에는 항 박테리아, 항종양, 간 보호 및 항부정맥 작용이 있음을 확인했다.
한의학에서 산두근은 사화해독(瀉火解毒), 이인소종(利咽消腫), 지통살충(止痛殺蟲)의 효능이 있다.

월남괴 越南槐 *Sophora tonkinensis* Gagnep.

산두근 山豆根 Sophorae Tonkinensis Radix et Rhizoma

함유성분

뿌리와 뿌리줄기에는 알칼로이드 성분으로 matrine, oxymatrine, cytisine, (+)−sophoramine, sophoranol, oxysophocarpine[1], sophocarpine, lehmannine[2], (−)−14β−hydroxymatrine[3], (−)−N−methylcytisine[4], 13,14−dehydrosophoranol[5], anagyrine[6]이 함유되어 있고, 플라보노이드 성분으로 sophoranone, sophoradin[7], sophoranochromene, sophoradochromene[8], L−maackiain, trifolirhizin, quercetin, rutin, narcissin[9], ackiain 3−sulfate, ononin, erocarpine, 4'−dihydroxyflavone[10], 트리테르페노이드와 트리테르페노이드 사포닌 성분으로 lupeol[10], subprogenins A, B, C, D[11], subprosides I, II, III[12]가 함유되어 있다.
잎에는 알칼로이드 성분으로 matrine, oxymatrine, (−)−14β−hydroxymatrine, (+)−14α−hydroxymatrine, sophocarpine, oxysophocarpine, sophoranol, (+)−sophoranol N−oxide, (−)−baptifoline, (−)−14β−acetoxymatrine, (+)−14α−acetoxymatrine, 17−oxo−α−isosparteine, 13,14−dehydrosophoranol, (+)−9a−hydroxymatrine, lamprolobine, (+)−5α,9α−dihydroxymatrine[13]이 함유되어 있다.

oxymatrine

sophoranone

약리작용

1. 항종양
*In vitro*에서 뿌리와 뿌리줄기의 탕액은 인간 식도암 Eca-109 세포에 대한 억제 효과 및 사멸 효과를 가지며 Eca-109 세포의 DNA 합성을 유의하게 억제하고 탈수소 효소의 활성을 감소시켰다. 또한 인간의 간암 세포 증식을 유의하게 억제하고, 미토콘드리아의 대사 활동을 감소시켰다[16]. 뿌리와 뿌리줄기의 총 알칼로이드를 경구 투여하면 마우스에서 S180 고형 종양, H22 복수 종양 및 ESC 복수 종양에 대한 항종양 활성을 보였다[17]. 소포라놀과 13,14-디하이드로소포라놀은 인간 백혈병 HL-60 세포의 증식을 억제했다[5].

2. 항균 작용
*In vitro*에서 뿌리와 뿌리줄기의 탕액은 대장균, 황색포도상구균, 스타필로코쿠스 알부스, 연쇄상구균 A와 B형 및 칸디다 알비칸스를 유의하게 억제했다[18-19].

3. 간 보호
뿌리와 뿌리줄기의 총 알칼로이드는 B형 간염 바이러스에 감염된 나무에서 글루탐산 피루브산 아미노기전달효소(GPT)를 감소시켰고, B형 간염 마커의 선회율을 (양성에서 음성으로) 증가시켰다[20]. 또한 랫드의 등에 옥시마트린을 피하 주사하면 PC-III, 라미닌(LN), 히알루론산(HA)의 수준이 감소되어 항섬유성 효과가 나타났다[21].

4. 항천식 작용
적출된 기니피그 기관을 이용한 연구는 뿌리와 뿌리줄기의 마트린형 알칼로이드가 히스타민으로 유도된 천식, 아세틸콜린으로 유도된 기관 평활근의 수축을 길항한다는 것을 보여주었다. 효능은 아미노필린의 효능과 유사했다. 소포카르핀의 효과는 마트린과 옥시마트린의 효과보다 더 강력했다[22].

5. 항산화 작용
뿌리 및 뿌리줄기의 다당류는 히드록실 유리기를 제거하고 피로갈롤의 자동 산화 반응 시스템을 억제했다. 또한 *in vitro*에서 효모 다당류에 의해 유도된, 마우스 비장 임파 세포로부터의 H_2O_2 방출을 억제했다[23].

6. 소화 억제
뿌리와 뿌리줄기의 에탄올 침지된 물 추출물을 경구 투여하면 마우스에서 탄소 가루의 장관 추진을 억제했다. 또한 적출된 토끼의 장 평활근의 수축을 억제했다[24].

7. 항부정맥
마트린을 랫드의 근육 내 투여하면 아코나이트, $BaCl_2$에 의해 유도된 부정맥과 관상동맥 연결을 길항했으며 랫드의 P-R과 Q-T_C 사이의 심박수를 상당히 감소시키고 간격을 연장시켰다[25].

8. 기타
복강 내 투여된 마트린은 또한 랫드에서 항염 효과를 나타냈다[26].

용도

1. 인후통, 치은염
2. 기침, 천식, 갈증
3. 간염, 황달
4. 대머리, 옴, 백선, 건선, 사마귀, 사교상(蛇咬傷) 및 벌레 물림
5. 종양

해설

월남괴는 일반적으로 광두근(廣豆根)으로 알려져 있으며 홍콩의 일반적인 유독 한약 목록에 속한다. 복용량에 특별한 주의를 기울여야 한다. 그렇지 않으면 중독을 일으킬 수 있다.
콩과(Fabaceae)의 산두근(山豆根)에는 혼동될 수 있는 많은 종이 있는데, 그중 가장 일반적으로 북두근(北豆根)이 있다. 북두근은 새모래덩굴과(Menispermaceae)의 새모래덩굴 *Menispermum dauricum* DC의 뿌리줄기를 말린 것이다. 주로 중국의 북동부와 북부 그리고 섬서성에서 생산된다. 두 종 모두 청열해독(清熱解毒), 소종이인(消腫利咽)의 효능이 있지만 다른 구성 요소를 포함하는 효능이 있다. 두 종 모두 유독해서 감별에 주의하여 사용해야 한다[27].

참고문헌

1. JH Dou, JS Li, WM Yan. Studies on alkaloids from Radix et Rhizoma Sophorae Tonkinensis. China Journal of Chinese Materia Medica. 1989, 14(5): 40–42
2. YQ Yu, PL Ding, DF Chen. Determination of quinolizidine alkaloids in Sophora medicinal plants by capillary electrophoresis. Analytica Chimica Acta. 2004, 523(1): 15–20
3. P Xiao, JS Li, H Kubo, K Saito, I Murakoshi, S Ohmiya. (–)–14β–Hydroxymatrine, a new lupine alkaloid from the roots of Sophora tonkinensis. Chemical & Pharmaceutical Bulletin. 1996, 44(10): 1951–1953
4. PL Ding, H Huang, P Zhou, DF Chen. Quinolizidine alkaloids with anti–HBV activity from Sophora tonkinensis. Planta Medica. 2006, 72(9): 854–856
5. YH Deng, L Sun, W Zhang, KP Xu, FS Li, JB Tan, JG Cao, GS Tan. Studies on cytotoxic constituents from Sophora tonkinensis. Natural Product Research and Development. 2006,18(3): 408–410
6. S Shibata, Y Nishikawa. Constituents of Japanese and Chinese crude drugs. V. Constituents of the roots of Sophora subprostrata. Yakugaku Zasshi. 1961, 81: 1635–1639
7. M Komatsu, T Tomimori, K Hatayama, Y Makiguchi, N Mikuriya. Structures of new flavonoids, sophoradin and sophoranone, from Sophora subprostrata. Chemical & Pharmaceutical Bulletin. 1969, 17(6): 1299–1301
8. M Komatsu, T Tomimori, K Hatayama, Y Makiguchi, N Mikuriya. Constituents of Sophora species. II. Constituents of Sophora subprostrata. 2. Isolation and structure of new flavonoids, sophoradochromene and sophoranochromene. Chemical & Pharmaceutical Bulletin. 1970, 18(4): 741–745
9. YH Deng, KP Xu, W Zhang, GS Tan. Chemical study on Sophora subprostrata. Natural Product Research and Development. 2005, 17(2): 172–174
10. JA Park, HJ Kim, C Jin, KT Lee, YS Lee. A new pterocarpan, (–)–maackiain sulfate, from the roots of Sophora subprostrata. Archives of Pharmacal Research. 2003, 26(12): 1009–1013
11. T Takeshita, K Yokoyama, D Yi, J Kinjo, T Nohara. Leguminous plants. 27. Four new and twelve known sapogenols from Sophorae Subprostratae Radix. Chemical & Pharmaceutical Bulletin. 1991, 39(7): 1908–1910
12. Y Ding, T Takeshita, K Yokoyama, J Kinjo, T Nohara,. Constituents of leguminous plants. XXVIII. Triterpenoid glycosides from Sophorae Subprostratae Radix. Chemical & Pharmaceutical Bulletin. 1992, 40(1): 139–142
13. P Xiao, H Kubo, H Komiya, K Higashiyama, YN Yan, JS Li, S Ohmiya. (–)–14β–Acetoxymatrine and (+)–14α–acetoxymatrine, two new matrinetype lupin alkaloids from the leaves of Sophora tonkinensis. Chemical & Pharmaceutical Bulletin. 1999, 47(3): 448–450
14. MY Huang. Exploring the inhibitory and anti–personnel action of vigna root in different concentrations on the growth of Eca–109 cell colonies. Journal of Henan Medical College for Staff and Workers. 2002, 14(3): 193–194, 201
15. MY Huang. Effect of Sophora tonkinensis Gagnep on the cell cycle of Eca–109 cell line. Bulletin of Medical Research. 2002, 31(8): 35–37
16. ZM Xiao, JG Song, ZH Xu, WM Tian, SM Jiang. Effects of the SSCC extracts on proliferation and mitochondria metabolism of human hepatoma SMMC–7721 cells. Journal of Shandong University of TCM. 2000, 24(1): 62–64
17. ZQ Yao, H Zhu, GF Wang. Anti–tumor effect of total alkaloids of Radix Sophorae Tonkinensis. Journal of Nanjing University of Traditional Chinese Medicine (Natural Science). 2005, 21(4): 253–254
18. DR Wu, R Qin, YS Zheng. Anti–fungal effects of Rhizoma Menispermi and Radix Sophorae Tonkinensis boiled liquid against Candida albicans. Medicine Industry Information. 2006, 3(9): 118–119
19. FR Ding, W Lu, SC Qiu, ZQ Wang, DL Di. The in vitro growth inhibition effect of Sophora tonkinensis Gapnep (STG) on bacteria. Lishizhen Medicine and Materia Medica Research. 2002, 13(6): 335–336
20. QC Yang, J Gan, MJ Zhou, RQ Yan, JJ Su, DR Huang, C Yang, GH Huang. Observation on therapeutic effect of Ganling on hepatitis B in Tupaia belangeris. The Chinese Journal of Modern Applied Pharmacy. 1988, 5(1): 7–8

21. J Song, HM Zhong, P Yao. Prevention and treatment experimental liver fibrosis in rats by oxymatrine. Chinese Journal of Integrated Traditional and Western Medicine on Digestion. 2002, 10(5): 282–283, 286
22. YQ Shen, MF Zhang. Anti–asthmatic effect and clinical application of matrine type alkaloids. Northwest Pharmaceutical Journal. 1989, 4(4): 12–15
23. TJ Hu, FS Cheng, JR Chen, JL Liang, PC Dong. Research of scavenging activities of Sophora subprostrate polysaccharide on free radicals in vitro. Journal of Traditional Chinese Veterinary Medicine. 2004, 23(5): 6–8
24. LS Gao, P Zhuang, RH Zhu, YT Huang, JF Liang. Studies on medicinal effects of Sophora subprostrate Chun et T. Chen on digestive functions. The China Journal of Modern Medicine and Drugs Science and Technology. 2003, 3(1): 54–56
25. BH Zhang, NS Wang, XJ Li, XJ Kong, YL Cai. Anti–arrhythmic effects of matrine. Acta Pharmacologica Sinica. 1990, 11(2): 253–257
26. CH Cho, CY Chuang. Study of the anti–inflammatory action of matrine: an alkaloid isolated from Sophora subprostrata. IRCS Medical Science. 1986, 14(5): 441–442
27. LQ He. Identification of Radix et Rhizoma Sophorae Tonkinensis, Rhizoma Menispermi and their adulterants. Hunan Journal of Traditional Chinese Medicine. 2002, 18(3): 64

개구리밥 紫萍 CP, KHP, VP

Lemnaceae

Spirodela polyrrhiza (L.) Schleid.

Duckweed

개 요

개구리밥과(Lemnaceae)

개구리밥(紫萍, *Spirodela polyrrhiza* (L.) Schleid.)의 전초를 말린 것: 부평(浮萍)

중약명: 자평(紫萍)

개구리밥속(*Spirodela*) 식물은 전 세계에 약 6종이 있으며, 온대와 열대 지역에 분포한다. 중국에는 약 2종이 발견되며, 모두 약으로 사용한다. 이 종은 중국 전역과 세계의 온대와 열대 지역에 분포한다.

자평(紫萍)은 ≪신농본초경(神農本草經)≫의 "수평(水萍)"란 이름의 약으로 처음 기술되었으며, 대부분의 고대 한방의서에 기술되어 있다. 이 종은 부평(Spirodelae Herba)의 공식적인 기원식물 내원종으로서 중국약전(2015)에 등재되어 있다. ≪대한민국약전외한약(생약)규격집≫(제4개정판)에는 "부평"을 "개구리밥 *Spirodela polyrrhiza* Schleider(개구리밥과 Lemnaceae)의 전초"로 등재하고 있다. 의약 재료는 주로 중국의 호북성, 복건성, 사천성, 강소성 및 절강성에서 생산된다.

개구리밥의 주요 유효 성분은 플라보노이드와 카로티노이드이다. 중국약전은 의약 물질의 품질관리를 위해 관능에 의한 육안검사법을 사용한다.

약리학적 연구에 따르면 개구리밥에는 해열, 항감염, 이뇨 및 강심 작용이 있음을 확인했다.

한의학에서 부평은 선산풍열(宣散風熱), 투진(透疹), 이뇨(利尿)의 효능이 있다.

개구리밥 紫萍 *Spirodela polyrrhiza* (L.) Schleid.

부평 浮萍 Spirodelae Herba

함유성분

전초에는 플라보노이드 성분으로 orientin, isoorientin, vitexin, isovitexin, rutin[1], apigenin, luteolin, apegenin-7-Oglucoside, luteolin-7-O-glucoside[2], malonyl cyanidin 3-monoglucoside[3]가 함유되어 있고, 카로티노이드 성분으로 β-carotene, lutein, epoxylutein, violaxanthin, neoxanthin이 함유되어 있다.
또한 5-p-coumaroylquinic acid, 5-caffeoylquinic acid[4]가 함유되어 있다.

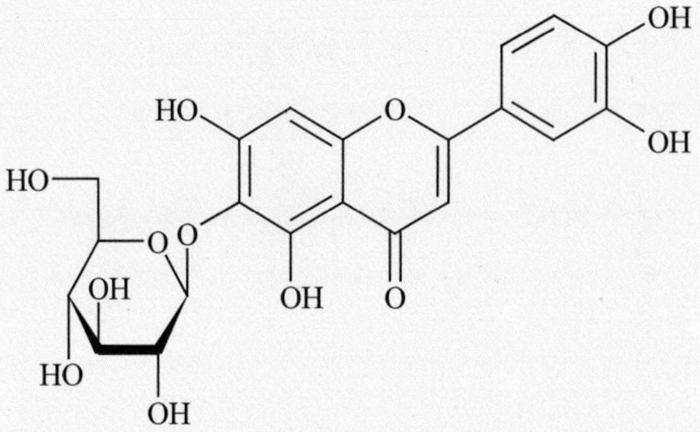

isoorientin

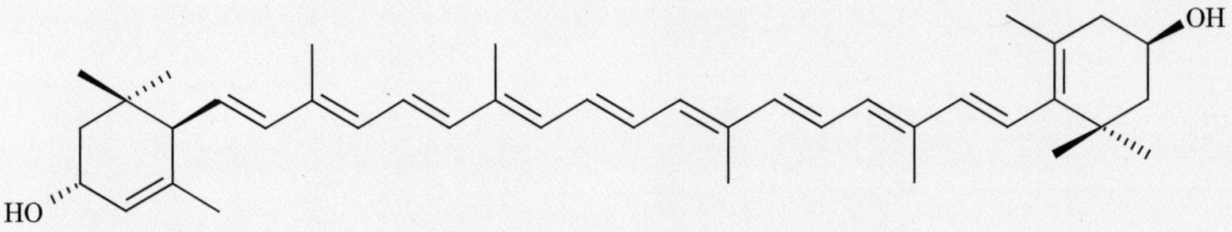

lutein

약리작용

1. 해열 작용
   전초의 탕액을 경구 투여하면 혼합 장티푸스 백신의 정맥 주사로 유도한 인공 열이 있는 토끼에서 약간의 해열 효과를 나타냈다.
2. 감염예방 효과
   *In vitro*에서 전초가 고아 바이러스($ECHO_{11}$)를 저해한다는 사실이 밝혀졌다. 감염 중이거나 감염 후에 전초를 투여하면 병변을 지연시키고 바이러스에 대한 예방 효과를 나타냈다. 그러나 항바이러스 효과는 없었다.
3. 이뇨 작용
   전초에는 이뇨 작용이 있었으며, 이는 칼륨염 함량과 관련이 있는 것으로 보인다.
4. 심장 혈관 효과
   전초는 *in vitro* 및 *in vitro*에서 개구리 심장에 아무런 영향을 미치지 않았지만, 퀴닌으로 유도된 연약한 개구리 심장에 유의한 강심 효과를 보였다. 칼슘염과 함께 시너지 효과를 보였다. 과다 복용은 확장기 단계 동안 개구리 심장을 억지했다.
5. 기타
   전초에는 또한 혈관 수축, 고혈압 및 약한 항응고제 효과가 있었다. 소 트롬빈과 사람 피브리노겐의 응집을 연장시켰다. 전초의 알코올 추출물은 적출된 기니피그 기도에서 항히스타민 효과가 없었다.

용도

1. 홍역, 두드러기, 가려움증
2. 감기와 발열
3. 부종, 뇨량 감소증

해설

개구리밥의 전초는 개발 잠재력이 크며 또한 높은 경제적, 사회적 가치를 가진 사료와 낚시 미끼뿐만 아니라 약으로도 사용된다[5].
천남성과의 물상추는 전통적으로 광동성, 광서성 및 홍콩에서 약으로 사용되며, 한약의 명칭은 대부평(大浮萍)이다. 물상추에 대해 ≪전국중초약휘편(全国中草药汇编)≫은 "임산부는 사용을 금지한다. 그 뿌리는 독성이 약간 있기 때문에 식물이 혼입되면 제거해야 한다."라고 기술하고 있다. 대부평에 대한 성분, 효능 및 품질에 대한 추가 연구가 수행되어야 한다.

참고문헌

1. D Strack, J Krause. Reversed–phase high–performance liquid chromatographic separation of naturally occurring mixtures of flavone derivatives. Journal of Chromatography. 1978, 156(2): 359–361
2. Y Ling, BZ He, YY Bao, XF Guo, JH Zheng. Studies on the chemical constituents of common duckweed (Spirodela polyrrhiza). Chinese Traditional and Herbal Drugs. 1999, 30(2): 88–90
3. J Krause, D Strack. Malonyl cyanidin 3–monoglucoside in Spirodela polyrrhiza (L.) Schleiden. Zeitschrift fuer Pflanzenphysiologie. 1979, 95(2): 183–187
4. J Kraus. Hydroxycinnamic acid derivatives from Spirodela polyrrhiza (L.) Schleiden. Zeitschrift fuer Pflanzenphysiologie. 1978, 88(5): 465–470
5. WF Yin. Comprehensive development and utilization of some main species of Lemnaceae in China. Resources Economization and Comprehensive Utilization. 1998, 2: 46–48

별꽃 繁縷

Stellaria media L.

Common Chickweed

개 요

석죽과(Caryophyllaceae)

별꽃(繁縷, *Stellaria media* L.)의 전초를 말린 것: 번루(繁縷)

중약명: 번루(繁縷)

별꽃속(*Stellaria*) 식물은 전 세계에 약 120종이 있으며, 온대와 한대 지역에 널리 분포한다. 중국에는 약 63종, 15변종과 2품종이 발견되며, 이 속에서 약 8종과 1변종이 약재로 사용된다. 이 종은 전 세계적으로 널리 분포되어 있다.

별꽃은 ≪명의별록(名醫別錄)≫에 "번루(繁縷)"라는 이름의 약으로 처음 기술되었으며, 대부분의 고대 한방의서에 기술되어 있다. 과거의 연구에 따르면 ≪본초도경(本草圖經)≫에 기록된 내용과 그림은 이 종에 대하여 언급하고 있다. 의약 재료는 중국 전역에서 생산된다.

별꽃에는 주로 플라보노이드 성분이 함유되어 있다.

약리학적 연구에 따르면 별꽃에는 항종양, 항바이러스, 항산화 및 항염 작용이 있음을 확인했다.

한의학에서 번루는 청열해독(清熱解毒), 양혈소옹(凉血消癰), 활혈지혈(活血止血)의 효능이 있다.

별꽃 繁縷 *Stellaria media* L.

우번루 牛繁縷 *Myosoton aquaticum* (L.) Moench.

함유성분

전초에는 플라보노이드 성분으로 apigenin, apigenin-6,8-di-C-glucopyranosyl, quercetin, quercitrin[1], luteolin, genistein, vicenin-2[2]가 함유되어 있고, flavonoid C-glycosides 성분으로 schaftoside, isoschaftoside, vitexin, isovitexin, isovitexin-8-C-β-D-galactopyranosyl, tricetin-6,8-di-C-β-D-glucopyranosyl[3], isovitexin-7,2"-di-O-β-glucopyranosyl, isovitexin-7-O-β-galactopyranosyl-2"-O-β-glucopyranosyl[4], saponarin[5], 유기산 성분으로 vanillic acid, ferulic acid, caffeic acid, chlorogenic acid[2], 갈락토피라노사이드 성분으로 1-O-linolenoyl-3-O-β-D-galactopyranosyl-sn-glycerol[5], 거대고리형 디올 성분으로 mediaglycol[6]이 함유되어 있다.
전초에는 개화시기에 gypsogenin[7]이 함유되어 있다.

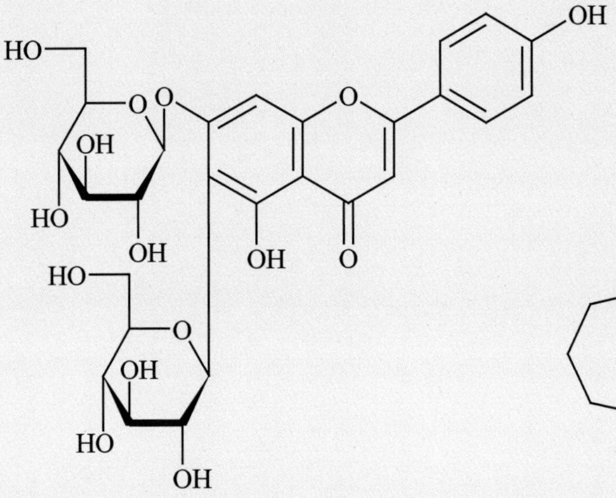

saponarin

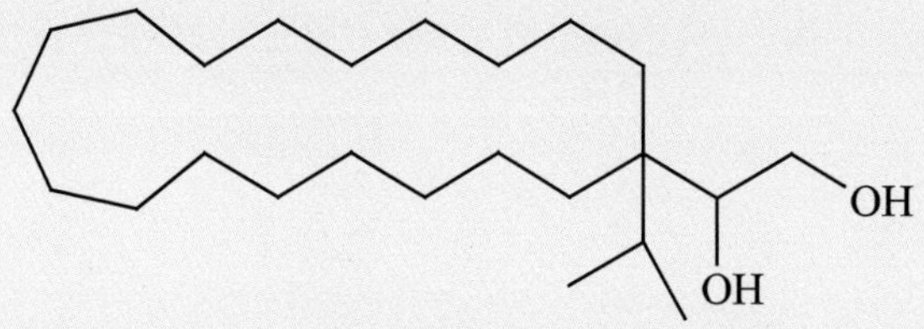

mediaglycol

약리작용

1. 항종양
아피게닌은 단백질 p53 의존성 경로를 통해 p21의 단백질 발현을 유도하고, 인간 간암 HepG2, Hep3B 및 PLC/PRF/5 세포의 성장을 유의하게 억제하며, 종양 세포사멸을 유도했다[8]. 아피게닌은 또한 인간 자궁경부암 HeLa 세포가 건강한 조직으로 침투하는 것을 억제함으로써 항종양 형성 효과를 나타냈다[9].

2. 항바이러스
비텍신은 III형 파라인플루엔자 바이러스(Para 3)에 대해 적당한 항바이러스 활성을 보였다[10].

3. 항산화 작용
이소비텍신은 지질과산화를 유의하게 억제했다[11]. 비텍신은 과산화물 유리기의 생산을 억제함으로써 자외선에 의한 피부의 부작용을 예방했다[12].

4. 항염 작용
샤프토사이드와 비텍신을 복강 내 투여하면 랫드의 폐 호중구 유입을 억제하여 항염 효과를 나타냈다[13].

5. 간 보호
샤프토사이드와 비텍신 같은 C-글리코실플라본은 *in vitro*에서 CCl_4와 갈락토사민에 의해 유도된 배양된 간세포 손상에 대해 간 보호 효과를 보였다[14].

6. 기억력 향상
Y-maze를 이용한 수동적 회피 시험에서 아피게닌을 복강 내 투여하면 D-갈락토사민과 $AlCl_3$에 의한 알츠하이머가 있는 마우스의 학습 및 기억 능력이 효과적으로 향상되었다[15].

7. 기타
비텍신은 갑상선 과산화효소의 활성을 억제하고 항갑상선 및 갑상선종 유발 효과를 보였다[16].

용도

1. 이질
2. 맹장염, 폐농양, 유선염
3. 낙상 및 찰과상, 산후 혈액 정체
4. 치질, 염증, 옹

해설

번루의 다른 이름 중 하나는 "아장채(鵝腸菜)"이고, 한약재 아장초(鵝腸草)의 다른 이름 중 하나는 "쇠별꽃"이다. 아장초는 *Myosoton aquaticum* (L.) Moench의 전초를 말한다. 같은 속의 두 종은 외관, 생태 분포, 이름 및 기능면에서 유사하며 종종 서로 혼동된다. 별꽃의 약리 활성에 대한 연구는 거의 없으며 그 유효 성분은 분명하지 않다. 그러므로 이 식물의 화학적, 약리학적 및 의약적 효과의 상관관계에 대한 더 많은 연구가 필요하다.

참고문헌

1. XR Chen, YM Hu, H Wang, G Liu, WC Ye. Studies on chemical constituents of Stellaria media. Research and Practice on Chinese Medicines. 2005, 19(4): 41–43
2. G Kitanov. Phenolic acids and flavonoids from Stellaria media (L.) Vill. (Caryophyllaceae). Pharmazie. 1992, 47(6): 470–471
3. YM Hu, WC Ye, Q Li, HY Tian, H Wang, HY Du. C–glycosylflavones from Stellaria media. Chinese Journal of Natural Medicines. 2006, 4(6): 420–444
4. J Budzianowski, G Pakulski. Two C,O–glycosylflavones from Stellaria media. Planta Medica. 1991, 57(3): 290–291
5. J Hohmann, L Toth, I Mathe, G Gunther. Monoacylgalactolipids from Stellaria media. Fitoterapia. 1996, 67(4): 381–382
6. VV Tolstikhina, AA Semenov, SV Zinchenko. Unusual macrocyclic diol from Stellaria media (L.) Vill. Russian Chemical Bulletin. 2000, 49(11): 1908–1909
7. V Hodisan, A Sancraian. Triterpenoid saponins from Stellaria media (L.) Cyr. Farmacia. 1989, 37(2): 105–109
8. LC Chiang, LT Ng, IC Lin, PL Kuo, CC Lin. Anti–proliferative effect of apigenin and its apoptotic induction in human Hep G2 cells. Cancer Letters. 2006, 237(2): 207–214
9. J Czyz, Z Madeja, U Irmer, W Korohoda, DF Huelser. Flavonoid apigenin inhibits motility and invasiveness of carcinoma cells in vitro. International Journal of Cancer. 2005, 114(1): 12–18
10. YL Li, SC Ma, YT Yang, SM Ye, PP But. Anti–viral activities of flavonoids and organic acid from Trollius chinensis Bunge. Journal of Ethnopharmacology. 2002, 79(3): 365–368
11. A Sakushima, T Maoka, K Ohno, M Coskun, A Guvenc, CS Erdurak, AM Ozkan, KI Seki, K Ohkura. Major anti–oxidative substances in Boreava orientalis (Cruciferae). Natural Product Letters. 2000, 14(6): 441–446
12. JH Kim, BC Lee, JH Kim, GS Sim, DH Lee, KE Lee, YP Yun, HB Pyo. The isolation and anti–oxidative effects of vitexin from Acer palmatum. Archives of Pharmacal Research. 2005, 28(2): 195–202
13. GO De Melo, MF Muzitano, A Legora–Machado, TA Almeida, DB De Oliveira, CR Kaiser, VL Koatz, SS Costa. C–glycosylflavones from the aerial parts of Eleusine indica inhibit LPS–induced mouse lung inflammation. Planta Medica. 2005, 71(4): 362–363
14. K Hoffmann–Bohm, H Lotter, O Seligmann, H Wagner. Anti–hepatotoxic C–glycosylflavones from the leaves of Allophyllus edulis var. edulis and gracilis. Planta Medica. 1992, 58(6): 544–548
15. YH Zhao, WQ Chen, SH Luo, H Yang. Effect of apigenin on learning and memory behavior in mice with Alzheimer's disease induced with D–galactose. Journal of Guangdong College of Pharmacy. 2005, 21(3): 292–294
16. XA Wu, YM Zhao. Study progress of natural C–glycosylflavones and its action. Pharmaceutical Journal of Chinese People's Liberation Army. 2005, 21(2): 135–138

독각금 獨脚金

Striga asiatica (L.) Kuntze

Witchweed

개 요

현삼과(Scrophulariaceae)

독각금(獨脚金, *Striga asiatica* (L.) Kuntze)의 전초를 말린 것: 독각금(獨脚金)

중약명: 독각금(獨脚金)

독각금속(*Striga*) 식물은 전 세계에 약 20종이 있으며, 아시아, 아프리카 및 오세아니아의 열대 및 아열대 지역에 분포한다. 중국에는 3종이 발견되며, 약 2종이 약재로 사용된다. 이 종은 아시아와 아프리카의 열대 지역뿐만 아니라 중국의 운남성, 광서성, 광동성, 복건성, 홍콩 및 대만에 분포한다.

독각금은 ≪생초약성비요(生草藥性備要)≫에서 "독각감(獨脚柑)"의 이름으로 약으로 처음 기술되었다. 이 종은 한약재 독각금(Strigae Asiaticae Herba)의 공식적인 기원식물 내원종으로서 광동성중약재표준에 등재되어 있다. 의약 재료는 주로 중국의 광동성, 광서성, 귀주성, 복건성 및 대만에서 생산된다.

독각금에는 주로 플라보노이드, 페놀산 및 테르페노이드 성분이 함유되어 있다. 광동성중약재표준은 의약 물질의 품질관리를 위해 물 추출물의 함량이 19% 이상이어야 한다고 규정하고 있다.

약리학적 연구에 따르면 독각금에는 항균 및 항염 작용이 있음을 확인했다.

한의학에서 독각금은 건비(健脾), 평간소적(平肝消積), 청열이뇨(清熱利尿)의 효능이 있다.

독각금 獨脚金 *Striga asiatica* (L.) Kuntze

독각금 獨脚金 Strigae Asiaticae Herba

함유성분

전초에는 플라보노이드 성분으로 luteolin-3',4'-dimethyl ether, luteolin-7,-3',4'-trimethyl ether, acacetin-7-methyl ether, acacetin, chrysoeriol, luteolin, apigenin, 7,4'-dimethyl scutellarein[1-4]이 함유되어 있다.

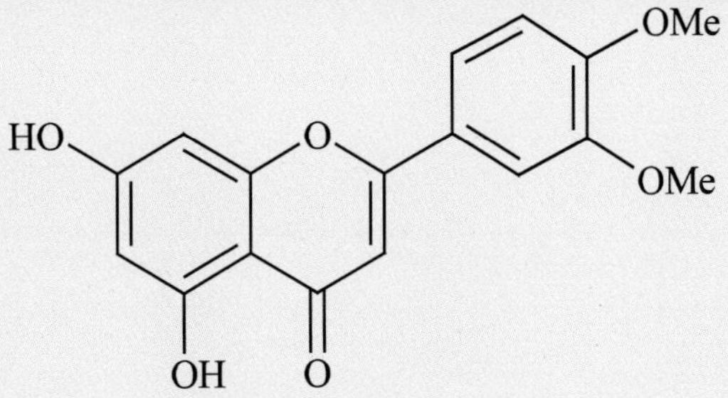

HO OMe OMe OH O O

luteolin-3',4'-dimethyl ether

약리작용

1. 항균 작용
   *In vivo*에서 전초의 탕액은 황색포도상구균, 탄저균 및 디프테리아 바실러스균을 유의하게 억제했다. B형 연쇄상구균, 장티푸스균, 녹농균 및 이질균에 대해서도 효과적이었다.
2. 항염 작용
   루테올린은 미토겐활성화단백질키나아제(MAPK)의 활성화를 줄임으로써 대식세포에서 지질다당류 유도 염증 유전자 발현에 관여하는 신호 전달 경로를 막아 항염 효과를 나타냈다[5].
3. 항종양
   루테올린(40mM 농도)은 국소이성화효소 I의 활성을 억제하고 국소이성화효소 I DNA 분해 가능 복합체를 안정화시켜 세포 DNA의 복제, 전사 및 재조합에 영향을 미치고 항암 효과를 일으킨다[6].

용도

1. 영양실조, 설사
2. 간염
3. 배뇨 장애

해설

독각금은 반기생식물이며 일반적으로 잡초로 간주된다. 화학적, 약리학적 및 치유적 효과에 대한 더 많은 연구가 필요하다. 작물과의 종합적 활용 연구 및 조사가 요구된다.

참고문헌

1. T Nakanishi, J Ogaki, A Inada, H Murata, M Nishi, M Iinuma, K Yoneda, Flavonoids of Striga asiatica. Journal of Natural Products. 1985, 48(3): 491-493
2. K Zhang, YZ Chen. Studies on the chemical constituents of Striga asiatica. Chemical Research and Application. 1995, 7(3): 329-331
3. SP Hiremath, S Hanumantharao. Flavones from Striga lutea. Journal of the Indian Chemical Society. 1997, 74(5): 429
4. P Ramesh, CR Yuvarajan. Flavonoids of Striga lutea. Indian Journal of Heterocyclic Chemistry. 1992, 1(5): 259-260
5. A Xagorari, C Roussos, A Papapetropoulos. Inhibition of LPS-stimulated pathways in macrophages by the flavonoid luteolin. British Journal of Pharmacology. 2002, 136(7): 1058-1064
6. A Chowdhury, S Sharma,S Mandal, A Goswami, S Mukhopadhyay, HK Majumder. Luteolin, an emerging anti-cancer flavonoid, poisons eukaryotic DNA topoisomerase I. Biochemical Journal. 2002, 366(2): 653-661

마전 馬錢 CP, KP, JP, VP

Loganiaceae

Strychnos nux-vomica L.

Nux Vomica

개 요

마전과(Loganiaceae)

마전(馬錢, *Strychnos nux*−*vomica* L.)의 씨를 말린 것: 마전자(馬錢子)

중약명: 마전(馬錢)

마전속(*Strychnos*) 식물은 전 세계에 약 190종이 있으며, 열대와 아열대 지역에 분포한다. 중국에는 약 10종과 1변종이 발견되며, 중국의 남서쪽, 남부 및 남동부에 분포한다. 이 속에서 약 7종이 약재로 사용된다. 이 종은 중국의 복건성, 광동성, 해남성, 광서성, 홍콩, 대만 및 인도와 스리랑카에 분포한다.

마전자는 ≪본초강목(本草綱目)≫에서 "번목별(番木鼈)"이란 이름의 약으로 처음 기술되었다. 이 종은 한약재 마전자(Strychni Semen)의 공식적인 기원식물 내원종으로서 중국약전(1990)에 등재되어 있다. ≪대한민국약전≫(제11개정판)에는 "마전"을 "마전 *Strychnos nux*−*vomica* Linne의 잘 익은 씨"로 등재하고 있다. 의약 재료는 주로 중국의 복건성, 광동성 및 대만에서 생산된다. 또한 인도, 베트남, 미얀마, 태국 및 스리랑카에서 생산된다.

마전속에 속하는 식물의 주요 활성 성분은 알칼로이드이다. 스트리크닌과 브루신은 그 주요 활성 성분이다. 중국약전은 의약 물질의 품질관리를 위해 고속액체크로마토그래피법에 따라 시험할 때 스트리크닌의 함량이 1.2−2.2%이고 브루신의 함량이 0.8% 이상이어야 한다고 규정하고 있다.

약리학적 연구에 따르면 마전자에는 중추신경계의 흥분, 진통, 항염, 항종양 및 건위 작용이 있음을 확인했다.

한의학에서 마전자는 통락지통(通絡止痛), 산절소종(散節消腫)의 효능이 있다.

마전 馬錢 *Strychnos nux-vomica* L.

마전 馬錢 CP, KP, JP, VP

삼맥마전 三脉馬錢 *Strychnos cathayensis* Merr.

마전자 馬錢子 Strychni Semen

함유성분

씨에는 알칼로이드 성분이 함유되어 있으며, 이것은 또한 3가지의 형태로 나뉜다. 즉 노르말형 알칼로이드 성분으로 strychnine, brucine, isostrychnine, isobrucine, strychnine N–oxide, brucine N–oxide, α–, β–colubrines, isostrychnine N–oxide가 함유되어 있고, 슈도형 알칼로이드 성분으로 pseudostrychnine, pseudobrucine, pseudo–α–colubrine, pseudo–β–colubrine, 노르말메칠슈도형 알칼로이드 성분으로 icajine, vomicine, novacine이 함유되어 있다.
뿌리에는 주로 노르말형 알칼로이드 성분이, 줄기껍질에는 주로 슈도형과 노르말메틸슈도형 알칼로이드 성분이, 그리고 잎에는 주로 노르말메틸슈도형 알칼로이드 성분이 함유되어 있다.

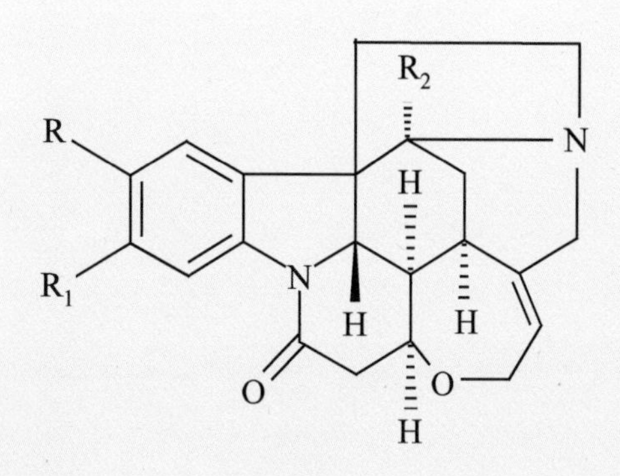

strychnine: $R=R_1=R_2=H$
brucine: $R=R_1=OCH_3$, $R_2=H$
pseudostrychnine: $R=R_1=H$, $R_2=OH$
pseudobrucine: $R=R_1=OCH_3$, $R_2=OH$

novacine: $R=R_1=OCH_3$, $R_2=H$
icajine: $R=R_1=H$, $R_2=H$
vomicine: $R=R_1=H$, $R_2=OH$

약리작용

1. 중추신경계 자극
   씨는 마우스의 중추신경계(CNS) 흥분성을 향상시켰다. 브루신은 마우스에서 CNS에 흥분성 및 억제성 효과가 있었다. 효과의 차이는 브루신에 대한 동물의 투여량 및 민감성과 상관이 있다. 또한 진통제 투여 시 진정 효과가 있었다[2]. 스트리크닌은 숨뇌호흡중추를 흥분시키며 마우스의 암모니아와 이산화황에 의해 유발된 기침에 강력한 반자극적 효과를 나타냈다. 또한 코데인보다 더 강력했으며 거담 효과가 있었다. 구강 투여 시 효과가 더 뚜렷했다[3].
2. 진통 작용
   브루신을 복강 내 투여하면 열판 시험에서 마우스에게 유의한 진통 효과가 나타났다[4-5]. 브루신의 진통 효과는 나록손, 파르길린 및 레세르핀의 영향을 받지 않았다. 필로카르핀은 진통 효과에 부가 효과가 있었지만 아트로핀은 부분적으로 그 효과에 길항 작용을 나타내어 브루신의 진통 효과가 무스카린성 콜린성 시스템과 관련이 있음을 나타냈다.
3. 항염 작용
   동물 실험에 따르면, 브루신과 브루신 N-옥사이드는 열과 화학 물질에 의해 유발된 염증과 통증 반응을 억제했다[6]. 랫드에서 카라기닌에 의해 유발된 뒷다리 부종과 목화송이로 유발된 육아종을 구강 내 투여한 알칼로이드가 유의하게 억제했다[7]. 또한 항류머티스 관절염 효과를 유발하는 보조 관절염이 있는 랫드에서 혈액 세포의 조건과 응집을 개선하여 혈액 점도를 감소시켰다[8].
4. 심혈관계에 미치는 영향
   브루신은 마우스에서 클로로포름과 염화칼슘에 의해 유발된 심실 세동에 대한 보호 효과를 나타내었고, 랫드의 아코나이트 유발성 부정맥의 지속성을 감소시켰고, 토끼의 아드레날린 유발성 부정맥의 지연과 지속을 지연시켰다[9]. 스트리크닌, 이소스트리크닌, 스트리크닌 N-산화물 및 이소브루신은 크산틴과 크산틴 산화효소에 의해 유도된 랫드의 심근 세포 손상에 대해 유의한 보호 효과를 보였다[10-11].
5. 항종양
   *In vitro*에서 이소스트리크닌 N-옥사이드와 이소브루신 N-옥사이드는 종양 K562, HeLa 및 Hep-2 세포에 대해 유의한 세포독성 효과를 나타냈다[12-13]. 브루신은 마우스에서 Heps와 S180과 같은 이식된 고형 종양의 성장을 억제하고 면역 기관의 무게와 지표를 증가시켰다[14]. 씨의 탕액을 경구 투여하면 S180을 함유한 마우스의 종양 무게를 유의하게 억제했고, H22 함유 마우스의 생존 시간을 연장시켰다[15].
6. 건위 작용
   스트리크닌의 쓴 맛은 맛 수용체를 자극하고 반사 위액 분비를 증가시켜 소화 기능을 촉진한다. 식욕 또한 맛과 후각 향상으로 인해 증가했다.
7. 간 및 담낭 시스템에 미치는 영향
   로가닌은 랫드의 간 손상뿐만 아니라 갈락토사민에 의해 유도된 담즙 억제에 대하여 보호 효과를 보였다[16].
8. 기타
   씨에는 항산화 효능이 있다[17].

용도

1. 류머티즘, 류머티스 관절통, 마비, 무감각, 좌골 신경통
2. 낙상 및 찰과상, 부기(浮氣), 통증
3. 발기 부전, 요통, 야뇨증

해설

중국약전은 *Strychnos wallichiana* Steud. ex DC. (*S. pierriana* A. W. Hill.)의 씨도 운남마전(云南馬錢)이라 하여 한약재 마전자로 등재하고 있다. 그러나 자원이 많지 않아 아직 상용 의약 재료로는 개발되지 않고 있다. *S. cathayensis* Merr.의 씨를 말린 것은 우목초(牛目椒)라고 하여 약으로 사용되고 있다. 우목초는 거풍제습(祛風除濕), 이수소종(利水消腫)의 효능이 있다. 우목초와 마전자는 외관상으로 유사하기 때문에 서로 구별되어야 한다.
마전자는 홍콩에서 상용 독성 약재 가운데 하나이다. 그 중요한 활성 성분은 스트리크닌 및 브루신으로서 약리학적인 효능은 유사하다.

그러나 브루신은 그 효능이 스트리크닌만은 못하다. 연구에 따르면 두 가지를 법제한 후 브리신 함량이 현저하게 감소하는 동안 스트리크닌 함량은 약간 감소된다. 따라서 치료의 효과는 덜하지만 독성이 강한 브루신은 법제를 통해 제거될 수 있다.

참고문헌

1. SP Wang, WF Shang, XM Liu, HR Huo, SR Yu. Comparison of central actions of Semen Strychni. Chinese Traditional and Herbal Drugs. 1997, 28(A10): 99-100
2. YN Zhu, YM Chang, MZ Bao, YS Cao. Effects of brucine on the central nervous system of mice. Journal of Henan Medical University. 1992, 27(2): 140-143
3. XW Huang, JX Wang, Y Luo. Clinical application of Semen Strychni. Research of Traditional Chinese Medicine. 2001, 17(5): 49-50
4. JW Zhu, JB Wu, CS Li, ZY Sui, GC Du, XS Fang, ZY Xuan, SL Peng. Analgesia and pharmacodynamics of brucine. Chinese Journal of Traditional Medical Science and Technology. 2005, 12(3): 166-167
5. JW Zhu, JB Wu, CS Li, ZY Sui, XL Zhang, YL Du. Analgesia and pharmacodynamics of compound brucine injection in mice. Chinese Journal of Information on Traditional Chinese Medicine. 2005, 12(9): 36-37
6. W Yin, TS Wang, FZ Yin, BC Cai. Analgesic and anti-inflammatory properties of brucine and brucine N-oxide extracted from seeds of Strychnos nux-vomica. Journal of Ethnopharmacology. 2003, 88(2-3): 205-214
7. SC Wei, LJ Xu. Crude alkaloid derived from Semen Strychni on rheumatoid arthritis in rats. Chinese International Journal of Medicine. 2001, 1(6-7): 529-531
8. SC Wei, LJ Xu, XQ Zhang. Effect of crude alkloid of Semen Strychni on adjuvant arthritis in rat. Chinese Pharmacological Bulletin. 2001, 17(4): 479-480
9. MH Li, GR Wan, M Zhu, YH Zhang, L Liu. Effect of brucine on experimental arrhythmia. Journal of Xinxiang Medical College. 1997, 14(2): 101-103
10. YM Lu, L Chen, BC Cai, C Ma, ZY Shi, X Li. Single channel analysis and electron micrograph study on myocardial effects of isobrucine. Journal of Anhui TCM College. 1999, 18(6): 47-49
11. BC Cai, IT Kusumoto, H Miyashiro, S Kadota, M Hattori, T Namba. Protective effects of Strychnos alkaloids on the xanthine and xanthine oxidaseinduced damage to cultured cardiomyocytes. Wakan Iyakugaku Zasshi. 1995, 12(4): 334-335.
12. YM Lu, L Chen, BC Cai, C Ma, ZY Shi, X Li. Comparison of brucine and nitrogen oxides isobrucine in their anti-cancer and anti-oxidation effect. Journal of Nanjing University of Traditional Chinese Medicine. 1998, 14(6): 349-350
13. BC Cai, L Chen, S Kadota, M Hattori, T Namba. Processing of nux vomica. IV. A comparison of cytotoxicity of nine alkaloids from processed seeds of Strychnos nux-vomica on tumor cell lines. Natural Medicines. 1995, 49(1): 39-42
14. XK Deng, BC Cai, W Yin, XC Zhang, WD Li, L Sun. Anti-tumor activity of brucine on mice with transplanted tumor. Chinese Journal of Natural Medicines. 2005, 3(6): 392-395
15. AY Song, GL Zhang, SJ Liu, YP Cheng, TL Li, DM Guan. Experimental study on anti-cancer effect of Strychnos nux-vomica. Chinese Journal of Traditional Medical Science and Technology. 2004, 11(6): 363
16. PKS Visen, B Saraswat, K Raj, AP Bhaduri, MP Dubey. Prevention of galactosamine-induced hepatic damage by the natural product loganin from the plant Strychnos nux-vomica: studies on isolated hepatocytes and bile flow in rat. Phytotherapy Research. 1998, 12(6): 405-408
17. Y B Tripathi, S Chaurasia. Studies on the inhibitory effect of Strychnos nux-vomica alcohol extract on iron induced lipid peroxidation. Phytomedicine. 1996, 3(2): 175-180

상기생 桑寄生 CP

Loranthaceae

Taxillus chinensis (DC.) Danser

Chinese Taxillus

개 요

꼬리겨우살이과(Loranthaceae)
상기생(桑寄生, *Taxillus chinensis* (DC.) Danser)의 잎이 달린 가지: 상기생(桑寄生)
중약명: 상기생(桑寄生)
참나무겨우살이속(*Taxillus*) 식물은 전 세계에 약 25종이 있으며, 아시아의 남동부와 남부에 분포한다. 중국에는 약 15종과 5변종이 발견되며, 남서부 지역과 진령(秦岭) 산맥의 남쪽에 분포한다. 이 속에서 약 9종이 약재로 사용된다. 이 종은 중국의 광서성, 광동성, 홍콩 및 복건성에 분포한다. 베트남, 라오스, 캄보디아, 태국, 말레이시아, 인도네시아 및 필리핀에도 분포한다.
상기생은 ≪신농본초경(神農本草經)≫에서 상품으로 "상상기생(桑上寄生)"이라는 이름의 약으로 처음 기술되었다. 대부분의 고대 한방의서에 기술되어 있다. 이 종 이외에, 같은 속의 다른 식물뿐만 아니라 Scurrula속과 겨우살이속의 식물도 상기생으로 사용된다. 이 종은 상기생(Taxilli Herba)의 공식적인 기원식물 내원종으로서 중국약전(2015)에 등재되어 있다. ≪대한민국약전외한약(생약)규격집≫(제4개정판)에는 "상기생"을 "뽕나무겨우살이 *Loranthus parasticus* Merr. 또는 상기생(桑寄生) *Loranthus chinensis* Danser (겨우살이과 Loranthaceae)의 잎, 줄기 및 가지"로 등재하고 있으며, 그 속명이 다르게 표현되어 있다. 의약 재료는 주로 중국의 광동성, 광서성 및 복건성에서 생산된다.
상기생에는 주로 로라틀로레이스 단백질, 로라틀로레이스 렉틴 및 플라보노이드 성분이 함유되어 있다. 아비쿨라린은 항고혈압제와 이뇨제이다. 중국약전은 의약 물질의 품질관리를 위해 박층크로마토그래피법을 사용한다.
약리학적 연구에 따르면 상기생은 관상동맥을 확장시키고, 혈압을 낮추며, 이뇨 작용과 항균 작용이 있음을 확인했다.
한의학에서 상기생은 보간신(補肝腎), 강근골(强筋骨), 거풍습(祛風濕), 안태(安胎)시킨다.

상기생 桑寄生 *Taxillus chinensis* (DC.) Danser

상기생 桑寄生 CP

광기생 廣寄生 *Taxillus chinensis* (DC.) Danser

상기생 桑寄生 Taxilli Herba

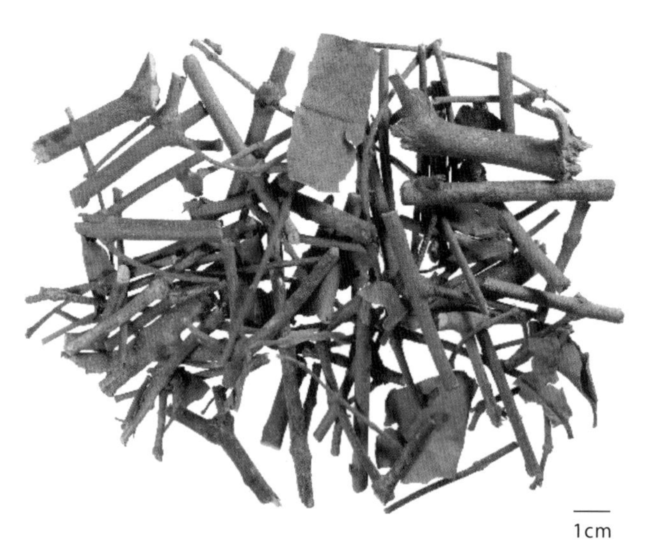

함유성분

가지와 잎에는 lorathlorace proteins(분자량 43,000)[1]과, lorathlorace lectins(분자량 67,500)[2]이 함유되어 있고, 플라보노이드 성분으로 avicularin, quercetin, quercitrin[3], 또한 d−catechin이 함유되어 있다.
*Coriaria nepalensis*에 기생하는 *Taxillus chinensis*에는 세스퀴테르펜 락톤 성분으로 corianin, coriamyrtin, tutin, coriatin[4]이 함유되어 있다.

avicularin

corianin

약리작용

1. 심혈관계에 미치는 영향
   (1) 혈관 확장
   전초를 주사하면 적출된 기니피그의 심장에서 관상동맥을 현저히 확장시키고 피투이트린으로 유도된 관상동맥 수축에 길항했다.
   (2) 저혈압
   전초의 수성 및 알코올 주사에는 저혈압 효과가 있었다. 주성분은 아비쿨라린이었다[5]. 전초 수성 추출물을 랫드의 꼬리 정맥에 주사하면 일시적인 혈압강하 효과를 보였다. 전초의 가루 현탁액을 경구 투여하면 신장 고혈압을 가진 랫드에서 베타-엔돌핀 혈장 농도를 감소시켰다[6].
   (3) 항고지혈증 효과
   탈지된 전초의 수성 추출물의 에탄올 분획은 고지혈증을 가진 랫드에서 콜레스테롤 및 트리글리세라이드를 유의하게 감소시켰고, 과산화물 불균등화효소(SOD)의 활성을 상당히 증가시켰으며, 혈청 지질 퍼옥사이드 수준을 감소시켰다[7]. 전초 추출물, 아비쿨라린 및 퀘르세틴은 모두 지방산 합성 효소(FAS)의 활성을 억제했다[8].

2. 항종양
   로라틀로레이스 단백질은 골수종 세포에 독성을 나타내었고, 동시에 토끼 망상 세포의 유출자에서 단백질 생합성도 억제했다[1]. *In vivo*에서 로라틀로레이스 렉틴은 간암 BEL-7402 세포와 위암 MGC-823 세포를 유의하게 억제했다[9].

3. 면역계에 미치는 효과
   전초의 알코올 추출물은 마우스의 흉선과 비장 림프구의 증식을 억제했다[10]. *In vitro*에서 전초 추출물은 콘카나발린 A로 유발된 마비 세포 탈과립을 유의하게 억제했다. 구강 투여시 난백 알부민에 의한 알레르기 유발 랫드의 비만 세포 탈구를 유의하게 억제했으며 히스타민 분비를 억제했다[11]. 전초의 탕액과 그 과립을 경구 투여하면 2,4-디니트로플루오로벤젠(DNFB)에 의해 유도된 마우스 귀 피부의 지연 과민 반응이 유의하게 억제되었다[12].

4. 항균 작용
   *In vitro*에서 전초의 탕액 또는 우려낸 약물은 소아마비 바이러스, 코티사스 A_9, B_4, B_5, ECHO 6,9, 장티푸스균 및 포도상구균을 유의하게 억제했다.

5. 이뇨 작용
   아비쿨라린은 마취된 개와 랫드에서 유의한 이뇨 효과를 나타냈지만 아미노필린만큼 강력하진 못했다[13].

6. 항염 및 진통 작용
   전초의 추출물과 그 과립을 마우스의 구강 내 투여하면 아세트산에 의한 자극 반응을 유의하게 억제했다. 또한 랫드에서 카라기닌으로 유발된 뒷다리 부종에 효과적이었다[12].

7. 기타
   전초는 또한 진정 작용, 회장(回腸)의 억제[5], 간 보호[14] 효과를 보였다.

용도

1. 요통, 마비, 만성 류머티스 통증
2. 고혈압, 관상동맥 심장 질환, 부정맥
3. 유산, 자궁출혈 및 자궁누혈

해설

한약재 상기생의 기원식물은 다소 복잡하다. 고대 한방의서 따르면 고대에는 상기생 식물의 기원식물로 여러 종이 사용되었다[15]. 민간약으로 현재 사용되는 식물 종은 *Taxillus sutchuenensis* (Lecomte) Danser, *T. nigrans* (Hance) Danser, *Scurrula parasitica* L., *Helixanthera parasitica* Lour 및 *Macrosolen cochinchinensis* (Lour.) Van Tiegh. 이다.
같은 종이라고 하더라도 숙주가 달라서 충의 신진 대사에 다른 영향을 미친다면 성분 조성이나 치료 효과가 다를 수 있다. *Coriaria nepalensis* Wall을 숙주식물로 하는 상기생 *Taxillus chinensis*는 약으로 사용할 수 없다. 사용하게 될 경우 중독, 경련 또는 사망을 초래할 수 있다. 따라서 상기생의 품질을 신중하게 감별하여 평가할 필요가 있다.

상기생 桑寄生 CP

상기생 *Taxillus chinensis*와 겨우살이 *Viscum coloratum* (Kom.) Nakai는 모두 상기생으로 약으로서 사용된다. 기존의 화학 및 약리학 연구 결과에 따르면 이 두 식물은 항고혈압과 항염 효과가 비슷하지만 일부의 측면에서는 크게 다르다. LD50의 결과로 보면 상기생 *Taxillus chinensis*의 약성이 덜 유독하다고 보고되어 있다. 이 두 식물은 추가적인 연구가 진행되기 전에는 신중하게 확인되어야 한다.

참고문헌

1. H Zhou, ZK Zeng, RH Liu, ZW Qi. Purification and characterization of a cytotoxin from Loranthus parasiticus Merr. Journal of Sichuan University (Natural Science). 1993, 30(1): 102-106
2. XH Chen, ZK Zeng, RH Liu. Purification and characterization of lectin from Loranthus parasiticus (L.) Merr. Chinese Biochemical Journal. 1992, 8(2): 150-156
3. L Lü, YM Zhu, DM Xu. Study on flavones from Taxillus chinensis (DC.) Danser and assay of its quercetin. Chinese Traditional Patent Medicine. 2004, 26(12): 1046-1048
4. T Okuda, T Yoshida, XM Chen, JX Xie, M Fukushima. Corianin from Coriaria japonica A. Gray and sesquiterpene lactones from Loranthus parasiticus Merr. used for the treatment of schizophrenia. Chemical & Pharmaceutical Bulletin. 1987, 35(1): 182-187
5. TH Nguyen, XS Pham, TT Nguyen. Preliminary study on chemical components and pharmacological effects of Loranthus parasiticus (L.) Merr. Tap Chi Duoc Hoc. 1999, 7: 12-15
6. LX Ye, JH Wang, HL Huang. Effect of Chinese taxillus twig on the concentration of plasma β-endorphin in rats with renal hypertension in a doseeffect manner. Chinese Journal of Clinical Rehabilitation. 2005, 9(27): 84-85
7. YL Hua, HP Wu, RR Zhang, JM Qiu. Studies on antihyperlipidemic effect and anti-lipid peroxidation of Taxillus chinensis. China Journal of Traditional Chinese Medicine and Pharmacy. 1995, 10(1): 40-41
8. Y Wang, SY Zhang, XF Ma, WX Tian. Potent inhibition of fatty acid synthase by parasitic loranthus [Taxillus chinensis (DC.) Dander] and its constituent avicularin. Journal of Enzyme Inhibition and Medicinal Chemistry. 2006, 21(1): 87-93
9. X Pan, SL Liu. Isolation and characterization of anti-tumor lectins from Chinese herbs Loranthaceae. Natural Product Research and Development. 2006, 18: 210-213
10. QC Long, JB Qiu. Effects of extracts of Clematis chinensis Osbeck, Gentiana macrophylla Pall. and Taxillus chinensis (DC.) Danser on lymphocytes and cyclooxygenase. Pharmacology and Clinics of Chinese Materia Medica. 2004, 20(4): 26-27
11. XM Zhang, R Liu, J Xu. Effect of traditional Chinese medicine Herba Taxilli against allergic reaction type I. China Pharmacist. 2005, 8(1): 5-7
12. DH Li, ZG Hu, M Gao, JM Hong, DZ Fu, Y Li. Comparative study on pharmacodynamics of two different form of medication of Herba Taxilli. Pharmacology and Clinics of Chinese Materia Medica. 1997, 13(5): 35-36
13. YS Li, SX Fu. Diuretic action of flavone arabinoside isolated from the Chinese drug Kwang-Chi-Sheng. Acta Pharmaceutica Sinica. 1959, 7: 1-5
14. LL Yang, KY Yen, Y Kiso, H Hikino. Anti-hepatotoxic actions of Formosan plant drugs. Journal of Ethnopharmacology. 1987, 19(1): 103-110
15. HM Wang, J Hao. Herbalogical study of sangjisheng. Journal of Chinese Medicinal Materials. 2000, 23(10): 649-651

가자 訶子 CP, KP, VP, IP

Combretaceae

Terminalia chebula Retz.

Chebulic Myrobalan

개 요

사군자과(Combretaceae)

가자(訶子, *Terminalia chebula* Retz.)의 익은 열매를 말린 것: 가자(訶子)

가자(訶子, *Terminalia chebula* Retz.)의 덜 열매를 쪄서 햇볕에 말린 것: 장청과(藏青果)

중약명: 가자(訶子)

가자속(*Terminalia*) 식물은 약 200종이 있으며, 전 세계의 열대 지역에 널리 분포한다. 중국에는 약 8종이 발견되며, 광동성, 광서성, 사천성, 운남성, 티베트 및 대만에 분포한다. 이 속에서 약 4종과 1변종이 약재로 사용된다. 이 종은 운남성 서부 및 남서부에 분포하며, 광동성과 광서성에서 재배된다. 베트남, 라오스, 캄보디아, 태국, 미얀마, 말레이시아, 네팔 및 인도에도 분포한다.

가자는 ≪금궤요략(金匱要略)≫에서 "가려륵(呵黎勒)"라는 이름의 약으로 처음 기술되었다. 대부분의 고대 한방의서에 기술되어 있다. 고대 한방의서에 기록된 가자는 이 종의 열매와 그 다양성 또는 형태에 대하여 언급하고 있다. 이 종은 한약재 가자(Chebulae Fructus)의 공식적인 기원식물 내원종으로서 중국약전(2015)에 등재되어 있다. ≪대한민국약전≫(제11개정판)에는 "가자"를 "가자(訶子) *Terminalia chebula* Retzins 또는 융모가자 (絨毛訶子) *Terminalia chebula* Retzins var. *tomentella* Kurt. (사군자과 Combretaceae)의 잘 익은 열매"로 등재하고 있다. 의약 재료는 주로 중국 운남성의 임창(臨滄) 지역과 덕굉태족경파족자치주(德宏傣族景颇族自治州)에서 생산된다.

열매의 주성분은 가수 분해 가능한 탄닌과 트리테르페노이드이다. 중국약전은 의약 물질의 품질관리를 위해 냉침법에 따라 시험할 때 물 추출물의 함량이 30% 이상이어야 한다고 규정하고 있다.

약리학적 연구에 따르면 열매에는 항산화, 항균, 항바이러스, 강심, 진경 작용이 있음을 확인했다.

한의학에서 가자는 삽장염폐(澁腸斂肺), 강화이인(降火利咽)의 효능이 있다.

가자 訶子 *Terminalia chebula* Retz.

가자 訶子 CP, KP, VP, IP

가자 訶子 Chebulae Fructus

장청과 藏青果 Terminaliae Chebulae Immaturus Fructus

함유성분

열매에는 가수분해성 탄닌 성분으로 chebulinic acid, chebulic acid, chebulagic acid, terchebulins C, D, terflavins A, B, C, D, 1,6-di-O-galloyl-D-glucose, punicalagin, 3,4,6-tri-O-galloyl-D-glucose, casuarinin, chebulanin, corilagin, neochebulinic acid, 1,2,3,4,6-penta-O-galloyl-D-glucose[1-2], chebulin[3]이 함유되어 있고, 트리테르페노이드 성분으로 terminoic acid, arjugenin, arjunolic acid, chebupentol[4], 정유 성분으로 cis-α-santalol[5]이 함유되어 있다.

chebulinic acid

약리작용

1. 항산화 작용
   1,1-디페닐-2-피크릴하이드라질(DPPH) 유리기 소거 연구에서, 열매의 에탄올 추출물은 강력한 항산화 특성을 나타냈다[6]. 열매의 탄닌은 반응성 산소 라디칼을 상당히 소거하고, 비타민 C-철 황산염에 의해 유도된 마우스 간의 미토콘드리아에서 지질과산화를 억제하고, H_2O_2 및 헤마토포피린 유도체(HPD) 및 광에 의해 유도된 용혈을 억제했다[7].
2. 항균 작용
   여과지원반법에 따르면, 열매의 추출물은 이질균, 녹농균, 디프테리아균, 황색포도상구균, 대장균, 폐렴구균, 바실루스 프로테우스균, 장티푸스균, 표피포도구균 및 장구균을 현저히 억제했다[8-9]. 갈산과 갈산 에틸 에스테르는 활성 항균 성분이었다[10].
3. 항바이러스
   열매 에탄올 추출물은 높은 치료 지표로 B형 간염 표면 항원(HBsAg)과 HBeAg을 유의하게 억제했다[11]. 열매의 갈로일 글루코스도 인체 면역결핍 바이러스-1(HIV-1) 인터그레이스를 억제했다[12].
4. 평활근에 미치는 영향
   열매는 평활근에 파파베린과 같은 항경련 효과를 보였다[3].
5. 심장에 미치는 영향
   열매의 에탄올 추출물은 랫드에서 이소프레날린에 의해 유도된 심근 손상에 대해 유의한 보호 효과를 보였다[13]. 열매 섭취는 또한 아코나이트에 의해 유발된 심근 세포 및 세포막의 손상을 길항시킨다[14].
6. 간 보호
   열매의 에탄올 추출물은 정상 마우스에서 간 글리코겐 수치를 증가시켰고 혈청 글루탐산 피루브산 아미노기전달효소(sGPT)의 증가와 마우스에서 CCl_4에 의해 유도된 간 글리코겐의 감소에 대한 보호 효과를 보였다[15].
7. 항종양
   열매의 70% 메탄올 추출물은 인간 유방암 MCF-7, 인간 골육종 HOS-1 및 인간 전립선 암종 PC-3 세포의 성장을 억제했다. 또한 종양 세포의 세포사멸을 유도했다[16].

용도

1. 만성 설사, 혈변, 탈항(脫肛)
2. 만성 기침, 천식, 인후통, 목이 쉼

해설

가자는 일반적으로 수렴제로 사용하고, 몽골 및 티베트의 생약 중 으뜸이며, 따라서 "약의 왕"이라는 평판이 있다[17]. 또한 중국약전에는 *Terminalia chebula* Retz. var. *tomentella* Kurt.의 익은 열매도 한약재 가자로서 같이 등재하고 있다.
또한 가자의 어린 열매를 말린 것을 쪄서 햇볕에 말린 것을 장청과(藏青果) 또는 서청과(西青果)라고도 한다. 청열생진(清熱生津), 이인해독(利咽解毒)의 효능으로 음허증으로 인한 디프테리아, 편도선염, 후두염, 이질, 장염 증상을 개선한다. 가자의 잎을 말린 것은 가자엽(訶子葉, Chebulae folium)이라고 하며 강기화담(降氣化痰), 지사리(止瀉痢)의 효능으로 만성 기침, 만성 설사 및 이질에 사용된다.
나무껍질의 추출물은 실험동물에서 심근 수축력을 향상시킬 수 있으므로 심장 마비, 관상동맥 심장 질환 및 고지혈증과 같은 일반적인 심혈관 질환을 치료하는 데 사용한다.

참고문헌

1. LJ Juang, SJ Sheu, TC Lin. Determination of hydrolyzable tannins in the fruit of Terminalia chebula Retz. by high-performance liquid chromatography and capillary electrophoresis. Journal of Separation Science. 2004, 27(9): 718-724
2. TC Lin, G Nonaka, I Nishioka, FC Ho. Tannins and related compounds. CII. Structures of terchebulin, an ellagitannin having a novel tetraphenylcarboxylic acid (terchebulic acid) moiety, and biogenetically related tannins from Terminalia chebula Retz. Chemical & Pharmaceutical Bulletin. 1990, 38(11): 3004-3008
3. MC Inamdar, MRR Rao. The pharmacology of Terminalia chebula. Journal of Scientific and Industrial Research. 1962, 21: 345-348
4. PP Lu, XJ Liu, XC Li, DC Zhang, Y Tosho. Studies on the triterpenes of Terminalia chebula Retz. Acta Botanica Sinica. 1992, 34(2): 126-132
5. L Lin, HH Xu, JM Liu, XS Wang. Studies on volatile constituents from Terminalia chebula Retz. Journal of Chinese Medicinal Materials. 1996, 19(9): 462-463
6. BL Hu, J Meng, YF Hu, H Hang. Scavenging free radical with thirty species of Chinese herbal medicines. Journal of Qingdao University. 2000, 13(2): 38-40
7. NW Fu, R Guo, FC Liu, LP Jin, LX Yan. Anti-oxidant and preventive effects of terchebulins and gallotannic acid on production of nitrosamine. Chinese Traditional and Herbal Drugs. 1992, 23(11): 585-589
8. National Institute for the Control of Pharmaceutical and Biological Products, Yunnan Institute for Drug Control. Ethnodrug Flora of China (Vol 1). Beijing: Press of People's Health. 1984: 290-295
9. ZX Li, XH Wang, YS Yue, BZ Zhao, JB Chen, JH Li. Anti-bacterial effect of Terminalia chebula on 355 clinical strains in vitro. Chinese Journal of Traditional Medical Science and Technology. 2000, 7(6): 393-394
10. Y Sato, H Oketani, K Singyouchi, T Ohtsubo, M Kihara, H Shibata, T Higuti. Extraction and purification of effective anti-microbial constituents of Terminalia chebula Retz. against methicillin-resistant Staphylococcus aureus. Biological & Pharmaceutical Bulletin. 1997, 20(4): 401-404
11. YM Zhang, N Liu, YT Zhu, LC Fu. Experimental research on anti-HBV effect of ethanol extract of Terminalia chebula in vitro. Chinese Archives of Traditional Chinese Medicine. 2003, 21(3): 384-385
12. MJ Ahn, CY Kim, JS Lee, TG Kim, SH Kim, CK Lee, BB Lee, CG Shin, H Huh, JW Kim. Inhibition of HIV-1 integrase by galloyl glucoses from Terminalia chebula and flavonol glycoside gallates from Euphorbia pekinensis. Planta Medica. 2002, 68(5): 457-459
13. S Suchalatha, DCS Shyamala. Protective effect of Terminalia chebula against experimental myocardial injury induced by isoproterenol. Indian Journal of Experimental Biology. 2004, 42(2): 174-178
14. Y Pan, SY Zhang, JF Hou. Effect of medicine Terminalia fruits on myocardium of rats damaged by aconitine. Journal of Medicine & Pharmacy of Chinese Minorities. 2002, 8(1): 32-33
15. SY Zhang, XC Bai, CH Li, XQ Tang, JR Zhao. Effect of ethanol extract of Terminalia chebula on hepatic function in experimental animals. Journal of Medicine & Pharmacy of Chinese Minorities. 1997, 3(4): 41-42
16. A Saleem, M Husheem, P Harkonen, K Pihlaja. Inhibition of cancer cell growth by crude extract and the phenolics of Terminalia chebula Retz. fruit. Journal of Ethnopharmacology. 2002, 81(3): 327-336
17. R Li, WJ Li. Terminalia chebula in traditional Mongolian medicine and traditional Tibetan medicine. Chinese Journal of Information on Traditional Chinese Medicine. 1995, 2(6): 34-35

구등 鉤藤 CP, JP

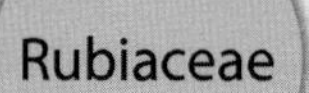

Uncaria rhynchophylla (Miq.) Jacks.
Sharpleaf Gambirplant

개 요

꼭두서니과(Rubiaceae)

화구등(鉤藤, *Uncaria rhynchophylla* (Miq.) Jacks.)의 가시가 달린 가지를 말린 것: 구등(鉤藤)

중약명: 구등(鉤藤)

화구등속(*Uncaria*) 식물은 전 세계에 약 34종이 있으며, 열대 아시아와 호주에 주로 분포한다. 열대 아메리카와 아프리카에서는 소수이다. 중국에는 11종과 1변종이 발견되며, 중국 남부와 중부 지방에 분포한다. 이 속에서 약 5종은 약재로 사용된다. 이 종은 중국의 광동성, 광서성, 운남성, 귀주성, 복건성, 호남성, 호북성, 강서성 및 홍콩뿐만 아니라 일본에도 분포한다.

구등은 ≪명의별록(名醫別錄)≫에서 "구등(鉤藤)"이라는 이름의 하품 약으로 처음 기술되었다. 대부분의 고대 한방의서에 기술되어 있으며, 화구등속의 식물 중에 약용종으로 사용되는 여러 종이 있다. 이 종은 한약재 구등(Uncariae cum Uncis Ramulus)의 공식적인 기원식물 내원종으로서 중국약전(2015)에 등재되어 있다. ≪대한민국약전외한약(생약)규격집≫(제4개정판)에는 "조구등"을 "화구등(華鉤藤) *Uncaria sinensis* Havil 또는 기타 동속 근연식물(꼭두서니과 Rubiaceae)의 가시가 달린 어린 가지"로 등재하고 있다. 의약 재료는 주로 중국의 광서성, 강서성, 호남성, 절강성, 복건성, 광동성 및 안휘성에서 생산된다.

화구등에는 주로 인돌 알칼로이드 성분이 함유되어 있다. 린코필린과 이소린코필린은 주요 활성 성분이다. 중국약전(2015)은 의약 물질의 품질관리를 위해 고온추출법에 따라 시험할 때 알코올 용해 추출물의 함량이 6.0% 이상이어야 한다고 규정하고 있다.

약리학적 연구에 따르면 화구등에는 항고혈압, 항부정맥, 혈관 확장, 혈소판 응집 억제, 항혈전, 뇌 조직 보호, 항경련, 항전간 및 진정 작용이 있음을 확인했다.

한의학에서 구등은 식풍지경(熄風止痙), 청열평간(淸熱平肝)의 효능이 있다.

구등 鉤藤 *Uncaria rhynchophylla* (Miq.) Jacks.

구등 鉤藤 Uncariae Ramulus cum Uncis

구등 鉤藤 CP, JP

함유성분

가지에는 인돌 알칼로이드 성분으로 rhynchophylline, isorhynchophylline, corynoxeine, isocorynoxeine, hirsutine, hirsuteine, corynantheine, dihydrocorynantheine[1], akuammigine, geissoschizine methyl ether[2], corynoxine, corynoxine B[3]가 함유되어 있고, 트리테르페노이드 성분으로 hederagenin, uncargenins A, B, C[4], uncarinic acids A, B, C, D, E[5-6]가 함유되어 있다.
가지와 잎에는 트리테르페노이드 성분으로 uncargenin, quinovic acid, 쿠마린 성분으로 scopoletin[7]이 함유되어 있다.
잎에는 인돌 알칼로이드 성분으로 rhynchophine, vallesiachotamine, vincoside lactam, strictosamide, 플라보노이드 성분으로 hyperin, trifolin[8]이 함유되어 있다.

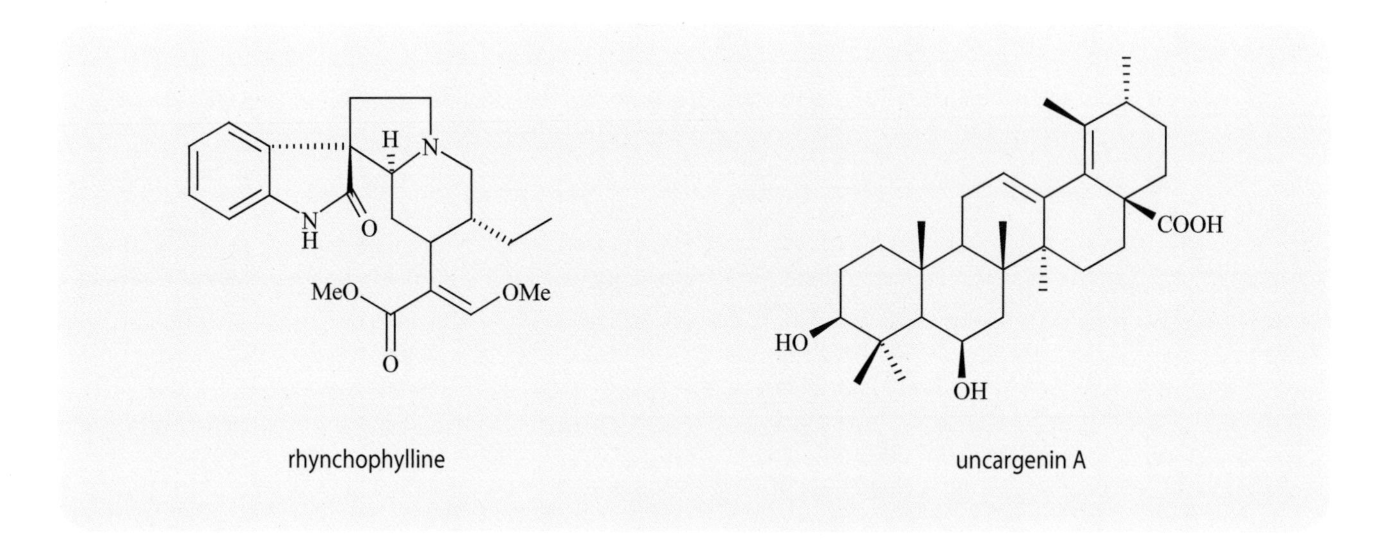

rhynchophylline　　uncargenin A

약리작용

1. 심혈 관계에 미치는 영향

(1) 항고혈압 효과

미세주입 펌프를 이용하여 대퇴 정맥을 통해 4종류의 약재를 주입하고, 마취된 랫드에서 총 경동맥을 통해 말초 혈압을 측정했다. 그 결과는 4성분의 저혈압 효능이 이소린코필린〉린코필린〉총 알칼로이드〉비알칼로이드 분획의 순서임을 나타냈다[9]. 린코필린과 이소린코필린을 정맥 내 주사하면 마취된 흉부가 개흉된 개에서 평균 동맥압을 감소시켰고, 이소린코필린은 린코필린보다 더 강력했다[10]. 전초의 탕액을 경구 투여하면 자발적 고혈압인 랫드의 수축기 압력을 감소시키고, 좌심실 과형성(LVH)을 역전시켰다. 이 기전은 프로토온코진 c-fos 발현의 억제와 관련이 있을 수 있다[11]. 히르수틴은 세포 내 Ca^{2+} 수준을 감소시킴으로써 항고혈압 효과를 보였다[12].

(2) 심장에 미치는 영향

린코필린과 이소린코필린은 적출된 기니피그의 심방 심근 세포막에서 Ca^{2+}수송을 억제했고, 부정적인 전도영향성 및 근육수축 작용을 보였다[13-14]. *In vitro*에서 린코필린은 뇌의 재분극 기간을 연장시키는 HERG(human ether-a-go-go related gene)의 K^{+}채널의 인코딩을 억제했다[15]. 이소린코필린을 정맥 내 점적하면 마취된 토끼 심장 심실의 전도를 유의하게 억제하여 이소프레날린에 의해 부분적으로 길항될 수 있었다[16]. 정맥 주사된 이소린코필린은 또한 마취된 고양이의 심장 박동을 감소시켰다[17]. 히르수틴은 랫드에서 아코나이트에 의해 유발된 부정맥과 기니피그에서의 오우아바인에 의해 유발된 부정맥에 길항했다[18]. 히르수틴과 디하이드로코리난테인은 부정적인 전도영향성 및 항 부정맥 행동과 관련이 있는 다중 이온 채널을 억제함으로써 심근 세포의 활동 전위에 직접적인 영향을 주었다[19].

(3) 혈관 확장 작용

*In vitro*에서 약재 추출물은 노르아드레날린에 의한 랫드의 대동맥 수축에 혈관 확장 효과를 보였으며, 내피 의존성 효과를 보였다[20]. 린코필린과 이소린코필린은 적출된 랫드에서 내피 비의존성 혈관 확장 효과를 나타냈으며, 이것은 L형 Ca^{2+} 채널을 조절함으로써 유도되었다[21]. 혈관에 주입된 히르수틴과 히르수테인은 마취된 개의 후두동맥에서 혈관 확장 작용을 일으켰다. 히르수틴은 관상동맥과 뇌동맥도 확장했다[22].

(4) 혈소판 응집 억제 및 항혈전증

린코필린을 랫드의 정맥 내 주사하면 아라키돈산(AA)과 아데노신 2 인산염(ADP)으로 유도된 혈소판 응집을 유의하게 억제했으며,

마우스에서 ADP 및 콜라겐과 아드레날린 복합물을 정맥 내 주입하여 유발된 사망률이 감소되었다[23]. 또한 랫드의 정맥과 뇌 혈전증을 억제했다[24].

(5) 기타

약재의 탕액을 경구 투여하면 체중 증가와 음식 섭취를 크게 억제했으며, 유리기와 혈청 인슐린 수치가 감소했고, 고지방 섭취 비만 랫드의 총 산화방지 능력을 증가시켰다[25]. *In vitro*에서 약재의 70% 에탄올 추출물이 인간 제대정맥혈관내피세포(HUVEC)의 증식과 혈관 내피질 성장 인자(VEGF)의 증식 및 혈관 내피질 성장 요인(bFGF)의 단백질 분비를 증가시켰다. HUVEC의 유전자 발현 및 단백질 분비는 혈관 상처 치료 촉진 혹은 국소 허혈성 조직에서 측부 혈관의 성장 촉진과 관련이 있었다[26].

2. 중추신경계에 미치는 영향

(1) 뇌 조직 보호

약재의 알칼로이드와 메탄올 추출물은 랫드의 해마 뉴런과 NMDA 수용체 조절 이온 전류의 N-메틸-D-아스파르트산염(NMDA)으로 유도한 사멸을 억제함으로써, 신경보호 효과를 보였다[27-28]. 약재의 메탄올 추출물을 완전 뇌 허혈 재관류 손상을 입은 랫드의 복강 내 투여하면 해마 CA1 뉴런을 유의하게 보호했다. 또한 *in vitro*에서 BV-2 마우스의 호르테가스 세포에서 종양 괴사 인자(TNF-α)와 일산화질소의 생성을 억제했다[29]. 약재의 총 알칼로이드는 활성 성분이었다[30]. 린코필린을 정맥 내 투여하면 뇌 허혈성 랫드에 대한 보호 효과도 보였으며[31], 뇌 허혈성 랫드에 대한 선조체의 수준과 신경전달물질 및 해마 단층 대사물 수준도 조절했다[32].

(2) 항경련 및 항전간

복강 내 투여된 약재 추출물은 카인산 유도 간질 발생률과 팔리움 내 과산화 지질 수치를 억제했다[33]. 천마와 결합했을 때, 상당한 시너지 효과를 보여주었다[34]. 약재의 알코올 추출물은 필로카르핀으로 유도된 간질 랫드에서 적출된 해마 CA1 피라미드 세포에 의한 여러 개의 전위 피크의 진폭을 감소시켰고, 중추신경계에서의 시냅스 전달 과정을 상당히 억제하여, 항염 효과를 초래했다[35].

(3) 진정 작용

린코필린을 복강 내 투여하면 마우스의 자발적 활동을 감소시키고, 장기간의 수면 시간을 감소시켰다[36]. 약재 추출물과 코리녹신, 코리녹신 B, 이소린코필린, 에이소쉬진 메틸 에테르와 같은 인돌 알칼로이드를 경구 투여하면 마우스에서 운동능을 유의미하게 억제했으며, 이것은 중앙 도파민 시스템에 대한 조절 효과와 관련이 있는 것으로 보인다[37].

(4) 인지 장애 및 우울증 예방

약재는 알츠하이머의 예방과 치료와 관련된 β-아밀로이드 단백질 응집을 현저하게 억제했다[38]. 에탄올 추출물 또는 린코필린의 알칼로이드를 경구 투여하면 수중 미로에서 마우스의 탈출 대기 시간을 크게 줄였고, 높은 플랫폼에서의 수영 시간을 상당히 연장시켰다. 이것은 일시적인 뇌 허혈증으로 인한 공간 인식 손상에 예방 효과가 있음을 나타낸다[39]. 랫드와 마우스에서 십자형 높은 미로와 함께 구멍이 뚫린 판 구성을 사용함으로써, 약재의 물 추출물을 경구 투여하면 세로토닌 작동성 신경계를 통해 불안억제 효과를 갖는 것으로 밝혀졌다[40].

(5) 기타

*In vitro*에서 저산소증 랫드의 피질 뉴런에서 L형 Ca^{2+} 채널에 대한 차단 효과를 나타냈으며, 저산소 대뇌 대사 장애를 개선하는 데 있어 린코필린의 기전 중 하나인 세포 내 Ca^{2+}의 과부하를 감소시켰다[41]. 또한 도파민 유도 NT2 세포 손상에 길항했다[42]. 린코필린을 피하 투여하면 모르핀 의존성 마우스 모델에서 대부분의 금단현상을 억제했다. 점프와 체중 감소를 억제하는 데 가장 강력한 효과를 볼 수 있었다[43]. 약재의 총 알칼로이드을 경구 투여하면 마우스에서 암페타민에 의해 유발된 행동들의 감작성과 발현을 억제했으며, 이것은 암페타민에 의해 유발된 심리적 의존에 대해 간섭 효과가 발생했음을 나타낸다[44].

3. 기타

*In vitro*에서 약재의 총 알칼로이드제는 KBv200 세포(다중 내 경구 상피암 KB 세포)의 약물 내성을 빈크리스틴으로 역전시켜 화학 요법 효과를 강화시켰다[45].

용도

1. 고혈압, 두통, 현기증
2. 유아 경련
3. 우울증

해설

구등은 기원식물이 많은 한약재이다. 이 종 이외에도 *Uncaria macrophylla* Wall., *U. hirsuta* Havil., *U. sinensis* (Oliv.) Havil., 및 *U. sessilifructus* Roxb.가 공식적인 기원식물 내원종으로서 중국약전에 등재되어 있다. *Uncaria rhynchophylla*, *U. sinensis* 및 *U. macrophylla*는

의약 재료로 거래되는 주요 한약 자원이다. 현재 상업용 의약품은 화구등속의 10종을 포함하여 더 많은 자원에서 유래한다[46]. 성분 분석학적, 약리학적 및 임상적 연구를 통하여 다른 종들의 품질을 결정하고, 그것들을 이 의약품 구등의 공식적인 기원식물 내원종으로서 대체 할 수 있는지 여부를 결정하는 게 필요하다.

U. tomentosa (Willd.) DC. ("고양이 발톱"이라고도 함)는 남미의 아마존 지역에 있는 열대 우림이 원산이다. 나무껍질이나 뿌리껍질은 페루 전통 약재이다.

화구등속 식물은 중국 민간요법으로 널리 사용된다. 류머티스, 요통, 고혈압, 혈소판, 유아의 직장 탈장, 골수염, 부종 및 신경 두통과 같은 일반적인 질병을 치료하기 위해 가시가 있는 부분 이외에, 뿌리, 오래된 줄기 또는 잎도 자주 사용된다. 따라서 나무껍질, 가시, 가지 및 뿌리에 대한 성분 분석학적 연구뿐만 아니라 약리학적 및 임상적 효과에 대한 추가적인 비교 연구가 필요하다.

참고문헌

1. J Haginiwa, S Sakai, N Aimi, E Yamanaka, N Shinma. Plants containing indole alkaloids. 2. Alkaloids of Uncaria rhynchophylla. Yakugaku Zasshi. 1973, 93(4): 448-452
2. N Aimi, E Yamanaka, N Shinma, M Fujiu, J Kurita, S Sakai, J Haginiwa. Studies on plants containing indole alkaloids. VI. Minor bases of Uncaria rhynchophylla Miq. Chemical & Pharmaceutical Bulletin. 1977, 25(8): 2067-2071
3. J Zhang, CJ Yang, DG Wu. Studie on the chemical constituents of sharpleaf gambirplant (Uncaria rhynchophylla) (III). Chinese Traditional and Herbal Drugs. 1999, 30(1): 12-14
4. CJ Yang, J Zhang, DG Wu. Triterpenoids from Uncaria rhynchophylla. Acta Botanica Yunnanica. 1995, 17(2): 209-214
5. JS Lee, MY Yang, H Yeo, J Kim, HS Lee, JS Ahn. Uncarinic acids: phospholipase Cγ1 inhibitors from hooks of Uncaria rhynchophylla. Bioorganic & Medicinal Chemistry Letters. 1999, 9(10): 1429-1432
6. JS Lee, J Kim, BY Kim, HS Lee, JS Ahn, YS Chang. Inhibition of phospholipase Cγ1 and cancer cell proliferation by triterpene esters from Uncaria rhynchophylla. Journal of Natural Products. 2000, 63(6): 753-756
7. Studie on the chemical constituents of sharpleaf gambirplant (Uncaria rhynchophylla) (II). Chinese Traditional and Herbal Drugs. 1998, 29(10): 649-651
8. N Aimi, T Shito, K Fukushima, Y Itai, C Aoyama, K Kunisawa, S Sakai, J Haginiwa, K Yamasaki. Studies on plants containing indole alkaloids. VIII. Indole alkaloid glycosides and other constituents of the leaves of Uncaria rhynchophylla Miq. Chemical & Pharmaceutical Bulletin. 1982, 30(11): 4046-4051
9. CQ Song, Y Fan, WH Huang, DZ Wu, ZB Hu. Different hypotensive effects of various active constituents isolated from Uncaria rhynchophylla. Chinese Traditional and Herbal Drugs. 2000, 31(10): 762-764
10. JS Shi, GX Liu, Q Wu, YP Huang, XS Zhang. Effects of rhynchophylline and isorhynchophylline on blood pressure and blood flow of organs in anesthetized dogs. Acta Pharmacologica Sinica. 1992, 13(1): 35-38
11. JB Liu, JH Ren. Experimental study of effects and mechanisms of rhynchophylla on myocardial remodeling and expression of proto-oncogene c-fos in spontaneously hypertensive rat. Chinese Journal of Basic Medicine in Traditional Chinese Medicine. 2000, 6(5): 40-44
12. S Horie, S Yano, N Aimi, S Sakai, K Watanabe. Effects of hirsutine, an anti-hypertensive indole alkaloid from Uncaria rhynchophylla, on intracellular calcium in rat thoracic aorta. Life Science. 1992, 50(7): 491-498
13. Y Zhu, GX Liu, XN Huang. Negatively chronotropic and inotropic effects of rhynchophylline and isorhynchophylline on isolated guinea pig atria. Chinese Journal of Pharmacology and Toxicology. 1993, 7(2): 117-121
14. CX Chen, RM Jin, Q Wang, HG Zhang. Effects of rhynchophylline on guinea pig atria. Journal of Chinese Pharmaceutical Sciences. 1995, 4(3): 144-148
15. L Gui, ZW Li, R Du, GH Yuan, W Li, FX Ren, J Li, JG Yang. Inhibitory effect of rhynchophylline on human ether-a-go-go related gene channel. Acta Physiologica Sinica. 2005, 57(5): 648-652
16. AS Sun, W Zhang, GX Liu. Effects of isorhynchophylline on heart conduction function in anesthetized rabbits. Chinese Journal of Pharmacology and Toxicology. 1995, 9(2): 113-115
17. JX Yu, Q Wu, XL Xie, XN Huang, AS Sun, JS Shi. Relationship of cardiovascular effects and plasma concentration of isorhynchophylline in anesthetized cats. Chinese Journal of Pharmacology and Toxicology. 2002, 16(3): 191-194
18. Y Ozaki. Pharmacological studies of indole alkaloids obtained from domestic plants, Uncaria rhynchophylla Miq. and Amsonia elliptica Roem. et Schult. Nippon Yakurigaku Zasshi. 1989, 94(1): 17-26
19. H Masumiya, T Saitoh, Y Tanaka, S Horie, N Aimi, H Takayama, H Tanaka, K Shigenobu. Effects of hirsutine and dihydrocorynantheine on the action potentials of sino-atrial node, atrium and ventricle. Life Science. 1999, 65(22): 2333-2341
20. T Kuramochi, J Chu, T Suga. Gou-teng (from Uncaria rhynchophylla Miquel)-induced endothelium-dependent and -independent relaxations in the isolated rat aorta. Life Science. 1994, 54(26): 2061-2069

21. WB Zhang, CX Chen, SM Sim, CY Kwan. In vitro vasodilator mechanisms of the indole alkaloids rhynchophylline and isorhynchophylline, isolated from the hook of Uncaria rhynchophylla (Miquel). Naunyn-Schmiedeberg's Archives of Pharmacology. 2004, 369(2): 232-238
22. Y Ozaki. Vasodilative effects of indole alkaloids obtained from domestic plants, Uncaria rhynchophylla Miq. and Amsonia elliptica Roem. et Schult. Nippon Yakurigaku Zasshi. 1990, 95(2): 47-54
23. RM Jin, CX Chen, YK Li, PK Xu. Effect of rhynchophylline on platelet aggregation and experimental thrombosis. Acta Pharmaceutica Sinica. 1991, 26(4): 246-249
24. CX Chen, RM Jin, YK Li, J Zhong, L Yue, SC Chen, JY Zhou. Inhibitory effect of rhynchophylline on platelet aggregation and thrombosis. Acta Pharmacologica Sinica. 1992, 13(2): 126-130
25. R Luo, L Jin, XS Tian, YL Wei, W Li, TZ Zheng, SY Qu. Effects of Ramulus Uncariae et Uncus on body mass, food intake, serum glucose and total anti-oxidative ability of high-fat-fed obese rats. Chinese Journal of Clinical Rehabilitation. 2005, 9(31): 246-248
26. DY Choi, JE Huh, JD Lee, EM Cho, YH Baek, HR Yang, YJ Cho, KI Kim, DY Kim, DS Park. Uncaria rhynchophylla induces angiogenesis in vitro and in vivo. Biological & Pharmaceutical Bulletin. 2005, 28(12): 2248-2252
27. J Lee, D Son, P Lee, SY Kim, H Kim, CJ Kim, E Lim. Alkaloid fraction of Uncaria rhynchophylla protects against N-methyl-D-aspartate-induced apoptosis in rat hippocampal slices. Neuroscience Letters. 2003, 348(1): 51-55
28. J Lee, D Son, P Lee, DK Kim, MC Shin, MH Jang, CJ Kim, YS Kim, SY Kim, H Kim. Protective effect of methanol extract of Uncaria rhynchophylla against excitotoxicity induced by N-methyl-D-aspartate in rat hippocampus. Journal of Pharmacological Sciences. 2003, 92(1): 70-73
29. K Suk, SY Kim, K Leem, YO Kim, SY Park, J Hur, J Baek, KJ Lee, HZ Zheng, H Kim. Neuroprotection by methanol extract of Uncaria rhynchophylla against global cerebral ischemia in rats. Life Science. 2002, 70(21): 2467-2480
30. XY Hu, AS Sun, LM Q Wu, JS Shi, XN Huang. Effects of rhynchophylla total alkaloids on experimental cerebral ischemia. Chinese Pharmacological Bulletin. 2004, 20(11): 1254-1256
31. EB Wu, AS Sun, Q Wu, LM Yu, JS Shi, XN Huang. Protective effects of rhynchophylline on cerebral ischemia-reperfusion injury. Chinese Pharmaceutical Journal. 2005, 40(11): 833-835
32. YF Lu, XL Xie, Q Wu, GR Wen, SF Yang, JS Shi. Effects of rhynchophylline on monoamine transmitter contents of striatum and hippocampus in cerebral ischemic rats. Chinese Journal of Pharmacology and Toxicology. 2004, 18(4): 253-258
33. CL Hsieh , MF Chen, TC Li, SC Li, NY Tang, CT Hsieh, CZ Pon, JG Lin. Anti-convulsant effect of Uncaria rhynchophylla (Miq.) Jack. in rats with kainic acid-induced epileptic seizure. American Journal of Chinese Medicine. 1999, 27(2): 257-264
34. CL Hsieh, NY Tang, SY Chiang, CT Hsieh, JG Lin. Anti-convulsive and free radical scavenging actions of two herbs, Uncaria rhynchophylla (MIQ) Jack and Gastrodia elata Bl., in kainic acid-treated rats. Life Sciences. 1999, 65(20): 2071-2082
35. SM Xu, JY He, LX Lin, KJ Zheng, XJ Qiu. Effect of Uncaria on evoked field potential of hippocampal slice in epileptogenic rat. Chinese Journal of Applied Physiology. 2001, 17(3): 259-261
36. JS Shi, B Huang, Q Wu, RX Ren, XL Xie. Effects of rhynchophylline on motor activity of mice and serotonin and dopamine in rat brain. Acta Pharmacologica Sinica. 1993, 14(2): 114-117
37. I Sakakibara, S Terabayashi, M Kubo, M Higuchi, Y Komatsu, M Okada, K Taki, J Kamei. Effect on locomotion of indole alkaloids from the hooks of Uncaria plants. Phytomedicine. 1999, 6(3): 163-168
38. H Fujiwara, K Iwasaki, K Furukawa, T Seki, M He, M Maruyama, N Tomita, Y Kudo, M Higuchi, TC Saido, S Maeda, A Takashima, M Hara, Y Ohizumi, H Arai. Uncaria rhynchophylla, a Chinese medicinal herb, has potent anti-aggregation effects on Alzheimers' β-amyloid proteins. Journal of Neuroscience Research. 2006, 84(2): 427-433
39. SH Zhang. Preventive effects of Gouteng pulvis, Uncaria rhynchophylla and its alkaloids on vascular dementia in mice. World Phytomedicines. 2003, 18(3): 119
40. JW Jung, NY Ahn, HR Oh, BK Lee, KJ Lee, SY Kim, JH Cheong, JH Ryu. Anxiolytic effects of the aqueous extract of Uncaria rhynchophylla. Journal of Ethnopharmacology. 2006, 108(2): 193-197
41. L Kai, ZF Wang, CS Xue. Effects of rhynchophylline on L-type calcium channels in isolated rat cortical neurons during acute hypoxia. Journal of Chinese Pharmaceutical Sciences. 1998, 7(4): 205-208
42. JS Shi, GK Haglid. Effect of rhynchophylline on apoptosis induced by dopamine in NT2 cells. Acta Pharmacologica Sinica. 2002, 23(5): 445-449
43. SS Tang, YZ Ma, DE Chen. Discussion on effects of rhynchophylline on withdrawal syndrome in morphine-dependent mice. Bulletin of the Academy of Military Medical Sciences. 2004, 28(1): 97-99
44. ZX Mo, Q Yang. The effects of rhynchophylla alkaloids on amphetamine-induced behavioral sensitization in mice. Chinese Journal of Drug Dependence. 2005, 14(6): 421-424
45. HZ Zhang, L Yang, SM Liu, LM Ren. Study on active constituents of traditional Chinese medicine reversing multidrug resistance of tumor cells in vitro. Journal of Chinese Medicinal Materials. 2001, 24(9): 655-657
46. ZB Yu, GM Shu, SY Qin, YY Zhong, QM Fang, JL Li, Y Zhou. Survey on traditional medicinal resources of Uncaria distributed in China. China Journal of Chinese Materia Medica. 1999, 24(4): 198-202, 254

남촉엽 烏飯樹

Vaccinium bracteatum Thunb.

Oriental Blueberry

개 요

진달래과(Ericaceae)

모새나무(烏飯樹, *Vaccinium bracteatum* Thunb.)의 잎을 말린 것: 남촉엽(南燭葉)

모새나무(烏飯樹, *Vaccinium bracteatum* Thunb.)의 가지, 잎, 익은 열매를 말린 것: 남촉자(南燭子)

중약명: 오반수(烏飯樹)

정금나무속(*Vaccinium*) 식물은 전 세계에 약 450종이 있으며, 북반구의 온대 및 아열대 지역과 아메리카 대륙 및 아시아의 열대 고산 지대에 분포한다. 아프리카의 열대 고산 지대와열대 저지대를 제외하고 남부 아프리카와 마다가스카르에서는 그 수가 적다. 중국에는 약 91종, 24변종 및 2아종이 발견되며, 이 속에서 약 10종이 약재로 사용된다. 이 종은 주로 대만과 중국에 동부, 중부, 남부 및 서남부의 분포한다. 한반도, 일본, 말레이시아, 인도네시아에도 분포한다.

오반수는 ≪개보본초(開寶本草)≫에서 "남촉(南燭)"의 이름으로 약으로 처음 기술되었고, ≪본초강목(本草綱目)≫에서 "남촉자(南燭子)"의 이름으로 처음 기술되었다. 대부분의 고대 한방의서에 기술되어 있으며, 약용 종은 고대부터 동일하게 남아 있다. 약재는 주로 강소성, 절강성 및 양자강 남쪽에서 생산된다.

오반수에는 주로 트리테르페노이드, 이리도이드 배당체 및 플라보노이드 성분이 함유되어 있다.

약리학적 연구에 따르면 남촉엽에는 항피로, 시력 향상 및 항산화 작용이 있음을 확인했다.

한의학에서 남촉엽은 익장위(益腸胃), 양간신(養肝腎)의 효능이 있으며, 남촉자는 보간신(補肝腎), 강근골(强筋骨), 고정기(固精氣), 지사리(止瀉痢)의 효능이 있다.

남촉엽 烏飯樹 *Vaccinium bracteatum* Thunb.

남촉엽 열매 烏飯樹 *V. bracteatum* Thunb.

함유성분

잎에는 트리테르페노이드 성분으로 friedelin, epifriedelinol, ursolic acid[1]가 함유되어 있고, 플라보노이드 성분으로 quercetin, homoorientin, 또한 inositol, p−coumaric acid[2]가 함유되어 있다.
말린 과일에는 당이 약 20%, 유리산 7.0%, 주로 사과산과 소량의 시트르산 및 타르타르산이 함유되어 있고, 잘 익은 과일에는 안토시아닌이 들어 있다[3].
꽃에는 트리테르페노이드 성분으로 friedelin, maslinic acid, ursolic acid, 플라보노이드 성분으로 orientin, isoorientin, 이리도이드 성분으로 vaccinoside, monotropein이 함유되어 있으며, 또한 aldehyde, p−coumaric acid, shikimic acid[4]가 함유되어 있다.

homoorientin

vaccinoside

약리작용

1. 항피로 및 항스트레스
어린 가지와 잎의 알코올 추출물을 마우스에 경구 투여하면 막대 오름 시간을 현저히 연장시켰고, 요소 질소 및 젖산의 혈청 수준을 감소시켰으며, 저온(1-2℃)에서 생존율을 증가시켰다[5].

2. 망막 보호
강한 빛에 의해 망막이 손상된 토끼에게 잎과 추출물을 경구 투여하면 망막의 말론디알데하이드(MDA)의 수준을 감소시켰고, 과산화물 불균등화효소(SOD)의 수준을 증가시켰다[6]. 잎에서 추출된 플라보노이드는 반응성 산소 유리기에 강력한 소거 효과를 나타내었으며 퀘르세틴이 가장 강력했다[7].

용도

1. 만성 설사, 식욕 부진
2. 피로, 정액루(精液漏), 백대하 과잉
3. 머리카락이 일찍 희어짐

해설

모새나무의 잎은 중국 양자강 이남의 민간 건강식품이다. 지역 사람들은 음력 4월초 8일에 잎을 갈아낸 주스로 쌀을 검게 해서 피타콘 축제 시에 케이크로 만드는 전통이 있다. 잎과 열매는 영양가가 풍부하며 노화 방지 및 항산화와 같은 다양한 약리학적 활성이 있으므로 건강 제품으로 연구, 개발하는 데 상당한 가치가 있다.
잎은 멜라닌이 풍부하다. 연구에 따르면 잎의 멜라닌 색소는 자연광, 식용 소금 및 설탕의 영향하에서 안정적이다. 단백질, 머리카락, 전분, 소스 및 샐러드유에 대해 높은 착색력을 가지고 있다. 따라서 식품 가공에서 천연 색소로 사용된다[8-9].

참고문헌

1. PF Tu, JY Liu, JS Li. Studies on fat soluble constituents of the leaves of Vaccinium bracteatum Thunb. China Journal of Chinese Materia Medica. 1997, 22(7): 423-424
2. M Yasue, M Itaya, H Oshima, S Funahashi. The constituents of the leaves of Vaccinium bracteatum. I. Yakugaku Zasshi. 1965, 85(6): 553-556
3. YL Fang, MZ Qin. Research advance of oriental blueberry. Shanghai Journal of Traditional Chinese Medicine. 2003, 37(5): 59-61
4. J Sakakibara, T Kaiyo, M Yasue. Constituents of Vaccinium bracteatum. II. Constituents of the flowers and structure of vaccinoside, a new iridoid glycoside. Yakugaku Zasshi. 1973, 93(2): 164-170
5. QF Liu, AL Zhu, MZ Qin, J Lou. The study of the anti-fatigue effect of oriental blueberry. Lishizhen Medicine and Materia Medica Research. 1999, 10(10): 726-727
6. L Wang, XT Zhang, HY Yao. The protective effect of Vaccinium bracteatum Thunb leaves and the extract against light injury of retina. Journal of Xi'an Jiaotong University (Medical Science). 2006, 27(3): 284-287, 303
7. L Wang, XZ Tang, HY Yao, P Shen, GJ Tao, F Qin. Scavenging $O_2^-\cdot$ and·OH of extracts from the leaves of Vaccinium bracteatum Thunb. Food Science. 2005, 26(12): 98-102
8. SQ Jiang. Stability investigation of melanin pigment from the leaves of Vaccinium bracteatum Thunb. Cereal and Food Industry. 1998, 3: 10-14
9. ZJ Hu, P Jiang, YS Zhang. Pigment extraction technology for Vaccinium bracteatum leaves and the properties. Chinese Wild Plant Resources. 2001, 20(1): 47, 37

지주향 蜘蛛香

Valerianaceae

Valeriana jatamansii Jones

Jatamans Valeriana

개 요

마타리과(Valerianaceae)

지주향(蜘蛛香, *Valeriana jatamansii* Jones)의 뿌리와 뿌리줄기를 말린 것: 지주향(蜘蛛香)

중약명: 지주향(蜘蛛香)

쥐오줌풀속(*Valeriana*) 식물은 전 세계에 약 200종이 있으며, 유라시아, 남아메리카 및 중앙 북아메리카에 분포한다. 중국에는 약 17종과 2변종이 발견되며, 이 속에서 약 9종과 1변종이 약재로 사용된다. 이 종은 중국의 하남성, 산서성, 호남성, 호북성, 사천성, 귀주성, 운남성 및 티베트에 분포한다. 마찬가지로 인도에도 분포한다.

"지주향"은 ≪본초강목(本草綱目)≫에서 약으로 처음 기술되었다. 대부분의 고대 한방의서에 기술되어 있으며, 약용 종은 고대부터 동일하게 남아 있다. 의약 재료는 주로 중국의 사천성, 귀주성, 운남성, 산서성 및 호북성에서 생산된다.

지주향에는 이리도이드, 세스퀴테르페노이드, 알칼로이드 및 플라보노이드 성분이 함유되어 있다. 이리도이드는 진정 및 최면 성분 중 하나이다.

약리학적 연구에 따르면 지주향에는 진정, 최면, 항경련, 진통, 진경 및 항종양 작용이 있음을 확인했다.

한의학에서 지주향은 이기화중(理氣化中), 산한제습(散寒除濕), 활혈소종(活血消腫)의 효능이 있다.

지주향 蜘蛛香 *Valeriana jatamansii* Jones

함유성분

뿌리와 뿌리줄기에는 이리도이드 성분으로 valtrate, acevaltrate, didrovaltrate, baldrinal[1], 1-homoacevaltrate, 1-homoisoacevaltrate, 11-homohydroxyldihydrovaltrate, valeriotriates A, B[2-3]가 함유되어 있고, 플라보노이드와 그 배당체성분으로 linarin, 6-methylapigenin, acacetin 7-O-β-sophoroside[4-6], 알칼로이드 성분으로 chatinine[7], 세스퀴테르페노이드 성분으로 valerananoids A, B, C[8], 정유 성분으로 bornyl acetate, β-elemene[9]이 함유되어 있다.

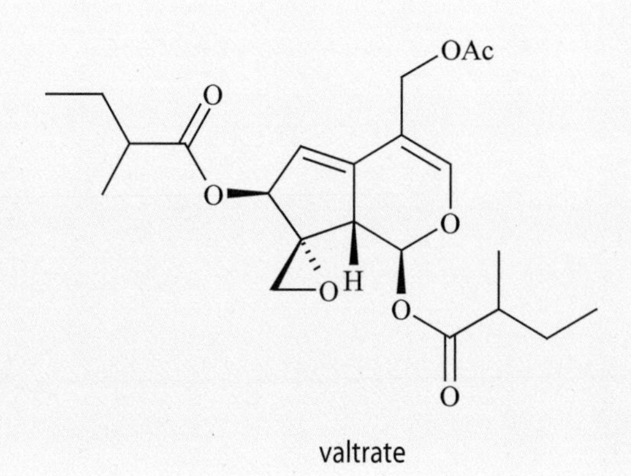

valtrate

약리작용

1. 진정과 최면 작용
   뿌리와 줄기 추출물을 마우스의 복강 내 또는 경구 투여하면 자발적인 활동을 억제하고, 펜토바르비톤 나트륨으로 유도된 수면 시간을 연장시켰으며, 수면에 빠진 마우스의 수를 증가시켰다[10-11]. 또한 뿌리와 뿌리줄기에서 추출한 플라보노이드는 진정 작용과 최면 효과를 나타냈다[12].
2. 항경련
   뿌리와 뿌리줄기의 물 추출물을 마우스의 복강 내 투여하면 티오세미카바르자이드로 유발된 경련이 상쇄되고 피크로톡신에 의해 유발된 경련 잠복기의 발병이 유의하게 지연되었다[10].
3. 진통 작용
   뿌리와 뿌리줄기의 물 추출물을 복강 내 투여했을 때 마우스에서 아세트산이 유발하는 발정 증상이 현저하게 감소되었다[10].
4. 진경 작용
   발트레이트와 디드로발트레이트는 적출된 기니피그 회장(回腸)의 히스타민 유발 경련을 억제했다[13]. 발트레이트, 이소발트레이트 및 발레론은 *in vivo*에서 기니피그 회장(回腸)의 닫힌 부분에서 규칙적인 수축을 억제하고 칼륨 이온과 염화바륨에 의해 유도된 경련 수축을 완화시켰다. 또한 *in vivo*에서 카르바콜린에 의해 유도된 기니피그 위 막 스트립의 수축을 완화시켰다[14].
5. 항종양
   발트레이트, 이소발트레이트, 아세발트레이트는 사람의 소세포암인 GLC4와 사람의 대장암 COL320 세포에 대하여 유의한 세포독성을 보였다[15].
6. 항균 작용
   전초의 에센셜 오일은 *in vivo*에서 여러 가지의 그램 양성 및 음성 박테리아에 대해 상당한 항균 효과를 보였다[16].

용도

1. 복부 팽창과 통증
2. 만성 류머티스 통증, 요통

3. 불면증, 심계항진
4. 구내염

해설

지주향은 "인도 발레리안"이라고도 알려져 있으며 다른 나라에서는 "발레리안"이란 이름으로 의약 용도로 사용된다.
지주향속 식물은 일반적으로 진정 작용과 최면 작용이 있다. 주요 활성 성분은 발트레이트이다. 지주향은 지주향속의 다른 식물들보다 발트레이트 성분이 더 높으며, 진정 작용과 최면 작용이 강하다. 또한 유아의 로타 바이러스 장염에 현저한 치유 효능이 있다. 따라서 개발 잠재력이 크다.

참고문헌

1. PW Thies. Composition of valepotriates. Active components of valerian. Tetrahedron. 1968, 24(1): 313–347
2. Y Tang, X Liu, B Yu. Iridoids from the rhizomes and roots of Valeriana jatamansii. Journal of Natural Products. 2002, 65(12): 1949–1952
3. LL Yu, R Huang, CR Han, YP Lv, Y Zhao, YG Chen. New iridoid triesters from Valeriana jatamansii. Helvetica Chimica Acta. 2005, 88(5): 1059–1062
4. PW Thies. Active components of valerian. VI. Linarin isovalerate, a previously unknown flavonoid from Valeriana wallichii. Planta Medica. 1968, 16(4): 361–371
5. C Wasowski, M Marder, H Viola, JH Medina, AC Paladini. Isolation and identification of 6–methylapigenin, a competitive ligand for the brain GABAA receptors, from Valeriana wallichii. Planta Medica. 2002, 68(10): 934–936
6. YP Tang, X Liu, B Yu. Two new flavone glycosides from Valeriana Jatamansii. Journal of Asian Natural Products Research. 2003, 5(4): 257–261
7. A Pande, YN Shukla. Alkaloids from Valeriana wallichii. Fitoterapia. 1995, 66(5): 467
8. DS Ming, DQ Yu, YY Yang, CH He. The structures of three novel sesquiterpenoids from Valeriana jatamansii Jones. Tetrahedron Letters. 1997, 38(29): 5205–5208
9. DS Ming, JX Guo, QS Shun, Y Li, HL Liu, TJ Wang, Q Chen. Analysis of volatile constituents from 4 species of Valeriana genus by GC–MS. Chinese Traditional Patent Medicine. 1994, 16(1): 41–42
10. B Cao, GX Hong. Studies on central inhibition action of Valeriana jatamansii Jones. China Journal of Chinese Materia Medica. 1994, 19(1): 40–42
11. L Chen, LP Kang, LP Qin, HC Zheng, C Guo. Studies on quality criteria and sedative–hypnotic effect of total valepotriates. Chinese Traditional Patent Medicine. 2003, 25(8): 663–665
12. S Fernandez, C Wasowski, AC Paladini, M Marder. Sedative and sleep–enhancing properties of linarin, a flavonoid–isolated from Valeriana officinalis. Pharmacology, Biochemistry and Behavior. 2004, 77(2): 399–404
13. H Wagner, K Jurcic. Spasmolytic effect of Valeriana. Planta Medica. 1979, 37(1): 84–86
14. B Hazelhoff, TM Malingre, DKF Meijer. Anti–spasmodic effects of valeriana compounds: an in vivo and in vitro study on the guinea pig ileum. Archives Internationales de Pharmacodynamie et de Therapie. 1982, 257(2): 274–287
15. R Bos, H Hendriks, JJC Scheffer, HJ Woerdenbag. Cytotoxic potential of valerian constituents and valerian tinctures. Phytomedicine. 1998, 5(3): 219–225
16. RK Suri, TS Thind. Anti–bacterial activity of some essential oils. Indian Drugs & Pharmaceuticals Industry. 1978, 13(6): 25–28

호제비꽃 紫花地丁 CP, KHP

Viola yedoensis Makino

Tokyo Violet

개 요

제비꽃과(Violaceae)

호제비꽃(紫花地丁, *Viola yedoensis* Makino)의 전초를 말린 것: 자화지정(紫花地丁)

중약명: 자화지정(紫花地丁)

제비꽃속(*Viola*) 식물은 전 세계에 약 500종이 있으며 온대와 열대, 아열대 지역에 널리 분포하는 편이지만 주로 북반구의 온대 지역에 분포한다. 중국에는 약 111종이 발견되며, 전역에 걸쳐 분포하고, 약 25종이 약재로 사용된다. 이 종은 중국의 대부분의 지역에 분포한다. 일본 한반도와 러시아의 극동 지역에도 분포한다.

"자화지정(紫花地丁)"은 ≪천금방(千金方)≫에 약으로 처음 기술되었다. 대부분의 고대 한방의서에 기술되어 있다. 이 종은 자화지정(Violae Herba)의 공식적인 기원식물 내원종으로서 중국약전(2015)에 등재되어 있다. ≪대한민국약전외한약(생약)규격집≫(제4개정판)에는 "자화지정"을 "제비꽃 *Viola mandshurica* Baker 또는 호제비꽃 *Viola yedoensis* Makino (제비꽃과 Violaceae)의 전초"로 등재하고 있다. 의약 재료는 주로 강소성, 안휘성, 절강성 및 복건성에서 생산된다.

호제비꽃에는 주로 플라보노이드 성분이 함유되어 있다. 중국약전은 의약 물질의 품질관리를 위해 관능검사에 의한 감별법을 사용한다.

약리학적 연구에 따르면 자화지정에는 항균 및 항내독소 작용이 있음을 확인했다.

한의학에서 자화지정은 청열해독(清熱解毒), 양혈소종(涼血消腫)의 효능이 있다.

호제비꽃 紫花地丁 *Viola yedoensis* Makino

자화지정 紫花地丁 Violae Herba

함유성분

전초에는 플라보노이드 성분으로 kaempferol-3-O-rhamnopyranoside, apigenin 6-C-α-L-arabinopyranosyl-8-C-β-L-arabinopyranoside[1]가 함유되어 있고, 또한 palmitic acid, p-hydroxybenzoic acid, p-hydroxycinnamic acid, butanedioic acid, succinic acid, violayedoenamide (tetracosanoyl-p-hydroxyphenethylamine), aesculetin과 매우 활성이 좋은 anti-HIV-1 sulfonated polysaccharide[2]가 함유되어 있다.

HO, H, N, $(CH_2)_{22}CH_3$, O

violayedoenamide

약리작용

1. 항균 작용

   100% 전초의 탕액은 녹농균, 이질균, 장티푸스균, 황색포도상구균, 디프테리아균, 연쇄상구균 A와 B형, 폐렴구균, 포도상구균 및 칸디다 알비칸스를 억제했다. 전초의 물 침전물을 주입하면 황선균을 억제했다. 전초의 알코올 및 물 추출물은 렙토스피라 인터로간스를 억제했다. 전초의 디메틸설폭사이드 추출물과 요오드화된 다당류는 *in vitro*에서 인체 면역결핍 바이러스-1(HIV-1)에 대해 우수한 항바이러스 활성을 보였다. 전초 추출물은 임균에 대하여 약간의 억제 효과를 보였다[3]. 전초의 석유 에테르와 에틸 아세테이트 추출물은 고초균을 억제했다[4].

2. 항내독소
   전초의 추출물은 *in vitro*에서 세균 내 독소에 길항 작용을 보였다.

3. 기타
   전초의 탕액은 지질다당류에 의해 유도된 B 림프구의 증식을 억제함으로써 마우스의 체액성 면역 기능을 조절한다[5].

용도

1. 염증, 옹, 부기(浮氣), 단독(丹毒)
2. 사교상(蛇咬傷)

해설

현재 여러 지역에서 사용되는 약재 "지정(地丁)"에는 4가지 범주가 있다. 첫 번째는 양귀비과(Papaveraceae)의 고지정(苦地丁)으로 알려져 있는 *Corydalis bungeana* Turcz이다. 두 번째는 콩과(Fabaceae)의 천지정(天地丁)으로 알려져 있는 *Gueldenstaedtia multiflora* Bge가 있다. 세 번째는 용담과(Gentianaceae)의 용담지정(龍胆地丁)으로 알려져 있는 *Gentiana loureiri* Griseb와 *G. yokusai* Burk가 있다. 네 번째는 제비꽃과(Violaceae)의 호제비꽃과 같은 속의 여러 종을 가리킨다. 중국약전은 자화지정의 공식적인 기원식물 내원종으로서 호제비꽃을 등재하고 있다. 다른 3종의 지정은 각각 고지정, 천지정 및 용담지정이라는 이름하에 의학적으로 사용되어야 한다.

참고문헌

1. C Xie, NC Veitch, PJ Houghton, MS.J. Simmonds. Flavone C-glycosides from Viola yedoensis Makino. Chemical & Pharmaceutical Bulletin. 2003, 51(10): 1204-1207
2. F Ngan, RS Chang, HD Tabba, KM Smith. Isolation, purification and partial characterization of an active anti-HIV compound from the Chinese medicinal herb Viola yedoensis. Antiviral Research. 1988, 10(1-3): 107-116
3. L Sheng, N Gao, XF Zhang. Susceptible study of nineteen Chinese traditional medicines on Neisseria gonorrhoeae epidemic strains. Chinese Journal of Information on Traditional Chinese Medicine. 2003, 10(4): 48-49
4. C Xie, T Kokubun, PJ Houghton, MSJ Simmonds. Anti-bacterial activity of the Chinese traditional medicine, Zi Hua Di Ding. Phytotherapy Research. 2004, 18(6): 497-500
5. H Zhao, DW Gu, SJ Zhang, LR Ma. In vitro study of Viola yedoensis Makino decoction on regulating immunocyte functions in mice. Journal of Sichuan Traditional Chinese Medicine. 2003, 21(9): 18-20

요가왕 南嶺蕘花

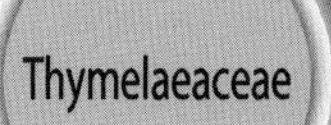

Wikstroemia indica (L.) C. A. Mey.

Indian Stringbush

개 요

팥꽃나무과(Thymelaeaceae)

남영요화(南嶺蕘花, *Wikstroemia indica* (L.) C. A. Mey.)의 뿌리 또는 뿌리줄기를 말린 것: 요가왕(了哥王)

중약명: 요가왕(了哥王)

남영요화속(*Wikstroemia*) 식물은 전 세계에 약 70종이 있으며, 북아시아, 말레이시아, 오세아니아, 폴리네시아의 히말라야 산맥에서 하와이 제도까지 분포한다. 중국에는 약 44종과 5변종이 발견되며, 중국의 양자강 이남에 분포하고, 중국의 남부와 서남부에 많은 양이 분포되어 있다. 이 속에서 약 7종이 약재로 사용된다. 이 종은 중국의 광동성, 해남성, 광서성, 복건성 및 홍콩과 베트남, 인도, 필리핀 등지에 분포한다.

요가왕은 중국 영남 지방의 ≪생초약성비요(生草藥性備要)≫에서 "구심채(救心菜)"란 약으로 처음 기술되었다. 이 종은 중국약전(1977년)과 광동성중약재표준에서 한약재 요가왕(Wikstroemiae Indicae Radix)의 공식적인 기원식물 내원종으로서 등재되어 있다. 의약 재료는 주로 중국의 광동성, 해남성, 광서성, 복건성, 사천성, 운남성 및 대만에서 생산된다.

뿌리에는 주로 리그난과 플라보노이드 성분이 함유되어 있다.

약리학적 연구에 따르면 뿌리에는 항박테리아, 항바이러스, 항염, 진통, 진해 및 거담 작용이 있음을 확인했다.

한의학에서 요가왕이 청열해독(淸熱解毒), 산결축수(散結逐水)의 효능이 있다.

요가왕 南嶺蕘花 *Wikstroemia indica* (L.) C. A. Mey.

요가왕 南嶺蕘花

요가왕 了哥王 Wikstroemiae Indicae Radix

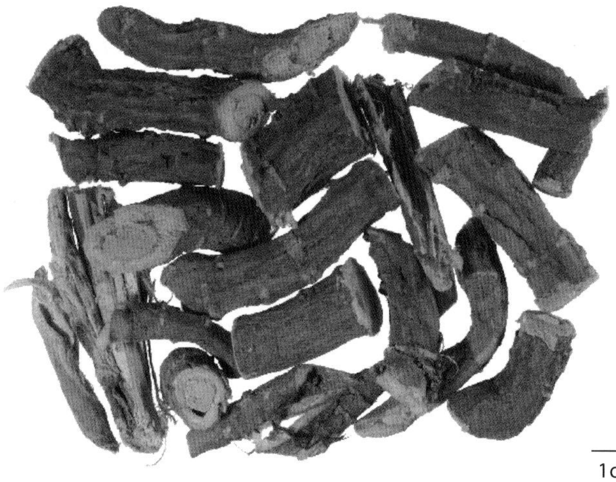

1cm

함유성분

뿌리에는 쿠마린 성분으로 다프노레틴이 함유되어 있고, 리그난 성분으로 genkwanol A, wikstrols A, B, daphnodorin B[1], arctigenin[2], (+)nortrachelogenin (wikstromol), nortracheloside, bis-5,5-nortrachelogenin, bis-5,5'-nortrachelogenin, lirioresinol B[3], 바이플라보노이드 성분으로 sikokianins B, C[4], 스테로이드 성분으로 stigmastane-3,7-diol, stigmast-5en-3β,7α-diol[5]이 함유되어 있다.
줄기에는 쿠마린 성분으로 다프노레틴, umbelliferone, 6'-hydroxy-7-O-7'-dicoumarin, 리그난 성분으로 genkwanin[6], 플라보노이드 성분으로 tricin, kaempferol 3-O-β-D-glucopyranoside[7], 스테로이드 성분으로 β-sitosterol, daucosterol[6]이 함유되어 있다.

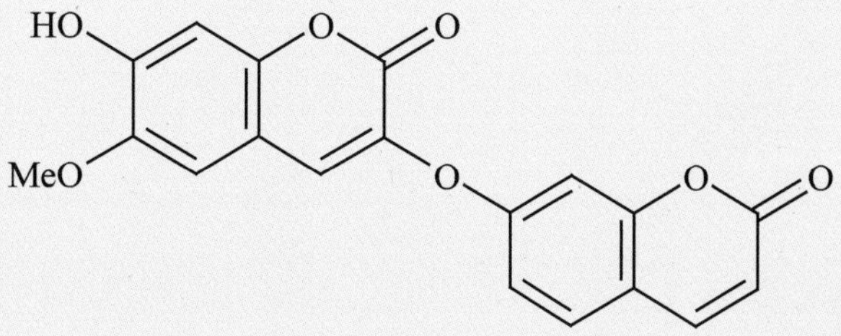

daphnoretin

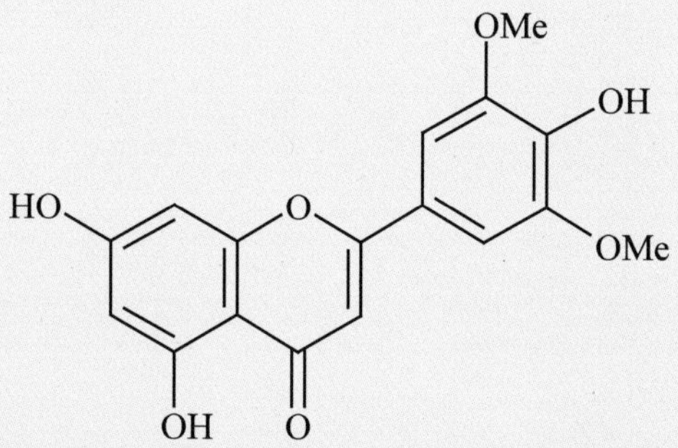

tricin

약리작용

1. 항균 작용
   뿌리와 줄기껍질의 물 추출물은 *in vitro*에서 황색포도상구균, 용혈성 B 연쇄상구균 및 폐렴구균을 억제했다. 엽록소 추출물은 포도상구균과 황색포도상구균에 큰 감수성을 보였으며 녹농균과 장티푸스균에 적당한 감수성을 보였다. 요가왕 정제는 용혈성 B형 연쇄상구균과 폐렴구균을 최소 억제 농도(MIC) 25mg/mL로 억제하는 반면, 황색포도상구균, 녹농균 및 대장균은 MIC 50mg/mL로 억제했다[8].

2. 항염 및 진통 작용
   요가왕의 정제는 마우스에서 디메틸벤젠에 의해 유도된 귀의 부기(浮氣), 랫드에서 한천으로 유도된 육아종[8]과 뒷다리 부종을 유의하게 억제했다. 또한 마우스에서 아세트산에 의한 자극 반응을 저해했으며[9], 이는 요가왕 정제가 항염, 퇴행성 및 진통 효과가 있음을 나타낸다. 뿌리의 에틸아세테이트에서 추출한 비스-5,5-노르트라켈로게닌과 리리오레지놀 B[3]는 지질다당류에 의해 유도된 마우스 마크로파지에서 일산화질소 합성을 유의하게 억제했다.

3. 항바이러스
   다프노레틴은 단백질 키나아제 C 활성화제로서 인간 간암 Hep3B 세포에서 B형 간염 표면 항원(HBsAg)의 발현을 유의하게 억제하여 항바이러스 효과를 나타냈다[10]. 노르트라켈로사이드, 겐콰놀 A, 윅스트롬 B, 다프노도린 B는 *in vitro*에서 인체 면역결핍 바이러스-1(HIV-1)에 대해 적당한 저해 활성을 보였다[1].

4. 항종양
   줄기의 메탄올 추출물은 마우스의 복강 내 투여하면 에를리히 복수 종양 세포 및 백혈병 림프 P388 세포의 성장을 유의하게 억제했다. 다프노레틴을 복강 내 투여하면 에를리히 복수 종양이 마우스에서 유의하게 억제되었다. 루트, 다프노레틴 및 (+)-노르트라켈로사이드[7]의 리그난은 모두 항종양 효과가 있었다. 또한, 뿌리에서 트리신과 캠페롤 3-O-β-D-글루코피라노사이드도 항백혈병 활성을 나타냈다[11].

5. 항말라리아
   뿌리의 노르말 부틸 알코올 추출물에서 시코키아닌 B, C는 악성 말라리아원충의 클로로퀸 내성 균주의 성장을 유의적으로 억제했다[4].

6. 기타
   뿌리에서 추출된 다당류는 항방사선 효과를 나타내어 마우스 대식세포의 형성을 촉진시켰다[12].

용도

1. 독감, 기침, 편도선염, 호흡기 감염
2. 만성 류머티스 통증
3. 부종, 복수
4. 상처, 옹, 연주창

해설

남영요화의 열매는 뿌리와 뿌리껍질에 더하여 중국의 의약품인 요가왕자(了哥王子)로 사용된다. 요가왕자는 해독산결(解毒散結)의 효능으로 옹 및 사마귀 증상을 개선한다.

최근 만성 독감 및 비정형 인플루엔자에 치료 효과가 있는 항바이러스제 선택이 많은 관심을 받고 있다. 바이러스성 질환의 치료에서 남영요화는 항바이러스성 식물 의학의 발전에 커다란 잠재력을 가지고 있다. 이 점에서 앞으로 더 많은 연구가 수행될 필요가 있다.

참고문헌

1. K Hu, H Kobayashi, A Dong, S Iwasaki, XS Yao. Anti-fungal, anti-mitotic and anti-HIV-1 agents from the roots of Wikstroemia indica. Planta Medica. 2000, 66(6): 564-567
2. H Suzuki, KH Lee, M Haruna, T Iida, K Ito, HC Huang. (+)-Arctigenin, a lignan from Wikstroemia indica. Phytochemistry. 1982, 21(7): 1824-1825
3. LY Wang, N Unehara, S Kitanaka. Lignans from the roots of Wikstroemia indica and their DPPH radical scavenging and nitric oxide inhibitory activities. Chemical & Pharmaceutical Bulletin. 2005, 53(10): 1348-1351
4. S Nunome, A Ishiyama, M Kobayashi, K Otoguro, H Kiyohara, H Yamada, S Omura. In vitro anti-malarial activity of biflavonoids from Wikstroemia indica. Planta Medica. 2004, 70(1): 76-78
5. ZD Wang. Chemical constituents of Wikstroemia indica. Fujian Journal of Traditional Chinese. 1988, 19(2): 45-46, 48
6. LD Geng, C Zhang, YQ Xiao. A new dicoumarin from stem bark of Wikstroemia indica. China Journal of Chinese Materia Medica. 2006, 31(1): 43-45
7. KH Lee, K Tagahara, H Suzuki, RY Wu, M Haruna, IH Hall, HC Huang, K Ito, T Iida, JS Lai. Anti-tumor agents. 49. tricin, kaempferol-3-O-β-Dglucopyranoside and (+)-nortrachelogenin, anti-leukemic principles from Wikstroemia indica. Journal of Natural Products. 1981, 44(5): 530-535
8. L Fang, LY Zhu, WL Liu, DZ Huang, M Hu, Z Xue. Experimental study on anti-inflammatory and anti-bacterial effects of liaogewang tablet. Chinese Journal of Information on Traditional Chinese Medicine. 2000, 7(1): 28
9. XH Ke, LX Wang, KW Huang. Pharmacology study on anti-inflammation and analgesia of liaogewang tablet. Lishizhen Medicine and Materia Medica Research. 2003, 14(10): 603-604
10. HC Chen, CK Chou, YH Kuo, SF Yeh. Identification of a protein kinase C (PKC) activator, daphnoretin, that suppresses hepatitis B virus gene expression in human hepatoma cells. Biochemical Pharmacology. 1996, 52(7): 1025-1032
11. HK Wang, Y Xia, ZY Yang, SL Natschke, KH Lee. Recent advances in the discovery and development of flavonoids and their analogues as antitumor and anti-HIV agents. Advances in Experimental Medicine and Biology. 1998, 439: 191-225
12. JX Geng, LX Wang, YS Xu, YX Xu, SR Chen. Isolation and identification of the polysaccharide of Indian stingbush (Wikstroemia indica). Chinese Traditional and Herbal Drugs. 1988, 19(3): 102-104

양면침 兩面針 CP

Rutaceae

Zanthoxylum nitidum (Roxb.) DC.

Shinyleaf Pricklyash

개 요

운향과(Rutaceae)
양면침(兩面針, *Zanthoxylum nitidum* (Roxb.) DC.)의 뿌리를 말린 것: 양면침(兩面針)
중약명: 양면침(兩面針)
산초나무속(*Zanthoxylum*) 식물은 전 세계에 약 250종이 있으며, 아시아, 아프리카, 오세아니아, 북아메리카의 열대 및 아열대 지역에 분포한다. 중국에는 약 39종 14변종이 발견된다. 이 속에서 약 18종이 약재로 사용된다. 이 종은 중국의 복건성, 광동성, 해남성, 광서성, 귀주성, 운남성, 홍콩 및 대만에 분포한다. 인도에서 재배되고 있다.
양면침은 ≪신농본초경(神農本草經)≫에서 "만각(蔓脚)"이라는 이름의 하품 약으로 처음 기술되었다. 대부분의 고대 한방의서에 기술되어 있으며, 약용 종은 고대부터 동일하게 남아 있다. 이 종은 중국약전(2015)에 한약재 양면침(Zanthoxyli Radix)의 공식적인 기원식물 내원종으로서 등재되어 있다. 약재는 주로 중국의 광동성, 광서성, 복건성 및 운남성에서 생산된다.
뿌리에는 알칼로이드와 리그난 성분이 함유되어 있다. 니티딘은 주요 활성 성분이다. 중국약전은 의약 물질의 품질관리를 위해 박층크로마토그래피법으로 시험할 때 니티딘의 함량이 0.25% 이상이어야 한다고 규정하고 있다.
약리학적 연구에 따르면 양면침에는 진통, 항균 및 진경 작용이 있음을 확인했다.
한의학에서 양면침은 행기지통(行氣止痛), 활혈화어(活血化瘀), 거풍통락(祛風通絡)의 효능이 있다.

양면침 兩面針 *Zanthoxylum nitidum* (Roxb.) DC.

양면침 兩面針 CP

양면침 兩面針 Zanthoxyli Radix

함유성분

뿌리에는 알칼로이드 성분으로 nitidine[1], oxynitidine[2], chelerythrine, dihydrochelerythrine, berberubine, coptisine, sanguinarine, liriodenine, 6,7,8-trimethoxy-2,3-methylendioxybenzophenantridine[1], skimmianine, N-norchelerythrine, haplopine[2], magnoflorine[3], avicine, terihanine[4], oxyterihanine, dihydronitidine, oxychelerythrine, α-allocryptopine, dictamnine, 6-methoxy-5,6-dihydrochelerythrine, 6-ethoy-5,6-dihydrochelerythrine[5]이 함유되어 있고, 리그난 성분으로 L-sesamin, D-episesamin[6], L-asarine[7], 쿠마린 성분으로 5,6,7-trimethoxycoumarin[6], capillarin, 5,7,8-trimethoxycoumarin, 5,7-dimethoxy-8-(3-methyl-2-butenyloxy)-coumarin, isopimpinellin, phellopterin[8], 정유 성분으로 β-caryophyllene, γ-elemene, bicyclogermacrene[9], spathulenol, isospathulenol, isoaromadendrine epoxide, α-cyperone[10], 플라보노이드 성분으로 hesperidine[7], diosmin, vitexin[5]이 함유되어 있다.

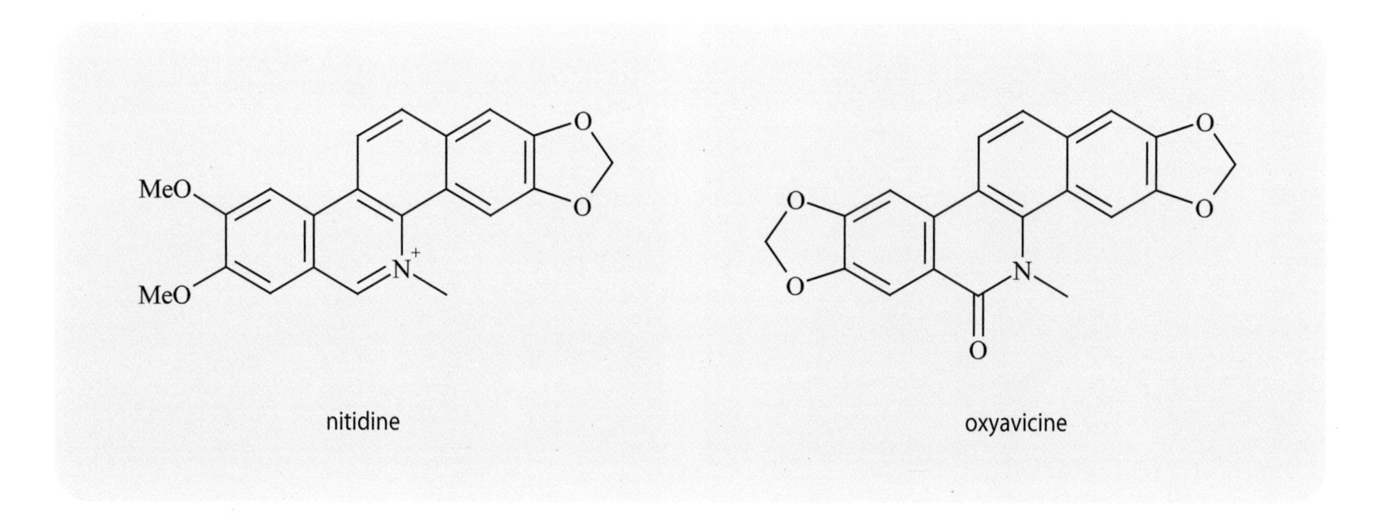

약리작용

1. 진통 작용

뿌리에서 분리된 크리스탈-8을 마우스의 복강 내 투여하면 뒤틀림 반응을 억제했고, 뇌에 주입 시 랫드의 통증 역치를 유의하게 증가시켰다. 진통 효과는 중앙에서 매개되었고 오피오이드 수용체와는 관련이 없었지만, 대뇌 모노아민 전달 물질과 관련이 있는 것으로 생각되었다[11].

2. 진정 작용
뿌리 추출물 N-4를 마우스의 복강 내 투여하면 자발적인 활동을 감소시켰고, 펜토바르비탈 나트륨의 임계치 투약으로 상승 효과를 보였다[12]. 물 추출물은 국소 마취 효과가 있었고, 침윤 마취로 사용할 수 있었다.

3. 진경 작용
크리스탈-8은 아세틸콜린, 필로카르핀, 염화바륨 및 히스타민에 의해 유발된 기니피그의 장 수축을 완화시켰다[11].

4. 항종양
니티딘은 백혈병 P388 및 L1210을 가진 마우스의 생존 시간을 연장시켰고 루이스 폐암 및 인간 비인두 암종에도 효과적이었다. 에를리히의 복수 종양에서 클로로니티딘과 6-메톡시-5,6-디하이드로켈레리트린은 생존 기간을 연장시켰다[12].

5. 강직현상의 유도
크리스탈-8을 복강 내 투여하면 랫드 및 마우스에서 강직현상을 유도했다. 강직현상의 유도는 도파민 수용체 길항제에 의해 강화될 수 있고, 도파민 수용체 작용제에 의해 길항될 수 있었다. γ-아미노부티르산 수용체의 길항제에 의해 유발된 동물성 경련에는 유의한 영향을 미치지 않았으며, 이것은 크리스탈-8에 의해 유도된 동물성 강직현상이 도파민과 관련이 있을 수 있으나, γ-아미노부티르산과는 관련이 없음을 나타낸다[12].

6. 항심근 허혈
클로로니티딘을 정맥 주사하면 심근 허혈과 재관류를 가진 랫드의 심장 부정맥 발생률을 감소시키고, 부정맥의 출현 시간을 연기하며 지속 시간을 단축시켰다. 또한 심근 허혈과 재관류를 가진 랫드의 심근 효소 방출을 감소시키고, 산소 유리기 손상의 중증도를 완화시켰다[13].

7. 항산화 작용
*In vitro*에서 뿌리의 물, 에탄올 및 산성 에탄올 추출물은 염증 랫드의 전혈에서 화학 발광을 억제했다. 또한 알칼리/피로갈롤 시스템에서 생성된 반응성 산소에 대한 소거 효과가 있었다. 또한, Fe^{2+}-시스테인에 의해 유도된 간 지질과산화를 억제했다[14].

8. 간 보호
뿌리 추출물을 경구 투여하면 CCl_4에 의해 유도된 간 손상이 있는 마우스에서 혈청 글루탐산 피루브산 아미노기전달효소(GPT) 및 글루탐산 옥살초산 아미노기전달효소(GOT)의 수준을 유의하게 감소시켰다. 또한 간에서의 말론디알데하이드(MDA)와 일산화질소의 수준을 감소시켜, 화학 유발된 간 손상에 대해 상당한 보호 효과를 나타냈다[15-16].

9. 기타
뿌리에는 또한 항염 작용[17]과 항균 작용[18]이 있었다.

용도

1. 낙상 및 찰과상
2. 류머티스 통증, 류머티스성 관절염, 요통
3. 신경통, 두통
4. 위통, 치통
5. 사교상(蛇咬傷), 데인 상처

해설

양면침은 일반 민간 약초로서 ≪호남약물지(湖南藥物志)≫와 광서성 ≪광서본초선편(廣西本草选編)≫에서 "약독성" 약이므로 임산부는 내복하여서는 안 된다고 기술되어 있다. 과다 복용 시에는 중독 증상을 일으킬 수 있다고 보고된 바 있다.
양면침은 치통 치료에 효과가 있어서 수년 동안 양면침 치약의 주요 원료로 사용되어 왔으며, 구강 세척제로도 사용되었다. 응용을 통하여 대중화할 가치가 있다. 양면침은 사교상을 치료한다고 되어 있으나 많은 연구는 없다.
양면침의 줄기와 뿌리는 시장에서 약으로 동일하게 사용된다. 이러한 관점에서 이 식물의 여러 부분에서 니티딘의 함량을 측정하기 위한 연구가 수행되었다. 뿌리에서의 니티딘의 함량은 줄기와 잎에서의 니티딘의 함량보다 현저하게 높다[20]. 관련 자료를 통해 본 바와 같이 양면침의 다른 부위를 의약 재료로 사용하는 것은 비효율적이다.

참고문헌

1. MJ Liang, WD Zhang, J Hu, RH Liu, C Zhang. Simultaneous analysis of alkaloids from Zanthoxylum nitidum by high performance liquid chromatography-diode array detector-electrospray tandem mass spectrometry. Journal of Pharmaceutical and Biomedical Analysis. 2006, 42(2): 178-183
2. DX Li, ZD Min. Alkaloids from Zanthoxylum nitidum. Chinese Journal of Natural Medicines. 2004, 2(5): 285-288
3. Y Shi, DX Li, GP Li, ZD Min. Simultaneous determination of 5 alkaloids from Zanthoxylum nitidum by HPLC. Chinese Traditional and Herbal Drugs. 2006, 37(1): 129-131
4. IL Tsai, T Ishikawa, H Seki, IS Chen. Terihanine from Zanthoxylum nitidum. Chinese Pharmaceutical Journal. 2000, 52(1): 43-49
5. SK Wen. A survey of study on liangmianzhen (Zanthoxylum nitidum). Chinese Traditional and Herbal Drugs. 1995, 26(4): 215-217
6. J Hu, XK Xu, RH Liu, C Zhang, HL Li, MJ Liang, WD Zhang. Study on lignans constituents of Zanthoxylum nitidum. Pharmaceutical Care and Research. 2006, 6(1): 51-53
7. YM Tang. Study on the chemical constituents of Zanthoxylum nitidum. Chinese Traditional and Herbal Drugs. 1994, 25(10): 550
8. JW Shen, XF Zhang, ZJ Tang, SL Peng, LS Ding. Coumarins from Zanthoxylum nitidum. Chinese Traditional and Herbal Drugs. 2004, 35(6): 619-621
9. VH Le, TT Le, XL Ngo, XD Nguyen. Study on chemical components of leaves of Zanthoxylum nitidum DC. collected at Thanh Hoa Province. Tap Chi Duoc Hoc. 2005, 45(5): 7-9
10. QF Li, XL Wang, YL Guan, BR Bai. GC-MS analysis of essential oil from the roots of Zanthoxylum nitidum. Natural Product Research and Development. 2006, 18(Suppl.): 69-71
11. XY Zeng, XF Chen, XQ He, GX Hong. Studies on the anti-spasmodic and analgesic actions of crystal-8 isolated from Zanthoxylum nitidum (Roxb.) DC. Acta Pharmaceutica Sinica. 1982, 17(4): 253-254
12. RC Yao, J Hu. Review of the study on the constituents and pharmacology of Zanthoxylum nitidum. Journal of Pharmaceutical Practice. 2004, 22(5): 264-267
13. JB Wei, SJ Long, SD Qin, RB Huang, Z Ning, YZ Pan, NP Wang. Protective effects of nitidine chloride on rats during myocardial ischemia/reperfusion. Chinese Journal of Clinical Rehabilitation. 2006, 10(27): 171-174
14. YF Xie. Anti-oxidative effect of extracts from Zanthoxylum nitidum (Roxb.) DC. Lishizhen Medicine and Materia Medica Research. 2000, 11(1): 1-2
15. H Pang, GF Tang, H He, LJ Jian, ZR Gao, Q Wei, XD Jia, YH Yu. Protective effect of extraction from Zanthoxylum nitidum on experimental liver injury in mice. Guangxi Medical Journal. 2006, 28(10): 1606-1608
16. H Pang, GF Tang, LJ Jian, ZR Gao, Q Wei, XD Jia, YH Yu. Effect of extract of Zanthoxylum nitidum on nitric oxide of experimental hepatic injury in mice. China and Foreign Medical Journal. 2006, 4(9): 10-11
17. J Hu, WD Zhang, RH Liu, C Zhang, YH Shen, HL Li, MJ Liang, XK Xu. Benzophenanthridine alkaloids from Zanthoxylum nitidum (ROXB.) DC, and their analgesic and anti-inflammatory activities. Chemistry & Biodiversity. 2006, 3(9): 990-995
18. Y Shi, DX Li, ZD Min. Activity of Zanthoxylum species and their compounds against oral pathogens. Chinese Journal of Natural Medicines. 2005, 3(4): 248-251
19. H Tang. 1 case of respiratory and cardiac arrest induced by Zanthoxylum nitidum. Anthology of Medicine. 2001⊠20(2): 237
20. SY Zhang, YF Zhang, CF Liu. Determination of nitidine in different parts of Zanthoxylum nitidum. Journal of Chinese Medicinal Materials. 2001, 24(9): 649-650

부 록

■ 중국위생부 약식동원품목

	약재명	한글 약재명	학명	과명	사용 부위
1	丁香	정향	*Eugenia caryophyllata* Thunb.	정향나무과	꽃봉오리
2	八角茴香	팔각회향	*Illicium verum* Hook.f.	목란과	잘 익은 열매
3	刀豆	도두	*Canavalia gladiata* (Jacq.)DC.	콩과	잘 익은 씨
4	小茴香	소회향	*Foeniculum vulgare* Mill.	미나리과	잘 익은 열매
5	小蓟	소계	*Cirsium setosum* (Willd.) MB.	국화과	지상부
6	山药	산약	*Dioscorea opposita* Thunb.	마과	뿌리줄기
7	山楂	산사	*Crataegus pinnatifida* Bge.var.*major* N.E.Br.	장미과	잘 익은 열매
			Crataegus pinnatifida Bge.		
8	马齿苋	마치현	*Portulaca oleracea* L.	마치현과	지상부
9	乌梅	오매	*Prunus mume* (Sieb.) Sieb.et Zucc.	장미과	덜 익은 열매
10	木瓜	모과	*Chaenomeles speciosa* (Sweet) Nakai	장미과	덜 익은 열매
11	火麻仁	화마인	*Cannabis sativa* L.	뽕나무과	잘 익은 열매
12	代代花	대대화	*Citrus aurantium* L.var.*amara* Engl.	운향과	꽃봉오리
13	玉竹	옥죽	*Polygonatum odoratum* (Mill.) Druce	백합과	뿌리줄기
14	甘草	감초	*Glycyrrhiza uralensis* Fisch.	콩과	뿌리와 뿌리줄기
			Glycyrrhiza inflata Bat.		
			Glycyrrhiza glabra L.		
15	白芷	백지	*Angelica dahurica* (Fisch.ex Hoffm.) Benth.et Hook.f.	미나리과	뿌리
			Angelica dahurica (Fisch.ex Hoffm.) Benth. et Hook.f.var.*formosana* (Boiss.) Shan et Yuan		
16	白果	백과	*Ginkgo biloba* L.	은행과	잘 익은 씨
17	白扁豆	백편두	*Dolichos lablab* L.	콩과	잘 익은 씨
18	白扁豆花	백편두화	*Dolichos lablab* L.	콩과	꽃
19	龙眼肉(桂圆)	용안육(계원)	*Dimocarpus longan* Lour.	무환자나무과	씨의 껍질
20	决明子	결명자	*Cassia obtusifolia* L.	콩과	잘 익은 씨
			Cassia tora L.		
21	百合	백합	*Lilium lancifolium* Thunb.	백합과	비늘줄기
			Lilium brownie F.E.Brown var.*viridulum* Baker		
			Lilium pumilum DC.		
22	肉豆蔻	육두구	*Myristica fragrans* Houtt.	육두구과	씨, 씨 껍질
23	肉桂	육계	*Cinnamomum cassia* Presl	녹나무과	나무껍질
24	余甘子	여감자	*Phyllanthus emblica* L.	대극과	잘 익은 열매
25	佛手	불수	*Citrus medica* L.var.*sarcodactylis* Swingle	운향과	열매

26	杏仁(苦, 甜)	행인	*Prunus armeniaca* L. var. *ansu* Maxim *Prunus sibirica* L. *Prunus mandshurica* (Maxim) Koehne *Prunus armeniaca* L.	장미과	잘 익은 씨
27	沙棘	사극	*Hippophae rhamnoides* L.	보리수나무과	잘 익은 열매
28	芡实	검실(가시연밥)	*Euryale ferox* Salisb.	수련과	잘 익은 씨
29	花椒	화초 (초피나무 열매)	*Zanthoxylum schinifolium* Sieb. et Zucc. *Zanthoxylum bungeanum* Maxim.	운향과	잘 익은 열매껍질
30	赤小豆	적소두(붉은 팥)	*Vigna umbellata* Ohwi et Ohashi *Vigna angularis* Ohwi et Ohashi	콩과	잘 익은 씨
31	麦芽	맥아(보리)	*Hordeum vulgare* L.	벼과	잘 익은 열매를 발아건조시킨 가공품
32	昆布	곤포(다시마)	*Laminaria japonica* Aresch. *Ecklonia kurome* Okam.	거머리말과 다시마과	엽상체
33	枣 (大枣, 黑枣)	대추, 흑대추	*Ziziphus jujuba* Mill.	갈매나무과	잘 익은 열매
34	罗汉果	나한과	*Siraitia grosvenorii* (Swingle.) C. Jeffrey ex A. M. Lu et Z. Y. Zhang	박과	열매
35	郁李仁	욱리인	*Prunus humilis* Bge. *Prunus japonica* Thunb. *Prunus pedunculata* Maxim.	장미과	잘 익은 씨
36	金银花	금은화	*Lonicera japonica* Thunb.	인동과	꽃봉오리 및 꽃대가 달리기 시작할 때의 꽃
37	青果	청과 (감람나무 열매)	*Canarium album* Raeusch.	감람과	잘 익은 열매
38	鱼腥草	어성초	*Houttuynia cordata* Thunb.	삼백초과	신선한 전초 혹은 건조품 지상부
39	姜(生姜, 干姜)	강(생강, 건강)	*Zingiber officinale* Rosc.	생강과	뿌리줄기
40	枳椇子	지구자	*Hovenia dulcis* Thunb.	갈매나무과	약용: 잘 익은 씨 식용: 열매, 잎, 가지줄기
41	枸杞子	구기자	*Lycium barbarum* L.	가지과	잘 익은 열매
42	栀子	치자	*Gardenia jasminoides* Ellis	꼭두서니과	잘 익은 열매
43	砂仁	사인	*Amomum villosum* Lour. *Amomum villosum* Lour. var. *xanthioides* T. L. Wu et Senjen *Amomum longiligularg* T. L. Wu	생강과	잘 익은 열매
44	胖大海	반대해	*Sterculia lychnophora* Hance	오동과	잘 익은 씨
45	茯苓	복령	*Poria cocos* (Schw.) Wolf	구멍장이버섯과	균핵
46	香橼	향원	*Citrus medica* L. *Citrus wilsonii* Tanaka	운향과	잘 익은 열매
47	香薷	향유	*Mosla chinensis* Maxim. *Mosla chinensis* 'jiangxiangru'	꿀풀과	지상부
48	桃仁	도인	*Prunus persica* (L.) Batsch	장미과	잘 익은 씨

48	桃仁	도인	*Prunus davidiana* (Carr.) Franch.	장미과	잘 익은 씨
49	桑叶	상엽	*Morus alba* L.	뽕나무과	잎
50	桑椹	상심(오디)	*Morus alba* L.	뽕나무과	어린 열매
51	桔红(橘红)	귤홍	*Citrus reticulata* Blanco	운향과	외층 열매 껍질
52	桔梗	길경(도라지)	*Platycodon grandiflorum* (Jacq.) A.DC.	오동과	뿌리
53	益智仁	익지인	Alpinia oxyphylla Miq.	생강과	껍질을 벗긴 씨덩이, 향신료용은 열매를 사용
54	荷叶	연잎	*Nelumbo nucifera* Gaertn.	수련과	잎
55	莱菔子	내복자	*Raphanus sativus* L.	십자화과	잘 익은 씨
56	莲子	연자	*Nelumbo nucifera* Gaertn.	수련과	잘 익은 씨
57	高良姜	고량강	*Alpinia officinarum* Hance	생강과	뿌리줄기
58	淡竹叶	담죽엽	*Lophatherum gracile* Brongn.	벼과	줄기잎
59	淡豆豉	담두시	*Glycine max* (L.) Merr.	콩과	잘 익은 씨의 발효 가공품
60	菊花	국화	*Chrysanthemum morifolium* Ramat.	국화과	두상화서
61	菊苣	국거(치커리)	*Cichorium glandulosum* Boiss.et Huet	국화과	지상부
			Cichorium intybus L.		
62	黄芥子	황개자	*Brassica juncea* (L.) Czern.et Coss	십자화과	잘 익은 씨
63	黄精	황정	*Polygonatum kingianum* Coll.et Hemsl.	백합과	뿌리줄기
			Polygonatum sibiricum Red.		
			Polygonatum cyrtonema Hua		
64	紫苏	자소엽	*Perilla frutescens* (L.) Britt.	꿀풀과	잎 (혹은 여린 가지)
65	紫苏子(籽)	자소자(자소의 씨)	*Perilla frutescens* (L.) Britt.	꿀풀과	잘 익은 열매
66	葛根	갈근	*Pueraria lobata* (Willd.) Ohwi	콩과	뿌리
67	黑芝麻	검은깨	*Sesamum indicum* L.	참깨과	잘 익은 씨
68	黑胡椒	흑후추	*Piper nigrum* L.	후추과	잘 익은 열매
69	槐花, 槐米	괴화, 괴미	*Sophora japonica* L.	콩과	꽃, 꽃봉오리
70	蒲公英	포공영	*Taraxacum mongolicum* Hand.-Mazz.	국화과	전초
			Taraxacum borealisinense Kitam.		
71	榧子	비자	*Torreya grandis* Fort.	주목과	잘 익은 씨
72	酸枣, 酸枣仁	산조, 산조인	*Ziziphus jujuba* Mill.var.*spinosa* (Bunge) Hu ex H.F.Chou	갈매나무과	과육, 잘 익은 씨
73	鲜白茅根(或干白茅根)	선백모근(간백모근)	*Imperata cylindrical* Beauv.var.*major* (Nees) C.E.Hubb.	벼과	뿌리줄기
74	鲜芦根(或干芦根)	선로근(간로근)	*Phragmites communis* Trin.	벼과	뿌리줄기
75	橘皮(或陈皮)	귤피(진피)	*Citrus reticulata* Blanco	운향과	잘 익은 열매껍질
76	薄荷	박하	*Mentha haplocalyx* Briq.	꿀풀과	지상부
			Mentha arvensis L.	꿀풀과	잎, 새순
77	薏苡仁	이이인	*Coix lacryma-jobi* L.var.*mayuen*. (Roman.) Stapf	벼과	잘 익은 열매
78	薤白	해백	*Allium macrostemon* Bge.	백합과	비늘줄기

78	薤白	해백	*Allium chinense* G.Don	백합과	비늘줄기
79	覆盆子	복분자	*Rubus chingii* Hu	장미과	열매
80	藿香	곽향	*Pogostemon cablin* (Blanco) Benth.	꿀풀과	지상부
81	乌梢蛇	오초사	*Zaocys dhumnades* (Cantor)	뱀과	껍질과 내장을 제거한 부분
82	牡蛎	모려	*Ostrea gigas* Thunberg	조개과	껍질
			Ostrea talienwhanensis Crosse		
			Ostrea rivularis Gould		
83	阿胶	아교	*Equus asinus* L.	말과	건조한 혹은 생껍질을 끓여 걸죽하게 만든 고체
84	鸡内金	계내금	*Gallus gallus domesticus* Brisson	꿩과	모래주머니 내벽
85	蜂蜜	밀봉(꿀)	*Apis cerana* Fabricius	꿀벌과	양조한 꿀
			Apis mellifera Linnaeus		
86	蝮蛇(蕲蛇)	복사/기사 (살무사)	*Agkistrodon acutus* (Güenther)	번데기과	내장을 제거한 부분
87	人参	인삼	*Panax ginseng* C.A.Mey	두릅나무과	뿌리 및 뿌리줄기
88	山银花	산은화	*Lonicera confuse* DC.	인동과	꽃봉오리 및 꽃이 피기 시작할 때의 꽃
			Lonicera hypoglauca Miq.		
			Lonicera macranthoides Hand.-Mazz.		
			Lonicera fulvotomentosa Hsu et S.C.Cheng		
89	芫荽	호유자	*Coriandrum sativum* L.	미나리과	열매, 씨
90	玫瑰花	장미	*Rosa rugosa* Thunb 또는 *Rose rugosa* cv. Plena	장미과	꽃봉오리
91	松花粉	송화분	*Pinus massoniana* Lamb.	소나무과	건조한 화분
			Pinus tabuliformis Carr.		
92	粉葛	분갈	*Pueraria thomsonii* Benth.	콩과	뿌리
93	布渣叶	포사엽	*Microcos paniculata* L.	피나무과	잎, 새순
94	夏枯草	하고초	*Prunella vulgaris* L.	꿀풀과	이삭
95	当归	당귀	*Angelica sinensis* (Oliv.) Diels.	미나리과	뿌리
96	山奈	산내	*Kaempferia galanga* L.	생강과	뿌리줄기
97	西红花	사프란	*Crocus sativus* L.	붓꽃과	암술머리
98	草果	초과	*Amomum tsao-ko* Crevost et Lemaire	생강과	열매
99	姜黄	강황	*Curcuma Longa* L.	생강과	뿌리줄기
100	荜茇	비파	*Eriobotrya japonica* Lindley	장미과	열매나 잘 익은 이삭

우리나라 식물명 및 약재명 색인

학명 색인

S

T

U

V

W

Z

영어명 색인